MATHING

유형

중학 수학

1·1

[유형북]과 [워크북]의
Dual book 구성

01 소인수분해
8~20쪽

0001 ×	0002 ○	0003 ×	0004 ○	0005 ○
0006 ×	0007 ㅂ	0008 9, 15, 42, 91		0009 5^4

0010 $3^2 \times 5^3 \times 7$　0011 $\left(\dfrac{1}{2}\right)^2 \times \left(\dfrac{1}{3}\right)^3$　0012 $\dfrac{1}{5^2 \times 7^3}$　0013 2^5

0014 5^3　0015 10^3　0016 $\left(\dfrac{1}{3}\right)^4$　0017 3^3, 3

0018 $2^4 \times 3$, 2, 3　0019 $2^2 \times 5^2$, 2, 5　0020 $2^2 \times 3^3$, 2, 3　0021 $5^2 \times 7$, 5, 7

0022 $2^2 \times 3^2 \times 5$, 2, 3, 5　0023 $2^3 \times 3^2$

0024

×	1	2	2^2	2^3
1	1	2	4	8
3	3	6	12	24
3^2	9	18	36	72

약수 : 1, 2, 3, 4, 6, 8, 9, 12, 18, 24, 36, 72

0025 1, 2, 3, 6, 9, 18　0026 1, 2, 4, 7, 8, 14, 28, 56

0027 1, 3, 9, 27, 81　0028 1, 3, 5, 9, 15, 25, 45, 75, 225

0029 6	0030 6	0031 24	0032 16	
0033 1	0034 2	0035 2	0036 50	0037 ④
0038 ㄴ, ㄹ	0039 ③, ④	0040 ②	0041 7	0042 3^9
0043 21	0044 ②	0045 ①, ⑤	0046 3	0047 ③
0048 ④	0049 ②	0050 ㄱ, ㄹ	0051 ①	0052 ⑤
0053 ③	0054 105	0055 6	0056 4	0057 11
0058 ②	0059 15	0060 6	0061 ④	0062 8
0063 ②	0064 ⑤	0065 20	0066 18, 72, 288	0067 ⑤
0068 ④	0069 90	0070 3, 9, 15, 45, 75, 225		0071 ③
0072 15	0073 ③	0074 ④	0075 ②	0076 ②
0077 9	0078 3	0079 ②	0080 ③, ④	0081 ③
0082 5	0083 36	0084 4	0085 6, 10, 14	
0086 ④	0087 ④	0088 5	0089 2	0090 ③
0091 ④	0092 131	0093 ①, ③	0094 ①	0095 20
0096 24	0097 ㄱ, ㄴ, ㄷ	0098 ④	0099 ②	0100 ③
0101 ③, ④	0102 5개	0103 17	0104 4212	

0105 (1) 풀이 참조　(2) 12

0106 ㄴ, ㄹ　0107 1018　0108 1664

0109 (1) ③, ②, ①, ④　(2) $2^2 \times 3^2 \times 19$

02 최대공약수와 최소공배수
22~34쪽

0110 (1) 1, 2, 4, 7, 14, 28　(2) 1, 2, 3, 6, 7, 14, 21, 42　(3) 1, 2, 7, 14

(4) 14　(5) 1, 2, 7, 14

0111 1, 2, 3, 6　0112 1, 2, 4, 8　0113 1, 2, 5, 10　0114 1, 3, 7, 21

0115 ○　0116 ×　0117 ○　0118 ×

0119 4　0120 6　0121 45　0122 45

0123 (1) 12, 24, 48, 60, 72, 84, 96, …　(2) 16, 32, 48, 64, 80, 96, …

(3) 48, 96, …　(4) 48　(5) 48, 96, …

0124 5, 10, 15	0125 12, 24, 36	0126 26, 52, 78	0127 35, 70, 105
0128 75	0129 540	0130 90	0131 360	0132 36

0133 4	0134 ③	0135 4	0136 3, 9	0137 ②
0138 ③	0139 ㄴ, ㄹ	0140 ⑤	0141 ⑤	

0142 예린, 풀이 참조　0143 12　0144 7　0145 18

0146 12	0147 ①	0148 12	0149 12명
0150 8 cm	0151 ⑤	0152 ③	0153 180	0154 6
0155 7	0156 ④	0157 ⑤	0158 1080	0159 840
0160 34	0161 6	0162 180	0163 6	0164 ③
0165 ⑤	0166 26	0167 36	0168 ⑤	0169 240
0170 27	0171 168, 504	0172 106	0173 59	0174 182
0175 88	0176 90	0177 60	0178 ④	0179 $\dfrac{60}{7}$
0180 ②	0181 ③	0182 3바퀴	0183 648	0184 48

0185 (1) 56　(2) 64　0186 35

0187 ②	0188 ③	0189 ②	0190 8	0191 ⑤
0192 ⑤	0193 5	0194 ③	0195 ③	0196 ④
0197 35	0198 3개	0199 3	0200 ⑤	

0201 8바퀴　0202 ⑤　0203 (1) 풀이 참조　(2) 90　(3) 1800

0204 2030년　0205 36

0206 (1) 풀이 참조　(2) 2 : 한 장, 3 : 한 장　(3) 6　0207 13일　0208 계묘년

03 정수와 유리수
36~51쪽

0209 −5년	0210 +240 m	0211 −20 km	0212 −3만 원
0213 +5점	0214 −4 %	0215 +5, 9	0216 −3	0217 ×
0218 ○	0219 ×			

0220 (1) +2, 3　(2) −4.2, 3.14, $-\dfrac{7}{2}$, +5.6　(3) −4.2, −8, $-\dfrac{7}{2}$

0221

수 수의 분류	$-\dfrac{8}{3}$	0	10	1.5	−2
정수	×	○	○	×	○
유리수	○	○	○	○	○
양수	×	×	○	○	×
음수	○	×	×	×	○

0222 ○　0223 ×　0224 ○　0225 ×　0226 ○

0227 A : −3, B : −1.5, C : +2, D : $+\dfrac{11}{3}$

0228

0229 7

0230 4	0231 0	0232 2	0233 1.4	0234 $\dfrac{7}{3}$
0235 −5, 5	0236 $-\dfrac{7}{8}$, $\dfrac{7}{8}$	0237 >	0238 <	0239 >
0240 >	0241 >	0242 <	0243 >	0244 <
0245 $x>0$	0246 $x \le -1$	0247 $x \ge 4$	0248 $x \ge 5$	

0249 $-6 \le x < 7$　0250 $2 < x \le 8$

0251 ⑤　0252 ① +5일　② −10일　③ −1℃　④ +15℃

0253 ②　0254 5　0255 ①, ③　0256 5　0257 ②, ⑤

0258 ② 0259 ③, ⑤ 0260 7 0261 ③ 0262 ⑤

0263 ④ 0264 ③ 0265 ④, ⑤ 0266 ⑤

0267 (1) 0 (2) 3 (3) 1.9 0268 ⑤

0269 (1) 풀이 참조 (2) $a=-3$, $b=2$ 0270 ④ 0271 ②

0272 -2 0273 $a=-3$, $b=7$ 0274 3 0275 15

0276 ③ 0277 $a=-2$, $b=3$ 0278 ③ 0279 ④

0280 ③ 0281 $a=13$, $b=-13$ 0282 ④ 0283 -4

0284 $a=-3$, $b=3$ 0285 ② 0286 ③ 0287 $\dfrac{29}{10}$

0288 2 0289 ④ 0290 ③ 0291 ②

0292 -1, 0, 1 0293 ③ 0294 ④ 0295 ⑤

0296 $|2.8|$ 0297 금성 0298 ③ 0299 ㄱ, ㄷ 0300 ④

0301 (1) $|x| \le 2$ (2) 5

0302 ①, ⑤ 0303 8 0304 -5 0305 5

0306 ④ 0307 4 0308 ① 0309 ② 0310 ⑤

0311 ⑤ 0312 $\dfrac{7}{2}$ 0313 ⑤ 0314 ②

0315 ①, ⑤ 0316 9 0317 3 0318 $\dfrac{7}{6}$ 0319 ②

0320 ③ 0321 10 0322 7 0323 0, 12

0324 7 0325 a, b, d, c 0326 (1) 여수, 제주 (2) 11

0327 5

04 정수와 유리수의 계산
52~74쪽

0328 -14 0329 3 0330 $-\dfrac{14}{15}$ 0331 $-\dfrac{25}{8}$ 0332 -7

0333 5 0334 0.8 0335 $\dfrac{5}{3}$ 0336 6 0337 11

0338 2 0339 $-\dfrac{13}{15}$ 0340 $\dfrac{3}{10}$ 0341 -8.7 0342 10

0343 -1 0344 $\dfrac{2}{3}$ 0345 13 0346 0 0347 7.7

0348 -4 0349 4 0350 6.1 0351 35 0352 -28

0353 -54 0354 16 0355 $-\dfrac{3}{2}$ 0356 $\dfrac{2}{3}$ 0357 -16

0358 $-\dfrac{2}{7}$ 0359 -29 0360 18 0361 1 0362 -1

0363 -1 0364 1 0365 3 0366 -4 0367 4

0368 1 0369 $-\dfrac{6}{7}$ 0370 $-\dfrac{1}{8}$ 0371 $\dfrac{10}{9}$ 0372 -6

0373 -15 0374 $\dfrac{4}{3}$ 0375 ㄷ, ㄹ, ㄴ, ㄱ 0376 -2

0377 1 0378 ㄴ, ㄹ 0379 ⑤ 0380 $\dfrac{8}{15}$ 0381 (나)

0382 (가) 교환법칙, (나) 결합법칙, (다) -20, (라) -13 0383 -1 0384 ②

0385 ② 0386 ② 0387 ② 0388 ③, ⑤ 0389 공원

0390 -2 0391 ④ 0392 $\dfrac{1}{4}$ 0393 1

0394 ㄴ, ㄹ, ㄷ, ㄱ 0395 $\dfrac{9}{28}$ 0396 ④ 0397 ②

0398 -1.2 0399 5 0400 ⑤ 0401 $\dfrac{11}{5}$ 0402 ②

0403 $a=-\dfrac{1}{6}$, $b=\dfrac{4}{3}$ 0404 ⑤ 0405 -12 0406 -20

0407 $\dfrac{13}{3}$ 0408 ③ 0409 9 0410 26

0411 $\dfrac{1}{3}$, $-\dfrac{1}{3}$ 0412 $-\dfrac{13}{12}$ 0413 ⑤ 0414 ④

0415 $a=-1$, $b=-5$ 0416 60 0417 -9

0418 2400명 0419 45.5 kg 0420 13점 0421 ④ 0422 ②

0423 -3 0424 (나) 0425 (가) 교환법칙, (나) 결합법칙, (다) $+\dfrac{2}{5}$, (라) $\dfrac{6}{5}$

0426 10 0427 $\dfrac{2}{3}$ 0428 ⑤ 0429 ④ 0430 ⑤

0431 ⑤ 0432 -8 0433 ③ 0434 ③ 0435 ⑤

0436 ③ 0437 0 0438 -2 0439 ③ 0440 -48

0441 46 0442 ② 0443 ③ 0444 $\dfrac{5}{6}$ 0445 -3

0446 ④ 0447 ④ 0448 -3 0449 ① 0450 ①

0451 $-\dfrac{12}{25}$ 0452 $-\dfrac{6}{5}$ 0453 ㉢, ㉣, ㉡, ㉤, ㉠ 0454 ③

0455 ③ 0456 $\dfrac{2}{23}$ 0457 2 0458 -1 0459 $\dfrac{28}{3}$

0460 -12 0461 $\dfrac{5}{12}$ 0462 1 0463 $\dfrac{4}{15}$ 0464 $\dfrac{5}{8}$

0465 $\dfrac{8}{33}$ 0466 ③ 0467 ④ 0468 ③ 0469 ②

0470 ⑤ 0471 ⑤ 0472 $-\dfrac{3}{4}$ 0473 $\dfrac{26}{3}$ 0474 $\dfrac{2}{5}$

0475 9점 0476 105점 0477 지연 : 2점, 서준 : -4점

0478 ① 0479 ③ 0480 ④ 0481 ④ 0482 ②

0483 ⑤ 0484 -7 0485 ① 0486 ① 0487 ③

0488 -6 0489 $-\dfrac{5}{4}$ 0490 $\dfrac{17}{6}$ 0491 -3 0492 $-\dfrac{1}{51}$

0493 6 cm 0494 ① 0495 $\dfrac{8}{9}$ 0496 2개 0497 $\dfrac{13}{3}$

0498 1.39억 원 이익 0499 1월 20일 오전 2시

0500 ㄱ, ㄷ, ㄹ 0501 $\dfrac{4}{3}$

05 문자의 사용과 식의 계산
76~94쪽

0502 $(y \div 10)$원 0503 $(80 \times x)$ km 0504 $\left(\dfrac{a}{b} \times 100\right)$%

0505 $-3a$ 0506 0.01b 0507 $5a^2 b$ 0508 $-(1-a)$ 0509 $-\dfrac{2}{x}$

0510 $\dfrac{a+b}{4}$ 0511 $\dfrac{x}{y-z}$ 0512 $a-\dfrac{3}{b}$ 0513 $\dfrac{6a}{b}$

0514 $2x+\dfrac{y}{3}$ 0515 $\dfrac{x^2 y}{7}$ 0516 $4(a-b)-\dfrac{6}{c}$ 0517 -2

0518 -12 0519 7 0520 5 0521 6 0522 7

0523 -1 0524 -1 0525 -4 0526 5

0527 $2a$, 4 0528 $-3x$, $2y$, -1

0529 a의 계수 : 4, b의 계수 : 2, 상수항 : -3

0530 x의 계수 : $\dfrac{1}{6}$, y의 계수 : $-\dfrac{1}{2}$, 상수항 : 1

0531 x^2의 계수 : -1, x의 계수 : 6, 상수항 : -4

0532 y^2의 계수 : 7, y의 계수 : 1, 상수항 : -8

수

깨씨

MATHING

유형

중학 수학

1·1

유형북

유형북 구성과 특징

4단계 집중 학습 System

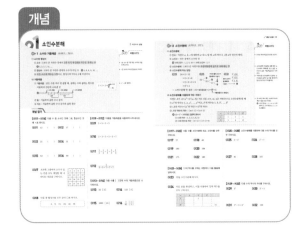

step 1 개념 잡기

반드시 알아야 할 모든 핵심 개념과 원리를 자세한 예시와 함께 수록하였습니다. 핵심을 짚어주는 [비법 노트] 등 차별화된 설명을 통해 정확하고 빠르게 개념을 이해할 수 있습니다. 또, 개념 확인 문제를 수록하여 기본기를 다질 수 있습니다.

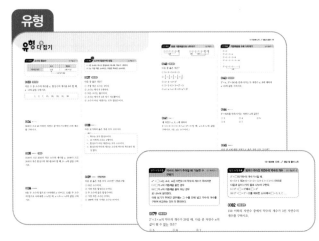

step 2 유형 다 잡기

전국의 중학교 기출문제를 유형으로 분류하고 각 유형의 전략과 대표 문제를 제시하였습니다. 또, 시험에 자주 등장하는 [중요] 유형과 [수매씽 Pick!], [발전 유형]을 통해 수학 실력을 집중적으로 향상할 수 있습니다.

반복

반복 ＋ 심화 학습 System

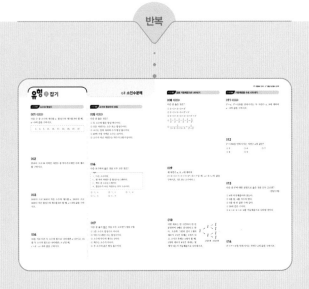

'수매씽 유형'은 전국 1000개 중학교 기출문제를 체계적으로 분석하여 새로운 수학 학습의 방향을 제시합니다.
꼭 필요한 유형만 모은 유형북과 반복＋심화 학습으로 구성한 워크북으로 구성된 최고의 문제 기본서!
'수매씽 유형'을 통해 꼭 필요한 유형과 반복 학습으로 수학의 자신감을 키우세요.

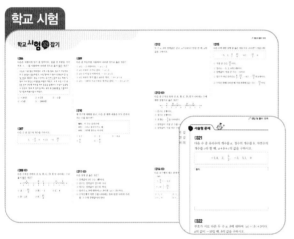

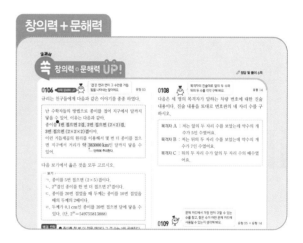

step 3 학교 시험 꽉 잡기

학교 시험에 나오는 문제만을 선별하여 구성하였습니다. 중단
원별로 시험에 자주 출제되는 다양한 문제를 연습하고, 빈출
문제와 서술형 코너를 통해 보다 집중적으로 학교 시험에 대
비할 수 있습니다.

step 4 교과서 쏙 창의력＋문해력 UP!

교과서 속 창의력 문제를 재구성한 문제와 [수학 문해력 UP]을
통해 마지막 한 문제까지 해결할 수 있는 힘을 키울 수 있습니다.

심화

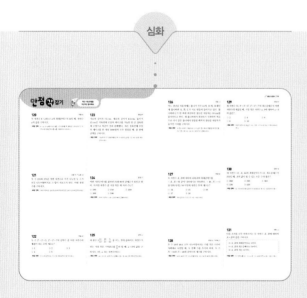

수매씽 STUDY PLANNER 학습 플래너

단원명		유형북				워크북	
		개념 잡기	유형 다 잡기	학교 시험 꽉 잡기	창의력+문해력	유형 또 잡기	만점 각 잡기
01 소인수분해	계획	3/1~3/2					
	결과	/32	/53	/20	/4	/53	/12
02 최대공약수와 최소공배수	계획						
	결과	/23	/54	/19	/3	/54	/12
03 정수와 유리수	계획						
	결과	/42	/55	/18	/4	/55	/12
04 정수와 유리수의 계산	계획						
	결과	/50	/100	/20	/4	/100	/12
05 문자의 사용과 식의 계산	계획						
	결과	/52	/72	/20	/4	/72	/12
06 일차방정식	계획						
	결과	/28	/68	/20	/4	/68	/12
07 일차방정식의 활용	계획						
	결과	/17	/63	/20	/4	/63	/13
08 좌표평면과 그래프	계획						
	결과	/26	/41	/18	/3	/41	/15
09 정비례와 반비례	계획						
	결과	/12	/64	/20	/4	/64	/16

자연수의 성질

학습 후 한 번 더
확인하고 싶은 유형은 ☑

이전에 배운 내용

초5~6 약수와 배수

이번에 배울 내용

01 소인수분해
02 최대공약수와 최소공배수

이후에 배울 내용

중2 지수법칙
중3 인수분해

 **소인수분해**

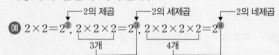 **01 1 소수와 거듭제곱** ∞유형 01 ~ 유형 04

(1) **소수와 합성수**

① 소수 : 1보다 큰 자연수 중에서 1과 자기 자신만을 약수로 가지는 수

예 2, 3, 5, 7, 11, …

② 합성수 : 1보다 큰 자연수 중에서 소수가 아닌 수 예 4, 6, 8, 9, 10, …

③ 모든 소수의 약수는 2개이고, 합성수의 약수는 3개 이상이다.

(2) **거듭제곱**

① 거듭제곱 : 같은 수를 여러 번 곱할 때, 곱하는 수와 곱하는 횟수를 이용하여 간단히 나타낸 것

예 $2 \times 2 = 2^2$, $\underbrace{2 \times 2 \times 2}_{3개} = 2^3$, $\underbrace{2 \times 2 \times 2 \times 2}_{4개} = 2^4$

2의 제곱   2의 세제곱   2의 네제곱

② 밑 : 거듭하여 곱한 수나 문자

③ 지수 : 거듭하여 곱한 수나 문자의 곱한 횟수

$$2 \times 2 \times 2 = 2^3 \leftarrow 지수$$
$$\uparrow 밑$$

 비법 NOTE

▶ 2는 소수 중 가장 작은 수이며, 유일한 짝수이다.

▶ 1은 소수도 아니고 합성수도 아니다.

▶ $2^1 = 2$로 정한다.

개념 잡기

[0001~0006] 다음 수 중 소수인 것에 ○표, 합성수인 것에 ×표 하시오.

0001 12　(　　)　**0002** 17　(　　)

0003 21　(　　)　**0004** 31　(　　)

0005 53　(　　)　**0006** 69　(　　)

0007 오른쪽 그림에서 소수가 있는 칸을 모두 색칠할 때 나타나는 자음을 구하시오.

2	4	6	7
11	13	17	19
23	24	25	29
31	37	41	43

0008 다음 중 합성수를 모두 골라 ○표 하시오.

3, 9, 15, 23, 42, 91

[0009~0012] 다음을 거듭제곱을 사용하여 나타내시오.

0009 $5 \times 5 \times 5 \times 5$

0010 $3 \times 3 \times 5 \times 5 \times 5 \times 7$

0011 $\dfrac{1}{2} \times \dfrac{1}{2} \times \dfrac{1}{3} \times \dfrac{1}{3} \times \dfrac{1}{3}$

0012 $\dfrac{1}{5 \times 5 \times 7 \times 7 \times 7}$

[0013~0016] 다음 수를 [ ] 안의 수의 거듭제곱으로 나타내시오.

0013 32 [2]　**0014** 125 [5]

0015 1000 [10]　**0016** $\dfrac{1}{81}$ $\left[\dfrac{1}{3} \right]$

01 ▶ **2** 소인수분해 (유형 05 ~ 유형 14)

(1) 소인수분해

① 인수 : 자연수 a, b, c에 대하여 $a=b \times c$일 때, a의 약수 b, c를 a의 인수라 한다.

② 소인수 : 인수 중에서 소수인 것

　예 10의 인수 : 1, 2, 5, 10 ⇨ 10의 소인수 : 2, 5

③ 소인수분해 : 1보다 큰 자연수를 소인수들만의 곱으로 나타내는 것

④ 소인수분해 하는 방법

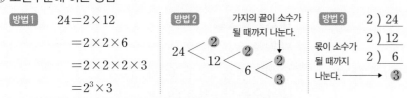

　⇨ 소인수분해 한 결과 : $24=2 \times 2 \times 2 \times 3 = 2^3 \times 3$

　　　　　　　　　　　　　　　└─ 거듭제곱으로 나타낸다.

(2) 소인수분해를 이용하여 약수 구하기

자연수 A가 $A = a^m \times b^n$(a, b는 서로 다른 소수, m, n은 자연수)으로 소인수분해 될 때

① a^m의 약수는 1, a, a^2, ..., a^m이고, b^n의 약수는 1, b, b^2, ..., b^n

② (A의 약수) = (a^m의 약수) × (b^n의 약수)

③ A의 약수의 개수 : $(m+1) \times (n+1)$

　예 $12 = 2^2 \times 3$이므로 오른쪽 표에서

　　① 12의 약수 : 1, 2, 3, 4, 6, 12

　　② 12의 약수의 개수 : $(2+1) \times (1+1) = 6$

×	1	2	2^2
1	1	2	4
3	3	6	12

[0017 ~ 0022] 다음 수를 소인수분해 하고, 소인수를 모두 구하시오.

0017 27

0018 48

0019 100

0020 108

0021 175

0022 180

[0023 ~ 0024] 72의 약수를 구하는 과정이다. 다음 물음에 답하시오.

0023 72를 소인수분해 하시오.

0024 다음 표를 완성하고, 이를 이용하여 72의 약수를 모두 구하시오.

×	1	2	2^2	
1		2		
3^2				72

[0025 ~ 0028] 소인수분해를 이용하여 다음 수의 약수를 모두 구하시오.

0025 2×3^2

0026 $2^3 \times 7$

0027 81

0028 225

[0029 ~ 0032] 다음 수의 약수의 개수를 구하시오.

0029 3^5

0030 $2^2 \times 5$

0031 $2^2 \times 3 \times 5^3$

0032 120

유형 다 잡기

유형 01 소수와 합성수   ∞ 개념 01-1

	소수	합성수
약수의 개수	2개	3개 이상

└── 1과 자기 자신

0033 대표 문제

다음 수 중 소수의 개수를 a, 합성수의 개수를 b라 할 때, $a-b$의 값을 구하시오.

> 1, 2, 7, 15, 28, 29, 31, 39

0034 ●●●●

30보다 크고 40 이하인 자연수 중 약수가 2개인 수의 개수를 구하시오.

0035 ●●●● 서술형

15보다 크고 25보다 작은 소수의 개수를 a, 10보다 크고 20보다 작은 합성수의 개수를 b라 할 때, $b-a$의 값을 구하시오.

0036 ●●●●

8을 두 소수의 합으로 나타내면 $a+b$이고, 12를 두 소수의 합으로 나타내면 $c+d$일 때, $a \times b + c \times d$의 값을 구하시오.

유형 02 소수와 합성수의 성질   ∞ 개념 01-1

(1) 1은 소수도 아니고 합성수도 아니며, 약수가 1개이다.

(2) 2는 가장 작은 소수이고, 유일한 짝수인 소수이다.

0037 대표 문제

다음 중 옳은 것은?

① 가장 작은 소수는 1이다.

② 소수는 약수가 3개이다.

③ 모든 소수는 홀수이다.

④ 소수는 약수가 1과 자기 자신뿐이다.

⑤ 소수가 아닌 자연수는 모두 합성수이다.

0038 ●●●●

다음 보기에서 옳은 것을 모두 고르시오.

> **보기**
>
> ㄱ. 짝수는 모두 합성수이다.
> ㄴ. 10 이하의 소수는 4개이다.
> ㄷ. 합성수가 아닌 자연수는 모두 소수이다.
> ㄹ. 합성수의 약수의 개수는 소수의 약수의 개수보다 항상 많다.

0039 ●●●● 수매씽 Pick!

다음 중 옳은 것을 모두 고르면? (정답 2개)

① 51은 소수이다.

② 가장 작은 합성수는 1이다.

③ 두 소수의 곱은 합성수이다.

④ 가장 작은 소수는 2이다.

⑤ 100에 가장 가까운 소수는 97이다.

유형 03 곱을 거듭제곱으로 나타내기 　🔗 개념 01 - 1

$$2 \times 2 \times 2 \times 2 \times 2 = 2^5$$
　　　5개

$$3 \times 3 \times 5 \times 5 \times 5 = 3^2 \times 5^3$$
　　2개　　3개

0040 대표 문제

다음 중 옳은 것은?

① $5 \times 5 \times 5 = 5 \times 3$

② $\dfrac{1}{5} \times \dfrac{1}{5} \times \dfrac{1}{5} \times \dfrac{1}{5} = \dfrac{1}{5^4}$

③ $4 \times 4 \times 4 = 3^4$

④ $2 \times 2 + 2 \times 3 = 2^3 \times 3$

⑤ $a \times a \times a \times b \times b = a^3 + b^2$

0041 ●●●●

세 자연수 a, b, c에 대하여
$2 \times 3 \times 3 \times 3 \times 5 \times 5 = a \times 3^b \times 5^c$일 때, $a+b+c$의 값을 구하시오. (단, a는 소수이다.)

0042 ●●●● 수매씽 Pick!

A 단체에서는 1명의 참가자가 3명의 다음 참가자를 지목하여 릴레이로 기부를 진행하는 '아이스 버킷 챌린지'를 실시하기로 했다. 다음 그림은 이 챌린지에 따라 각 단계별로 참가자의 수를 나타낸 것이다. [9단계]의 참가자의 수를 거듭제곱으로 나타내시오.

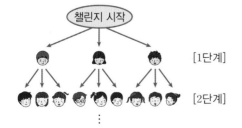

유형 04 거듭제곱을 수로 나타내기 　🔗 개념 01 - 1

$$2^1 = 2$$
$$2^2 = 2 \times 2 = 4$$
$$2^3 = 2 \times 2 \times 2 = 8$$
$$2^4 = 2 \times 2 \times 2 \times 2 = 16$$
$$\vdots$$
$$2^a = \underbrace{2 \times 2 \times 2 \times \cdots \times 2}_{a개}$$

0043 대표 문제

$2^4 = a$, $3^b = 243$을 만족시키는 두 자연수 a, b에 대하여 $a+b$의 값을 구하시오.

0044 ●●●●

$5^a = 625$를 만족시키는 자연수 a의 값은?

① 3　　　　② 4　　　　③ 5

④ 6　　　　⑤ 7

0045 ●●●●

다음 중 4^3에 대한 설명으로 옳은 것을 모두 고르면?

(정답 2개)

① 4의 세제곱이라 읽는다.

② 4를 지수, 3을 밑이라 한다.

③ 3^4과 같다.

④ $3 \times 3 \times 3 \times 3$을 거듭제곱으로 나타낸 것이다.

⑤ 64와 같은 수이다.

0046 ●●●● 서술형

$3^4 + 7^a = 424$를 만족시키는 자연수 a의 값을 구하시오.

소인수분해는 1보다 큰 자연수를 소인수들만의 곱으로 나타내는 것으로 소인수분해 한 결과는 보통 작은 소인수부터 차례대로 쓰고, 같은 소인수의 곱은 거듭제곱으로 나타낸다.

예 $18=2\times9$ (×), $18=2\times3^2$ (○)

0047 대표 문제

다음 중 소인수분해 한 것으로 옳은 것은?

① $15=3\times5^2$ ② $42=6\times7$ ③ $56=2^3\times7$

④ $72=2\times5\times7$ ⑤ $100=10^2$

0048 ●●●●

$120=2\times60=2\times2\times30=2\times2\times3\times10=2\times2\times3\times2\times5$ 일 때, 120의 소인수분해가 바르게 된 것은?

① $2^2\times30$ ② $2^2\times3\times10$ ③ $2^3\times15$

④ $2^3\times3\times5$ ⑤ $2^2\times5\times6$

0049 ●●●●

360을 소인수분해 하면?

① $2^2\times3^2\times10$ ② $2^3\times3^2\times5$ ③ $2^3\times5\times9$

④ $3^2\times5\times8$ ⑤ $5\times8\times9$

0050 ●●●●

다음 보기에서 소인수분해가 바르게 된 것을 모두 고르시오.

┌ 보기 ├

ㄱ. $10=2\times5$　　　ㄴ. $16=4^2$

ㄷ. $48=2^3\times3$　　　ㄹ. $63=3^2\times7$

ㅁ. $132=2\times3^2\times11$　　　ㅂ. $245=5^2\times7$

소인수분해 하여 밑이 되는 수를 찾는다.

예 $12=2^2\times3$ ⇨ 소인수 : 2, 3

0051 대표 문제

다음 중 144의 소인수를 모두 구한 것은?

① 2, 3 ② 1, 2, 3 ③ 2, 3, 7

④ $1, 2^4, 3^2$ ⑤ 1, 2, 3, 7

0052 ●●●●

510의 모든 소인수의 합은?

① 19 ② 20 ③ 22

④ 25 ⑤ 27

0053 ●●●● 수매씽 Pick!

다음 중 소인수가 나머지 넷과 다른 하나는?

① 45 ② 75 ③ 105

④ 225 ⑤ 375

0054 ●●●●

7의 배수 중 서로 다른 소인수가 3개인 가장 작은 세 자리 자연수를 구하시오.

유형 07 소인수분해 한 결과에서 밑과 지수 구하기 ∞ 개념 01-2

❶ 주어진 수를 소인수분해 한다.

❷ 밑과 지수를 각각 비교한다.

0055 대표 문제

540을 소인수분해 하면 $2^a \times 3^b \times 5^c$일 때, 세 자연수 a, b, c에 대하여 $a+b+c$의 값을 구하시오.

0056 ●●●●

22×54를 소인수분해 하면 $2^a \times b^3 \times 11^c$일 때, 세 자연수 a, b, c에 대하여 $a+b-c$의 값을 구하시오.

0057 ●●●● 서술형

216을 소인수분해 하면 $a^m \times b^n$일 때, 네 자연수 a, b, m, n에 대하여 $a+b+m+n$의 값을 구하시오.

0058 ●●●●

$1 \times 2 \times 3 \times 4 \times 5 \times 6 \times 7 \times 8 \times 9$를 소인수분해 하면 $2^a \times 3^b \times 5^c \times 7^d$이다. 네 자연수 a, b, c, d에 대하여 $a+b+c+d$의 값은?

① 12　　　　② 13　　　　③ 14

④ 15　　　　⑤ 16

유형 08 중요! 제곱인 수 만들기 ∞ 개념 01-2

❶ 주어진 수를 소인수분해 한다.

❷ 지수가 홀수인 소인수를 찾아 지수가 짝수가 되도록 적당한 수를 곱하거나 나눈다.

0059 대표 문제

60에 자연수를 곱하여 어떤 자연수의 제곱이 되도록 할 때, 곱할 수 있는 가장 작은 자연수를 구하시오.

0060 ●●●●

96을 자연수로 나누어 어떤 자연수의 제곱이 되도록 할 때, 나눌 수 있는 가장 작은 자연수를 구하시오.

0061 ●●●● 수매씽 Pick!

$300 \times a = b^2$을 만족시키는 가장 작은 자연수 a와 이때의 자연수 b에 대하여 $a+b$의 값은?

① 27　　　　② 29　　　　③ 31

④ 33　　　　⑤ 35

0062 ●●●●

$504 \div a = b^2$을 만족시키는 가장 작은 자연수 a와 이때의 자연수 b에 대하여 $a-b$의 값을 구하시오.

(1) $(2^2 \times 3) \times a$가 어떤 자연수의 제곱인 수가 되려면
$a = 3, 3 \times 2^2, 3 \times 3^2, \ldots$, 즉 $a = 3 \times (\text{자연수})^2$
(2) $(2^2 \times 3) \div a$가 어떤 자연수의 제곱인 수가 되려면
$a = 3, 3 \times 2^2$

0063 대표 문제

75에 자연수 x를 곱하여 어떤 자연수의 제곱이 되도록 할 때, 다음 중 x의 값이 될 수 없는 것은?

① 3　　　　② 4　　　　③ 12
④ 27　　　⑤ 75

0064 ●●●●

432를 자연수 x로 나누어 어떤 자연수의 제곱이 되도록 할 때, 다음 중 x의 값이 될 수 없는 것은?

① 3　　　　② 12　　　③ 27
④ 108　　　⑤ 216

0065 ●●●● 수매씽 Pick!

125에 자연수를 곱하여 어떤 자연수의 제곱이 되도록 할 때, 곱할 수 있는 자연수 중 두 번째로 작은 자연수를 구하시오.

0066 ●●●●

288을 3의 배수 x로 나누어 어떤 자연수의 제곱이 되도록 할 때, x의 값이 될 수 있는 수를 모두 구하시오.

자연수 A가
$A = a^m \times b^n$ (a, b는 서로 다른 소수, m, n은 자연수)
으로 소인수분해 될 때, A의 약수는
$(a^m$의 약수$) \times (b^n$의 약수$)$

0067 대표 문제

다음 중 60의 약수가 아닌 것은?

① 2^2　　　　② 5　　　　③ 2×3
④ $2^2 \times 5$　　⑤ $3^2 \times 5$

0068 ●●●●

아래 표를 이용하여 72의 약수를 구하려고 한다. 다음 중 옳지 않은 것은?

×	1	2	2^2	(가)
1	1	2	2^2	
3	3	2×3	(나)	
3^2	3^2	2×3^2	$2^2 \times 3^2$	(다)

① 72를 소인수분해 하면 $2^3 \times 3^2$이다.
② (가)에 알맞은 수는 2^3이다.
③ (나)에서 12가 72의 약수임을 알 수 있다.
④ $2^4 \times 3^2$이 72의 약수임을 알 수 있다.
⑤ (다)는 72의 약수 중 가장 큰 수이다.

0069 ●●●●

$A = 2^2 \times 3^2 \times 5$일 때, A의 약수 중 두 번째로 큰 수를 구하시오.

0070 ●●●● 서술형

소인수분해를 이용하여 225의 약수 중 3의 배수를 모두 구하시오.

유형 11 **약수의 개수 구하기** ∞ 개념 01-2

a, b는 서로 다른 소수이고, m, n은 자연수일 때
(1) a^m의 약수의 개수 ⇨ $m+1$
(2) $a^m \times b^n$의 약수의 개수 ⇨ $(m+1) \times (n+1)$

0071 대표 문제

100의 약수의 개수를 a, 189의 약수의 개수를 b라 할 때, $a+b$의 값은?

① 15　　　② 16　　　③ 17
④ 18　　　⑤ 19

0072 ●●●●

6×24의 약수의 개수를 구하시오.

0073 ●●●● 수매씽 Pick!

다음 중 168과 약수의 개수가 같은 것은?

① 150　　　② 243　　　③ 270
④ $2 \times 3^2 \times 5^2$　　　⑤ $2^3 \times 5^4$

0074 ●●●●

$\dfrac{200}{x}$이 자연수가 되도록 하는 자연수 x의 개수는?

① 8　　　② 9　　　③ 10
④ 12　　　⑤ 15

유형 12 **약수의 개수가 주어질 때 지수 구하기** ∞ 개념 01-2

$2^3 \times 3^a$의 약수의 개수가 12일 때, 자연수 a의 값 구하기
⇨ $(3+1) \times (a+1) = 12$
　$a+1 = 3$　　∴ $a = 2$

0075 대표 문제

$3^a \times 5^3$의 약수의 개수가 24일 때, 자연수 a의 값은?

① 2　　　② 3　　　③ 4
④ 5　　　⑤ 6

0076 ●●●●

$2^n \times 9$의 약수의 개수가 12일 때, 자연수 n의 값은?

① 1　　　② 2　　　③ 3
④ 4　　　⑤ 5

0077 ●●●●

$2^3 \times 3^a$, $2 \times 5^2 \times 7^b$의 약수의 개수가 각각 12, 18일 때, $3^a \times 5^b$의 약수의 개수를 구하시오. (단, a, b는 자연수이다.)

0078 ●●●● 서술형

360과 $3^2 \times 5^a \times 7$의 약수의 개수가 같을 때, 자연수 a의 값을 구하시오.

발전 유형 13 약수의 개수가 주어질 때 가능한 수 구하기 개념 01-2

$a^m \times \square$ (a는 소수, m은 자연수)의 약수의 개수가 주어지면
(i) $\square$가 a의 거듭제곱 꼴인 경우
(ii) $\square$가 a의 거듭제곱 꼴이 아닌 경우
로 나누어 생각한다.
이때 보기가 주어진 경우에는 그 수를 안에 넣고 약수의 개수를 구하여 비교하는 것이 더 편리하다.

0079 대표 문제

$2^4 \times 3 \times n$의 약수의 개수가 20일 때, 다음 중 자연수 n의 값이 될 수 없는 것은?

① 5   ② 6   ③ 7
④ 9   ⑤ 11

0080 ●●●● 수매씽 Pick!

$54 \times n$의 약수의 개수가 16일 때, 다음 중 자연수 n의 값이 될 수 있는 것을 모두 고르면? (정답 2개)

① 2   ② 3   ③ 4
④ 5   ⑤ 6

0081 ●●●●

소인수가 2개인 자연수 $3^2 \times n$의 약수의 개수가 12일 때, 다음 중 자연수 n의 값이 될 수 없는 것은?

① 8   ② 12   ③ 55
④ 75   ⑤ 135

발전 유형 14 범위가 주어진 자연수의 약수의 개수 개념 01-2

$2^2 \times \square$의 약수의 개수가 6일 때,
$6 = 5 + 1$ 또는 $6 = 3 \times 2 = (2+1) \times (1+1)$이므로
다음과 같이 2가지 꼴로 나누어 구한다.
(i) $2^2 \times \square = 2^5$에서 $\square = 2^3$
(ii) $2^2 \times \square = 2^2 \times$ (2를 제외한 소수)에서 $\square = 3, 5, 7, \ldots$

0082 대표 문제

150 이하의 자연수 중에서 약수의 개수가 3인 자연수의 개수를 구하시오.

0083 ●●●●

약수의 개수가 9인 가장 작은 자연수를 구하시오.

0084 ●●●●

50 이하의 자연수 중에서 약수의 개수가 8인 모든 자연수의 곱을 k라 할 때, k의 소인수의 개수를 구하시오.

0085 ●●●●

다음 조건을 모두 만족시키는 20 이하의 자연수 n의 값을 모두 구하시오.

㉮ n의 약수의 개수는 4이다.
㉯ $8 \times n$의 약수의 개수는 10이다.

학교 시험 꽉 잡기

0086
다음 중 (소수, 합성수)로 바르게 짝 지어지지 <u>않은</u> 것은?

① $(2, 46)$ ② $(37, 51)$ ③ $(17, 99)$
④ $(27, 39)$ ⑤ $(41, 126)$

0087
480의 소인수를 모두 구한 것은?

① 2^5 ② 2, 3   ③ 2, 3, 5
④ 2^5, 3, 5   ⑤ 1, 2, 3, 5

0088
300을 소인수분해 하면 $2^a \times 3^b \times 5^c$일 때, 세 자연수 a, b, c에 대하여 $a+b+c$의 값을 구하시오.

0089
자연수 a보다 작은 소수가 5개일 때, a가 될 수 있는 수의 개수를 구하시오.

0090 빈출
다음 중 옳은 것은?

① 1은 합성수이다.
② 소수는 모두 홀수이다.
③ 소수는 약수가 2개이다.
④ 모든 자연수는 소수 또는 합성수이다.
⑤ 30보다 작은 소수는 8개이다.

0091
선생님께 한 달 동안 매일 사탕을 받기로 하였다. 첫째 날에는 1개, 둘째 날에는 3개, 셋째 날에는 9개, 넷째 날에는 27개, …와 같은 규칙으로 사탕을 받는다고 할 때, 스무번째 날 받는 사탕의 개수는?

① 3^{10} ② 3^{15} ③ 3^{18}
④ 3^{19} ⑤ 3^{20}

0092
$2^a = 64$, $5^3 = b$를 만족시키는 두 자연수 a, b에 대하여 $a+b$의 값을 구하시오.

0093

다음 중 두 자연수 a, b에 대하여 $a \times b = 90$을 만족시키는 a의 값이 될 수 있는 수를 모두 고르면? (정답 2개)

① 3^2 ② $2^2 \times 3$ ③ $3^2 \times 5$

④ 2×5^2 ⑤ $2^2 \times 3 \times 5$

0094 빈출

다음 중 약수의 개수가 가장 적은 것은?

① 2×5^2 ② $2 \times 5 \times 7$ ③ 100

④ $3^2 \times 5^2$ ⑤ 189

0095

240을 어떤 자연수로 나누면 나누어떨어진다고 한다. 이때 어떤 자연수의 개수를 구하시오.

0096 빈출

84의 약수의 개수를 a, 모든 소인수의 합을 b라 할 때, $a+b$의 값을 구하시오.

0097

$3 \times 3 \times 5 \times 5 \times 5 \times 5 = 3^a \times 5^b$을 만족시키는 두 자연수 a, b에 대한 설명으로 보기에서 옳은 것을 모두 고르시오.

┤ 보기 ├
ㄱ. a는 소수이고, b는 합성수이다.
ㄴ. a 이상 b 이하의 자연수 중 소수의 개수는 2이다.
ㄷ. 10 이하의 자연수 중 약수의 개수가 a인 모든 수의 합은 17이다.

0098

135에 자연수를 곱하여 어떤 자연수의 제곱이 되도록 할 때, 곱할 수 있는 자연수 중 세 번째로 작은 자연수는?

① 15   ② 60   ③ 90

④ 135   ⑤ 150

0099

$2^a \times 3^b \times 5^2$의 약수의 개수가 30일 때, 두 자연수 a, b에 대하여 $a+b$의 값은?

① 3   ② 4   ③ 5

④ 6   ⑤ 7

0100 빈출

216과 $2^a \times 3 \times 5$의 약수의 개수가 같을 때, 자연수 a의 값은?

① 1 ② 2 ③ 3
④ 4 ⑤ 5

0101

$2^2 \times \square$의 약수의 개수가 12일 때, 다음 중 $\square$ 안에 들어갈 수 있는 자연수를 모두 고르면? (정답 2개)

① 8 ② 10 ③ 18
④ 3^3 ⑤ 7^2

0102

14는 서로 다른 두 소수 a와 b의 합으로 나타낼 수 있다. b 이하의 자연수 중 약수의 개수가 a 이상인 수는 모두 몇 개인지 구하시오. (단, $a<b$)

서술형 문제

0103

자연수 N의 모든 소인수의 합을 $<N>$이라 할 때, $<10>+<60>$의 값을 구하시오.

> 풀이

0104

지우는 자신의 통장 비밀번호를 다음과 같은 방법으로 정하기로 하였다. 지우의 생일이 4월 2일일 때, 지우의 통장 비밀번호를 구하시오.

[1단계] 생일이 10월 5일이라면 105를 소인수분해 한다.
⇨ $105 = 3 \times 5 \times 7$
[2단계] 모든 소인수의 합을 구한다. ⇨ $3+5+7=15$
[3단계] 월, 일, 소인수의 합 순서로 비밀번호를 정한다.
⇨ 10515

> 풀이

0105

다음은 392를 소인수분해 하는 과정을 나타낸 것이다. 물음에 답하시오.

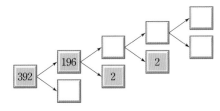

(1) $\square$ 안에 알맞은 수를 써넣으시오.
(2) 392의 약수의 개수를 구하시오.

> 풀이

0106 수학 문해력 UP '겹'은 면과 면이 그 수만큼 거듭됨을 나타내는 말이에요.   유형 03

규리는 친구들에게 다음과 같은 이야기를 종종 하였다.

> 난 수학자들의 방법으로 종이를 접어 지구에서 달까지 닿을 수 있어. 이유는 다음과 같아.
> 종이를 ❶1번 접으면 2겹, 2번 접으면 (2×2)겹,
> 3번 접으면 $(2 \times 2 \times 2)$겹이야.
> 이런 거듭제곱의 원리를 이용해서 몇 번 더 종이를 접으면 지구에서 거리가 약 383000 km인 달까지 닿을 수 있어.
> └ 단위에 주의한다.

다음 보기에서 옳은 것을 모두 고르시오.

┌ 보기 ┐
ㄱ. 종이를 5번 접으면 (2×5)겹이다.
ㄴ. 2^{30}겹인 종이를 한 번 더 접으면 2^{31}겹이다.
ㄷ. 종이를 20번 접었을 때 두께는 종이를 10번 접었을 때의 두께의 2배이다.
ㄹ. 두께가 0.1 cm인 종이를 39번 접으면 달에 닿을 수 있다. (단, $2^{39} = 549755813888$)

해결 전략 ❶ 종이를 한 번 더 접을 때마다 그 겹 수는 2씩 곱해진다.

종이를 접은 횟수	1	2	3	4	⋯
겹 수	2	2×2	$2 \times 2 \times 2$	$2 \times 2 \times 2 \times 2$	⋯

$\times 2$ $\times 2$ $\times 2$

0107 두 자리 수 A 다음에 두 자리 수 B를 연결하여 네 자리 수를 만들어요.   유형 10

도윤이는 다음 조건을 모두 만족시키는 서로 다른 두 자리 자연수 A, B를 나란히 적어 네 자리 비밀번호를 만들었다. 도윤이의 비밀번호를 구하시오. (단, $A < B$)

㈎ $A \times B = 180$
㈏ 7은 $A + B$의 약수이다.

0108 목격자의 진술대로 앞의 두 수와 뒤의 두 수를 각각 구해 봐요.   유형 14

다음은 세 명의 목격자가 말하는 차량 번호에 대한 진술 내용이다. 진술 내용을 토대로 번호판의 네 자리 수를 구하시오.

> 목격자 A : 저는 앞의 두 자리 수를 보았는데 약수의 개수가 5인 수였어요.
> 목격자 B : 저는 뒤의 두 자리 수를 보았는데 약수의 개수가 7인 수였어요.
> 목격자 C : 뒤의 두 자리 수가 앞의 두 자리 수의 배수였어요.

0109 문제 카드에서 가장 먼저 구할 수 있는 수를 찾고, 찾은 수가 어떤 문제 카드에 사용될 수 있는지 생각해 봐요.   유형 05 ● 유형 14

다음 4장의 문제 카드에 적힌 문제를 풀어 네 자연수 A, B, C, D의 값을 구하려고 한다. 물음에 답하시오.

> 문제 카드 1
> 자연수 $C - B$는 어떤 수의 제곱이 되는 가장 작은 세 자리 수이다.

> 문제 카드 2
> $\dfrac{B}{A}$를 가장 작은 소수로 만드는 수는 B이다.

> 문제 카드 3
> 자연수 $45 \times A$를 어떤 수의 제곱이 되게 하는 가장 작은 수는 A이다.

> 문제 카드 4
> $D + C$는 약수가 4개인 세 자리 수 중 가장 크다.

⑴ A, B, C, D의 값을 구하기 위해 풀어야 하는 문제 카드의 순서를 정하시오.

⑵ $-A + B - C + D$를 소인수분해 하시오.

쉼

너에게
소중한 것은
뭐야?

02 최대공약수와 최소공배수

02 1 최대공약수 ∞유형 01 ~ 유형 05

(1) 최대공약수

① 공약수 : 두 개 이상의 자연수의 공통인 약수

② 최대공약수 : 공약수 중에서 가장 큰 수

③ 최대공약수의 성질 : 공약수는 최대공약수의 약수이다.

예 6의 약수 : 1, 2, 3, 6
8의 약수 : 1, 2, 4, 8 ⟹ 공약수 : 1, 2
↑
최대공약수

(2) 서로소 : 최대공약수가 1인 두 자연수

예 2와 3은 최대공약수가 1이다. 즉, 2와 3은 서로소이다.

(3) 소인수분해를 이용하여 최대공약수 구하기

❶ 각각의 자연수를 소인수분해 한다.

❷ 공통인 소인수를 모두 곱한다.
└─거듭제곱의 지수가 작거나 같은 것

예 $12 = 2^2 \times 3$
$30 = 2 \times 3 \times 5$
─────────────
$2 \times 3 = 6$

비법 NOTE

● 공약수로 나누어 최대공약수를 구할 수도 있다.
❶ 1이 아닌 공약수로 몫이 서로소가 될 때까지 각 수를 계속 나눈다.
❷ 나눈 공약수를 모두 곱한다.
예 2) 12 30
　 3) 6 15
　　　 2 5

개념 잡기

0110 다음을 구하시오.

(1) 28의 약수

(2) 42의 약수

(3) 28과 42의 공약수

(4) 28과 42의 최대공약수

(5) 28과 42의 최대공약수의 약수

[0111~0114] 최대공약수가 다음과 같은 두 자연수의 공약수를 모두 구하시오.

0111 6

0112 8

0113 10

0114 21

[0115~0118] 다음 중 두 수가 서로소인 것에 ○표, 서로소가 아닌 것에 ×표 하시오.

0115 3, 7 　　　　　　　　　　(　　)

0116 6, 9 　　　　　　　　　　(　　)

0117 15, 28 　　　　　　　　　(　　)

0118 33, 132 　　　　　　　　　(　　)

[0119~0122] 다음 수들의 최대공약수를 구하시오.

0119 32, 68

0120 30, 42, 60

0121 $2 \times 3^2 \times 5^3$, $3^4 \times 5$

0122 $3^3 \times 5^2$, $2 \times 3^2 \times 5$, $2 \times 3^3 \times 5 \times 7$

02 ❷ 최소공배수 ⊂유형 06 ~ 유형 14⊃

(1) 최소공배수
① 공배수 : 두 개 이상의 자연수의 공통인 배수
② 최소공배수 : 공배수 중에서 가장 작은 수

예 6의 배수 : 6, 12, 18, 24, 30, 36, 42, 48, …
8의 배수 : 8, 16, 24, 32, 40, 48, … ⟩⇨ 공배수 : 24, 48, …

최소공배수

③ 최소공배수의 성질 : 공배수는 최소공배수의 배수이다.

(2) 소인수분해를 이용하여 최소공배수 구하기
❶ 각각의 자연수를 소인수분해 한다.
❷ 공통인 소인수와 공통이 아닌 소인수를 모두 곱한다.
　└─ 거듭제곱의 지수가 크거나 같은 것

예
$$12 = 2^2 \times 3$$
$$21 = \quad\ 3 \quad\quad \times 7$$
$$30 = 2 \times 3 \times 5$$
$$\overline{\qquad\qquad\qquad\qquad} $$
$$2^2 \times 3 \times 5 \times 7 = 420$$

(3) 최대공약수와 최소공배수의 관계
두 자연수 A, B의 최대공약수를 G, 최소공배수를 L이라 할 때
① $A = G \times a$, $B = G \times b$ (단, a, b는 서로소이다.)
② $L = G \times a \times b$
③ $A \times B = G \times L$

0123 다음을 구하시오.
(1) 12의 배수
(2) 16의 배수
(3) 12와 16의 공배수
(4) 12와 16의 최소공배수
(5) 12와 16의 최소공배수의 배수

[0124~0127] 최소공배수가 다음과 같은 두 자연수의 공배수를 작은 수부터 차례대로 3개만 구하시오.

0124 5

0125 12

0126 26

0127 35

[0128~0131] 다음 수들의 최소공배수를 구하시오.

0128 25, 75

0129 27, 30, 36

0130 3×5, $2 \times 3^2 \times 5$

0131 $2^2 \times 3$, $2 \times 3 \times 5$, $2^3 \times 3^2 \times 5$

0132 두 자연수 A와 120의 최대공약수가 12, 최소공배수가 360일 때, 자연수 A의 값을 구하시오.

유형 다 잡기

유형 01 최대공약수 구하기 ∞ 개념 02-1

소인수분해를 이용하여 최대공약수 구하기

$$30 = 2 \times 3 \times 5$$
$$72 = 2^3 \times 3^2$$
$$\text{(최대공약수)} = 2 \times 3$$

지수가 작거나 같은 것

0133 대표 문제

두 수 $2^3 \times 3^2 \times 5^3$, $2 \times 3^3 \times 5^2$의 최대공약수가 $2 \times 3^a \times 5^b$일 때, 두 자연수 a, b에 대하여 $a \times b$의 값을 구하시오.

0134 ●●●●

세 수 3×5^2, $2 \times 3 \times 5^2$, 180의 최대공약수는?

① 3　　　　② 5　　　　③ 15
④ 30　　　　⑤ 45

0135 ●●●●

세 수 $2 \times 3^2 \times 5^3$, 360, 900의 최대공약수가 $2^a \times 3^b \times 5^c$일 때, 세 자연수 a, b, c에 대하여 $a+b+c$의 값을 구하시오.

0136 ●●●● 서술형

두 수 84, $2 \times a \times 7$의 최대공약수가 42일 때, a가 될 수 있는 한 자리 자연수를 모두 구하시오.

유형 02 서로소 ∞ 개념 02-1

(1) 최대공약수가 1인 두 자연수는 서로소이다.
(2) 연속한 두 자연수, 두 소수 ⇨ 항상 서로소이다.

0137 대표 문제

다음 중 두 수가 서로소인 것은?

① 14, 56　　　② 17, 20　　　③ 18, 24
④ 22, 70　　　⑤ 91, 133

0138 ●●●●

다음 중 8과 서로소인 수의 개수는?

1, 2, 3, 4, 5, 6, 7, 9, 10, 11, 12

① 4　　　　② 5　　　　③ 6
④ 7　　　　⑤ 8

0139 ●●●●

다음 보기에서 두 수가 서로소인 것을 모두 고르시오.

┤ 보기 ├
ㄱ. $2 \times 3 \times 5$, 3×11　　　ㄴ. $3^2 \times 11$, $2 \times 5 \times 7$
ㄷ. 22, 143　　　ㄹ. 21, 13×17

0140 ●●●● 수매씽 Pick!

다음 중 옳지 않은 것은?

① 22와 35는 서로소이다.
② 서로 다른 두 소수는 항상 서로소이다.
③ 두 자연수의 최대공약수가 1일 때, 두 수는 서로소이다.
④ 1은 모든 자연수와 서로소이다.
⑤ 두 홀수는 서로소이다.

유형 03 공약수와 최대공약수 🔗 개념 02-1

(1) (공약수)=(최대공약수의 약수)

(2) (공약수의 개수)=(최대공약수의 약수의 개수)

0141 대표 문제

다음 중 두 수 $3^2 \times 5^2 \times 7^3$, $2 \times 3^2 \times 5^3 \times 7$의 공약수가 <u>아닌</u> 것은?

① 5×7 ② $3 \times 5 \times 7$ ③ $3 \times 5^2 \times 7$

④ $3^2 \times 5 \times 7$ ⑤ $3^2 \times 5^2 \times 7^2$

0142 ●●●● 서술형

다음은 네 명의 학생이 최대공약수가 120인 두 자연수 A, B의 공약수를 적은 것이다. 잘못 적은 학생을 찾고, 그 이유를 쓰시오.

준혁 $2^2 \times 3$

예린 $2^3 \times 3^2$

준서 $2^3 \times 3$

서현 $2^2 \times 3 \times 5$

0143 ●●●● 수매씽 Pick!

두 자연수 A, B의 최대공약수가 150일 때, 두 수 A, B의 공약수의 개수를 구하시오.

0144 ●●●●

다음 조건을 모두 만족시키는 세 자연수 A, B, C의 최대공약수를 구하시오.

> (개) 두 수 A, B의 최대공약수는 35이다.
> (내) 두 수 B, C의 최대공약수는 14이다.

유형 04 자연수로 나누기 🔗 개념 02-1

어떤 수로 A를 나누면 2가 남고, B를 나누면 2가 부족하다.

⇨ $A-2$, $B+2$는 어떤 수로 나누어떨어진다.

⇨ 어떤 수 : $A-2$, $B+2$의 공약수

⇨ 어떤 수 중 가장 큰 수 : $A-2$, $B+2$의 최대공약수

0145 대표 문제

어떤 자연수로 38을 나누면 2가 남고, 76, 94를 각각 나누면 모두 4가 남는다고 한다. 어떤 자연수 중 가장 큰 수를 구하시오.

0146 ●●●●

어떤 자연수로 38을 나누면 나머지가 2이고, 85를 나누면 나머지가 1이다. 어떤 자연수 중 가장 큰 수를 구하시오.

0147 ●●●●

어떤 자연수로 112를 나누면 4가 남고, 70을 나누면 2가 부족하다. 어떤 자연수가 될 수 <u>없는</u> 것은?

① 8 ② 9 ③ 12

④ 18 ⑤ 36

0148 ●●●●

어떤 자연수로 76을 나누면 나머지가 4이고, 46, 58을 각각 나누면 2가 부족하다. 어떤 자연수 중 가장 큰 수를 구하시오.

다음 표현이 있는 문제는 최대공약수를 이용하여 해결할 수 있다.
⇨ 가장 큰, 가능한 한 많은, 최대한, 남김없이 나눈다.

0149 대표 문제

마카롱 24개, 쿠키 60개, 약과 72개를 학생들에게 똑같이 나누어 주려고 한다. 최대 몇 명에게 나누어 줄 수 있는지 구하시오.

0150 ●●●●

같은 크기의 정육면체 모양의 블록을 빈틈없이 쌓아서 오른쪽 그림과 같이 가로의 길이가 64 cm, 세로의 길이가 32 cm, 높이가 56 cm인 직육면체가 되게 하려고 한다. 되도록 큰 블록을 사용할 때, 블록의 한 모서리의 길이를 구하시오.

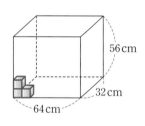

0151 ●●●●

가로의 길이가 20 m, 세로의 길이가 12 m인 직사각형 모양의 화단의 둘레에 일정한 간격으로 화분을 놓으려고 한다. 화단의 네 모퉁이에는 반드시 화분을 놓고, 화분 사이의 간격이 최대가 되도록 할 때, 필요한 화분의 수는?

① 12   ② 13   ③ 14
④ 15   ⑤ 16

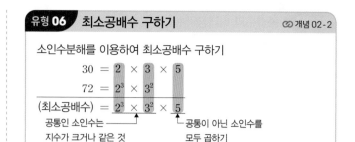

소인수분해를 이용하여 최소공배수 구하기
$$30 = 2 \times 3 \times 5$$
$$72 = 2^3 \times 3^2$$
$$(최소공배수) = 2^3 \times 3^2 \times 5$$
공통인 소인수는 ── 지수가 크거나 같은 것
└─ 공통이 아닌 소인수를 모두 곱하기

0152 대표 문제

두 수 $2^3 \times 3$, $2^2 \times 3 \times 7$의 최소공배수는?

① $2 \times 3^2 \times 7$ ② $2^2 \times 3 \times 7$
③ $2^3 \times 3 \times 7$ ④ $2^3 \times 3^2 \times 7$
⑤ $2^3 \times 3 \times 7^2$

0153 ●●●●

세 수 $2^2 \times 3$, $2^2 \times 5$, 90의 최소공배수를 구하시오.

0154 ●●●● 수매씽 Pick!

두 수 $2^2 \times 3^4 \times 7$, $2 \times 3^3 \times 5^2$의 최소공배수가 $2^2 \times 3^a \times 5^b \times 7$일 때, 두 자연수 a, b에 대하여 $a+b$의 값을 구하시오.

0155 ●●●●

세 수 $2 \times 3^3 \times 5^2$, 180, $2^2 \times 3 \times 5^2 \times 7$의 최소공배수가 $2^a \times 3^b \times 5^c \times 7$일 때, 세 자연수 a, b, c에 대하여 $a+b+c$의 값을 구하시오.

유형 07 공배수와 최소공배수　🔗 개념 02-2

공배수는 최소공배수를 구한 후 최소공배수의 배수를 찾으면 된다.
⇨ (공배수)=(최소공배수의 배수)

0156 [대표 문제]

두 자연수의 최소공배수가 600일 때, 다음 중 이 두 수의 공배수가 아닌 것은?

① $2^3 \times 3 \times 5^2$　　　② $2^4 \times 3 \times 5^2$
③ $2^3 \times 3^2 \times 5^2$　　　④ $2^3 \times 3^2 \times 5 \times 7$
⑤ $2^4 \times 3 \times 5^3 \times 7$

0157 ●●●● [수매씽 Pick!]

두 자연수의 최소공배수가 40일 때, 이 두 수의 공배수 중 500보다 작은 자연수의 개수는?

① 10　　　② 11　　　③ 12
④ 13　　　⑤ 14

0158 ●●●●

두 수 $2^2 \times 3 \times 5$, 2×3^2의 공배수 중 1000에 가장 가까운 수를 구하시오.

0159 ●●●●

세 수 12, 20, 35의 공배수 중 가장 큰 세 자리 자연수를 구하시오.

유형 08 미지수가 포함된 세 수의 최소공배수　🔗 개념 02-2

공약수로 나누는 방법을 이용한다.
예 세 자연수 $3 \times x$, $4 \times x$, $5 \times x$의 최소공배수가 120일 때,
　 x의 값 구하기
　$x \underline{)\ 3 \times x \quad 4 \times x \quad 5 \times x}$
　　　　 $3 \qquad 4 \qquad 5$　⇨ (최소공배수)$= x \times 3 \times 4 \times 5$
　$x \times 3 \times 4 \times 5 = 120$이므로 $x = 2$

0160 [대표 문제]

세 자연수의 비가 $2 : 3 : 5$이고 이 세 수의 최소공배수가 510일 때, 세 자연수 중 가장 작은 수를 구하시오.

0161 ●●●●

세 자연수 $3 \times x$, $5 \times x$, $10 \times x$의 최소공배수가 180일 때, x의 값을 구하시오.

0162 ●●●●

세 자연수의 비가 $2 : 5 : 8$이고 이 세 수의 최소공배수가 480일 때, 세 수의 합을 구하시오.

0163 ●●●●

세 자연수의 비가 $6 : 7 : 14$이고 이 세 수의 최소공배수가 252일 때, 세 자연수의 최대공약수를 구하시오.

	최대공약수	최소공배수
구하는 방법	공통인 소인수를 모두 곱하기	소인수를 모두 곱하기
거듭제곱의 지수 선택하기	지수가 작거나 같은 것	지수가 크거나 같은 것

0164 (대표 문제)

두 수 $2^a \times 3 \times b$, $2^2 \times 5 \times 7^c$의 최대공약수가 $2^2 \times 5$, 최소공배수가 $2^3 \times 3 \times 5 \times 7^2$일 때, 세 자연수 a, b, c의 값은?

(단, b는 소수이다.)

① $a=2$, $b=3$, $c=2$ ② $a=2$, $b=5$, $c=3$

③ $a=3$, $b=5$, $c=2$ ④ $a=3$, $b=5$, $c=3$

⑤ $a=5$, $b=7$, $c=3$

0165 ●●●○ (수매씽 Pick!)

세 수 $2^4 \times 5^4$, $2^a \times 3 \times 5^3$, $2^5 \times 5^2 \times 7$의 최대공약수가 $2^3 \times 5^b$, 최소공배수가 $2^5 \times 3 \times 5^c \times 7$일 때, 세 자연수 a, b, c에 대하여 $a+b+c$의 값은?

① 7   ② 8   ③ 9

④ 10   ⑤ 11

0166 ●●●○

두 수 $2^a \times 3^2 \times b$, $3^c \times d \times 7$의 최대공약수가 3×7, 최소공배수가 $2^3 \times 3^2 \times 5 \times 7$일 때, 네 자연수 a, b, c, d에 대하여 $a \times b + c \times d$의 값을 구하시오.

(단, b, d는 소수이다.)

0167 ●●●○ (서술형)

두 수 $2^a \times 3 \times 5^2$, $2 \times 3^b \times 5$의 최소공배수가 $2^3 \times 3^3 \times 5^2$, 최대공약수가 N일 때, 두 자연수 a, b에 대하여 $a+b+N$의 값을 구하시오.

A와 2×5의 최소공배수가 $2^2 \times 3 \times 5$이다.
⇨ ┌ A는 $2^2 \times 3$의 배수이다.
　 └ A는 $2^2 \times 3 \times 5$의 약수이다.

0168 (대표 문제)

두 자연수 A, 40의 최소공배수가 $2^3 \times 3^2 \times 5$일 때, 다음 중 A가 될 수 없는 수는?

① 9   ② 18   ③ 36

④ 45   ⑤ 75

0169 ●●●○ (서술형)

다음 조건을 모두 만족시키는 자연수 A의 값을 구하시오.

> ㈎ 두 수 A, 72의 최소공배수는 $2^4 \times 3^2 \times 5$이다.
> ㈏ A는 300 이하의 세 자리 자연수이다.

0170 ●●●○

세 자연수 A, 18, $2^3 \times 3$의 최소공배수가 $2^3 \times 3^3$일 때, 가장 작은 자연수 A의 값을 구하시오.

0171 ●●●○

세 자연수 N, $2^3 \times 3 \times 5$, $2^2 \times 3^2 \times 5^a \times 7$의 최대공약수가 $2^2 \times 3 \times 5$, 최소공배수가 $2^4 \times 3^2 \times 5 \times 7^2$일 때, $N \div 70$의 값을 모두 구하시오. (단, a는 자연수이다.)

유형 11 자연수를 나누기 ◎ 개념 02-2

(1) 나머지가 같을 때
　어떤 수를 a, b, c로 나누면 나머지가 모두 ①
　⇨ 어떤 수 : (a, b, c의 공배수)➕1
(2) 나머지가 다를 때
　어떤 수를 a, b, c로 나눈 나머지가 각각 $a-2$, $b-2$, $c-2$
　⇨ 어떤 수 : (a, b, c의 공배수)➖2

0172 대표 문제

3, 5, 7의 어떤 수로 나누어도 항상 1이 남는 자연수 중 가장 작은 수를 구하시오.

0173 ●●●●

4로 나누면 3이 남고, 5로 나누면 4가 남고, 6으로 나누면 5가 남는 자연수 중 가장 작은 수를 구하시오.

0174 ●●●●

170 이상 190 이하인 자연수 중 5, 6의 어떤 수로 나누어도 항상 2가 남는 자연수를 구하시오.

0175 ●●●●

다음 조건을 모두 만족시키는 100 이하의 자연수를 구하시오.

㉮ 3으로 나누면 1이 남는다.
㉯ 5로 나누면 3이 남는다.
㉰ 6으로 나누면 4가 남는다.
㉱ 8로 나누면 나누어떨어진다.

유형 12 분수를 자연수로 만들기 ◎ 개념 02-2

(1) $\dfrac{1}{A} \times \square$, $\dfrac{1}{B} \times \square$가 자연수 ⇨ $\square$는 A와 B의 공배수
(2) $\dfrac{A}{\triangle}$, $\dfrac{B}{\triangle}$가 자연수 ⇨ $\triangle$는 A와 B의 공약수
(3) $\dfrac{B}{A} \times \dfrac{\square}{\triangle}$, $\dfrac{D}{C} \times \dfrac{\square}{\triangle}$가 자연수 ⇨ $\dfrac{\square}{\triangle} = \dfrac{(A,\, C\text{의 공배수})}{(B,\, D\text{의 공약수})}$

0176 대표 문제

두 분수 $\dfrac{1}{18}$, $\dfrac{1}{30}$의 어느 것에 곱하여도 자연수가 되게 하는 가장 작은 자연수를 구하시오.

0177 ●●●●

세 분수 $\dfrac{1}{4}$, $\dfrac{1}{10}$, $\dfrac{1}{15}$의 어느 것에 곱하여도 자연수가 되게 하는 가장 작은 자연수를 구하시오.

0178 ●●●● 수매씽 Pick!

두 분수 $\dfrac{32}{n}$, $\dfrac{56}{n}$이 모두 자연수가 되게 하는 자연수 n의 개수는?

① 1　　　　② 2　　　　③ 3
④ 4　　　　⑤ 5

0179 ●●●●

두 분수 $\dfrac{28}{15}$, $\dfrac{35}{12}$의 어느 것에 곱하여도 자연수가 되게 하는 분수 중 가장 작은 기약분수를 구하시오.

| 유형 13 | 최소공배수의 실생활 문제 | ⊗ 개념 02-2 |

다음 표현이 있는 문제는 최소공배수를 이용하여 해결할 수 있다.
⇨ 가장 작은, 가능한 한 적은, 최소한, 다시 동시에 출발하는

0180 (대표 문제)

어느 관광지를 구경하려면 관광지 입구에서 30분 간격으로 출발하는 관광 열차를 이용하거나 50분 간격으로 출발하는 유람선을 이용해야 한다. 오전 9시에 관광 열차와 유람선이 동시에 출발하였을 때, 처음으로 다시 동시에 출발하는 시각은?

① 오전 10시 30분   ② 오전 11시 30분
③ 오후 12시 30분   ④ 오후 1시 30분
⑤ 오후 2시 30분

0181 ●●●●

가로의 길이가 14 cm, 세로의 길이가 21 cm인 직사각형 모양의 종이를 같은 방향으로 겹치지 않게 이어 붙여서 가장 작은 정사각형 모양을 만들 때, 정사각형의 한 변의 길이는?

① 28 cm   ② 35 cm   ③ 42 cm
④ 49 cm   ⑤ 56 cm

0182 ●●●●

서로 맞물려 도는 두 톱니바퀴 A, B에 대하여 A의 톱니가 12개, B의 톱니가 18개이다. 두 톱니바퀴가 회전하기 시작하여 처음으로 다시 같은 톱니에서 맞물릴 때까지 톱니바퀴 A는 몇 바퀴 회전해야 하는지 구하시오.

| 발전 유형 14 | 최대공약수와 최소공배수의 관계 | ⊗ 개념 02-2 |

두 자연수 $A=G\times a$, $B=G\times b$ (a, b는 서로소)의 최대공약수를 G, 최소공배수를 L이라 하면

(1) $L=\underset{B}{\overset{A}{G\times a\times b}}$

(2) (두 수의 곱)=(최대공약수)×(최소공배수)
⇨ $A\times B=(G\times a)\times(G\times b)=G\times L$

0183 (대표 문제)

두 자연수 A, $2^3\times3^2\times5$의 최대공약수가 72, 최소공배수가 $2^3\times3^4\times5$일 때, A의 값을 구하시오.

0184 ●●●● (수매씽 Pick!)

두 자연수 36, N의 최대공약수가 12, 최소공배수가 144일 때, N의 값을 구하시오.

0185 ●●●● (서술형)

두 자연수의 곱이 448이고 최대공약수가 8일 때, 다음 물음에 답하시오.

(1) 두 자연수의 최소공배수를 구하시오.

(2) 두 자연수의 합을 구하시오.

0186 ●●●●

두 자리 자연수 A, B의 최대공약수가 7, 최소공배수가 42일 때, 두 수의 합을 구하시오.

학교 시험 꽉 잡기

0187

다음 보기에서 두 수가 서로소인 것을 모두 고른 것은?

┌ 보기 ┐
ㄱ. 9, 11   ㄴ. 5, 12   ㄷ. 12, 15
ㄹ. 13, 26   ㅁ. 8, 13   ㅂ. 18, 27

① ㄱ, ㄴ, ㄹ   ② ㄱ, ㄴ, ㅁ   ③ ㄴ, ㄷ, ㅂ
④ ㄴ, ㄹ, ㅁ   ⑤ ㄷ, ㅁ, ㅂ

0188

세 수 2×3^2, $2^2 \times 3 \times 5$, $2 \times 3^3 \times 7$의 최대공약수와 최소공배수를 바르게 구한 것은?

	최대공약수	최소공배수
①	2×3	$2^2 \times 3^2 \times 5$
②	2×3^2	$2 \times 3^2 \times 5^2$
③	2×3	$2^2 \times 3^3 \times 5 \times 7$
④	2×3^2	$2 \times 3 \times 5 \times 7$
⑤	$2 \times 3 \times 5$	$2^2 \times 3^3 \times 5 \times 7$

0189

두 수 $2^2 \times 3^a \times 5$, $2^3 \times 3^3 \times 5^b$의 최대공약수가 $2^2 \times 3^2 \times 5$, 최소공배수가 $2^3 \times 3^c \times 5^2$일 때, 세 자연수 a, b, c에 대하여 $a+b+c$의 값은?

① 6   ② 7   ③ 8
④ 9   ⑤ 10

0190

1보다 작은 분수 $\dfrac{x}{20}$가 기약분수가 되게 하는 자연수 x의 개수를 구하시오.

0191 빈출

다음 중 두 수 135, $2 \times 3^2 \times 5^2$의 모든 공약수의 합은?

① 48   ② 50   ③ 60
④ 65   ⑤ 78

0192

어떤 자연수로 143을 나누면 3이 남고, 173을 나누면 5가 남는다고 한다. 어떤 자연수 중 가장 큰 수와 가장 작은 수의 합은?

① 25   ② 28   ③ 30
④ 32   ⑤ 35

0193 빈출

두 자연수의 최소공배수가 $2^3 \times 7$일 때, 이 두 자연수의 공배수 중 300보다 작은 수의 개수를 구하시오.

0194

세 자연수 $3 \times x$, $6 \times x$, $7 \times x$의 최소공배수가 882일 때, 세 자연수 중 두 번째로 큰 수는?

① 63 　　　 ② 102 　　　 ③ 126

④ 144 　　　 ⑤ 180

0195

3, 4, 5의 어떤 수로 나누어도 항상 2가 남는 자연수 중 가장 작은 수는?

① 52 　　　 ② 58 　　　 ③ 62

④ 68 　　　 ⑤ 72

0196 빈출

어떤 자연수와 180의 최대공약수가 12, 최소공배수가 $2^3 \times 3^2 \times 5 \times 7$일 때, 어떤 자연수는?

① $2^2 \times 3$ 　　　 ② $2 \times 3 \times 7$ 　　　 ③ $2^2 \times 3^2$

④ $2^3 \times 3 \times 7$ 　　　 ⑤ $2^2 \times 3 \times 5 \times 7$

0197

두 자리 자연수 A, B의 최대공약수가 5, 최소공배수가 50일 때, $A+B$의 값을 구하시오.

0198 빈출

세 자연수 90, 120, N의 최대공약수가 15일 때, 소인수분해를 이용하여 N의 값이 될 수 있는 수 중 100 이하의 수는 모두 몇 개인지 구하시오.

0199

두 수 108, $2^2 \times 3 \times a$의 공약수의 개수가 9가 되도록 하는 자연수 a의 값을 구하시오.

0200 빈출

두 분수 $\dfrac{12}{35}$, $\dfrac{28}{45}$의 어느 것에 곱하여도 자연수가 되게 하는 가장 작은 기약분수를 $\dfrac{a}{b}$라 할 때, $a+b$의 값은?

① 298   ② 310   ③ 319

④ 323   ⑤ 325

0201

톱니의 수가 각각 24, 30, 48인 세 톱니바퀴 A, B, C가 서로 맞물려 회전하고 있다. 세 톱니바퀴가 회전하기 시작하여 처음으로 다시 같은 톱니에서 맞물릴 때까지 톱니바퀴 B는 몇 바퀴 회전해야 하는지 구하시오.

0202

5로 나누면 3이 남고, 6으로 나누면 4가 남고, 8로 나누면 6이 남는 세 자리 자연수 중 가장 작은 수와 가장 큰 수의 차는?

① 600   ② 660   ③ 720

④ 780   ⑤ 840

≡ 서술형 문제

0203

세 수 180, 360, 450의 최대공약수와 최소공배수를 구하려고 한다. 다음 물음에 답하시오.

⑴ 180, 360, 450을 각각 소인수분해 하시오.
⑵ 세 수의 최대공약수를 구하시오.
⑶ 세 수의 최소공배수를 구하시오.

> 풀이

0204

다음은 매미에 대한 글이다.

> 우리가 볼 수 있는 매미는 불과 2주에서 4주밖에 살지 못하지만 애벌레는 땅속에서 보통 2년에서 7년 정도 산다. 우리나라에 흔한 참매미와 유자매미의 삶의 주기는 5년이다. 매미가 삶의 주기를 5년으로 한 이유는 천적을 피하기 위해서라고 알려져 있다.

참매미가 5년에 한 번 활동하고 참매미의 천적은 3년에 한 번 활동한다고 하자. 2000년에 참매미와 천적이 동시에 활동하였다면 2020년 이후 처음으로 동시에 활동하는 해를 구하시오.

> 풀이

0205

두 자연수 A, B의 최대공약수가 2×3^2, 최소공배수가 $2 \times 3^2 \times 7$일 때, 두 수 $A+B$, $A-B$의 최대공약수를 구하시오. (단, $A > B$)

> 풀이

0206 수학 문해력 UP

'더미'는 많은 물건이 한데 모여 쌓인 덩어리를 뜻해요.

유형 01 ⊕ 유형 05

세 명의 친구는 다음 규칙에 따라 카드 놀이를 하고 있다.

┌ 규칙

❶ 소수 카드 더미와 합성수 카드 더미가 있다.

❷ 각자 합성수 카드 더미에서 카드 한 장씩을 고른다.

❸ 합성수를 소인수분해 한 후 소인수와 같은 카드를 소인수의 수만큼 소수 카드 더미에서 고른다. 예를 들어 소인수 2가 2개라면 소수 카드 2도 2장을 고른다.

❹ 세 사람이 동시에 가지고 있는 소수 카드를 모두 낸다.
└→ 모두 같은 카드를 가지고 있을 때

세 명의 친구가 각자 뽑은 합성수 카드가 60, 420, 126일 때, 물음에 답하시오.

(1) 세 명의 친구가 각각 골라야 할 소수 카드를 구하시오.
먼저 각 수를 소인수분해 한다. ←┘

(2) 세 사람이 동시에 가지고 있는 소수 카드를 구하시오.

(3) 60, 420, 126의 최대공약수를 구하시오.

해결 전략 소수 카드에 적힌 수는 소인수를, 소수 카드의 수는 소인수가 곱해진 개수를 의미한다.

0207

유형 13

서현이와 도윤이는 같은 미술학원에 다닌다. 서현이는 2일 동안 학원에 출석하고 하루를 쉬고, 도윤이는 3일 동안 학원에 출석하고 이틀을 쉰다. 서현이와 도윤이가 5월 1일에 처음 같이 학원에 출석했다고 할 때, 5월 한 달 동안 같이 출석한 날은 며칠인지 구하시오.
└→ 5월은 31일까지 있다.

(단, 5월 1일도 같이 출석한 날로 생각한다.)

 서현이는 3으로 나눠서 나머지가 1, 2인 날에 학원을 가고, 도윤이는 5로 나눠서 나머지가 1, 2, 3인 날에 학원을 가요.

0208

유형 13

예로부터 우리 조상은 하늘을 뜻하는 '십간'과 땅을 뜻하는 '십이지'를 다음 그림과 같이 두 톱니바퀴를 돌리며 맞추어 그 해의 이름을 나타내었다. 예를 들어 갑오년 다음 해는 을미년이다.

 십간 중 첫 번째인 '갑', 십이지 중 일곱 번째인 '오'를 짝 지어 조합, 그다음 해는 십간 중 두 번째인 '을', 십이지 중 여덟 번째인 '미'를 짝 지어 조합해요.

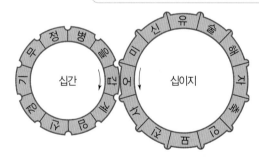

2020년은 경자년이다. 2143년은 무슨 해인지 구하시오.

II

정수와
유리수

학습 후 한번 더
확인하고 싶은 유형은 ☑

정수와 유리수

03 1 정수의 뜻 〈유형 01 ~ 유형 02〉

비법 NOTE

(1) 양수와 음수

서로 반대되는 성질을 가지는 양을 어떤 기준을 중심으로 한쪽은 '+', 반대쪽은 '−'를 붙여서 나타낼 수 있다. ⇨ + : 양의 부호, − : 음의 부호

예 영상 4 ℃ : +4 ℃, 영하 6 ℃ : −6 ℃
　　득점 10점 : +10점, 실점 8점 : −8점

① 양수 : 양의 부호 +를 붙인 수 ⇨ 0보다 큰 수　**예** +3, +$\frac{1}{2}$, +1.5, ...

② 음수 : 음의 부호 −를 붙인 수 ⇨ 0보다 작은 수　**예** −2, −$\frac{1}{4}$, −0.7, ...

▶ 서로 반대되는 성질을 가지는 양의 예 : 증가와 감소, 해발과 해저, 지상과 지하, 이익과 손해 등

(2) 정수

양의 정수, 0, 음의 정수를 통틀어 정수라 한다.

① 양의 정수 : 자연수에 양의 부호 +를 붙인 수

　예 +1, +2, +3, ...

② 음의 정수 : 자연수에 음의 부호 −를 붙인 수

　예 −1, −2, −3, ...

참고 양의 정수 +1, +2, +3, ...은 양의 부호 +를 생략하여 자연수 1, 2, 3, ...과 같이 나타내기도 하므로 양의 정수는 자연수와 같다.

▶ 0은 양수도 음수도 아니다.

▶ 양의 정수는 양수이고, 음의 정수는 음수이다.

개념 잡기

[0209~0214] 다음을 부호 +, −를 사용하여 나타내시오.

0209 2년 후 : +2년
　　　5년 전 :

0210 해저 300 m : −300 m
　　　해발 240 m :

0211 동쪽으로 14 km 떨어진 곳 : +14 km
　　　서쪽으로 20 km 떨어진 곳 :

0212 5만 원 입금 : +5만 원
　　　3만 원 출금 :

0213 3점 실점 : −3점
　　　5점 득점 :

0214 2 %의 가격 인상 : +2 %
　　　4 %의 가격 인하 :

[0215~0216] 아래 수에 대하여 다음을 모두 구하시오.

$$-3, \quad +\frac{3}{4}, \quad 0, \quad +5, \quad -0.1, \quad 9$$

0215 양의 정수　　**0216** 음의 정수

[0217~0219] 다음 중 옳은 것에 ○표, 옳지 <u>않은</u> 것에 ×표 하시오.

0217 0은 양수이다. 　　　　　　　(　　)

0218 자연수에 음의 부호를 붙인 수는 음의 정수이다.
　　　　　　　　　　　　　　　(　　)

0219 정수는 양의 정수와 음의 정수로 이루어져 있다.
　　　　　　　　　　　　　　　(　　)

03 · 2 유리수의 뜻 〔유형 03 ~ 유형 04〕

(1) 유리수

양의 유리수, 0, 음의 유리수를 통틀어 유리수라 한다.

① 양의 유리수 : 분모, 분자가 자연수인 분수에 양의 부호 +를 붙인 수

⑩ $+\dfrac{3}{2}(=+1.5)$, $+\dfrac{1}{3}$, $+\dfrac{1}{4}(=+0.25)$, $+\dfrac{4}{5}(=+0.8)$, ...

② 음의 유리수 : 분모, 분자가 자연수인 분수에 음의 부호 −를 붙인 수

⑩ $-\dfrac{3}{2}(=-1.5)$, $-\dfrac{1}{3}$, $-\dfrac{1}{4}(=-0.25)$, $-\dfrac{4}{5}(=-0.8)$, ...

③ 모든 정수는 분수의 꼴로 나타낼 수 있으므로 모든 정수는 유리수이다.

⑩ $+2=+\dfrac{2}{1}$, $0=\dfrac{0}{1}$, $-3=-\dfrac{3}{1}$, ...

참고 양의 정수와 마찬가지로 양의 유리수도 양의 부호 +를 생략하여 나타내기도 한다.

(2) 유리수의 분류

$$\text{유리수}\begin{cases}\text{정수}\begin{cases}\text{양의 정수(자연수)} : +1, +2, +3, ... \\ 0 \\ \text{음의 정수} : -1, -2, -3, ...\end{cases} \\ \text{정수가 아닌 유리수} : +\dfrac{2}{3}, -\dfrac{3}{4}, +\dfrac{5}{2}, -0.6, +3.2, ...\end{cases}$$

참고 모든 유리수는 $\dfrac{(\text{정수})}{(0\text{이 아닌 정수})}$의 꼴로 나타낼 수 있다.

비법 NOTE

● 양의 유리수는 양수이고, 음의 유리수는 음수이다.

● $\dfrac{15}{3}=5$, $-\dfrac{4}{2}=-2$, ...와 같이 약분했을 때 정수가 되는 수는 정수가 아닌 유리수가 아니므로 주의한다.

0220 아래 수에 대하여 다음을 모두 구하시오.

$$-4.2,\ 0,\ 3.14,\ +2,\ -8,\ 3,\ -\dfrac{7}{2},\ +5.6$$

(1) 자연수

(2) 정수가 아닌 유리수

(3) 음의 유리수

0221 다음 수가 수의 분류에 해당되면 ○표, 해당되지 않으면 ×표를 빈칸에 써넣으시오.

수 수의 분류	$-\dfrac{8}{3}$	0	10	1.5	−2
정수					
유리수					
양수					
음수					

[0222 ~ 0226] 다음 중 옳은 것에 ○표, 옳지 않은 것에 ×표 하시오.

0222 $-\dfrac{4}{3}$는 음수이다. ( )

0223 모든 유리수는 정수이다. ( )

0224 모든 정수는 유리수이다. ( )

0225 유리수가 아닌 자연수도 있다. ( )

0226 유리수는 정수와 정수가 아닌 유리수로 이루어져 있다. ( )

o3 정수와 유리수

03 3 수직선과 절댓값 유형 05 ~ 유형 11

유형 05 ~ 유형 11

(1) 수직선

① 수직선 : 기준이 되는 점을 정하여 수 0을 나타내고, 그 점의 오른쪽에 양수, 왼쪽에 음수를 나타낸 직선

② 수직선에서 수 0을 나타내는 기준점을 원점이라 한다.

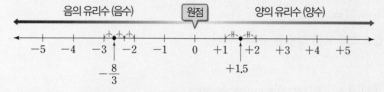

참고 0은 기준이 되는 수이므로 부호 +, −를 붙이지 않는다.

(2) 절댓값

수직선 위에서 어떤 수를 나타내는 점과 원점 사이의 거리를 그 수의 절댓값이라 한다.

기호 | |

예 +3의 절댓값은 $|+3|=3$
　　−3의 절댓값은 $|-3|=3$

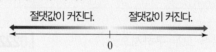

(3) 절댓값의 성질

① 양수와 음수의 절댓값은 그 수의 부호 +, −를 떼어낸 수이다.

② 0의 절댓값은 0이다. 즉, $|0|=0$

③ 원점에서 멀어질수록 절댓값이 커진다.

비법 NOTE

● 모든 유리수는 수직선 위에 점으로 나타낼 수 있다.

● 수직선에서 +1.5는 +1과 +2를 나타내는 두 점 사이를 이등분하는 점으로 나타낸다.

● 양수 a에 대하여 절댓값이 a인 수는 $+a$와 $-a$의 2개가 있다.

● 절댓값은 항상 0 또는 양수이고 0인 수는 0뿐이다.
● 절댓값이 가장 작은 수는 0이다.

개념 잡기

0227 다음 수직선 위의 네 점 A, B, C, D가 나타내는 수를 각각 구하시오.

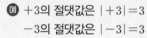

0228 다음 수를 수직선 위에 점으로 나타내시오.

$$A : -4, \quad B : -\frac{1}{2}, \quad C : 5, \quad D : 4.5$$

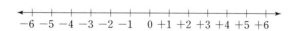

[0229 ~ 0234] 다음을 구하시오.

0229 +7의 절댓값

0230 −4의 절댓값

0231 0의 절댓값

0232 $|+2|$

0233 $|-1.4|$

0234 $\left|+\dfrac{7}{3}\right|$

[0235 ~ 0236] 다음 수를 모두 구하시오.

0235 절댓값이 5인 수

0236 절댓값이 $\dfrac{7}{8}$인 수

03 4 수의 대소 관계 ∞유형 12 ~ 유형 15

비법 NOTE

(1) 수의 대소 관계

① 양수는 0보다 크고, 음수는 0보다 작다.

　예 $0 < 2$, $-5 < 0$

② 양수는 음수보다 크다.

　예 $-3 < 1$

③ 양수끼리는 절댓값이 큰 수가 더 크다.

　예 $3 < 6$

④ 음수끼리는 절댓값이 큰 수가 더 작다.

　예 $-7 < -4$

참고 부호가 같은 분수의 대소 관계는 분모를 통분한 후에 비교한다.

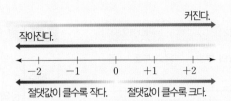

커진다.

작아진다.

절댓값이 클수록 작다.　절댓값이 클수록 크다.

▶ (음수) < 0 < (양수)
▶ 유리수를 수직선 위에 나타내면 오른쪽에 있는 수가 왼쪽에 있는 수보다 크다.

(2) 부등호의 사용

① a는 b보다 크다(a는 b 초과이다). ⇨ $a > b$

② a는 b보다 작다(a는 b 미만이다). ⇨ $a < b$

③ a는 b보다 크거나 같다(a는 b 이상이다). ⇨ $a \geq b$

④ a는 b보다 작거나 같다(a는 b 이하이다). ⇨ $a \leq b$

　예 a는 -4보다 크거나 같다. ⇨ $a \geq -4$

　　a는 3보다 작거나 같다. ⇨ $a \leq 3$

▶ (작지 않다)=(크거나 같다)
　(크지 않다)=(작거나 같다)
▶ 기호 '≥'는 '>' 또는 '='를, 기호 '≤'는 '<' 또는 '='를 의미한다.

[0237~0240] 다음 □ 안에 > 또는 <를 써넣으시오.

0237 $3 \;\square\; -2$

0238 $-7 \;\square\; 0$

0239 $\dfrac{1}{2} \;\square\; 0$

0240 $\dfrac{16}{5} \;\square\; -3.1$

[0241~0244] 다음 □ 안에 > 또는 <를 써넣으시오.

0241 $-6 \;\square\; -9$

0242 $+\dfrac{3}{10} \;\square\; +\dfrac{2}{5}$

0243 $-\dfrac{4}{7} \;\square\; -1$

0244 $2.2 \;\square\; \dfrac{5}{2}$

[0245~0250] 다음을 부등호를 사용하여 나타내시오.

0245 x는 0보다 크다.

0246 x는 -1보다 작거나 같다.

0247 x는 4 이상이다.

0248 x는 5보다 작지 않다.

0249 x는 -6보다 크거나 같고 7보다 작다.

0250 x는 2 초과 8 이하이다.

유형 01 부호를 사용하여 나타내기 ⓒ 개념 03-1

서로 반대되는 성질을 가지는 양을 양의 부호 +, 음의 부호 −를 사용하여 나타낼 수 있다.

+	영상	증가	해발	상승	득점	~ 후
−	영하	감소	해저	하락	실점	~ 전

0251 대표 문제

다음 중 밑줄 친 부분을 양의 부호 + 또는 음의 부호 −를 사용하여 나타낸 것으로 옳지 <u>않은</u> 것은?

① 몸무게가 3 kg 감소하였다. ⇨ −3 kg
② 비행기 출발 15분 전이다. ⇨ −15분
③ 아이스크림 판매량이 8 % 증가하였다. ⇨ +8 %
④ 원/달러 환율은 전일 대비 1원 상승하였다. ⇨ +1원
⑤ 우리 반은 농구 시합에서 51실점을 하였다. ⇨ +51점

0252 ●●●●

다음은 민준이의 일기 중 일부이다. 밑줄 친 부분을 각각 부호 + 또는 −를 사용하여 나타내시오.

> 20XX년 3월 X일
> 드디어 ① 5일 후에 ② 10일 전부터 계획한 가족 여행을 간다.
> 일기 예보를 보니 오늘은 낮 최고 기온이 ③ 영하 1℃인데, 여행을 가는 날에는 ④ 영상 15℃로 포근해진다고 한다.

0253 ●●●● 수매씽 Pick!

다음 중 부호 + 또는 −를 사용하여 나타낼 때, 나머지 넷과 부호가 다른 하나는?

① 5만 원 지출   ② 해발 30 m   ③ 여행 3일 전
④ 4 % 인하   ⑤ 200원 손해

유형 02 정수의 분류 ⓒ 개념 03-1

$$정수\begin{cases}양의 정수(자연수) : +1, +2, +3, \ldots \\ 0 \\ 음의 정수 : -1, -2, -3, \ldots\end{cases}$$

0254 대표 문제

다음 수 중 양의 정수의 개수를 a, 음의 정수의 개수를 b라 할 때, $a+b$의 값을 구하시오.

$$-20, \quad -\frac{6}{2}, \quad -1.2, \quad 0, \quad 1.3, \quad \frac{4}{2}, \quad +5, \quad 9$$

0255 ●●●●

다음 중 자연수가 아닌 정수를 모두 고르면? (정답 2개)

① 0   ② 2.4   ③ −3
④ $-\frac{3}{5}$ ⑤ +4

0256 ●●●●

다음 수 중 정수의 개수를 구하시오.

$$-3.14, \quad -6, \quad 0, \quad +\frac{5}{15}, \quad +1, \quad \frac{21}{3}, \quad -\frac{10}{2}$$

0257 ●●●●

다음 중 정수로만 짝 지어진 것을 모두 고르면? (정답 2개)

① $7, -\frac{10}{2}, -6, 2.5$ ② $8, -4, 2, 0$
③ $-\frac{4}{2}, \frac{6}{2}, \frac{8}{4}, \frac{9}{6}$ ④ $-1.2, 1, 2, 3$
⑤ $\frac{9}{3}, -2, 0, \frac{3}{3}$

유형 03 유리수의 분류 ⊗ 개념 03-2

$$\text{유리수} \begin{cases} \text{정수} \begin{cases} \text{양의 정수(자연수)} : +1, +2, +3, \dots \\ 0 \\ \text{음의 정수} : -1, -2, -3, \dots \end{cases} \\ \text{정수가 아닌 유리수} : +\dfrac{2}{3}, -\dfrac{3}{4}, +\dfrac{5}{2}, -0.6, +3.2, \dots \end{cases}$$

0258 대표 문제

다음 수에 대한 설명으로 옳은 것은?

$$+2, \quad 0, \quad -0.1, \quad -\frac{16}{4}, \quad +\frac{11}{3}, \quad 5.6, \quad \frac{28}{4}$$

① 정수는 3개이다.
② 음수는 2개이다.
③ 양의 정수는 1개이다.
④ 양의 유리수는 5개이다.
⑤ 정수가 아닌 유리수는 4개이다.

0259 ●●●●

다음 중 정수가 아닌 유리수를 모두 고르면? (정답 2개)

① -5 ② 0 ③ $\dfrac{5}{3}$

④ 4 ⑤ -2.3

0260 ●●●● 서술형

다음 수 중 양의 유리수의 개수를 a, 음의 정수의 개수를 b, 정수가 아닌 유리수의 개수를 c라 할 때, $a+b+c$의 값을 구하시오.

$$4.2, \quad -1, \quad +8, \quad -\frac{4}{3}, \quad 0, \quad -2.9, \quad -\frac{30}{6}$$

유형 04 정수와 유리수 중요! ⊗ 개념 03-2

(1) 정수 ⇨ 양의 정수(자연수), 0, 음의 정수
(2) 유리수 ⇨ 양의 유리수, 0, 음의 유리수
(3) 0은 양수도 음수도 아니다.

0261 대표 문제

다음 보기에서 옳은 것을 모두 고른 것은?

┤ 보기 ├
ㄱ. 자연수는 양의 유리수이다.
ㄴ. 0은 정수가 아닌 유리수이다.
ㄷ. 유리수는 양의 유리수와 음의 유리수로 이루어져 있다.
ㄹ. 양의 유리수는 분모, 분자가 모두 자연수인 분수에 양의 부호 +를 붙인 수이다.

① ㄱ, ㄴ ② ㄱ, ㄷ ③ ㄱ, ㄹ
④ ㄴ, ㄷ ⑤ ㄷ, ㄹ

0262 ●●●● 수매씽 Pick!

다음 중 옳은 것은?

① 가장 작은 정수는 0이다.
② 음의 부호 −는 생략할 수 있다.
③ 정수 중에는 유리수가 아닌 수도 있다.
④ 음수가 아닌 유리수는 양수이다.
⑤ 서로 다른 두 유리수 사이에는 항상 또 다른 유리수가 있다.

0263 ●●●●

다음 중 옳은 설명을 한 학생은?

① 승민 : 0은 정수이지만 유리수는 아니야.
② 가은 : 양의 유리수는 모두 자연수야.
③ 지유 : 1과 2 사이에는 유리수가 없어.
④ 준혁 : 유리수는 정수와 정수가 아닌 유리수로 이루어져 있어.
⑤ 예린 : 서로 다른 두 유리수 사이에는 무수히 많은 정수가 있어.

0264 대표 문제

다음 수직선 위에서 점 A, B, C, D, E가 나타내는 수로 옳지 <u>않은</u> 것은?

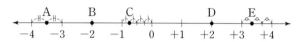

① A : -3.5 ② B : -2 ③ C : $-\dfrac{5}{4}$

④ D : 2 ⑤ E : $\dfrac{10}{3}$

0265 ●●●●

다음 수직선 위에서 점 A, B, C, D, E가 나타내는 정수로 옳은 것을 모두 고르면? (정답 2개)

① A : -5 ② B : -4 ③ C : 1

④ D : $+2$ ⑤ E : $+5$

0266 ●●●●

다음 수를 수직선 위에 나타낼 때, 가장 왼쪽에 있는 수는?

① $+1$ ② -2 ③ $-\dfrac{7}{3}$

④ $\dfrac{1}{5}$ ⑤ -3

0267 ●●●●

다음 수를 수직선 위에 나타낼 때, 오른쪽에서 두 번째에 있는 수를 구하시오.

(1) $\dfrac{2}{3}$, -2, 0, -1.5

(2) $\dfrac{10}{3}$, -1, 0.5, 3

(3) -2.5, $\dfrac{4}{3}$, $\dfrac{6}{3}$, 1.9

0268 ●●●● 수매씽 Pick!

다음 중 수직선 위의 점 A, B, C, D가 나타내는 수에 대한 설명으로 옳은 것은?

① 점 B가 나타내는 수는 $+1$이다.
② 점 C가 나타내는 수는 $+0.5$이다.
③ 정수는 3개이다.
④ 양수는 3개이다.
⑤ 두 점 A, C가 나타내는 수는 정수가 아닌 유리수이다.

0269 ●●●● 서술형

수직선에서 $-\dfrac{17}{6}$에 가장 가까운 정수를 a, $\dfrac{5}{3}$에 가장 가까운 정수를 b라 할 때, 다음 물음에 답하시오.

(1) 수직선 위에 $-\dfrac{17}{6}$, $\dfrac{5}{3}$를 각각 나타내시오.

(2) a, b의 값을 각각 구하시오.

유형 06 수직선에서 같은 거리에 있는 점 ⊙ 개념 03-3

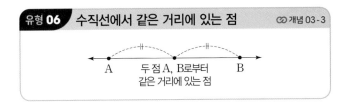

A   두 점 A, B로부터   B
     같은 거리에 있는 점

0270 대표 문제

수직선에서 −3을 나타내는 점과 5를 나타내는 점으로부터 같은 거리에 있는 점이 나타내는 수는?

① −2　　　　② −1　　　　③ 0

④ 1　　　　⑤ 2

0271 ●●●●

수직선에서 −1을 나타내는 점으로부터 거리가 4인 두 점이 나타내는 두 수는?

① −6, 2　　　② −5, 3　　　③ −4, 4

④ −3, 5　　　⑤ 3, 5

0272 ●●●●

수직선에서 −9를 나타내는 점을 A, 5를 나타내는 점을 B라 하고, 두 점 A와 B로부터 같은 거리에 있는 점을 M이라 할 때, 점 M이 나타내는 수를 구하시오.

0273 ●●●●

수직선에서 두 수 a, b를 나타내는 두 점 사이의 거리는 10이고, 두 점의 한가운데에 있는 점이 나타내는 수가 2일 때, a, b의 값을 각각 구하시오. (단, $a<0$)

유형 07 절댓값 ⊙ 개념 03-3

절댓값이 $a\,(a>0)$인 수
⇨ 수직선에서 원점으로부터의 거리가 a인 점이 나타내는 수
⇨ $-a$, a

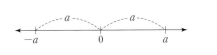

$-a$　　　0　　　a

0274 대표 문제

수직선에서 절댓값이 $\dfrac{3}{2}$인 두 수를 나타내는 두 점 사이의 거리를 구하시오.

0275 ●●●●

−5의 절댓값을 a, 수직선에서 원점으로부터의 거리가 10인 점이 나타내는 양수를 b라 할 때, $a+b$의 값을 구하시오.

0276 ●●●● 수매씽 Pick!

$a=-\dfrac{2}{3}$, $b=\dfrac{7}{3}$, $c=-1$일 때, $|a|+|b|-|c|$의 값은?

① 0　　　　② 1　　　　③ 2

④ 3　　　　⑤ 4

0277 ●●●●

a의 절댓값은 2이고 b의 절댓값은 3이다. 수직선에서 a를 나타내는 점은 0을 나타내는 점의 왼쪽에 있고, b를 나타내는 점은 0을 나타내는 점의 오른쪽에 있을 때, a, b의 값을 각각 구하시오.

(1) $a>0$일 때 $\Rightarrow$ $|a|=a$, $|-a|=a$
(2) 절댓값이 가장 작은 수 $\Rightarrow$ $|0|=0$
(3) 절댓값이 클수록 수직선에서 원점으로부터 멀리 떨어져 있다.

0278 대표 문제

다음 중 옳지 않은 것은?

① 양수의 절댓값은 자기 자신과 같다.
② 절댓값이 가장 작은 수는 0이다.
③ 절댓값이 같은 수는 항상 2개이다.
④ 절댓값이 작을수록 수직선에서 원점에 가깝다.
⑤ 수직선에서 절댓값이 같은 수를 나타내는 두 점은 원점으로부터의 거리가 같다.

0279 ●●●●

다음 중 옳은 것은?

① $\dfrac{2}{3}$와 $-\dfrac{2}{3}$의 절댓값은 다르다.
② 수직선에서 원점으로부터의 거리가 5인 점이 나타내는 수는 5뿐이다.
③ 절댓값은 항상 양수이다.
④ 음수의 절댓값은 양수이다.
⑤ $|a|=a$이면 a는 양수이다.

0280 ●●●●

다음 보기에서 옳은 것을 모두 고른 것은?

┌ 보기 ├
ㄱ. $a>0$이면 $|-a|=a$이다.
ㄴ. $a<0$이면 $|a|=a$이다.
ㄷ. 절댓값이 가장 작은 정수는 -1과 1이다.
ㄹ. $a=-b$이면 $|a|=|b|$이다.

① ㄱ ② ㄱ, ㄴ ③ ㄱ, ㄹ
④ ㄴ, ㄷ ⑤ ㄱ, ㄷ, ㄹ

수직선에서 절댓값이 같고 부호가 반대인 두 수를 나타내는 두 점 사이의 거리가 a
$\Rightarrow$ 두 수의 차는 a
$\Rightarrow$ 큰 수는 $\dfrac{a}{2}$, 작은 수는 $-\dfrac{a}{2}$

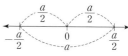

0281 대표 문제

절댓값이 같고 $a>b$인 두 수 a, b가 있다. 수직선에서 a, b를 나타내는 두 점 사이의 거리가 26일 때, 두 수 a, b를 각각 구하시오.

0282 ●●●●

절댓값이 같고 부호가 반대인 두 수 a, b가 있다.
$a=|-7|$일 때, 수직선에서 a, b를 나타내는 두 점 사이의 거리는?

① 7 ② 9 ③ 12
④ 14 ⑤ 16

0283 ●●●● 수매씽 Pick!

두 수 a, b는 절댓값이 같고 부호가 반대이다. a가 b보다 8만큼 클 때, b의 값을 구하시오.

0284 ●●●● 서술형

다음 조건을 모두 만족시키는 두 수 a, b를 각각 구하시오.

(가) $|a|=|b|$ (나) $a=b-6$

유형 10 절댓값의 대소 관계   ⊙ 개념 03-3

(1) 절댓값이 가장 작은 수는 0이다.
(2) 절댓값의 대소 관계는 부호를 뗀 수끼리 대소를 비교한다.

0285 대표 문제

다음 수 중 절댓값이 가장 큰 수는?

① -2.3 ② -4.6 ③ $-\dfrac{7}{4}$

④ 2 ⑤ $\dfrac{15}{4}$

0286 ●●●●

다음 수를 수직선 위에 점으로 나타낼 때, 0을 나타내는 점으로부터 가장 가까이 있는 점이 나타내는 수는?

① -3 ② 3.4 ③ $\dfrac{3}{4}$

④ -2 ⑤ $-\dfrac{14}{5}$

0287 ●●●●

다음 수 중 절댓값이 가장 큰 수를 a, 절댓값이 가장 작은 수를 b라 할 때, $|a|-|b|$의 값을 구하시오.

$$-\frac{7}{2}, \quad 1, \quad \frac{3}{5}, \quad -3, \quad 2.5$$

0288 ●●●● 수매씽 Pick!

다음 수를 절댓값이 작은 수부터 차례대로 나열할 때, 세 번째에 오는 수를 구하시오.

$$-\frac{1}{3}, \quad 2, \quad \frac{9}{2}, \quad -\frac{11}{4}, \quad -4, \quad 0$$

유형 11 절댓값의 범위에 속하는 수 찾기   ⊙ 개념 03-3

❶ 조건을 만족시키는 절댓값을 구한다.
❷ 절댓값이 $a\,(a>0)$인 수는 a, $-a$임을 이용하여 조건을 만족시키는 수를 모두 구한다.

0289 대표 문제

절댓값이 4보다 작은 정수의 개수는?

① 4 ② 5 ③ 6

④ 7 ⑤ 8

0290 ●●●●

다음 중 절댓값이 1 이상 5 이하인 수가 **아닌** 것은?

① $-\dfrac{10}{3}$ ② -2 ③ $-\dfrac{1}{5}$

④ $\dfrac{5}{2}$ ⑤ 4

0291 ●●●●

$|a|<5.5$를 만족시키는 정수 a의 개수는?

① 7 ② 8 ③ 9

④ 10 ⑤ 11

0292 ●●●●

수직선에서 0을 나타내는 점과 정수 a를 나타내는 점 사이의 거리가 $\dfrac{5}{3}$보다 작을 때, a의 값을 모두 구하시오.

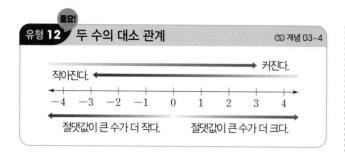

작아진다. ←———————————→ 커진다.

절댓값이 큰 수가 더 작다.   절댓값이 큰 수가 더 크다.

0293 대표 문제

다음 중 대소 관계가 옳지 <u>않은</u> 것은?

① $|-2.3|>0$ ② $\dfrac{5}{4}<\dfrac{4}{3}$ ③ $-3<-\dfrac{10}{3}$

④ $0.3>-0.2$ ⑤ $\left|-\dfrac{15}{7}\right|<\left|\dfrac{5}{2}\right|$

0294 ●●●●

다음 중 대소 관계가 옳은 것은?

① $\dfrac{5}{2}>3$ ② $-4<-5$ ③ $0<-\dfrac{1}{3}$

④ $-\dfrac{8}{3}<-\dfrac{5}{2}$ ⑤ $-3>2$

0295 ●●●● 수매씽 Pick!

다음 중 □ 안에 알맞은 부등호가 나머지 넷과 다른 하나는?

① -7 □ -5 ② $-\dfrac{4}{7}$ □ 0

③ $|-1.2|$ □ $\dfrac{8}{5}$ ④ $\dfrac{13}{6}$ □ $\dfrac{7}{3}$

⑤ $\left|-\dfrac{3}{2}\right|$ □ $\left|-\dfrac{11}{9}\right|$

여러 가지 수의 대소 비교 순서
❶ 양수는 양수끼리, 음수는 음수끼리 대소를 비교한다.
 ⇨ 양수는 절댓값이 큰 수가 크고, 음수는 절댓값이 작은 수가 크다.
❷ (음수)<0<(양수)임을 이용하여 여러 가지 수의 대소를 비교한다.

0296 대표 문제

다음 수를 큰 수부터 차례대로 나열할 때, 네 번째에 오는 수를 구하시오.

$$\left|-\frac{7}{2}\right|, \quad 4\frac{1}{5}, \quad 2.74, \quad -3, \quad |2.8|, \quad \frac{14}{3}$$

0297 ●●●●

겉보기 등급은 눈에 보이는 천체들의 밝기를 등급으로 매긴 것이다. 겉보기 등급이 낮을수록 밝게 보이는 천체일 때, 다음 중 가장 밝게 보이는 행성을 찾으시오.

행성	수성	토성	천왕성	금성	화성	해왕성
겉보기 등급	-1.9	-0.2	5.5	-4.6	-2.9	7.8

0298 ●●●●

다음 수에 대한 설명으로 옳은 것은?

$$6, \quad -3, \quad 0, \quad -3.1, \quad \frac{13}{2}, \quad -\frac{17}{5}$$

① 가장 작은 수는 0이다.
② 가장 큰 수는 6이다.
③ -3보다 작은 수는 2개이다.
④ 가장 큰 음수는 $-\dfrac{17}{5}$이다.
⑤ 절댓값이 가장 작은 수는 $\dfrac{13}{2}$이다.

유형 14 | **부등호를 사용하여 나타내기** ⊙ 개념 03-4

$x > a$	x는 a보다 크다.	초과
$x < a$	x는 a보다 작다.	미만
$x \geq a$	x는 a보다 크거나 같다(작지 않다).	이상
$x \leq a$	x는 a보다 작거나 같다(크지 않다).	이하

0299 대표 문제

다음 보기에서 부등호를 사용하여 나타낸 것으로 옳은 것을 모두 고르시오.

┤ 보기 ├
ㄱ. x는 1보다 작지 않다. ⇨ $x \geq 1$
ㄴ. x는 -2보다 작거나 같다. ⇨ $x \geq -2$
ㄷ. x는 -1 이상 3 미만이다. ⇨ $-1 \leq x < 3$
ㄹ. x는 3보다 크지 않고 -3 초과이다. ⇨ $-3 < x < 3$

0300 ●●●●

다음 문장을 부등호를 사용하여 나타내면?

x는 0 이상이고 5보다 크지 않다.

① $0 < x < 5$ ② $0 \leq x < 5$
③ $0 < x \leq 5$ ④ $0 \leq x \leq 5$
⑤ $x \leq 0$, $x < 5$

0301 ●●●● 서술형

다음 문장에 대하여 물음에 답하시오.

x의 절댓값은 2보다 크지 않다.

(1) 위의 문장을 부등호를 사용하여 나타내시오.
(2) 위의 문장을 만족시키는 정수 x의 개수를 구하시오.

발전 유형 15 | **주어진 범위에 속하는 수 찾기** ⊙ 개념 03-4

두 유리수 사이에 있는 정수 찾기
⇨ 주어진 두 유리수가 분수인 경우에는 분수를 소수로 바꾼 후, 두 유리수 사이에 있는 정수를 찾는다.

0302 대표 문제

다음 중 $-\dfrac{5}{2} < a \leq 6$을 만족시키는 유리수 a가 될 수 없는 것을 모두 고르면? (정답 2개)

① -2.5 ② 0 ③ $\dfrac{7}{3}$

④ 3.1 ⑤ $\dfrac{13}{2}$

0303 ●●●●

$\dfrac{10}{3}$보다 큰 정수 중 가장 작은 수를 x, $-\dfrac{15}{4}$보다 작은 정수 중 가장 큰 수를 y라 할 때, $|x| + |y|$의 값을 구하시오.

0304 ●●●● 수매씽 Pick!

다음을 만족시키는 정수 x 중 절댓값이 가장 큰 수를 구하시오.

x는 $\dfrac{7}{2}$보다 작거나 같고 $-\dfrac{16}{3}$보다 크다.

0305 ●●●●

다음 조건을 모두 만족시키는 정수 x의 개수를 구하시오.

(개) x는 $-\dfrac{21}{4}$보다 크고 4보다 작거나 같다.
(내) $|x| > 2$

0306

다음은 서현이의 일기 중 일부이다. 밑줄 친 부분을 각각 부호 +, -를 사용하여 나타낸 것으로 옳지 <u>않은</u> 것은?

오늘은 기분 좋은 하루였다. 수학 시험 결과, 점수가 지난번보다 ① <u>20점이 상승</u>하였고, 수업 참여도가 좋아 선생님께 ② <u>상점 2점</u>도 받았다. 점심 시간에는 ③ <u>지하 1층</u>에 있는 학생 식당에 가서 맛있는 비빔밥을 배불리 먹었고, 오후 수업 시간 ④ <u>5분 전</u>에 간단한 체조를 하여 졸음을 없앴더니 수업에 집중할 수 있었다. 방과 후 집에 올 때는 용돈 ⑤ <u>2000원을 지출</u>하여 친구들과 떡볶이를 사 먹었다.

① +20점   ② +2점   ③ -1층
④ +5분   ⑤ -2000원

0307

다음 수 중 정수의 개수를 구하시오.

$$2, \quad -\frac{4}{3}, \quad 0, \quad +1.3, \quad -4, \quad \frac{10}{2}$$

0308 빈출

다음 수직선 위에서 점 A, B, C, D, E가 나타내는 수로 옳지 <u>않은</u> 것은?

① A : $-\frac{11}{3}$ ② B : -1 ③ C : 0

④ D : 2.5 ⑤ E : $\frac{15}{4}$

0309

다음 중 부등호를 사용하여 나타낸 것으로 옳은 것은?

① x는 -2 미만이다. ⇨ $x \leq -2$

② x는 1보다 크거나 같다. ⇨ $x \leq 1$

③ x는 3 이상 5 이하이다. ⇨ $3 < x \leq 5$

④ x는 0보다 작지 않고 4보다 작다. ⇨ $0 < x < 4$

⑤ x는 -3보다 크고 7보다 작거나 같다. ⇨ $-3 < x \leq 7$

0310

세 친구의 대화를 읽고, 다음 중 대화 내용을 모두 만족시키는 수를 찾으면?

해미 : 이 수는 유리수야.
우진 : 그리고 음수이기도 해.
수아 : 그런데 정수는 아니야.

① 1.7 ② -2 ③ -0.4

④ $\frac{4}{5}$ ⑤ $-\frac{6}{2}$

0311 빈출

다음 설명 중 옳은 것은?

① 절댓값이 3인 수는 3뿐이다.

② 음수는 절댓값이 클수록 크다.

③ 양수는 절댓값이 클수록 작다.

④ 유리수 a, b에 대하여 $a < b$이면 $|a| < |b|$이다.

⑤ 수직선에서 어떤 수를 나타내는 점과 원점 사이의 거리를 그 수의 절댓값이라 한다.

0312

두 수 a, b의 절댓값은 같고, a가 b보다 7만큼 클 때, a의 값을 구하시오.

0313 빈출

다음 중 수직선 위의 점 A, B, C, D, E가 나타내는 수에 대한 설명으로 옳은 것은?

① 음수는 2개이다.
② 정수는 2개이다.
③ 점 B는 $-\dfrac{3}{2}$을 나타낸다.
④ 절댓값이 가장 큰 수를 나타내는 점은 점 E이다.
⑤ 절댓값이 가장 작은 수를 나타내는 점은 점 C이다.

0314 빈출

다음 보기에서 대소 관계가 옳은 것을 모두 고른 것은?

┤ 보기 ├
ㄱ. $\dfrac{6}{5} < |-1.2|$ ㄴ. $0 < -\dfrac{1}{10}$

ㄷ. $4 < \left|-\dfrac{21}{5}\right|$ ㄹ. $-3.9 > -\dfrac{14}{3}$

① ㄱ, ㄷ   ② ㄱ, ㄹ   ③ ㄴ, ㄷ
④ ㄴ, ㄹ   ⑤ ㄷ, ㄹ

0315

다음 수에 대한 설명 중 옳은 것을 모두 고르면? (정답 2개)

$$-5, \quad 2, \quad \dfrac{4}{7}, \quad \dfrac{12}{4}, \quad -0.7, \quad -\dfrac{11}{2}, \quad 0$$

① 가장 큰 수는 $\dfrac{12}{4}$이다.
② 정수는 -5, 2, 0의 3개이다.
③ 절댓값이 가장 큰 수는 -5이다.
④ 정수가 아닌 유리수는 $\dfrac{4}{7}$, $\dfrac{12}{4}$, -0.7, $-\dfrac{11}{2}$의 4개이다.
⑤ 수직선 위에 나타낼 때 가장 왼쪽에 있는 수는 $-\dfrac{11}{2}$이다.

0316

수직선에서 0을 나타내는 점과 a를 나타내는 점 사이의 거리가 5보다 작을 때, 정수 a의 개수를 구하시오.

0317

$\dfrac{17}{4}$보다 작은 정수 중 가장 큰 수를 x, $-\dfrac{8}{5}$보다 큰 정수 중 가장 작은 수를 y라 할 때, $|x| - |y|$의 값을 구하시오.

0318

출발 지점에서 시작하여 각 갈림길마다 큰 수가 적힌 길을 택하여 갔을 때 나온 수를 a, 절댓값이 큰 수가 적힌 길을 택하여 갔을 때 나온 수를 b라 하자. 이때 $|a|+|b|$의 값을 구하시오.

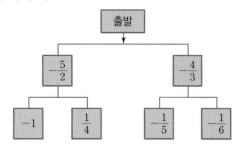

0319 빈출

$-\dfrac{7}{6}$과 $\dfrac{3}{2}$ 사이에 있는 정수가 아닌 유리수 중 분모가 6인 기약분수의 개수는?

① 4   ② 5   ③ 6

④ 7   ⑤ 8

0320

서로 다른 세 정수 a, b, c가 다음 조건을 모두 만족시킬 때, a, b, c의 대소 관계는?

> ㈎ b와 c는 -4보다 크다.
> ㈏ a는 4보다 크다.
> ㈐ $|b|=|-4|$
> ㈑ 수직선에서 a를 나타내는 점이 c를 나타내는 점보다 -4를 나타내는 점에 더 가깝다.

① $a<b<c$ ② $a<c<b$ ③ $b<a<c$

④ $b<c<a$ ⑤ $c<b<a$

📑 서술형 문제

0321

다음 수 중 유리수의 개수를 a, 정수의 개수를 b, 자연수의 개수를 c라 할 때, $a+b+c$의 값을 구하시오.

$$-1.4, \quad 2, \quad \frac{5}{3}, \quad -3, \quad 5.1, \quad 0$$

풀이

0322

부호가 서로 다른 두 수 a, b에 대하여 $|a|=|b|+3$이다. a의 값이 -10일 때, b의 값을 구하시오.

풀이

0323

수직선 위에 두 수 a, b를 나타내는 두 점이 있다. 이 두 점으로부터 같은 거리에 있는 점이 나타내는 수가 3이고, b의 절댓값은 6이다. 이때 a의 값이 될 수 있는 수를 모두 구하시오.

풀이

0324
유형 11 ⊕ 유형 12

서로 다른 두 유리수 a, b에 대하여

$a \triangle b = (a, b$ 중 절댓값이 큰 수$)$

$a \triangledown b = (a, b$ 중 절댓값이 작은 수$)$

 기호의 내용을 기억해요.

라 할 때, $\left\{5 \triangle \left(-\dfrac{9}{2}\right)\right\} \triangledown \{x \triangle (-4)\} = -4$를 만족시키

는 정수 x의 개수를 구하시오.

↳ 괄호 안의 식을 먼저 계산한다.

수직선을 이용해서 해결할 수 있어요.

0325 수학 문해력 UP
유형 13

다음은 네 수 a, b, c, d에 대한 설명이다. 큰 수부터 차례대로 나열하시오.

- a는 5보다 크고 $\dfrac{13}{2}$ 미만인 유리수이다.

- b는 $-\dfrac{6}{5}$에 가장 가까운 정수의 절댓값이다.

- c는 $c < -5$를 만족시키는 유리수이다.

- b와 d 사이에는 두 개의 음의 정수가 있다.
  ↳ b와 d는 포함하지 않는다.

해결 전략 조건을 만족시키는 네 수를 수직선 위의 점으로 나타낸다.

0326
유형 13

다음은 우리나라의 2월 어느 날의 날씨와 평균 기온을 나타낸 것이다. 물음에 답하시오. ↱ 일정 기간 동안 관측한 기온의 평균값

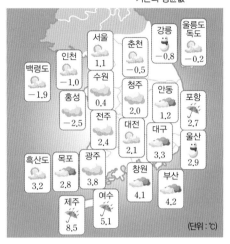

(단위 : ℃)

(1) 평균 기온이 부산보다 높은 지역을 모두 구하시오.

(2) 평균 기온이 가장 높은 지역의 기온을 a ℃, 평균 기온이 가장 낮은 지역의 기온을 b ℃라 할 때, $|a| + |b|$의 값을 구하시오.

0327

설명에 맞는 수를 추측하고 정확한 답을 찾아가는 과정이 중요해요.

유형 02 ⊕ 유형 07 ⊕ 유형 15

다음은 5장의 카드에 적힌 5개의 유리수에 대한 설명이다. 빈 카드에 적힌 숫자를 구하시오.

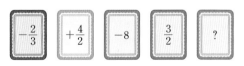

- 양의 정수가 적힌 카드는 2장이다.

- -8의 절댓값과의 차가 3인 수가 적힌 카드가 한 장 있다.

- $-\dfrac{2}{3}$와 $\dfrac{3}{2}$ 사이에 있는 정수가 아닌 유리수 중에서 분모가 6인 기약분수의 분자가 적힌 카드가 있다.

04 정수와 유리수의 계산

04 1 유리수의 덧셈 유형 01 ~ 유형 02

(1) 유리수의 덧셈

① 부호가 같은 두 수의 덧셈 : 두 수의 절댓값의 합에 공통인 부호를 붙인다.

예 $(+2)+(+4)=+(2+4)=+6$

$(-1)+(-2)=-(1+2)=-3$

② 부호가 다른 두 수의 덧셈 : 두 수의 절댓값의 차에 절댓값이 큰 수의 부호를 붙인다.

예 $(+3)+(-1)=+(3-1)=+2$

$(+2)+(-5)=-(5-2)=-3$

> (양수)+(양수) ⇨ ⊕ (절댓값의 합)
> (음수)+(음수) ⇨ ⊖ (절댓값의 합)
> (양수)+(음수) ⎱ ⇨ ◯ (절댓값의 차)
> (음수)+(양수) ⎰
>   ↑
>   절댓값이 큰 수의 부호

(2) 덧셈의 계산 법칙

세 수 a, b, c에 대하여

① 덧셈의 교환법칙 : $a+b=b+a$

예 $(+2)+(-3)=-1$
$(-3)+(+2)=-1$ ⎱ 두 수의 순서를 바꾸어 더해도 결과는 같다.

② 덧셈의 결합법칙 : $(a+b)+c=a+(b+c)$

예 $\left\{(+3)+\left(-\dfrac{1}{2}\right)\right\}+\left(+\dfrac{3}{2}\right)=\left(+\dfrac{5}{2}\right)+\left(+\dfrac{3}{2}\right)=+4$

$(+3)+\left\{\left(-\dfrac{1}{2}\right)+\left(+\dfrac{3}{2}\right)\right\}=(+3)+(+1)=+4$ ⎱ 어느 두 수를 먼저 더해도 결과는 같다.

비법 NOTE

▶ 절댓값이 같고 부호가 다른 두 수의 합은 0이다.
예 $(+1)+(-1)=0$

▶ 세 수의 덧셈에서는 $(a+b)+c=a+(b+c)$이므로 보통 괄호를 사용하지 않고 $a+b+c$와 같이 나타낸다.

개념 잡기

[0328~0332] 다음을 계산하시오.

0328 $(-5)+(-9)$

0329 $(+10)+(-7)$

0330 $\left(-\dfrac{4}{3}\right)+\left(+\dfrac{2}{5}\right)$

0331 $\left(-\dfrac{7}{4}\right)+\left(-\dfrac{11}{8}\right)$

0332 $(-2.9)+(-4.1)$

[0333~0335] 덧셈의 계산 법칙을 이용하여 다음을 계산하시오.

0333 $(+7)+(-5)+(+3)$

0334 $(-0.6)+(+1.8)+(-0.4)$

0335 $\left(-\dfrac{7}{5}\right)+\left(-\dfrac{1}{3}\right)+\left(+\dfrac{17}{5}\right)$

52 II. 정수와 유리수

04 2 유리수의 뺄셈과 덧셈, 뺄셈의 혼합 계산 유형 03 ~ 유형 13

(1) 유리수의 뺄셈
유리수의 뺄셈은 빼는 수의 부호를 바꾸어 더한다.
예 $(+3)-(+4)=(+3)+(-4)=-(4-3)=-1$
$(+4)-(-2)=(+4)+(+2)=+(4+2)=+6$

$$a-(+b)=a+(-b)$$
$$a-(-b)=a+(+b)$$

(2) 유리수의 덧셈과 뺄셈의 혼합 계산
뺄셈을 덧셈으로 고친 후 덧셈의 교환법칙이나 결합법칙을 이용하여 계산한다.
예 $(+2)-(+4)+(-1)=(+2)+(-4)+(-1)$
$=(+2)+\{(-4)+(-1)\}$
$=(+2)+(-5)$
$=-3$

(3) 부호가 생략된 수의 덧셈과 뺄셈
❶ 생략된 양의 부호를 붙인다.
❷ 뺄셈을 덧셈으로 고친 후 계산한다.
예 $1-2+3=(+1)-(+2)+(+3)$
$=(+1)+(-2)+(+3)$
$=+2$

비법 NOTE

• 뺄셈에서는 교환법칙과 결합법칙이 성립하지 않는다.
예 $6-2\neq2-6$
$(9-5)-3\neq9-(5-3)$

• 덧셈과 뺄셈 사이의 관계
$\triangle+\bigcirc=\square$이면
$\triangle=\square-\bigcirc$, $\bigcirc=\square-\triangle$

04
정수와 유리수의 계산

[0336~0341] 다음을 계산하시오.

0336 $(+10)-(+4)$　**0337** $(+3)-(-8)$

0338 $(-9)-(-11)$　**0339** $\left(+\dfrac{9}{5}\right)-\left(+\dfrac{8}{3}\right)$

0340 $\left(-\dfrac{1}{2}\right)-\left(-\dfrac{4}{5}\right)$　**0341** $(-5.2)-(+3.5)$

[0342~0344] 다음을 계산하시오.

0342 $(+17)-(-2)-(+9)$

0343 $(-2.1)-(+3.2)-(-4.3)$

0344 $\left(-\dfrac{1}{6}\right)-\left(-\dfrac{5}{3}\right)-\left(+\dfrac{5}{6}\right)$

[0345~0347] 다음을 계산하시오.

0345 $(-4)+(+10)-(-7)$

0346 $\left(+\dfrac{4}{7}\right)-\left(+\dfrac{1}{3}\right)+\left(-\dfrac{5}{21}\right)$

0347 $(+4.6)-(-0.4)+(+2.7)$

[0348~0350] 다음을 계산하시오.

0348 $4-9+2-1$

0349 $\dfrac{1}{5}-\dfrac{7}{10}+\dfrac{9}{2}$

0350 $-2.8+5.4+3.5$

04 **3** 유리수의 곱셈 ∞유형 14 ~ 유형 19

(1) 유리수의 곱셈

① 부호가 같은 두 수의 곱셈 : 두 수의 절댓값의 곱에 양의 부호 ＋를 붙인다.

  예 $(\oplus 2) \times (\oplus 3) = \oplus 6$ $(\ominus 2) \times (\ominus 3) = \oplus 6$

② 부호가 다른 두 수의 곱셈 : 두 수의 절댓값의 곱에 음의 부호 ―를 붙인다.

  예 $(\oplus 2) \times (\ominus 3) = \ominus 6$ $(\ominus 2) \times (\oplus 3) = \ominus 6$

(2) 곱셈의 계산 법칙

세 수 a, b, c에 대하여

① 곱셈의 교환법칙 : $a \times b = b \times a$

  예 $(+2) \times (-5) = -10$
    $(-5) \times (+2) = -10$ ⎫ 두 수의 순서를 바꾸어 곱해도 결과는 같다.

② 곱셈의 결합법칙 : $(a \times b) \times c = a \times (b \times c)$

  예 $\{(+2) \times (-5)\} \times (-3) = (-10) \times (-3) = +30$
    $(+2) \times \{(-5) \times (-3)\} = (+2) \times (+15) = +30$ ⎫ 어느 두 수를 먼저 곱해도 결과는 같다.

③ 덧셈에 대한 곱셈의 분배법칙 : $a \times (b+c) = a \times b + a \times c$
    $(a+b) \times c = a \times c + b \times c$

(3) 세 수 이상의 곱셈의 부호

❶ 부호를 먼저 결정한다. 이때 곱해지는 음수가 $\begin{cases} \text{짝수 개} \Rightarrow \oplus \\ \text{홀수 개} \Rightarrow \ominus \end{cases}$

❷ 각 수의 절댓값의 곱에 ❶에서 결정된 부호를 붙인다.

비법 NOTE

▶ $\oplus \times \oplus \Rightarrow \oplus$
  $\ominus \times \ominus \Rightarrow \oplus$
  $\oplus \times \ominus \Rightarrow \ominus$
  $\ominus \times \oplus \Rightarrow \ominus$

▶ 유리수 a에 대하여
  $a \times 0 = 0$

▶ 세 수의 곱셈에서는
  $(a \times b) \times c = a \times (b \times c)$
  이므로 보통 괄호를 사용하지 않고 $a \times b \times c$와 같이 나타낸다.

▶ 음수의 거듭제곱의 부호
  지수가 짝수이면 ⊕
  지수가 홀수이면 ⊖

개념 잡기

[0351 ~ 0358] 다음을 계산하시오.

0351 $(+5) \times (+7)$ **0352** $(+4) \times (-7)$

0353 $(-6) \times (+9)$ **0354** $(-2) \times (-8)$

0355 $\left(-\dfrac{5}{3}\right) \times \left(+\dfrac{9}{10}\right)$ **0356** $\left(-\dfrac{14}{9}\right) \times \left(-\dfrac{3}{7}\right)$

0357 $(+3.2) \times (-5)$ **0358** $\left(+\dfrac{10}{7}\right) \times (-0.2)$

[0359 ~ 0360] 다음을 계산하시오.

0359 $10 \times \left\{\dfrac{3}{5} + \left(-\dfrac{7}{2}\right)\right\}$

0360 $6 \times 5.32 + 6 \times (-2.32)$

[0361 ~ 0364] 다음을 계산하시오.

0361 $(-1)^{10}$ **0362** $(-1)^{11}$

0363 $-(-1)^{12}$ **0364** $-(-1)^{101}$

04 **4 유리수의 나눗셈과 덧셈, 뺄셈, 곱셈, 나눗셈의 혼합 계산** ∞유형 20 ~ 유형 29

 비법 NOTE

(1) 유리수의 나눗셈

① 부호가 같은 두 수의 나눗셈 : 두 수의 절댓값의 나눗셈의 몫에 양의 부호 $+$를 붙인다.

예 $(+4) \div (+2) = +2$ $(-4) \div (-2) = +2$

② 부호가 다른 두 수의 나눗셈 : 두 수의 절댓값의 나눗셈의 몫에 음의 부호 $-$를 붙인다.

예 $(+4) \div (-2) = -2$ $(-4) \div (+2) = -2$

(2) 역수를 이용한 유리수의 나눗셈

① 역수 : 어떤 두 수의 곱이 1이 될 때, 한 수를 다른 수의 역수라 한다.

예 -3의 역수는 $-\dfrac{1}{3}$이고, $-\dfrac{1}{3}$의 역수는 -3이다.

② 유리수의 나눗셈은 나누는 수의 역수를 곱하여 계산할 수 있다.

예 $(+7) \div \left(-\dfrac{7}{3}\right) = (+7) \times \left(-\dfrac{3}{7}\right) = -\left(7 \times \dfrac{3}{7}\right) = -3$

(3) 덧셈, 뺄셈, 곱셈, 나눗셈의 혼합 계산 순서

❶ 거듭제곱이 있으면 거듭제곱을 먼저 계산한다.

❷ 괄호가 있으면 괄호 안을 먼저 계산한다.

    이때 괄호는 소괄호 (　　) → 중괄호 {　　} → 대괄호 [　　]의 순서로 계산한다.

❸ 곱셈, 나눗셈을 계산한 후, 덧셈, 뺄셈을 계산한다.

비법 NOTE 옆단

⊕ ÷ ⊕ ⇨ ⊕
⊖ ÷ ⊖ ⇨ ⊕
⊕ ÷ ⊖ ⇨ ⊖
⊖ ÷ ⊕ ⇨ ⊖

● 어떤 수를 0으로 나누는 것은 생각하지 않는다.

● 0에 어떤 수를 곱하여도 1이 될 수 없으므로 0의 역수는 생각하지 않는다.

● 곱셈과 나눗셈 사이의 관계
△ × ○ = □ 이면
△ = □ ÷ ○, ○ = □ ÷ △

04
정수와 유리수의 계산

[0365 ~ 0367] 다음을 계산하시오.

0365 $(+15) \div (+5)$

0366 $(-44) \div (+11)$

0367 $(-3.2) \div (-0.8)$

[0368 ~ 0371] 다음 수의 역수를 구하시오.

0368 1

0369 $-\dfrac{7}{6}$

0370 -8

0371 0.9

[0372 ~ 0374] 다음을 계산하시오.

0372 $(+16) \div \left(-\dfrac{8}{3}\right)$

0373 $\left(-\dfrac{18}{7}\right) \div \left(+\dfrac{6}{35}\right)$

0374 $\left(-\dfrac{10}{3}\right) \div (-2.5)$

0375 다음 식의 계산 순서를 차례대로 나열하시오.

$$\dfrac{3}{2} - \dfrac{1}{3} \times \left\{ \left(\dfrac{4}{5} + 1 \right) \div \dfrac{3}{5} \right\}$$

    ↑   ↑   ↑   ↑
    ㉠ ㉡   ㉢   ㉣

[0376 ~ 0377] 다음을 계산하시오.

0376 $\dfrac{1}{2} + (-2)^3 \times \dfrac{5}{16}$

0377 $8 \times \dfrac{1}{4} - \left\{ (-3)^2 \div \dfrac{3}{2} - 5 \right\}$

유형 쏙 다 잡기

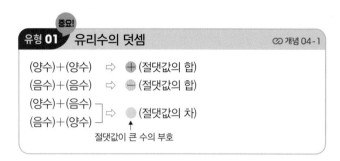

(양수)+(양수) ⇨ ⊕ (절댓값의 합)

(음수)+(음수) ⇨ ⊖ (절댓값의 합)

(양수)+(음수) ⎤
(음수)+(양수) ⎦ ⇨ ◯ (절댓값의 차)

절댓값이 큰 수의 부호

0378 대표 문제

다음 보기에서 계산 결과가 옳은 것을 모두 고르시오.

┤ 보기 ├

ㄱ. $(+5)+(-8)=3$

ㄴ. $(-2)+\left(+\dfrac{4}{5}\right)=-\dfrac{6}{5}$

ㄷ. $(+1.4)+(-0.6)=-0.8$

ㄹ. $\left(-\dfrac{3}{4}\right)+\left(-\dfrac{2}{3}\right)=-\dfrac{17}{12}$

0379 ●●●●● 수매씽 Pick!

다음 중 계산 결과가 가장 작은 것은?

① $(+1)+(+3)$ ② $(-4)+(+2)$

③ $\left(+\dfrac{3}{2}\right)+\left(-\dfrac{7}{3}\right)$ ④ $(-1)+\left(-\dfrac{1}{3}\right)$

⑤ $(-2.75)+(+0.6)$

0380 ●●●●● 서술형

$a=(+12)+(-9)$, $b=\left(-\dfrac{9}{5}\right)+\left(-\dfrac{2}{3}\right)$일 때, $a+b$의

값을 구하시오.

유형 **02** 덧셈의 계산 법칙   ∞ 개념 04-1

(1) 덧셈의 교환법칙 : ●+▲=▲+●

(2) 덧셈의 결합법칙 : (●+▲)+■=●+(▲+■)

0381 대표 문제

다음 계산 과정에서 덧셈의 결합법칙을 이용한 부분을 고르시오.

$$\left(-\dfrac{2}{3}\right)+(+4)+\left(-\dfrac{1}{3}\right)$$

$=(+4)+\left(-\dfrac{2}{3}\right)+\left(-\dfrac{1}{3}\right)$ ⎫ (가)

$=(+4)+\left\{\left(-\dfrac{2}{3}\right)+\left(-\dfrac{1}{3}\right)\right\}$ ⎫ (나)

$=(+4)+(-1)$ ⎫ (다)

$=3$ ⎫ (라)

0382 ●●●●●

다음 계산 과정에서 (가)~(라)에 알맞은 것을 써넣으시오.

$(-2)+(+7)+(-18)$

$=(-2)+(-18)+(+7)$ ⎫ 덧셈의 [(가)]

$=\{(-2)+(-18)\}+(+7)$ ⎫ 덧셈의 [(나)]

$=($ [(다)] $)+(+7)$

$=$ [(라)]

0383 ●●●●●

다음을 덧셈의 교환법칙과 덧셈의 결합법칙을 이용하여 계산하시오.

$$(+1.7)+(-5)+(+2.3)$$

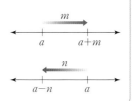
유형 03 유리수의 뺄셈 ⊘개념 04-2

$$
\underset{\text{빼는 수의 부호 바꾸기}}{\overset{\text{뺄셈을 덧셈으로}}{(+2)-(+4)=(+2)+(-4)}}
$$

0384 대표 문제

다음 중 계산 결과가 가장 큰 것은?

① $(+7)-(+11)$ ② $(-9)-(+13)$

③ $(+0.5)-(-0.7)$ ④ $\left(-\dfrac{3}{4}\right)-\left(-\dfrac{2}{3}\right)$

⑤ $\left(+\dfrac{2}{5}\right)-\left(-\dfrac{3}{10}\right)$

0385 ●●●●

다음 중 계산 과정이 옳지 <u>않은</u> 것은?

① $(-3)-(+2)=(-3)+(-2)$

② $(+0.6)-(+1.7)=(+0.6)+(+1.7)$

③ $(+12)-(-2.5)=(+12)+(+2.5)$

④ $(-1)-\left(-\dfrac{1}{2}\right)=(-1)+\left(+\dfrac{1}{2}\right)$

⑤ $\left(+\dfrac{2}{5}\right)-\left(+\dfrac{1}{3}\right)=\left(+\dfrac{2}{5}\right)+\left(-\dfrac{1}{3}\right)$

0386 ●●●●

다음 보기에서 계산 결과가 양수인 것을 모두 고른 것은?

┤ 보기 ├

ㄱ. $(+2)-(-3)$ ㄴ. $(-3)-(+4)$

ㄷ. $\left(-\dfrac{7}{4}\right)-\left(-\dfrac{5}{2}\right)$ ㄹ. $\left(+\dfrac{2}{3}\right)-\left(+\dfrac{5}{3}\right)$

① ㄱ, ㄴ   ② ㄱ, ㄷ   ③ ㄴ, ㄹ

④ ㄷ, ㄹ   ⑤ ㄱ, ㄷ, ㄹ

유형 04 그림으로 설명할 수 있는 계산식 찾기 ⊘개념 04-2

수직선 위의 a를 나타내는 점에서

(1) 오른쪽으로 m만큼 이동
    ⇨ $a+(+m)$

(2) 왼쪽으로 n만큼 이동
    ⇨ $a-(+n)$ 또는 $a+(-n)$

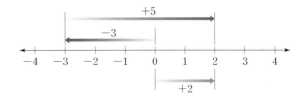

0387 대표 문제

다음 수직선으로 설명할 수 있는 계산식은?

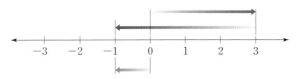

① $(-3)+(-2)=-5$ ② $(-3)+(+5)=+2$

③ $(-2)+(+5)=+3$ ④ $(+3)+(-5)=-2$

⑤ $(+5)-(-3)=+8$

0388 ●●●●

다음 수직선으로 설명할 수 있는 계산식은? (정답 2개)

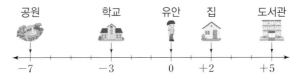

① $(-4)+(+1)=-3$ ② $(-1)+(+3)=+2$

③ $(+3)+(-4)=-1$ ④ $(+3)-(-4)=+7$

⑤ $(+3)-(+4)=-1$

0389 ●●●● 수매씽 Pick!

다음 그림에서 유안이가 처음 위치에서 -3만큼 이동한 후 다시 $+5$만큼 이동했을 때, 도착한 곳은 집이다.

공원	학교	유안	집	도서관
-7	-3	0	$+2$	$+5$

처음 위치에서 $+3$만큼 이동한 후 다시 -10만큼 이동했을 때, 도착한 곳은 어디일지 구하시오.

❶ 뺄셈을 덧셈으로 고친다.

❷ 덧셈의 계산 법칙을 이용하여 계산한다.

0390 대표 문제

$\left(+\dfrac{1}{4}\right)+\left(-\dfrac{7}{3}\right)-\left(+\dfrac{5}{6}\right)-\left(-\dfrac{11}{12}\right)$을 계산하시오.

0391 ●●●● 수매씽 Pick!

다음 중 계산 결과가 옳지 않은 것은?

① $(-5)+(+2)-(-6)=3$

② $(+4)-(-5)-(-1.2)=10.2$

③ $(-1.2)-(+3.5)+(+0.6)=-4.1$

④ $\left(+\dfrac{2}{3}\right)-\left(+\dfrac{1}{2}\right)+\left(-\dfrac{1}{3}\right)=\dfrac{1}{6}$

⑤ $\left(+\dfrac{3}{5}\right)-\left(+\dfrac{5}{2}\right)+(-0.2)=-\dfrac{21}{10}$

0392 ●●●●

다음과 같이 화살표의 순서대로 덧셈 또는 뺄셈이 진행될 때, 순서에 따라 계산한 값을 구하시오.

$$+3 \xrightarrow{-} +\dfrac{5}{2} \xrightarrow{-} -\dfrac{3}{4} \xrightarrow{+} -1$$

❶ 생략된 양의 부호 +를 붙인다.

❷ 뺄셈을 덧셈으로 고친 후 덧셈의 계산 법칙을 이용하여 계산한다.

0393 대표 문제

다음 식을 계산하시오.

$$-\dfrac{1}{3}+\dfrac{3}{2}-1+\dfrac{5}{6}$$

0394 ●●●●

다음 보기에서 계산 결과가 작은 것부터 차례대로 나열하시오.

┤ 보기 ├

ㄱ. $12-6+15$

ㄴ. $-\dfrac{1}{2}+1-\dfrac{3}{2}$

ㄷ. $\dfrac{1}{3}+\dfrac{1}{2}-\dfrac{5}{6}$

ㄹ. $-\dfrac{1}{4}-\dfrac{2}{3}+\dfrac{1}{2}+\dfrac{1}{3}$

0395 ●●●● 서술형

다음 두 수 a, b에 대하여 $a+b$의 값을 구하시오.

$$a=\dfrac{8}{7}-2+\dfrac{1}{3}+\dfrac{2}{21}$$
$$b=-2-\dfrac{1}{4}+3$$

유형 **07** 중요! 어떤 수보다 □만큼 큰(작은) 수   개념 04-2

(1) ●보다 ■만큼 큰 수 ⇨ ●+■
(2) ●보다 ■만큼 작은 수 ⇨ ●−■

0396 대표 문제

5보다 −4만큼 큰 수를 a, −1보다 −5만큼 작은 수를 b라 할 때, $a+b$의 값은?

① −1　　　　② 1　　　　③ 3
④ 5　　　　⑤ 7

0397 ●●●●

다음 중 계산 결과가 나머지 넷과 다른 하나는?

① 3보다 −2만큼 큰 수
② −8보다 7만큼 큰 수
③ −5보다 6만큼 큰 수
④ 4보다 3만큼 작은 수
⑤ −4보다 −5만큼 작은 수

0398 ●●●●

−2보다 0.7만큼 작은 수를 a라 할 때, a보다 1.5만큼 큰 수를 구하시오.

0399 ●●●● 서술형

3보다 $-\dfrac{1}{3}$만큼 큰 수를 a, $-\dfrac{5}{4}$보다 $\dfrac{3}{2}$만큼 작은 수를 b라 할 때, $b<x<a$를 만족시키는 정수 x의 개수를 구하시오.

유형 **08** 덧셈과 뺄셈 사이의 관계   개념 04-2

(1) ●+▲=■ ⇨ ●=■−▲, ▲=■−●
(2) ●−▲=■ ⇨ ●=■+▲, ▲=●−■
예 1+2=3 ⇨ 1=3−2, 2=3−1
　　6−4=2 ⇨ 6=2+4, 4=6−2

0400 대표 문제

$a-(+3)=\dfrac{1}{2}$, $b-\left(-\dfrac{3}{2}\right)=-1$일 때, $a+b$의 값은?

① $-\dfrac{3}{4}$　　② $-\dfrac{1}{2}$　　③ $\dfrac{1}{2}$

④ $\dfrac{3}{4}$　　　⑤ 1

0401 ●●●●

$\square+(-0.6)=\dfrac{8}{5}$일 때, □ 안에 알맞은 수를 구하시오.

0402 ●●●●

$(-4)+a=-7$, $b-(-6)=9$일 때, $a-b$의 값은?

① −7　　　　② −6　　　　③ 0
④ 8　　　　⑤ 12

0403 ●●●● 수매씽 Pick!

다음 그림에서 이웃한 두 칸의 수의 합이 바로 아래 칸의 수가 될 때, a, b의 값을 각각 구하시오.

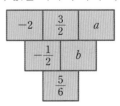

- ❶ 어떤 수를 □로 놓는다.
- ❷ 잘못된 계산 결과를 이용하여 □의 값을 구한다.
- ❸ 바르게 계산한 답을 구한다.

0404 대표 문제

어떤 수에 $\dfrac{5}{3}$를 더해야 할 것을 잘못하여 뺐더니 그 결과가 $-\dfrac{6}{5}$이 되었다. 바르게 계산한 답은?

① $\dfrac{2}{5}$ ② $\dfrac{8}{15}$ ③ $\dfrac{3}{5}$

④ 2 ⑤ $\dfrac{32}{15}$

0405 ●●●●

-5에서 어떤 수를 빼야 할 것을 잘못하여 더했더니 그 결과가 2가 되었다. 바르게 계산한 답을 구하시오.

0406 ●●●● 수매씽 Pick!

어떤 수에서 $\dfrac{13}{2}$을 빼야 할 것을 잘못하여 더했더니 그 결과가 -7이 되었다. 바르게 계산한 답을 구하시오.

0407 ●●●●

$\dfrac{11}{6}$에 어떤 수를 더해야 할 것을 잘못하여 뺐더니 그 결과가 $-\dfrac{2}{3}$가 되었다. 바르게 계산한 답을 구하시오.

유형 10 절댓값이 주어진 두 수의 덧셈과 뺄셈   ∞ 개념 04-2

a, b의 절댓값이 주어지는 경우
⇨ a, b의 값을 모두 구한 후 문제를 해결한다.
⇨ $|a|=m$, $|b|=n$ (m, n은 양수)일 때

	가장 큰 값	가장 작은 값
$a+b$	$m+n$	$(-m)+(-n)$
$a-b$	$m-(-n)$	$(-m)-n$

0408 대표 문제

a의 절댓값은 3이고, b의 절댓값은 4이다. $a+b$의 값 중 가장 작은 값은?

① -12 ② -9 ③ -7

④ -1 ⑤ 1

0409 ●●●●

두 수 a, b에 대하여 $|a|=7$, $|b|=2$일 때, $a+b$의 값 중 가장 큰 값을 구하시오.

0410 ●●●●

두 수 a, b에 대하여 $|a|=8$, $|b|=5$이다. $a-b$의 값 중 가장 큰 값을 M, 가장 작은 값을 m이라 할 때, $M-m$의 값을 구하시오.

0411 ●●●●

부호가 다른 두 수 a, b에 대하여 $|a|=\dfrac{1}{8}$, $|b|=\dfrac{5}{24}$일 때, $a-b$의 값을 모두 구하시오.

유형 11 유리수의 덧셈과 뺄셈의 활용 - 수직선 ⊙ 개념 04-2

다음 수직선에서 m, n이 거리를 나타낼 때

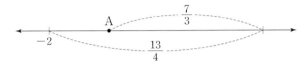

(1) 점 A가 나타내는 수 ⇨ $a+m$
(2) 점 B가 나타내는 수 ⇨ $a-n$
(3) 두 점 A, B 사이의 거리 ⇨ $(a+m)-(a-n)=m+n$

0412 대표 문제

다음 그림과 같은 수직선에서 점 A가 나타내는 수를 구하시오.

0413 ●●●●

수직선 위의 두 점 A, B가 나타내는 수가 각각 $-\dfrac{1}{5}$, 4.3 일 때, 두 점 A, B 사이의 거리는?

① 4.1　　　② 4.2　　　③ 4.3
④ 4.4　　　⑤ 4.5

0414 ●●●●

수직선에서 -2를 나타내는 점과의 거리가 $\dfrac{1}{4}$인 점이 나타내는 수 중에서 큰 것은?

① $-\dfrac{1}{4}$　　　② $-\dfrac{3}{4}$　　　③ $-\dfrac{5}{4}$
④ $-\dfrac{7}{4}$　　　⑤ $-\dfrac{9}{4}$

유형 12 유리수의 덧셈과 뺄셈의 활용 - 도형 ⊙ 개념 04-2

❶ 수가 모두 주어진 변에서 수의 합을 먼저 구한다.
❷ 나머지 변의 수의 합이 ❶에서 구한 합과 같음을 이용한다.

0415 대표 문제

오른쪽 표의 가로, 세로, 대각선에 놓인 세 수의 합이 모두 같을 때, a, b의 값을 각각 구하시오.

-6	a	-2
		-3
-4	b	

0416 ●●●● 수매씽 Pick!

오른쪽 그림에서 삼각형의 각 변에 놓인 네 수의 합이 모두 같을 때, $a-b$의 값을 구하시오.

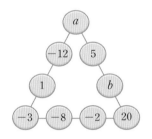

0417 ●●●● 서술형

오른쪽 그림의 전개도를 이용하여 정육면체를 만들려고 한다. 서로 마주 보는 면에 적힌 두 수의 합이 -2가 되도록 할 때, $a+b-c$의 값을 구하시오.

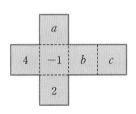

04

정수와 유리수의 계산

주어진 상황을 유리수의 덧셈과 뺄셈으로 나타낸다. 이때
(1) 기준보다 증가하거나 커지면 ⇨ +
(2) 기준보다 감소하거나 작아지면 ⇨ −

0418 (대표 문제)

다음 표는 어느 관광지의 입장객 수를 전날과 비교하여 증가하면 부호 +, 감소하면 부호 −를 사용하여 나타낸 것이다. 월요일의 입장객이 2000명이었을 때, 금요일의 입장객은 몇 명인지 구하시오.

화요일	수요일	목요일	금요일
+250명	−150명	−200명	+500명

0419 ●●●●

다음 표는 어느 달 2일부터 5일까지 혜수의 몸무게를 전날과 비교하여 증가하면 부호 +, 감소하면 부호 −를 사용하여 나타낸 것이다. 1일의 혜수의 몸무게가 45 kg이었을 때, 5일의 몸무게를 구하시오.

2일	3일	4일	5일
+0.3 kg	−0.6 kg	−0.2 kg	+1 kg

0420 ●●●●

주원이와 서연이는 주사위 놀이를 하고 있다. 주사위를 던져 나오는 눈의 수가 짝수이면 그 수만큼 점수를 얻고, 홀수이면 그 수만큼 점수를 잃는다고 한다. 두 사람이 주사위를 각각 4번씩 던져서 나온 눈의 수가 다음과 같을 때, 두 사람의 점수의 차를 구하시오.

	1회	2회	3회	4회
주원	3	6	2	1
서연	5	3	4	5

(양수)×(양수)
(음수)×(음수) ⇨ ⊕ (절댓값의 곱)

(양수)×(음수)
(음수)×(양수) ⇨ ⊖ (절댓값의 곱)

0421 (대표 문제)

다음 중 계산 결과가 0에 가장 가까운 것은?

① $(-2) \times (+3)$

② $\left(-\dfrac{11}{3}\right) \times \left(+\dfrac{21}{22}\right)$

③ $(-2.4) \times (-0.5)$

④ $\left(+\dfrac{5}{8}\right) \times \left(+\dfrac{16}{15}\right)$

⑤ $\left(+\dfrac{4}{25}\right) \times (-10)$

0422 ●●●● (수매씽 Pick!)

다음 중 계산 결과가 가장 작은 것은?

① $\left(-\dfrac{2}{5}\right) \times \left(-\dfrac{15}{4}\right)$

② $\left(+\dfrac{4}{3}\right) \times \left(-\dfrac{21}{8}\right)$

③ $\left(-\dfrac{8}{7}\right) \times \left(+\dfrac{35}{2}\right)$

④ $(+12) \times \left(-\dfrac{8}{3}\right) \times \left(+\dfrac{9}{16}\right)$

⑤ $\left(-\dfrac{8}{21}\right) \times \left(-\dfrac{7}{3}\right) \times \left(-\dfrac{9}{4}\right)$

0423 ●●●● (서술형)

다음 두 수 a, b에 대하여 $a \times b$의 값을 구하시오.

$$a = (+2) \times \left(-\dfrac{3}{4}\right)$$
$$b = \left(-\dfrac{5}{4}\right) \times \left(-\dfrac{8}{5}\right)$$

유형 **15**　**곱셈의 계산 법칙**　∞ 개념 04-3

(1) 곱셈의 교환법칙 : ● × ▲ = ▲ × ●
(2) 곱셈의 결합법칙 : (● × ▲) × ■ = ● × (▲ × ■)

0424 대표 문제

다음 계산 과정에서 곱셈의 결합법칙을 이용한 부분을
고르시오.

$$
\begin{aligned}
&(-3) \times \left(+\frac{3}{8}\right) \times (-2) \times \left(-\frac{4}{6}\right) \qquad \Big)_{(\text{가})} \\
&= (-3) \times (-2) \times \left(+\frac{3}{8}\right) \times \left(-\frac{4}{6}\right) \qquad \Big)_{(\text{나})} \\
&= \{(-3) \times (-2)\} \times \left\{\left(+\frac{3}{8}\right) \times \left(-\frac{4}{6}\right)\right\} \quad \Big)_{(\text{다})} \\
&= (+6) \times \left(-\frac{1}{4}\right) \qquad \Big)_{(\text{라})} \\
&= -\frac{3}{2}
\end{aligned}
$$

0425 ●●●●●

다음 계산 과정에서 (가)~(라)에 알맞은 것을 써넣으시오.

$$
\begin{aligned}
&\left(-\frac{3}{2}\right) \times (+3) \times \left(-\frac{4}{15}\right) \qquad \Big) \quad \text{곱셈의}\ \boxed{\text{(가)}} \\
&= \left(-\frac{3}{2}\right) \times \left(-\frac{4}{15}\right) \times (+3) \quad \Big) \quad \text{곱셈의}\ \boxed{\text{(나)}} \\
&= \left\{\left(-\frac{3}{2}\right) \times \left(-\frac{4}{15}\right)\right\} \times (+3) \\
&= \left(\boxed{\text{(다)}}\right) \times (+3) \\
&= \boxed{\text{(라)}}
\end{aligned}
$$

0426 ●●●●

다음을 곱셈의 교환법칙과 곱셈의 결합법칙을 이용하여
계산하시오.

$$
(+4) \times (-6) \times (-1.25) \times \left(+\frac{1}{3}\right)
$$

유형 **16**　**곱이 가장 큰(작은) 수 만들기**　∞ 개념 04-3

서로 다른 세 수를 뽑아 곱할 때
(1) 곱이 가장 큰 경우
　　{ 음수는 짝수 개
　　{ 세 수의 절댓값의 곱이 가장 큰 양수
(2) 곱이 가장 작은 경우
　　{ 음수는 홀수 개
　　{ 세 수의 절댓값의 곱이 가장 큰 음수

0427 대표 문제

네 수 $-\frac{1}{6},\ 12,\ \frac{3}{4},\ -\frac{1}{3}$ 중에서 서로 다른 세 수를 뽑아
곱한 값 중 가장 큰 수를 구하시오.

0428 ●●●● 수매씽 Pick!

네 수 $\frac{1}{2},\ -10,\ \frac{1}{4},\ -\frac{5}{2}$ 중에서 서로 다른 세 수를 뽑아
곱한 값 중 가장 작은 수는?

① $-\frac{1}{4}$ 　　　② $-\frac{1}{2}$ 　　　③ $-\frac{3}{4}$

④ -1 　　　⑤ $-\frac{5}{4}$

0429 ●●●●

네 수 $-\frac{3}{2},\ \frac{5}{4},\ -6,\ -\frac{3}{4}$ 중에서 서로 다른 세 수를 뽑아
곱한 값 중 가장 큰 수를 a, 가장 작은 수를 b라 할 때,
$a+b$의 값은?

① $\frac{3}{2}$ 　　　② $\frac{5}{2}$ 　　　③ $\frac{7}{2}$

④ $\frac{9}{2}$ 　　　⑤ $\frac{11}{2}$

자연수 n에 대하여

(1) (양수)^{n}의 부호 ⇨ +

(2) (음수)^{n}의 부호 ⇨ $\begin{cases} n\text{이 짝수이면 ⇨ } + \\ n\text{이 홀수이면 ⇨ } - \end{cases}$

0430 대표 문제

다음 중 계산 결과가 가장 작은 것은?

① -2^3 ② $(-3)^2$ ③ $-(-2^3)$

④ $-(-2)^3$ ⑤ $-(-3)^2$

0431 ●●●●

다음 중 계산 결과가 옳지 <u>않은</u> 것은?

① $-3^2=-9$ ② $(-4)^2=16$

③ $\left(-\dfrac{1}{3}\right)^2=\dfrac{1}{9}$ ④ $-\dfrac{1}{3^2}=-\dfrac{1}{9}$

⑤ $-\left(-\dfrac{1}{2}\right)^3=-\dfrac{1}{8}$

0432 ●●●● 수매씽 Pick!

$(-6)^2 \times \left(-\dfrac{1}{2}\right)^3 \times \left(-\dfrac{4}{3}\right)^2$ 을 계산하시오.

0433 ●●●●

다음 수 중에서 가장 큰 수를 a, 가장 작은 수를 b라 할 때, $a \times b$의 값은?

$$\left(-\dfrac{1}{2}\right)^3, \quad -\left(-\dfrac{1}{2}\right)^3, \quad \left(\dfrac{1}{2}\right)^2, \quad -\left(\dfrac{1}{2}\right)^4$$

① $-\dfrac{1}{128}$ ② $-\dfrac{1}{64}$ ③ $-\dfrac{1}{32}$

④ $\dfrac{1}{32}$ ⑤ $\dfrac{1}{64}$

자연수 n에 대하여

$(-1)^n = \begin{cases} 1 \ (n\text{이 짝수}) \\ -1 \ (n\text{이 홀수}) \end{cases}$

0434 대표 문제

다음 중 계산 결과가 나머지 넷과 다른 하나는?

① $(-1)^{12}$ ② $-(-1^5)$ ③ $-(-1)^{10}$

④ $\{-(-1)\}^6$ ⑤ $-(-1)^7$

0435 ●●●●

$(-1)\times 2+(-1)^2\times 3+(-1)^3\times 4+(-1)^4\times 5$를 계산 하면?

① -2 ② -1 ③ 0

④ 1 ⑤ 2

0436 ●●●●

$(-1)+(-1)^2+(-1)^3+\cdots+(-1)^{100}$을 계산하면?

① -100 ② -50 ③ 0

④ 50 ⑤ 100

0437 ●●●●

$-1^{100}+(-1)^{99}-(-1)^{101}+(-1)^{102}$을 계산하시오.

유형 **19** 분배법칙 ⌾개념 04-3

(1) ● × (▲＋■)＝● × ▲＋● × ■
  (▲＋■) × ●＝▲ × ●＋■ × ●
(2) ● × ▲＋● × ■＝● × (▲＋■)
  ▲ × ●＋■ × ●＝(▲＋■) × ●

예 $2 \times (3+4) = 2 \times 3 + 2 \times 4$, $(2+3) \times 4 = 2 \times 4 + 3 \times 4$,
$2 \times 3 + 2 \times 4 = 2 \times (3+4)$, $2 \times 4 + 3 \times 4 = (2+3) \times 4$

0438 〔대표 문제〕

세 수 a, b, c에 대하여
$$a \times b = -10, \quad a \times c = 8$$
일 때, $a \times (b+c)$의 값을 구하시오.

0439 ●●○○

다음 식을 만족시키는 유리수 a, b에 대하여 $a+b$의 값은?

$$58 \times (-0.54) + 42 \times (-0.54) = a \times (-0.54) = b$$

① -54 ② -46 ③ 23
④ 46 ⑤ 54

0440 ●●●○

세 수 a, b, c에 대하여
$$a \times c = 6, \quad a \times (b-c) = -54$$
일 때, $a \times b$의 값을 구하시오.

0441 ●●●○

분배법칙을 2번 이상 이용하여 다음을 계산하시오.

$$4.6 \times (-38) + 48 \times 9.8 - 48 \times 5.2$$

유형 **20** 역수 ⌾개념 04-4

어떤 수의 역수를 구할 때에는 주어진 수를 분수 꼴로 나타낸 후, 분모와 분자의 위치를 서로 바꾸면 된다.

⇨ $\dfrac{■}{●}$의 역수는 $\dfrac{●}{■}$

예 $-\dfrac{3}{2}$의 역수는 $-\dfrac{2}{3}$, 4의 역수는 $\dfrac{1}{4}$, 1의 역수는 1

0442 〔대표 문제〕

$\dfrac{3}{5}$의 역수를 a, -4의 역수를 b라 할 때, $a \times b$의 값은?

① $-\dfrac{7}{12}$ ② $-\dfrac{5}{12}$ ③ $-\dfrac{1}{12}$
④ $\dfrac{1}{12}$ ⑤ $\dfrac{5}{12}$

0443 ●●●○

다음 중 두 수가 서로 역수가 <u>아닌</u> 것은?

① $\dfrac{1}{2}$, 2 ② $-\dfrac{3}{4}$, $-\dfrac{4}{3}$ ③ 1, -1
④ 0.7, $\dfrac{10}{7}$ ⑤ $1\dfrac{1}{3}$, $\dfrac{3}{4}$

0444 ●●●○ 〔수매씽 Pick!〕

a의 역수가 6이고 1.5의 역수가 b일 때, $a+b$의 값을 구하시오.

0445 ●●●○ 〔서술형〕

$\dfrac{7}{4}$의 역수를 a, $-\dfrac{10}{9}$의 역수를 b, $\dfrac{6}{5}$의 역수를 c라 할 때, $7 \times a + 5 \times b - 3 \times c$의 값을 구하시오.

정수와 유리수의 계산

(1) (양수)÷(양수)
(음수)÷(음수) ⟩ ⇨ ⊕ (절댓값의 나눗셈의 몫)

(양수)÷(음수)
(음수)÷(양수) ⟩ ⇨ ⊖ (절댓값의 나눗셈의 몫)

(2) 나누는 수의 역수를 곱한다.

0446 대표 문제

다음 중 계산 결과가 옳은 것은?

① $(-24) \div (+4) = 6$

② $(+4) \div \left(-\dfrac{3}{2}\right) = -6$

③ $\left(+\dfrac{10}{3}\right) \div (+5) = \dfrac{4}{3}$

④ $\left(-\dfrac{12}{5}\right) \div (-1.2) = 2$

⑤ $(-5.4) \div (+0.6) = -0.9$

0447 ●●●●○ 수매씽 Pick!

다음 중 계산 결과가 다른 것은?

① $(-16) \div (+4)$

② $\left(+\dfrac{2}{3}\right) \div \left(-\dfrac{1}{6}\right)$

③ $\left(-\dfrac{2}{5}\right) \div \left(+\dfrac{1}{10}\right)$

④ $\left(+\dfrac{3}{2}\right) \div \left(-\dfrac{1}{8}\right) \div \left(+\dfrac{1}{3}\right)$

⑤ $\left(-\dfrac{5}{7}\right) \div \left(-\dfrac{3}{14}\right) \div \left(-\dfrac{5}{6}\right)$

0448 ●●●●○

$a = 35 \div (-5) \div \dfrac{21}{8}$일 때, a보다 큰 모든 음의 정수의 합을 구하시오.

유형 22 곱셈과 나눗셈의 혼합 계산   개념 04-4

❶ 나눗셈은 곱셈으로 바꾼다.

❷ 곱의 부호를 정한다. 즉, 음수가 { 짝수 개이면 ⇨ +
홀수 개이면 ⇨ −

❸ 각 수들의 절댓값의 곱에 그 부호를 붙인다.

0449 대표 문제

$(-2)^2 \div \left(-\dfrac{8}{5}\right) \times 6$을 계산하면?

① -15 ② -10 ③ -5

④ 10 ⑤ 15

0450 ●●●●○

다음 중 계산 결과가 가장 작은 것은?

① $(-3) \div (-12) \times (-8)$

② $(-4) \times (+10) \div (-5)$

③ $\left(+\dfrac{3}{5}\right) \div \left(-\dfrac{4}{7}\right) \times \left(+\dfrac{12}{7}\right)$

④ $\left(-\dfrac{1}{4}\right)^2 \times (+8) \div (-3)$

⑤ $\left(-\dfrac{3}{2}\right) \div (-9) \times (-2)^2$

0451 ●●●●● 서술형

두 수 a, b에 대하여

$$a = \left(-\dfrac{7}{10}\right) \times \left(-\dfrac{15}{4}\right) \div \left(-\dfrac{35}{12}\right),$$

$$b = \dfrac{20}{3} \div (-16) \times \left(-\dfrac{9}{2}\right)$$

일 때, $a \div b$의 값을 구하시오.

유형 23 덧셈, 뺄셈, 곱셈, 나눗셈의 혼합 계산 ⊕ 개념 04-4

❶ 거듭제곱을 계산한다.
❷ ( ) ⇨ { } ⇨ [ ]의 순서로 괄호 안을 계산한다.
❸ 곱셈, 나눗셈을 계산한다.
❹ 덧셈, 뺄셈을 계산한다.

0452 대표 문제

$-2^2-\left\{-3-\dfrac{1}{3}\times\left(3-\dfrac{3}{2}\right)\right\}\div\dfrac{5}{4}$ 를 계산하시오.

0453 ●●●● 수매씽 Pick!

다음 식의 계산 순서를 차례대로 나열하시오.

$$-1+\left\{-\dfrac{3}{2}+(-5)^2\times\left(-\dfrac{7}{9}\right)\right\}\div\dfrac{1}{2}$$
$$\uparrow \qquad \uparrow \quad \uparrow \quad \uparrow \qquad\qquad \uparrow$$
$$\textcircled{\scriptsize ㉠} \qquad \textcircled{\scriptsize ㉡} \ \textcircled{\scriptsize ㉢} \ \textcircled{\scriptsize ㉣} \qquad\qquad \textcircled{\scriptsize ㉤}$$

0454 ●●●●

$-(-3)^2+\dfrac{1}{4}\times 4-\left\{24+\dfrac{2}{5}\times(-15)\right\}$ 를 계산하면?

① -30 ② -28 ③ -26
④ -24 ⑤ -22

0455 ●●●●

다음 중 계산 결과가 가장 작은 것은?

① $-1^2+\left(\dfrac{2}{5}-\dfrac{1}{10}\right)\times 10$

② $\dfrac{7}{2}-\left(-\dfrac{1}{3}\right)\div\left(\dfrac{1}{6}-\dfrac{1}{4}\right)$

③ $(-2)^2+\left\{\dfrac{1}{4}-\left(\dfrac{3}{4}+\dfrac{7}{6}\right)\right\}\times 3$

④ $\left\{18+\left(\dfrac{1}{2}-5\right)\times 4\right\}\div 7$

⑤ $(-1)^3\div\dfrac{1}{2}+\left\{7-\left(-\dfrac{4}{5}\right)\times\left(-\dfrac{5}{2}\right)\right\}$

0456 ●●●● 서술형

$a=\dfrac{2}{3}\times(-3)^2-\left\{\dfrac{10}{7}\div\left(-\dfrac{15}{49}\right)-\dfrac{5}{6}\right\}$ 일 때, a의 역수를 구하시오.

0457 ●●●●

$a=\left(-\dfrac{1}{2}\right)^4\div\left(-\dfrac{1}{2}\right)^2-3\div\left\{3\times\left(-\dfrac{1}{2}\right)\right\}$ 일 때, a에 가장 가까운 정수를 구하시오.

04

정수와 유리수의 계산

(1) ● × ▲ = ■ ⇨ ● = ■ ÷ ▲, ▲ = ■ ÷ ●
(2) ● ÷ ▲ = ■ ⇨ ● = ■ × ▲, ▲ = ● ÷ ■
예 $2 \times 3 = 6$ ⇨ $2 = 6 \div 3$, $3 = 6 \div 2$
$8 \div 2 = 4$ ⇨ $8 = 4 \times 2$, $2 = 8 \div 4$

0458 대표 문제

$\frac{1}{3} \times a = -4$, $b \div (-6) = -2$일 때, $a \div b$의 값을 구하시오.

0459 ●●●●

$\left(-\frac{3}{8} \right) \times a = -\frac{7}{2}$일 때, a의 값을 구하시오.

0460 ●●●● 수매씽 Pick!

오른쪽 그림과 같은 규칙이 주어
졌을 때, 다음 그림에서 x의 값
을 구하시오.

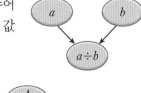

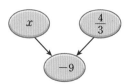

0461 ●●●●

다음 □ 안에 알맞은 수를 구하시오.

$$\left(-\frac{1}{8} \right) \div \square \times \left(-\frac{15}{4} \right) = \frac{9}{8}$$

❶ 어떤 수를 □로 놓는다.
❷ 잘못된 계산 결과를 이용하여 □의 값을 구한다.
❸ 바르게 계산한 답을 구한다.

0462 대표 문제

어떤 수에 $-\frac{3}{2}$을 곱해야 할 것을 잘못하여 나누었더니 그 결과가 $\frac{4}{9}$가 되었다. 바르게 계산한 답을 구하시오.

0463 ●●●●

어떤 수를 -3으로 나누어야 할 것을 잘못하여 곱했더니 그 결과가 $\frac{12}{5}$가 되었다. 바르게 계산한 답을 구하시오.

0464 ●●●●

$-\frac{2}{5}$의 역수를 어떤 수로 나누어야 할 것을 잘못하여 곱했더니 그 결과가 10이 되었다. 바르게 계산한 답을 구하시오.

0465 ●●●● 서술형

유리수 a에 $-\frac{5}{4}$를 더해야 할 것을 잘못하여 곱했더니 그 결과가 $\frac{1}{2}$이 되었다. 바르게 계산한 답을 b라 할 때, $a \div b$의 값을 구하시오.

유형 26　문자로 주어진 수의 부호　∞ 개념 04-4

	$a+b$	$a-b$	$a \times b$	$a \div b$
$a>0,\ b>0$	+		+	+
$a>0,\ b<0$		+	−	−

0466 대표 문제

$a>0$, $b<0$인 두 수 a, b에 대하여 다음 중 항상 음수인 것은?

① $a-b$　　　② $a+b$　　　③ $b-a$
④ $-a \div b$　　⑤ $a \times b^2$

0467 ●●●○

$a<0$, $b>0$인 두 수 a, b에 대하여 다음 중 항상 옳은 것은?

① $a+b<0$　　② $a-b>0$　　③ $a \times b>0$
④ $a^2 \times b>0$　　⑤ $a \div b^2>0$

0468 ●●●○

$a>0$, $b<0$이고 $|a|>|b|$일 때, 다음 보기에서 옳은 것을 모두 고른 것은?

┌─ 보기 ┐
ㄱ. $a+b>0$　　　　　ㄴ. $a-b<0$
ㄷ. $-a-b>0$　　　　ㄹ. $a \times b<0$
└────────────┘

① ㄱ, ㄴ　　② ㄱ, ㄷ　　③ ㄱ, ㄹ
④ ㄴ, ㄷ　　⑤ ㄷ, ㄹ

유형 27 중요! **유리수의 부호 결정**　∞ 개념 04-4

(1) $a \times b>0$, $a \div b>0$ ⇨ 두 수 a, b는 같은 부호
(2) $a \times b<0$, $a \div b<0$ ⇨ 두 수 a, b는 다른 부호

0469 대표 문제

0이 아닌 세 수 a, b, c에 대하여 $a \times b<0$, $a \div c>0$, $a+c>0$일 때, 다음 중 옳은 것은?

① $a>0$, $b>0$, $c>0$　　② $a>0$, $b<0$, $c>0$
③ $a>0$, $b<0$, $c<0$　　④ $a<0$, $b>0$, $c>0$
⑤ $a<0$, $b>0$, $c<0$

0470 ●●●○ 수매씽 Pick!

두 수 a, b에 대하여 $a \times b>0$, $a+b<0$일 때, 다음 중 옳은 것은?

① $a>0$, $b>0$　　　　　② $a>0$, $b<0$
③ $a=0$, $b<0$　　　　　④ $a<0$, $b>0$
⑤ $a<0$, $b<0$

0471 ●●●○

두 수 a, b에 대하여 $a \div b<0$, $a+b>0$, $|a|<|b|$일 때, 다음 중 그 값이 가장 큰 것은?

① a　　　　② b　　　　③ $-b$
④ $a-b$　　⑤ $-a+b$

04 정수와 유리수의 계산

발전 유형 28 　수직선에서 두 점 사이의 점　∞ 개념 04-4

다음 수직선에서 두 수 a, b $(a < b)$를 나타내는 두 점 A, B로부터 같은 거리에 있는 점을 P라 할 때

(1) 두 점 A, B 사이의 거리 ⇨ $b - a$

(2) 점 P가 나타내는 수 ⇨ $a + \dfrac{b-a}{2}$ $\left(\text{또는 } b - \dfrac{b-a}{2}\right)$

0472 　대표 문제

수직선에서 두 수 $-\dfrac{5}{3}$와 $\dfrac{1}{6}$을 나타내는 점으로부터 같은 거리에 있는 점이 나타내는 수를 구하시오.

0473 ●●●◦

오른쪽 수직선에서 점 P는 두 점 A, B로부터 같은 거리에 있는 점이다. 두 점 A, P가 나타내는 수가 각각 -2, $\dfrac{10}{3}$일 때, 점 B가 나타내는 수를 구하시오.

0474 ●●●● 　서술형

오른쪽 수직선에서 점 P는 두 점 A, B로부터 같은 거리에 있는 점이고, 점 B는 두 점 P, Q로부터 같은 거리에 있는 점이다. 두 점 A, B가 나타내는 수가 각각 -1, $\dfrac{1}{5}$일 때, 두 점 P, Q가 나타내는 수의 합을 구하시오.

발전 유형 29 　유리수의 혼합 계산의 활용　∞ 개념 04-4

주어진 상황을 식으로 나타내고, 유리수의 덧셈, 뺄셈, 곱셈, 나눗셈을 이용한다.

0475 　대표 문제

동전의 앞면이 나오면 3점, 뒷면이 나오면 -2점을 받는 동전 던지기 놀이를 하였다. 성재는 동전을 8번 던져서 앞면이 5번 나왔고, 처음 점수가 0점일 때, 성재의 점수를 구하시오. (단, 동전은 앞면 또는 뒷면으로만 나온다.)

0476 ●●●● 　수매씽 Pick!

아영이는 한 문제를 맞히면 7점을 얻고 틀리면 3점을 잃는 퀴즈를 풀었다. 기본 점수 100점에서 시작하고 총 5문제를 푼 결과가 다음 표와 같을 때, 아영이의 점수를 구하시오. (단, 맞히면 ○로, 틀리면 ×로 표시한다.)

1번	2번	3번	4번	5번
○	×	×	×	○

0477 ●●●●

지연이와 서준이는 주사위 놀이를 하여 짝수의 눈이 나오면 그 눈의 수만큼 점수를 얻고, 홀수의 눈이 나오면 그 눈의 수의 2배만큼 점수를 잃는다고 한다. 다음 표는 두 사람이 주사위를 각각 4번씩 던져서 나온 눈의 수를 나타낸 것이다. 두 사람의 점수를 각각 구하시오.

(단, 두 사람의 처음 점수는 모두 0점이다.)

	1회	2회	3회	4회
지연	6	3	1	4
서준	1	2	6	5

학교 시험 꽉 잡기

0478
다음을 계산하면?

$$\left(-\frac{3}{2}\right)+\left(-\frac{1}{3}\right)+\left(+\frac{1}{2}\right)$$

① $-\dfrac{4}{3}$ ② $-\dfrac{7}{6}$ ③ -1

④ $-\dfrac{5}{6}$ ⑤ $-\dfrac{2}{3}$

0479
다음 수직선으로 설명할 수 있는 덧셈식은?

① $(-3)+(+6)=+3$ ② $(-3)+(-3)=-6$
③ $(+3)+(-6)=-3$ ④ $(+3)+(+6)=+9$
⑤ $(-3)+(+3)=0$

0480
다음 계산 과정에서 ㈎에 이용된 계산 법칙은?

$$(-3)\times(+2)\times(-5)$$
$$=(-3)\times\{(+2)\times(-5)\}\bigg)^{(가)}$$
$$=(-3)\times(-10)=30$$

① 덧셈의 교환법칙   ② 덧셈의 결합법칙
③ 곱셈의 교환법칙   ④ 곱셈의 결합법칙
⑤ 분배법칙

0481 빈출
다음 식의 계산 순서를 차례대로 나열한 것은?

$$-2+\left\{(-3^2)\times\frac{11}{18}-\frac{6}{5}\right\}\div\frac{10}{3}$$
$$\quad\quad\quad\uparrow\quad\quad\uparrow\quad\;\uparrow\quad\;\uparrow\quad\quad\uparrow$$
$$\quad\quad\quad㉠\quad\quad㉡\quad㉢\quad㉣\quad\quad㉤$$

① ㉠-㉡-㉢-㉣-㉤   ② ㉠-㉢-㉤-㉣-㉡
③ ㉡-㉢-㉣-㉠-㉤   ④ ㉡-㉢-㉣-㉤-㉠
⑤ ㉢-㉡-㉣-㉤-㉠

0482
다음 중 가장 작은 수를 a, 절댓값이 가장 큰 수를 b라 할 때, $a-b$의 값은?

$$-1.5,\quad 2,\quad \frac{4}{3},\quad -\frac{7}{6},\quad 0,\quad -\frac{5}{3}$$

① -4 ② $-\dfrac{11}{3}$ ③ -3

④ $\dfrac{1}{3}$ ⑤ $\dfrac{7}{3}$

0483 빈출
다음 세 수 a, b, c의 대소 관계는?

a : -4보다 -2만큼 작은 수

b : $\dfrac{4}{3}$보다 $-\dfrac{7}{2}$만큼 큰 수

c : $-\dfrac{11}{5}$과 $\dfrac{3}{4}$ 사이의 모든 정수의 합

① $a<b<c$ ② $a<c<b$ ③ $b<c<a$
④ $c<a<b$ ⑤ $c<b<a$

0484 빈출

오른쪽 표의 가로, 세로, 대각선에 놓인 세 수의 합이 모두 같을 때, $a-b+c$의 값을 구하시오.

	b	
a	-3	c
0	-7	-2

0485

세 수 a, b, c에 대하여
$$a \times b = 12, \ a \times (b-c) = 16$$
일 때, $a \times c$의 값은?

① -4　　　② -2　　　③ 2

④ 4　　　⑤ 6

0486

다음 중 계산 결과가 가장 큰 것은?

① $(-3)^3 \times (-1)$　　② $-(-2)^2 \times (-4)$

③ $-5^2 \times 2$　　④ $9 \div \left(-\dfrac{2}{3}\right)^2$

⑤ $-(-4)^3 \div 2$

0487

다음 중 계산 결과가 옳은 것은?

① $(-4) + \left(+\dfrac{14}{3}\right) - \left(-\dfrac{1}{2}\right) = \dfrac{5}{6}$

② $\dfrac{7}{4} - \dfrac{11}{6} + \dfrac{5}{3} = \dfrac{7}{4}$

③ $(+2) - (-4) \times \left(-\dfrac{3}{8}\right) = \dfrac{1}{2}$

④ $\dfrac{10}{9} \div \left(-\dfrac{25}{3}\right) - \dfrac{4}{15} = -\dfrac{7}{15}$

⑤ $\{(-1) + (-5)\} \div \dfrac{1}{2} = -3$

0488

$a = -3^2 - \left\{ -\dfrac{7}{3} + 10 \div \left(\dfrac{3}{8} - 1\right) \times \dfrac{1}{6} \right\}$일 때, a보다 큰 모든 음의 정수의 합을 구하시오.

0489

두 수 a, b가 다음을 만족시킬 때, $a+b$의 값을 구하시오.

$$a \times (-18) = 9, \ b \div \left(-\dfrac{9}{8}\right) = \dfrac{2}{3}$$

0490

오른쪽 그림의 전개도를 이용하여 정육면체를 만들려고 한다. 서로 마주 보는 면에 적힌 두 수의 곱이 1이 되도록 수를 써넣을 때, $a+b \times c$의 값을 구하시오.

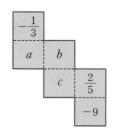

0491 빈출

두 수 a, b가 다음 조건을 모두 만족시킬 때, $a+b$의 값을 구하시오.

㈎ $a > b$
㈏ $a \times b < 0$
㈐ $|a| = 9$, $|b| = 12$

0492 (빈출)

$\dfrac{1}{2} \times \left(-\dfrac{2}{3}\right) \times \dfrac{3}{4} \times \left(-\dfrac{4}{5}\right) \times \cdots \times \left(-\dfrac{50}{51}\right)$을 계산하시오.

0493

다음은 세 개의 추로스 A, B, C의 길이를 비교한 것이다. 길이가 가장 긴 추로스와 가장 짧은 추로스의 길이의 차를 구하시오.

> ㈎ 추로스 B의 길이가 원래의 $\dfrac{1}{10}$만큼 짧게 잘못 측정되어 18 cm이다.
>
> ㈏ 추로스 B의 길이는 추로스 A의 길이의 $\dfrac{5}{4}$배이다.
>
> ㈐ 추로스 C는 추로스 B보다 추로스 B의 길이의 $\dfrac{1}{10}$만큼 더 길다.

0494

두 수 a, b에 대하여 $a>0$, $b<0$, $|a|<|b|$일 때, 다음 중 항상 옳은 것은?

① $a+b<0$ ② $b-a>0$ ③ $a \times b>0$
④ $a \div (-b)<0$ ⑤ $|b|-|a|<0$

서술형 문제

0495

어떤 수에 $-\dfrac{7}{9}$을 더해야 할 것을 잘못하여 $\dfrac{9}{7}$를 뺐더니 그 결과가 $\dfrac{8}{21}$이 되었다. 바르게 계산한 답을 구하시오.

풀이

0496

$a=-\dfrac{2}{3}+\dfrac{5}{2}-\dfrac{13}{6}$, $b=\left(-\dfrac{2}{3}\right) \times (-16) \div \dfrac{64}{9}$일 때, $a<x<b$를 만족시키는 정수 x는 모두 몇 개인지 구하시오.

풀이

0497

다음과 같은 규칙으로 계산되는 두 장치 A, B가 있다.

> A : 입력된 수에 $\dfrac{1}{3}$을 곱하고 $\dfrac{3}{2}$을 뺀다.
>
> B : 입력된 수를 $-\dfrac{3}{10}$으로 나누고 2를 더한다.

A에 $\dfrac{12}{5}$를 입력하여 계산된 값을 다시 B에 입력하였을 때, 최종적으로 계산된 값을 구하시오.

풀이

0498 수학 문해력 UP

 유형 13

이익은 물질적으로나 정신적으로 보탬이 되는 것이고 손해는 그 반대 말이에요.

다음은 어느 회사의 1월부터 6월까지의 이익과 손해를 나타낸 것이다. 예를 들어 1월에는 2.3억 원 이익을 보았고, 3월에는 1.35억 원 손해를 보았다. └─ 그래프를 읽는 방법

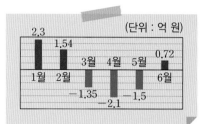

(단위 : 억 원)

└─ 그림에서 7월은 나타나있지 않음에 주의한다.

1월부터 7월까지의 이익과 손해의 합이 1억 원 이익일 때, 이 회사는 7월에 얼마의 이익 또는 손해를 보았는지 구하시오.

해결 전략 그림에서 빨간색 부분은 +, 파란색 부분은 −를 나타낸다.

월	1	2	3	4	5	6
이익(억 원)	+2.3	+1.54				+0.72
손해(억 원)			−1.35	−2.1	−1.5	

0499 유형 13

다음 글을 읽고, 물음에 답하시오.

밴쿠버의 표준시는 우리나라의 표준시보다 몇 시간 느린지 구해 보아요.

영국 런던에 위치한 그리니치 천문대는 세계인이 사용하는 '시각의 기준'이 되는 지점이다. 기준이 되는 표준시를 그리니치 표준시(GMT)라 하고 세계 각지의 표준시는 그리니치 천문대를 지나는 본초 자오선을 기준으로 경도가 15도 동쪽으로 이동하면 1시간 빨라지고, 서쪽으로 이동하면 1시간 늦어진다. 예를 들어 우리나라의 표준시는 GMT보다 9시간 빠르고 밴쿠버의 표준시는 GMT보다 8시간 느리다. └─ (GMT)+(9시간)
└─ (GMT)−(8시간)

준혁이는 인천 공항에서 1월 20일 오전 10시에 출발하는 밴쿠버행 비행기를 타고 9시간만에 밴쿠버 공항에 도착하였다. 준혁이가 밴쿠버 공항에 도착했을 때, 현지 시각을 구하시오.

0500 유형 20

└─ 서로 평행한 면

오른쪽 그림과 같은 주사위에서 마주 보는 면에 적힌 두 수의 곱이 1일 때, 주사위의 여섯 면에 적힌 여섯 개의 유리수에 대한 설명으로 보기에서 옳은 것을 모두 고르시오.

역수

먼저 모든 면에 적힌 수를 구해 보아요.

┤ 보기 ├

ㄱ. 가장 큰 수는 $\frac{5}{2}$이다.

ㄴ. 두 수의 차 중 가장 큰 값은 $\frac{11}{2}$이다.

ㄷ. 두 수의 곱 중 가장 작은 값은 −10이다.

ㄹ. (절댓값이 가장 큰 수)÷(절댓값이 가장 작은 수)의 값은 16이다.

0501 유형 23

카드를 뽑은 순서대로 계산 하는 것에 주의해요.

다음과 같이 A, B, C 세 장의 카드에 계산 규칙이 적혀 있다. 세 장의 카드 중 차례대로 두 장을 뽑아 −1에 대하여 뽑은 순서대로 규칙을 적용하여 계산하려고 한다.

| $\frac{2}{5}$로 나눈 다음 −2를 빼시오. **A** | $\frac{5}{6}$를 더한 다음 −2를 곱하시오. **B** | $\frac{4}{3}$를 곱한 다음 −1을 더하시오. **C** |

민지는 A, C 순으로 카드를 뽑았고, 도헌이는 C, B 순으로 카드를 뽑았을 때, 민지와 도헌이의 계산 결과의 합을 구하시오. └─ −1에 A 카드에 적힌 계산을 한 후에 C 카드에 적힌 계산을 한다.

III

일차방정식

학습 후 한번 더 확인하고 싶은 유형은 ☑

이전에 배운 내용

초1~2 □가 사용된 덧셈식과 뺄셈식

초3~4 분수와 소수의 덧셈과 뺄셈

초5~6 자연수의 혼합 계산, 분수와 소수의 곱셈과 나눗셈

　　　□, △ 등을 사용하여 식으로 나타내기

이번에 배울 내용

05 문자의 사용과 식의 계산

06 일차방정식

07 일차방정식의 활용

이후에 배울 내용

중2 다항식의 덧셈과 뺄셈

　　　(단항식)×(다항식), (다항식)÷(단항식)의 계산

　　　일차부등식, 연립일차방정식

중3 다항식의 곱셈과 인수분해, 이차방정식

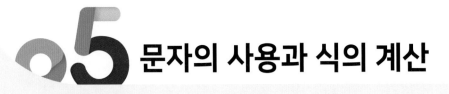

05 문자의 사용과 식의 계산

05 1 문자의 사용 ⓒ유형 01 ~ 유형 06

(1) 문자를 사용한 식

① 수량이나 수량 사이의 관계를 문자를 사용하여 식으로 간단히 나타낼 수 있다.

② 문자를 사용하여 식 세우기

❶ 문제의 뜻을 파악하여 수량 사이의 관계를 찾는다.

❷ 문자를 사용하여 ❶에서 찾은 관계에 따라 식을 세운다.

예 한 변의 길이가 a cm인 정사각형의 둘레의 길이는 $(4 \times a)$ cm이다.

(2) 곱셈 기호의 생략

① (수)×(문자) ⇨ 수를 문자 앞에 쓴다. 예 $2 \times a = a \times 2 = 2a$

② $1 \times$(문자), $(-1) \times$(문자) ⇨ 1을 생략한다. 예 $1 \times x = x \times 1 = x$

③ (문자)×(문자) ⇨ 보통 알파벳 순서로 쓴다. 예 $x \times a \times y = axy$

④ 같은 문자의 곱 ⇨ 거듭제곱으로 나타낸다. 예 $a \times b \times a \times 3 = 3a^2 b$

⑤ 괄호가 있는 식과 수의 곱 ⇨ 수를 괄호 앞에 쓴다. 예 $(x-3) \times (-2) = -2(x-3)$

(3) 나눗셈 기호의 생략

① 나눗셈 기호 ÷를 쓰지 않고, 분수 꼴로 나타낸다. 예 $a \div 3 = \dfrac{a}{3}$

② 1 또는 -1로 나눌 때에는 1을 생략한다. 예 $a \div 1 = \dfrac{a}{1} = a$, $a \div (-1) = \dfrac{a}{-1} = -a$

비법 NOTE

▶ 자주 쓰이는 수량 사이의 관계

① (물건 가격)
   =(물건 1개의 가격)×(개수)

② (거스름돈)
   =(지불 금액)−(물건가격)

③ (속력)=$\dfrac{(거리)}{(시간)}$

④ (소금물의 농도)
   =$\dfrac{(소금의 양)}{(소금물의 양)} \times 100(\%)$

▶ $0.1 \times a$는 1을 생략하지 않고 $0.1a$로 쓴다.

▶ $a \times \dfrac{1}{3}$은 $\dfrac{1}{3}a$ 또는 $\dfrac{a}{3}$로 나타낸다.

▶ 나눗셈은 역수의 곱셈으로 바꿔서 곱셈 기호를 생략할 수 있다.
$a \div \dfrac{2}{3} = a \times \dfrac{3}{2} = \dfrac{3}{2}a$

개념 잡기

[0502~0504] 다음을 문자를 사용한 식으로 나타내시오.

0502 10개의 값이 y원인 사과 1개의 값

0503 자동차가 시속 80 km로 x시간 동안 달린 거리

0504 a g의 소금이 녹아 있는 b g의 소금물의 농도

[0505~0508] 다음 식을 곱셈 기호를 생략하여 나타내시오.

0505 $a \times (-3)$

0506 $0.01 \times b$

0507 $a \times 5 \times b \times a$

0508 $(1-a) \times (-1)$

[0509~0512] 다음 식을 나눗셈 기호를 생략하여 나타내시오.

0509 $(-2) \div x$

0510 $(a+b) \div 4$

0511 $x \div (y-z)$

0512 $a - 3 \div b$

[0513~0516] 다음 식을 곱셈 기호와 나눗셈 기호를 생략하여 나타내시오.

0513 $a \div b \times 6$

0514 $x \times 2 + y \div 3$

0515 $x \times y \div 7 \times x$

0516 $(a-b) \times 4 - 6 \div c$

05 **2 식의 값** 〰 유형 07 ~ 유형 10

비법 NOTE

(1) 식의 값

① 대입 : 문자를 사용한 식에서 문자 대신 어떤 수로 바꾸어 넣는 것

② 식의 값 : 문자에 수를 대입하여 계산한 결과

> 예 $a=2$를 $3a+1$에 대입하면 $3a+1=3\times2+1=6+1=\underset{\text{└식의 값}}{7}$

(2) 식의 값을 구하는 방법

① 문자에 수를 대입 ➡ 생략된 곱셈 기호를 다시 쓴다.

> 예 $a=1$일 때, $2a+1$의 값
>
> ➡ $2a+1=2\times a+1=2\times1+1=2+1=3$

② 문자에 음수를 대입 ➡ 괄호를 사용한다.

> 예 $a=-1$일 때, $3a-2$의 값
>
> ➡ $3a-2=3\times a-2=3\times(-1)-2=-3-2=-5$

③ 분모에 분수를 대입 ➡ 생략된 나눗셈 기호를 다시 쓴다.

> 예 $a=\dfrac{1}{2}$일 때, $\dfrac{4}{a}$의 값
>
> ➡ $\dfrac{4}{a}=4\div a=4\div\dfrac{1}{2}=4\times2=8$

▶ 두 개 이상의 문자를 포함한 식에서도 식의 값을 구할 수 있다.

> 예 $x=1, y=-2$일 때,
> $x+2y$의 값
> ➡ $x+2y=x+2\times y$
> $=1+2\times(-2)$
> $=1+(-4)$
> $=-3$

[0517~0521] 다음 식의 값을 구하시오.

0517 $a=3$일 때, $-2a+4$의 값

0518 $a=-2$일 때, $5a-2$의 값

0519 $a=4$일 때, $\dfrac{8}{a}+5$의 값

0520 $a=\dfrac{1}{3}$일 때, $\dfrac{2}{a}-1$의 값

0521 $a=-3$일 때, a^2+a의 값

[0522~0526] 다음 식의 값을 구하시오.

0522 $x=2, y=1$일 때, $2x+3y$의 값

0523 $x=1, y=-4$일 때, $3x+y$의 값

0524 $x=\dfrac{1}{2}, y=-\dfrac{1}{3}$일 때, $6xy$의 값

0525 $x=\dfrac{1}{3}, y=\dfrac{3}{2}$일 때, $6x-4y$의 값

0526 $x=-1, y=2$일 때, x^2-2xy의 값

o5 문자의 사용과 식의 계산

05 3 일차식과 수의 곱셈, 나눗셈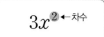

(1) 다항식과 일차식

① 항 : $2x+3$에서 $2x$, 3과 같이 수 또는 문자의 곱으로 이루어진 식

② 상수항 : $2x+3$에서 3과 같이 수로만 이루어진 항

③ 계수 : 수와 문자의 곱으로 이루어진 항에서 문자에 곱해진 수

④ 다항식 : $2x+3$과 같이 하나 이상의 항의 합으로 이루어진 식

⑤ 단항식 : $2x$와 같이 항이 한 개뿐인 다항식

⑥ 항의 차수 : 문자를 포함한 항에서 어떤 문자가 곱해진 개수

⑦ 다항식의 차수 : 다항식에서 차수가 가장 큰 항의 차수

   예 다항식 x^2-2x+1의 차수 ⇨ 2

⑧ 일차식 : 차수가 1인 다항식 **예** $-2x$, $5x+3$, $\frac{1}{2}x-1$, $x+2y-1$

(2) 일차식과 수의 곱셈, 나눗셈

① (수)×(일차식), (일차식)×(수) : 분배법칙을 이용하여 일차식의 각 항에 수를 곱한다.

   예 $2(3x+2)=2\times3x+2\times2=6x+4$

② (일차식)÷(수) : 수의 나눗셈과 같이 나누는 수의 역수를 곱한다.

   예 $(4x-2)\div2=(4x-2)\times\frac{1}{2}=4x\times\frac{1}{2}+(-2)\times\frac{1}{2}=2x-1$

> **비법 NOTE 옆 설명**
>
> ▶ 다항식에서 항을 말할 때에는 계수 앞의 부호까지 포함한다.
>
> ▶ $a=1\times a$이므로 a의 계수는 1이다.
>
> $2x+3$ (x의 계수, 상수항, 항)
>
> $3x^2$ ← 차수
>
> ▶ 상수항의 차수는 0이다.
>
> ▶ $\frac{1}{x}$, $\frac{2}{x+1}$와 같이 분모에 문자가 있는 식은 다항식도 아니고 일차식도 아니다.
>
> ▶ 분배법칙
> $a(b+c)=ab+ac$
> $(a+b)c=ac+bc$

개념 잡기

[0527~0528] 다음 다항식에서 항을 모두 구하시오.

0527 $2a+4$

0528 $-3x+2y-1$

[0529~0532] 다음 다항식에서 각 문자의 계수와 상수항을 각각 구하시오.

0529 $4a+2b-3$

0530 $\frac{x}{6}-\frac{1}{2}y+1$

0531 $-x^2+6x-4$

0532 $7y^2+y-8$

0533   다음 표의 빈칸에 알맞은 것을 써넣으시오.

다항식	다항식의 차수	일차식(○, ×)
$-6x+5$	1	○
4		
$3x^2+2x-1$		
$0.2y-0.5$		

[0534~0537] 다음 식을 계산하시오.

0534 $2x\times5$

0535 $-8x\times\frac{1}{4}$

0536 $15b\div(-3)$

0537 $-20y\div\left(-\frac{5}{3}\right)$

[0538~0541] 다음 식을 계산하시오.

0538 $3(2x+3)$

0539 $-\frac{2}{3}(15a-9)$

0540 $(8x-16)\div(-4)$

0541 $(-42b+7)\div\frac{7}{3}$

05▸ **4 일차식의 덧셈, 뺄셈** 유형 14 ~ 유형 21

(1) 동류항: 문자와 차수가 각각 같은 항

- 예 다항식 $2x+3-x+5$에서 $2x$와 $-x$는 동류항이고, 3과 5는 동류항이다.

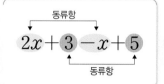

동류항
$$2x+3-x+5$$
동류항

(2) 동류항이 있는 식의 계산

동류항끼리 모으고 분배법칙을 이용하여 간단히 한다.

- 예 $5x+2x=(5+2)x=7x$, $4x-x=(4-1)x=3x$

(3) 일차식의 덧셈과 뺄셈

① 일차식의 덧셈: 괄호가 있으면 분배법칙을 이용하여 괄호를 풀고, 동류항끼리 모아서 계산한다.

- 예 $(3x+2)+(5x-1)$
  $=3x+2+5x-1$ ⟩ 괄호 풀기
  $=3x+5x+2-1$ ⟩ 동류항끼리 모으기
  $=(3+5)x+(2-1)$ ⟩ 계산하기
  $=8x+1$

② 일차식의 뺄셈: 수의 뺄셈과 같이 빼는 식의 각 항의 부호를 바꾸어 더한다.

- 예 $(9x-3)⊖(6x+1)$
  $=(9x-3)+(⊖6x⊖1)$ ⟩ 괄호 풀기
  $=9x-6x-3-1$ ⟩ 동류항끼리 모으기
  $=(9-6)x+(-3-1)$ ⟩ 계산하기
  $=3x-4$

비법 NOTE

- ▸ 상수항은 모두 동류항이다.
- ▸ 문자와 차수 중 어느 하나만 달라도 동류항이 아니다.
  - 예 x와 x^2은 차수가 다르고 x와 $2y$는 문자가 다르므로 동류항이 아니다.

- ▸ 괄호 앞에 +가 있으면 괄호 안의 **부호를 그대로** $a+(b-c)=a+b-c$
- ▸ 괄호 앞에 −가 있으면 괄호 안의 **부호를 반대로** $a-(b-c)=a-b+c$

05

문자의 사용과 식의 계산

[0542 ~ 0543] 주어진 항과 동류항인 것을 다음 보기에서 모두 찾으시오.

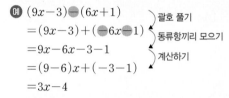

┌─ 보기 ┐
$$\frac{x}{3}, \quad 0.1y, \quad -x^2, \quad -4x, \quad -\frac{1}{2}a, \quad 9y, \quad 5y^2, \quad 2xy$$
└─────┘

0542 x

0543 $-7y$

[0544 ~ 0547] 다음 식을 간단히 하시오.

0544 $-2a+3a$

0545 $10x-4x+8x$

0546 $2a+1-3a$

0547 $7x+3-5x+2$

[0548 ~ 0550] 다음 식을 계산하시오.

0548 $8x+3-(-x+2)$

0549 $2(5a-1)-3(2a+5)$

0550 $\frac{1}{2}(6x+8)-\frac{1}{3}(9x-3)$

[0551 ~ 0553] 다음 식을 계산하시오.

0551 $5a-\{4-3(2a-1)\}$

0552 $\frac{x+1}{2}+\frac{x-1}{3}$

0553 $\frac{5-x}{6}-\frac{3x-1}{2}$

유형 다 잡기

유형 01 곱셈 기호와 나눗셈 기호의 생략 개념 05-1

(1) 곱셈 기호의 생략
  ① 수 ⇨ 문자 앞에 쓰고, 특히 1은 생략한다.
  ② 문자 ⇨ 보통 알파벳 순서로 쓰고, 같은 문자는 거듭제곱으로 나타낸다.
(2) 나눗셈 기호의 생략 : 분수 꼴로 나타낸다.

0554 대표 문제

다음 중 옳은 것은?

① $a \times b \times a = 2ab$ ② $5 \times a - 4 \times b = ab$

③ $a \div 3 \div b = \dfrac{a}{3b}$ ④ $a - b \div 2 = \dfrac{a-b}{2}$

⑤ $(a+b) \div (-1) = -a+b$

0555 ●●●●

다음 중 곱셈 기호와 나눗셈 기호를 생략하여 간단히 나타낼 때, 나머지 넷과 다른 하나는?

① $a \times b \div c$ ② $a \times \dfrac{1}{b} \times c$ ③ $a \times \left(\dfrac{1}{b} \div \dfrac{1}{c} \right)$

④ $a \div b \div \dfrac{1}{c}$ ⑤ $a \div (b \div c)$

0556 ●●●● 수매씽 Pick!

다음 보기에서 $\dfrac{a}{2b}$와 같은 것을 모두 고르시오.

┌─ 보기 ┐
ㄱ. $a \times b \div 2$ ㄴ. $a \div 2 \div b$

ㄷ. $2 \times \dfrac{1}{b} \times a$ ㄹ. $a \div 2 \times b$

ㅁ. $\dfrac{1}{2} \div b \times a$ ㅂ. $a \div (b \times 2)$
└────────┘

유형 02 문자를 사용한 식 – 수, 단위, 비율 개념 05-1

(1) (백의 자리의 숫자가 a, 십의 자리의 숫자가 b, 일의 자리의 숫자가 c인 세 자리 자연수)$=100a+10b+c$
(2) $1\,m = 100\,cm$, 1시간$=60$분, $1\,L = 1000\,mL$, $1\,kg = 1000\,g$
(3) $a\,\% = \dfrac{a}{100}$

0557 대표 문제

다음 중 옳지 않은 것은?

① x원의 $10\,\%$ ⇨ $10x$원

② x분 30초 ⇨ $(60x+30)$초

③ 3000원의 $x\,\%$ ⇨ $30x$원

④ $a\,L$ ⇨ $1000a\,mL$

⑤ 십의 자리의 숫자가 a, 일의 자리의 숫자가 b인 두 자리 자연수 ⇨ $10a+b$

0558 ●●●●

다음 보기에서 문자를 사용한 식으로 바르게 나타낸 것을 모두 고르시오.

┌─ 보기 ┐
ㄱ. 일의 자리의 숫자가 a, 소수점 아래 첫째 자리의 숫자가 b인 수는 $a+0.1b$이다.

ㄴ. $a\,m$ $b\,cm$는 $(a+100b)\,cm$이다.

ㄷ. $x\,kg$ $y\,g$은 $(1000x+y)\,g$이다.

ㄹ. 수학 점수는 a점, 영어 점수는 b점일 때, 두 과목의 평균 점수는 $(a+b \div 2)$점이다.

ㅁ. a명씩 세 줄로 서고 한 명이 남았을 때 전체 인원은 $3(a+1)$명이다.
└────────┘

유형 03 문자를 사용한 식 – 가격   ∞ 개념 05-1

(1) 정가가 a원인 물건을 $x \%$ 할인한 판매 금액

   ⇨ $a - a \times \dfrac{x}{100} = a - \dfrac{ax}{100}$(원)

(2) (물건 가격)=(물건 1개의 가격)×(개수)

   (거스름돈)=(지불 금액)−(물건 가격)

0559 대표 문제

어느 꽃 가게에서는 1송이에 1200원인 장미를 10 % 할인 판매하며, 꽃 포장 비용으로 2000원을 받는다고 한다. 이 꽃 가게에서 장미 x송이를 포장하여 살 때, 지불해야 하는 금액을 문자를 사용한 식으로 나타내면?

① $(1200x+2000)$원   ② $(1200x-2000)$원

③ $(1080x+2000)$원   ④ $(1080x-1200)$원

⑤ $(2000x+1200)$원

0560 ●●●●

5권에 x원인 공책 3권을 사고 5000원을 냈을 때, 거스름돈을 문자를 사용한 식으로 나타내시오.

0561 ●●●●

1개에 x원인 초콜릿을 A와 B 두 가게에서 판매하고 있다. A 가게에서는 4개를 사면 1개를 더 주고, B 가게에서는 5개를 사면 40 %를 할인해 준다고 한다. A 가게와 B 가게에서 초콜릿 5개를 살 때, 지불해야 하는 금액을 각각 x를 사용한 식으로 나타내면?

	A 가게	B 가게		A 가게	B 가게
①	$3x$원	$2x$원	②	$4x$원	$3x$원
③	$4x$원	$2x$원	④	$5x$원	$3x$원
⑤	$5x$원	$4x$원			

유형 04 문자를 사용한 식 – 도형   ∞ 개념 05-1

중요!

(1) (사다리꼴의 넓이)

   $= \dfrac{1}{2} \times \{$(윗변의 길이)+(아랫변의 길이)$\} \times$(높이)

(2) 한 변의 길이가 a인 정사각형

   ⇨ (둘레의 길이)$=4a$, (넓이)$=a^2$

(3) 가로의 길이가 a, 세로의 길이가 b인 직사각형

   ⇨ (둘레의 길이)$=2(a+b)$, (넓이)$=ab$

(4) 한 변의 길이가 a, 두 대각선의 길이가 각각 x, y인 마름모

   ⇨ (둘레의 길이)$=4a$, (넓이)$=\dfrac{1}{2}xy$

0562 대표 문제

다음 중 옳은 것은?

① 가로의 길이가 5 cm, 세로의 길이가 x cm인 직사각형의 둘레의 길이는 $(x+5)$ cm이다.

② 밑변의 길이가 a cm, 높이가 b cm인 삼각형의 넓이는 ab cm²이다.

③ 밑변의 길이가 x cm, 높이가 y cm인 평행사변형의 넓이는 xy cm²이다.

④ 한 변의 길이가 a cm인 정삼각형의 둘레의 길이는 $(a+3)$ cm이다.

⑤ 두 대각선의 길이가 각각 4 cm, a cm인 마름모의 넓이는 $4a$ cm²이다.

0563 ●●●● 서술형

오른쪽 그림과 같이 밑면의 가로의 길이가 a cm, 세로의 길이가 b cm, 높이가 c cm인 직육면체가 있다. 다음을 문자를 사용한 식으로 나타내시오.

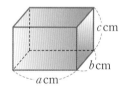

(1) 직육면체의 겉넓이

(2) 직육면체의 부피

0564 ●●●● 수매씽 Pick!

오른쪽 그림과 같은 사각형의 넓이를 문자를 사용한 식으로 나타내시오.

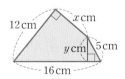

$$(거리)=(속력)\times(시간),\ (속력)=\frac{(거리)}{(시간)},\ (시간)=\frac{(거리)}{(속력)}$$

0565 대표 문제

도윤이는 건강 마라톤 대회에 참가하여 출발 지점에서 3 km까지는 시속 a km로 달리다가 나머지 거리는 시속 3 km로 걸었다. 도윤이가 5 km의 코스를 완주하는 데 걸린 시간을 문자를 사용한 식으로 나타내면?

① $(3a+6)$시간 ② $\left(a+\dfrac{2}{3}\right)$시간

③ $\left(\dfrac{3}{a}+6\right)$시간 ④ $\left(\dfrac{3}{a}+\dfrac{2}{3}\right)$시간

⑤ $\left(\dfrac{3}{a}+\dfrac{3}{2}\right)$시간

0566 ●●○○ 수매씽 Pick!

분속 x m로 일정하게 흐르는 강물 위에 띄운 종이배가 10분간 강물을 따라 이동한 거리를 문자를 사용한 식으로 나타내면? (단, 종이배는 바람의 영향을 받지 않는다.)

① $10x$ m ② $\dfrac{x}{6}$ m ③ $(10+x)$ m

④ $\dfrac{x}{10}$ m ⑤ $\dfrac{10}{x}$ m

0567 ●●○○

예린이네 가족은 A 지점에서 출발하여 400 km 떨어진 B 지점까지 자동차를 이용하여 가려고 한다. 시속 80 km로 x시간 동안 갔을 때, 남은 거리를 문자를 사용한 식으로 나타내면? (단, $x<5$)

① $(80x+400)$ km ② $(80x-400)$ km

③ $\left(400-\dfrac{x}{80}\right)$ km ④ $\left(400-\dfrac{80}{x}\right)$ km

⑤ $(400-80x)$ km

$$(소금물의 농도)=\frac{(소금의 양)}{(소금물의 양)}\times100\,(\%)$$

$$(소금의 양)=\frac{(소금물의 농도)}{100}\times(소금물의 양)$$

0568 대표 문제

농도가 6 %인 소금물 a g과 농도가 9 %인 소금물 b g을 섞어서 만든 소금물에 들어 있는 소금의 양을 문자를 사용한 식으로 나타내면?

① $(6a+9b)$ g ② $(9a+6b)$ g

③ $\left(\dfrac{3}{50}a+\dfrac{9}{100}b\right)$ g ④ $\left(\dfrac{6}{a}+\dfrac{9}{b}\right)$ g

⑤ $\left(\dfrac{1}{3}a+\dfrac{2}{3}b\right)$ g

0569 ●●●○

물 200 g에 소금 x g을 넣어 만든 소금물의 농도를 문자를 사용한 식으로 나타내면?

① $2x$ % ② $\dfrac{x}{2}$ % ③ $\dfrac{200+x}{100x}$ %

④ $\dfrac{200x}{x+100}$ % ⑤ $\dfrac{100x}{x+200}$ %

0570 ●●●○ 서술형

농도가 x %인 소금물 200 g과 농도가 y %인 소금물 100 g을 섞어서 만든 소금물의 농도를 문자를 사용한 식으로 나타내시오.

유형 07 **식의 값 구하기** ∞ 개념 05-2

$a=-2$일 때, 식 $2a+1$의 값 구하기

a 대신 -2 대입 (괄호 사용)

$$2a+1=2\times \boxed{a}+1=2\times (-2)+1=-3$$

곱셈 기호 다시 쓰기   식의 값

0571 [대표 문제]

$a=4$, $b=-9$일 때, $2a-\dfrac{1}{3}ab$의 값을 구하시오.

0572 ●●●●

$x=-2$, $y=1$일 때, 다음 중 식의 값이 나머지 넷과 다른 하나는?

① $3x-2y$ ② $4xy$ ③ $\dfrac{8}{x+y}$

④ $-\dfrac{4}{x}-10y$ ⑤ $2x^2-8y$

0573 ●●●● [수매씽 Pick!]

$a=-1$일 때, 다음 중 식의 값이 가장 작은 것은?

① $7+\dfrac{3}{a}$ ② $-(-a)^2$ ③ $-a^2+4$

④ $-\dfrac{2}{a^3}$ ⑤ $a+a^2$

0574 ●●●●

$a=-3$, $b=2$, $c=-5$일 때, $\dfrac{b+c}{a}+\dfrac{ac}{b^2+1}$의 값을 구하시오.

유형 08 **분수를 분모에 대입하여 식의 값 구하기** ∞ 개념 05-2

$x=\dfrac{1}{2}$일 때, 식 $\dfrac{3}{x}$의 값 구하기

x 대신 $\dfrac{1}{2}$ 대입

$$\dfrac{3}{x}=3\div \boxed{x}=3\div \dfrac{1}{2}=3\times 2=6$$

나눗셈 기호 다시 쓰기   나눗셈을 곱셈으로   식의 값

0575 [대표 문제]

$x=-\dfrac{1}{3}$일 때, 다음 중 식의 값이 가장 큰 것은?

① $-\dfrac{1}{x}$ ② $-\dfrac{2}{x}$ ③ $\dfrac{1}{x}+5$

④ $\dfrac{1}{x^2}$ ⑤ $-\dfrac{1}{x^3}$

0576 ●●●●

$x=-\dfrac{1}{3}$, $y=\dfrac{5}{2}$일 때, $\dfrac{3}{x}+\dfrac{10}{y}$의 값은?

① -5 ② -3 ③ -1

④ 1 ⑤ 3

0577 ●●●●

$a=\dfrac{1}{2}$, $b=\dfrac{1}{3}$, $c=-\dfrac{1}{6}$일 때, $\dfrac{2}{a}-\dfrac{3}{b}+\dfrac{1}{c}$의 값은?

① -11 ② -7 ③ 0

④ 7 ⑤ 11

식이 주어진 경우
⇨ 문자에 수를 대입하여 식의 값을 구한다.

0578 대표 문제

화씨온도 x °F는 섭씨온도로 $\frac{5}{9}(x-32)$ °C이다. 화씨온도 86 °F는 섭씨온도로 몇 °C인지 구하시오.

0579 ●●●●

지면에서 초속 24 m로 똑바로 위로 던져 올린 물체의 t초 후의 높이는 $(24t-3t^2)$ m라 한다. 이 물체의 3초 후의 높이는?

① 25 m   ② 30 m   ③ 35 m

④ 40 m   ⑤ 45 m

0580 ●●●●   수매씽 Pick!

공기 중에서 소리의 속력은 기온이 x °C일 때, 초속 $(331+0.6x)$ m라 한다. 기온이 15 °C일 때의 소리의 속력은 5 °C일 때의 소리의 속력보다 얼마나 빠른가?

① 초속 4 m   ② 초속 6 m   ③ 초속 8 m

④ 초속 10 m   ⑤ 초속 12 m

식이 주어지지 않은 경우 다음과 같은 순서로 식의 값을 구한다.
❶ 주어진 상황을 문자를 사용한 식으로 나타낸다.
❷ 나타낸 식의 문자에 수를 대입하여 식의 값을 구한다.

0581 대표 문제

현재 지면에서의 기온은 18 °C이고, 지면에서 1 km 높아질 때마다 기온은 6 °C씩 낮아진다고 한다. 다음 물음에 답하시오.

⑴ 지면에서 a m 높이에서의 기온을 문자를 사용한 식으로 나타내시오.

⑵ 지면에서 900 m 높이에서의 기온을 구하시오.

0582 ●●●●   서술형

어느 중학교의 축구 경기 예선에서는 매 경기마다 승리하면 3점, 무승부이면 1점, 패하면 0점의 승점을 얻게 된다. A 축구팀의 경기 결과가 x승 y무 2패였을 때, 다음 물음에 답하시오.

⑴ A 축구팀의 승점을 문자를 사용한 식으로 나타내시오.

⑵ A 축구팀이 4승 2무 2패를 하였을 때, 승점을 구하시오.

0583 ●●●●

다음 그림과 같이 성냥개비를 사용하여 정삼각형이 이어진 도형을 만들 때, 물음에 답하시오.

 ...

⑴ n개의 정삼각형을 만들 때, 필요한 성냥개비의 개수를 문자를 사용한 식으로 나타내시오.

⑵ 21개의 정삼각형을 만들 때, 필요한 성냥개비의 개수를 구하시오.

유형 11 다항식 · 중요! · 🔗 개념 05-3

다항식 x^2-2x+3에서
(1) 항 ⇨ x^2, $-2x$, 3
(2) 상수항 ⇨ 3
(3) x^2의 계수 ⇨ 1
(4) x의 계수 ⇨ -2
(5) 다항식의 차수 ⇨ 2

0584 대표 문제

다음 중 다항식 $2x^2-\dfrac{x}{3}+4$에 대한 설명으로 옳지 <u>않은</u> 것은?

① 상수항은 4이다.

② x의 계수는 $\dfrac{1}{3}$이다.

③ 항은 $2x^2$, $-\dfrac{x}{3}$, 4이다.

④ 차수가 가장 큰 항은 $2x^2$이다.

⑤ 다항식의 차수는 2이다.

0585 ●●●●

다음 중 단항식은 모두 몇 개인지 구하시오.

$$-4, \quad \frac{2}{x}, \quad 3x^2-1, \quad \frac{-xy^2}{3}, \quad 2x-4y$$

0586 ●●●●

다음 중 차수가 가장 큰 다항식은?

① -7
② $x-4$
③ $0.1x^2$
④ $\dfrac{x}{5}+1$
⑤ x^2-3x^3

0587 ●●●●

다음 중 옳은 것은?

① $2xy$는 단항식이다.

② $xy-2$에서 항은 3개이다.

③ $5-x$에서 상수항은 -5이다.

④ $\dfrac{x}{3}+1$에서 x의 계수는 3이다.

⑤ $4x^2-x$의 차수는 3이다.

0588 ●●●● 수매씽 Pick!

다항식 $\dfrac{x}{2}-5y+1$에서 x의 계수를 a, y의 계수를 b, 상수항을 c라 할 때, $4a-2b+c$의 값은?

① -13
② -7
③ 1
④ 7
⑤ 13

0589 ●●●●

다음 보기에서 다항식 $2a-\dfrac{b}{4}-3$에 대한 설명으로 옳은 것을 모두 고른 것은?

┤ 보기 ├
ㄱ. 다항식의 차수는 2이다.
ㄴ. 상수항은 3이다.
ㄷ. a의 계수는 2이다.
ㄹ. 항은 3개이다.
ㅁ. b의 계수는 -4이다.

① ㄱ, ㄴ
② ㄷ, ㄹ
③ ㄹ, ㅁ
④ ㄱ, ㄷ, ㅁ
⑤ ㄷ, ㄹ, ㅁ

일차식 : 차수가 1인 다항식

주의 x^2, $1-x^2$, $-y^2+7$과 같이 차수가 2 이상이거나 $\dfrac{1}{x}$, $-\dfrac{1}{y^2}$, $\dfrac{x}{y}+3$과 같이 분모에 문자가 있는 경우는 일차식이 아니다.

0590 (대표 문제)

다음 중 일차식인 것을 모두 고르면? (정답 2개)

① $0 \times x + 3$　　② $2x^2 + x$　　③ $\dfrac{x}{5} + 1$

④ $\dfrac{1}{x} - 4$　　⑤ $0.1x + 10$

0591 ●●●●

다음 보기에서 일차식을 모두 고르시오.

┌ 보기 ├

ㄱ. $3x + \dfrac{2}{y}$　　ㄴ. $3 - 0.5x$　　ㄷ. 3^2

ㄹ. $2y$　　ㅁ. $\dfrac{1}{4}x - 1$　　ㅂ. $x^2 + 3x - 1$

0592 ●●●●

다항식 $(a-4)x^2 + (a+1)x - 1$이 x에 대한 일차식이 되도록 하는 상수 a의 값을 구하시오.

0593 ●●●●

x의 계수와 상수항이 모두 -3인 x에 대한 일차식이 있다. $x=2$일 때의 식의 값을 a, $x=-2$일 때의 식의 값을 b라 할 때, ab의 값을 구하시오.

---

(1) (수)×(일차식), (일차식)×(수)
　⇨ 분배법칙을 이용하여 일차식의 각 항에 수를 곱한다.
(2) (일차식)÷(수)
　⇨ 나누는 수의 역수를 곱하여 계산한다.

0594 (대표 문제)

다음 중 옳은 것은?

① $6x \times (-2) = 4x$　　② $-(5x-6) = -5x - 6$

③ $12a \div \dfrac{1}{4} = 3a$　　④ $(-8x+4) \div (-4) = 2x$

⑤ $(2x+3) \times (-3) = -6x - 9$

0595 ●●●● (수매씽 Pick!)

$(6x-18) \div (-3)$을 계산하면 $ax + b$일 때, 두 상수 a, b에 대하여 ab의 값을 구하시오.

0596 ●●●●

다음 중 계산 결과가 $-2(4x-1)$과 같은 것은?

① $(-4x-1) \times 2$　　② $(-16x+4) \div (-4)$

③ $-\dfrac{1}{2}(16x-1)$　　④ $\left(4x - \dfrac{1}{2}\right) \div \dfrac{1}{2}$

⑤ $\left(x - \dfrac{1}{4}\right) \div \left(-\dfrac{1}{8}\right)$

0597 ●●●● (서술형)

두 다항식 A, B에 대하여

$$A = -\dfrac{2}{5}(-10x+15), \quad B = \left(\dfrac{1}{2}x - 3\right) \div \dfrac{3}{8}$$

일 때, 다항식 A의 x의 계수와 다항식 B의 상수항의 합을 구하시오.

유형 14 동류항 ◎ 개념 05-4

동류항 : 문자와 차수가 각각 같은 항

(참고) 상수항은 모두 동류항이다.

0598 (대표 문제)

다음 중 동류항끼리 짝 지어진 것을 모두 고르면? (정답 2개)

① 7, -10

② $3x$, $-3y$

③ $\dfrac{x}{4}$, $-4x$

④ $-x^2$, $8x$

⑤ $12xy$, $-2x^2y$

0599 ●●●●

다음 중 $4ab$와 동류항인 것은?

① 4

② $4xy$

③ $-3ab$

④ $-\dfrac{4}{ab}$

⑤ $\dfrac{4b}{a}$

0600 ●●●●

다음 중 x와 동류항인 것은 모두 몇 개인가?

$$\dfrac{1}{x}, \quad -x, \quad 6, \quad 8xy, \quad 5y, \quad 4x^2, \quad \dfrac{x}{7}$$

① 1개

② 2개

③ 3개

④ 4개

⑤ 5개

0601 ●●●●

다음 식에서 동류항끼리 바르게 짝 지은 것은?

$$4xy - 5x^2 - \dfrac{1}{2}xy - y^2 + 20x - 7y$$

① $-5x^2$, $20x$

② $4xy$, $-\dfrac{1}{2}xy$

③ $-y^2$, $-7y$

④ $4xy$, $\dfrac{1}{2}xy$

⑤ $-5x^2$, $-y^2$

유형 15 일차식의 덧셈, 뺄셈 (중요!) ◎ 개념 05-4

일차식의 덧셈, 뺄셈을 할 때

❶ 분배법칙을 이용하여 괄호를 푼다.

❷ 동류항끼리 모아서 계산한다.

0602 (대표 문제)

$3(-4x+3)-2(x-3)$을 계산하면?

① $-10x-3$

② $-10x+15$

③ $-14x-3$

④ $-14x+3$

⑤ $-14x+15$

0603 ●●●● (수매씽 Pick!)

다음 중 옳지 <u>않은</u> 것은?

① $(7x+2)+(-6x+4)=x+6$

② $(5x+3)-(2x-1)=3x+4$

③ $-(-4x+4)+5(2x-6)=14x-34$

④ $\dfrac{3}{2}(6x-4)-(8x+5)=x-1$

⑤ $-\dfrac{5}{3}(-9x+15)+\dfrac{1}{2}(10x-2)=20x-26$

0604 ●●●● (서술형)

$(-2x+6)\div\left(-\dfrac{2}{5}\right)-(ax+b)$를 계산하면 x의 계수는 3, 상수항은 -10일 때, 두 상수 a, b에 대하여 ab의 값을 구하시오.

괄호는 ( ) ⇨ { } ⇨ [ ] 순으로 푼다.
(1) 괄호 앞에 +가 있으면 ⇨ 괄호 안의 부호를 그대로
(2) 괄호 앞에 −가 있으면 ⇨ 괄호 안의 부호를 반대로

0605 대표 문제

다음 식을 계산하시오.

$$3x - \{6x - 9 + 2(7x + 2)\}$$

0606 ●●●●

$x + 3 - \{2x + 2(x - 1)\}$을 계산하면 $ax + b$일 때, 두 상수 a, b에 대하여 $2a - b$의 값을 구하시오.

0607 ●●●●

$5x - 2 - \left\{\dfrac{1}{3}(6 - 9x) - 4\right\}$를 계산하면?

① $x - 2$ ② x ③ $3x - 2$

④ $8x - 2$ ⑤ $8x$

0608 ●●●●

$x - \dfrac{1}{2}[1 - 6x - 3\{-1 + 5(2 - x)\} + x]$를 계산하였을 때, x의 계수를 구하시오.

분수 꼴인 일차식의 덧셈, 뺄셈을 할 때
❶ 분모의 최소공배수로 통분한다.
❷ 동류항끼리 모아서 계산한다.

0609 대표 문제

$\dfrac{2x - 3}{2} - \dfrac{4x - 5}{3}$를 계산하면?

① $-\dfrac{1}{3}x - \dfrac{1}{6}$ ② $-\dfrac{1}{3}x + \dfrac{1}{6}$ ③ $\dfrac{1}{6}x + \dfrac{1}{12}$

④ $\dfrac{1}{6}x + \dfrac{1}{6}$ ⑤ $\dfrac{1}{3}x + \dfrac{1}{6}$

0610 ●●●● 서술형

$\dfrac{2x - y}{3} - \dfrac{x + 3y}{4} + x$를 계산하였을 때, x의 계수를 a, y의 계수를 b라 하자. 이때 $a - b$의 값을 구하시오.

0611 ●●●● 수매씽 Pick!

$2 + \dfrac{x - 3y}{4} - \dfrac{-x - 2y + 6}{6}$을 계산하였을 때, y의 계수와 상수항의 합을 구하시오.

유형 18 일차식의 덧셈과 뺄셈의 활용 🔗 개념 05-4

일차식의 덧셈과 뺄셈을 활용한 문제가 주어질 때
❶ 주어진 상황을 일차식으로 나타낸다.
❷ 분배법칙을 이용하여 괄호를 푼다.
❸ 동류항끼리 모아서 계산한다.

0612 대표 문제

오른쪽 그림과 같은 사다리꼴에서 색칠한 부분의 넓이를 문자를 사용한 식으로 나타내시오.

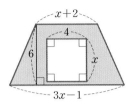

0613 ●●●● 수매씽 Pick!

오른쪽 그림과 같이 가로의 길이가 60 m, 세로의 길이가 40 m인 직사각형 모양의 밭에 폭이 $\frac{1}{4}x$ m로 일정하고 각 변에 수직인 길을 만들었다. 네 밭의 둘레의 길이의 합을 문자를 사용한 식으로 나타내면?

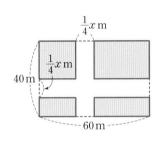

① $(400-2x)$ m   ② $(400-x)$ m
③ $(200-2x)$ m   ④ $(200+x)$ m
⑤ $(400+x)$ m

0614 ●●●●

오른쪽 그림은 어떤 미술관 전시실의 설계도이다. 전체는 한 변의 길이가 x인 정사각형 모양이고, 전시실 A, B, C, D는 모두 직사각형 모양일 때, 전시실 A와 전시실 C의 넓이의 합을 문자를 사용한 식으로 나타내시오.

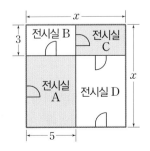

유형 19 문자에 일차식 대입하기 🔗 개념 05-4

주어진 식의 문자에 일차식을 대입할 때
❶ 주어진 식을 간단히 한다.
❷ 괄호를 사용하여 문자에 식을 대입한다.

0615 대표 문제

$A=3x-4$, $B=x-12$일 때, $4A-B$를 x를 사용한 식으로 간단히 나타내면?

① $-12x-16$ ② $-2x-8$ ③ $-2x+16$
④ $11x-4$ ⑤ $11x+4$

0616 ●●●●

$A=2x+1$, $B=-4x+6$일 때, $3A-2B$를 x를 사용한 식으로 간단히 나타내면?

① $18x+5$ ② $14x-9$ ③ $10x+15$
④ $2x-3$ ⑤ $-2x-11$

0617 ●●●●

$A=-x+2$, $B=3x-1$, $C=x-4$일 때, $2A-B+3C$를 x를 사용한 식으로 간단히 나타내시오.

0618 ●●●●

$A=\dfrac{x-y}{2}$, $B=\dfrac{2x-y}{3}$일 때, $-A+3B+3(A-2B)$를 x를 사용한 식으로 간단히 나타내시오.

발전 유형 20 중요! **어떤 다항식 구하기** ⌒ 개념 05-4

어떤 다항식을 □라 할 때
(1) □+$A=B$ ⇨ □$=B-A$
(2) □$-A=B$ ⇨ □$=B+A$
(3) $A-$□$=B$ ⇨ □$=A-B$

참고 다항식에서 덧셈과 뺄셈 사이의 관계
⇨ 수에서 덧셈과 뺄셈 사이의 관계와 같다.

0619 대표 문제

어떤 다항식에서 $-2x+9$를 뺐더니 $7x-3$이 되었다. 이때 어떤 다항식은?

① $9x-12$　　② $9x+6$　　③ $5x-12$
④ $5x+6$　　⑤ $5x+12$

0620 ●●●●

$-2(x-4)+$ [　　] $=7x-11$일 때, □ 안에 알맞은 식은?

① $5x-19$　　② $5x-3$　　③ $9x-19$
④ $9x-3$　　⑤ $9x+19$

0621 ●●●● 서술형

다음 조건을 모두 만족시키는 두 다항식 A, B에 대하여 $A+B$를 x를 사용한 식으로 간단히 나타내시오.

㉮ A에 $x+3$을 더했더니 $2x+7$이 되었다.
㉯ B에서 $-x+4$를 뺐더니 $4x-5$가 되었다.

0622 ●●●● 수매씽 Pick!

오른쪽 표에서 가로, 세로, 대각선에 놓인 세 다항식의 합이 모두 같을 때, $A-B$를 x를 사용한 식으로 간단히 나타내시오.

A		
$-2x-3$	$2x+1$	$6x+5$
B		x

발전 유형 21 **잘못 계산된 식을 바르게 고쳐 계산하기** ⌒ 개념 05-4

어떤 다항식에서 빼야(더해야) 할 것을 잘못하여 더한(뺀) 경우
❶ 어떤 다항식을 □로 놓고 조건에 따라 식을 세운다.
❷ 다항식 □를 구한다.
❸ 바르게 계산한 식을 구한다.

0623 대표 문제

어떤 다항식에서 $6x+3$을 빼야 할 것을 잘못하여 더했더니 $-9x+1$이 되었다. 이때 바르게 계산한 식은?

① $-21x-5$　　② $-21x+5$　　③ $-12x-5$
④ $-6x-1$　　⑤ $3x-4$

0624 ●●●●

어떤 다항식에 $7x-11$을 더해야 할 것을 잘못하여 뺐더니 $-4x+10$이 되었다. 이때 바르게 계산한 식을 구하시오.

0625 ●●●●

$5x-14$에 어떤 다항식을 더해야 할 것을 잘못하여 뺐더니 $7x-11$이 되었다. 이때 바르게 계산한 식은?

① $-3x+17$　　② $-2x+3$　　③ $2x-3$
④ $3x-17$　　⑤ $3x-11$

학교 시험 꽉 잡기

0626

다음 중 곱셈 기호와 나눗셈 기호를 생략하여 나타낸 것으로 옳은 것은?

① $a \times a \times (-2) = a^2 - 2$

② $a \div b \times 4 = \dfrac{a}{4b}$

③ $(a+b) \div \dfrac{1}{2} = \dfrac{a+b}{2}$

④ $(-1) \times x \times y \times x = -2xy$

⑤ $(x \times y) \div (a \div b) = \dfrac{bxy}{a}$

0627 빈출

다음 중 옳은 것은?

① 시속 x km로 3시간 동안 간 거리 $\Rightarrow \dfrac{x}{3}$ km

② 3개 과목의 평균 점수가 a점일 때, 총점 $\Rightarrow \dfrac{a}{3}$ 점

③ 원가가 2000원인 물건에 x %의 이익을 붙여서 정한 판매 가격 $\Rightarrow (2000 + 2x)$원

④ 농도가 10 %인 소금물 a g에 들어 있는 소금의 양 $\Rightarrow 10a$ g

⑤ 1권에 x원 하는 공책 3권을 사고 5000원을 냈을 때의 거스름돈 $\Rightarrow (5000 - 3x)$원

0628

다음 중 단항식인 것을 모두 고르면? (정답 2개)

① $\dfrac{5}{y}$　　② 11　　③ $x^2 + 1$

④ xy^2　　⑤ $\dfrac{3x+y}{2}$

0629

다음 보기에서 동류항끼리 바르게 짝 지어진 것을 모두 고른 것은?

┤ 보기 ├

ㄱ. $1,\ -1$　　ㄴ. $4a,\ -a$　　ㄷ. $3ab,\ 5b^2$

ㄹ. $6a^2,\ -4b^2$　　ㅁ. $\dfrac{a}{2},\ -\dfrac{3}{a}$　　ㅂ. $\dfrac{4}{5}a,\ \dfrac{a}{7}$

① ㄱ, ㄴ, ㄷ　　② ㄱ, ㄴ, ㄹ　　③ ㄱ, ㄴ, ㅂ

④ ㄴ, ㅁ, ㅂ　　⑤ ㄷ, ㄹ, ㅁ

0630

$a = -\dfrac{1}{6}$, $b = -\dfrac{1}{3}$, $c = \dfrac{1}{2}$일 때, $\dfrac{3}{a} - \dfrac{2}{b} + \dfrac{4}{c}$의 값을 구하시오.

0631 빈출

다항식 $\dfrac{2}{3}x^2 + 7x - 3$에서 x^2의 계수는 a, 다항식의 차수는 b, 상수항은 c라 할 때, $ac + b$의 값은?

① -2　　② -1　　③ 0

④ 1　　⑤ 2

0632

다음 중 옳은 것은?

① $(x-2) + (5x-3) = 5x - 5$

② $3(2-3x) + 4(2x-1) = x + 2$

③ $(11x+4) - (-2x+7) = 9x - 3$

④ $\dfrac{1}{2}(-6x+8) - (9x-4) = -12x + 8$

⑤ $-\dfrac{5}{3}(12x-9) - \dfrac{1}{4}(8x+12) = -22x - 3$

05

문자의 사용과 식의 계산

0633

$3(x-1)-\left[x-\left\{5-\dfrac{1}{2}(2x+8)\right\}\right]$을 계산하시오.

0634

$\dfrac{a+1}{2}-\dfrac{a-4}{3}+\dfrac{1-2a}{6}$를 계산하시오.

0635 빈출

오른쪽 그림과 같은 도형의 넓이를 문자를 사용한 식으로 나타내면?

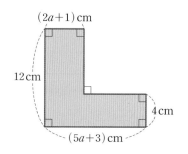

① $(36a-20)\ \text{cm}^2$

② $36a\ \text{cm}^2$

③ $(36a+20)\ \text{cm}^2$

④ $(44a-24)\ \text{cm}^2$

⑤ $(44a+24)\ \text{cm}^2$

0636

$A=2x-y+5$, $B=-3x+2y-3$일 때, $5A-2(A-B)$를 x, y를 사용한 식으로 간단히 나타내시오.

0637

$\boxed{}+2(5x-4)=6x+5$에서 $\square$ 안에 알맞은 식을 구하시오.

0638 빈출

어떤 다항식에 $5x-4$를 더해야 할 것을 잘못하여 뺐더니 $-2x+9$가 되었다. 이때 바르게 계산한 식을 구하시오.

0639

어느 도시에서는 청소년을 대상으로 건강 증진 체험 프로그램을 개설하였다. 특히, 비만 정도가 위험 체중 이상인 학생들은 프로그램 참가비를 면제해 주어 비만 위험에 있는 청소년들의 프로그램 참여도를 높이고자 하였다. 키가 160 cm이고 몸무게가 64 kg인 준서가 이 프로그램의 참가비를 면제받을 수 있는지 판별하시오. (단, 비만 정도는 체질량 지수에 따라 구분하며, 체질량 지수를 계산하는 방법과 이에 따른 비만 정도는 다음 표와 같다.)

비만 정도	(체질량 지수)$=\dfrac{(몸무게)}{(키)^2}\ (\text{kg/m}^2)$
저체중	18.5 미만
정상	18.5 이상 23 미만
위험 체중	23 이상 25 미만
1단계 비만	25 이상 30 미만
2단계 비만	30 이상

0640

다음 그림과 같이 성냥개비를 사용하여 정삼각형을 만들 때, 물음에 답하시오.

(1) 한 변에 x개의 성냥개비가 있는 정삼각형을 만드는 데 필요한 성냥개비의 개수를 x를 사용한 식으로 나타내시오.

(2) 한 변에 8개의 성냥개비가 있는 정삼각형을 만드는 데 필요한 성냥개비의 개수를 구하시오.

0641

다음을 만족시키는 두 다항식 A, B에 대하여 A의 x의 계수를 a, B의 x의 계수를 b라 할 때, $\dfrac{b}{a}$의 값을 구하시오.

- A는 밑변의 길이가 $2x+4$, 높이가 5인 삼각형의 넓이이다.
- B는 가로의 길이가 $\dfrac{9}{4}$, 넓이가 $15x-3$인 직사각형의 세로의 길이이다.

0642 빈출

두 식 P, Q에 대하여 오른쪽과 같이 계산하기로 할 때, 다음 그림에서 ㈎에 알맞은 식을 구하시오.

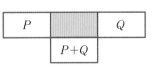

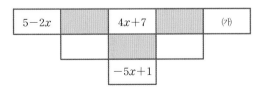

0643

어떤 일차식 A를 $-\dfrac{1}{3}$로 한 번 나누어야 할 것을 잘못하여 $-\dfrac{1}{3}$을 두 번 곱했더니 $x-\dfrac{1}{3}$이 되었다. 다음 물음에 답하시오.

(1) 어떤 일차식 A를 구하시오.
(2) 바르게 계산한 식을 구하시오.

풀이

0644

$\dfrac{-x+2}{3}-\left\{\dfrac{x+4}{2}-(x-1)\right\}$을 계산하면 x의 계수는 a, 상수항은 b일 때, $\dfrac{b}{a}$의 값을 구하시오.

풀이

0645

두 다항식 A, B에 대하여 A에서 $-6x+3$을 뺐더니 $3x+5$가 되었고, B에 $-3x+4$를 더했더니 $x-2$가 되었다. A의 상수항을 a, B의 x의 계수를 b라 할 때, $a-2b$의 값을 구하시오.

풀이

05

0646

유형 10

생일을 이용하여 다음과 같은 순서로 '생일 수'를 만들 때, 물음에 답하시오.

> ❶ 태어난 날에 5를 곱하고 15를 더한다.
> ❷ ❶의 결과에 20을 곱한다.
> ❸ ❷의 결과에 태어난 달을 더한다.

(1) 태어난 달을 m, 태어난 날을 d라 할 때, 생일 수를 문자를 사용한 식으로 나타내시오.

(2) 생일이 6월 4일일 때, 생일 수를 구하시오.

생일에서 태어난 달과 태어난 날을 구해요.

0647 수학 문해력 UP

유형 03 ⊕ 유형 13

규리는 A❶음료수 6개를 사려고 한다. 다음 두 편의점 중 어느 편의점에서 사는 것이 더 저렴할지 찾고, 그 이유를 설명하시오. (단, 두 편의점에서 A 음료수 1개의 정가는 동일하다.)

상품에 일정한 값을 매긴 것을 정가라고 해요.

B 편의점	C 편의점
❷A 음료수 4개 구매 시 1개 추가 증정	❸A 음료수 정가에서 10 % 할인

해결 전략
❶ 음료수 6개의 구입 비용을 비교한다.
❷ 음료수 4개 구매 시 1개 추가 증정
  ⇨ 4개 가격으로 5개 구매 후 추가 1개 구매
❸ 정가에서 10 % 할인 ⇨ 10 % 할인된 금액으로 6개 구매

0648

유형 15

다음과 같이 식이 적힌 세 장의 카드가 있다. 이 중에서 두 장의 카드를 뽑아 카드에 적힌 식의 합을 간단히 하였을 때, x의 계수가 가장 큰 식이 되도록 두 카드를 고르시오.

괄호를 푼 후 동류항끼리 ← 계산하기

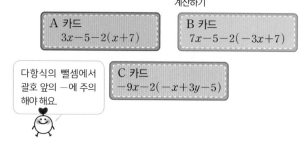

A 카드
$3x-5-2(x+7)$

B 카드
$7x-5-2(-3x+7)$

C 카드
$-9x-2(-x+3y-5)$

다항식의 뺄셈에서 괄호 앞의 −에 주의해야 해요.

0649

유형 20

두 식 P, Q에 대하여 다음과 같이 계산하기로 하자.

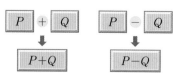

P	+	Q		P	−	Q

$P+Q$ $P-Q$

위와 같은 방법으로 계산할 때, 아래 (가)에 알맞은 식은?

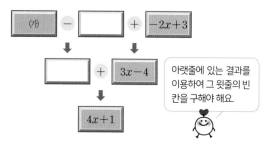

(가) − □ + $-2x+3$

□ + $3x-4$

$4x+1$

아랫줄에 있는 결과를 이용하여 그 윗줄의 빈 칸을 구해야 해요.

① $-6x-4$ ② $-6x+4$ ③ $3x-4$
④ $6x-2$ ⑤ $6x+2$

쉼

네가
좋아하는 것은
뭐야?

 **일차방정식**

06 1 등식과 방정식 유형 01 ~ 유형 07

(1) **등식** : 등호 '='를 사용하여 나타낸 식

① **좌변** : 등식에서 등호의 왼쪽 부분

② **우변** : 등식에서 등호의 오른쪽 부분

③ **양변** : 등식의 좌변과 우변을 통틀어 양변이라고 한다.

(2) **방정식과 항등식**

① **방정식** : 미지수의 값에 따라 참이 되기도 하고 거짓이 되기도 하는 등식

② **항등식** : 미지수에 어떤 값을 대입해도 항상 참이 되는 등식

(3) **등식의 성질**

① 등식의 양변에 같은 수를 더하여도 등식은 성립한다.

$a=b$이면 $a+c=b+c$

② 등식의 양변에서 같은 수를 빼어도 등식은 성립한다.

$a=b$이면 $a-c=b-c$

③ 등식의 양변에 같은 수를 곱하여도 등식은 성립한다.

$a=b$이면 $ac=bc$

④ 등식의 양변을 0이 아닌 같은 수로 나누어도 등식은 성립한다.

$a=b$이면 $\dfrac{a}{c}=\dfrac{b}{c}$ (단, $c\neq0$)

비법 NOTE

▶ 등호를 사용하지 않거나 부등호를 사용한 식은 등식이 아니다.
예 $3x-1$, $1+2>1$은 등식이 아니다.

▶ 미지수 : 방정식에 있는 문자
▶ 방정식의 해(근) : 방정식을 참이 되게 하는 미지수의 값
▶ 방정식을 푼다 : 방정식의 해(근)를 구하는 것

개념 잡기

[0650~0653] 다음 중 등식인 것에 ○표, 등식이 <u>아닌</u> 것에 ×표 하시오.

0650 $2x+6$ ( )

0651 $2+3=5$ ( )

0652 $3x-1>4x$ ( )

0653 $3x=2x-4$ ( )

[0654~0655] 다음 문장을 등식으로 나타내시오.

0654 가로의 길이가 a, 세로의 길이가 3인 직사각형의 둘레의 길이는 10이다.

0655 800원짜리 볼펜 x자루를 사고 5000원을 지불하였더니 거스름돈이 200원이었다.

[0656~0658] 다음 중 항등식인 것에 ○표, 항등식이 <u>아닌</u> 것에 ×표 하시오.

0656 $x-2=1$ ( )

0657 $2x+1=1+2x$ ( )

0658 $5(x-1)=5x-5$ ( )

[0659~0661] 다음 중 [ ] 안의 수가 방정식의 해인 것에 ○표, 방정식의 해가 <u>아닌</u> 것에 ×표 하시오.

0659 $2x=4$ [2] ( )

0660 $4(x-1)=8$ [3] ( )

0661 $\dfrac{1}{2}(x-2)=4$ [6] ( )

06 **2** 일차방정식의 풀이 ⟨∞ 유형 08 ~ 유형 18⟩

(1) **이항** : 등식의 성질을 이용하여 등식의 어느 한 변에 있는 항을 부호를 바꾸어 다른 변으로 옮기는 것

참고 이항할 때, 항의 부호의 변화
① $+\square$를 이항 ⇨ $-\square$
② $-\square$를 이항 ⇨ $+\square$

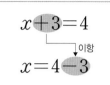

$$x+3=4$$
$$x=4-3$$ 이항

(2) **일차방정식**

방정식의 우변에 있는 모든 항을 좌변으로 이항하여 정리한 식이

$$(일차식)=0$$

꼴이 되는 방정식

(3) **일차방정식의 풀이**

❶ 괄호가 있으면 분배법칙을 이용하여 괄호를 푼다.
❷ 미지수 x를 포함한 항은 좌변으로, 상수항은 우변으로 이항한다.
❸ 양변을 정리하여 $ax=b$ $(a\neq0)$의 꼴로 만든다.
❹ 양변을 x의 계수로 나누어 x의 값을 구한다.

(4) **여러 가지 일차방정식의 풀이**

① 계수에 소수가 있으면 ⇨ 양변에 10, 100, 1000, ... 중에서 적당한 수를 곱하여 계수를 정수로 바꾼다.
② 계수에 분수가 있으면 ⇨ 양변에 분모의 최소공배수를 곱하여 계수를 정수로 바꾼다.

비법 NOTE

▶ 이항은 등식의 성질 중 양변에 같은 수를 더하거나 양변에서 같은 수를 빼어도 등식이 성립함을 이용한 것이다.

▶ x에 대한 일차방정식은 $ax+b=0$ (a, b는 상수이고, $a\neq0$)의 꼴로 나타낼 수 있다.

[0662~0665] 다음 등식에서 밑줄 친 항을 이항하시오.

0662 $3x\underline{-2}=4$

0663 $x=\underline{-3x}-4$

0664 $2x\underline{+1}=\underline{-x}+7$

0665 $\underline{4}+2x=\underline{3x}+8$

[0666~0669] 다음 중 일차방정식인 것에 ○표, 일차방정식이 아닌 것에 ×표 하시오.

0666 $-x+2=4$ (　　)

0667 $x<2$ (　　)

0668 $4x-3$ (　　)

0669 $x^2-3x=0$ (　　)

[0670~0673] 다음 방정식을 푸시오.

0670 $2x-4=x+7$

0671 $-x-8=2x-5$

0672 $x=-2(5-2x)$

0673 $x-2=3(x+6)$

[0674~0675] 다음 방정식을 푸시오.

0674 $0.2x=0.4x+2$

0675 $0.3x-1.2=0.2x-1.4$

[0676~0677] 다음 방정식을 푸시오.

0676 $\dfrac{1}{2}x+3=\dfrac{1}{5}x$

0677 $\dfrac{x-1}{4}=\dfrac{x}{2}+3$

유형 다 잡기

@ 개념 06-1

유형 01 등식

등식 : 등호 '='를 사용하여 나타낸 식
예 $2x+5=4$, $7-5=2$ ⇨ 등식이다.
$2x+5$, $2x+5>4$, $2x+5≤4$ ⇨ 등식이 아니다.

0678 대표문제

다음 중 등식인 것은?

① $2>-4$　　　　② $4x+1$

③ $2x-1=7$　　　④ $-3x≤9$

⑤ $x+2x-5x$

0679 ●●●●

다음 중 등식이 <u>아닌</u> 것을 모두 고르면? (정답 2개)

① $2x-x=0$　　　② $x+x+2x=-1$

③ $2(x-1)=8$　　④ $2+3-5$

⑤ $\dfrac{2x-1}{3}+\dfrac{x+1}{2}≥0$

0680 ●●●● 수매씽 Pick!

다음 보기에서 등식인 것을 모두 고르시오.

┤ 보기 ├

ㄱ. $7-(1+4)$　　　ㄴ. $5-2=4$

ㄷ. $x-y$　　　　　ㄹ. $x≤3$

ㅁ. $5x-3x=2x$　　ㅂ. $y-2x=x+5$

유형 02 문장을 등식으로 나타내기

@ 개념 06-1

문장에서 등호 '='가 사용되는 부분을 찾아 등식으로 나타낸다.
예 어떤 수 x를 2배한 값은 10과 같다. ⇨ $2x=10$
　　　　$2x$　　　　　10　＝

0681 대표문제

다음 중 문장을 등식으로 나타낸 것으로 옳지 <u>않은</u> 것은?

① 한 변의 길이가 x cm인 정삼각형의 둘레의 길이는 15 cm이다. ⇨ $3x=15$

② 시속 10 km로 x시간 동안 간 거리는 60 km이다.
　　⇨ $10x=60$

③ 10000원을 내고 한 개에 1200원 하는 음료수 x개를 샀더니 거스름돈이 4000원이었다.
　　⇨ $10000-1200x=4000$

④ 50개의 사과를 x명에게 4개씩 나누어 주면 사과 2개가 부족하다. ⇨ $50-4x=2$

⑤ 정가가 a원인 옷을 20 % 할인하여 팔 때의 가격은 8000원이다. ⇨ $0.8a=8000$

0682 ●●●●

다음 보기에서 등식으로 나타낼 수 있는 것을 모두 골라 등식으로 나타내시오.

┤ 보기 ├

ㄱ. 어떤 수 x의 3배에 8을 더한다.

ㄴ. 500원짜리 사탕 4개와 1000원짜리 초콜릿 x개를 샀다.

ㄷ. x와 60의 평균은 80이다.

ㄹ. 음수 x에 7을 더했더니 양수가 되었다.

ㅁ. 30자루의 연필을 x명에게 두 자루씩 나누어 주었더니 4자루가 남았다.

유형 03 방정식의 해   🔗 개념 06-1

$x=a$를 방정식에 대입하여
(1) (좌변)=(우변), 즉 참이면 ⇨ $x=a$는 방정식의 해이다.
(2) (좌변)≠(우변), 즉 거짓이면 ⇨ $x=a$는 방정식의 해가 아니다.
예 방정식 $2x=4$에서 $x=2$이면
  (좌변)=4, (우변)=4, 즉 (좌변)=(우변)이므로
  $x=2$는 방정식 $2x=4$의 해이다.

0683 대표 문제

다음 중 [ ] 안의 수가 주어진 방정식의 해인 것은?

① $5x-2=x+2$ [1]   ② $5x-3=-x \left[-\dfrac{1}{2} \right]$

③ $-x+4=2x-5$ [-3] ④ $\dfrac{1}{2}x=-x+4$ [-2]

⑤ $-5x+2=3x+2$ [-1]

0684 ●●●○

다음 중 방정식의 해가 $x=2$인 것은?

① $\dfrac{1}{2}x=6$ ② $-5x=15$

③ $4x+1=25$ ④ $2x-3=5-2x$

⑤ $-3x+14=2x-4$

0685 ●●●○

다음 중 방정식의 해가 $x=-1$이 <u>아닌</u> 것은?

① $3x=x-2$ ② $2(x-2)=-6$

③ $2x+6=3-x$ ④ $2-(4+x)=x$

⑤ $4x+4=-2+x$

0686 ●●●○ 서술형

x가 6의 약수일 때, 방정식 $2x-1=3+\dfrac{2}{3}x$의 해를 구하
시오.

유형 04 항등식 (중요!)   🔗 개념 06-1

항등식 : x에 어떤 값을 대입해도 항상 참이 되는 등식
참고 어떤 등식이 항등식인지 확인하려면 좌변과 우변을 정리
하여 양변이 서로 같은지 확인한다.

0687 대표 문제

다음 중 x의 값에 관계없이 항상 참인 등식은?

① $2-4x=-2x$ ② $3(x-1)=6x-1$

③ $\dfrac{x}{2}+3=0$ ④ $1-2x=3$

⑤ $-2(x+2)+4=-2x$

0688 ●●●○ 수매씽 Pick!

다음 중 항등식인 것은?

① $2+3<8$ ② $2x-5=5-2x$

③ $y=0$ ④ $8\times 2x=16x$

⑤ $2x-7+x=3$

0689 ●●●○

다음 보기에서 모든 x의 값에 대하여 항상 참인 등식을
모두 고른 것은?

┌ 보기 ├─────────────────────
│ ㄱ. $3x=2x+1$ ㄴ. $2(2-x)=-2x+4$
│ ㄷ. $2x+3x=5$ ㄹ. $-3(x+2)+5=-3x-1$
│ ㅁ. $x-2=2-x$ ㅂ. $x(2-x)=-x(2+x)$
└─────────────────────────────

① ㄱ, ㄴ   ② ㄴ, ㄹ   ③ ㄱ, ㄹ, ㅁ
④ ㄴ, ㄹ, ㅁ   ⑤ ㄷ, ㄹ, ㅂ

(1) $ax+b=0$이 x에 대한 항등식 ⇨ $a=0$, $b=0$

(2) $ax+b=cx+d$가 x에 대한 항등식 ⇨ $a=c$, $b=d$

0690 대표 문제

등식 $3x+5=a(x-1)+8$이 x에 대한 항등식일 때, 상수 a의 값은?

① -3　　　　② -1　　　　③ 1

④ 2　　　　⑤ 3

0691 •••• 서술형

등식 $a(2+x)+9=b-8x$가 모든 x의 값에 대하여 항상 참일 때, 두 상수 a, b에 대하여 $a+b$의 값을 구하시오.

0692 •••• 수매씽 Pick!

등식 $\dfrac{3-5x}{2}-6=ax-b$가 x의 값에 관계없이 항상 성립할 때, 두 상수 a, b에 대하여 ab의 값은?

① -15　　　　② $-\dfrac{25}{2}$　　　　③ $-\dfrac{45}{4}$

④ $\dfrac{45}{4}$　　　　⑤ $\dfrac{25}{2}$

0693 ••••

등식 $3(x-1)+5=-x+A$가 x의 값에 관계없이 항상 참일 때, 일차식 A를 구하시오.

$a=b$이면 다음은 항상 성립한다.

① $a+c=b+c$ ← 양변에 같은 수를 더하기

② $a-c=b-c$ ← 양변에서 같은 수를 빼기

③ $ac=bc$ ← 양변에 같은 수를 곱하기

④ $\dfrac{a}{c}=\dfrac{b}{c}$ (단, $c\neq0$) ← 양변을 0이 아닌 같은 수로 나누기

0694 대표 문제

다음 중 옳지 <u>않은</u> 것은?

① $a=b$이면 $a-3=b-3$이다.

② $-a=-b$이면 $a=b$이다.

③ $a=b$이면 $\dfrac{a}{4}=\dfrac{b}{4}$이다.

④ $a=b$이면 $1-a=1-b$이다.

⑤ $\dfrac{a}{3}=\dfrac{b}{4}$이면 $3a=4b$이다.

0695 ••••

$2a-1=5$일 때, 다음 중 옳지 <u>않은</u> 것은?

① $2a=6$　　　② $2a-4=2$　　　③ $4a-2=10$

④ $a-\dfrac{1}{2}=\dfrac{5}{2}$　　　⑤ $-2a-1=-5$

0696 ••••

다음 □ 안에 알맞은 수가 나머지 넷과 다른 하나는?

① $2a=7$이면 $2a+\Box=10$이다.

② $\dfrac{a}{3}=1$이면 $a=\Box$이다.

③ $6a=12$이면 $\Box a=6$이다.

④ $a+5=0$이면 $a+8=\Box$이다.

⑤ $\dfrac{3}{2}a=-1$이면 $-3a=\Box$이다.

0697 ●●●○

$3a=2b$일 때, 다음 중 옳은 것은?

① $\dfrac{3}{2}a=\dfrac{1}{2}b$ ② $6a=b$

③ $6a-1=4b-2$ ④ $9a+3=6b+3$

⑤ $1-8a=1-12b$

0698 ●●●● 수매씽 Pick!

다음 보기에서 옳은 것을 모두 고른 것은?

┌ 보기 ├─
ㄱ. $xz=yz$이면 $x=y$이다.
ㄴ. $\dfrac{x}{5}=\dfrac{y}{3}$이면 $3x=5y$이다.
ㄷ. $x=2y$이면 $x-1=2(y-1)$이다.
ㄹ. $\dfrac{x}{2}=\dfrac{y}{3}$이면 $3(x-1)=2(y-1)$이다.
ㅁ. $x=-y$이면 $3x+4=-3y+4$이다.
└────

① ㄱ, ㄴ ② ㄱ, ㄹ ③ ㄴ, ㅁ
④ ㄷ, ㄹ ⑤ ㄷ, ㅁ

0699 ●●●○

세 수 x, y, z에 대하여 $x-1=y+1$일 때, 다음 중 옳지 않은 것은? (단, $z\neq0$)

① $x-3=y-1$ ② $x-z=y-z+2$

③ $\dfrac{x-y}{z}=\dfrac{2}{z}$ ④ $xz-z=y+yz$

⑤ $x+y-1=2y+1$

$$2x-3=5$$
$$2x-3\boxed{+3}=5\boxed{+3}\ \Big\rangle\ \text{양변에 3을 더한다.}$$
$$2x=8$$
$$2x\boxed{\div2}=8\boxed{\div2}\ \Big\rangle\ \text{양변을 } x\text{의 계수 2로 나눈다.}$$
$$x=4$$

0700 대표 문제

다음은 방정식 $\dfrac{2}{3}x+5=1$을 푸는 과정이다. ㉠, ㉡, ㉢ 중 등식의 성질 '$a=b$이면 $\dfrac{a}{c}=\dfrac{b}{c}$이다.'를 이용한 곳을 고르시오. (단, c는 자연수이다.)

$$\dfrac{2}{3}x+5=1 \Big\rangle ㉠$$
$$2x+15=3 \Big\rangle ㉡$$
$$2x=-12 \Big\rangle ㉢$$
$$\therefore\ x=-6$$

0701 ●●●○

오른쪽은 등식의 성질을 이용하여 방정식 $\dfrac{3}{2}x-1=2$를 푸는 과정이다.

이 과정에서 이용되지 않은 등식의 성질을 보기에서 모두 고른 것은? (단, $a=b$이고 c는 자연수이다.)

$$\dfrac{3}{2}x-1=2$$
$$3x-2=4$$
$$3x=6$$
$$\therefore\ x=2$$

┌ 보기 ├─
ㄱ. $a+c=b+c$ ㄴ. $a-c=b-c$
ㄷ. $ac=bc$ ㄹ. $\dfrac{a}{c}=\dfrac{b}{c}$
└────

① ㄱ ② ㄴ ③ ㄷ

④ ㄱ, ㄹ ⑤ ㄴ, ㄷ

0702 ●●●●

다음 중 등식의 성질 '$a=b$이면 $a+c=b+c$이다.'를 이용하여 방정식을 푼 것은? (단, c는 자연수이다.)

① $x+3=3 \Rightarrow x=0$
② $6x=12 \Rightarrow x=2$
③ $2x-1=5 \Rightarrow x=3$
④ $\dfrac{x+1}{5}=-2 \Rightarrow x=-11$
⑤ $4x+1=-3 \Rightarrow x=-1$

0703 ●●●●

다음은 등식의 성질을 이용하여 방정식 $3x-4=8$을 푸는 과정이다. ㈎, ㈏, ㈐에 알맞은 수들의 합을 구하시오.

$$3x-4=8$$
$$3x-4+\boxed{㈎}=8+\boxed{㈎}$$
$$3x=12$$
$$3x \div \boxed{㈏}=12 \div \boxed{㈏}$$
$$\therefore x=\boxed{㈐}$$

0704 ●●●● 수매씽 Pick!

두 종류의 추 ●, ■를 다음 그림과 같이 접시저울에 올려 놓았더니 평형을 이루었다. ● 모양의 추 한 개의 무게가 $6\,g$일 때, 등식의 성질을 이용하여 ■ 모양의 추 한 개의 무게를 구하시오.

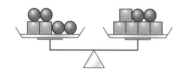

이항하면, 즉 { 항을 좌변에서 우변으로 옮기면
             항을 우변에서 좌변으로 옮기면

⇨ 항의 부호가 바뀐다.

참고 $+$●를 이항하면 ⇨ $-$●
       $-$●를 이항하면 ⇨ $+$●

0705 대표 문제

다음 중 밑줄 친 항을 바르게 이항한 것은?

① $2x\underline{+8}=2 \Rightarrow 2x=2+8$
② $5x\underline{-3}=\underline{x}+5 \Rightarrow 5x-x=5+3$
③ $3x\underline{-8}=\underline{2x}+2 \Rightarrow 3x+2x=2+8$
④ $6x\underline{+12}=\underline{2x}+14 \Rightarrow 6x-2x=14+12$
⑤ $2+\underline{8x}=\underline{6x}-10 \Rightarrow 8x-6x=-10+2$

0706 ●●●●

다음 중 등식 $2x\underline{-7}=5$에서 밑줄 친 항을 이항한 것과 결과가 같은 것을 모두 고르면? (정답 2개)

① 양변에 -7을 더한다.
② 양변에 7을 더한다.
③ 양변에서 -7을 뺀다.
④ 양변에서 7을 뺀다.
⑤ 양변을 -7로 나눈다.

0707 ●●●● 서술형

이항만을 이용하여 $2x-2=5x+4$를 $ax+b=0$ $(b<0)$의 꼴로 나타내었을 때, 두 상수 a, b에 대하여 $a+b$의 값을 구하시오.

유형 09 일차방정식의 뜻 🔗 개념 06-2

> 방정식의 모든 항을 좌변으로 이항하여 정리한 식이
> (x에 대한 일차식)$=0$의 꼴
> 즉, $ax+b=0$ $(a\neq0)$의 꼴이면 x에 대한 일차방정식이다.

0708 대표 문제

다음 중 일차방정식인 것은?

① $x=3x+2$ 　　　　② $x^2-2=x$

③ $3x-3=3(x-1)$ 　④ $3x>2x-10$

⑤ $2x(x-1)=2x$

0709 ●●●●

다음 중 일차방정식이 <u>아닌</u> 것은?

① $3x=2x-5$ 　　　② $2x+1=2(x-1)$

③ $4x+2=2x-5$ 　④ $\dfrac{x^2}{2}-x=\dfrac{x^2}{2}+1$

⑤ $3x-1=1-3x$

0710 ●●●●

등식 $3x+4=kx$가 x에 대한 일차방정식이 되기 위한 상수 k의 조건을 구하시오.

0711 ●●●●

다음 보기에서 문장을 등식으로 나타낼 때, 일차방정식인 것을 모두 고르시오.

┌ 보기 ├─
ㄱ. 한 변의 길이가 $x\,\mathrm{cm}$인 정사각형의 넓이는 $25\,\mathrm{cm}^2$ 이다.
ㄴ. 어떤 자동차가 시속 $30\,\mathrm{km}$로 x시간 동안 달린 거리는 $120\,\mathrm{km}$이다.
ㄷ. x의 4배에 1을 더하면 13이 된다.

유형 10 일차방정식의 풀이 🔗 개념 06-2

> ❶ 괄호가 있으면 분배법칙을 이용하여 괄호를 푼다.
> ❷ 이항을 이용하여 $ax=b$ $(a\neq0)$의 꼴로 만든다.
> ❸ 양변을 x의 계수 a로 나누어 x의 값을 구한다.

0712 대표 문제

일차방정식 $3(4-5x)=x-2(x+1)$을 풀면?

① $x=-14$ 　② $x=-7$ 　③ $x=-1$

④ $x=1$ 　　⑤ $x=7$

0713 ●●●●

다음 중 일차방정식 $-x+9=4-2(1-3x)$와 해가 같은 것은?

① $-x+6=7$ 　　　② $4=2(2-x)$

③ $2x-8=x+9$ 　④ $3(x-1)=2x-2$

⑤ $5x=3-(x-4)$

0714 ●●●●

일차방정식 $3x-5=-2x+15$의 해가 $x=a$, 일차방정식 $6-2(9-x)=4x$의 해가 $x=b$일 때, $a-b$의 값을 구하시오.

0715 ●●●● 수매씽 Pick!

다음 그림에서 아래 칸의 식은 선으로 연결된 위의 두 칸의 식을 더한 것과 같다. $A=-5$일 때, x의 값을 구하시오.

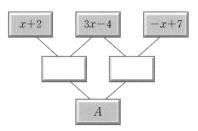

양변에 10, 100, 1000, … 중 적당한 수를 곱하여 계수를 정수로 바꾼 후 방정식을 푼다.
ⓔ $0.5x+1=0.2x-1.1$의 양변에 10을 곱하면
$\Rightarrow 5x+10=2x-11$

0716 (대표 문제)

일차방정식 $0.4x=0.3(x+5)-1.8$을 푸시오.

0717 ●●●●

일차방정식 $0.05x+1.3=0.35x-0.5$를 풀면?

① $x=3$ ② $x=4$ ③ $x=5$
④ $x=6$ ⑤ $x=7$

0718 ●●●● (수매씽 Pick!)

일차방정식 $1.2x-0.1=0.5(x-2)$의 해가 $x=a$일 때, $-7a+1$의 값을 구하시오.

0719 ●●●●

일차방정식 $0.02(12-x)=1.1+0.3(x-5)$의 해가 $x=a$일 때, a보다 작은 자연수의 개수는?

① 1 ② 2 ③ 3
④ 4 ⑤ 5

양변에 분모의 최소공배수를 곱하여 계수를 정수로 바꾼 후 방정식을 푼다.
ⓔ $\dfrac{x}{3}+1=\dfrac{x}{2}+2$의 양변에 분모의 최소공배수 6을 곱하면
$\Rightarrow 2x+6=3x+12$

0720 (대표 문제)

일차방정식 $\dfrac{3x-2}{5}-2=\dfrac{x-4}{3}$를 푸시오.

0721 ●●●●

일차방정식 $\dfrac{6}{5}x-\dfrac{21}{10}=\dfrac{3}{10}x+\dfrac{12}{5}$를 풀면?

① $x=1$ ② $x=2$ ③ $x=3$
④ $x=4$ ⑤ $x=5$

0722 ●●●●

일차방정식 $\dfrac{1-2x}{3}-3=\dfrac{3x+1}{6}-\dfrac{1}{2}$을 푸시오.

0723 ●●●●

다음 일차방정식 중 해가 나머지 넷과 다른 하나는?

① $\dfrac{x}{2}-3=-1$ ② $\dfrac{x}{4}+1=\dfrac{x}{2}$

③ $\dfrac{2x-1}{3}=2$ ④ $\dfrac{x+8}{6}-\dfrac{x+1}{5}=1$

⑤ $\dfrac{3x-2}{2}=-x+9$

유형 13 계수에 소수와 분수가 섞인 경우 🔗 개념 06-2

중요!

계수에 소수, 분수가 섞인 일차방정식은 양변에 적당한 수를 곱하여 계수를 정수로 바꾼 후 방정식을 푼다.

소수를 분수로 고쳐서 적당한 수를 찾는 것이 편리하다.

예 $0.2x-1=\dfrac{x-5}{4}$의 양변에 20을 곱하면

$\Rightarrow 4x-20=5(x-5)$ ∴ $x=5$

0724 대표 문제

일차방정식 $\dfrac{x-1}{3}+1=0.5(x+3)$을 풀면?

① $x=-5$ ② $x=-4$ ③ $x=-3$
④ $x=-2$ ⑤ $x=-1$

0725 •••• 수매씽 Pick!

일차방정식 $0.25x-\dfrac{x+5}{2}=0.2(3x+8)+1$을 푸시오.

0726 ••••

일차방정식 $0.4x=\dfrac{1}{3}-0.5(1-x)$의 해를 $x=a$, 일차방정식 $\dfrac{x}{6}+0.25(5x-2)=\dfrac{3}{2}x-1$의 해를 $x=b$라 할 때, ab의 값은?

① 9 ② 10 ③ 11
④ 12 ⑤ 13

유형 14 비례식으로 주어진 경우 🔗 개념 06-2

비례식에서 외항의 곱과 내항의 곱이 같음을 이용한다.

$$a:b=c:d \Rightarrow ad=bc$$

0727 대표 문제

비례식 $(x-2):6=(x-3):4$를 만족시키는 x의 값은?

① 2 ② 3 ③ 4
④ 5 ⑤ 6

0728 ••••

비례식 $3:(2x-1)=4:(3x-2)$를 만족시키는 x의 값을 구하시오.

0729 ••••

비례식 $\left(4x+\dfrac{4}{3}\right):2(x-3)=4:3$을 만족시키는 x의 값은?

① -18 ② -7 ③ 0
④ 7 ⑤ 18

0730 ••••

비례식 $\dfrac{1-2x}{5}:3=(x-0.2):5$를 만족시키는 x의 값을 기약분수로 나타내면 $\dfrac{b}{a}$일 때, $a+b$의 값을 구하시오.

일차방정식의 해가 $x=$ ▇

⇨ $x=$ ▇를 주어진 일차방정식에 대입하면 등식이 성립한다.

예 방정식 $2x-a=1$의 해가 $x=2$

⇨ $x=2$를 $2x-a=1$에 대입하면

$$4-a=1 \quad \therefore a=3$$

0731 대표 문제

일차방정식 $-3a(x-2)+ax=12$의 해가 $x=1$일 때, 상수 a의 값을 구하시오.

0732 ●●●○ 수매씽 Pick!

일차방정식 $\dfrac{x+5}{2}-\dfrac{x-a}{6}=1$의 해가 $x=-4$일 때, 상수 a의 값을 구하시오.

0733 ●●●●

일차방정식 $a(x-1)=8$의 해가 $x=5$일 때, x에 대한 일차방정식 $4x+a(x+2)=10$의 해를 구하시오.

(단, a는 상수이다.)

0734 ●●●●

두 일차방정식 $3x+2=x+a$, $\dfrac{1}{2}(bx+4)=1.2(2x-1)$ 의 해가 모두 $x=-2$일 때, 두 상수 a, b에 대하여 $\dfrac{b}{a}$의 값을 구하시오.

두 방정식의 해가 같다.

⇨ 한 방정식의 해를 다른 방정식에 대입해도 등식이 성립한다.

0735 대표 문제

다음 두 일차방정식의 해가 같을 때, 상수 a의 값을 구하시오.

$$3(x-4)+8=5x, \quad \dfrac{x}{4}-\dfrac{3-ax}{6}=2$$

0736 ●●●○

두 일차방정식

$$\dfrac{1}{2}x=x-1, \quad 2x-1=a$$

의 해가 같을 때, 상수 a의 값을 구하시오.

0737 ●●●●

두 일차방정식

$$\dfrac{3a+x}{2}-ax=0.5, \quad 0.3(7-2x)=\dfrac{1}{2}x+1$$

의 해가 같을 때, 상수 a의 값을 구하시오.

0738 ●●●● 서술형

비례식 $(2x+5):(2x-1)=3:1$을 만족시키는 x의 값이 일차방정식 $x-3a=3x+1$의 해와 같다고 한다. 다음 물음에 답하시오.

(1) 주어진 비례식을 만족시키는 x의 값을 구하시오.

(2) 상수 a의 값을 구하시오.

발전 유형 17 해에 대한 조건이 주어진 경우   ∞ 개념 06-2

x에 대한 일차방정식 $ax=b$의 해가 자연수이다.

⇨ 해 $x=\dfrac{b}{a}$에서 $\dfrac{b}{a}$가 자연수

⇨ b는 a의 배수 (a는 b의 약수)

0739 대표 문제

x에 대한 일차방정식 $x-2(x+a)=2x-11$의 해가 자연수가 되도록 하는 자연수 a의 값을 모두 구하시오.

0740 ●●●●

x에 대한 일차방정식 $x-\dfrac{1}{3}(x+2a)=-4$의 해가 음의 정수가 되도록 하는 자연수 a의 개수는?

① 2   ② 3   ③ 4
④ 5   ⑤ 6

0741 ●●●●

다음 중 x에 대한 일차방정식 $5(4-x)=a-x$의 해가 자연수가 되도록 하는 자연수 a의 값이 될 수 <u>없는</u> 것은?

① 4   ② 8   ③ 12
④ 16   ⑤ 20

0742 ●●●●

x에 대한 일차방정식 $3(2x+1)=ax-5$의 해가 음의 정수가 되도록 하는 모든 정수 a의 값의 합을 구하시오.

발전 유형 18 특수한 해를 갖는 경우   ∞ 개념 06-2

x에 대한 방정식 $ax=b$에서
❶ 해가 무수히 많다. ⇨ $a=0$, $b=0$
❷ 해가 없다. ⇨ $a=0$, $b\neq0$

0743 대표 문제

등식 $(a-1)x=3+x$를 만족시키는 x의 값이 존재하지 않을 때, 상수 a의 값을 구하시오.

0744 ●●●● 수매씽 Pick!

x에 대한 방정식 $ax-3=6x+b$의 해가 무수히 많을 조건은? (단, a, b는 상수이다.)

① $a=-6$, $b=-3$ ② $a=-6$, $b=3$
③ $a\neq6$, $b=-3$ ④ $a=6$, $b=-3$
⑤ $a\neq6$, $b\neq3$

0745 ●●●●

x에 대한 방정식 $(a+1)x-3=1$의 해는 없고, x에 대한 방정식 $(b-1)x+2=c$의 해는 무수히 많을 때, 세 상수 a, b, c에 대하여 $a+b+c$의 값을 구하시오.

0746

다음 보기에서 등식인 것의 개수는?

┌ 보기 ├─────────────────────────────
ㄱ. $7+(3-x)=x^2$ ㄴ. $3-5x+y$
ㄷ. $x-2+2y>3-x$ ㄹ. $2x+5\leq-9x+2$
ㅁ. $5+3x=2x-4$ ㅂ. $6x-2=6(x-1)+4$
└───────────────────────────────────

① 2   ② 3   ③ 4
④ 5   ⑤ 6

0747

다음 중 [ ] 안의 수가 주어진 방정식의 해가 <u>아닌</u> 것은?

① $2x-1=1$ [1]   ② $-(x-3)=3$ [0]
③ $-3x+1=-5$ [2]   ④ $4-2x=3x+5$ [-2]
⑤ $2(x-2)=x-1$ [3]

0748 빈출

다음 보기에서 항등식인 것을 모두 고른 것은?

┌ 보기 ├─────────────────────────────
ㄱ. $2-3x=5$ ㄴ. $4x+3x=7x$
ㄷ. $4x-1=3x$ ㄹ. $3(2x+1)=6x+3$
ㅁ. $-3(x+1)+2=3x-1$
└───────────────────────────────────

① ㄱ, ㄴ   ② ㄱ, ㅁ   ③ ㄴ, ㄹ
④ ㄷ, ㄹ   ⑤ ㄷ, ㅁ

0749

다음 중 밑줄 친 항을 이항한 것으로 옳지 <u>않은</u> 것은?

① $\underline{3}=7-x \Rightarrow x=7-3$
② $2x\underline{-12}=6x \Rightarrow 2x+6x=12$
③ $-2x\underline{-6}=4 \Rightarrow -2x=4+6$
④ $2x-3=11\underline{-5x} \Rightarrow 2x+5x=11+3$
⑤ $-3x+5=\underline{-x}-6 \Rightarrow -3x+x=-6-5$

0750

등식 $2a(2-x)+1=b-4x$가 x의 값에 관계없이 항상 성립할 때, 두 상수 a, b에 대하여 ab의 값을 구하시오.

0751 빈출

다음 중 옳지 <u>않은</u> 것은?

① $a+7=b+7$이면 $a=b$이다.
② $a=3b$이면 $a-3=3(b-1)$이다.
③ $\dfrac{a}{4}=\dfrac{b}{5}$이면 $4a=5b$이다.
④ $c\neq0$일 때, $ac=bc$이면 $a=b$이다.
⑤ $a+b=c-d$이면 $a+d=c-b$이다.

0752

다음은 방정식을 푸는 과정이다. ㈎, ㈏에서 이용한 등식의 성질을 보기에서 찾아 차례대로 나열한 것은?

$$\frac{1}{3}x+2=5 \xrightarrow{\text{㈎}} \frac{1}{3}x=3 \xrightarrow{\text{㈏}} x=9$$

┌ 보기 ├─────────────────────────────
$a=b$이고 c는 자연수일 때
ㄱ. $a+c=b+c$ ㄴ. $a-c=b-c$
ㄷ. $ac=bc$ ㄹ. $\dfrac{a}{c}=\dfrac{b}{c}$
└───────────────────────────────────

① ㄱ, ㄷ   ② ㄱ, ㄹ   ③ ㄴ, ㄷ
④ ㄴ, ㄹ   ⑤ ㄷ, ㄹ

0753

다음은 등식의 성질을 이용하여 방정식
$\dfrac{x+5}{6}-2=-\dfrac{3x-1}{4}$을 푸는 과정이다. 이 과정에서 처음으로 잘못 계산한 부분은?

$$\dfrac{x+5}{6}-2=-\dfrac{3x-1}{4} \quad ①$$
$$\dfrac{x+5}{6}\times 12-2=-\dfrac{3x-1}{4}\times 12 \quad ②$$
$$x\times 2+5\times 2-2=(-3x)\times 3+1\times 3 \quad ③$$
$$2x+8=-9x+3 \quad ④$$
$$2x+9x=3-8 \quad ⑤$$
$$11x=-5$$
$$\therefore x=-\dfrac{5}{11}$$

0754

등식 $(a+2)x-1=a-4ax$가 x에 대한 일차방정식이 되기 위한 상수 a의 조건은?

① $a\neq -1$ ② $a\neq -\dfrac{2}{5}$ ③ $a\neq 2$

④ $a=-\dfrac{2}{5}$ ⑤ $a=2$

0755 빈출

다음 일차방정식 중 해가 가장 작은 것은?

① $x-5=4$ ② $2x+1=-3$
③ $4x-3=6-x$ ④ $3(x+4)-5x=8$
⑤ $2(x-1)=-x-5$

0756

비례식 $(x-1):4=\dfrac{x+1}{2}:3$을 만족시키는 x의 값을 구하시오.

0757 빈출

두 일차방정식
$$7x-5=4x-8, \quad 2(ax-1)=3-3x$$
의 해가 같을 때, 상수 a의 값을 구하시오.

0758

다음 중 문장을 식으로 나타내었을 때, 일차방정식인 것은?

① x와 30의 평균은 27 이상이다.
② x와 x보다 2만큼 큰 수의 곱은 120이다.
③ x개에 300원 하는 사탕 1개의 가격은 y원이다.
④ x원을 내고 1000원짜리 볼펜 2자루를 샀을 때의 거스름돈
⑤ 시속 80 km로 x시간 동안 간 거리는 400 km이다.

0759

일차방정식 $\dfrac{2-x}{3}-1=\dfrac{3x+1}{6}-\dfrac{1}{2}$ 의 해를 $x=a$, 일차

방정식 $0.03x=-\dfrac{1}{5}(1.2x-2.7)$ 의 해를 $x=b$라 할 때,

$a+b$의 값을 구하시오.

0760 빈출

일차방정식 $3x-5=3-4x$에서 우변의 상수항 3을 잘못 보고 풀어서 해가 $x=-1$이 나왔다. 상수항 3을 무엇으로 잘못 보았는가?

① -15 ② -12 ③ -9

④ -6 ⑤ -3

0761

x에 대한 일차방정식 $\dfrac{3x-2}{4}=\dfrac{1}{2}(x-6a)+5$ 의 해가 양의 정수일 때, 이를 만족시키는 자연수 a의 값을 구하시오.

0762

x에 대한 방정식 $\left(a+\dfrac{1}{4}\right)x-3=\dfrac{3}{4}x+b$ 의 해는 무수히 많고, x에 대한 방정식 $(c+1)x+5=2$ 의 해는 없을 때, 세 상수 a, b, c에 대하여 $\dfrac{bc}{a}$ 의 값을 구하시오.

0763

등식 $3(2x-4)=(a-2)x+(1-b)$ 가 x에 대한 항등식일 때, 두 상수 a, b에 대하여 $a-b$의 값을 구하시오.

> 풀이

0764

다음 등식이 x에 대한 일차방정식이 되도록 하는 상수 a의 값과 그때의 해 $x=b$에 대하여 ab의 값을 구하시오.

$$ax(x+2)-7=\dfrac{1}{2}(4x^2-2x+6)+5$$

> 풀이

0765

일차방정식 $2(x-1)=7-x$ 의 해가 x에 대한 일차방정식 $ax+1=-2$ 의 해의 3배일 때, 상수 a의 값을 구하시오.

> 풀이

0766 수학 문해력 UP 유형 02 ⊕ 유형 07

다음은 나이가 a세인 사람이 빨리 걷기 운동을 한 후 1분 동안 잰 맥박 수이다.

> '맥박'은 심장의 박동으로 생기는 주기적인 파동을 말해요.

$$\frac{3}{5}(220-a)회$$

규리네 가족은 동생, 엄마, 아빠, 할머니 5명이다. 물음에 답하시오.

(1) 규리의 맥박 수가 123회일 때, 규리의 나이를 구하시오.

(2) 동생의 나이를 x세라 할 때, ❶할머니의 나이는 동생의 나이의 6배이다. ❷동생의 맥박 수가 할머니의 맥박 수보다 30회 많을 때, x의 값을 구하시오.

해결 전략 문장을 등식으로 나타낸 후 등식의 성질을 이용하여 일차방정식의 해를 구한다.

구분	나이	맥박 수
동생	❶ x세	㉠ $\frac{3}{5}(220-x)$회
할머니	6배 ↗ $6x$세	㉡ $\frac{3}{5}(220-6x)$회

㉠=㉡+30

0767

> 접시저울이 평형을 이룬다는 것은 양쪽 접시 위의 추의 무게가 같다는 거예요.

> 접시 모양의 판에 물건을 올려놓고 무게를 다는 저울

유형 07

세 종류의 추 ▲, ■, ●를 다음 그림과 같이 접시저울에 올려놓았더니 평형을 이루었다. 이때 ▲, ■, ● 중 [?]에 올려놓을 수 있는 추를 한 개 고르시오.

0768 🙋

> 3으로 약분하기 전의 분수가 원래 분수예요.

유형 10

어떤 분수는 3으로 약분하면 $\frac{7}{a}$이 된다. 이 분수의 분모에서 5를 빼고 분자에는 4를 더한 후, 분모에 분자를 더하고 적절히 약분하였더니 다시 $\frac{7}{a}$이 되었다. 이 분수를 기약분수로 나타내시오. (단, $a>0$)

0769 유형 16 ⊕ 유형 17

다음 x에 대한 두 일차방정식의 해는 같다.

(단, a, b는 한 자리 자연수이다.)

$$\frac{5}{4}x+\frac{a}{3}=\frac{7x+1}{6}, \ 2(3x+b)=x$$

정민이는 a, b의 값을 이용하여 사물함 비밀번호를 정하였을 때, 사물함 비밀번호를 구하시오.

> 정민 : 내 사물함의 비밀번호는
> (a), (b), (a와 b의 합), (a와 b의 차)를
> 큰 수에서 작은 수의 순서로 나열한 것이야.

> 먼저 두 일차방정식의 해를 각각 구해 보아요.

07 일차방정식의 활용

07 1 일차방정식의 활용(1) ⊙유형 01 ~ 유형 07

비법 NOTE

(1) 일차방정식의 활용 문제 풀이

❶ 문제의 상황을 이해하고, 구하려는 값을 미지수 x로 놓는다. ➡ 문제 상황 이해하고 미지수 정하기

❷ 문제 상황에 맞게 방정식을 세운다. ➡ 방정식 세우기

❸ 방정식의 해를 구한다. ➡ 방정식 풀기

❹ 구한 해가 문제 상황에 적합한지 확인한다. ➡ 확인하기

(2) 연속하는 수에 대한 문제

미지수를 다음과 같이 정한다.

① 연속하는 두 정수 : $x-1$, x 또는 x, $x+1$

② 연속하는 세 정수 : $x-1$, x, $x+1$ 또는 x, $x+1$, $x+2$

③ 연속하는 두 짝수(홀수) : $x-2$, x 또는 x, $x+2$

④ 연속하는 세 짝수(홀수) : $x-2$, x, $x+2$ 또는 x, $x+2$, $x+4$

▸ 일차방정식의 활용 문제를 풀 때 문장의 뜻을 표나 그림 등을 이용하여 시각화시키면 편리하다.

▸ 문제의 답을 구할 때에는 구한 해를 문제 상황에 대입하여 맞는지 확인한다.

개념 잡기

0770 형의 나이는 동생의 나이보다 6세가 많고, 형과 동생의 나이의 합은 24세이다. 동생의 나이를 구하려고 할 때, ☐ 안에 알맞은 것을 써넣으시오.

미지수 정하기	동생의 나이를 x세라 하자.
방정식 세우기	❶ 동생의 나이 ⇨ x세 ❷ 형의 나이 ⇨ (☐)세 ❸ (형과 동생의 나이의 합)=24 ⇨ $x+$(☐)$=24$
방정식 풀기	방정식을 풀면 $x=$☐ 따라서 동생의 나이는 ☐세이다.
확인하기	형의 나이는 ☐세이므로 형과 동생의 나이 차는 6세이고, 합은 24세이다. 따라서 구한 해가 문제의 뜻에 맞는다.

[0771~0773] 연속하는 두 홀수의 합이 60일 때, 다음 물음에 답하시오.

0771 연속하는 두 홀수 중 작은 수를 x라 할 때, 큰 수를 x에 대한 식으로 나타내시오.

0772 문제 상황에 맞는 방정식을 세우시오.

0773 연속하는 두 홀수를 구하시오.

0774 연속하는 두 짝수의 합이 54일 때, 두 짝수를 구하시오.

[0775~0778] 다음을 방정식으로 나타내고, 방정식을 푸시오.

0775 어떤 수 x에 5를 더하여 2배 한 것은 16과 같다.

0776 가로의 길이가 x cm, 세로의 길이가 5 cm인 직사각형의 둘레의 길이는 24 cm이다.

0777 사탕 50개를 x명에게 6개씩 나누어 주었더니 2개가 남았다.

0778 한 개에 700원인 지우개 x개를 사고 3000원을 냈더니 200원을 거슬러 받았다.

07 - 2 일차방정식의 활용(2) ∞ 유형 08 ~ 유형 16

(1) 원가, 정가에 대한 문제 : (정가)=(원가)+(이익)임을 이용하여 방정식을 세운다.

　예 원가가 x원인 물건에 20 %의 이익을 붙일 때, (정가)$=x+\dfrac{20}{100}x=\dfrac{100+20}{100}x=\dfrac{6}{5}x$(원)

(2) 거리, 속력, 시간에 대한 문제 : 다음 관계를 이용하여 방정식을 세운다.

①
②
③

⇨ (거리)=(속력)×(시간)
⇨ (속력)=$\dfrac{(거리)}{(시간)}$
⇨ (시간)=$\dfrac{(거리)}{(속력)}$

　예 ① 시속 6 km로 x시간 동안 걸은 거리 ⇨ $6x$ km

　　② x km의 거리를 3시간 동안 달렸을 때의 속력 ⇨ 시속 $\dfrac{x}{3}$ km

　　③ 시속 4 km로 x km를 가는 데 걸리는 시간 ⇨ $\dfrac{x}{4}$ 시간

(3) 농도에 대한 문제 : 다음 관계를 이용하여 방정식을 세운다.

①
②

⇨ (농도)=$\dfrac{(소금의 양)}{(소금물의 양)}\times100(\%)$
⇨ (소금의 양)=$\dfrac{(농도)}{100}\times(소금물의 양)$

　예 ① 물 200 g에 소금 50 g을 넣어 만든 소금물의 농도 ⇨ $\dfrac{50}{200+50}\times100=20(\%)$

　　② 농도가 10 %인 소금물 200 g에 들어 있는 소금의 양 ⇨ $\dfrac{10}{100}\times200=20(g)$

 비법 NOTE

● a % 할인한 가격
(정가)$\times\dfrac{100-a}{100}$

● a % 인상한 가격
(정가)$\times\dfrac{100+a}{100}$

● 거리, 속력, 시간에 대한 문제에서는 방정식을 세우기 전에 단위를 통일해야 한다.

속력	시간	거리
시속 ● km	시간	km
분속 ●m	분	m
초속 ●m	초	m

● 소금물에 물을 더 넣거나 물을 증발시켜도 소금의 양은 변하지 않는다.

[0779 ~ 0780] 다음 □ 안에 알맞은 것을 써넣으시오.

0779 원가가 x원인 물건에 10 %의 이익을 붙인 정가

⇨ $x+\dfrac{\boxed{}}{100}x=\dfrac{100+\boxed{}}{100}x=\boxed{}$ (원)

0780 정가가 x원인 물건을 10 % 할인한 판매 가격

⇨ $x-\dfrac{\boxed{}}{100}x=\dfrac{100-\boxed{}}{100}x=\boxed{}$ (원)

[0781 ~ 0783] 지은이가 집에서 x km 떨어진 문화 센터까지 왕복하는 데 갈 때는 시속 6 km, 올 때는 시속 3 km로 걸어서 총 2시간이 걸렸다. 다음 물음에 답하시오.

0781 다음 표를 완성하시오.

	거리(km)	속력(km/h)	걸린 시간(시간)
갈 때	x	6	$\dfrac{x}{6}$
올 때	x		

0782 왕복하는 데 걸린 시간을 이용하여 방정식을 세우시오.

0783 집에서 문화 센터까지의 거리를 구하시오.

[0784 ~ 0786] 12 %의 소금물 300 g에 x g의 물을 더 넣어 9 %의 소금물을 만들려고 한다. 다음 물음에 답하시오.

0784 다음 표를 완성하시오.

	농도(%)	소금물의 양(g)	소금의 양(g)
물을 넣기 전	12	300	$\dfrac{12}{100}\times300$
물을 넣은 후	9		

0785 소금의 양은 변하지 않음을 이용하여 방정식을 세우시오.

0786 더 넣어야 하는 물의 양을 구하시오.

유형 다 잡기

유형 01 어떤 수에 대한 문제   ∞ 개념 07-1

❶ 어떤 수를 x로 놓는다.
❷ 주어진 조건에 맞게 x에 대한 방정식을 세운다.
❸ 방정식을 푼다.

0787 대표 문제

어떤 수와 45의 합은 어떤 수의 3배보다 17만큼 클 때, 어떤 수는?

① 10   ② 12   ③ 14
④ 16   ⑤ 18

0788 ●●●●

차가 9인 서로 다른 두 자연수가 있다. 큰 수는 작은 수의 3배보다 5만큼 작을 때, 작은 수를 구하시오.

0789 ●●●●

어떤 수에서 3을 뺀 후 8배 해야 할 것을 잘못하여 어떤 수에서 8을 뺀 후 3배 하였더니 구하려고 했던 수의 $\frac{1}{4}$배가 되었다. 다음을 구하시오.
(1) 어떤 수
(2) 구하려고 했던 수

유형 02 연속하는 자연수에 대한 문제   ∞ 개념 07-1

(1) 연속하는 두 정수 ⇨ x, $x+1$ 또는 $x-1$, x
(2) 연속하는 세 정수 ⇨ $x-1$, x, $x+1$
(3) 연속하는 두 짝수(홀수) ⇨ x, $x+2$ 또는 $x-2$, x
(4) 연속하는 세 짝수(홀수) ⇨ $x-2$, x, $x+2$

0790 대표 문제

연속하는 세 홀수의 합이 117일 때, 세 홀수 중 가장 큰 수는?

① 39   ② 41   ③ 43
④ 45   ⑤ 47

0791 ●●●● 수매씽 Pick!

연속하는 세 자연수의 합이 51일 때, 세 자연수 중 가장 작은 수를 구하시오.

0792 ●●●●

연속하는 세 홀수가 있다. 가운데 수의 10배는 나머지 두 수의 합보다 40만큼 클 때, 세 홀수를 구하시오.

0793 ●●●●

연속하는 세 짝수가 있다. 가장 큰 수는 나머지 두 수의 합보다 90만큼 작을 때, 세 짝수 중 가장 작은 수를 구하시오.

유형 03 자리의 숫자에 대한 문제 ⊙ 개념 07-1

(1) 십의 자리의 숫자가 x, 일의 자리의 숫자가 y인 두 자리 자연수
   ⇨ $10x+y$

   주의 xy로 나타내지 않도록 주의한다.

(2) 일의 자리의 숫자와 십의 자리의 숫자를 바꾼 수 ⇨ $10y+x$

0794 대표 문제

십의 자리의 숫자가 3인 두 자리 자연수가 있다. 이 자연수의 십의 자리의 숫자와 일의 자리의 숫자를 바꾼 수는 처음 수보다 9만큼 크다. 이때 처음 수를 구하시오.

0795 ●●●●

일의 자리의 숫자가 4인 두 자리 자연수가 있다. 이 자연수는 각 자리의 숫자의 합의 6배와 같다. 이 자연수를 구하시오.

0796 ●●●●

일의 자리의 숫자가 십의 자리의 숫자보다 6만큼 큰 두 자리 자연수가 있다. 이 자연수를 3배 한 수는 십의 자리의 숫자와 일의 자리의 숫자를 바꾼 수보다 20만큼 작다. 이때 처음 수를 구하시오.

0797 ●●●● 서술형

십의 자리의 숫자가 일의 자리의 숫자보다 2만큼 작은 두 자리 자연수가 있다. 이 자연수는 각 자리의 숫자의 합의 4배보다 15만큼 크다. 이 자연수를 구하시오.

유형 04 나이에 대한 문제 ⊙ 개념 07-1
중요!

(1) 현재 나이가 14세인 사람의 n년 후의 나이 ⇨ $(14+n)$세

(2) 현재 나이가 14세인 사람의 n년 전의 나이 ⇨ $(14-n)$세

0798 대표 문제

현재 어머니의 나이는 43세, 아들의 나이는 15세이다. 어머니의 나이가 아들의 나이의 2배가 되는 것은 몇 년 후인지 구하시오.

0799 ●●●●

현재 우진이와 아버지의 나이의 차는 28세이고 15년 후에는 우진이의 나이를 2배 하면 아버지의 나이보다 2세 많아진다. 현재 우진이의 나이를 구하시오.

0800 ●●●● 수매씽 Pick!

수빈이네 삼남매의 나이는 각각 3세씩 차이가 난다. 첫째의 나이는 막내의 나이의 2배보다 10세 적을 때, 막내의 나이를 구하시오.

0801 ●●●●

지우와 언니의 나이는 4세 차이가 난다. 언니의 나이의 5배와 지우의 나이의 6배가 같아지는 해에 두 사람은 배낭여행을 떠나기로 하였다. 현재 지우의 나이가 16세일 때, 두 사람이 배낭여행을 떠나는 것은 몇 년 후인지 구하시오.

07

일차방정식의 활용

A, B의 개수의 합이 일정한 경우
❶ A의 개수를 x로 놓는다.
❷ B의 개수는 (합)$-x$이다.
❸ x에 대한 방정식을 세워 푼다.

0802 (대표 문제)

예린이네 반은 옆 반과의 농구 경기에서 2점 슛과 3점 슛을 합하여 23개를 성공하여 52점을 득점하였다. 성공한 2점 슛의 개수는?

① 15   ② 16   ③ 17
④ 18   ⑤ 19

0803 ●●●●

어느 중학교 1학년 전체 학생은 220명이고, 남학생이 여학생보다 30명 더 많다고 한다. 이때 여학생은 몇 명인지 구하시오.

0804 ●●●●

우리 안의 돼지와 닭을 합하면 16마리이다. 다리의 수의 합이 44일 때, 돼지는 몇 마리인지 구하시오.

0805 ●●●●

음료수와 생수를 아이스박스에 담으려고 한다. 한 병에 1500원인 음료수와 한 병에 800원인 생수를 합하여 모두 12병을 구입한 후 2800원인 얼음과 함께 아이스박스에 넣었더니 총 금액이 18000원이었다. 구입한 음료수는 몇 병인지 구하시오.
          (단, 아이스박스의 가격은 생각하지 않는다.)

매월 일정 금액을 n개월 동안 예금할 때, n개월 후의 예금액
⇨ (현재 예금액)$+$(매월 예금액)$\times n$

0806 (대표 문제)

현재 언니의 저금통에는 5000원, 동생의 저금통에는 6400원이 들어 있다. 내일부터 언니는 매일 1000원씩, 동생은 매일 800원씩 저금통에 넣는다면 언니와 동생의 저금통에 들어 있는 금액이 같아지는 것은 며칠 후인지 구하시오.

0807 ●●●●

현재 형은 9000원, 동생은 7200원을 가지고 있다. 내일부터 형은 매일 800원씩, 동생은 매일 600원씩 사용한다면 형과 동생이 가지고 있는 금액이 같아지는 것은 며칠 후인가?

① 6일 후   ② 7일 후   ③ 8일 후
④ 9일 후   ⑤ 10일 후

0808 ●●●● (수매씽 Pick!)

어느 인터넷 쇼핑몰 우수 회원인 가은이의 현재 포인트는 21900점, 일반 회원인 도윤이의 현재 포인트는 1400점이다. 다음 달부터 이 인터넷 쇼핑몰에서 우수 회원에게는 포인트를 매달 1200점씩, 일반 회원에게는 포인트를 매달 x점씩 제공한다고 한다. 10개월 후에 가은이의 포인트가 도윤이의 포인트의 3배와 같다고 할 때, x의 값을 구하시오.

유형 07 도형에 대한 문제 ⌒⌒ 개념 07-1

둘레의 길이, 넓이 또는 부피를 구하는 공식을 이용하여 방정식을 세운다.

0809 대표 문제

오른쪽 그림과 같이 가로의 길이가 6 cm, 세로의 길이가 4 cm인 직사각형에서 가로의 길이를 2 cm 줄이고 세로의 길이를 x cm 늘렸더니 넓이가 28 cm²인 직사각형이 되었다. 이때 x의 값을 구하시오.

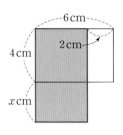

0810 ●●●● 수매씽 Pick!

오른쪽 그림과 같이 가로의 길이가 x cm, 세로의 길이가 26 cm인 직사각형 모양의 종이의 네 모퉁이를 한 변의 길이가 3 cm인 정사각형으로 각각 잘라낸 후 접어서 뚜껑이 없는 직육면체 모양의 상자를 만들었다. 이 상자의 부피가 300 cm³일 때, x의 값을 구하시오.

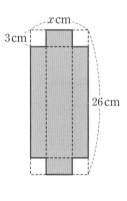

0811 ●●●●

둘레의 길이가 20 cm인 직사각형 4개를 오른쪽 그림과 같이 이어 붙여 정사각형을 만들었을 때, 이 정사각형의 한 변의 길이를 구하시오.

0812 ●●●● 서술형

길이가 48 cm인 철사를 구부려 가로의 길이와 세로의 길이의 비가 3 : 1인 직사각형을 만들려고 한다. 이 직사각형의 가로의 길이를 구하시오.
(단, 철사는 겹치는 부분이 없도록 모두 사용한다.)

유형 08 원가와 정가에 대한 문제 ⌒⌒ 개념 07-2

(1) 원가 x원에 a %의 이익을 붙인 정가
 ⇨ $x + \dfrac{a}{100}x = \dfrac{100+a}{100}x$(원)

(2) 정가 x원에서 a % 할인한 판매 가격
 ⇨ $x - \dfrac{a}{100}x = \dfrac{100-a}{100}x$(원)

0813 대표 문제

원가에 40 %의 이익을 붙여 정가를 정한 상품이 팔리지 않아 정가에서 1000원을 할인하여 팔았더니 200원의 이익이 생겼다. 이 상품의 원가를 구하시오.

0814 ●●●●

원가에 30 %의 이익을 붙여 정가를 정한 상품이 팔리지 않아 정가에서 700원을 할인하여 팔았더니 원가의 20 %의 이익이 생겼다. 이 상품의 원가를 구하시오.

0815 ●●●●

원가가 12000원인 티셔츠가 있다. 정가의 25 %를 할인하여 팔아 원가의 10 %의 이익을 남기려면 정가를 얼마로 정해야 하는지 구하시오.

0816 ●●●●

원가가 5000원인 상품에 20 %의 이익을 붙여 정가를 정한 상품이 팔리지 않아 다시 정가의 x %를 할인하여 팔았더니 원가의 8 %의 이익이 생겼다. 이때 x의 값을 구하시오.

증가, 감소에 대한 문제 ∞ 개념 07-2

작년 학생 수와 올해 학생 수 비교하기

❶ 작년 학생 수를 x로 놓는다.

❷ x가 $a \%$ 감소 ⇨ $x - \dfrac{a}{100}x = \dfrac{100-a}{100}x$

   x가 $a \%$ 증가 ⇨ $x + \dfrac{a}{100}x = \dfrac{100+a}{100}x$

❸ (올해 학생 수)=(작년 학생 수)+(변화한 학생 수)
   (증가 : + / 감소 : −)

0817 대표 문제

어느 중학교의 작년 전체 학생은 1000명이었다. 올해는 작년에 비하여 남학생은 6 % 감소하고, 여학생은 12 % 증가하여 전체 학생이 12명 증가하였다. 올해 여학생 수를 구하시오.

0818 ●●●●

어느 회사의 올해 직원은 작년보다 4 % 감소하여 240명이다. 작년 직원 수를 구하시오.

0819 ●●●● 수매씽 Pick!

어느 중학교의 작년 전체 학생은 400명이었다. 올해 여학생 수는 작년과 같고, 남학생은 작년에 비하여 5 % 감소하여 전체 학생이 3 % 감소하였다. 작년 남학생 수를 구하시오.

0820 ●●●●

어느 온라인 모임의 작년 전체 회원은 1200명이었다. 올해는 작년에 비하여 남성 회원은 15명 감소하고, 여성 회원은 25 % 증가하여 전체 회원이 20 % 증가하였다. 올해 여성 회원 수를 구하시오.

비율에 대한 문제 ∞ 개념 07-2

전체의 양을 x로 놓고 부분의 합은 전체와 같음을 이용하여 x에 대한 식으로 나타낸다.

⇨ 전체의 $\dfrac{n}{m} = x \times \dfrac{n}{m}$

0821 대표 문제

예린이는 책 한 권을 읽는데 첫째 날에는 전체의 $\dfrac{1}{2}$, 둘째 날에는 전체의 $\dfrac{1}{3}$, 셋째 날에는 20쪽을 읽어 책 한 권을 다 읽었다고 한다. 이 책 한 권의 전체 쪽수를 구하시오.

0822 ●●●●

지우네 반은 박물관으로 현장 체험 학습을 갔다. 전체 반 학생의 $\dfrac{1}{3}$은 A 전시실, $\dfrac{1}{6}$은 B 전시실, $\dfrac{1}{4}$은 C 전시실, 나머지 6명은 D 전시실을 관람했다고 한다. 이때 지우네 반 전체 학생 수를 구하시오.

(단, 현장 체험 학습에 가지 않은 학생은 없다.)

0823 ●●●●

수빈이는 처음에 가지고 있던 초콜릿 중 5개는 동생에게 나누어 주고, 처음에 가지고 있던 초콜릿의 $\dfrac{1}{8}$은 언니에게 나누어 주었다. 동생과 언니에게 나누어 주고 남은 초콜릿의 $\dfrac{1}{6}$을 수빈이가 먹었더니 초콜릿이 25개 남았다. 수빈이가 처음에 가지고 있던 초콜릿의 개수는?

① 34　　　　② 36　　　　③ 38

④ 40　　　　⑤ 42

유형 11 · 거리, 속력, 시간에 대한 문제 (1) · ○○ 개념 07-2

⑴ 속력 x로 이동하다가 속력 y로 이동하면 a시간 걸리는 경우
(속력 x로 이동한 시간)+(속력 y로 이동한 시간)=a(시간)

⑵ 같은 거리를 가는데 속력이 달라 시간 차가 생기는 경우
(느린 속력으로 이동한 시간)−(빠른 속력으로 이동한 시간)
=(시간 차)

⑶ A가 출발한 후 나중에 B가 출발하여 만나는 경우
(A가 이동한 거리)=(B가 이동한 거리)

0824 [대표 문제]

은진이는 이번 주말에 등산을 하였는데 올라갈 때는 시속 3 km로, 내려올 때는 올라갈 때보다 1 km 더 먼 길을 시속 5 km로 걸어 총 5시간이 걸렸다. 올라간 거리를 구하시오.

0825 ●●●●

준혁이가 집에서 출발하여 문구점에 다녀오는데 갈 때는 시속 4 km로 걸어가고 문구점에서 30분 동안 펜을 구매한 후 올 때는 같은 길을 시속 3 km로 걸어서 총 3시간이 걸렸다. 준혁이네 집에서 문구점까지의 거리는?

① $\dfrac{20}{7}$ km   ② $\dfrac{25}{7}$ km   ③ $\dfrac{30}{7}$ km

④ 5 km   ⑤ $\dfrac{40}{7}$ km

0826 ●●●●

집에서 학교까지 가는데 시속 5 km로 걸어가면 시속 12 km로 자전거를 타고 가는 것보다 42분이 더 걸린다. 집에서 학교까지의 거리를 구하시오.

0827 ●●●● [서술형]

서현이가 집을 출발한 지 10분 후에 언니가 서현이를 따라나섰다. 서현이는 분속 80 m로 걷고 언니는 분속 120 m로 따라간다면 언니가 집을 출발한 지 몇 분 후에 서현이를 만나는지 구하시오.

0828 ●●●● [수매씽 Pick!]

집에서 영화관까지 가는데 시속 4 km로 걸어가면 약속 시간보다 5분 늦게 도착하고, 시속 8 km로 뛰어 가면 약속 시간보다 10분 빨리 도착한다. 집에서 영화관까지의 거리를 구하시오.

0829 ●●●●

가은이네 반은 소풍을 가는데 학교에서 두 대의 버스로 나누어 타고 출발했다. 한 버스는 먼저 출발하여 시속 60 km로 달렸고, 또 다른 버스는 40분 늦게 출발하여 시속 90 km로 달려서 목적지에 두 대의 버스가 동시에 도착했다. 학교에서 목적지까지의 거리는?

① 60 km   ② 75 km   ③ 90 km
④ 105 km   ⑤ 120 km

(1) 소금을 더 넣는 경우

  (처음 소금물의 소금의 양)+(더 넣은 소금의 양)

    =(나중 소금물의 소금의 양)

(2) 물을 넣거나 증발시키는 경우

  (처음 소금물의 소금의 양)=(나중 소금물의 소금의 양)

(3) 농도가 다른 두 소금물 A, B를 섞는 경우

  (A 소금물의 소금의 양)+(B 소금물의 소금의 양)

    =(섞은 소금물의 소금의 양)

0830 대표 문제

6 %의 소금물 300 g이 있다. 여기에서 몇 g의 물을 증발시키면 10 %의 소금물이 되는지 구하시오.

0831 ••••

15 %의 소금물 200 g이 있다. 여기에 몇 g의 물을 더 넣으면 8 %의 소금물이 되는지 구하시오.

0832 •••• 서술형

10 %의 소금물 200 g에 소금을 더 넣었더니 40 %의 소금물이 되었다. 더 넣은 소금의 양을 구하시오.

0833 •••• 수매씽 Pick!

5 %의 설탕물 600 g과 14 %의 설탕물을 섞어서 8 %의 설탕물을 만들려고 한다. 이때 14 %의 설탕물을 몇 g 섞어야 하는가?

① 100 g   ② 150 g   ③ 200 g

④ 250 g   ⑤ 300 g

(1) 두 사람이 동시에 출발하여 마주 보고 걷거나 둘레를 도는 경우

  ① 서로 다른 두 지점에서 마주 보고 걷다가 만나는 경우

    (두 사람이 이동한 거리의 합)=(두 지점 사이의 거리)

  ② 같은 지점에서 호수의 둘레를 반대 방향으로 돌다가 만나는 경우

    (두 사람이 이동한 거리의 합)=(호수의 둘레의 길이)

  ③ 같은 지점에서 호수의 둘레를 같은 방향으로 돌다가 만나는 경우

    (두 사람이 이동한 거리의 차)=(호수의 둘레의 길이)

(2) 기차가 다리 또는 터널을 지나는 경우

  (기차가 다리를 완전히 통과할 때까지 이동한 거리)

    =(다리의 길이)+(기차의 길이)

0834 대표 문제

승민이와 규리네 집 사이의 거리는 1200 m이다. 승민이는 분속 70 m로, 규리는 분속 50 m로 각자의 집에서 상대방의 집을 향해 동시에 출발하여 걸어갔다. 두 사람이 만나는 것은 출발한 지 몇 분 후인지 구하시오.

0835 ••••

둘레의 길이가 2.7 km인 호수의 둘레를 따라 도윤이와 가은이가 각각 분속 40 m, 분속 50 m로 같은 지점에서 동시에 출발하여 서로 반대 방향으로 걸어갔다. 두 사람이 처음으로 다시 만나는 것은 출발한 지 몇 분 후인지 구하시오.

0836 ••••

둘레의 길이가 1600 m인 호수의 둘레를 따라 민준이와 수빈이가 각각 분속 50 m, 분속 30 m로 같은 지점에서 동시에 출발하여 서로 같은 방향으로 걸어갔다. 두 사람이 처음으로 다시 만나는 것은 출발한 지 몇 분 후인지 구하시오.

0837 ••••

1초에 40 m를 달리는 기차가 길이가 1200 m인 터널을 완전히 통과하는 데 34초가 걸렸다. 이때 이 기차의 길이는?

① 140 m ② 160 m ③ 180 m
④ 200 m ⑤ 240 m

0838 ••••

둘레의 길이가 3.3 km인 호수의 같은 지점에서 예린이가 분속 80 m로 호수의 둘레를 따라 걷기 시작한 지 12분 후에 준서가 반대 방향으로 분속 50 m로 걷기 시작했다. 두 사람이 처음으로 다시 만나는 것은 준서가 출발한 지 몇 분 후인지 구하시오.

0839 ••••

일정한 속력으로 달리는 기차가 길이가 1000 m인 다리를 완전히 통과하는 데 20초가 걸렸고, 길이가 700 m인 터널을 완전히 통과하는 데 15초가 걸렸다. 이때 이 기차의 길이는?

① 100 m ② 150 m ③ 200 m
④ 250 m ⑤ 300 m

발전 유형 14 과부족에 대한 문제 ⊙ 개념 07-2

(1) 사람들에게 물건을 나누어 줄 때
  사람 수를 x로 놓고, 물건의 개수를 x에 대한 식으로 나타낸다.
(2) 사람들을 몇 명씩 묶을 때
  묶음의 개수를 x로 놓고, 사람 수를 x에 대한 식으로 나타낸다.

0840 대표 문제

수학 문제의 정답을 맞힌 학생들에게 사탕을 나누어 주는데 4개씩 나누어 주면 13개가 남고, 7개씩 나누어 주면 11개가 부족하다. 이때 정답을 맞힌 학생 수를 구하시오.

0841 ••••

도윤이가 가지고 있는 돈으로 같은 과자 10개를 사면 500원이 남고, 11개를 사면 200원이 부족하다. 도윤이가 가지고 있는 돈은 얼마인지 구하시오.

0842 ••••

어느 학교에서 교내 봉사 활동에 참여할 1학년 학생을 모집하고 있다. 각 학급에서 3명씩 모집하면 활동 인원 수보다 4명 부족하고, 1개의 학급에서 1명을 모집하고 나머지 학급에서 각각 4명씩 모집하면 활동 인원 수를 채울 수 있다. 이 학교 1학년 학급 수를 구하시오.

0843 •••• 수매씽 Pick!

강당의 긴 의자에 학생들이 앉는데 한 의자에 5명씩 앉으면 4명의 학생이 앉지 못하고, 한 의자에 8명씩 앉으면 의자 하나가 완전히 비어 있고 마지막 의자에는 5명이 앉게 된다. 이때 학생 수를 구하시오.

07

일차방정식의 활용

발전 유형 15 일에 대한 문제 ∞ 개념 07-2

어떤 일을 완성하는 데 걸리는 시간 구하기
❶ 전체 일의 양을 1로 놓는다.
❷ 한 사람이 단위 시간(1일, 1시간, 1분 등)에 할 수 있는 일의 양을 구한다.
❸ (각각의 사람이 한 일의 양의 합)=1임을 이용하여 방정식을 세운다.

참고 어떤 일을 혼자서 완성하는 데 x일이 걸린다.

⇨ 전체 일의 양을 1이라 하면 하루에 하는 일의 양은 $\dfrac{1}{x}$이다.

0844 대표 문제

어떤 일을 완성하는 데 지우가 혼자 하면 20일이 걸리고, 예린이가 혼자 하면 30일이 걸린다고 한다. 지우와 예린이가 함께 이 일을 완성하는 데 며칠이 걸리는지 구하시오.

0845 ●●●● 서술형

어떤 물통에 물을 가득 채우는 데 A 호스로는 15분, B 호스로는 30분이 걸린다. 빈 물통에 A 호스로만 3분 동안 물을 채우다가 A, B 두 호스를 동시에 사용하여 물통에 물을 가득 채웠다. A, B 두 호스를 동시에 사용한 시간을 구하시오.

0846 ●●●●

어떤 일을 완성하는 데 예서가 혼자 하면 6일이 걸리고, 영민이가 혼자 하면 10일이 걸린다고 한다. 처음에 예서가 혼자 이 일을 하다가 나머지를 영민이가 넘겨받아 일을 완성하였는데 영민이는 예서보다 2일 더 했다고 한다. 영민이는 며칠 동안 일했는지 구하시오.

발전 유형 16 규칙을 찾는 문제 ∞ 개념 07-2

(1) 바둑돌(성냥개비)을 사용하여 도형을 만들 때
⇨ 도형을 1개, 2개, 3개, ... 만들 때 사용된 바둑돌(성냥개비)의 개수를 각각 구하여 규칙을 찾는다.
(2) 달력을 이용하여 날짜를 찾을 때
⇨ 날짜의 배열된 규칙을 이용한다.

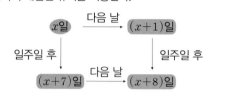

0847 대표 문제

다음 그림과 같이 바둑돌을 사용하여 정삼각형을 만들려고 한다. 바둑돌 159개를 모두 사용하면 몇 단계의 정삼각형을 만들 수 있는지 구하시오.

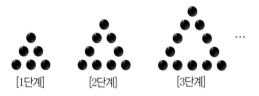

[1단계]   [2단계]   [3단계]

0848 ●●●●

다음 그림과 같이 성냥개비를 사용하여 정사각형 모양이 이어진 도형을 만들려고 한다. 성냥개비 115개를 모두 사용하면 몇 단계의 도형을 만들 수 있는지 구하시오.

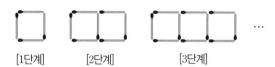

[1단계]   [2단계]   [3단계]

0849 ●●●● 수매씽 Pick!

오른쪽 그림과 같이 달력에서 ⬛ 모양으로 4개의 날짜를 묶었더니 날짜의 합이 94일이 되었다. 이 4개의 날짜를 모두 구하시오.

일	월	화	수	목	금	토
						1
2	3	4	5	6	7	8
9	10	11	12	13	14	15
16	17	18	19	20	21	22
23	24	25	26	27	28	29
30	31					

학교 시험 꽉 잡기

0850 빈출

올해 아버지의 나이는 45세이고, 딸의 나이는 14세이다. x년 후에 아버지의 나이가 딸의 나이의 2배가 될 때, 다음 중 x의 값을 구하기 위해 세운 방정식으로 옳은 것은?

① $x-45=2x-14$ ② $14+x=45+2x$
③ $45+x=14+2x$ ④ $45+x=2(14+x)$
⑤ $2(45+x)=14+x$

0851

수빈이는 전체 130쪽인 소설책을 매일 전날보다 1쪽씩 더 많이 읽어서 5일 동안 모두 읽으려고 한다. 첫째 날 읽어야 할 쪽수는?

① 21 ② 22 ③ 23
④ 24 ⑤ 25

0852 빈출

연속하는 세 홀수의 합이 147일 때, 세 홀수 중 가장 작은 수를 구하시오.

0853

일의 자리의 숫자가 8인 두 자리 자연수가 있다. 십의 자리의 숫자와 일의 자리의 숫자를 바꾼 수는 처음 수의 2배보다 7만큼 크다고 할 때, 처음 수는?

① 18 ② 28 ③ 38
④ 48 ⑤ 58

0854

현재 준서의 저금통에는 8200원, 승민이의 저금통에는 3400원이 들어 있다. 내일부터 준서는 매일 400원씩, 승민이는 매일 600원씩 저금통에 넣을 때, 준서와 승민이의 저금통에 들어 있는 금액이 같아지는 것은 며칠 후인가?

① 22일 후 ② 23일 후 ③ 24일 후
④ 25일 후 ⑤ 26일 후

0855

합이 120인 서로 다른 두 자연수가 있다. 큰 수를 작은 수로 나누면 몫이 8이고 나머지가 3일 때, 두 자연수 중 작은 수는?

① 7 ② 10 ③ 13
④ 15 ⑤ 17

0856

한 송이에 700원인 튤립과 한 송이에 1000원인 장미를 합하여 7송이를 산 후 3800원짜리 바구니에 담았더니 총 가격이 9600원이었다. 이때 산 튤립은 몇 송이인가?

① 1송이 ② 2송이 ③ 3송이
④ 4송이 ⑤ 5송이

07 일차방정식의 활용

0857 (빈출)

원가에 20 %의 이익을 붙여서 정가를 정한 상품이 팔리지 않아 정가에서 700원을 할인하여 팔았더니 원가의 10 %의 이익을 얻었다고 한다. 이 상품의 원가를 구하시오.

0858

어느 중학교의 작년 전체 학생은 700명이었다. 올해는 작년에 비하여 남학생은 5 % 증가하고, 여학생은 3 % 감소하여 전체 학생이 11명 늘었다. 작년 여학생 수는?

① 244   ② 254   ③ 273

④ 291   ⑤ 300

0859 (빈출)

동생이 집을 출발한 지 3분 후에 형이 동생을 따라나섰다. 동생은 매분 100 m의 속력으로 걷고 형은 매분 160 m의 속력으로 따라간다면 형이 집을 출발한 지 몇 분 후에 동생을 만나게 되는가?

① 3분 후   ② 5분 후   ③ 7분 후

④ 10분 후   ⑤ 12분 후

0860

5 %의 소금물 200 g과 15 %의 소금물 600 g을 섞은 후 물을 증발시켜 20 %의 소금물을 만들었다. 이때 증발시킨 물의 양을 구하시오.

0861

학생들에게 체리를 나누어 주는데 6개씩 나누어 주면 2개가 남고, 7개씩 나누어 주면 5개가 부족하다. 이때 학생 수와 체리의 개수를 각각 구하시오.

0862

일정한 속력으로 달리는 기차가 길이가 150 m인 터널을 완전히 통과하는 데 5초가 걸리고, 길이가 50 m인 다리를 완전히 통과하는 데 3초가 걸린다고 한다. 이 기차의 길이는?

① 100 m   ② 150 m   ③ 250 m

④ 270 m   ⑤ 300 m

0863

정현이와 민주는 각자의 집에서 도서관까지의 거리가 같다. 두 사람이 오전 10시에 동시에 각자의 집에서 출발하여 도서관까지 정현이는 시속 6 km로 뛰어가고 민주는 시속 4 km로 걸어갔다. 두 사람이 20분 차이로 도서관에 도착했다고 할 때, 정현이가 도서관에 도착한 시각을 구하시오.

0864

어떤 일을 완성하는 데 A 혼자서 하면 20일, B 혼자서 하면 30일이 걸린다고 한다. 처음에는 2명이 같이 일을 하다가 B는 마지막 5일을 쉬었을 때, 이 일을 완성하는 데 며칠이 걸렸는지 구하시오.

0865 빈출

오른쪽 그림과 같이 가로의 길이와 세로의 길이가 각각 60 cm, 40 cm인 직사각형 ABCD가 있다. 점 P는 꼭짓점 A를 출발하여 매초 4 cm씩 직사각형의 변을 따라 시

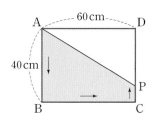

계 반대 방향으로 움직이고 있다. 점 P가 변 CD 위에 있으면서 사다리꼴 ABCP의 넓이가 처음으로 1920 cm²가 되는 것은 점 P가 점 A를 출발한 지 몇 초 후인가?

① 28초 후   ② 29초 후   ③ 30초 후
④ 31초 후   ⑤ 32초 후

0866

다음 그림과 같이 성냥개비를 사용하여 정육각형이 이어진 도형을 만들 때, 물음에 답하시오.

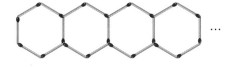

(1) x개의 정육각형을 만들 때, 필요한 성냥개비의 개수를 x를 사용한 식으로 간단히 나타내시오.

(2) 10개의 정육각형을 만드는 데 필요한 성냥개비의 개수를 구하시오.

(3) 91개의 성냥개비로 만들 수 있는 정육각형의 개수를 구하시오.

0867

일의 자리의 숫자와 십의 자리의 숫자의 합이 13인 두 자리 자연수가 있다. 이 자연수의 일의 자리의 숫자와 십의 자리의 숫자를 바꾼 수는 처음 수보다 27만큼 작을 때, 처음 수를 구하시오.

> 풀이

0868

원가에 9000원의 이익을 붙여 정가를 정한 원피스를 정가에서 20 % 할인하여 팔았더니 원가의 10 %만큼 이익이 생겼다. 이 원피스의 정가를 구하시오.

> 풀이

0869

다음 내용은 고대 그리스의 수학자 피타고라스의 제자에 대한 이야기이다. 피타고라스의 제자의 수를 구하시오.

> 내 제자의 $\frac{1}{2}$은 수의 아름다움을 탐구하고, $\frac{1}{4}$은 자연의 이치를 연구한다. 또, $\frac{1}{7}$의 제자들은 깊은 사색에 잠겨 있다. 그 밖에 여자 제자가 세 사람 있다. 이들이 제자의 전부이다.

> 풀이

0870
유형 03

다음 단계에 따라 조건을 만족시키는 수를 구하려고 한다. 물음에 답하시오.

> [1단계] 십의 자리의 숫자가 a, 일의 자리의 숫자가 2인 두 자리 자연수가 있다. 이 자연수는 각 자리의 숫자의 합의 7배와 같다.
>
> [2단계] 백의 자리의 숫자가 b, 십의 자리의 숫자가 a, 일의 자리의 숫자가 2인 세 자리 자연수가 있다. 이 자연수는 연속하는 세 짝수의 합과 같고, 그 중 가장 작은 수이다. →$n-2, n, n+2$

(1) [1단계]의 두 자리 자연수를 구하시오.

(2) [2단계]의 세 자리 자연수를 구하시오.

(3) 연속하는 세 짝수 중 가장 큰 수를 구하시오.

변하지 않는 것을 이용하여 등식을 만들어요.

0871 수학 문해력 UP
유형 14

변하지 않는 것

형식이가 가지고 있는 돈으로 같은 과자 10개를 사면 1500원이 남고, 12개를 사면 700원이 부족하다. 형식이가 가지고 있는 돈은 얼마인지 구하고, 과자 11개를 살 수 있는지 판단하시오.

해결 전략 형식이가 가지고 있는 돈이 같음을 이용하기

(과자 10개의 가격) + 1500원
                    1500원이 남는다.
= (과자 12개의 가격) − 700원
                    700원이 부족하다.

0872
유형 16

각 단계의 정사각형의 개수를 세어 그 규칙을 찾아요.

다음 그림과 같이 성냥개비를 사용하여 정사각형 모양이 이어진 도형을 만들려고 한다. 만들어진 정사각형이 94개일 때에는 몇 단계인지 구하시오.

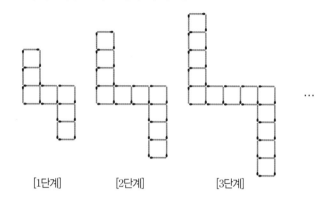

[1단계]　　　[2단계]　　　[3단계]

0873
유형 16

어느 행사장에서 다음과 같은 규칙으로 학생들에게 풍선을 나누어 준다고 한다.

준비한 풍선의 개수를 x라 하고 각 학생들이 받은 풍선의 개수가 같음을 이용해요.

규칙

• 첫 번째 학생에게는 준비된 풍선의 $\dfrac{1}{5}$을 준다.

• 두 번째 학생에게는 남은 풍선의 $\dfrac{1}{5}$을 주고, 10개를 더 준다.

• 세 번째 학생에게는 남은 풍선의 $\dfrac{1}{5}$을 주고, 20개를 더 준다.
⋮

준비한 풍선을 남김없이 전부 학생들에게 나누어 주었더니 학생들이 받은 풍선의 개수는 모두 같았다. 물음에 답하시오.
└ 변하지 않는 것

(1) 준비한 풍선은 몇 개인지 구하시오.

(2) 풍선을 받은 학생은 모두 몇 명인지 구하시오.

IV

좌표평면과 그래프

학습 후 한번 더
확인하고 싶은 유형은 ☑

이전에 배운 내용

초3~4 규칙을 수나 식으로 나타내기

초5~6 규칙과 대응

비와 비율

이번에 배울 내용

08 좌표평면과 그래프

09 정비례와 반비례

이후에 배울 내용

중2 함수의 뜻

일차함수와 그래프

일차함수와 일차방정식의 관계

중3 이차함수와 그래프

08 좌표평면과 그래프

08 1 순서쌍과 좌표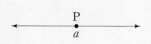

(1) **수직선에서의 좌표**

수직선 위의 점에 대응하는 수를 그 점의 좌표라 하고, 수 a가 점 P의 좌표일 때, 이것을 기호로 P(a)와 같이 나타낸다.

(2) **순서쌍** : 두 수의 순서를 정하여 짝 지어 나타낸 것 → $a \neq b$일 때, 순서쌍 (a, b)와 (b, a)는 서로 다르다.

(3) **좌표평면에서의 좌표**

좌표평면 위의 한 점 P에서 x축, y축에 각각 내린 수선이 x축, y축과 만나는 점에 대응하는 수가 각각 a, b일 때, 순서쌍 (a, b)를 점 P의 좌표라 하고, 이것을 기호로 P(a, b)와 같이 나타낸다. 이때 a를 점 P의 x좌표, b를 점 P의 y좌표라 한다.

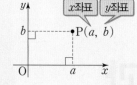

참고 x축 위의 점의 좌표 ⇨ (x좌표, 0), y축 위의 점의 좌표 ⇨ (0, y좌표)

비법 NOTE

x축 : 가로의 수직선
y축 : 세로의 수직선
좌표축 : x축, y축
원점 : 두 좌표축이 만나는 점
좌표평면 : 좌표축이 정해져 있는 평면

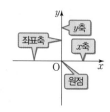

개념 잡기

0874 다음 수직선 위의 네 점 A, B, C, D의 좌표를 각각 기호로 나타내시오.

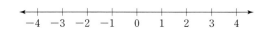

0875 다음 수직선 위에 세 점 $A(-2)$, $B\left(\dfrac{1}{2}\right)$, $C(3)$을 각각 나타내시오.

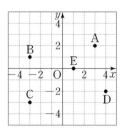

[0876~0880] 오른쪽 좌표평면을 보고 다음 점의 좌표를 기호로 나타내시오.

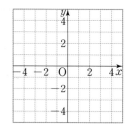

0876 점 A

0877 점 B   **0878** 점 C

0879 점 D   **0880** 점 E

[0881~0884] 다음 점을 오른쪽 좌표평면 위에 나타내시오.

0881 $A(-3, -2)$

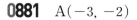

0882 $B(-2, 4)$

0883 $C(3, 1)$ **0884** $D(1, -4)$

[0885~0888] 다음 점의 좌표를 구하시오.

0885 x좌표가 2이고, y좌표가 6인 점

0886 x좌표가 -1이고, y좌표가 5인 점

0887 x좌표가 -4이고, y좌표가 -2인 점

0888 x좌표가 2이고, y좌표가 -6인 점

08 **2** 사분면과 그래프 🔗 유형 05 ~ 유형 13

유형 05 ~ 유형 13

(1) **사분면** : 좌표평면은 좌표축에 의하여 네 부분으로 나누어지고, 이들을 각각 제1사분면, 제2사분면, 제3사분면, 제4사분면이라 한다.

부호＼사분면	제1사분면	제2사분면	제3사분면	제4사분면
x좌표의 부호	+	−	−	+
y좌표의 부호	+	+	−	−

주의 원점과 좌표축 위의 점은 어느 사분면에도 속하지 않는다.

(2) **변수** : x, y와 같이 변하는 값을 나타내는 문자

(3) **그래프** : 두 변수 사이의 관계를 좌표평면 위에 점, 직선, 곡선 등으로 나타낸 그림

(4) **그래프의 이해**

두 변수 사이의 관계를 좌표평면 위에 그래프로 나타내면 다음과 같이 두 변수의 변화 관계를 알아보기 쉽다.

예 ① 증가와 감소

경과 시간 x에 따른 무게를 y라 할 때

무게가 증가한다. / 무게가 감소한다.

② 변화의 빠르기

경과 시간 x에 따른 이동 거리를 y라 할 때

이동 거리가 점점 느리게 증가한다. / 이동 거리가 일정하게 증가한다. / 이동 거리가 점점 빠르게 증가한다.

비법 ᴨoTE

● 점 (a, b)와
① x축에 대하여 대칭
  ⇨ y좌표의 부호만 바뀐다.
  ⇨ $(a, -b)$
② y축에 대하여 대칭
  ⇨ x좌표의 부호만 바뀐다.
  ⇨ $(-a, b)$
③ 원점에 대하여 대칭
  ⇨ x좌표, y좌표의 부호가 모두 바뀐다.
  ⇨ $(-a, -b)$

● 변수와 달리 일정한 값을 갖는 수나 문자를 상수라 한다.

[0889 ~ 0892] 다음 점은 제몇 사분면 위에 있는지 구하시오.

0889 P$(-5, 2)$

0890 Q$(1, 1)$

0891 R$(7, -1)$

0892 S$(-2, -3)$

[0893 ~ 0895] 점 $(1, -3)$에 대하여 다음 점의 좌표를 구하시오.

0893 x축에 대하여 대칭인 점

0894 y축에 대하여 대칭인 점

0895 원점에 대하여 대칭인 점

[0896 ~ 0899] 준혁이네 가족은 도보 여행을 하였다. 오른쪽 그림은 x분 동안 걸은 거리를 y km라 할 때, x와 y 사이의 관계를 그래프로 나타낸 것이다. 다음 물음에 답하시오.

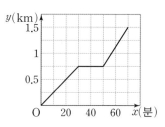

0896 준혁이네 가족이 처음 20분 동안 걸은 거리를 구하시오.

0897 준혁이네 가족은 몇 분 동안 걸은 후 휴식을 시작했는지 구하시오.

0898 준혁이네 가족은 몇 분 동안 휴식을 취했는지 구하시오.

0899 준혁이네 가족이 걸은 총 거리를 구하시오.

08 좌표평면과 그래프

유형 다 잡기

두 순서쌍 (a, b)와 (c, d)가 서로 같다.
$\Rightarrow a=c,\ b=d$

0900 대표 문제

두 순서쌍 $(3a+1,\ b-4)$와 $(a-3,\ -5b+2)$가 서로 같을 때, $a-b$의 값은?

① -5 ② -3 ③ -1

④ 1 ⑤ 3

0901 ●●●●

두 순서쌍 $(2-a,\ 3b+5)$와 $(0, 2)$가 서로 같을 때, $a+b$의 값은?

① 1 ② 2 ③ 3

④ 4 ⑤ 5

0902 ●●●●

두 수 a, b에 대하여 $|a|=2$, $|b|=6$일 때, 순서쌍 (a, b)를 모두 구하시오.

좌표평면 위의 점 P의 좌표
❶ 점 P에서 x축, y축에 각각 수선을 내린다.
❷ 수선과 x축, y축이 만나는 점이 나타내는 수를 각각 찾는다.

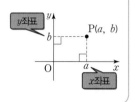

0903 대표 문제

다음 중 오른쪽 좌표평면 위의 점의 좌표를 바르게 나타낸 것은?

① A$(3, -2)$
② B$(2, -3)$
③ C$(-3, 0)$
④ D$(2, -2)$
⑤ E$(3, 4)$

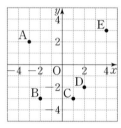

0904 ●●●●

오른쪽 좌표평면 위의 네 점 A, B, C, D의 좌표를 각각 기호로 나타내시오.

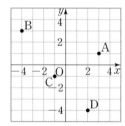

0905 ●●●● 수매씽 Pick!

민준이는 자신의 다짐을 좌표평면 위에 암호로 나타내었다. 다음 순서쌍을 좌표로 하는 점을 순서대로 찾아 민준이의 다짐이 무엇인지 쓰시오.

$(4, -2)$
$\Rightarrow (-1, 2) \Rightarrow (0, 1)$
$\Rightarrow (2, 3) \Rightarrow (-4, 0)$
$\Rightarrow (-3, -1)$

개념 08-1

유형 03 x축 또는 y축 위의 점의 좌표

(1) x축 위의 점은 y좌표가 0이다. ⇨ (x좌표, 0)
(2) y축 위의 점은 x좌표가 0이다. ⇨ (0, y좌표)

0906 대표 문제

x축 위에 있고 x좌표가 -3인 점의 좌표는?

① $(-3, -3)$　② $(-3, 0)$　③ $(-3, 3)$
④ $(0, -3)$　⑤ $(3, -3)$

0907 ●●●●

다음 중 좌표축 위의 점이 <u>아닌</u> 것은?

① $A(0, 2)$　② $B(7, 0)$　③ $C(-1, 3)$
④ $D(-3, 0)$　⑤ $E(0, -1)$

0908 ●●●●

원점이 아닌 점 (a, b)가 y축 위에 있을 때, 다음 중 옳은 것은?

① $a\neq0, b\neq0$　② $a\neq0, b=0$
③ $a=0, b\neq0$　④ $a=0, b=0$
⑤ $a>0, b>0$

0909 ●●●● 서술형

좌표평면 위의 두 점 $A(3a-4, 5a-2)$, $B(4b-1, b-7)$이 각각 x축, y축 위에 있을 때, ab의 값을 구하시오.

유형 04 좌표평면 위의 도형의 넓이

❶ 도형의 꼭짓점을 좌표평면 위에 나타낸다.
❷ 점을 선분으로 연결한다.
❸ 공식을 이용하여 도형의 넓이를 구한다.

0910 대표 문제

세 점 $A(3, 2)$, $B(4, -2)$, $C(-2, 2)$를 꼭짓점으로 하는 삼각형 ABC의 넓이를 구하시오.

0911 ●●●●

네 점 $A(4, 3)$, $B(-2, 3)$, $C(-2, -2)$, $D(4, -2)$를 꼭짓점으로 하는 사각형 ABCD의 넓이는?

① 12　② 15　③ 20
④ 25　⑤ 30

0912 ●●●●

다음 조건을 모두 만족시키는 세 점 O, A, B를 꼭짓점으로 하는 삼각형 OAB의 넓이를 구하시오.

㈎ 점 O는 x축과 y축이 만나는 점이다.
㈏ 점 A는 x축 위에 있고 x좌표는 -3이다.
㈐ 점 B는 y축 위에 있고 y좌표는 4이다.

0913 ●●●● 수매씽 Pick!

가은이는 동네의 지도를 자신의 집을 원점 O로 해서 좌표평면 위에 나타내었더니 공원이 네 점 $A(1, 2)$, $B(1, -1)$, $C(5, -1)$, $D(3, 2)$를 꼭짓점으로 하는 사각형 모양임을 알게 되었다. 좌표평면 위의 공원의 넓이를 구하시오.

(1) 사분면 위의 점의 좌표의 부호
  ① 제1사분면 ⇨ $(+, +)$ ② 제2사분면 ⇨ $(-, +)$
  ③ 제3사분면 ⇨ $(-, -)$ ④ 제4사분면 ⇨ $(+, -)$
(2) 원점, x축 또는 y축 위의 점은 어느 사분면에도 속하지 않는다.

0914 대표 문제

다음 중 점의 좌표와 그 점이 속하는 사분면이 바르게 연결된 것은?

① $(6, -2)$ ⇨ 제1사분면
② $(-5, -3)$ ⇨ 제2사분면
③ $(-4, 0)$ ⇨ 제3사분면
④ $(2, -6)$ ⇨ 제4사분면
⑤ $(-1, 2)$ ⇨ 제1사분면

0915 ●●●●

다음 중 제3사분면 위의 점은?

① $A(1, -4)$ ② $B(-2, 1)$
③ $C(-5, -3)$ ④ $D(5, 2)$
⑤ $E(0, 3)$

0916 ●●●●

다음 중 점 $(-5, 2)$와 같은 사분면 위의 점은?

① $A(0, 2)$ ② $B(3, 1)$
③ $C(6, -5)$ ④ $D(-2, 4)$
⑤ $E(-3, -3)$

0917 ●●●●

다음 보기에서 좌표평면에 대한 설명으로 옳은 것을 모두 고르시오.

┤ 보기 ├
ㄱ. x축 위의 점은 x좌표가 0이다.
ㄴ. 점 $(-2, 0)$은 제2사분면 위의 점이다.
ㄷ. 제4사분면에 속하는 점의 y좌표는 음수이다.
ㄹ. 제3사분면에 속하는 점의 x좌표와 y좌표는 모두 음수이다.

점 (a, b)가 제1사분면 위의 점일 때, 점 $(-b, a)$가 속한 사분면 구하기
❶ a, b의 부호를 구한다. ⇨ $a>0, b>0$
❷ a, b의 부호를 이용하여 $-b, a$의 부호를 구한다.
  ⇨ $-b<0, a>0$
❸ 점 $(-b, a)$가 속한 사분면을 구한다. ⇨ 제2사분면

0918 대표 문제

점 $(a, -b)$가 제1사분면 위의 점일 때, 다음 중 제3사분면 위의 점은?

① $A(a, b)$ ② $B(-a, b)$
③ $C(-a, -b)$ ④ $D(b, a)$
⑤ $E(-b, a)$

0919 ●●●● 수매씽 Pick!

점 (a, b)가 제4사분면 위의 점일 때, 다음 보기에서 점 $(b, -a)$와 같은 사분면 위의 점을 모두 고르시오.

┤ 보기 ├
ㄱ. $A(-2, -3)$ ㄴ. $B(3, -6)$
ㄷ. $C(5, 1)$ ㄹ. $D(7, -2)$
ㅁ. $E(0, 2)$ ㅂ. $F(-2, -2)$

0920 ●●●●

점 (a, b)가 제2사분면 위의 점일 때, 다음 중 점 $(a-b, -a)$와 같은 사분면 위의 점은?

① $A(-a, b)$ ② $B(-a, -b)$
③ $C(b, a)$ ④ $D(ab, a)$
⑤ $E(-b, -ab)$

유형 07 두 수의 부호가 주어진 경우의 점의 위치 🔗 개념 08-2

(1) $ab>0$ ⇨ 두 수 a, b의 부호가 서로 같다.
⇨ $\begin{cases} a>0,\ b>0일\ 때,\ a+b>0 \\ a<0,\ b<0일\ 때,\ a+b<0 \end{cases}$
(2) $ab<0$ ⇨ 두 수 a, b의 부호가 서로 다르다.
⇨ $\begin{cases} a>0,\ b<0일\ 때,\ a-b>0 \\ a<0,\ b>0일\ 때,\ a-b<0 \end{cases}$

0921 대표 문제

$a-b>0$, $ab<0$일 때, 점 $(a,\ b)$는 제몇 사분면 위의 점인가?

① 제1사분면   ② 제2사분면
③ 제3사분면   ④ 제4사분면
⑤ 어느 사분면에도 속하지 않는다.

0922 ●●●● 수매씽 Pick!

$a+b<0$, $-ab<0$일 때, 점 $(a,\ b)$는 제몇 사분면 위의 점인가?

① 제1사분면   ② 제2사분면
③ 제3사분면   ④ 제4사분면
⑤ 어느 사분면에도 속하지 않는다.

0923 ●●●● 서술형

$a<b$, $ab<0$일 때, 점 $(b,\ a)$는 제몇 사분면 위의 점인지 구하시오.

0924 ●●●●

$ab<0$, $a>b$일 때, 다음 중 점 $\left(b,\ -\dfrac{a}{b}\right)$와 같은 사분면 위의 점은?

① $A(-3,\ -2)$ ② $B(-2,\ 1)$
③ $C(3,\ 0)$ ④ $D(1,\ 4)$
⑤ $E(5,\ -2)$

유형 08 대칭인 점의 좌표 🔗 개념 08-2

점 $(a,\ b)$와
① x축에 대하여 대칭인 점의 좌표 ⇨ $(a,\ -b)$
② y축에 대하여 대칭인 점의 좌표 ⇨ $(-a,\ b)$
③ 원점에 대하여 대칭인 점의 좌표 ⇨ $(-a,\ -b)$

0925 대표 문제

두 점 $(a,\ 3)$, $(4,\ -b)$가 x축에 대하여 대칭일 때, $a-b$의 값은?

① 1   ② 2   ③ 3
④ 4   ⑤ 5

0926 ●●●●

두 점 $(a+1,\ 5)$, $(2,\ b-3)$이 원점에 대하여 대칭일 때, $a+b$의 값을 구하시오.

0927 ●●●●

점 $P(4,\ 3)$과 x축에 대하여 대칭인 점을 A, y축에 대하여 대칭인 점을 B, 원점에 대하여 대칭인 점을 C라 할 때, 세 점 A, B, C의 좌표를 각각 구하시오.

0928 ●●●●

점 $P(5,\ 2)$와 x축에 대하여 대칭인 점을 A, y축에 대하여 대칭인 점을 B라 할 때, 세 점 P, A, B를 꼭짓점으로 하는 삼각형 PAB의 넓이를 구하시오.

❶ 두 변수 x, y가 의미하는 것을 확인한다.

❷ 두 변수 x와 y 사이의 관계를 확인한다.

❸ x의 값에 따른 y의 값의 주기적 변화와 빠르기를 파악한다.

0929 대표 문제

다음 상황에 대하여 경과 시간 x에 따른 데이터 사용량 y 사이의 관계를 나타낸 그래프로 알맞은 것은?

수빈이가 스마트폰으로 데이터를 이용해서 동영상을 계속 보다가 친구의 전화를 받느라 잠시 멈추었다가 다시 동영상을 봤다.

①   ②   ③

④   ⑤

0930 ●●●●

도서관에서 출발한 준서가 집에 도착해서 밥을 먹고 도서관으로 다시 돌아갈 때, 준서가 도서관을 출발한 후 경과 시간 x에 따른 집으로부터 떨어진 거리를 y라 하자. 다음 중 x와 y 사이의 관계를 나타낸 그래프로 알맞은 것은?

①   ②   ③

④   ⑤

x의 값이 증가함에 따른 y의 값의 변화

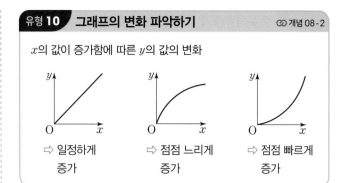

⇨ 일정하게 증가   ⇨ 점점 느리게 증가   ⇨ 점점 빠르게 증가

0931 대표 문제

오른쪽 그림과 같이 높이가 같은 물통 A, B에 시간당 일정한 양의 물을 똑같이 넣을 때, 각 물통의 경과 시간 x에 따른 물의 높이 y 사이의 관계를 나타낸 그래프로 알맞은 것을 보기에서 각각 고르시오.

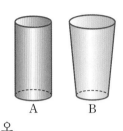

┤ 보기 ├

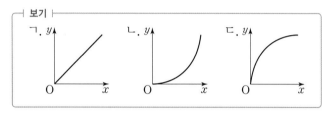

ㄱ.   ㄴ.   ㄷ.

0932 ●●●● 수매씽 Pick!

오른쪽 그림과 같이 물이 가득 차 있는 물통에서 일정한 속도로 물을 빼내고 있다. 다음 중 경과 시간 x에 따른 물의 높이 y 사이의 관계를 나타낸 그래프로 알맞은 것은?

①   ②   ③

④   ⑤

유형 **11**　그래프의 해석　　　∞ 개념 08-2

❶ x와 y 사이의 관계를 나타낸 그래프에서 x의 값에 따른 y의 값을 읽는다.

❷ x의 값에 따른 y의 값의 증가, 감소 등을 파악한다.

0933 대표 문제

민지는 집에서 12 km 떨어진 친구 집까지 직선 도로로 자전거를 타고 갔다. 다음 그림은 집을 출발하여 x분 동안 이동한 거리를 y km라 할 때, x와 y 사이의 관계를 그래프로 나타낸 것이다. 중간에 멈춰서 2번 휴식을 가졌다고 할 때, 물음에 답하시오.

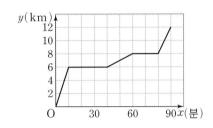

(1) 민지가 집에서 출발한 후 처음 1시간 동안 이동한 거리를 구하시오.

(2) 민지가 집에서 출발한 지 몇 분 후에 처음 휴식을 시작했는지 구하시오.

(3) 민지가 휴식을 가진 시간을 제외하고 친구 집까지 가는데 몇 분 동안 자전거를 탔는지 구하시오.

0934 ●●●○

다음 그림은 어느 지역의 하루 동안의 기온 변화를 나타낸 그래프이다. x시일 때의 기온을 y °C라 할 때, 물음에 답하시오.

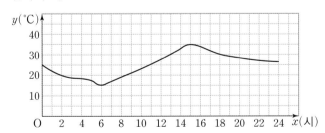

(1) 오전 11시일 때의 기온을 구하시오.

(2) 기온이 증가하는 것은 몇 시부터 몇 시까지인지 구하시오.

0935 ●●●○　수매씽 Pick!

A 지점을 일정한 속력으로 통과한 어느 마을버스가 정류장에서 정차한 후 다시 출발하였다. 오른쪽 그림은 A 지점을 통과하고 x초 후의 마을버스의

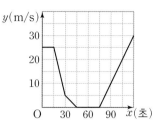

속력을 y m/s라 할 때, x와 y 사이의 관계를 그래프로 나타낸 것이다. 다음 물음에 답하시오.

(1) A 지점을 통과하여 일정한 속력으로 달리던 마을버스가 속력을 줄이기 시작한 지 몇 초 후에 정류장에 도착했는지 구하시오.

(2) 정류장에서 다시 출발한 지 15초 후의 마을버스의 속력을 구하시오.

0936 ●●●○　서술형

다음 그림은 드론을 조종하기 시작하여 x분 후의 지면으로부터의 높이를 y m라 할 때, x와 y 사이의 관계를 그래프로 나타낸 것이다. 물음에 답하시오.

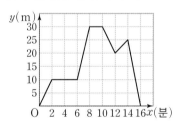

(1) 가장 높은 높이에서 몇 분 동안 비행했는지 구하시오.

(2) 드론의 높이가 25 m가 되는 것은 모두 몇 번인지 구하시오.

발전 유형 12 주기적 변화 파악하기 ∞ 개념 08-2

일정하게 반복되는 상황을 나타낸 그래프
예 시간에 따라 높이가 높아졌다가 낮아지는 것을 반복한다.

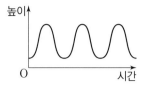

0937 대표 문제

다음 그림은 어느 대관람차에 탑승한 지 x분 후의 탑승 칸의 지면으로부터의 높이를 y m라 할 때, x와 y 사이의 관계를 그래프로 나타낸 것이다. 물음에 답하시오.
(단, 대관람차는 일정한 속력으로 움직인다.)

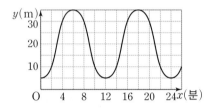

(1) 탑승 칸이 지면으로부터 가장 높이 올라갔을 때의 높이를 구하시오.

(2) 탑승한 지 8분 후와 14분 후의 탑승 칸의 지면으로부터의 높이의 차를 구하시오.

(3) 대관람차가 한 바퀴 도는 데 걸리는 시간을 구하시오.

0938 ●●●● 수매씽 Pick!

A 지점과 B 지점 사이를 직선으로 왕복하는 기계가 있다. 다음 그림은 기계가 A 지점에서 처음 출발한 지 x초 후에 반대편인 B 지점과 기계 사이의 거리를 y m라 할 때, x와 y 사이의 관계를 그래프로 나타낸 것이다. 물음에 답하시오.

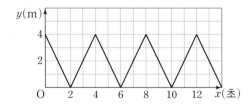

(1) A 지점과 B 지점 사이의 거리를 구하시오.

(2) 기계가 A 지점과 B 지점 사이를 한 번 왕복하는 데 걸린 시간을 구하시오.

발전 유형 13 그래프의 비교 ∞ 개념 08-2

2개 이상의 그래프에서
(1) x의 값의 차 또는 y의 값의 차를 이용하여 문제를 해결한다.
(2) 그래프가 만나는 점이 있으면 그 점의 x의 값 또는 y의 값을 이용하여 문제를 해결한다.

0939 대표 문제

학교에서 2 km 떨어진 편의점 앞을 지나 학교에서 3 km 떨어진 공원까지 예린이는 자전거를 타고 가고, 도윤이는 걸어갔다. 다음 그림은 두 사람이 학교에서 동시에 출발하여 x분 동안 이동한 거리를 y km라 할 때, x와 y 사이의 관계를 그래프로 나타낸 것이다. 예린이가 편의점 앞을 지나간 지 몇 분 후에 도윤이가 편의점 앞을 지나갔는지 구하시오. (단, 학교에서 공원까지 가는 길은 하나이다.)

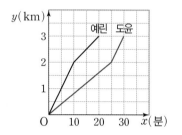

0940 ●●●● 서술형

지우와 가은이는 학교에서 5 km 떨어진 도서관에 갔다. 오른쪽 그림은 두 사람이 학교에서 동시에 출발한 지 x분 후 학교로부터 떨어진 거리를 y km라 할 때, x와 y 사이의 관계를 그래프로 나타낸 것이다. 다음 물음에 답하시오.

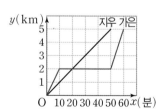

(단, 학교에서 도서관까지 가는 길은 하나이다.)

(1) 두 사람이 학교에서 도서관까지 가는 데 걸린 시간을 각각 구하시오.

(2) 누가 도서관에 몇 분 먼저 도착했는지 구하시오.

학교 시험 꽉 잡기

0941
두 수 a, b에 대하여 $|a|=1$, $|b|=3$일 때, 다음 중 순서쌍 (a, b)가 <u>아닌</u> 것은?

① $(1, 3)$ ② $(-1, 3)$ ③ $(1, -3)$

④ $(3, -1)$ ⑤ $(-1, -3)$

0942 빈출
다음 중 오른쪽 좌표평면 위의 점의 좌표를 바르게 나타낸 것은?

① $A(4, 1)$
② $B(0, -2)$
③ $C(3, -2)$
④ $D(-4, 2)$
⑤ $E(-4, -3)$

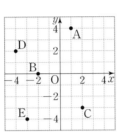

0943
좌표평면 위에서 점 $(3a, b-2)$는 x축 위에 있고, 점 $(a+1, b+2)$는 y축 위에 있을 때, $a+b$의 값은?

① -3 ② -1 ③ 1

④ 3 ⑤ 5

0944
다음 중 점의 좌표와 그 점이 속하는 사분면을 바르게 짝지은 것은?

① $(3, 2)$ ⇨ 제4사분면
② $(-1, -9)$ ⇨ 제1사분면
③ $(-5, 1)$ ⇨ 제2사분면
④ $(3, -6)$ ⇨ 제3사분면
⑤ $(-5, -6)$ ⇨ 제2사분면

0945
두 순서쌍 $(4+3a, 3b-1)$과 $(a-2, -b)$가 서로 같을 때, 점 $(a+b, b)$는 제몇 사분면 위의 점인지 구하시오.

0946 빈출
점 $P(a+b, -ab)$가 제3사분면 위의 점일 때, 점 $Q(-a, b)$는 제몇 사분면 위의 점인지 구하시오.

0947
승민이는 학교에서 출발하여 일정한 속력으로 집으로 걸어오는 도중에 편의점에 들러 간식을 사 먹고 왔다. 승민이가 학교를 출발한 지 x분 후 집으로부터 떨어진 거리를 y km라 할 때, 다음 중 x와 y 사이의 관계를 나타낸 그래프로 알맞은 것은? (단, 편의점의 크기는 생각하지 않는다.)

①
②
③
④
⑤

08

좌표평면과 그래프

0948 빈출

오른쪽 그림은 유안이가 사용하는 물통에 시간당 일정한 양의 물을 넣는다고 할 때, 경과 시간 x에 따른 물의 높이 y 사이의 관계를 나타낸 그래프이다. 다음 중 유안이가 사용한 물통의 모양으로 가장 알맞은 것은?

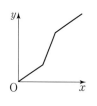

① 　② 　③

④ 　⑤

[0949 ~ 0950]

규리와 민재는 수영 자유형 200 m 대회에 참가하였다. 오른쪽 그림은 두 사람이 출발하여 x분 동안 이동한 거리를 y m라 할 때, x와 y 사이의 관계를 그래프로 나타낸 것이다. 다음 물음에 답하시오.

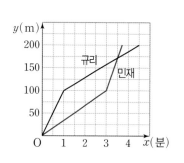

0949

출발점에서 100 m 떨어진 지점에는 누가 몇 분 먼저 도착했는지 구하시오.

0950

민재가 규리를 따라잡은 것은 출발한 지 얼마 후인가?

① 1분 후　② 2분 30초 후　③ 3분 후
④ 3분 30초 후　⑤ 4분 후

0951

$a>0$, $b<0$이고 $|a|>|b|$일 때, 점 $\left(-\dfrac{a}{b},\ a+b\right)$는 제몇 사분면 위의 점인가?

① 제1사분면　　　　　② 제2사분면
③ 제3사분면　　　　　④ 제4사분면
⑤ 어느 사분면에도 속하지 않는다.

0952

점 $(-a,\ 2)$와 y축에 대하여 대칭인 점의 좌표와 점 $(5,\ b)$와 x축에 대하여 대칭인 점의 좌표가 같을 때, $a-b$의 값은?

① 1　　　　② 3　　　　③ 5
④ 7　　　　⑤ 9

0953 빈출

오른쪽 그림은 준서가 x분 동안 이동한 거리를 y km라 할 때, x와 y 사이의 관계를 그래프로 나타낸 것이다. 다음 설명 중 옳은 것은?

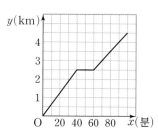

① 이동한 거리는 총 4 km이다.
② 걸린 시간은 총 1시간이다.
③ 준서는 중간에 10분 동안 멈추고 휴식을 취하였다.
④ 준서가 출발 후 1시간 동안 이동한 거리는 2.5 km이다.
⑤ 휴식 후 이동한 거리는 1.5 km이다.

0954

예지는 출발점에서 일직선 위에 있는 반환점까지 일정한 속력으로 왕복하여 달린다. 다음 그림은 예지가 달리기 시작한 지 x초 후의 출발점까지의 거리를 y m라 할 때, x와 y 사이의 관계를 그래프로 나타낸 것이다. 다음 설명 중 옳지 않은 것은?

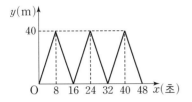

① 총 3회 왕복하였다.
② 출발점에서 반환점까지 한 번 갈 때 걸린 시간은 8초이다.
③ 출발점에서 반환점까지의 거리는 40 m이다.
④ 총 달린 거리는 120 m이다.
⑤ 총 달린 시간은 48초이다.

0955 빈출

수빈이와 친구들은 동아리 활동을 4시간 동안 하였다. 다음 그림은 스포츠 동아리 활동을 시작한 지 x시간 후의 미세 먼지 농도를 y μg/m³라 할 때, 실내체육관과 운동장에서 x와 y 사이의 관계를 그래프로 나타낸 것이다. 실내체육관의 미세 먼지 농도가 운동장보다 높으면 운동장에서 활동을 실시한다고 할 때, 수빈이와 친구들이 운동장에서 실시한 동아리 활동 시간을 구하시오.
(단, 이동 시간은 무시한다.)

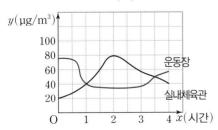

서술형 문제

0956

네 점 A$(-2, 3)$, B$(-2, -1)$, C$(1, -1)$, D$(1, 3)$을 꼭짓점으로 하는 사각형 ABCD의 넓이를 구하시오.

풀이

0957

A 지점을 일정한 속력으로 통과한 버스가 브레이크를 밟아 서서히 정지하였다. 오른쪽 그림은 A 지점을 통과하고 x초 후의 버스의

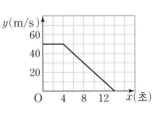

속력을 y m/s라 할 때, x와 y 사이의 관계를 그래프로 나타낸 것이다. 버스가 브레이크를 밟기 시작할 때부터 완전히 멈출 때까지 걸린 시간은 몇 초인지 구하시오.

풀이

0958

다음 그림은 어느 대관람차에 탑승한 지 x분 후의 탑승칸의 지면으로부터의 높이를 y m라 할 때, x와 y 사이의 관계를 그래프로 나타낸 것이다. 그래프에 대한 설명이 다음과 같을 때, 두 상수 a, b에 대하여 $a+b$의 값을 구하시오.

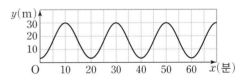

> 탑승 칸이 가장 높게 올라갔을 때의 지면으로부터의 높이는 a m이고, 대관람차는 60분 동안 b바퀴를 돌아 처음 위치로 되돌아온다.

풀이

0959

유형 04 ⊕ 유형 06

$a>0, b<0$

점 (a, b)는 제4사분면 위의 점일 때, 네 점 A, B, C, D 가 다음 조건을 모두 만족시킨다. 이 네 점 A, B, C, D 를 꼭짓점으로 하는 사각형 ABCD의 넓이를 구하시오.

┤ 조건 ├

(개) a, b는 정수이고 $ab=-3$이다.

(내) 네 점 A, B, C, D는 각각 서로 다른 사분면 위의 점 이다.

(대) A$(a, -b)$, B$(-a, -b)$, C$(b, -a)$, D$(a+b, b-a)$

네 점의 좌표를 각각 구한 후 좌표평면 위에 나타내요.

0960

유형 10

시간이 지나감 ←

다음 그림과 같이 부피가 같고 모양이 다른 빈 그릇에 시 간당 일정한 양의 물을 채울 때, 경과 시간 x에 따른 물의 높이를 y라 하자. 각 그릇의 x와 y 사이의 관계를 나타낸 그래프로 알맞은 것을 보기에서 각각 고르시오.

(1) 　(2) 　(3)

일정한 양의 물을 채울 때, 그릇의 폭이 넓을 때보다 폭이 좁을 때 물의 높이가 더 빠르게 증가해요.

┤ 보기 ├

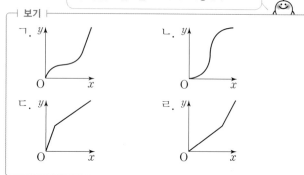

0961 수학 문해력 UP

유형 09 ⊕ 유형 10

규리와 친구들은 똑같은 음료수를 각자 한 병씩 샀다. 다음 상황에 대하여 경과 시간 x에 따른 음료수의 양 y 사이의 관계를 나타낸 그래프로 알맞은 것을 보기에서 고르시오. (단, 음료수를 마실 때 음료수의 양은 일정하게 줄 어든다.)

(1) 규리는 음료수를 쉬지 않고 모두 마셨다.

(2) 지원이는 음료수를 조금 마시다가 조금 쉬고 다시 나 머지를 모두 마셨다.

(3) 우빈이는 음료수를 마시지 않고 있다가 조금 마시고 그만 마셨다.

(4) 지영이는 음료수를 마시지 않았다.

┤ 보기 ├

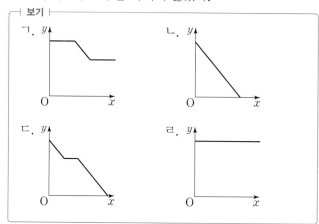

해결 전략 · (음료수를 마신다.)=(y의 값이 감소)

· (음료수를 마시지 않는다.)=(y의 값이 변화가 없다.)

그래프에서 x의 값이 증가함에 따른 y의 값의 변화를 파악한 후 알맞은 상황을 골라 봐요.

쉼

네가
잘하는 것은
뭐야?

09 정비례와 반비례

09-1 정비례와 그 그래프 ∞유형01 ~ 유형09

(1) 정비례
두 변수 x, y에 대하여 x의 값이 2배, 3배, 4배, ...로 변함에 따라 y의 값도 2배, 3배, 4배, ...로 변할 때, x와 y는 정비례한다고 한다.

(2) x와 y가 정비례할 때, 두 변수 x와 y 사이의 관계를 식으로 $y=ax$ $(a \neq 0)$와 같이 나타낼 수 있다.

(3) 정비례 관계의 그래프
x의 값이 수 전체일 때, 식 $y=ax$ $(a \neq 0)$의 그래프는

	$a>0$일 때	$a<0$일 때
그래프		
그래프의 모양	원점을 지나고 오른쪽 위로 향하는 직선	원점을 지나고 오른쪽 아래로 향하는 직선
지나는 사분면	제1사분면, 제3사분면	제2사분면, 제4사분면
증가 · 감소	x의 값이 증가하면 y의 값도 증가	x의 값이 증가하면 y의 값은 감소

비법 NOTE

▸ x와 y 사이에 $y=ax$ $(a \neq 0)$인 관계가 있으면 x와 y는 정비례한다.

▸ 정비례 관계 $y=ax$ $(a \neq 0)$의 그래프에서
① x의 값의 범위가 주어지지 않으면 x의 값의 범위를 수 전체로 생각한다.
② a의 절댓값이 클수록 y축에 가깝다.

개념 잡기

[0962~0963] x와 y가 정비례할 때, 물음에 답하시오.

0962 (1) 다음 표를 완성하시오.

x	1	2	3	4	5
y	5				

(2) x와 y 사이의 관계를 식으로 나타내시오.

0963 (1) 다음 표를 완성하시오.

x	1	2	3	4	5
y		20			

(2) x와 y 사이의 관계를 식으로 나타내시오.

[0964~0965] 다음 정비례 관계를 그래프로 나타내시오.
(단, x의 값의 범위는 수 전체이다.)

0964 $y=x$

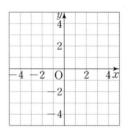

0965 $y=-2x$

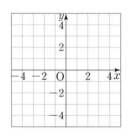

[0966~0967] 정비례 관계 $y=ax$의 그래프가 다음 그림과 같을 때, 상수 a의 값을 구하시오.

0966

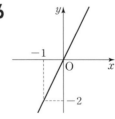

0967

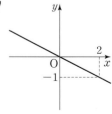

09 ● 2 반비례와 그 그래프 ∞ 유형 10 ~ 유형 20

(1) 반비례

두 변수 x, y에 대하여 x의 값이 2배, 3배, 4배, ...로 변함에 따라 y의 값은 $\frac{1}{2}$배, $\frac{1}{3}$배, $\frac{1}{4}$배, ...로 변할 때, x와 y는 반비례한다고 한다.

(2) x와 y가 반비례할 때, 두 변수 x와 y 사이의 관계를 식으로 $y=\frac{a}{x}$ $(a\neq0)$와 같이 나타낼 수 있다.

(3) 반비례 관계의 그래프

x의 값이 0을 제외한 수 전체일 때, 식 $y=\frac{a}{x}$ $(a\neq0)$의 그래프는

	$a>0$일 때	$a<0$일 때
그래프	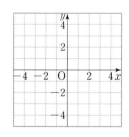	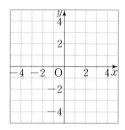
그래프의 모양	좌표축에 점점 가까워지면서 한없이 뻗어 나가는 한 쌍의 매끄러운 곡선	
지나는 사분면	제1사분면, 제3사분면	제2사분면, 제4사분면

비법 NOTE

▶ x와 y 사이에 $y=\frac{a}{x}$ $(a\neq0)$인 관계가 있으면 x와 y는 반비례한다.

▶ 반비례 관계 $y=\frac{a}{x}$ $(a\neq0)$의 그래프에서
① x의 값의 범위가 주어지지 않으면 x의 값의 범위를 0이 아닌 수 전체로 생각한다.
② a의 절댓값이 작을수록 원점에 가깝다.

[0968~0969] x와 y가 반비례할 때, 물음에 답하시오.

0968 (1) 다음 표를 완성하시오.

x	1	2	3	4	5
y	60				

(2) x와 y 사이의 관계를 식으로 나타내시오.

0969 (1) 다음 표를 완성하시오.

x	1	2	3	4	5
y			8		

(2) x와 y 사이의 관계를 식으로 나타내시오.

[0970~0971] 다음 반비례 관계를 그래프로 나타내시오.
(단, x의 값의 범위는 0이 아닌 수 전체이다.)

0970 $y=\frac{4}{x}$

0971 $y=-\frac{2}{x}$

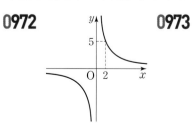

[0972~0973] 반비례 관계 $y=\frac{a}{x}$의 그래프가 다음 그림과 같을 때, 상수 a의 값을 구하시오.

0972

0973

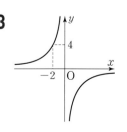

유형 다 잡기

유형 01 정비례 관계   ⊘ 개념 09-1

(1) x의 값이 2배, 3배, 4배, ...로 변함에 따라 y의 값도 2배, 3배, 4배, ...로 변하는 관계가 있을 때, x와 y는 정비례한다고 한다.

(2) 정비례 관계를 나타내는 식
$$\Rightarrow y=ax, \frac{y}{x}=a \ (a\neq 0)$$

0974 대표 문제

다음 중 x와 y가 정비례하지 <u>않는</u> 것은?

① $y=3x$ ② $y=-\dfrac{2}{5}x$ ③ $\dfrac{y}{x}=4$

④ $xy=-7$ ⑤ $\dfrac{y}{x}=-\dfrac{1}{2}$

0975 ●●●● 수매씽 Pick!

다음 중 x의 값이 2배, 3배, 4배, ...가 될 때, y의 값도 2배, 3배, 4배, ...가 되는 x와 y 사이의 관계를 나타내는 식은?

① $y=2+x$ ② $y=-5x$ ③ $xy=1$

④ $y=\dfrac{3}{x}$ ⑤ $y=4x-1$

0976 ●●●●

다음 보기에서 x와 y가 정비례하는 것을 모두 고르시오.

┤ 보기 ├

ㄱ. $y=5x$ ㄴ. $y=2x+5$ ㄷ. $y=-\dfrac{1}{x}$

ㄹ. $\dfrac{y}{x}=2$ ㅁ. $xy=5$ ㅂ. $y=\dfrac{x}{6}$

유형 02 정비례 관계를 나타내는 식 구하기   ⊘ 개념 09-1

x와 y가 정비례하고 $x=2$일 때 $y=4$이면
❶ 식을 $y=ax \ (a\neq 0)$로 놓는다.
❷ $x=2, y=4$를 대입하면 $4=2a, a=2$, 즉 $y=2x$

0977 대표 문제

x와 y가 정비례하고 $x=-6$일 때 $y=1$이다. $x=12$일 때, y의 값을 구하시오.

0978 ●●●●

x와 y가 정비례하고 $x=3$일 때 $y=-12$이다. 이때 x와 y 사이의 관계를 나타내는 식을 구하시오.

0979 ●●●●

x와 y가 정비례하고 $x=2$일 때 $y=5$이다. 다음 보기에서 옳은 것을 모두 고르시오.

┤ 보기 ├

ㄱ. x의 값이 3배가 되면 y의 값도 3배가 된다.

ㄴ. x와 y 사이의 관계를 나타내는 식은 $y=\dfrac{2}{5}x$이다.

ㄷ. $x=-4$일 때 $y=-10$이다.

0980 ●●●● 서술형

x와 y가 정비례하고 x와 y 사이의 관계가 다음 표와 같을 때, $A+B+C$의 값을 구하시오.

x	2	4	B	9
y	6	A	15	C

유형 03 정비례 관계의 활용 ∞ 개념 09-1

변하는 두 양 x, y에 대하여
(1) 정비례 관계인 경우
(2) $\dfrac{y}{x}$의 값이 일정한 경우 $\Rightarrow y=ax \ (a\neq0)$

0981 대표 문제

어떤 빈 물통에 매분 4 L씩 물을 넣는다. x분 후 물통 안에 있는 물의 양을 y L라 할 때, 다음 물음에 답하시오.

(1) x와 y 사이의 관계를 식으로 나타내시오.
(2) 물통의 용량이 72 L일 때, 이 물통의 절반이 차는 데 걸리는 시간을 구하시오.

0982 ●●●● 수매씽 Pick!

다음 중 x와 y가 정비례하지 <u>않는</u> 것은?

① 한 개의 무게가 3 g인 지우개 x개의 무게 y g
② 시속 x km로 100 km를 달릴 때, 걸리는 시간 y시간
③ 한 자루에 500원인 연필 x자루의 가격 y원
④ 가로의 길이와 세로의 길이가 각각 x cm, 10 cm인 직사각형의 넓이 y cm²
⑤ 하루에 2시간씩 공부할 때, x일 동안 공부한 시간 y시간

0983 ●●●●

시속 60 km로 달리는 자동차가 x시간 동안 달린 거리를 y km라 할 때, 다음 보기에서 옳은 것을 모두 고르시오.

┤ 보기 ├
ㄱ. x와 y는 정비례한다.
ㄴ. x와 y는 반비례한다.
ㄷ. 30분 동안 달린 거리는 20 km이다.
ㄹ. 80 km를 달리기 위해서는 1시간 20분이 걸린다.

유형 04 정비례 관계 $y=ax \ (a\neq0)$의 그래프 ∞ 개념 09-1

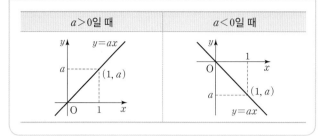

0984 대표 문제

다음 중 정비례 관계 $y=\dfrac{3}{4}x$의 그래프는?

① 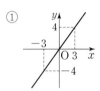 ②

③   ④

⑤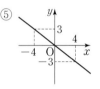

0985 ●●●●

다음 중 정비례 관계 $y=-\dfrac{4}{5}x$의 그래프는?

①   ②

③   ④

⑤

09
정비례와 반비례

유형 05 정비례 관계 $y=ax$ $(a\neq0)$의 그래프와 a의 값 사이의 관계 ⓒ개념 09-1

$y=ax$ $(a\neq0)$의 그래프는

(1) a의 절댓값이 클수록 y축에 가깝다.

(2) a의 절댓값이 작을수록 x축에 가깝다.

0986 (대표 문제)

다음 정비례 관계의 그래프 중 y축에 가장 가까운 것은?

① $y=-3x$ 　② $y=-\dfrac{3}{2}x$ 　③ $y=-x$

④ $y=\dfrac{1}{3}x$ 　⑤ $y=2x$

0987 ●●●●

오른쪽 그림에서 정비례 관계 $y=-\dfrac{1}{4}x$의 그래프로 알맞은 것은?

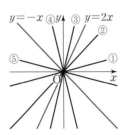

0988 ●●●●

정비례 관계 $y=3x$, $y=ax$의 그래프가 오른쪽 그림과 같을 때, 다음 중 상수 a의 값이 될 수 있는 것은?

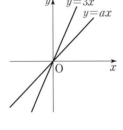

① -4 　② -2

③ $-\dfrac{1}{3}$ 　④ 2

⑤ 4

0989 ●●●●

정비례 관계 $y=ax$, $y=bx$, $y=cx$의 그래프가 오른쪽 그림과 같을 때, 세 상수 a, b, c의 대소 관계를 바르게 나타낸 것은?

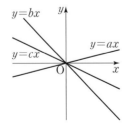

① $a<b<c$ 　② $a<c<b$

③ $b<a<c$ 　④ $b<c<a$

⑤ $c<b<a$

유형 06 정비례 관계 $y=ax$ $(a\neq0)$의 그래프의 성질 ⓒ개념 09-1

(1) 원점을 지나는 직선이다.

(2) $a>0$일 때

　① 제1사분면과 제3사분면을 지난다.

　② x의 값이 증가하면 y의 값도 증가한다.

(3) $a<0$일 때

　① 제2사분면과 제4사분면을 지난다.

　② x의 값이 증가하면 y의 값은 감소한다.

0990 (대표 문제)

다음 중 정비례 관계 $y=2x$의 그래프에 대한 설명으로 옳은 것은?

① 점 $(2,\ 1)$을 지난다.

② 제1사분면과 제3사분면을 지난다.

③ 원점을 지나지 않는다.

④ x의 값이 증가하면 y의 값은 감소한다.

⑤ $y=x$의 그래프보다 x축에 가깝다.

0991 ●●●● (수매씽 Pick!)

정비례 관계 $y=ax$ $(a\neq0)$의 그래프에 대한 설명으로 옳은 것을 보기에서 모두 고른 것은?

┤ 보기 ├

ㄱ. a의 값에 관계없이 항상 원점을 지난다.

ㄴ. $a>0$일 때, 제1사분면과 제3사분면을 지난다.

ㄷ. $a<0$일 때, x의 값이 증가하면 y의 값도 증가한다.

ㄹ. a의 값에 관계없이 항상 오른쪽 위로 향하는 직선이다.

ㅁ. a의 절댓값이 작을수록 y축에 가깝다.

① ㄱ, ㄴ 　② ㄱ, ㄷ 　③ ㄱ, ㄹ

④ ㄴ, ㄷ 　⑤ ㄹ, ㅁ

유형 07 정비례 관계 $y=ax$ $(a\neq0)$의 그래프가 지나는 점 ∞ 개념 09-1

$y=ax$의 그래프가 점 (m, n)을 지난다.
⇨ $y=ax$에 $x=m$, $y=n$을 대입하면 등식이 성립한다.

0992 대표 문제

다음 중 정비례 관계 $y=-\dfrac{3}{2}x$의 그래프 위의 점이 <u>아닌</u> 것은?

① $(-4, 6)$ ② $(-2, 3)$ ③ $(0, 0)$

④ $(6, -12)$ ⑤ $(12, -18)$

0993 ●●●● 수매씽 Pick!

정비례 관계 $y=\dfrac{4}{3}x$의 그래프가 점 $(-15, a)$를 지날 때, a의 값은?

① -20 ② -19 ③ -18

④ -17 ⑤ -16

0994 ●●●●

정비례 관계 $y=\dfrac{2}{5}x$의 그래프가 오른쪽 그림과 같을 때, a의 값은?

① -15 ② -13

③ -12 ④ -10

⑤ -8

0995 ●●●●

정비례 관계 $y=ax$의 그래프가 두 점 $(-2, 4)$, $(6, b)$를 지날 때, $a+b$의 값을 구하시오. (단, a는 상수이다.)

유형 08 그래프가 주어질 때 식 구하기 – 정비례 관계 ∞ 개념 09-1

❶ 원점을 지나는 직선 ⎤
   x와 y가 정비례 ⎦ ⇨ 그래프가 나타내는 식은 $y=ax$ $(a\neq0)$
❷ $y=ax$에 원점을 제외한 직선 위의 한 점의 좌표를 대입한다.

0996 대표 문제

오른쪽 그래프가 나타내는 식을 구하시오.

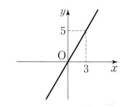

0997 ●●●●

다음 조건을 모두 만족시키는 그래프가 나타내는 식을 구하시오.

㉮ 원점을 지나는 직선이다.
㉯ 점 $(4, -14)$를 지난다.

0998 ●●●●

다음 중 오른쪽 그림과 같은 그래프 위의 점은?

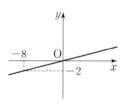

① $(-2, -8)$ ② $\left(-1, -\dfrac{1}{2}\right)$

③ $(1, 4)$ ④ $\left(2, \dfrac{1}{2}\right)$

⑤ $\left(3, \dfrac{4}{3}\right)$

0999 ●●●● 서술형

오른쪽 그림과 같은 그래프에서 m의 값을 구하시오.

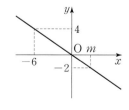

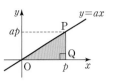

$y=ax$의 그래프 위의 점 P의 x좌표가 p일 때 (단, $a>0$, $p>0$)
⇨ (삼각형 POQ의 넓이)
$$=\frac{1}{2} \times p \times ap = \frac{ap^2}{2}$$

1000 대표 문제

오른쪽 그림과 같이 정비례 관계 $y=\frac{3}{7}x$의 그래프 위의 한 점 A에서 x축에 내린 수선과 x축이 만나는 점 B의 좌표는 $(7, 0)$이다. 이때 삼각형 AOB의 넓이를 구하시오. (단, O는 원점이다.)

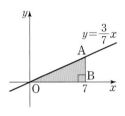

1001 ●●●●

오른쪽 그림과 같이 정비례 관계 $y=-\frac{1}{2}x$, $y=2x$의 그래프가 y좌표가 4인 두 점 A, B를 각각 지날 때, 삼각형 AOB의 넓이를 구하시오. (단, O는 원점이다.)

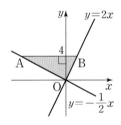

1002 ●●●●

오른쪽 그림과 같이 정비례 관계 $y=ax$의 그래프 위의 한 점 P에서 y축에 내린 수선과 y축이 만나는 점 Q의 y좌표가 4이고 삼각형 OPQ의 넓이가 16일 때, 양수 a의 값을 구하시오. (단, O는 원점이다.)

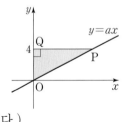

유형 **10** 반비례 관계   ∞ 개념 09-2

(1) x의 값이 2배, 3배, 4배, ...로 변함에 따라 y의 값은 $\frac{1}{2}$배, $\frac{1}{3}$배, $\frac{1}{4}$배, ...로 변하는 관계가 있을 때, x와 y는 반비례한다고 한다.

(2) 반비례 관계를 나타내는 식
⇨ $y=\frac{a}{x}$, $xy=a$ $(a \neq 0)$

1003 대표 문제

다음 중 x와 y가 반비례하지 <u>않는</u> 것은?

① $y=\frac{5}{x}$ ② $x=\frac{1}{y}$ ③ $xy=-4$

④ $\frac{x}{y}=3$ ⑤ $y=\frac{-2}{x}$

1004 ●●●● 수매씽 Pick!

다음 중 x의 값이 2배, 3배, 4배, ...가 될 때, y의 값은 $\frac{1}{2}$배, $\frac{1}{3}$배, $\frac{1}{4}$배, ...가 되는 x와 y 사이의 관계를 나타내는 식은?

① $y=x-1$ ② $y=-\frac{x}{2}$ ③ $xy=3$

④ $y=x+3$ ⑤ $\frac{y}{x}=2$

1005 ●●●●

다음 보기에서 x와 y가 반비례하는 것을 모두 고르시오.

보기
ㄱ. $y=-3x$ ㄴ. $x+y=2$ ㄷ. $y=-\frac{2}{x}$
ㄹ. $xy=-5$ ㅁ. $\frac{y}{x}=1$ ㅂ. $y=\frac{x}{4}$

유형 11 반비례 관계를 나타내는 식 구하기 ∞ 개념 09-2

x와 y가 반비례하고 $x=-2$일 때 $y=3$이면

❶ 식을 $y=\dfrac{a}{x}$ $(a\neq0)$로 놓는다.

❷ $x=-2$, $y=3$을 대입하면 $3=\dfrac{a}{-2}$, $a=-6$, 즉 $y=-\dfrac{6}{x}$

1006 대표 문제

x와 y가 반비례하고 $x=-4$일 때 $y=1$이다. $x=2$일 때, y의 값을 구하시오.

1007 ●●●●

x와 y가 반비례하고 $x=5$일 때 $y=30$이다. 이때 x와 y 사이의 관계를 나타내는 식을 구하시오.

1008 ●●●●

x와 y가 반비례하고 $x=3$일 때 $y=-4$이다. 다음 보기에서 옳은 것을 모두 고르시오.

┤ 보기 ├

ㄱ. x의 값이 $\dfrac{1}{2}$배가 되면 y의 값은 2배가 된다.

ㄴ. x와 y 사이의 관계를 나타내는 식은 $y=-\dfrac{12}{x}$이다.

ㄷ. $x=-6$일 때 $y=-2$이다.

1009 ●●●● 서술형

x와 y가 반비례하고 x와 y 사이의 관계가 다음 표와 같을 때, $A-B+C$의 값을 구하시오.

x	-6	-4	B	8
y	-4	A	4	C

중요! **유형 12** 반비례 관계의 활용 ∞ 개념 09-2

변하는 두 양 x, y에 대하여
(1) 반비례 관계인 경우
(2) xy의 값이 일정한 경우 } ⇨ $y=\dfrac{a}{x}$ $(a\neq0)$

1010 대표 문제

크기가 다른 두 톱니바퀴가 서로 맞물려 회전하고 있다. 톱니가 24개인 큰 톱니바퀴가 2번 회전할 때, 톱니가 x개인 작은 톱니바퀴는 y번 회전한다. 다음 물음에 답하시오.

(1) x와 y 사이의 관계를 식으로 나타내시오.

(2) 작은 톱니바퀴의 톱니가 16개일 때, 작은 톱니바퀴는 몇 번 회전해야 하는지 구하시오.

1011 ●●●● 수매씽 Pick!

다음 중 x와 y가 반비례하는 것은?

① 합이 10인 두 수 x와 y

② 200쪽인 책을 x쪽 읽고 남은 쪽수 y

③ 시속 x km로 2시간 동안 달린 거리 y km

④ 2000원짜리 공책 x권의 가격 y원

⑤ 500개의 영어 단어를 하루에 x개씩 암기할 때 걸리는 날수 y

1012 ●●●●

어떤 일을 하는 데 10대의 기계를 사용하면 6시간이 걸린다고 한다. 이 일을 x대의 기계를 사용하면 y시간이 걸린다고 할 때, 다음 보기에서 옳은 것을 모두 고르시오.

┤ 보기 ├

ㄱ. x와 y는 정비례한다.

ㄴ. x와 y는 반비례한다.

ㄷ. 일을 2시간 안에 끝내기 위해서는 최소한 30대의 기계가 필요하다.

ㄹ. 기계 1대만을 사용하면 2일이면 일을 끝낼 수 있다.

정비례와 반비례

유형 13 반비례 관계 $y=\dfrac{a}{x}$ $(a\neq0)$의 그래프 · 개념 09-2

$a>0$일 때	$a<0$일 때
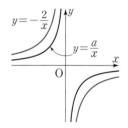	

(표 그래프 영역)

1013 대표 문제

다음 중 반비례 관계 $y=\dfrac{5}{x}$의 그래프는?

① 　②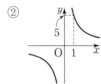

③ 　④

⑤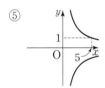

1014 •••• 수매씽 Pick!

다음 중 반비례 관계 $y=-\dfrac{2}{x}$의 그래프는?

① 　②

③ 　④

⑤

유형 14 반비례 관계 $y=\dfrac{a}{x}$ $(a\neq0)$의 그래프와 a의 값 사이의 관계 · 개념 09-2

$y=\dfrac{a}{x}$ $(a\neq0)$의 그래프는

(1) a의 절댓값이 클수록 원점에서 멀다. ─좌표축에서 멀다.

(2) a의 절댓값이 작을수록 원점에 가깝다. ─좌표축에 가깝다.

1015 대표 문제

다음 반비례 관계의 그래프 중 원점에서 가장 멀리 떨어진 것은?

① $y=\dfrac{6}{x}$　② $y=\dfrac{1}{x}$　③ $y=\dfrac{1}{2x}$

④ $y=-\dfrac{5}{x}$　⑤ $y=-\dfrac{1}{3x}$

1016 ••••

반비례 관계 $y=\dfrac{a}{x}$, $y=-\dfrac{2}{x}$의 그래프가 오른쪽 그림과 같을 때, 다음 중 상수 a의 값이 될 수 있는 것은?

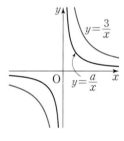

① -3　② -1
③ 1　④ 2
⑤ 3

1017 ••••

반비례 관계 $y=\dfrac{a}{x}$, $y=\dfrac{3}{x}$의 그래프가 오른쪽 그림과 같을 때, 상수 a의 값의 범위는?

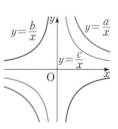

① $a<-3$　② $-3<a<0$
③ $0<a<3$　④ $a<3$
⑤ $a>3$

1018 ••••

반비례 관계 $y=\dfrac{a}{x}$, $y=\dfrac{b}{x}$, $y=\dfrac{c}{x}$의 그래프가 오른쪽 그림과 같을 때, 상수 a, b, c의 대소 관계를 바르게 나타낸 것은?

① $a<b<c$　② $a<c<b$
③ $b<a<c$　④ $b<c<a$
⑤ $c<a<b$

유형 15 반비례 관계 $y=\dfrac{a}{x}$ $(a\neq 0)$의 그래프의 성질   ∞ 개념 09-2

(1) 좌표축에 가까워지면서 한없이 뻗어 나가는 한 쌍의 매끄러운 곡선이다.
(2) $a>0$일 때
　① 제1사분면과 제3사분면을 지난다.
　② 각 사분면에서 x의 값이 증가하면 y의 값은 감소한다.
(3) $a<0$일 때
　① 제2사분면과 제4사분면을 지난다.
　② 각 사분면에서 x의 값이 증가하면 y의 값도 증가한다.

1019 대표 문제

다음 중 반비례 관계 $y=\dfrac{6}{x}$의 그래프에 대한 설명으로 옳은 것은?

① 원점을 지나고 좌표축에 한없이 가까워지는 한 쌍의 매끄러운 곡선이다.
② 점 $(2, -3)$을 지난다.
③ $x>0$일 때, x의 값이 증가하면 y의 값도 증가한다.
④ 제1사분면과 제2사분면을 지난다.
⑤ $y=\dfrac{3}{x}$의 그래프보다 원점에서 멀다.

1020 ●●●● 수매씽 Pick!

다음 중 반비례 관계 $y=\dfrac{a}{x}$ $(a\neq 0)$의 그래프에 대한 설명으로 옳은 것은?
① 점 $(1, a)$를 지나는 직선이다.
② 원점을 지나는 직선이다.
③ 점 $(1, -a)$를 지나는 한 쌍의 매끄러운 곡선이다.
④ $a>0$이면 제1사분면과 제3사분면을 지나는 직선이다.
⑤ $a<0$이면 제2사분면과 제4사분면을 지나는 한 쌍의 매끄러운 곡선이다.

유형 16 중요! 반비례 관계 $y=\dfrac{a}{x}$ $(a\neq 0)$의 그래프가 지나는 점   ∞ 개념 09-2

$y=\dfrac{a}{x}$의 그래프가 점 (m, n)을 지난다.
⇨ $y=\dfrac{a}{x}$에 $x=m$, $y=n$을 대입하면 등식이 성립한다.

1021 대표 문제

다음 중 반비례 관계 $y=-\dfrac{18}{x}$의 그래프 위의 점인 것은?

① $(-6, 3)$　　② $(-4, 4)$　　③ $(-1, 9)$
④ $(2, -6)$　　⑤ $(3, -12)$

1022 ●●●●

반비례 관계 $y=-\dfrac{20}{x}$의 그래프가 두 점 $(2, a)$, $(b, -4)$를 지날 때, $a+b$의 값을 구하시오.

1023 ●●●● 서술형

반비례 관계 $y=\dfrac{a}{x}$의 그래프가 두 점 $(3, 4)$, $(-6, b)$를 지날 때, $a+b$의 값을 구하시오. (단, a는 상수이다.)

1024 ●●●●

반비례 관계 $y=\dfrac{16}{x}$의 그래프 위의 점 중 x좌표와 y좌표가 모두 자연수인 점의 개수를 구하시오.

09
정비례와 반비례

❶ 한 쌍의 매끄러운 곡선
x와 y가 반비례 ⟹ 그래프가 나타내는 식은 $y=\dfrac{a}{x}$ $(a\neq0)$

❷ $y=\dfrac{a}{x}$에 곡선 위의 한 점의 좌표를 대입한다.

1025 대표 문제

오른쪽 그래프가 나타내는 식을
구하시오.

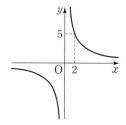

1026 ●●●●

다음 조건을 모두 만족시키는 그래프가 나타내는 식을
구하시오.

⑦ x좌표와 y좌표의 곱이 일정한 점들을 지나는 한 쌍의
매끄러운 곡선이다.
⑭ 점 $(-3,\ -2)$를 지난다.

1027 ●●●●

오른쪽 그림과 같은 그래프에서
m의 값을 구하시오.

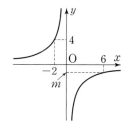

1028 ●●●● 수매씽 Pick!

오른쪽 그림은 반비례 관계
$y=\dfrac{a}{x}$, $y=\dfrac{b}{x}$의 그래프이다. 두
상수 a, b에 대하여 $a-b$의 값을
구하시오.

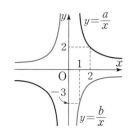

$y=\dfrac{a}{x}$의 그래프 위의 점 P의 x좌표가
p일 때 (단, $a>0$, $p>0$)
⟹ (직사각형 OAPB의 넓이)
$=p\times\dfrac{a}{p}=a$

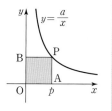

1029 대표 문제

오른쪽 그림과 같이 반비례 관계
$y=\dfrac{a}{x}$의 그래프가 점 $(-5,\ -3)$
을 지난다. 이 그래프 위의 한 점 P
에서 x축, y축에 각각 내린 수선과
x축, y축이 만나는 점을 A, B라
할 때, 사각형 OAPB의 넓이를 구하시오.
(단, a는 상수이고, O는 원점이다.)

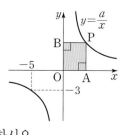

1030 ●●●●

오른쪽 그림은 반비례 관계
$y=-\dfrac{6}{x}$의 그래프의 일부이고 점
A는 이 그래프 위의 점이다. 점 A
에서 x축에 내린 수선이 x축과 만
나는 점 B의 좌표가 $(-3,\ 0)$일
때, 직각삼각형 OAB의 넓이를 구하시오.
(단, O는 원점이다.)

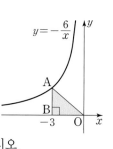

1031 ●●●●

오른쪽 그림은 반비례 관계 $y=\dfrac{a}{x}$
의 그래프이고 두 점 A, C는 이
그래프 위의 점이다. 직사각형
ABCD의 네 변이 x축 또는 y축에
평행할 때, 직사각형 ABCD의 넓
이를 구하시오. (단, a는 상수이다.)

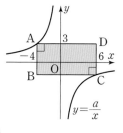

발전 유형 19 중요! $y=ax\ (a\neq0),\ y=\dfrac{b}{x}\ (b\neq0)$의 그래프가 만날 때 🔗 개념 09-2

$y=ax\ (a\neq0),\ y=\dfrac{b}{x}\ (b\neq0)$의 그래프가 점 $(m,\ n)$에서 만난다.

➡ $y=ax,\ y=\dfrac{b}{x}$에 $x=m,\ y=n$을 대입하면 등식이 모두 성립한다.

1032 대표 문제

오른쪽 그림과 같이 정비례 관계 $y=ax$의 그래프와 반비례 관계 $y=\dfrac{16}{x}$의 그래프가 점 A에서 만난다. 점 A의 x좌표가 -2일 때, 상수 a의 값은?

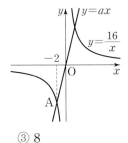

① 2 ② 4 ③ 8
④ 12 ⑤ 16

1033 ●●●● 수매씽 Pick!

정비례 관계 $y=ax$의 그래프와 반비례 관계 $y=\dfrac{b}{x}$의 그래프가 두 점 $(-2,\ -4)$, $(2,\ c)$에서 만날 때, $a+b+c$의 값을 구하시오. (단, a, b는 상수이다.)

1034 ●●●● 서술형

오른쪽 그림과 같이 정비례 관계 $y=\dfrac{3}{2}x$의 그래프와 반비례 관계 $y=\dfrac{a}{x}$의 그래프가 점 $\mathrm{A}(b,\ 3)$에서 만난다. 점 $\mathrm{B}(3,\ c)$가 $y=\dfrac{a}{x}$의 그래프 위의 점일 때, $a+b+c$의 값을 구하시오. (단, a는 상수이다.)

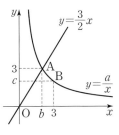

발전 유형 20 정비례, 반비례 관계의 그래프의 활용 🔗 개념 09-2

정비례, 반비례 관계의 그래프가 주어진 경우
❶ 주어진 그래프를 보고 x와 y 사이의 관계식을 구한다.
❷ 주어진 조건을 대입하여 필요한 값을 구한다.

1035 대표 문제

오른쪽 그림은 어떤 전기차가 $x\,\mathrm{kWh}$의 전력량으로 달릴 수 있는 거리를 $y\,\mathrm{km}$라 할 때, x와 y 사이의 관계를 그래프로 나타낸 것이다. 이 전기차가 $20\,\mathrm{kWh}$의 전력량으로 쉬지 않고 몇 km를 달릴 수 있는지 구하시오.

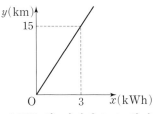

1036 ●●●●

온도가 일정할 때 기체의 부피는 압력에 반비례한다. 오른쪽 그림은 압력을 x기압, 이때의 기체의 부피를 $y\,\mathrm{cm}^3$라 할 때, x와 y 사이의 관계를 그래프로 나타낸 것이다. 압력이 10기압일 때의 기체의 부피를 구하시오. (단, 온도는 일정하다.)

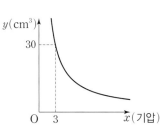

1037 ●●●●

집에서 $1.2\,\mathrm{km}$ 떨어진 도서관까지 동생은 자전거를 타고 가고, 누나는 걸어서 갔다. 오른쪽 그림은 두 사람이 집에서 동시에 출발하여 x분 동안 간 거리를 $y\,\mathrm{m}$라 할 때, x와 y 사이의 관계를 그래프로 나타낸 것이다. 동생이 도서관에 도착한 후 몇 분을 기다려야 누나가 도착하는지 구하시오.

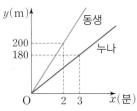

1038

x와 y가 정비례하고 $x=6$일 때 $y=36$이다. $x=4$일 때, y의 값을 구하시오.

1039

다음 중 정비례 관계 $y=\dfrac{1}{3}x$의 그래프는?

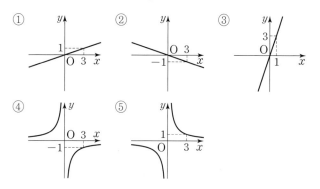

1040

x와 y가 반비례하고 $x=-4$일 때 $y=7$이다. 이때 x와 y 사이의 관계를 나타내는 식은?

① $y=-\dfrac{28}{x}$ ② $y=-\dfrac{14}{x}$ ③ $y=-\dfrac{7}{x}$

④ $y=\dfrac{14}{x}$ ⑤ $y=\dfrac{28}{x}$

1041

다음 보기에서 그 그래프가 제1사분면과 제3사분면을 지나는 것을 모두 고른 것은?

┤ 보기 ├
ㄱ. $y=\dfrac{8}{x}$ ㄴ. $y=-\dfrac{5}{x}$

ㄷ. $xy=12$ ㄹ. $xy=-3$

① ㄱ, ㄴ   ② ㄱ, ㄷ   ③ ㄴ, ㄷ
④ ㄴ, ㄹ   ⑤ ㄷ, ㄹ

1042 빈출

반비례 관계 $y=\dfrac{12}{x}$의 그래프가 점 $(-6,\ 3a+1)$을 지날 때, a의 값을 구하시오.

1043 빈출

다음 중 정비례 관계 $y=-\dfrac{1}{3}x$의 그래프에 대한 설명으로 옳은 것은?

① 원점을 지나지 않는다.
② 점 $(3,\ -9)$를 지난다.
③ 제1사분면과 제3사분면을 지난다.
④ x의 값이 증가하면 y의 값도 증가한다.
⑤ $y=-3x$의 그래프보다 x축에 더 가깝다.

1044 빈출

오른쪽 그림과 같은 그래프에서 m의 값은?

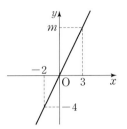

① 5
② $\dfrac{11}{2}$

③ 6
④ $\dfrac{13}{2}$

⑤ 7

1045

정비례 관계 $y=\dfrac{2}{3}x$의 그래프가 $x=3$일 때의 점을 A라 할 때, 점 A와 x축, y축, 원점에 대하여 대칭인 점을 각각 B, C, D라 하자. 이 네 점 A, B, C, D를 꼭짓점으로 하는 사각형 ACDB의 둘레의 길이를 구하시오.

1046

오른쪽 그림과 같이 정비례 관계 $y=ax$의 그래프 위의 한 점 A에서 x축에 내린 수선과 x축이 만나는 점을 B라 하자. 점 B의 x좌표가 4이고 삼각형 AOB의 넓이가 24일 때, 상수 a의 값을 구하시오.

(단, O는 원점이다.)

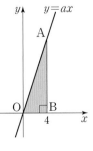

1047 빈출

온도가 일정할 때 기체의 부피 $y \, \text{cm}^3$는 압력 x기압에 반비례한다. 어떤 기체의 부피가 12 cm³일 때, 이 기체의 압력이 5기압이었다. 같은 온도에서 압력이 4기압일 때, 이 기체의 부피를 구하시오.

1048

다음 반비례 관계의 그래프 중 원점에서 가장 멀리 떨어진 것은?

① $y=-\dfrac{6}{x}$
② $y=-\dfrac{3}{x}$
③ $y=-\dfrac{1}{x}$

④ $y=\dfrac{2}{x}$
⑤ $y=\dfrac{5}{x}$

1049

반비례 관계 $y=\dfrac{a}{x}$의 그래프가 두 점 $(3,\ 15)$, $(-9,\ b)$를 지날 때, $a+b$의 값을 구하시오. (단, a는 상수이다.)

1050 빈출

반비례 관계 $y = -\dfrac{16}{x}$의 그래프 위의 점 중 제2사분면
위에 있고, x좌표와 y좌표가 모두 정수인 점의 개수는?

① 1   ② 3   ③ 5

④ 7   ⑤ 9

1051

오른쪽 그림과 같은 그래프가
두 점 $(m, -2)$, $(9, n)$을 지
날 때, $m+n$의 값은?

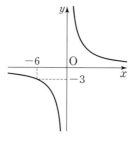

① -10 ② -9

③ -8 ④ -7

⑤ -6

1052

정비례 관계 $y = ax$의 그래프가
오른쪽 그림의 두 정비례 관계의
그래프 ㉠, ㉡ 사이에 있도록 하는
상수 a의 값의 범위를 구하시오.

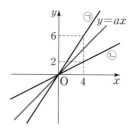

1053

오른쪽 그림에서 직각삼각형 ABC
의 두 변 AB, BC는 각각 x축,
y축에 평행하고 두 점 A, C는
정비례 관계 $y = \dfrac{1}{2}x$의 그래프 위
의 점이며 점 B는 정비례 관계
$y = x$의 그래프 위의 점이다. 두 점 A, B의 y좌표가 8일
때, 직각삼각형 ABC의 넓이를 구하시오.

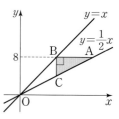

✎ 정답 및 풀이 67쪽

1054

오른쪽 그림과 같이 점
A$(-1, 4)$를 지나는 반비례
관계 $y = \dfrac{a}{x}$의 그래프 위의 한
점 P에서 x축, y축에 각각 내
린 수선과 x축, y축이 만나는
점을 R, Q라 할 때, 사각형
OQPR의 넓이를 구하시오. (단, 점 P는 제4사분면 위의
점이고, a는 상수, O는 원점이다.)

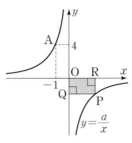

1055 빈출

예린이가 수영과 윗몸 일으
키기를 할 때, 운동 시간 x
분 동안 소모되는 열량을
y kcal라 하자. 오른쪽 그
림은 x와 y 사이의 관계를
그래프로 나타낸 것이다. 두 운동을 각각 30분 동안 할
때, 소모되는 열량의 차를 구하시오.

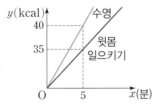

1056

다음은 김유정의 소설 『금 따는 콩밭』의 마지막 구절이다.

> "그 흙 속에 금이 있지요?"
> 영식이 처가 너무 기뻐서 코다리에 고래등 같은 집까
> 지 연상할 제, 수재는 시원스러이
> "네, 한 포대에 오십 원씩 나와유."
> 하고 대답하고, 오늘 밤에는 꼭, 정녕코 꼭 달아
> 나리라 생각하였다.

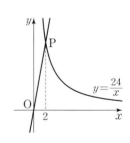

이 소설의 배경이 된 시대에는 소 한 마리가 육십 사 원이
었다고 할 때, 다음 물음에 답하시오.

⑴ 흙 x포대에서 나오는 금의 값을 y원이라 할 때, x와 y
사이의 관계를 식으로 나타내시오.
⑵ 소 25마리를 사기 위해서는 흙이 몇 포대 필요한지 구
하시오.

풀이

1057

오른쪽 그림과 같이 정비례 관계의
그래프와 반비례 관계
$y = \dfrac{24}{x}$ $(x>0)$의 그래프가 점 P
에서 만난다. 점 P의 x좌표가 2
일 때, 다음 물음에 답하시오.

⑴ 점 P의 좌표를 구하시오.
⑵ 점 P를 지나는 정비례 관계의 그래프가 나타내는 식을
구하시오.

풀이

1058 (수학 문해력 UP) 유형 03

다음 그림의 정삼각형에서 한 변의 길이가 1 cm인 정삼각형의 둘레의 길이는 3 cm, 한 변의 길이가 2 cm인 정삼각형의 둘레의 길이는 6 cm이다. 한 변의 길이가 x cm인 정삼각형의 둘레의 길이를 y cm라 할 때, 물음에 답하시오.

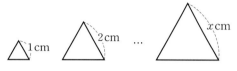

(1) x와 y 사이의 관계를 식으로 나타내시오.

(2) 정삼각형의 한 변의 길이와 정사각형의 한 변의 길이가 같을 때, 정사각형의 둘레의 길이를 z cm라 하자. 이때 y와 z 사이의 관계를 식으로 나타내시오.

(3) 정사각형의 둘레의 길이가 48 cm일 때, 이 정사각형과 한 변의 길이가 같은 정삼각형의 둘레의 길이를 구하시오.

[해결 전략] 규칙성을 찾아 정삼각형의 한 변의 길이와 둘레의 길이 사이의 관계를 식으로 나타낸다.

 정삼각형과 정사각형의 둘레의 길이를 x에 대한 식으로 나타내야 해요.

1059 유형 12

다음은 준서와 예린이의 대화이다.

> 준서 : 이 빈 물탱크에 매분 2.5 L의 물을 넣으면 40분 만에 가득 차. 1분마다 같은 양의 물을 넣는다.
> 예린 : 그래? 나도 같은 크기의 빈 물탱크에 매분 일정하게 물을 넣었는데 25분 만에 가득 찼어!
> 준서 : 그럼 넌 매분 2.5 L보다 많은 양의 물을 넣었네.
> 예린 : 난 매분 얼마나 넣은 거지?

예린이는 매분 몇 L의 물을 넣었는지 구하시오.

 매분 넣는 물의 양과 넣는 시간은 반비례해요.

1060 유형 12

다음 그림은 시력 검사표에서 볼 수 있는 원 모양의 고리인 란돌트 고리(Landolt Ring)로 바깥쪽 원의 지름의 길이는 7.5 mm이고, 끊어진 부분의 길이는 1.5 mm이다. 5 m 떨어진 지점에서 시력을 측정할 때, 빈틈을 판별할 수 있으면 시력이 1.0이라 한다. 5 m 떨어진 지점에서 시력을 측정할 때, 판별할 수 있는 고리의 빈틈의 폭 x mm와 이에 대응하는 시력 y는 반비례한다.

시력을 검사하는 데 쓰는 표
좋고 나쁨을 판단하여 구별함

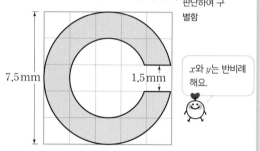

x와 y는 반비례해요.

5 m 떨어진 지점에서 빈틈의 폭이 3 mm인 고리까지 판별할 수 있는 사람의 시력을 구하시오.

1061 유형 16 ◦ 유형 18 ◦ 유형 19

다음은 반비례 관계 $y=\dfrac{k}{x}$ ($k\neq0$인 상수)의 그래프에 대한 설명이다. $ab+cd$의 값을 구하시오.

(단, a, b, c, d는 상수이다.)

> ㈎ k의 값에 관계없이 점 (a, a)를 지나지 않는다.
> ㈏ $k=b$이면 점 $(2, 3)$을 지난다.
> ㈐ $k=c$일 때, 정비례 관계 $y=-8x$의 그래프와 만나는 점의 x좌표는 $-\dfrac{1}{4}$이다.
> ㈑ $k=d$ ($d>0$)일 때, 네 점 $(0, 0)$, $(2, 0)$, $\left(0, \dfrac{d}{2}\right)$, $\left(2, \dfrac{d}{2}\right)$를 꼭짓점으로 하는 직사각형의 넓이는 항상 8이다.

 반비례 관계의 그래프를 그리고 조건에 맞게 점을 찍어봐요.

쉼

너는
어떤 사람이
될까?

MEMO

내신과 등업을 위한 강력한 한 권!

2022 개정 교육과정 완벽 반영

수매씽 시리즈

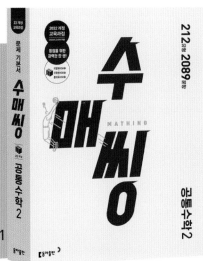

중학 수학	개념 연산서	1~3학년 1·2학기
	개념 기본서	
	유형 기본서	

| 고등 수학 | 개념 기본서 | 공통수학1, 공통수학2, 대수, 미적분I, 확률과 통계, 미적분II, 기하 |
| | 유형 기본서 | 공통수학1, 공통수학2, 대수, 미적분I, 확률과 통계, 미적분II |

수매씽 유형 중학 수학 1·1

내신과 등업을 위한 강력한 한 권!

개념 연산서

수매씽 개념연산
중등 : 1~3학년 1·2학기

개념 기본서

수매씽 개념
중등 : 1~3학년 1·2학기
고등 (22개정) : 공통수학1, 공통수학2, 대수, 미적분Ⅰ,
확률과 통계, 미적분Ⅱ, 기하

유형 기본서

수매씽 유형
중등 : 1~3학년 1·2학기
고등 (15개정) : 수학Ⅰ, 수학Ⅱ, 확률과 통계, 미적분
고등 (22개정) : 공통수학1, 공통수학2, 대수, 미적분Ⅰ,
확률과 통계, 미적분Ⅱ

동아출판

Telephone 1644-0600
Homepage www.bookdonga.com
Address 서울시 영등포구 은행로 30 (우 07242)

- 정답 및 풀이는 동아출판 홈페이지 내 학습자료실에서 내려받을 수 있습니다.
- 교재에서 발견된 오류는 동아출판 홈페이지 내 정오표에서 확인 가능하며, 잘못 만들어진 책은 구입처에서 교환해 드립니다.
- 학습 상담, 제안 사항, 오류 신고 등 어떠한 이야기라도 들려주세요.

160유형 **1747**문항

2022 개정
교육과정
2025년 중1부터 적용

수 매씽

MATHING

유형

중학 수학

1·1

워크북

동아출판

수매씽 유형 중학 수학 1·1

발행일	2024년 7월 10일
인쇄일	2024년 6월 30일
펴낸곳	동아출판㈜
펴낸이	이욱상
등록번호	제300-1951-4호(1951. 9. 19.)
개발총괄	김영지
개발책임	이상민
개발	김기철, 김성일, 김주영, 이화정, 박가영, 신지원
디자인책임	목진성
표지 디자인	송현아
내지 디자인	강혜빈
대표번호	1644-0600
주소	서울시 영등포구 은행로 30 (우 07242)

01 소인수분해
4~12쪽

001 20	002 6	003 13	004 5	005 ④
006 ②	007 ④, ⑤	008 ⑤	009 18	010 2^8개
011 78	012 ④	013 ㄴ, ㄹ	014 2	015 ④
016 ④	017 ⑤	018 ㄴ, ㄷ	019 ①	020 ④
021 ⑤	022 126	023 10	024 7	025 12
026 ③	027 10	028 6	029 45	030 16
031 ②	032 11, 44, 176	033 297	034 420	035 ⑤
036 ⑤	037 200	038 5, 25, 35, 175		039 ③
040 18	041 ②	042 30	043 ⑤	044 ④
045 15	046 5	047 ④	048 ②	049 ⑤
050 3	051 6	052 2, 3, 5	053 8	054 7
055 9	056 44	057 ③	058 6	059 ⑤
060 ③	061 ②	062 40	063 29	064 26
065 60				

02 최대공약수와 최소공배수
13~21쪽

066 5	067 ③	068 2	069 9	070 ③
071 ①, ⑤	072 ④	073 ⑤	074 ⑤	
075 준서, 풀이 참조		076 78	077 5	078 15
079 20	080 ②, ③	081 6	082 12명	083 84
084 ⑤	085 ⑤	086 1260	087 7	088 8
089 ⑤	090 ②	091 2100	092 1260	093 ④
094 4	095 108	096 2	097 ②	098 ④
099 38	100 50	101 ③	102 168	103 4
104 42, 126	105 170	106 40	107 171	108 105
109 168	110 180	111 ④	112 $\frac{245}{6}$	113 ⑤
114 ②	115 5바퀴	116 216	117 108	
118 (1) 35 (2) 40		119 24	120 12	121 21
122 ④	123 210000원	124 ①	125 420	126 60 cm
127 ④	128 2	129 ④	130 ①	131 33

03 정수와 유리수
22~31쪽

132 ②	133 (1) +25점 (2) +5층, −4층 (3) +500원, −1000원			
134 ⑤	135 0	136 ②, ③	137 4	138 ⑤

139 ④	140 ③, ⑤	141 5	142 ②, ④	143 ③
144 민지, 도현	145 ④	146 ②, ④	147 ③	148 −1.8
149 ④	150 (1) 풀이 참조 (2) $a=-1$, $b=4$			151 ②
152 ③	153 2	154 $a=11$, $b=-3$		155 $\frac{10}{3}$
156 11	157 ⑤	158 $a=5$, $b=-6$		159 ③
160 ①, ④	161 ④	162 −6	163 ①	164 $-\frac{8}{5}$
165 $a=-\frac{9}{2}$, $b=\frac{9}{2}$		166 ④	167 ②	168 6.3
169 1.3	170 ②	171 ③	172 ⑤	
173 −1, 0, 1	174 ⑤	175 ③	176 ③	177 1
178 시리우스, 데네브		179 ⑤	180 ④	181 ②
182 (1) $|x|\leq4$ (2) 9		183 ③	184 6	185 −7
186 4	187 0	188 ②	189 9	
190 $a=-4$, $b=4$		191 a, c, b	192 ②	193 ②
194 7	195 $a=-12$, $b=4$		196 ②	197 7
198 −11, −13				

04 정수와 유리수의 계산
32~48쪽

199 ㄷ, ㄹ	200 ④	201 $\frac{27}{4}$

202 (가) 덧셈의 교환법칙, (나) 덧셈의 결합법칙

203 (가) 덧셈의 교환법칙, (나) 덧셈의 결합법칙, (다) −17, (라) +35, (마) 18

204 1	205 ③	206 ②	207 ③, ⑤	208 ③
209 ②, ⑤	210 학교	211 $\frac{2}{3}$	212 ④	213 $-\frac{11}{12}$
214 $\frac{7}{20}$	215 ㄴ, ㄷ, ㄹ, ㄱ		216 ⑤	217 ②
218 ③	219 1.9	220 5	221 ⑤	222 $\frac{38}{15}$
223 ①	224 $a=-\frac{11}{4}$, $b=\frac{1}{4}$		225 ①	226 ④
227 $-\frac{2}{3}$	228 $\frac{21}{5}$	229 ①	230 5	231 18
232 $\frac{5}{6}$, $-\frac{5}{6}$	233 $-\frac{11}{15}$	234 ③	235 ③	
236 $a=3$, $b=-1$, $c=4$		237 15	238 $-\frac{1}{6}$	
239 4600명	240 42.4 kg	241 9점	242 ⑤	243 ④
244 $-\frac{32}{3}$	245 (가) 곱셈의 교환법칙, (나) 곱셈의 결합법칙			

246 (가) 곱셈의 교환법칙, (나) 곱셈의 결합법칙, (다) $-\frac{1}{6}$, (라) −1

247 2	248 $\frac{25}{6}$	249 ②	250 ③	251 ②
252 ④	253 $\frac{1}{10}$	254 ③	255 ②	256 ①

수깨씨

MATHING

유형

중학 수학

1·1

워크북

워크북 구성과 특징

'수매씽 유형'은 전국 1000개 중학교 기출문제를 체계적으로 분석하여 새로운 수학 학습의 방향을 제시합니다.

꼭 필요한 유형만 모은 유형북과 반복＋심화 학습으로 구성한 워크북으로 구성된 최고의 문제 기본서!

'수매씽 유형'을 통해 꼭 필요한 유형과 반복 학습으로 수학의 자신감을 키우세요.

반복 ⊕ 심화 학습 System

반복 학습

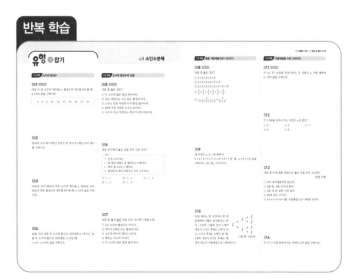

유형 또 잡기

'유형 다 잡기'의 쌍둥이 문제로 구성하였습니다.

숫자 및 표현을 바꾼 쌍둥이 문제로

유형별 반복 학습을 통해

수학 실력을 향상할 수 있습니다.

심화 학습

만점 각 잡기

만점 도전을 위한 고난도 문항들을

선별하였습니다.

각 문항에 [해결 전략]을 제시하여

스스로 문제를 해결할 수 있게

구성하였습니다.

유형 01 소수와 합성수

001 [대표 문제]

다음 수 중 소수의 개수를 a, 합성수의 개수를 b라 할 때, $a \times b$의 값을 구하시오.

> 1, 2, 5, 11, 14, 17, 22, 25, 27, 37

002

25보다 크고 50 이하인 자연수 중 약수가 2개인 수의 개수를 구하시오.

003

10보다 크고 30보다 작은 소수의 개수를 a, 20보다 크고 30보다 작은 합성수의 개수를 b라 할 때, $a+b$의 값을 구하시오.

004

10을 서로 다른 두 소수의 합으로 나타내면 $a+b$이고, 15를 두 소수의 합으로 나타내면 $c+d$일 때, $c \times d - a \times b$의 값을 구하시오.

유형 02 소수와 합성수의 성질

005 [대표 문제]

다음 중 옳은 것은?

① 두 소수의 합은 항상 짝수이다.
② 모든 자연수는 소수 또는 합성수이다.
③ 소수는 일의 자리의 수가 항상 홀수이다.
④ 40에 가장 가까운 소수는 41이다.
⑤ 소수가 아닌 자연수는 약수가 3개 이상이다.

006

다음 보기에서 옳은 것을 모두 고른 것은?

┌ 보기 ├
ㄱ. 71은 소수이다.
ㄴ. 한 자리 자연수 중 합성수는 3개이다.
ㄷ. 짝수 중 소수는 1개이다.
ㄹ. 합성수가 아닌 자연수는 모두 소수이다.

① ㄱ, ㄴ   ② ㄱ, ㄷ   ③ ㄱ, ㄹ
④ ㄴ, ㄷ   ⑤ ㄷ, ㄹ

007

다음 중 옳지 <u>않은</u> 것을 모두 고르면? (정답 2개)

① 1은 소수도 합성수도 아니다.
② 약수가 3개인 수는 합성수이다.
③ 소수의 약수의 개수는 2이다.
④ 짝수는 소수가 아니다.
⑤ 두 소수의 곱은 항상 홀수이다.

유형 03 곱을 거듭제곱으로 나타내기

008 대표 문제

다음 중 옳은 것은?

① $3 \times 3 \times 3 \times 3 = 4^3$

② $2 \times 2 \times 5 \times 5 = 2^2 \times 5^5$

③ $2 \times 2 \times 3 \times 3 \times 3 \times 3 = 2^2 + 3^4$

④ $\dfrac{1}{2} \times \dfrac{1}{2} \times \dfrac{1}{2} \times \dfrac{1}{2} \times \dfrac{1}{2} = \dfrac{5}{2^5}$

⑤ $\dfrac{1}{3 \times 3 \times 3 \times 5 \times 5} = \dfrac{1}{3^3 \times 5^2}$

009

세 자연수 a, b, c에 대하여

$2 \times 2 \times 3 \times 7 \times 7 \times 7 = 2^a \times b \times 7^c$일 때, $a \times b \times c$의 값을

구하시오. (단, b는 소수이다.)

010

어떤 세포는 한 시간마다 한 번 분열하여 2배로 증식한다고 한다. 오른쪽 그림과 같이 1개의 세포가 1시간 후에는 2개가 되고, 2시간 후에는 4개가 될 때, 1개의 세포가 8시간 후에는 몇 개가 되는지 거듭제곱으로 나타내시오.

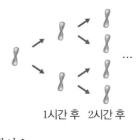

1시간 후　2시간 후

유형 04 거듭제곱을 수로 나타내기

011 대표 문제

$3^4 = a$, $5^b = 125$를 만족시키는 두 자연수 a, b에 대하여 $a - b$의 값을 구하시오.

012

$2^a = 256$을 만족시키는 자연수 a의 값은?

① 5　　　　　② 6　　　　　③ 7

④ 8　　　　　⑤ 9

013

다음 중 5^4에 대한 설명으로 옳은 것을 모두 고르면?

(정답 2개)

① 4의 다섯제곱이라 읽는다.

② 5를 밑, 4를 지수라 한다.

③ 5를 네 번 곱한 수와 같다.

④ 20과 같은 수이다.

⑤ $4 \times 4 \times 4 \times 4 \times 4$를 거듭제곱으로 나타낸 것이다.

014

$2^5 + 7^a = 3^4$을 만족시키는 자연수 a의 값을 구하시오.

015 대표 문제

다음 중 소인수분해 한 것으로 옳지 <u>않은</u> 것은?

① $18 = 2 \times 3^2$ 　　② $25 = 5^2$

③ $84 = 2^2 \times 3 \times 7$ 　④ $96 = 2^6 \times 3$

⑤ $124 = 2^2 \times 31$

016

$108 = 2 \times 54 = 2 \times 2 \times 27 = 2 \times 2 \times 3 \times 9$
$\quad = 2 \times 2 \times 3 \times 3 \times 3$

일 때, 108의 소인수분해가 바르게 된 것은?

① $2 \times 3 \times 18$ 　② $2 \times 6 \times 9$ 　③ $2^2 \times 3 \times 9$

④ $2^2 \times 3^3$ 　　⑤ $2^2 \times 27$

017

270을 소인수분해 하면?

① $2 \times 3 \times 5 \times 9$ 　　② $3 \times 6 \times 15$

③ $3^3 \times 10$ 　　　　④ $2 \times 3^2 \times 15$

⑤ $2 \times 3^3 \times 5$

018

다음 보기에서 소인수분해가 바르게 된 것을 모두 고르시오.

┌ 보기 ┐
ㄱ. $36 = 6^2$ 　　　　ㄴ. $45 = 3^2 \times 5$
ㄷ. $52 = 2^2 \times 13$ 　　ㄹ. $78 = 2 \times 39$
ㅁ. $198 = 2 \times 3^2 \times 13$ 　ㅂ. $375 = 3^2 \times 5^2$

019 대표 문제

다음 중 135의 소인수를 모두 구한 것은?

① 3, 5   　　② 3^3, 5   　　③ 3, 5^2

④ 1, 3, 5   　⑤ 1, 3^3, 5

020

660의 모든 소인수의 합은?

① 5   　　② 8   　　③ 14

④ 21   　⑤ 42

021

다음 중 소인수가 나머지 넷과 다른 하나는?

① 30   　　② 60   　　③ 90

④ 150   　⑤ 160

022

9의 배수 중 서로 다른 소인수가 3개인 가장 작은 세 자리 자연수를 구하시오.

유형 07 소인수분해 한 결과에서 밑과 지수 구하기

023 대표 문제

420을 소인수분해 하면 $2^a \times 3^b \times 5 \times c$일 때, 세 자연수 a, b, c에 대하여 $a+b+c$의 값을 구하시오.

024

56×63을 소인수분해 하면 $a^3 \times b^2 \times 7^c$일 때, 세 자연수 a, b, c에 대하여 $a+b+c$의 값을 구하시오.

025

200을 소인수분해 하면 $a^m \times b^n$일 때, 네 자연수 a, b, m, n에 대하여 $a+b+m+n$의 값을 구하시오.

026

$2 \times 4 \times 6 \times 8 \times 10 \times 12 \times 14$를 소인수분해 하면 $2^a \times 3^b \times 5^c \times 7^d$이다. 네 자연수 a, b, c, d에 대하여 $a \times b \times c \times d$의 값은?

① 18   ② 20   ③ 22
④ 24   ⑤ 26

유형 08 제곱인 수 만들기

027 대표 문제

90에 자연수를 곱하여 어떤 자연수의 제곱이 되도록 할 때, 곱할 수 있는 가장 작은 자연수를 구하시오.

028

216을 자연수로 나누어 어떤 자연수의 제곱이 되도록 할 때, 나눌 수 있는 가장 작은 자연수를 구하시오.

029

$240 \times a = b^2$을 만족시키는 가장 작은 자연수 a와 이때의 자연수 b에 대하여 $b-a$의 값을 구하시오.

030

$600 \div a = b^2$을 만족시키는 가장 작은 자연수 a와 이때의 자연수 b에 대하여 $a+b$의 값을 구하시오.

01

소인수분해

031 대표 문제

56에 자연수 x를 곱하여 어떤 자연수의 제곱이 되도록 할 때, 다음 중 x의 값이 될 수 없는 것은?

① 14   ② 42   ③ 126

④ 224   ⑤ 350

032

176을 자연수 x로 나누어 어떤 자연수의 제곱이 되도록 할 때, x의 값이 될 수 있는 수를 모두 구하시오.

033

132에 자연수를 곱하여 어떤 자연수의 제곱이 되도록 할 때, 곱할 수 있는 자연수 중 세 번째로 작은 자연수를 구하시오.

034

336을 2의 배수 x로 나누어 어떤 자연수의 제곱이 되도록 하는 모든 x의 값의 합을 구하시오.

035 대표 문제

다음 중 $2^2 \times 3^3 \times 5$의 약수가 아닌 것은?

① 2   ② 20   ③ $2^2 \times 3^2$

④ 45   ⑤ 81

036

아래 표를 이용하여 108의 약수를 구하려고 한다. 다음 중 옳지 않은 것은?

×	1	2	2^2
1	1	2	
3	3	(나)	
3^2	3^2	2×3^2	
(가)		(다)	(라)

① 108을 소인수분해 하면 $2^2 \times 3^3$이다.
② (가)에 알맞은 수는 3^3이다.
③ (나)에서 6이 108의 약수임을 알 수 있다.
④ (다)에 알맞은 수는 2×3^3이다.
⑤ (라)에 알맞은 수는 (다)에 알맞은 수의 3배이다.

037

$A = 2^3 \times 3 \times 5^2$일 때, A의 약수 중 세 번째로 큰 수를 구하시오.

038

소인수분해를 이용하여 175의 약수 중 5의 배수를 모두 구하시오.

유형 11 약수의 개수 구하기

039 대표 문제

192의 약수의 개수를 a, 490의 약수의 개수를 b라 할 때, $a-b$의 값은?

① 0   ② 1   ③ 2

④ 3   ⑤ 4

040

396의 약수의 개수를 구하시오.

041

다음 중 392와 약수의 개수가 다른 것은?

① 72   ② 80   ③ 140

④ $2 \times 3 \times 5^2$ ⑤ $2^3 \times 5^2$

042

$720 \div x$의 값이 자연수가 되도록 하는 자연수 x의 개수를 구하시오.

유형 12 약수의 개수가 주어질 때 지수 구하기

043 대표 문제

$2^a \times 3^4$의 약수의 개수가 30일 때, 자연수 a의 값은?

① 1   ② 2   ③ 3

④ 4   ⑤ 5

044

$2^n \times 45$의 약수의 개수가 18일 때, 자연수 n의 값은?

① 1   ② 2   ③ 3

④ 4   ⑤ 5

045

$2^2 \times 7^a$, $2 \times 3^3 \times 5^b$의 약수의 개수가 각각 15, 24일 때, $3^a \times 7^b$의 약수의 개수를 구하시오. (단, a, b는 자연수이다.)

046

$2 \times 5^a \times 11$의 약수의 개수가 675의 약수의 개수의 2배일 때, 자연수 a의 값을 구하시오.

발전 유형 **13** 약수의 개수가 주어질 때 가능한 수 구하기

047 대표 문제

$3^2 \times 5^3 \times n$의 약수의 개수가 24일 때, 다음 중 자연수 n의 값이 될 수 없는 것은?

① 7 　　　　② 11 　　　　③ 75

④ 243 　　　⑤ 625

048

$63 \times n$의 약수의 개수가 12일 때, 다음 중 자연수 n의 값이 될 수 없는 것은?

① 2 　　　　② 4 　　　　③ 5

④ 21 　　　⑤ 49

049

소인수가 3개인 자연수 $2^4 \times n$의 약수의 개수가 20일 때, 다음 중 자연수 n의 값이 될 수 없는 것은?

① 15 　　　② 21 　　　③ 27

④ 33 　　　⑤ 35

발전 유형 **14** 범위가 주어진 자연수의 약수의 개수

050 대표 문제

100 이상 300 이하의 자연수 중에서 약수의 개수가 3인 자연수의 개수를 구하시오.

051

약수의 개수가 4인 가장 작은 자연수를 구하시오.

052

100 이하의 자연수 중에서 약수의 개수가 10인 모든 자연수의 곱을 k라 할 때, k의 소인수를 모두 구하시오.

053

다음 조건을 모두 만족시키는 자연수 n의 개수를 구하시오.

> ㈎ $2^3 \times 5 \times n$의 약수의 개수는 16이다.
> ㈏ n은 30 이하의 두 자리 자연수이다.

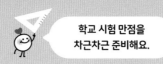

학교 시험 만점을
차근차근 준비해요.

054

유형 01

다음 조건을 모두 만족시키는 n의 개수를 구하시오.

> ㈎ n은 20 이상 50 이하의 자연수이다.
> ㈏ n의 약수를 모두 더하면 $n+1$이다.

| 해결 전략 | n의 약수를 모두 더하면 $n+1$이므로 n의 약수는 1, n으로 2개임을 안다.

055

유형 04

다음은 7의 거듭제곱의 일의 자리의 숫자를 표로 나타낸 것이다. 이를 이용하여 7^{30}의 일의 자리의 숫자를 구하시오.

수	7	7^2	7^3	7^4	7^5	7^6	7^7	7^8	7^9
일의 자리의 숫자	7	9	3	1	7	9	3	1	7

| 해결 전략 | 일의 자리의 숫자의 규칙을 찾는다.

056

유형 01 ⊕ 유형 08

15 이상 35 이하인 자연수 중 소수의 개수를 a라 하자. 208×3^a을 자연수 b로 나누어 어떤 자연수의 제곱이 되도록 할 때, $a+b$의 값 중 가장 작은 값을 구하시오.

| 해결 전략 | 어떤 자연수의 제곱인 수는 소인수분해 했을 때, 모든 소인수들의 지수가 짝수임을 안다.

057

유형 08 ⊕ 유형 09

180에 자연수를 곱하여 어떤 자연수의 제곱이 되도록 할 때, 곱할 수 있는 가장 작은 자연수를 a라 하고, 180을 자연수로 나누어 어떤 자연수의 제곱이 되도록 할 때, 나눌 수 있는 두 번째로 작은 자연수를 b라 하자. 이때 $a+b$의 값은?

① 10   ② 15   ③ 25

④ 30   ⑤ 50

| 해결 전략 | 어떤 자연수의 제곱인 수는 소인수분해 했을 때, 모든 소인수들의 지수가 짝수임을 안다.

058

유형 09

서로 다른 두 개의 주사위를 던져서 나온 눈의 수를 각각 a, b라 할 때, $24 \times a \times b$가 어떤 자연수의 제곱이 되도록 하는 a와 b의 쌍 (a, b)의 개수를 구하시오.

| 해결 전략 | a, b는 주사위의 눈의 수이므로 1, 2, 3, 4, 5, 6임을 안다.

059

유형 10

다음은 126을 소인수분해 하는 과정을 나타낸 것이다.

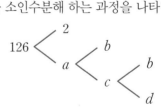

다음 중 $a \times b \times c \times d$의 약수가 아닌 것은?
(단, a, b, c, d는 자연수이고, b, d는 서로 다른 소수이다.)

① 27   ② 63   ③ 189

④ $3^4 \times 7^3$ ⑤ $3^5 \times 7^3$

| 해결 전략 | $a^m \times b^n$(a, b는 서로 다른 소수, m, n은 자연수)에서 약수는 (a^m의 약수) × (b^n의 약수)임을 안다.

060 유형 10

세 자연수 a, b, c에 대하여 $2^a \times 3^b \times 7^c$이 56을 약수로 가질 때, $a+b+c$의 값 중 가장 작은 값은?

① 3 ② 4 ③ 5
④ 6 ⑤ 7

| 해결 전략 | 56을 소인수분해 하여 $2^a \times 3^b \times 7^c$의 약수가 되도록 a, b, c의 값을 정한다.

061 유형 10

2^n이 $1 \times 2 \times 3 \times 4 \times 5 \times 6 \times 7 \times 8$의 약수일 때, 다음 중 가장 큰 자연수 n의 값은?

① 6 ② 7 ③ 8
④ 9 ⑤ 10

| 해결 전략 | $1 \times 2 \times \cdots \times 7 \times 8$을 소인수분해 했을 때, 2의 지수가 n의 가장 큰 값임을 안다.

062 유형 12 ⊕ 유형 14

두 자연수 $2^a \times 3^3$, $3^2 \times 5^b \times 7^3$의 약수의 개수가 각각 24, 36일 때, $a \times b \times N$의 약수의 개수가 15가 되도록 하는 두 자리 자연수 N의 값을 구하시오.

| 해결 전략 | 약수의 개수가 15인 수는 $15 = 3 \times 5$에서 $a^2 \times b^4$의 꼴이어야 함을 이용한다. (단, a, b는 서로 다른 소수)

063 유형 01

다음 조건을 모두 만족시키는 소수를 구하시오.

㈎ 40 이하의 자연수이다.
㈏ 11로 나누면 몫과 나머지가 모두 소수이다.

| 해결 전략 | 나머지가 될 수 있는 수는 11보다 작은 소수임을 안다.

064 유형 05 ⊕ 유형 06

다음 그림은 수가 적힌 16개의 타일을 연결한 도로망과 두 구역 A, B를 나타낸 것이다.

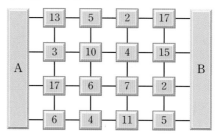

→, ↓ 방향으로만 이동하여 A에서 B까지 도로를 따라 이동했을 때 지나간 타일에 적힌 모든 수의 곱이 1680이었다. 이때 지나간 타일에 적힌 모든 수의 합을 구하시오.

| 해결 전략 | 1680을 소인수분해 하여 지나갈 수 없는 타일을 먼저 표시한다.

065 유형 11 ⊕ 유형 14

자연수 n의 약수의 개수를 $N(n)$이라 할 때, $N(100) \times N(n) = 108$을 만족시키는 가장 작은 자연수 n의 값을 구하시오.

| 해결 전략 | $N(100)$, $N(n)$의 값을 먼저 구한다.

유형 또 잡기

02 최대공약수와 최소공배수

유형 01 최대공약수 구하기

066 대표 문제

두 수 $3^2 \times 5^2 \times 7^2$, $3 \times 5^3 \times 7^4$의 최대공약수가 $3^a \times 5^b \times 7^c$일 때, 세 자연수 a, b, c에 대하여 $a+b+c$의 값을 구하시오.

067

세 수 $2^3 \times 5 \times 7^2$, $2^2 \times 5^3 \times 7$, 112의 최대공약수는?

① 7 　　　　② 16 　　　　③ 28
④ 32 　　　　⑤ 56

068

세 수 $2^2 \times 3^3 \times 7$, 420, 588의 최대공약수가 $2^a \times 3^b \times 7^c$일 때, 세 자연수 a, b, c에 대하여 $a \times b \times c$의 값을 구하시오.

069

두 수 252, $2^3 \times 3 \times a$의 최대공약수가 84일 때, a가 될 수 있는 두 자리 자연수의 개수를 구하시오.

유형 02 서로소

070 대표 문제

다음 중 두 수가 서로소인 것은?

① 6, 10 　　　　② 12, 21 　　　　③ 18, 35
④ 25, 80 　　　　⑤ 51, 85

071

다음 중 15와 서로소인 것을 모두 고르면? (정답 2개)

① 2 　　　　② 3 　　　　③ 5
④ 20 　　　　⑤ 28

072

다음 보기에서 두 수가 서로소인 것을 모두 고른 것은?

┌ 보기 ┐
ㄱ. 2×5, $5^2 \times 7$　　　ㄴ. 5×11, $3 \times 7^2 \times 13$
ㄷ. 66, 72　　　　　　　ㄹ. 56, 117

① ㄱ, ㄴ 　　　　② ㄱ, ㄹ 　　　　③ ㄴ, ㄷ
④ ㄴ, ㄹ 　　　　⑤ ㄷ, ㄹ

073

다음 중 옳은 것은?

① 7과 63은 서로소이다.
② 홀수와 짝수는 항상 서로소이다.
③ 두 자연수가 서로소이면 둘 중 하나는 소수이다.
④ 한 자리 자연수 중 8과 서로소인 수는 모두 4개이다.
⑤ 두 자연수의 공약수의 개수가 1일 때, 두 수는 서로소이다.

074 [대표 문제]

다음 중 두 수 $2 \times 3^2 \times 5$, $2^2 \times 3^2 \times 5^2$의 공약수가 <u>아닌</u> 것은?

① 2×3 ② 2×3^2 ③ $2 \times 3 \times 5$

④ $2 \times 3^2 \times 5$ ⑤ $2 \times 3^2 \times 5^2$

075

다음은 네 명의 학생이 최대공약수가 84인 두 자연수 A, B의 공약수를 적은 것이다. 잘못 적은 학생을 찾고, 그 이유를 쓰시오.

우진 2×3
지우 $2^2 \times 3$
준서 $2^3 \times 7$
수빈 $2 \times 3 \times 7$

076

두 자연수 A, B의 최대공약수가 45일 때, 두 수 A, B의 모든 공약수의 합을 구하시오.

077

다음 조건을 모두 만족시키는 세 자연수 A, B, C의 최대 공약수를 구하시오.

> ㈎ 두 수 A, B의 최대공약수는 40이다.
> ㈏ 두 수 B, C의 최대공약수는 15이다.

078 [대표 문제]

어떤 자연수로 123을 나누면 3이 남고, 77, 92를 각각 나누면 모두 2가 남는다고 한다. 어떤 자연수 중 가장 큰 수를 구하시오.

079

어떤 자연수로 98을 나누면 2가 부족하고, 64를 나누면 나머지가 4이다. 어떤 자연수 중 가장 큰 수를 구하시오.

080

어떤 자연수로 127을 나누면 2가 남고, 247을 나누면 3이 부족하다. 어떤 자연수가 될 수 <u>없는</u> 것을 모두 고르면? (정답 2개)

① 5   ② 10   ③ 15

④ 25   ⑤ 125

081

어떤 자연수로 63을 나누면 나머지가 3이고, 47, 89를 각각 나누면 1이 부족하다. 어떤 자연수 중 가장 큰 수를 구하시오.

유형 05 최대공약수의 실생활 문제

082 [대표 문제]

볼펜 48개, 연필 72개, 지우개 36개를 학생들에게 똑같이 나누어 주려고 한다. 최대 몇 명에게 나누어 줄 수 있는지 구하시오.

083

같은 크기의 정육면체 모양의 블록을 빈틈없이 쌓아서 오른쪽 그림과 같이 가로의 길이가 84 cm, 세로의 길이가 63 cm, 높이가 147 cm인 직육면체가 되게 하려고 한다. 되도록 큰 블록을 사용할 때, 필요한 블록의 개수를 구하시오.

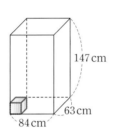
147 cm
63 cm
84 cm

084

가로의 길이가 18 m, 세로의 길이가 24 m인 직사각형 모양의 화단의 둘레에 일정한 간격으로 화분을 놓으려고 한다. 화단의 네 모퉁이에는 반드시 화분을 놓고, 화분의 수를 가능한 한 적게 할 때, 필요한 화분의 수는?

① 10   ② 11   ③ 12
④ 13   ⑤ 14

유형 06 최소공배수 구하기

085 [대표 문제]

두 수 $2^2 \times 3^3$, $2 \times 3^2 \times 5$의 최소공배수는?

① $2 \times 3^2 \times 5$ ② $2^2 \times 3 \times 5$
③ $2^3 \times 3^2$ ④ $2^2 \times 3^2 \times 5$
⑤ $2^2 \times 3^3 \times 5$

086

세 수 42, $2^2 \times 3^2 \times 5$, $2^2 \times 5 \times 7$의 최소공배수를 구하시오.

087

두 수 $2^2 \times 5^2 \times 7$, $2^3 \times 5 \times 11^2$의 최소공배수가 $2^a \times 5^b \times 7 \times 11^c$일 때, 세 자연수 a, b, c에 대하여 $a+b+c$의 값을 구하시오.

088

세 수 $2 \times 3^2 \times 5$, 240, $2^3 \times 3 \times 5^2 \times 7$의 최소공배수가 $2^a \times 3^b \times 5^2 \times 7^c$일 때, 세 자연수 a, b, c에 대하여 $a \times b \times c$의 값을 구하시오.

02

최대공약수와 최소공배수

089 대표 문제

두 자연수의 최소공배수가 450일 때, 다음 중 이 두 수의 공배수가 아닌 것은?

① $2^2 \times 3^2 \times 5^2$　　　② $2 \times 3^3 \times 5^2$

③ $2 \times 3^2 \times 5^3$　　　④ $2^2 \times 3^2 \times 5^2 \times 7$

⑤ $2^3 \times 3 \times 5^3 \times 7$

090

두 자연수의 최소공배수가 72일 때, 이 두 수의 공배수 중 세 자리 자연수의 개수는?

① 11　　　② 12　　　③ 13

④ 14　　　⑤ 15

091

두 수 $2 \times 5 \times 7$, $2 \times 5^2 \times 7$의 공배수 중 2000에 가장 가까운 수를 구하시오.

092

세 수 18, 35, 42의 공배수 중 가장 작은 네 자리 자연수를 구하시오.

093 대표 문제

세 자연수의 비가 2 : 3 : 4이고 이 세 수의 최소공배수가 240일 때, 세 자연수 중 가장 큰 수와 가장 작은 수의 차는?

① 10　　　② 20　　　③ 30

④ 40　　　⑤ 50

094

세 자연수 $4 \times x$, $5 \times x$, $9 \times x$의 최소공배수가 720일 때, x의 값을 구하시오.

095

세 자연수의 비가 2 : 7 : 9이고 이 세 수의 최소공배수가 756일 때, 세 수의 합을 구하시오.

096

세 자연수의 비가 5 : 8 : 14이고 이 세 수의 최소공배수가 840일 때, 세 자연수의 공약수의 개수를 구하시오.

유형 09 최대공약수와 최소공배수가 주어질 때 미지수 구하기

097 대표 문제
두 수 $2^a \times 3^2 \times b$, $2 \times 5^c \times 7$의 최대공약수가 2×7, 최소공배수가 $2^2 \times 3^2 \times 5^3 \times 7$일 때, 세 자연수 a, b, c의 값은? (단, b는 소수이다.)

① $a=2$, $b=5$, $c=3$ ② $a=2$, $b=7$, $c=3$
③ $a=3$, $b=5$, $c=2$ ④ $a=3$, $b=7$, $c=3$
⑤ $a=3$, $b=7$, $c=4$

098
세 수 $2^3 \times 3^2 \times 5$, $2^4 \times 3^a \times 5^2$, $2^2 \times 5^3 \times 7$의 최대공약수가 $2^b \times 5$, 최소공배수가 $2^4 \times 3^4 \times 5^c \times 7$일 때, 세 자연수 a, b, c에 대하여 $a \times b \times c$의 값은?

① 12 ② 16 ③ 20
④ 24 ⑤ 28

099
두 수 $2^2 \times 3^a \times b$, $2^c \times 5 \times d$의 최대공약수가 $2^2 \times 5$, 최소공배수가 $2^3 \times 3 \times 5 \times 11$일 때, 네 자연수 a, b, c, d에 대하여 $a \times b + c \times d$의 값을 구하시오. (단, b, d는 소수이다.)

100
두 수 $2^2 \times 3^a \times 7^b$, $2 \times 3 \times 5^c \times 7$의 최소공배수가 $2^2 \times 3^4 \times 5^3 \times 7$, 최대공약수가 N일 때, 세 자연수 a, b, c에 대하여 $a+b+c+N$의 값을 구하시오.

유형 10 최대공약수 또는 최소공배수가 주어질 때 어떤 수 구하기

101 대표 문제
두 자연수 A, 54의 최소공배수가 $2^2 \times 3^3 \times 7$일 때, 다음 중 A가 될 수 없는 수는?

① 28 ② 84 ③ 140
④ 252 ⑤ 756

102
다음 조건을 모두 만족시키는 자연수 A의 값을 구하시오.

㈎ 두 수 A, 42의 최소공배수는 $2^3 \times 3 \times 7$이다.
㈏ A는 세 자리 자연수이다.

103
세 자연수 A, 30, $3^2 \times 7$의 최소공배수가 $2^2 \times 3^2 \times 5 \times 7$일 때, A의 값 중 9의 배수의 개수를 구하시오.

104
세 자연수 N, $2^2 \times 3 \times 7$, $2^2 \times 3^2 \times 5 \times 7^a$의 최대공약수가 $2^2 \times 3 \times 7$, 최소공배수가 $2^3 \times 3^2 \times 5^2 \times 7$일 때, $N \div 100$의 값을 모두 구하시오. (단, a는 자연수이다.)

105 대표 문제

3, 7, 8의 어떤 수로 나누어도 항상 2가 남는 자연수 중 가장 작은 수를 구하시오.

106

3으로 나누면 1이 남고, 6으로 나누면 4가 남고, 7로 나누면 5가 남는 자연수 중 가장 작은 수를 구하시오.

107

150 이상 200 이하인 자연수 중 6, 7의 어떤 수로 나누어도 항상 3이 남는 자연수를 구하시오.

108

다음 조건을 모두 만족시키는 200 이하의 자연수를 구하시오.

> ㈎ 4로 나누면 1이 남는다.
> ㈏ 6으로 나누면 3이 남는다.
> ㈐ 9로 나누면 6이 남는다.
> ㈑ 5로 나누면 나누어떨어진다.

109 대표 문제

두 분수 $\dfrac{1}{24}$, $\dfrac{1}{28}$의 어느 것에 곱하여도 자연수가 되게 하는 가장 작은 자연수를 구하시오.

110

세 분수 $\dfrac{1}{5}$, $\dfrac{1}{9}$, $\dfrac{1}{12}$의 어느 것에 곱하여도 자연수가 되게 하는 가장 작은 자연수를 구하시오.

111

두 분수 $\dfrac{24}{n}$, $\dfrac{42}{n}$가 모두 자연수가 되게 하는 자연수 n의 개수는?

① 1 ② 2 ③ 3
④ 4 ⑤ 5

112

두 분수 $\dfrac{18}{35}$, $\dfrac{24}{49}$의 어느 것에 곱하여도 자연수가 되게 하는 분수 중 가장 작은 기약분수를 구하시오.

유형 13 최소공배수의 실생활 문제

발전 유형 14 최대공약수와 최소공배수의 관계

113 대표 문제

어느 관광지를 구경하려면 관광지 입구에서 25분 간격으로 출발하는 관광 열차를 이용하거나 40분 간격으로 출발하는 유람선을 이용해야 한다. 오전 9시에 관광 열차와 유람선이 동시에 출발하였을 때, 처음으로 다시 동시에 출발하는 시각은?

① 오전 11시   ② 오전 11시 20분

③ 오전 11시 40분   ④ 오후 12시

⑤ 오후 12시 20분

116 대표 문제

두 자연수 A, $2^2 \times 3^3 \times 5$의 최대공약수가 108, 최소공배수가 $2^3 \times 3^3 \times 5$일 때, A의 값을 구하시오.

117

두 자연수 45, N의 최대공약수가 9, 최소공배수가 540일 때, N의 값을 구하시오.

114

가로의 길이가 15 cm, 세로의 길이가 18 cm인 직사각형 모양의 종이를 같은 방향으로 겹치지 않게 이어 붙여서 가장 작은 정사각형 모양을 만들 때, 필요한 종이의 개수는?

① 24   ② 30   ③ 36

④ 48   ⑤ 56

118

두 자연수의 곱이 175이고 최대공약수가 5일 때, 다음 물음에 답하시오.

(1) 두 자연수의 최소공배수를 구하시오.

(2) 두 자연수의 합을 구하시오.

115

서로 맞물려 도는 두 톱니바퀴 A, B에 대하여 A의 톱니가 45개, B의 톱니가 54개이다. 두 톱니바퀴가 회전하기 시작하여 처음으로 다시 같은 톱니에서 맞물릴 때까지 톱니바퀴 B는 몇 바퀴 회전해야 하는지 구하시오.

119

두 자리 자연수 A, B의 최대공약수가 8, 최소공배수가 80일 때, $A-B$의 값을 구하시오. (단, $A > B$)

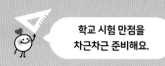
120   유형 01

두 자연수 $6 \times a$와 $4 \times a$의 최대공약수가 24일 때, 자연수 a의 값을 구하시오.

| 해결 전략 | $6 \times a$, $4 \times a$에서 6과 4를 소인수분해 한 형태로 나타내어 두 자연수의 최대공약수를 a를 사용하여 나타낸다.

121   유형 01 ❶ 유형 02

두 수 231과 273을 어떤 자연수로 각각 나누면 두 수가 모두 나누어떨어지고 그 몫이 서로소가 된다. 어떤 자연수를 구하시오.

| 해결 전략 | 어떤 자연수는 231과 273의 약수이므로 231과 273의 공약수이다.

122   유형 03

두 수 $2^2 \times 3^3 \times 5$, $2^3 \times 3^4 \times 7$의 공약수 중 어떤 자연수의 제곱이 되는 수의 개수는?

① 1   ② 2   ③ 3
④ 4   ⑤ 5

| 해결 전략 | 두 수의 공약수는 두 수의 최대공약수의 약수이다.

123   유형 05

가로의 길이가 $72\,cm$, 세로의 길이가 $84\,cm$, 높이가 $12\,cm$인 직육면체 모양의 케이크를 가능한 한 큰 정육면체 모양으로 똑같이 잘라 판매했다. 자른 정육면체 모양의 케이크를 한 개당 5000원씩 모두 팔았을 때, 총 판매 금액을 구하시오.

| 해결 전략 | 가능한 한 큰 정육면체의 한 모서리의 길이는 72, 84, 12의 최대공약수이다.

124   유형 07

어떤 자연수에 9를 곱하면 75와 90의 공배수가 된다고 한다. 이러한 자연수 중 가장 작은 세 자리 수는?

① 100   ② 150   ③ 250
④ 300   ⑤ 500

| 해결 전략 | (어떤 자연수)×9는 75와 90의 공배수이다.

125   유형 12

세 분수 $2\frac{11}{12}$, $\frac{10}{21}$, $\frac{5}{42}$ 중 어느 것에 곱하여도 자연수가 되는 가장 작은 기약분수를 $\frac{a}{b}$라 할 때, $a \times b$의 값을 구하시오. (단, a, b는 자연수이다.)

| 해결 전략 | a는 12, 21, 42의 최소공배수, b는 35, 10, 5의 최대공약수이다.

126

어느 장난감 자동차에는 톱니가 각각 14개, 21개, 35개인 세 톱니바퀴 A, B, C가 서로 맞물려 돌아가고 있다. 톱니바퀴 C가 한 바퀴 회전하면 장난감 자동차는 10 cm를 움직인다고 한다. 세 톱니바퀴가 회전하기 시작하여 처음으로 다시 같은 톱니에서 맞물릴 때까지 장난감 자동차가 움직인 거리를 구하시오.

| 해결 전략 | 세 톱니바퀴가 처음으로 다시 같은 톱니에서 맞물릴 때까지 돌아간 톱니의 수는 14, 21, 35의 최소공배수이다.

127

두 자연수 A, B에 대하여 A와 B의 최대공약수를 $<A,\ B>$와 같이 나타내기로 약속한다. $<18,\ N>=1$을 만족시키는 50 미만의 자연수 N의 개수는?

① 14   ② 15   ③ 16
④ 17   ⑤ 18

| 해결 전략 | 최대공약수가 1인 두 수는 서로소이다.

128

두 수 18과 48로 모두 나누어떨어지는 수를 작은 수부터 차례대로 나열할 때, 두 번째 수를 N이라 하자. 두 수 $N \div 18$과 $N \div 48$의 공약수의 개수를 구하시오.

| 해결 전략 | 18과 48로 모두 나누어떨어지는 수는 18과 48의 공배수이다.

129

세 자연수 72, $2^a \times 3^2 \times 5^2$, $2^2 \times 3^4 \times 7^b$의 최소공배수가 어떤 자연수의 제곱일 때, 가장 작은 자연수 a, b에 대하여 $a \times b$의 값은?

① 2   ② 4   ③ 6
④ 8   ⑤ 10

| 해결 전략 | 어떤 자연수의 제곱인 수는 모든 소인수의 지수가 짝수이어야 한다.

130

세 자연수 12, A, 84의 최대공약수가 12, 최소공배수가 252일 때, A의 값이 될 수 있는 모든 수의 합은?

① 288   ② 290   ③ 300
④ 336   ⑤ 420

| 해결 전략 | 12, A, 84의 최대공약수가 12이므로 세 수는 12의 배수이다.

131

다음 조건을 모두 만족시키는 두 자연수 A, B에 대하여 $A+B$의 값을 구하시오.

> ㈎ A, B의 최대공약수는 3이다.
> ㈏ A, B의 최소공배수는 54이다.
> ㈐ A, B의 차는 21이다.

| 해결 전략 | 두 자연수를 $A=3 \times a$, $B=3 \times b$라 하면 a, b는 서로소이다.

유형 01 부호를 사용하여 나타내기

132 대표 문제

다음 중 밑줄 친 부분을 양의 부호 + 또는 음의 부호 −를 사용하여 나타낸 것으로 옳은 것은?

① 오늘은 <u>수입이 2000원</u>이다. ⇨ −2000원
② 용돈이 작년보다 <u>15 %</u> 올랐다. ⇨ +15 %
③ 2개월 전보다 몸무게가 <u>2 kg 감소</u>하였다. ⇨ +2 kg
④ 열차가 출발한 후 <u>1시간이 지났다.</u> ⇨ −1시간
⑤ 작년보다 키가 <u>6 cm 더 컸다.</u> ⇨ −6 cm

133

다음 밑줄 친 부분을 각각 괄호 안에 부호 + 또는 −를 사용하여 나타내시오.

(1) 수학 점수가 <u>25점 오른 것</u>은 (　　　　)으로 나타낸다.
(2) 건물 <u>지상 5층</u>은 (　　　　)으로 나타내고, <u>지하 4층</u>은 (　　　　)으로 나타낸다.
(3) 책을 사려는 데 <u>500원이 남는 것</u>은 (　　　　), <u>1000원이 부족한 것</u>은 (　　　　)으로 나타낸다.

134

다음 중 부호 + 또는 −를 사용하여 나타낼 때, 나머지 넷과 부호가 다른 하나는?

① 지출 3000원　② 해저 200 m　③ 10 m 하강
④ 지하 3층　　　⑤ 2시간 후

유형 02 정수의 분류

135 대표 문제

다음 수 중 양의 정수의 개수를 a, 음의 정수의 개수를 b라 할 때, $a-b$의 값을 구하시오.

$$-1, \quad 3, \quad -\frac{18}{6}, \quad 0, \quad +\frac{8}{5}, \quad +5, \quad -2.3$$

136

다음 중 자연수가 아닌 정수를 모두 고르면? (정답 2개)

① 1　　　　　　② $-\frac{9}{3}$　　　　③ 0

④ +2.5　　　　⑤ $\frac{11}{8}$

137

다음 수 중 정수의 개수를 구하시오.

$$-4.2, \quad \frac{4}{2}, \quad 0, \quad \frac{4}{3}, \quad 4, \quad -\frac{1}{3}, \quad -2$$

138

다음 중 정수로만 짝 지어진 것은?

① $3, \dfrac{12}{4}, -8, 3.4$　　　　② $6, -2, -\dfrac{2}{4}, 0$

③ $-\dfrac{6}{3}, \dfrac{15}{3}, \dfrac{8}{2}, \dfrac{10}{4}$　　　　④ $-2.3, 4, 5, 7$

⑤ $\dfrac{10}{5}, -4, 0, \dfrac{15}{5}$

유형 03 유리수의 분류

139 대표 문제

다음 수에 대한 설명으로 옳은 것은?

$$-2, \quad +0.1, \quad -1.1, \quad 2.11, \quad \frac{4}{5}, \quad 1\frac{2}{3}, \quad 3, \quad -\frac{12}{3}$$

① 정수는 -2, 3의 2개이다.
② 정수가 아닌 유리수는 8개이다.
③ 음의 정수는 3개이다.
④ 양수는 5개이다.
⑤ 음의 유리수는 2개이다.

140

다음 중 정수가 아닌 유리수를 모두 고르면? (정답 2개)

① $-\frac{15}{3}$ ② 4 ③ $\frac{15}{7}$
④ 0 ⑤ -6.1

141

다음 수 중 양의 유리수의 개수를 a, 음의 정수의 개수를 b, 정수가 아닌 유리수의 개수를 c라 할 때, $a-b+c$의 값을 구하시오.

$$-2, \quad 5.3, \quad +9, \quad -\frac{1}{2}, \quad 0, \quad -3.8, \quad \frac{30}{5}$$

유형 04 정수와 유리수

142 대표 문제

다음 중 옳은 것을 모두 고르면? (정답 2개)

① 0은 양의 유리수이다.
② 자연수는 양수이다.
③ 음의 정수가 아닌 정수는 자연수이다.
④ 유리수는 양의 유리수, 0, 음의 유리수로 이루어져 있다.
⑤ 음의 정수 중 가장 큰 수는 0이다.

143

다음 중 옳지 않은 것은?

① 모든 정수는 분수 꼴로 나타낼 수 있다.
② 0과 1 사이에는 정수가 없다.
③ 음의 유리수는 정수가 아닌 유리수이다.
④ 유리수 중에는 정수가 아닌 수도 있다.
⑤ 서로 다른 두 유리수 사이에는 무수히 많은 유리수가 있다.

144

다음 중 옳은 설명을 한 학생의 이름을 모두 쓰시오.

민지 : 자연수는 모두 유리수야.
서연 : 자연수가 아닌 정수는 모두 음의 정수야.
도현 : 양의 정수 중 가장 작은 수는 1이야.
규리 : 서로 다른 두 유리수 사이에는 적어도 하나의 정수가 있어.

145 `대표 문제`

다음 수직선 위에서 점 A, B, C, D, E가 나타내는 수로 옳지 <u>않은</u> 것은?

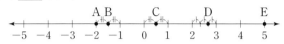

① A : -2 ② B : -1.5 ③ C : $\dfrac{1}{2}$

④ D : $3\dfrac{1}{3}$ ⑤ E : 5

146

다음 수직선 위에서 점 A, B, C, D, E가 나타내는 정수로 옳은 것을 모두 고르면? (정답 2개)

① A : -4 ② B : -2 ③ C : 0
④ D : $+2$ ⑤ E : $+7$

147

다음 수를 수직선 위에 나타낼 때, 가장 오른쪽에 있는 수는?

① -3 ② $\dfrac{9}{2}$ ③ 5

④ -1.5 ⑤ -6

148

다음 수를 수직선 위에 나타낼 때, 왼쪽에서 두 번째에 있는 수를 구하시오.

$$\dfrac{5}{6}, \quad -\dfrac{2}{3}, \quad -2, \quad -1.8, \quad 3$$

149

다음 중 수직선 위의 점 A, B, C, D, E가 나타내는 수에 대한 설명으로 옳은 것은?

① 정수는 2개이다.
② 점 B가 나타내는 수는 -1.2이다.
③ 점 E가 나타내는 수는 $+3.1$이다.
④ 두 점 C, D가 나타내는 수는 음이 아닌 정수이다.
⑤ 두 점 A, B가 나타내는 수는 정수가 아닌 유리수이다.

150

수직선에서 $-\dfrac{7}{5}$에 가장 가까운 정수를 a, $\dfrac{11}{3}$에 가장 가까운 정수를 b라 할 때, 다음 물음에 답하시오.

(1) 수직선 위에 $-\dfrac{7}{5}$, $\dfrac{11}{3}$을 각각 나타내시오.

(2) a, b의 값을 각각 구하시오.

유형 06 수직선에서 같은 거리에 있는 점

151 대표 문제

수직선에서 -6을 나타내는 점과 4를 나타내는 점으로부터 같은 거리에 있는 점이 나타내는 수는?

① -3 ② -1 ③ 1
④ 2 ⑤ 3

152

수직선에서 -3을 나타내는 점으로부터 거리가 5인 두 점이 나타내는 두 수는?

① $-10,\ 0$ ② $-9,\ 1$ ③ $-8,\ 2$
④ $-7,\ 3$ ⑤ $-6,\ 4$

153

수직선에서 -4를 나타내는 점을 A, 8을 나타내는 점을 B라 하고, 두 점 A와 B로부터 같은 거리에 있는 점을 M이라 할 때, 점 M이 나타내는 수를 구하시오.

154

수직선에서 두 수 a, b를 나타내는 두 점 사이의 거리는 14이고, 두 점의 한가운데에 있는 점이 나타내는 수가 4일 때, a, b의 값을 각각 구하시오. (단, $a > b$)

유형 07 절댓값

155 대표 문제

수직선에서 절댓값이 $\dfrac{5}{3}$인 두 수를 나타내는 두 점 사이의 거리를 구하시오.

156

-4의 절댓값을 a, 절댓값이 7인 양수를 b라 할 때, $a + b$의 값을 구하시오.

157

$a = -\dfrac{9}{4}$, $b = \dfrac{3}{4}$, $c = -2$일 때, $|a| - |b| + |c|$의 값은?

① $\dfrac{3}{2}$ ② 2 ③ $\dfrac{5}{2}$
④ 3 ⑤ $\dfrac{7}{2}$

158

$|a| = 5$, $|b| = 6$이고 수직선에서 a를 나타내는 점은 0을 나타내는 점의 오른쪽에 있고, b를 나타내는 점은 0을 나타내는 점의 왼쪽에 있을 때, a, b의 값을 각각 구하시오.

159 대표 문제

다음 중 옳지 <u>않은</u> 것은?

① 절댓값이 가장 작은 음의 정수는 −1이다.

② $a<0$이면 $|a|=-a$이다.

③ 절댓값이 같은 두 수는 서로 같은 수이다.

④ 절댓값이 클수록 수직선에서 원점으로부터 멀리 떨어져 있다.

⑤ 절댓값은 항상 0보다 크거나 같다.

160

다음 중 옳은 것을 모두 고르면? (정답 2개)

① $\dfrac{1}{5}$과 $-\dfrac{1}{5}$의 절댓값은 같다.

② 수직선에서 원점으로부터의 거리가 3인 점이 나타내는 수는 3뿐이다.

③ 절댓값이 1 이하인 정수는 2개이다.

④ 절댓값이 0인 수는 0뿐이다.

⑤ 절댓값이 클수록 수직선에서 원점에 가깝다.

161

다음 보기에서 옳은 것을 모두 고른 것은?

┌ 보기 ├
ㄱ. 절댓값이 2.3인 수는 2.3, −2.3의 2개이다.
ㄴ. 절댓값이 가장 작은 정수는 0이다.
ㄷ. $|a|=|b|$이면 $a=b$이다.
ㄹ. 수직선에서 오른쪽에 있는 수는 왼쪽에 있는 수보다 절댓값이 항상 크다.

① ㄱ   ② ㄴ   ③ ㄷ

④ ㄱ, ㄴ   ⑤ ㄱ, ㄴ, ㄷ

162 대표 문제

절댓값이 같고 부호가 반대인 두 수가 있다. 수직선에서 두 수를 나타내는 두 점 사이의 거리가 12일 때, 두 수 중 작은 수를 구하시오.

163

절댓값이 같고 부호가 반대인 두 수 a, b가 있다. $a=|-3|$일 때, 수직선에서 a, b를 나타내는 두 점 사이의 거리는?

① 6   ② 8   ③ 10

④ 12   ⑤ 14

164

두 수 a, b는 절댓값이 같고 부호가 반대이다. a가 b보다 $\dfrac{16}{5}$만큼 클 때, b의 값을 구하시오.

165

다음 조건을 모두 만족시키는 두 수 a, b를 각각 구하시오.

(가) $|a|=|b|$	(나) $a=b-9$

유형 10 절댓값의 대소 관계

166 대표 문제
다음 수 중 절댓값이 가장 작은 수는?

① $-\dfrac{8}{3}$ ② $\dfrac{12}{5}$ ③ 2

④ -1.9 ⑤ -3

167
다음 수를 수직선 위에 점으로 나타낼 때, 0을 나타내는 점으로부터 가장 멀리 떨어져 있는 점이 나타내는 수는?

① -1 ② 3.7 ③ $\dfrac{5}{4}$

④ -2 ⑤ $-\dfrac{18}{5}$

168
다음 수 중 절댓값이 가장 큰 수를 a, 절댓값이 가장 작은 수를 b라 할 때, $|a|+|b|$의 값을 구하시오.

$$-4.6, \quad \dfrac{9}{2}, \quad 1.7, \quad -2, \quad +4$$

169
다음 수를 절댓값이 큰 수부터 차례대로 나열할 때, 두 번째에 오는 수를 구하시오.

$$-\dfrac{6}{5}, \quad 1.3, \quad -0.7, \quad 4, \quad \dfrac{1}{2}, \quad 0$$

유형 11 절댓값의 범위에 속하는 수 찾기

170 대표 문제
절댓값이 3보다 작은 정수의 개수는?

① 4 ② 5 ③ 6

④ 7 ⑤ 8

171
다음 중 절댓값이 1 이상 4 이하인 수가 <u>아닌</u> 것은?

① $-\dfrac{13}{4}$ ② -4 ③ $-\dfrac{21}{4}$

④ $\dfrac{3}{2}$ ⑤ 3.8

172
$|a|<6.2$를 만족시키는 정수 a의 개수는?

① 8 ② 9 ③ 11

④ 12 ⑤ 13

173
수직선에서 원점과 정수 a를 나타내는 점 사이의 거리가 $\dfrac{10}{7}$보다 작을 때, a의 값을 모두 구하시오.

174 대표 문제

다음 중 대소 관계가 옳지 <u>않은</u> 것은?

① $|-3.5| > 0$ ② $-1 > -2$ ③ $0 < \dfrac{7}{6}$

④ $-\dfrac{7}{3} < -2$ ⑤ $\left|-\dfrac{1}{4}\right| > \left|\dfrac{1}{3}\right|$

175

다음 중 대소 관계가 옳은 것은?

① $1.4 < \dfrac{2}{3}$ ② $-0.3 > 0$ ③ $-\dfrac{1}{2} > -\dfrac{3}{4}$

④ $-\dfrac{1}{2} > \dfrac{1}{3}$ ⑤ $-0.8 > -\dfrac{3}{4}$

176

다음 중 □ 안에 알맞은 부등호가 나머지 넷과 다른 하나는?

① $0 \,\square\, \dfrac{3}{4}$ ② $-\dfrac{2}{5} \,\square\, -\dfrac{3}{5}$

③ $-6 \,\square\, 2$ ④ $\dfrac{1}{6} \,\square\, \left|-\dfrac{1}{3}\right|$

⑤ $\dfrac{2}{7} \,\square\, \dfrac{4}{5}$

177 대표 문제

다음 수를 큰 수부터 차례대로 나열할 때, 세 번째에 오는 수를 구하시오.

$$\dfrac{2}{3}, \quad |-2|, \quad \left|\dfrac{5}{4}\right|, \quad 1, \quad -0.5, \quad -1\dfrac{1}{5}$$

178

눈에 보이는 별의 밝기를 겉보기 등급, 실제 별의 밝기를 절대 등급이라 한다. 겉보기 등급이 낮을수록 밝게 보이는 별이고, 절대 등급이 낮을수록 실제로 밝은 별일 때, 다음 중 가장 밝게 보이는 별과 실제로 가장 밝은 별을 차례대로 쓰시오.

별	시리우스	데네브	북극성
겉보기 등급	-1.5	1.3	2
절대 등급	1.5	-7.2	-4.5

179

다음 수에 대한 설명으로 옳은 것은?

$$2.5, \quad |-4|, \quad -\dfrac{1}{3}, \quad 0.02, \quad 5, \quad -1$$

① 가장 큰 수는 2.5이다.

② 가장 작은 수는 $|-4|$이다.

③ 절댓값이 가장 작은 수는 $-\dfrac{1}{3}$이다.

④ 음수 중 가장 큰 수는 -1이다.

⑤ 0보다 작은 수는 2개이다.

유형 14 부등호를 사용하여 나타내기

180 대표 문제

다음 중 부등호를 사용하여 나타낸 것으로 옳지 <u>않은</u> 것은?

① a는 3보다 크다. ⇨ $a > 3$

② b는 -7보다 작지 않다. ⇨ $b \geq -7$

③ c는 -1 이상이고 0보다 작거나 같다. ⇨ $-1 \leq c \leq 0$

④ d는 0 초과이고 5보다 크지 않다. ⇨ $0 < d < 5$

⑤ e는 -4보다 크거나 같고 2보다 작다. ⇨ $-4 \leq e < 2$

181

다음 문장을 부등호를 사용하여 나타내면?

> x는 $-\dfrac{1}{2}$보다 작지 않고 4 미만이다.

① $-\dfrac{1}{2} < x < 4$ 　　② $-\dfrac{1}{2} \leq x < 4$

③ $-\dfrac{1}{2} < x \leq 4$ 　　④ $-\dfrac{1}{2} \leq x \leq 4$

⑤ $x \leq -\dfrac{1}{2}$, $x > 4$

182

다음 문장에 대하여 물음에 답하시오.

> x의 절댓값은 4보다 크지 않다.

(1) 위의 문장을 부등호를 사용하여 나타내시오.

(2) 위의 문장을 만족시키는 정수 x의 개수를 구하시오.

발전 유형 15 주어진 범위에 속하는 수 찾기

183 대표 문제

다음 중 $-4 \leq a < \dfrac{11}{4}$을 만족시키는 유리수 a가 될 수 <u>없</u>는 것은?

① $-\dfrac{7}{2}$ 　　② -2 　　③ 1.5

④ -4 　　⑤ $\dfrac{10}{3}$

184

$\dfrac{9}{4}$보다 작은 정수 중 가장 큰 수를 x, $-\dfrac{13}{3}$보다 큰 정수 중 가장 작은 수를 y라 할 때, $|x| + |y|$의 값을 구하시오.

185

다음을 만족시키는 정수 x 중 절댓값이 가장 큰 수를 구하시오.

> x는 $\dfrac{8}{3}$보다 작거나 같고 $-\dfrac{15}{2}$보다 크다.

186

다음 조건을 모두 만족시키는 정수 x의 개수를 구하시오.

> (개) x는 $-\dfrac{17}{3}$보다 크고 1보다 작거나 같다.
>
> (내) $|x| < 3$

03

정수와 유리수

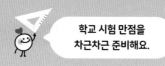
187 　　　　　　　　　　　　　　　　유형 03

유리수 x에 대하여

$$<x> = \begin{cases} 0 & (x는\ 정수) \\ 1 & (x는\ 정수가\ 아닌\ 유리수) \end{cases}$$

이라 할 때, $\left\langle \dfrac{1}{3} \right\rangle + <3> + <0> - <-3.1> - \left\langle -\dfrac{9}{3} \right\rangle$

의 값을 구하시오.

| 해결 전략 | $<\ >$ 안의 수가 정수인지, 정수가 아닌 유리수인지 확인한다.

188 　　　　　　　　　　　　유형 05 ✱ 유형 08

다음 중 옳은 것은?

① 0은 분수로 나타낼 수 없다.
② $|a| < |-1|$이면 a는 -1보다 크고 1보다 작다.
③ 수직선 위에 나타낼 수 없는 유리수도 있다.
④ 수직선에서 $-\dfrac{2}{3}$를 나타내는 점은 0을 나타내는 점의 오른쪽에 있다.
⑤ $|a| < |b|$이면 수직선에서 b를 나타내는 점은 항상 a를 나타내는 점의 오른쪽에 있다.

| 해결 전략 | 주어진 문장을 만족시키지 않는 경우가 있는지 찾아본다.

189 　　　　　　　　　　　　　　　　유형 06

수직선 위의 점 A는 0을 나타내는 점으로부터 4만큼 떨어져 있고, 점 B는 -2를 나타내는 점으로부터 3만큼 떨어져 있다. 두 점 A, B 사이의 거리가 가장 멀 때 두 점 A, B 사이의 거리를 구하시오.

| 해결 전략 | 점 A가 나타내는 수와 점 B가 나타내는 수를 모두 구해서 두 점 사이의 거리가 가장 먼 경우를 찾는다.

190 　　　　　　　　　　　　　　　　유형 09

다음 조건을 모두 만족시키는 두 수 a, b를 각각 구하시오.

> ㈎ a와 b는 절댓값이 같고 부호가 서로 반대이다.
> ㈏ 수직선에서 a, b를 나타내는 두 점 사이의 거리는 8이다.
> ㈐ a는 -2의 절댓값보다 작다.

| 해결 전략 | 절댓값이 같고 부호가 반대인 두 수의 절댓값은 (두 점 사이의 거리)$\times \dfrac{1}{2}$이다.

191 　　　　　　　　　　　　유형 05 ✱ 유형 13

다음 조건을 모두 만족시키는 서로 다른 세 정수 a, b, c를 큰 수부터 차례대로 나열하시오.

> ㈎ b와 c는 -5보다 크다.
> ㈏ c의 절댓값은 -5의 절댓값과 같다.
> ㈐ 수직선에서 a를 나타내는 점은 5를 나타내는 점의 오른쪽에 있다.
> ㈑ 수직선에서 b를 나타내는 점이 c를 나타내는 점보다 -5를 나타내는 점에 더 가깝다.

| 해결 전략 | 조건 ㈎, ㈏를 이용하여 c의 값을 구한다.

192 　　　　　　　　　　　　　　　　유형 11

다음 중 $\dfrac{1}{2} \leq |x| < \dfrac{3}{2}$을 만족시키는 유리수 x가 될 수 <u>없는</u> 것은?

① -1.3 　　　② -0.7 　　　③ -0.4
④ 0.9 　　　⑤ 1.4

| 해결 전략 | 각 수의 절댓값을 구해 $\dfrac{1}{2} \leq |x| < \dfrac{3}{2}$을 만족시키는지 확인한다.

193
유형 15

$-\dfrac{1}{5}$과 $\dfrac{1}{4}$ 사이에 있는 정수가 아닌 유리수 중 분모가 20인 기약분수의 개수는?

① 3   ② 4   ③ 5

④ 6   ⑤ 7

| 해결 전략 | $-\dfrac{1}{5}$과 $\dfrac{1}{4}$을 분모가 20인 분수로 통분한다.

194
유형 09 ✚ 유형 15

$-\dfrac{28}{5}$보다 작은 정수 중 두 번째로 큰 수를 a라 할 때, a와 절댓값이 같고 부호가 반대인 수를 구하시오.

| 해결 전략 | $-\dfrac{28}{5}=-5.6$이므로 $-\dfrac{28}{5}$보다 작은 정수 중 가장 큰 수는 -6이다.

195
유형 07

$a<0$, $b>0$인 두 수 a, b에 대하여 $|a|=|b|\times 3$이고, 수직선에서 a, b를 나타내는 두 점 사이의 거리가 16일 때, a, b의 값을 각각 구하시오.

| 해결 전략 | $|a|=|b|\times 3$이므로 수직선에서 원점으로부터 a를 나타내는 점까지의 거리는 b를 나타내는 점까지의 거리의 3배이다.

196
유형 11

절댓값이 n 이하인 정수가 37개일 때, 자연수 n의 값은?

① 16   ② 17   ③ 18

④ 19   ⑤ 20

| 해결 전략 | 절댓값이 0인 수는 0으로 1개, 절댓값이 양의 정수인 수는 2개씩이다.

197
유형 07 ✚ 유형 12

다음 조건을 모두 만족시키는 두 정수 a와 b의 쌍 $(a,\ b)$의 개수를 구하시오.

(개) $a>b$
(내) $|a|+|b|=4$

| 해결 전략 | $|a|\geq 0$, $|b|\geq 0$임을 이용하여 $|a|+|b|=4$를 만족시키는 $|a|$, $|b|$의 값을 구한 다음 a, b의 쌍 $(a,\ b)$를 구한다.

198
유형 08 ✚ 유형 11

다음 조건을 만족시키는 정수 a의 값을 모두 구하시오.

(개) a, b의 부호는 서로 같다.
(내) $a<b$이고 $|a|>|b|$
(대) $\dfrac{19}{2}<|a|<15$
(래) $|a|$의 약수의 개수는 2이다.

| 해결 전략 | 조건 (개), (내)에 의해 더 큰 수의 절댓값이 작으므로 a, b는 모두 음수이다.

유형 01 유리수의 덧셈

199 (대표 문제)

다음 보기에서 계산 결과가 옳은 것을 모두 고르시오.

┌ 보기 ┐
ㄱ. $(+10)+(-2)=-8$
ㄴ. $(+1.8)+(-2.1)=0.3$
ㄷ. $(-2.9)+(+3.5)=0.6$
ㄹ. $\left(-\dfrac{10}{9}\right)+\left(-\dfrac{5}{3}\right)=-\dfrac{25}{9}$

200

다음 중 계산 결과가 가장 큰 것은?

① $(+9)+(-13)$
② $(-1)+(-4)$
③ $\left(-\dfrac{7}{4}\right)+\left(-\dfrac{9}{5}\right)$
④ $(+3.5)+\left(-\dfrac{23}{5}\right)$
⑤ $\left(+\dfrac{1}{6}\right)+\left(-\dfrac{17}{4}\right)$

201

$a=(+9)+(-4)$, $b=\left(-\dfrac{7}{4}\right)+\left(+\dfrac{7}{2}\right)$일 때, $a+b$의
값을 구하시오.

유형 02 덧셈의 계산 법칙

202 (대표 문제)

다음 계산 과정에서 ㈎, ㈏에 이용된 덧셈의 계산 법칙을
각각 쓰시오.

$$(-18)+(-15)+(+18)$$
$$=(-15)+(-18)+(+18) \quad\Big\}_{(가)}$$
$$=(-15)+\{(-18)+(+18)\} \quad\Big\}_{(나)}$$
$$=(-15)+0$$
$$=-15$$

203

다음 계산 과정에서 ㈎~㈐에 알맞은 것을 써넣으시오.

$$(-4)+(+5)+(-13)+(+30)$$
$$=(-4)+(-13)+(+5)+(+30) \quad\Big\}\boxed{\text{(가)}}$$
$$=\{(-4)+(-13)\}+\{(+5)+(+30)\}\quad\Big\}\boxed{\text{(나)}}$$
$$=(\boxed{\text{(다)}})+(\boxed{\text{(라)}})$$
$$=\boxed{\text{(마)}}$$

204

다음을 덧셈의 교환법칙과 덧셈의 결합법칙을 이용하여
계산하시오.

$$(-2.2)+(+10)+(-6.8)$$

유형 03 유리수의 뺄셈

205 대표 문제

다음 중 계산 결과가 가장 큰 것은?

① $(-5)-(+1)$ ② $(+4)-(+3)$

③ $(+3.5)-(-0.5)$ ④ $\left(-\dfrac{8}{3}\right)-\left(-\dfrac{9}{2}\right)$

⑤ $(-1.1)-\left(+\dfrac{1}{2}\right)$

206

다음 중 계산 과정이 옳지 <u>않은</u> 것은?

① $(-4)-(+3)=(-4)+(-3)$

② $(+0.5)-(+1.2)=(+0.5)+(+1.2)$

③ $(+13)-(-2.7)=(+13)+(+2.7)$

④ $(-3)-\left(-\dfrac{5}{2}\right)=(-3)+\left(+\dfrac{5}{2}\right)$

⑤ $\left(+\dfrac{4}{5}\right)-\left(+\dfrac{2}{3}\right)=\left(+\dfrac{4}{5}\right)+\left(-\dfrac{2}{3}\right)$

207

다음 중 계산 결과가 양수인 것을 모두 고르면? (정답 2개)

① $(-7)-(+7)$ ② $(-1.5)-(+1.8)$

③ $(-7.5)-(-9.5)$ ④ $\left(-\dfrac{17}{4}\right)-(-2)$

⑤ $\left(+\dfrac{7}{6}\right)-\left(+\dfrac{2}{3}\right)$

유형 04 그림으로 설명할 수 있는 계산식 찾기

208 대표 문제

다음 수직선으로 설명할 수 있는 계산식은?

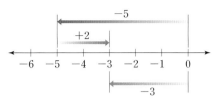

① $(-3)+(+2)=-1$ ② $(-5)+(-2)=-7$

③ $(-5)+(+2)=-3$ ④ $(+2)-(-5)=+7$

⑤ $(-2)+(+5)=+3$

209

다음 수직선으로 설명할 수 있는 계산식은? (정답 2개)

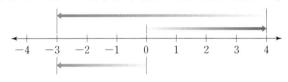

① $(+7)+(+4)=+11$ ② $(+4)+(-7)=-3$

③ $(-3)+(+4)=+1$ ④ $(-3)-(+4)=-7$

⑤ $(+4)-(+7)=-3$

210

다음 그림에서 지원이가 처음 위치에서 -2만큼 이동한 후 다시 $+4$만큼 이동했을 때, 도착한 곳은 집이다.

처음 위치에서 $+4$만큼 이동한 후 다시 -6만큼 이동했을 때, 도착한 곳은 어디인지 구하시오.

211 대표 문제

다음 식을 계산하시오.

$$\left(+\frac{5}{2}\right)+\left(-\frac{1}{3}\right)-\left(-\frac{5}{6}\right)-\left(+\frac{7}{3}\right)$$

212

다음 중 계산 결과가 옳지 <u>않은</u> 것은?

① $(+18)-(-12)-(+15)=15$

② $(+2.4)-(+3.3)+(-0.1)=-1$

③ $\left(-\frac{9}{2}\right)+\left(-\frac{1}{3}\right)-\left(-\frac{5}{6}\right)=-4$

④ $\left(+\frac{3}{2}\right)+\left(-\frac{4}{7}\right)-\left(+\frac{3}{4}\right)=-\frac{5}{28}$

⑤ $\left(-\frac{6}{5}\right)-(-3)-\left(+\frac{1}{2}\right)=\frac{13}{10}$

213

다음과 같이 화살표의 순서대로 덧셈 또는 뺄셈이 진행될 때, 순서에 따라 계산한 값을 구하시오.

$$+\frac{1}{2} \xrightarrow{\ominus} -\frac{4}{3} \xrightarrow{\oplus} -\frac{7}{4} \xrightarrow{\ominus} +1$$

214 대표 문제

다음 식을 계산하시오.

$$-\frac{2}{5}+3-\frac{3}{4}-\frac{3}{2}$$

215

다음 보기에서 계산 결과가 작은 것부터 차례대로 나열하시오.

| 보기 |

ㄱ. $6-13+10$ ㄴ. $-7-13+8$

ㄷ. $-\frac{1}{4}-\frac{1}{3}+\frac{2}{9}$ ㄹ. $-\frac{1}{3}+3+\frac{1}{4}-\frac{5}{3}$

216

다음 두 수 a, b에 대하여 $b-a$의 값은?

$$a=-\frac{1}{6}-\frac{2}{3}-\frac{7}{6}$$
$$b=2+\frac{3}{4}-\frac{1}{2}$$

① $-\frac{5}{4}$ ② 2 ③ $\frac{11}{4}$

④ $\frac{7}{2}$ ⑤ $\frac{17}{4}$

유형 07 어떤 수보다 ☐만큼 큰(작은) 수

217 대표 문제

3보다 -5만큼 큰 수를 a, -2보다 -1만큼 작은 수를 b라 할 때, $a+b$의 값은?

① -5 ② -3 ③ -1

④ 1 ⑤ 3

218

다음 중 가장 큰 수는?

① 2보다 -6만큼 큰 수

② 0보다 4만큼 큰 수

③ 5보다 -4만큼 작은 수

④ -3보다 -5만큼 작은 수

⑤ -3보다 8만큼 큰 수

219

-1보다 -0.7만큼 작은 수를 a라 할 때, a보다 2.2만큼 큰 수를 구하시오.

220

4보다 $-\dfrac{1}{2}$만큼 큰 수를 a, $-\dfrac{3}{5}$보다 $\dfrac{2}{3}$만큼 작은 수를 b라 할 때, $b<x<a$를 만족시키는 모든 정수 x의 개수를 구하시오.

유형 08 덧셈과 뺄셈 사이의 관계

221 대표 문제

$a-(+4)=\dfrac{3}{2}$, $b-\left(-\dfrac{5}{4}\right)=-1$일 때, $a+b$의 값은?

① $-\dfrac{5}{4}$ ② $-\dfrac{1}{4}$ ③ $\dfrac{5}{4}$

④ $\dfrac{9}{4}$ ⑤ $\dfrac{13}{4}$

222

☐$+(-1.2)=\dfrac{4}{3}$일 때, ☐ 안에 알맞은 수를 구하시오.

223

$(-3)+a=-8$, $b-(-5)=7$일 때, $a-b$의 값은?

① -7 ② -4 ③ -1

④ 2 ⑤ 5

224

오른쪽 그림에서 수를 계산하는 규칙을 이용하여 다음 수를 계산할 때, a, b의 값을 각각 구하시오.

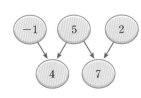

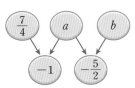

225 대표 문제

어떤 수에 -13을 더해야 할 것을 잘못하여 뺐더니 그 결과가 6이 되었다. 바르게 계산한 답은?

① -20 ② -13 ③ -6

④ 13 ⑤ 20

226

4에서 어떤 수를 빼야 할 것을 잘못하여 더했더니 그 결과가 $-\dfrac{1}{2}$이 되었다. 바르게 계산한 답은?

① 4 ② $\dfrac{11}{2}$ ③ 7

④ $\dfrac{17}{2}$ ⑤ 10

227

어떤 수에서 $-\dfrac{5}{6}$를 빼야 할 것을 잘못하여 더했더니 그 결과가 $-\dfrac{7}{3}$이 되었다. 바르게 계산한 답을 구하시오.

228

$\dfrac{8}{5}$에 어떤 수를 더해야 할 것을 잘못하여 뺐더니 그 결과가 -1이 되었다. 바르게 계산한 답을 구하시오.

229 대표 문제

a의 절댓값은 5이고, b의 절댓값은 3이다. $a+b$의 값 중 가장 작은 값은?

① -8 ② -6 ③ -2

④ 2 ⑤ 8

230

두 수 a, b에 대하여 $|a|=1$, $|b|=4$일 때, $a+b$의 값 중 가장 큰 값을 구하시오.

231

두 수 a, b에 대하여 $|a|=2$, $|b|=7$이다. $a-b$의 값 중 가장 큰 값을 M, 가장 작은 값을 m이라 할 때, $M-m$의 값을 구하시오.

232

부호가 다른 두 수 a, b에 대하여 $|a|=\dfrac{1}{4}$, $|b|=\dfrac{7}{12}$일 때, $a-b$의 값을 모두 구하시오.

유형 11 유리수의 덧셈과 뺄셈의 활용 – 수직선

233 대표 문제

다음 그림과 같은 수직선에서 점 A가 나타내는 수를 구하시오.

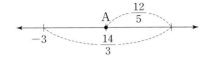

234

수직선 위의 두 점 A, B가 나타내는 수가 각각 $\frac{3}{2}$, -2.8 일 때, 두 점 A, B 사이의 거리는?

① 4.1   ② 4.2   ③ 4.3

④ 4.4   ⑤ 4.5

235

수직선에서 -3을 나타내는 점과의 거리가 $\frac{7}{2}$인 점이 나타내는 수 중에서 큰 것은?

① $-\frac{13}{2}$ ② $-\frac{7}{2}$ ③ $\frac{1}{2}$

④ $\frac{5}{2}$ ⑤ $\frac{9}{2}$

유형 12 유리수의 덧셈과 뺄셈의 활용 – 도형

236 대표 문제

오른쪽 표의 가로, 세로, 대각선에 놓인 세 수의 합이 모두 같을 때, a, b, c의 값을 각각 구하시오.

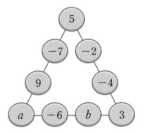

237

오른쪽 그림에서 삼각형의 각 변에 놓인 네 수의 합이 모두 같을 때, $b-a$의 값을 구하시오.

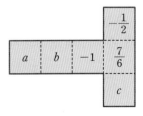

238

오른쪽 그림의 전개도를 이용하여 정육면체를 만들려고 한다. 서로 마주 보는 면에 적힌 두 수의 합이 $\frac{1}{2}$이 되도록 할 때, $a+b-c$의 값을 구하시오.

239 대표 문제

다음 표는 어느 놀이공원의 입장객 수를 전날과 비교하여 증가하면 부호 +, 감소하면 부호 −를 사용하여 나타낸 것이다. 월요일의 입장객이 4000명이었을 때, 금요일의 입장객은 몇 명인지 구하시오.

화요일	수요일	목요일	금요일
+300명	−170명	−130명	+600명

240

다음 표는 어느 달 2일부터 5일까지 지우의 몸무게를 전날과 비교하여 증가하면 부호 +, 감소하면 부호 −를 사용하여 나타낸 것이다. 1일의 지우의 몸무게가 42 kg이었을 때, 5일의 몸무게를 구하시오.

2일	3일	4일	5일
−0.6 kg	+0.8 kg	−0.5 kg	+0.7 kg

241

하민이와 수영이는 주사위 놀이를 하고 있다. 주사위를 던져 나오는 눈의 수가 짝수이면 그 수만큼 점수를 얻고, 홀수이면 그 수만큼 점수를 잃는다고 한다. 두 사람이 주사위를 각각 4번씩 던져서 나온 눈의 수가 다음과 같을 때, 두 사람의 점수의 차를 구하시오.

	1회	2회	3회	4회
하민	2	5	3	1
수영	1	6	2	5

242 대표 문제

다음 중 계산 결과가 0에 가장 가까운 것은?

① $(-3) \times (+2)$ ② $\left(+\dfrac{2}{3}\right) \times \left(+\dfrac{7}{2}\right)$

③ $(-0.6) \times (+5)$ ④ $\left(-\dfrac{4}{5}\right) \times \left(-\dfrac{5}{8}\right)$

⑤ $\left(-\dfrac{1}{5}\right) \times (+0.5)$

243

다음 중 계산 결과가 가장 작은 것은?

① $\left(-\dfrac{3}{4}\right) \times \left(+\dfrac{16}{9}\right)$

② $\left(-\dfrac{25}{28}\right) \times \left(+\dfrac{7}{15}\right)$

③ $\left(+\dfrac{11}{26}\right) \times (-13)$

④ $(+8) \times \left(-\dfrac{3}{2}\right) \times \left(+\dfrac{3}{4}\right)$

⑤ $\left(-\dfrac{4}{3}\right) \times \left(-\dfrac{15}{16}\right) \times \left(-\dfrac{12}{5}\right)$

244

다음 두 수 a, b에 대하여 $a \times b$의 값을 구하시오.

$$a = (-3.2) \times (-5)$$
$$b = \left(+\dfrac{5}{8}\right) \times \left(-\dfrac{16}{15}\right)$$

유형 15 곱셈의 계산 법칙

245 대표 문제
다음 계산 과정에서 ㈎, ㈏에 이용된 곱셈의 계산 법칙을 각각 쓰시오.

$$\left(+\frac{2}{3}\right) \times (-7) \times (+21)$$
$$= (-7) \times \left(+\frac{2}{3}\right) \times (+21) \quad \text{㈎}$$
$$= (-7) \times \left\{\left(+\frac{2}{3}\right) \times (+21)\right\} \quad \text{㈏}$$
$$= (-7) \times (+14)$$
$$= -98$$

246
다음 계산 과정에서 ㈎~㈑에 알맞은 것을 써넣으시오.

$$(-2) \times \left(+\frac{4}{9}\right) \times (-3) \times \left(-\frac{3}{8}\right)$$
$$= (-2) \times (-3) \times \left(+\frac{4}{9}\right) \times \left(-\frac{3}{8}\right) \quad \boxed{\text{㈎}}$$
$$= \{(-2) \times (-3)\} \times \left\{\left(+\frac{4}{9}\right) \times \left(-\frac{3}{8}\right)\right\} \quad \boxed{\text{㈏}}$$
$$= (+6) \times \left(\boxed{\text{㈐}}\right)$$
$$= \boxed{\text{㈑}}$$

247
다음을 곱셈의 교환법칙과 곱셈의 결합법칙을 이용하여 계산하시오.

$$(-0.6) \times \left(+\frac{4}{5}\right) \times (+10) \times \left(-\frac{5}{12}\right)$$

유형 16 곱이 가장 큰(작은) 수 만들기

248 대표 문제
네 수 $\frac{1}{12}$, 20, $-\frac{5}{6}$, $-\frac{1}{4}$ 중에서 서로 다른 세 수를 뽑아 곱한 값 중 가장 큰 수를 구하시오.

249
네 수 $-\frac{8}{7}$, -14, $\frac{5}{2}$, $\frac{1}{5}$ 중에서 서로 다른 세 수를 뽑아 곱한 값 중 가장 작은 수는?

① -9 ② -7 ③ -5
④ -3 ⑤ -1

250
네 수 $-\frac{10}{3}$, $\frac{3}{4}$, -12, $-\frac{1}{6}$ 중에서 서로 다른 세 수를 뽑아 곱한 값 중 가장 큰 수를 a, 가장 작은 수를 b라 할 때, $a+b$의 값은?

① 10 ② $\frac{40}{3}$ ③ $\frac{50}{3}$
④ 20 ⑤ $\frac{70}{3}$

251 대표 문제

다음 중 계산 결과가 가장 큰 것은?

① -2^2　　② $(+0.1)^2$　　③ $\left(-\dfrac{1}{2}\right)^2$

④ $\left(-\dfrac{1}{2}\right)^3$　　⑤ $-\left(-\dfrac{1}{3}\right)^3$

252

다음 중 계산 결과가 옳지 <u>않은</u> 것은?

① $(-3)^2=9$　　　　② $-3^3=-27$

③ $-\left(-\dfrac{1}{3}\right)^2=-\dfrac{1}{9}$　　④ $-\left(-\dfrac{1}{2}\right)^4=\dfrac{1}{16}$

⑤ $-\dfrac{1}{5^2}=-\dfrac{1}{25}$

253

$-(-5)^2\times\left(-\dfrac{2}{5}\right)^3\times\left(-\dfrac{1}{4}\right)^2$을 계산하시오.

254

다음 수 중에서 가장 큰 수를 a, 가장 작은 수를 b라 할 때, $a\times b$의 값은?

$$\left(-\dfrac{1}{2}\right)^5,\ \left(-\dfrac{1}{2}\right)^4,\ -\left(-\dfrac{1}{2}\right)^3,\ -\left(\dfrac{1}{2}\right)^2$$

① $-\dfrac{1}{128}$　　② $-\dfrac{1}{64}$　　③ $-\dfrac{1}{32}$

④ $\dfrac{1}{32}$　　⑤ $\dfrac{1}{64}$

255 대표 문제

다음 중 계산 결과가 나머지 넷과 다른 하나는?

① $(-1)^2$　　② $(-1)^9$　　③ $-(-1)^5$

④ $\{-(-1)\}^5$　　⑤ $\{-(-1)^2\}^8$

256

$(-1)^2\times1+(-1)^3\times2+(-1)^4\times3+(-1)^5\times4$를 계산하면?

① -2　　　② -1　　　③ 0

④ 1　　　⑤ 2

257

$(-1)+(-1)^3+(-1)^5+\cdots+(-1)^{99}$을 계산하면?

① -100　　② -50　　③ 0

④ 50　　⑤ 100

258

$(-1)^{10}-(-1)^{11}+(-1)^{12}-(-1)^{13}$을 계산하시오.

유형 19 분배법칙

259 대표 문제

세 수 a, b, c에 대하여
$$a \times b = -20,\ a \times c = 5$$
일 때, $a \times (b+c)$의 값을 구하시오.

260

다음 식을 만족시키는 유리수 a, b에 대하여 $a+b$의 값은?

$$64 \times (-0.78) + 36 \times (-0.78) = a \times (-0.78) = b$$

① -22 ② -12 ③ 6
④ 12 ⑤ 22

261

세 수 a, b, c에 대하여
$$a \times c = 8,\ a \times (b-c) = 12$$
일 때, $a \times b$의 값을 구하시오.

262

분배법칙을 2번 이상 이용하여 다음을 계산하시오.

$$6.4 \times (-42) + 32 \times 8.1 - 32 \times 1.7$$

유형 20 역수

263 대표 문제

-6의 역수를 a, $1\dfrac{1}{2}$의 역수를 b라 할 때, $a \times b$의 값은?

① $-\dfrac{7}{9}$ ② $-\dfrac{4}{9}$ ③ $-\dfrac{1}{9}$

④ $\dfrac{1}{9}$ ⑤ $\dfrac{4}{9}$

264

다음 중 두 수가 서로 역수가 <u>아닌</u> 것은?

① 1, 1 ② $-\dfrac{4}{3}$, $-\dfrac{3}{4}$ ③ 0.3, $\dfrac{10}{3}$

④ 0.5, $\dfrac{1}{2}$ ⑤ $2\dfrac{1}{3}$, $\dfrac{3}{7}$

265

a의 역수가 -3이고 2.4의 역수가 b일 때, $a+b$의 값을 구하시오.

266

$\dfrac{8}{3}$의 역수를 a, $-\dfrac{7}{4}$의 역수를 b, $\dfrac{3}{5}$의 역수를 c라 할 때, $8 \times a + 14 \times b - 6 \times c$의 값을 구하시오.

267 대표 문제

다음 중 계산 결과가 옳은 것은?

① $(-49) \div (-7) = -7$

② $\left(+\dfrac{1}{4}\right) \div \left(-\dfrac{5}{12}\right) = \dfrac{3}{5}$

③ $\left(-\dfrac{5}{2}\right) \div \left(+\dfrac{15}{8}\right) = -\dfrac{4}{3}$

④ $\left(-\dfrac{3}{5}\right) \div \left(-\dfrac{3}{20}\right) = \dfrac{1}{4}$

⑤ $\left(+\dfrac{3}{4}\right) \div (-1.5) = -2$

268

다음 중 계산 결과가 가장 큰 것은?

① $(+42) \div (-6)$

② $\left(-\dfrac{5}{2}\right) \div \left(+\dfrac{1}{2}\right)$

③ $\left(-\dfrac{2}{5}\right) \div (-5) \div (-1)$

④ $\left(-\dfrac{6}{5}\right) \div (+5) \div (+2)$

⑤ $\left(+\dfrac{11}{3}\right) \div (+22) \div \left(-\dfrac{1}{4}\right)$

269

$a = \dfrac{8}{15} \div \left(-\dfrac{2}{5}\right) \div \dfrac{1}{3}$일 때, a보다 큰 모든 음의 정수의 합을 구하시오.

270 대표 문제

$6 \div \left(-\dfrac{1}{3}\right) \div (-2)^2$을 계산하면?

① $-\dfrac{9}{2}$　　② $-\dfrac{5}{2}$　　③ $-\dfrac{1}{2}$

④ $\dfrac{1}{2}$　　⑤ $\dfrac{5}{2}$

271

다음 중 계산 결과가 가장 큰 것은?

① $(-3) \times 4 \div 2$

② $(-6) \div (-3) \times \left(-\dfrac{3}{2}\right)$

③ $(-1)^3 \times 4 \div \dfrac{16}{5}$

④ $\left(-\dfrac{1}{2}\right)^2 \div \dfrac{5}{4} \times (-3)$

⑤ $\dfrac{9}{4} \times 12 \div \left(-\dfrac{3}{5}\right)$

272

두 수 a, b에 대하여

$$a = \left(-\dfrac{1}{5}\right)^2 \times \left(-\dfrac{20}{7}\right) \div \dfrac{8}{7},$$

$$b = \left(-\dfrac{6}{5}\right) \div (-8) \times \left(-\dfrac{12}{5}\right)$$

일 때, $a \div b$의 값을 구하시오.

유형 23 덧셈, 뺄셈, 곱셈, 나눗셈의 혼합 계산

273 대표 문제

$-3^2-\left\{-2-\dfrac{1}{3}\times\left(3-\dfrac{3}{2}\right)\right\}\div\dfrac{5}{2}$를 계산하시오.

274

다음 식의 계산 순서를 차례대로 나열하시오.

$$25+\dfrac{4}{3}\times\left\{1-\left(-\dfrac{5}{8}\right)^2\div\dfrac{12}{4}\right\}$$
$$\uparrow\quad\uparrow\quad\uparrow\quad\uparrow\quad\uparrow$$
$$ⓐ\quad ⓑ\quad ⓒ\quad ⓓ\quad ⓔ$$

275

$\left(-\dfrac{1}{2}\right)^2\times6+\{17+3\times(24\div9)\}+\dfrac{5}{2}$를 계산하면?

① 25   ② 27   ③ 29

④ 31   ⑤ 33

276

다음 중 계산 결과가 가장 큰 것은?

① $5+\left(\dfrac{1}{3}-\dfrac{5}{6}\right)\times(-2)^2$

② $6-7\div\left(\dfrac{5}{12}+\dfrac{4}{3}\right)$

③ $-(-1)^2+\left\{-\dfrac{1}{10}-\left(-\dfrac{3}{5}+\dfrac{1}{2}\right)\right\}\times5$

④ $\left\{\left(-\dfrac{1}{4}\right)\div\left(\dfrac{5}{8}+\dfrac{3}{16}\right)\right\}\times13+1$

⑤ $\left(-\dfrac{1}{2}\right)^3\times4+\left\{-4+\dfrac{5}{2}\times\left(\dfrac{1}{6}\div\dfrac{5}{6}\right)\right\}$

277

$a=7-28\div\{6\div0.45-16\times(0.5)^2\}$일 때, a의 역수를 구하시오.

278

$a=\left(-\dfrac{1}{3}\right)^3\div\left(-\dfrac{1}{3}\right)^4-4\div\left\{5\times\left(-\dfrac{1}{3}\right)\right\}$일 때, a에 가장 가까운 정수를 구하시오.

279 대표 문제

$(-2) \times a = \dfrac{5}{2}$, $b \div \dfrac{5}{3} = 9$일 때, $a \div b$의 값을 구하시오.

280

$\left(-\dfrac{4}{3}\right) \times a = -12$일 때, a의 값을 구하시오.

281

오른쪽 그림과 같은 규칙이 주어
졌을 때, 다음 그림에서 x의 값
을 구하시오.

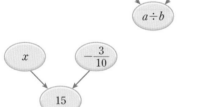

282

다음 □ 안에 알맞은 수를 구하시오.

$$\left(-\dfrac{9}{28}\right) \div \square \times \dfrac{7}{3} = -\dfrac{5}{2}$$

283 대표 문제

어떤 수에 $-\dfrac{4}{3}$를 곱해야 할 것을 잘못하여 나누었더니
그 결과가 $\dfrac{5}{12}$가 되었다. 바르게 계산한 답을 구하시오.

284

어떤 수를 -2로 나누어야 할 것을 잘못하여 곱했더니
그 결과가 $\dfrac{10}{7}$이 되었다. 바르게 계산한 답을 구하시오.

285

$-\dfrac{3}{2}$의 역수를 어떤 수로 나누어야 할 것을 잘못하여
곱했더니 그 결과가 $-\dfrac{1}{15}$이 되었다. 바르게 계산한 답을
구하시오.

286

유리수 a에 $\dfrac{7}{6}$을 더해야 할 것을 잘못하여 나누었더니
그 결과가 -9가 되었다. 바르게 계산한 답을 b라 할 때,
$a \times b$의 값을 구하시오.

유형 26 문자로 주어진 수의 부호

287 대표 문제

$a<0$, $b>0$인 두 수 a, b에 대하여 다음 중 항상 양수인 것은?

① $a+b$　　　② $b-a$　　　③ $a-b$

④ $a \times b$　　　⑤ $a \div b$

288

$a>0$, $b<0$인 두 수 a, b에 대하여 다음 중 항상 옳은 것은?

① $a+b<0$　　　② $a-b<0$　　　③ $a \times b>0$

④ $a^2 \times b>0$　　　⑤ $a \div b^2>0$

289

$a<0$, $b>0$이고 $|a|>|b|$일 때, 다음 보기에서 옳은 것을 모두 고른 것은?

┌ 보기 ┐
ㄱ. $a+b>0$　　　　ㄴ. $a-b<0$
ㄷ. $-a-b<0$　　　ㄹ. $a \div b<0$
└────────┘

① ㄱ, ㄴ　　　② ㄱ, ㄷ　　　③ ㄴ, ㄷ

④ ㄴ, ㄹ　　　⑤ ㄷ, ㄹ

유형 27 유리수의 부호 결정

290 대표 문제

0이 아닌 세 수 a, b, c에 대하여 $a \times b>0$, $c \div a<0$, $b>c$일 때, 다음 중 옳은 것은?

① $a>0$, $b>0$, $c>0$　　　② $a>0$, $b>0$, $c<0$

③ $a>0$, $b<0$, $c>0$　　　④ $a<0$, $b>0$, $c>0$

⑤ $a<0$, $b>0$, $c<0$

291

두 수 a, b에 대하여 $a \times b<0$, $a-b>0$일 때, 다음 중 옳은 것은?

① $a>0$, $b>0$　　　② $a>0$, $b<0$

③ $a=0$, $b<0$　　　④ $a<0$, $b>0$

⑤ $a<0$, $b<0$

292

두 수 a, b에 대하여 $a \times b<0$, $a-b<0$, $|a|<|b|$일 때, 다음 중 그 값이 가장 작은 것은?

① a　　　② $-a$　　　③ b

④ $a+b$　　　⑤ $-a+b$

발전 유형 **28** 수직선에서 두 점 사이의 점

293 대표 문제

수직선에서 두 수 $-\dfrac{12}{5}$와 $\dfrac{2}{3}$를 나타내는 점으로부터 같은 거리에 있는 점이 나타내는 수를 구하시오.

294

오른쪽 수직선에서 점 P는 두 점 A, B로부터 같은 거리에 있는 점이다. 두 점 P, B가 나타내는 수가 각각 $-\dfrac{4}{5}$, 3일 때, 점 A가 나타내는 수를 구하시오.

295

오른쪽 수직선에서 점 P는 두 점 A, B로부터 같은 거리에 있는 점이고, 점 B는 두 점 P, Q로부터 같은 거리에 있는 점이다. 두 점 A, B가 나타내는 수가 각각 $-\dfrac{1}{3}$, 4일 때, 두 점 P, Q가 나타내는 수의 합을 구하시오.

발전 유형 **29** 유리수의 혼합 계산의 활용

296 대표 문제

동전의 앞면이 나오면 2점, 뒷면이 나오면 -1점을 받는 동전 던지기 놀이를 하였다. 지후가 동전을 6번 던져서 앞면이 3번 나왔고, 처음 점수가 0점일 때, 지후의 점수를 구하시오. (단, 동전은 앞면 또는 뒷면으로만 나온다.)

297

연주는 한 문제를 맞히면 8점을 얻고 틀리면 2점을 잃는 퀴즈를 풀었다. 기본 점수 100점에서 시작하고 총 5문제를 푼 결과가 다음 표와 같을 때, 연주의 점수를 구하시오. (단, 맞히면 ○로, 틀리면 ×로 표시한다.)

1번	2번	3번	4번	5번
×	○	×	○	○

298

지은이와 예준이는 주사위 놀이를 하여 짝수의 눈이 나오면 그 눈의 수의 2배만큼 점수를 얻고, 홀수의 눈이 나오면 그 눈의 수만큼 점수를 잃는다고 한다. 다음 표는 두 사람이 주사위를 각각 4번씩 던져서 나온 눈의 수를 나타낸 것이다. 두 사람의 점수를 각각 구하시오.
(단, 두 사람의 처음 점수는 모두 0점이다.)

	1회	2회	3회	4회
지은	5	3	2	4
예준	6	1	5	2

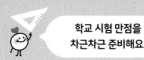

만점 각 잡기

299 　　　　　　　　　　　유형 01

오른쪽 그림에서 위쪽에 위치
한 수가 바로 아래쪽에 위치
한 이웃한 두 수의 합일 때,
$a+b+c$의 값을 구하시오.

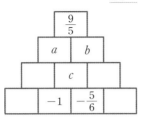

| **해결 전략** | a, b의 값을 각각 구할 수 없으므로 $a+b$의 값을 이용한다.

300 　　　　　　　　　　　유형 06

두 유리수 a, b에 대하여 $a \blacklozenge b = a-b$, $a \odot b = b-a$일 때,
다음을 계산하시오.

$$\left\{\left(\frac{1}{2} \blacklozenge \frac{1}{3}\right) \odot \frac{1}{4}\right\} + \left\{\frac{1}{2} \blacklozenge \left(\frac{1}{3} \odot \frac{1}{4}\right)\right\}$$

| **해결 전략** | 주어진 약속에 따라서 계산하고 괄호에 주의한다.

301 　　　　　　　　　　　유형 07

$-\dfrac{14}{5}$보다 -3만큼 작은 수를 a, 3보다 $\dfrac{5}{2}$만큼 큰 수를
b라 할 때, $a < |x| < b$를 만족시키는 정수 x의 개수는?

① 8　　　　　② 9　　　　　③ 10

④ 11　　　　　⑤ 12

| **해결 전략** | 양의 정수 a에 대하여 $|x|=a$를 만족시키는 x는 2개이다.

302 　　　　　　　　　　　유형 10

다음 조건을 모두 만족시키는 두 수 a, b에 대하여 $a+b$
의 값을 구하시오.

> ㈎ $|a|=4$, $|b|=\dfrac{11}{4}$
>
> ㈏ $a-b=-\dfrac{5}{4}$

| **해결 전략** | 조건 ㈎를 만족시키는 a, b의 값을 모두 구한 후 문제를 해결한다.

303 　　　　　　　　　　　유형 12

오른쪽 그림과 같이 과녁의 각 칸
에 수가 적혀 있다. 색칠한 칸에 적
힌 세 수의 합은 1이고, 색칠하지
않은 칸에 적힌 세 수의 합은 -1
일 때, $a+b$의 값을 구하시오.

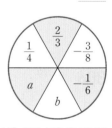

| **해결 전략** | a, b를 사용하여 조건을 만족시키는 식을 각각 세운 후 덧셈과
뺄셈 사이의 관계를 이용하여 a, b의 값을 각각 구한다.

304 　　　　　　　　　　　유형 13

다음 그림과 같이 세 개의 산봉우리 A, B, C가 있다. 산
봉우리 A의 높이가 82 m이고 봉우리와 인접한 골짜기
사이의 높이의 차가 그림과 같을 때, 산봉우리 C의 높이
는?

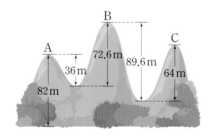

① 84 m　　　　② 88.2 m　　　　③ 92 m

④ 93 m　　　　⑤ 96.8 m

| **해결 전략** | 이전 봉우리 또는 골짜기와 비교하여 높이가 높아지면 부호 $+$,
낮아지면 부호 $-$를 사용하여 나타낸다.

305

유형 29

정현이와 태민이가 가위바위보를 하여 계단 오르기 놀이를 하는데 이기면 2계단 올라가고, 지면 1계단 내려가기로 하였다. 처음 위치를 0으로 하고, 1계단 올라가는 것을 +1, 1계단 내려가는 것을 −1이라 한다. 9번의 가위바위보를 한 결과 정현이가 2번 이기고 7번 졌을 때, 두 사람은 몇 계단 떨어져 있는지 구하시오.

(단, 비기는 경우는 없다.)

| **해결 전략** | 정현이가 2번 이기고 7번 졌으므로 태민이는 7번 이기고 2번 졌다.

306

유형 16

다섯 수 $-\dfrac{9}{5}$, -2, $\dfrac{8}{3}$, $\dfrac{5}{4}$, -3 중에서 서로 다른 세 수를 뽑아 곱한 값 중 가장 작은 수를 a, 가장 큰 수를 b라 할 때, $a<x<b$를 만족시키는 모든 정수 x의 합을 구하시오.

| **해결 전략** | 서로 다른 세 수를 뽑아 곱한 값이 음수인 경우는 음수 3개를 뽑거나 양수 2개와 음수 1개를 뽑는 경우이다.

307

유형 18

$1 \times (-1) + 2 \times (-1)^2 + 3 \times (-1)^3 + \cdots$
$\qquad\qquad + 100 \times (-1)^{100} + 101 \times (-1)^{101}$
의 값을 구하시오.

| **해결 전략** | $(-1)^n = \begin{cases} 1 \ (n \text{이 짝수}) \\ -1 \ (n \text{이 홀수}) \end{cases}$ 임을 이용하여 더하는 수의 규칙을 찾는다.

308

유형 26

다음 수직선에서 두 점 A, B를 나타내는 수를 각각 a, b라 할 때, 옳은 것은?

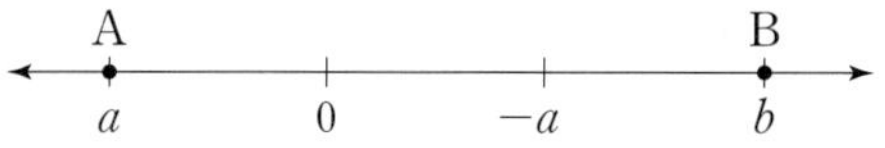

① $a+b<0$, $a-b<0$ 　② $a+b<0$, $a \times b>0$

③ $a+b>0$, $a \div b<0$ 　④ $a-b<0$, $a \div b>0$

⑤ $a-b>0$, $a \times b<0$

| **해결 전략** | 주어진 수직선에서 $a<0$, $b>0$, $|a|<|b|$임을 알 수 있다.

309

유형 26

$-1<a<0$일 때, 다음 중 가장 작은 수는?

① $|-a|$ 　② $-\dfrac{1}{a}$ 　③ $-(-a)$

④ $-a^2$ 　⑤ $\dfrac{1}{a}$

| **해결 전략** | $-1<a<0$을 만족시키는 적당한 a의 값을 대입한다.

310

유형 28

다음 그림과 같이 점 A, B, C, D, E, F는 수직선 위에 같은 간격으로 있고, 점 B, E가 나타내는 수는 각각 −2, 6이다. 점 A, F가 나타내는 수가 각각 a, b일 때, $a \div b$의 값은?

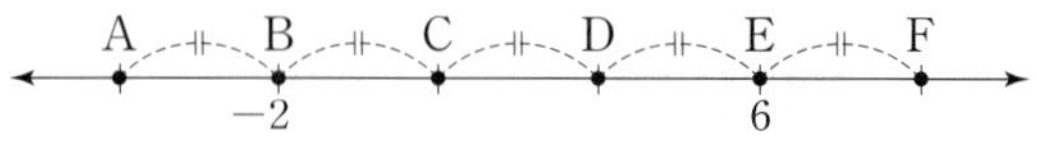

① $-\dfrac{7}{13}$ 　② $-\dfrac{5}{13}$ 　③ $-\dfrac{1}{13}$

④ $\dfrac{1}{13}$ 　⑤ $\dfrac{5}{13}$

| **해결 전략** | 두 점 B, E 사이의 간격을 이용하여 각 점 사이의 간격을 구한다.

유형 또 잡기

o5 문자의 사용과 식의 계산

유형 01 곱셈 기호와 나눗셈 기호의 생략

311 대표 문제

다음 중 옳은 것은?

① $a \times a \times b \times a = 3ab$

② $7 \times a - 5 \times b = 2ab$

③ $a \div b \div 2 = \dfrac{2a}{b}$

④ $a + b \div 2 = a + \dfrac{b}{2}$

⑤ $a + b \div (-1) = -a - b$

312

다음 중 곱셈 기호와 나눗셈 기호를 생략하여 간단히 나타낼 때, 나머지 넷과 다른 하나는?

① $a \div b \times c$ ② $a \div (b \div c)$

③ $a \div b \div \dfrac{1}{c}$ ④ $a \times \dfrac{1}{b} \div \dfrac{1}{c}$

⑤ $a \div \left(\dfrac{1}{b} \div \dfrac{1}{c} \right)$

313

다음 보기에서 $\dfrac{a}{2bc}$와 같은 것을 모두 고르시오.

┌ 보기 ┐
ㄱ. $a \div b \div c \div 2$ ㄴ. $a \div (b \div 2) \div c$

ㄷ. $a \div (b \times 2) \div c$ ㄹ. $a \div 2 \div c \div \dfrac{1}{b}$
└────────┘

유형 02 문자를 사용한 식 – 수, 단위, 비율

314 대표 문제

다음 중 옳지 <u>않은</u> 것은?

① 3000원의 a % ⇨ $30a$원

② 현재 a세인 서현이의 3년 전 나이 ⇨ $(a-3)$세

③ 백의 자리의 숫자가 a, 십의 자리의 숫자가 5, 일의 자리의 숫자가 b인 세 자리 자연수 ⇨ $100a + 5b$

④ x L의 20 % ⇨ $200x$ mL

⑤ x시간 y분 ⇨ $(60x + y)$분

315

다음 보기에서 문자를 사용한 식으로 바르게 나타낸 것을 모두 고르시오.

┌ 보기 ┐
ㄱ. a m b cm는 $(100a + b)$ cm이다.

ㄴ. x km의 30 %는 $30x$ m이다.

ㄷ. 소수점 아래 첫째 자리의 숫자가 a, 둘째 자리의 숫자가 7인 수는 $0.1a + 0.07$이다.

ㄹ. 말 a마리, 닭 b마리의 다리는 모두 $6ab$개이다.

ㅁ. a명의 학생에게 사탕을 5개씩 나누어 주고 2개가 남았을 때 사탕은 모두 $\left(\dfrac{a}{5} - 2 \right)$개이다.
└────────┘

316 대표 문제

어느 꽃 가게에서는 1송이에 2000원인 백합을 10 % 할인 판매하며, 꽃 포장 비용으로 1500원을 받는다고 한다. 이 꽃 가게에서 백합 x송이를 포장하여 살 때, 지불해야 하는 금액을 문자를 사용한 식으로 나타내면?

① $(1800x - 1500)$원
② $(1800x + 1500)$원
③ $(1800x + 2000)$원
④ $(1900x + 2000)$원
⑤ $(2000x + 1500)$원

317

4개에 x원인 지우개 3개를 사고 3000원을 냈을 때, 거스름돈을 문자를 사용한 식으로 나타내면?

① $\left(3000 - \dfrac{4}{3}x\right)$원
② $\left(3000 - \dfrac{3}{4}x\right)$원
③ $\left(3000 - \dfrac{x}{4}\right)$원
④ $(3000 + 4x)$원
⑤ $(3000 + 12x)$원

318

1병에 x원인 주스를 A와 B 두 편의점에서 판매하고 있다. A 편의점에서는 3병을 사면 1병을 더 주고, B 편의점에서는 4병을 사면 25 %를 할인해 준다고 한다. A 편의점과 B 편의점에서 주스 4병을 살 때, 지불해야 하는 금액을 각각 x를 사용한 식으로 나타내시오.

319 대표 문제

다음 중 옳은 것은?

① 가로의 길이가 x cm, 세로의 길이가 7 cm인 직사각형의 둘레의 길이는 $(x + 7)$ cm이다.
② 밑변의 길이가 a cm, 높이가 6 cm인 삼각형의 넓이는 $6a$ cm²이다.
③ 밑변의 길이가 8 cm, 높이가 x cm인 평행사변형의 넓이는 $16x^2$ cm²이다.
④ 한 변의 길이가 a cm인 정오각형의 둘레의 길이는 $5a$ cm이다.
⑤ 두 대각선의 길이가 각각 8 cm, a cm인 마름모의 넓이는 $8a$ cm²이다.

320

오른쪽 그림과 같이 한 모서리의 길이가 $2a$ cm인 정육면체가 있다. 다음을 문자를 사용한 식으로 나타내시오.

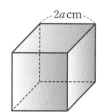

⑴ 정육면체의 겉넓이
⑵ 정육면체의 부피

321

오른쪽 그림과 같은 사각형의 넓이를 문자를 사용한 식으로 나타내시오.

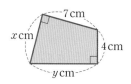

유형 05 문자를 사용한 식 – 거리, 속력, 시간

322 대표 문제

승민이는 x km 마라톤 대회에 참가하여 출발 지점에서 1 km까지는 시속 5 km로 달리다가 나머지 거리는 시속 2 km로 걸었다. 승민이가 마라톤 코스를 완주하는 데 걸린 시간을 문자를 사용한 식으로 나타내면?

① $\left(\dfrac{x}{2}-\dfrac{3}{10}\right)$시간   ② $\left(\dfrac{x}{2}-\dfrac{1}{5}\right)$시간

③ $\dfrac{x}{7}$시간   ④ $\left(\dfrac{x}{2}+\dfrac{1}{5}\right)$시간

⑤ $(5x+2)$시간

323

시속 x km로 일정하게 흐르는 강물 위에 띄운 종이배가 30분 동안 강물을 따라 이동한 거리를 문자를 사용한 식으로 나타내면? (단, 종이배는 바람의 영향을 받지 않는다.)

① $\dfrac{x}{30}$ km   ② $\dfrac{x}{2}$ km   ③ $2x$ km

④ $(x+30)$ km   ⑤ $30x$ km

324

규리네 가족은 A 지점에서 출발하여 290 km 떨어진 B 지점까지 자동차를 이용하여 가려고 한다. 시속 x km로 2시간 동안 갔을 때, 남은 거리를 문자를 사용한 식으로 나타내면? (단, $x<145$)

① $(2x+290)$ km   ② $(290-2x)$ km

③ $\left(290-\dfrac{x}{2}\right)$ km   ④ $(2x-290)$ km

⑤ $\left(290-\dfrac{2}{x}\right)$ km

유형 06 문자를 사용한 식 – 농도

325 대표 문제

농도가 x %인 설탕물 300 g과 농도가 5 %인 설탕물 y g을 섞어서 만든 설탕물에 들어 있는 설탕의 양을 문자를 사용한 식으로 나타내면?

① $\left(\dfrac{2}{x}+\dfrac{20}{y}\right)$ g   ② $\left(\dfrac{x}{3}+20y\right)$ g

③ $\left(3x+\dfrac{y}{20}\right)$ g   ④ $\left(\dfrac{x}{3}+\dfrac{y}{20}\right)$ g

⑤ $(3x+20y)$ g

326

물 100 g에 소금 $3x$ g을 넣어 만든 소금물의 농도를 문자를 사용한 식으로 나타내면?

① $3x$ %   ② $\dfrac{x}{3}$ %   ③ $\dfrac{100x}{3x+100}$ %

④ $\dfrac{300x}{3x+100}$ %   ⑤ $\dfrac{3x+100}{300x}$ %

327

농도가 x %인 소금물 400 g과 농도가 y %인 소금물 300 g을 섞어서 만든 소금물의 농도를 문자를 사용한 식으로 나타내시오.

328 대표 문제

$a=-3$, $b=4$일 때, $ab+\dfrac{10}{a^2-b}$의 값을 구하시오.

329

$x=-1$, $y=3$일 때, 다음 중 식의 값이 나머지 넷과 다른 하나는?

① $\dfrac{1}{3}xy^3$ 　② $3xy$ 　③ $2xy-3$

④ $(-xy)^2$ 　⑤ y^2+18x

330

$a=-2$일 때, 다음 중 식의 값이 가장 큰 것은?

① $5-\dfrac{10}{a}$ 　② $-(-a)^2$ 　③ $-a^2+5$

④ $-\dfrac{16}{a}$ 　⑤ $a-a^2$

331

$a=2$, $b=-3$, $c=4$일 때, $\dfrac{bc}{a}+\dfrac{ac+1}{b^2}$의 값을 구하시오.

332 대표 문제

$x=-\dfrac{1}{5}$일 때, 다음 중 식의 값이 가장 작은 것은?

① $x-5$ 　② $5x$ 　③ $\dfrac{5}{x}$

④ $\dfrac{1}{x^2}$ 　⑤ $-\dfrac{1}{x^3}$

333

$x=-\dfrac{3}{4}$, $y=\dfrac{1}{6}$일 때, $-\dfrac{6}{x}+\dfrac{2}{y}$의 값은?

① 12 　② 14 　③ 16

④ 18 　⑤ 20

334

$a=-\dfrac{1}{2}$, $b=\dfrac{2}{3}$, $c=-\dfrac{3}{4}$일 때, $\dfrac{1}{a}+\dfrac{4}{b}-\dfrac{9}{c}$의 값은?

① -16 　② -8 　③ 0

④ 8 　⑤ 16

유형 09 식의 값의 활용 – 식이 주어진 경우

335 대표 문제

섭씨온도 x °C는 화씨온도로 $\left(\dfrac{9}{5}x+32\right)$ °F이다. 섭씨온도 0 °C에서 물이 언다고 할 때, 화씨온도로 몇 °F에서 물이 어는지 구하시오.

336

지면에서 초속 30 m로 똑바로 위로 던져 올린 물체의 t초 후의 높이는 $(30t-t^2)$ m라 한다. 이 물체의 10초 후의 높이는?

① 200 m   ② 205 m   ③ 210 m
④ 215 m   ⑤ 220 m

337

공기 중에서 소리의 속력은 기온이 x °C일 때, 초속 $(331+0.6x)$ m라 한다. 기온이 30 °C일 때의 소리의 속력은 10 °C일 때의 소리의 속력보다 얼마나 빠른가?

① 초속 4 m   ② 초속 6 m   ③ 초속 8 m
④ 초속 10 m   ⑤ 초속 12 m

유형 10 식의 값의 활용 – 식이 주어지지 않은 경우

338 대표 문제

현재 지면에서의 기온은 24 °C이고, 지면에서 1 km 높아질 때마다 기온은 6 °C씩 낮아진다고 한다. 다음 물음에 답하시오.

(1) 지면에서 a m 높이에서의 기온을 문자를 사용한 식으로 나타내시오.
(2) 지면에서 800 m 높이에서의 기온을 구하시오.

339

어느 중학교의 농구 경기 예선에서는 매 경기마다 승리하면 4점, 무승부이면 1점, 패하면 0점의 승점을 얻게 된다. A 농구팀의 경기 결과가 x승 y무 3패였을 때, 다음 물음에 답하시오.

(1) A 농구팀의 승점을 문자를 사용한 식으로 나타내시오.
(2) A 농구팀이 5승 2무 3패를 하였을 때, 승점을 구하시오.

340

다음 그림과 같이 성냥개비를 사용하여 정사각형이 이어진 도형을 만들 때, 물음에 답하시오.

(1) n개의 정사각형을 만들 때, 필요한 성냥개비의 개수를 문자를 사용한 식으로 나타내시오.
(2) 10개의 정사각형을 만들 때, 필요한 성냥개비의 개수를 구하시오.

341 대표 문제

다음 중 다항식 $-3x^2-\dfrac{x}{7}+1$에 대한 설명으로 옳은 것을 모두 고르면? (정답 2개)

① 상수항은 1이다.
② x의 계수는 -7이다.
③ 항은 $-3x^2$, $\dfrac{x}{7}$, 1이다.
④ 차수가 가장 큰 항은 $-3x^2$이다.
⑤ 다항식의 차수는 3이다.

342

다음 중 단항식은 모두 몇 개인지 구하시오.

$$-6, \quad \frac{1}{x}, \quad \frac{2xy}{3}, \quad 2x^2-1, \quad 5-3y$$

343

다음 중 차수가 가장 큰 다항식은?

① -10
② $5x+2$
③ $\dfrac{x^3-1}{4}$
④ $\dfrac{x}{7}-1$
⑤ $0.9x^2$

344

다음 중 옳은 것은?

① x^2-x의 차수는 1이다.
② $0.3x-0.3$에서 x의 계수와 상수항은 같다.
③ $\dfrac{x}{5}+2$에서 x의 계수는 5이다.
④ $3xy+1$은 단항식이다.
⑤ $x+y-2$의 항은 3개이다.

345

다항식 $-3x-\dfrac{y}{4}-1$에서 x의 계수를 a, y의 계수를 b, 상수항을 c라 할 때, $a+4b-8c$의 값은?

① 1
② 2
③ 4
④ 8
⑤ 16

346

다음 보기에서 다항식 $a-\dfrac{2}{3}b-1$에 대한 설명으로 옳은 것을 모두 고르시오.

┤ 보기 ├
ㄱ. 다항식의 차수는 2이다.
ㄴ. 항은 3개이다.
ㄷ. 상수항은 -1이다.
ㄹ. a의 계수는 0이다.
ㅁ. b의 계수는 $\dfrac{2}{3}$이다.

유형 12 일차식

347 대표 문제

다음 중 일차식인 것을 모두 고르면? (정답 2개)

① $2x+3$ ② $0 \times x+7$ ③ $\dfrac{1}{x}+8$

④ $x+2y$ ⑤ x^2-x

348

다음 보기에서 일차식을 모두 고르시오.

┌ 보기 ├─────────────────────────
ㄱ. 1^2 ㄴ. $\dfrac{x}{4}+y+1$

ㄷ. x^2+x ㄹ. $\dfrac{x}{3}-\dfrac{4}{y}$

ㅁ. y^3-y^2-y ㅂ. $-0.1x-3$
────────────────────────────────

349

다항식 $(5-a)x^2+(5+3a)x-3$이 x에 대한 일차식이 되도록 하는 상수 a의 값을 구하시오.

350

x의 계수가 -2이고, 상수항이 5인 x에 대한 일차식이 있다. $x=3$일 때의 식의 값을 a, $x=-4$일 때의 식의 값을 b라 할 때, $a-b$의 값을 구하시오.

유형 13 일차식과 수의 곱셈, 나눗셈

351 대표 문제

다음 중 옳은 것은?

① $3x \times 2=5x$

② $-2(x-3y)=-2x-3y$

③ $15a \div \dfrac{1}{3}=5a$

④ $(10x-5) \times \dfrac{1}{5}=2x-1$

⑤ $-(2x-1)=-2x-1$

352

$\left(2x-\dfrac{1}{6}\right) \div \dfrac{2}{3}$를 계산하면 $ax+b$일 때, 두 상수 a, b에 대하여 $a+b$의 값을 구하시오.

353

다음 중 계산한 결과가 $-6(-2x+1)$과 같은 것은?

① $(-2x+1) \div (-6)$ ② $3(-4x+6)$

③ $3(4x-2)$ ④ $(-2x+1) \div \dfrac{1}{6}$

⑤ $(4x-2) \div \left(-\dfrac{1}{3}\right)$

354

두 다항식 A, B에 대하여

$$A=\dfrac{1}{2}(6x-4), \quad B=(-12x+6) \div \left(-\dfrac{3}{2}\right)$$

일 때, 다항식 A의 상수항과 다항식 B의 x의 계수의 곱을 구하시오.

355 대표 문제

다음 중 동류항끼리 짝 지어진 것을 모두 고르면? (정답 2개)

① $5x$, $2x$
② $5x$, $5a$
③ $3x^2y$, $3xy^2$
④ $-x$, $-y$
⑤ $4a$, $-a$

356

다음 중 $\dfrac{ab}{3}$ 와 동류항인 것은?

① $\dfrac{1}{3}$
② $\dfrac{xy}{3}$
③ $\dfrac{4}{ab}$
④ $0.7ab$
⑤ $4a^2b$

357

다음 중 y와 동류항인 것은 모두 몇 개인지 구하시오.

$$-\dfrac{x}{2}, \quad 6y^2, \quad 5xy, \quad \dfrac{3}{y}, \quad -\dfrac{y}{2}, \quad \dfrac{2y}{x}, \quad 4y$$

358

다음 식에서 동류항끼리 바르게 짝 지은 것은?

$$5x^2-3xy+4x-y^2+2xy+4-7y$$

① $5x^2$, $-3xy$
② $-3xy$, $2xy$
③ $5x^2$, $-y^2$
④ $4x$, $-7y$
⑤ $4x$, $2xy$

359 대표 문제

$-3(1-4x)-2(2x-3)$을 계산하면?

① $-16x-3$
② $-8x+3$
③ $x-18$
④ $8x-6$
⑤ $8x+3$

360

다음 중 옳지 않은 것은?

① $(3x+6)+(2x-3)=5x+3$
② $(-3y+2)-(y-5)=-4y+7$
③ $3(2x-7)+2(2x-1)=10x-23$
④ $4(5x-3)-3(2x-1)=14x-15$
⑤ $\dfrac{1}{3}(6x+3)+\dfrac{1}{2}(4x-10)=4x-4$

361

$\left(\dfrac{3}{2}\right)^2 \times \left(4x-\dfrac{2}{9}\right)-(ax+b)$를 계산하면 x의 계수는 15, 상수항은 $\dfrac{3}{2}$일 때, 두 상수 a, b에 대하여 $\dfrac{a}{b}$의 값을 구하시오.

유형 16 복잡한 일차식의 덧셈, 뺄셈

362 대표문제

다음 식을 계산하시오.

$$-3+\{3x-2(2x-5)\}$$

363

$6x+5-2\{-1-2(3x-1)\}$을 계산하면 $ax+b$일 때, 두 상수 a, b에 대하여 $a-b$의 값을 구하시오.

364

$-2(x-3)-\left\{x+\dfrac{1}{4}(-8x+4)\right\}$를 계산하면?

① $-5x+2$ ② $-x+5$ ③ $x-7$

④ $2x-5$ ⑤ $5x-7$

365

$x-\dfrac{1}{2}[3-\{x-4(2x-1)-(x+3)\}]$을 계산하였을 때, x의 계수를 구하시오.

유형 17 분수 꼴인 일차식의 덧셈, 뺄셈

366 대표문제

$\dfrac{5x-11}{2}-\dfrac{3x-13}{3}$을 계산하면?

① $-\dfrac{3}{2}x-\dfrac{59}{6}$ ② $-\dfrac{3}{2}x+\dfrac{7}{6}$ ③ $\dfrac{2}{5}x+\dfrac{2}{5}$

④ $\dfrac{3}{2}x-\dfrac{23}{3}$ ⑤ $\dfrac{3}{2}x-\dfrac{7}{6}$

367

$\dfrac{7-3x}{4}-\dfrac{-2-6y}{5}-y$를 계산하였을 때, x의 계수를 a, y의 계수를 b, 상수항을 c라 하자. 이때 $ab+c$의 값을 구하시오.

368

$y-\dfrac{x+4y}{3}+\dfrac{x+y-4}{2}$를 계산하였을 때, y의 계수와 상수항의 곱을 구하시오.

369 `대표 문제`

오른쪽 그림과 같이 가로의 길이가 $5a+6$, 세로의 길이가 8인 직사각형에서 색칠한 부분의 넓이를 문자를 사용한 식으로 나타내시오. (단, 색칠한 부분은 폭이 3으로 일정하다.)

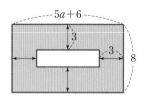

370

오른쪽 그림과 같이 가로의 길이가 40 m, 세로의 길이가 50 m인 직사각형 모양의 밭에 폭이 $\frac{1}{2}x$ m로 일정하고 각 변에 수직인 길을 만들었다. 네 밭의 둘레의 길이의 합을 문자를 사용한 식으로 나타내면?

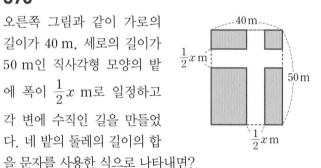

① $(180-x)$ m   ② $(180-2x)$ m
③ $(360-x)$ m   ④ $(360-2x)$ m
⑤ $(360-4x)$ m

371

오른쪽 그림은 어떤 박물관 전시실의 설계도이다. 전체는 한 변의 길이가 $2x$인 정사각형 모양이고, 전시실 A, B, C, D는 모두 직사각형 모양일 때, 전시실 A와 전시실 C의 넓이의 합을 문자를 사용한 식으로 나타내시오.

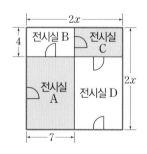

372 `대표 문제`

$A=2x+5$, $B=3x-2$일 때, $2A-3B$를 x를 사용한 식으로 간단히 나타내면?

① $-7x-1$ ② $-7x-11$ ③ $-5x-1$
④ $-5x+16$ ⑤ $13x+4$

373

$A=-4x+1$, $B=-x+3$일 때, $A-5B$를 x를 사용한 식으로 간단히 나타내면?

① $-9x-14$ ② $-9x+16$ ③ $-5x+16$
④ $x-14$ ⑤ $x+16$

374

$A=-5x+1$, $B=-x+7$, $C=2x-1$일 때, $-A+2B-3C$를 x를 사용한 식으로 간단히 나타내시오.

375

$A=x-\dfrac{y}{5}$, $B=\dfrac{3}{4}x-\dfrac{1}{8}y$일 때, $3A-8(A+B)$를 x, y를 사용한 식으로 간단히 나타내시오.

발전 유형 20 어떤 다항식 구하기

376 대표 문제

어떤 다항식에서 $12x-9$를 뺐더니 $-5x+6$이 되었다. 이때 어떤 다항식은?

① $-17x+15$ ② $-7x+3$ ③ $7x-3$

④ $7x+15$ ⑤ $17x-15$

377

$-5(-x+2)+$ ▭ $=3x-4$일 때, ▭ 안에 알맞은 식은?

① $8x-14$ ② $8x+6$ ③ $-2x-14$

④ $-2x-6$ ⑤ $-2x+6$

378

다음 조건을 모두 만족시키는 두 다항식 A, B에 대하여 $\dfrac{1}{2}A+B$를 x를 사용한 식으로 간단히 나타내시오.

> ㈎ A에서 $-7x+1$을 뺐더니 $3x-11$이 되었다.
> ㈏ B에 $5x-8$을 더했더니 $9x-10$이 되었다.

379

다음 표에서 가로, 세로, 대각선에 놓인 세 다항식의 합이 모두 같을 때, $A-B$를 x를 사용한 식으로 간단히 나타내시오.

	$-2x+2$	$-2x+3$
$-5x+4$	$-3x+1$	B
$x+1$	A	

발전 유형 21 잘못 계산된 식을 바르게 고쳐 계산하기

380 대표 문제

어떤 다항식에서 $2x-5$를 빼야 할 것을 잘못하여 더했더니 $3x-8$이 되었다. 이때 바르게 계산한 식은?

① $-7x+2$ ② $-x-2$ ③ $-x+2$

④ $x-8$ ⑤ $x-2$

381

어떤 다항식에 $3x-4$를 더해야 할 것을 잘못하여 뺐더니 $2x-10$이 되었다. 이때 바르게 계산한 식은?

① $-x-6$ ② $4x-8$ ③ $5x-14$

④ $8x-18$ ⑤ $8x+18$

382

$-2x+5$에서 어떤 다항식을 빼야 할 것을 잘못하여 더했더니 $9x+3$이 되었다. 이때 바르게 계산한 식은?

① $-15x+5$ ② $-13x+7$ ③ $-9x-3$

④ $7x+8$ ⑤ $11x-2$

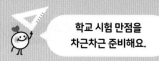
383　　　　　　　　　　　　　　　　　　유형 02

남학생이 a명, 여학생이 120명인 어떤 중학교의 수학 시험 결과 남학생의 평균 점수가 68점, 여학생의 평균 점수가 b점이었다. 이 학교 전체 학생의 평균 점수를 문자를 사용한 식으로 나타내면?

① $\dfrac{68+b}{a+120}$ 점　　　　② $\dfrac{68a+120b}{a+120}$ 점

③ $\dfrac{68+a}{b+120}$ 점　　　　④ $\dfrac{120a+68b}{a+120}$ 점

⑤ $\dfrac{68+b}{2}$ 점

| 해결 전략 | 학교 전체 학생의 평균 점수는
$\dfrac{(\text{남학생의 총점})+(\text{여학생의 총점})}{(\text{전체 학생 수})}$ 이다.

384　　　　　　　　　　　　　　　　　　유형 07

오른쪽 그림과 같이 $2x$를 넣으면 $3x^2+5x-2$의 값이 나오는 상자가 있다. 이 상자에 -8을 넣었을 때, 나오는 값을 구하시오.

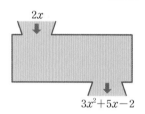

| 해결 전략 | $2x$ 대신 -8을 넣었으므로 $2x$의 값이 -8일 때, x의 값을 구한다.

385　　　　　　　　　　　　　　　　　　유형 11

다음은 다항식 $\dfrac{-5x^2+3x}{2}-1$에 대한 설명이다. ①~⑤ 중 잘못된 부분을 모두 찾아 바르게 고치시오.

> ① 항은 $\dfrac{-5x^2+3x}{2}$, -1의 2개이고,
> ② 다항식의 차수는 2이다.
> ③ x^2의 계수는 -5, ④ x의 계수는 3,
> ⑤ 상수항은 -1이다.

| 해결 전략 | $\dfrac{-5x^2+3x}{2}-1$을 $-\dfrac{5}{2}x^2+\dfrac{3}{2}x-1$로 나타낸다.

386　　　　　　　　　　　　　　　　　　유형 15

n이 홀수일 때, 다음 식을 계산하시오.

$$(-1)^n(2x-1)-(-1)^{n+1}(2x+1)$$

| 해결 전략 | n이 홀수이므로 $n+1$은 짝수이다.

387　　　　　　　　　　　　유형 12 ⊕ 유형 15

두 일차식 A와 B는 x의 계수가 모두 3이고, 상수항은 절댓값이 같고 부호가 반대이다. $A-B=2$일 때, 두 일차식 A와 B를 각각 구하시오.

| 해결 전략 | A와 B의 상수항은 절댓값이 같고 부호가 반대이므로 A의 상수항을 a라 하면 B의 상수항은 $-a$이다.

388　　　　　　　　　　　　　　　　　　유형 17

두 수 a, b가 다음과 같을 때, $\dfrac{1}{a}+\dfrac{7}{b}$의 값을 구하시오.

> • $\dfrac{x+1}{2}-\dfrac{4x+3}{5}$을 간단히 하면 상수항은 a이다.
> • $\dfrac{-y+4}{3}-2(y-1)$을 간단히 하면 y의 계수는 b이다.

| 해결 전략 | a, b의 값을 구한 후 각각의 역수인 $\dfrac{1}{a}$, $\dfrac{1}{b}$의 값을 구한다.

389

유형 19

$A=3x-2y$, $B=-x+4y$일 때, $\dfrac{2A-5B}{3}-\dfrac{A-3B}{2}$
를 x, y를 사용한 식으로 간단히 나타내시오.

| 해결 전략 | $\dfrac{2A-5B}{3}-\dfrac{A-3B}{2}$를 간단히 한 후 A, B를 대입한다.

390

유형 05

길이가 x m인 기차가 길이가 700 m인 다리를 시속 60 km
로 완전히 통과하는 데 걸린 시간을 문자를 사용한 식으로 나타내면?

① $(x+700)$분

② $\dfrac{x+700}{60}$ 분

③ $\dfrac{x+700}{1000}$ 분

④ $\dfrac{60}{x+700}$ 분

⑤ $\dfrac{1000}{x+700}$ 분

| 해결 전략 | 시속 60 km는 분속 몇 m와 같은지 구한다.

391

유형 04 ⊕ 유형 13

한 변의 길이가 12인 정사각형
모양의 종이 ABCD를 오른쪽
그림과 같이 꼭짓점 A가 변
BC 위의 점 H에 오도록 접었
다. 색칠한 부분의 넓이를 문자
를 사용한 식으로 나타내시오.

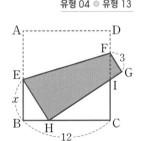

| 해결 전략 | 색칠한 부분은 사각형 AEFD와 합동이므로 사다리꼴이다.

392

유형 18

가로의 길이가 10 cm, 세로의 길이가 8 cm인 직사각형
모양의 종이 n장을 다음 그림과 같이 이어 붙여서 직사각
형 모양의 띠를 만들었다. 종이와 종이는 2 cm의 폭만큼
풀로 붙였다고 할 때, 완성된 띠에 대하여 물음에 답하시오.

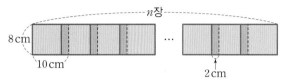

(1) 둘레의 길이를 문자를 사용한 식으로 나타내시오.
(2) 넓이를 문자를 사용한 식으로 나타내시오.

| 해결 전략 | 종이를 한 장씩 붙일 때마다 늘어나는 띠의 가로의 길이를 구한다.

393

유형 16 ⊕ 유형 18

오른쪽 그림과 같이 윗변의 길이
가 $2x$, 아랫변의 길이가 $3x+1$,
높이가 10인 사다리꼴이 있다.
이 사다리꼴에서 아랫변의 길이
를 25 % 늘이고, 높이를 20 %
줄여서 만든 사다리꼴의 넓이를 문자를 사용한 식으로 간
단히 나타내시오.

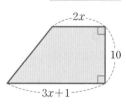

| 해결 전략 | 길이가 a인 선분을 b % 늘인 선분의 길이는
$\left(1+\dfrac{b}{100}\right)a=\dfrac{100+b}{100}a$이다.

394

유형 19 ⊕ 유형 20

세 다항식 A, B, C에 대하여
$$A-(3x+2)=-x+5,$$
$$B-4x+7=A,$$
$$C-\frac{3}{2}(-6x+4)=B$$

가 성립할 때, $A+B+C$를 x를 사용한 식으로 간단히
나타내시오.

| 해결 전략 | 다항식 A, B, C를 차례대로 구한다.

395 대표 문제

다음 중 등식인 것을 모두 고르면? (정답 2개)

① $3+7=10$ ② $4<7$
③ $2x+3+5y$ ④ $x=0$
⑤ $x\geq0.2$

396

다음 중 등식이 <u>아닌</u> 것은?

① $2+2+2+2+2=10$
② $2x+4=20$
③ $1+4=7$
④ $3x-1=x-1+2x$
⑤ $3x\leq11$

397

다음 보기에서 등식인 것을 모두 고르시오.

┌ 보기 ├
ㄱ. $-2-x^2$ ㄴ. $1+5=15$
ㄷ. $x-3=6$ ㄹ. $4<-1$
ㅁ. $x+2y=1$ ㅂ. $x-1=1-x$

398 대표 문제

다음 중 문장을 등식으로 나타낸 것으로 옳지 <u>않은</u> 것은?

① 어떤 수 x의 2배에서 3을 빼면 7이다. ⇨ $2x-3=7$
② 길이가 75 cm인 끈을 x cm씩 5번 잘라 내면 11 cm가 남는다. ⇨ $75-5x=11$
③ 1 L에 x원인 기름 3 L의 가격은 6000원이다.
   ⇨ $3x=6000$
④ 가로의 길이가 x cm, 세로의 길이가 y cm인 직사각형의 둘레의 길이는 26 cm이다. ⇨ $2(x+y)=26$
⑤ 아버지의 나이 x세는 민준이의 나이 y세보다 31세 더 많다. ⇨ $x+y=31$

399

다음 보기에서 등식으로 나타낼 수 있는 것을 모두 골라 등식으로 나타내시오.

┌ 보기 ├

ㄱ. 어떤 수 x를 6배한 수는 x에 10을 더한 수와 같다.
ㄴ. 1000원짜리 음료수를 10 % 할인하여 3개 샀다.
ㄷ. 의자의 개수 x는 9보다 작다.
ㄹ. -5에 양수 x를 세 번 더했더니 양수가 되었다.
ㅁ. 친구와 편의점에 가서 x원짜리 컵라면 2개를 사고 10000원을 냈더니 거스름돈 y원을 돌려받았다.

유형 03 방정식의 해

400 대표 문제
다음 중 [ ] 안의 수가 주어진 방정식의 해가 <u>아닌</u> 것은?

① $3-2x=-5$ [4]　② $2-(4+x)=x$ [-1]

③ $\dfrac{x-1}{3}=\dfrac{x}{2}$ [-2]　④ $2x-5=1$ [-3]

⑤ $x-3(x-2)=6$ [0]

401
다음 중 방정식의 해가 $x=1$인 것은?

① $2x-1=-1$　　② $x=2x-3$

③ $3x-4=4x-5$　④ $2x-5=-x+4$

⑤ $\dfrac{5x+1}{2}=\dfrac{4x+6}{3}$

402
다음 중 방정식의 해가 $x=-2$가 <u>아닌</u> 것은?

① $x=-x-4$　　② $1-3x=7$

③ $2x+6=5x+12$　④ $2(x-1)=x$

⑤ $4x+8=0$

403
x가 -1 이상 3 미만의 정수일 때, 방정식 $2x+3=6-x$의 해를 구하시오.

유형 04 항등식

404 대표 문제
다음 중 x의 값에 관계없이 항상 참인 등식은?

① $4x=8$　　② $x+2x=6$

③ $3x-4=x-12$　④ $4x-7x=-3x$

⑤ $x+1=2x+1-5x$

405
다음 중 항등식인 것을 모두 고르면? (정답 2개)

① $x+2=3x$　　② $3x+5x=8x$

③ $x+11=-11+x$　④ $5x-1-2x=-1+3x$

⑤ $0.4(x-1)=0.4x-1$

406
다음 보기에서 모든 x의 값에 대하여 항상 참인 등식을 모두 고르시오.

┌ 보기 ├
ㄱ. $3x-2=2-3x$　　ㄴ. $x+x=2x^2$

ㄷ. $x-x=2-2$　　ㄹ. $x-6=3x-6-2x$

ㅁ. $4+2x=2(2+2x)$　ㅂ. $-3(x-1)+1=4-3x$

407 대표 문제

등식 $-4(x+1)+5=-4x+a$가 x에 대한 항등식일 때, 상수 a의 값은?

① -5 　　② -1 　　③ 1

④ 5 　　⑤ 8

408

등식 $x-(4x-a)=b(1-x)+2$가 모든 x의 값에 대하여 항상 참일 때, 두 상수 a, b에 대하여 $2ab$의 값을 구하시오.

409

등식 $\dfrac{6-3x}{2}+b=a(x-5)-2$가 x의 값에 관계없이 항상 성립할 때, 두 상수 a, b에 대하여 $b-a$의 값은?

① -4 　　② -2 　　③ 0

④ 2 　　⑤ 4

410

등식 $-(5-3x)+9x=2x-7+A$가 x의 값에 관계없이 항상 참일 때, 일차식 A를 구하시오.

411 대표 문제

다음 중 옳지 <u>않은</u> 것은?

① $a=b$이면 $a-2=b-2$이다.

② $a=b$이면 $3a=2b$이다.

③ $a=3b$이면 $\dfrac{a}{3}=b$이다.

④ $a+5=b+5$이면 $a=b$이다.

⑤ $-\dfrac{a}{4}=-\dfrac{b}{4}$이면 $a=b$이다.

412

$4x-3=7$일 때, 다음 중 옳지 <u>않은</u> 것은?

① $4x=10$ 　　② $4x-5=5$

③ $8x-6=14$ 　　④ $x-\dfrac{3}{4}=7$

⑤ $-4x-3=-13$

413

다음 □ 안에 알맞은 수가 나머지 넷과 다른 하나는?

① $3a=12$이면 $3a-\square=10$이다.

② $\dfrac{a}{2}=4$이면 $\dfrac{a}{4}=\square$이다.

③ $-3a=6$이면 $a=\square$이다.

④ $a-2=0$이면 $a=\square$이다.

⑤ $-\dfrac{a}{10}=-\dfrac{1}{5}$이면 $a=\square$이다.

414

$a=2b$일 때, 다음 중 옳은 것은?

① $\dfrac{a}{2}=b$ ② $a-1=2b-2$

③ $a-2=2(b-2)$ ④ $2a=b$

⑤ $4-a=4+2b$

415

다음 보기에서 옳은 것을 모두 고른 것은?

┤ 보기 ├

ㄱ. $ab=bc$이면 $a=c$이다.

ㄴ. $3a=2b$이면 $\dfrac{a}{3}=\dfrac{b}{2}$이다.

ㄷ. $a=-b+1$이면 $3a+7=-3b+10$이다.

ㄹ. $\dfrac{a}{2}=\dfrac{b}{5}$이면 $5(a+1)=2(b+1)$이다.

ㅁ. $a=3b$이면 $2(a-b)=4b$이다.

① ㄱ, ㄴ   ② ㄱ, ㄹ   ③ ㄴ, ㅁ

④ ㄷ, ㄹ   ⑤ ㄷ, ㅁ

416

세 유리수 a, b, c에 대하여 $2a-1=1+2b$일 때, 다음 중 옳지 <u>않은</u> 것은? (단, $c\neq0$)

① $2a-2=2b$ ② $2a-2c=2(b+c+1)$

③ $\dfrac{a-b}{c}=\dfrac{1}{c}$ ④ $ac=bc+c$

⑤ $2a+2b=2+4b$

유형 07 등식의 성질을 이용한 방정식의 풀이

417 대표 문제

다음은 방정식 $\dfrac{2}{7}x+5=\dfrac{13}{7}$을 푸는 과정이다. ㉠, ㉡, ㉢ 중 등식의 성질 '$a=b$이면 $ac=bc$이다.'를 이용한 곳을 고르시오. (단, c는 자연수이다.)

$$\dfrac{2}{7}x+5=\dfrac{13}{7} \Bigg\}㉠$$
$$2x+35=13 \Bigg\}㉡$$
$$2x=-22 \Bigg\}㉢$$
$$\therefore x=-11$$

418

오른쪽은 등식의 성질을 이용하여 방정식 $\dfrac{x+7}{3}=-2$를 푸는 과정이다. ㈎, ㈏에서 이용한 등식의 성질을 보기에서 바르게 짝 지은 것은? (단, $a=b$이고 c는 자연수이다.)

$$\dfrac{x+7}{3}=-2 \Bigg\}㈎$$
$$x+7=-6 \Bigg\}㈏$$
$$\therefore x=-13$$

┤ 보기 ├

ㄱ. $a+c=b+c$ ㄴ. $a-c=b-c$

ㄷ. $ac=bc$ ㄹ. $\dfrac{a}{c}=\dfrac{b}{c}$

① ㈎ － ㄱ, ㈏ － ㄴ   ② ㈎ － ㄷ, ㈏ － ㄱ

③ ㈎ － ㄷ, ㈏ － ㄴ   ④ ㈎ － ㄹ, ㈏ － ㄱ

⑤ ㈎ － ㄹ, ㈏ － ㄴ

419

다음 중 등식의 성질 '$a=b$이면 $a-c=b-c$이다.'를 이용하여 방정식을 풀지 <u>않은</u> 것은? (단, c는 자연수이다.)

① $x+5=-2 \Rightarrow x=-7$
② $x+11=13 \Rightarrow x=2$
③ $\dfrac{1}{2}x+1=\dfrac{3}{2} \Rightarrow x=1$
④ $3x-4=2 \Rightarrow x=2$
⑤ $\dfrac{5x+1}{4}=-1 \Rightarrow x=-1$

420

다음은 등식의 성질을 이용하여 방정식 $7x-3=-11+5x$를 푸는 과정이다. (가), (나), (다)에 알맞은 것을 구하시오.

$$7x-3=-11+5x$$
$$7x-3+\boxed{\text{(가)}}=-11+5x+\boxed{\text{(가)}}$$
$$7x=5x-8$$
$$7x-\boxed{\text{(나)}}=5x-8-\boxed{\text{(나)}}$$
$$2x=-8$$
$$\frac{2x}{\boxed{\text{(다)}}}=\frac{-8}{\boxed{\text{(다)}}}$$
$$\therefore x=-4$$

421

흰 구슬과 검은 구슬을 다음 그림과 같이 접시저울에 올려놓았더니 평형을 이루었다. 흰 구슬 한 개의 무게가 15 g일 때, 등식의 성질을 이용하여 검은 구슬 한 개의 무게를 구하시오.

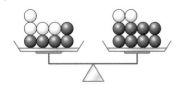

422 대표 문제

다음 중 밑줄 친 항을 바르게 이항한 것은?

① $-2x\underline{-3}=5 \Rightarrow -2x=5-3$
② $5x\underline{-7}=\underline{x}-4 \Rightarrow 5x-x=-4+7$
③ $3x\underline{-1}=x-1 \Rightarrow 3x+x=-1-1$
④ $3x\underline{-4}=\underline{-3x}+4 \Rightarrow 3x+3x=4-4$
⑤ $\underline{4}-7x=\underline{3x}+9 \Rightarrow -7x-3x=9+4$

423

다음 중 등식 $\underline{2}+3x=8$에서 밑줄 친 항을 이항한 것과 결과가 같은 것을 모두 고르면? (정답 2개)

① 양변에 -2를 더한다.
② 양변에 2를 더한다.
③ 양변에서 -2를 뺀다.
④ 양변에서 2를 뺀다.
⑤ 양변에 -2를 곱한다.

424

이항만을 이용하여 $5-4x=-6-7x$를 $ax=b\ (a>0)$의 꼴로 나타내었을 때, 두 상수 a, b에 대하여 $a-b$의 값은?

① -14 ② -8 ③ 4
④ 8 ⑤ 14

유형 09 일차방정식의 뜻

425 [대표 문제]

다음 보기에서 일차방정식인 것의 개수는?

┌ 보기 ┐
ㄱ. $-(x-4)=4+x$　　ㄴ. $5x+1=3x+2x$
ㄷ. $x^2-2=1-x(x+3)$　ㄹ. $2+x=-x$
ㅁ. $x^2-x-2=x^2$　　ㅂ. $\dfrac{5}{x}-1=3$

① 1　　　　　② 2　　　　　③ 3
④ 4　　　　　⑤ 5

426

다음 중 일차방정식이 <u>아닌</u> 것은?

① $2x=5x+2$　　　　② $2x+3=5$
③ $x^2=2x-1$　　　　④ $2y+20=-y-4$
⑤ $4x+2=-3x+9$

427

등식 $7-3x=(k+1)x+2$가 x에 대한 일차방정식이 되기 위한 상수 k의 조건을 구하시오.

428

다음 보기에서 문장을 등식으로 나타낼 때, 일차방정식인 것을 모두 고르시오.

┌ 보기 ┐
ㄱ. 어느 미술관의 학생 입장료가 x원일 때, 학생 5명의 입장료는 5000원이다.
ㄴ. 1 g당 9 kcal의 열량을 내는 지방 x g이 내는 열량은 360 kcal이다.
ㄷ. x를 3으로 나눈 것에 1을 더한다.

유형 10 일차방정식의 풀이

429 [대표 문제]

일차방정식 $-5x-11=3x-2(x-8)$을 풀면?

① $x=-\dfrac{27}{4}$　② $x=-\dfrac{9}{2}$　③ $x=-\dfrac{17}{6}$

④ $x=\dfrac{2}{9}$　　⑤ $x=\dfrac{9}{2}$

430

다음 중 일차방정식 $2x-7=-(x-2)$와 해가 같은 것은?

① $4x=2x-24$　　　② $2x+4=x$
③ $2x-1=5$　　　　④ $2+3x=x+10$
⑤ $-2x-3=-4x+1$

431

일차방정식 $x-2=3(x+4)$의 해가 $x=a$, 일차방정식 $5+x=-x+25$의 해가 $x=b$일 때, $a+b$의 값을 구하시오.

432

두 식 P, Q에 대하여 오른쪽과 같이 계산하기로 하자. 다음 그림에서 $A=-14$일 때, x의 값을 구하시오.

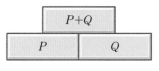

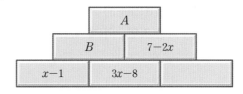

433 대표 문제

일차방정식 $0.3x-0.8=2(0.3x+1)-x$를 푸시오.

434

일차방정식 $0.4x-0.15=0.25x-0.3$을 풀면?

① $x=-3$　　② $x=-1$　　③ $x=1$
④ $x=3$　　⑤ $x=5$

435

일차방정식 $1.5(x-2)=1.2x-0.3$의 해가 $x=a$일 때,
$\frac{1}{3}a+1$의 값을 구하시오.

436

일차방정식 $0.21-0.1(0.2x+5)=0.04(-3-x)$의 해가
$x=a$일 때, a보다 작은 자연수의 개수는?

① 5　　　　② 6　　　　③ 7
④ 8　　　　⑤ 9

437 대표 문제

일차방정식 $\frac{1}{3}(x+2)-\frac{x-4}{4}=\frac{5}{12}x$를 푸시오.

438

일차방정식 $\frac{3}{2}x-1=\frac{x}{5}+\frac{3}{10}$을 풀면?

① $x=1$　　② $x=2$　　③ $x=3$
④ $x=4$　　⑤ $x=5$

439

일차방정식 $-\frac{7x+1}{3}=\frac{x-3}{2}-\frac{1}{4}$을 푸시오.

440

다음 일차방정식 중 해가 나머지 넷과 다른 하나는?

① $\frac{x}{3}+5=4$

② $\frac{x}{6}+2=-\frac{x}{2}$

③ $\frac{3x+2}{7}=-1$

④ $\frac{x+10}{4}-\frac{x+6}{3}=1$

⑤ $\frac{2x+1}{5}=x+2$

유형 13 계수에 소수와 분수가 섞인 경우

441 (대표 문제)

일차방정식 $0.2(x+4)=\dfrac{3x+5}{4}-1$을 풀면?

① $x=1$ ② $x=2$ ③ $x=3$

④ $x=4$ ⑤ $x=5$

442

일차방정식 $0.7(x-1)+\dfrac{x}{5}=\dfrac{1-x}{2}+3$을 푸시오.

443

일차방정식 $0.2\left(\dfrac{1}{2}+x\right)-1=2-\dfrac{5}{4}x$의 해를 $x=a$, 일차방정식 $\dfrac{x-1}{3}=0.2(x+1)-\dfrac{1}{4}(4x+1)$의 해를 $x=b$라 할 때, ab의 값은?

① $\dfrac{1}{2}$ ② 1 ③ $\dfrac{3}{2}$

④ 2 ⑤ $\dfrac{5}{2}$

유형 14 비례식으로 주어진 경우

444 (대표 문제)

비례식 $\dfrac{3x+1}{4}:3=(5-x):12$를 만족시키는 x의 값은?

① 0 ② 1 ③ 2

④ 3 ⑤ 4

445

비례식 $1:(3-4x)=5:(6-29x)$를 만족시키는 x의 값을 구하시오.

446

비례식 $\left(3x+\dfrac{2}{3}\right):3(1-4x)=1:6$을 만족시키는 x의 값을 구하시오.

447

비례식 $\dfrac{9-x}{4}:3=\left(0.3x-\dfrac{1}{2}\right):0.8$을 만족시키는 x의 값을 구하시오.

448 대표 문제

일차방정식 $a(2x-1)-3x=-x+9$의 해가 $x=3$일 때, 상수 a의 값은?

① -5　　② -3　　③ 0

④ 3　　⑤ 5

449

일차방정식 $5-\dfrac{x-2a}{4}=\dfrac{a-2x}{3}$의 해가 $x=-2$일 때, 상수 a의 값을 구하시오.

450

일차방정식 $a(x-3)=2a+10$의 해가 $x=7$일 때, x에 대한 일차방정식 $\dfrac{x-6}{5}=1-\dfrac{x+a}{3}$의 해를 구하시오.

(단, a는 상수이다.)

451

두 일차방정식 $0.2(9x-2a)=1.4(2-x)$, $2x-b=3b-2x$의 해가 모두 $x=1$일 때, 두 상수 a, b에 대하여 $a-b$의 값을 구하시오.

452 대표 문제

다음 두 일차방정식의 해가 같을 때, 상수 a의 값은?

$$-5(x+3)=-2x-12, \quad \dfrac{a(x+2)}{3}-\dfrac{2-ax}{4}=\dfrac{1}{6}$$

① -1　　② 2　　③ 4

④ 6　　⑤ 8

453

두 일차방정식

$$4x+6=x+12, \quad -2(1-3x)+5=a$$

의 해가 같을 때, 상수 a의 값을 구하시오.

454

두 일차방정식

$$1.6x-\dfrac{a}{5}=3(0.7x-1), \quad 0.5x=\dfrac{2x+1}{3}-1$$

의 해가 같을 때, 상수 a의 값을 구하시오.

455

비례식 $\left(2-\dfrac{8}{7}x\right):(3x-1)=3:7$을 만족시키는 x의 값이 일차방정식 $2x-5a=x-14$의 해와 같다고 한다. 다음 물음에 답하시오.

(1) 주어진 비례식을 만족시키는 x의 값을 구하시오.

(2) 상수 a의 값을 구하시오.

발전 유형 17 해에 대한 조건이 주어진 경우

456 대표 문제

x에 대한 일차방정식 $-x-2(x+a)=2x-7$의 해가 자연수가 되도록 하는 자연수 a의 개수는?

① 1 　　　　　② 2 　　　　　③ 3

④ 4 　　　　　⑤ 5

457

x에 대한 일차방정식 $\dfrac{x}{2}-\dfrac{2}{5}(x+a)=-1$의 해가 음의 정수가 되도록 하는 자연수 a의 값 중 가장 큰 수를 구하시오.

458

다음 중 x에 대한 일차방정식 $3(5-2x)=a-3x$의 해가 자연수가 되도록 하는 자연수 a의 값이 될 수 없는 것은?

① 3 　　　　　② 6 　　　　　③ 9

④ 12 　　　　　⑤ 15

459

x에 대한 일차방정식 $2(ax+4)=-3x+2$의 해가 음의 정수가 되도록 하는 모든 정수 a의 값의 합을 구하시오.

발전 유형 18 특수한 해를 갖는 경우

460 대표 문제

등식 $x+4=(a-2)x+1$을 만족시키는 x의 값이 존재하지 않을 때, 상수 a의 값을 구하시오.

461

x에 대한 방정식 $4x+a=bx+7$의 해가 무수히 많을 조건은? (단, a, b는 상수이다.)

① $a\neq-7$, $b=-4$ 　　　　② $a=-7$, $b=-4$

③ $a\neq7$, $b=-4$ 　　　　④ $a=7$, $b=-4$

⑤ $a=7$, $b=4$

462

x에 대한 방정식 $(a-5)x+\dfrac{1}{2}=-2$의 해는 없고, x에 대한 방정식 $bx-3=4x+c$의 해는 무수히 많을 때, 세 상수 a, b, c에 대하여 $a+b+c$의 값을 구하시오.

463
유형 09

다음 등식이 x에 대한 일차방정식이 되기 위한 두 상수 a, b의 조건은?

$$2x(x-a)+3=\frac{1}{2}(bx^2-3x-6)$$

① $a\neq\frac{3}{2}$, $b=2$ ② $a=\frac{3}{2}$, $b\neq2$ ③ $a\neq\frac{3}{2}$, $b\neq2$

④ $a=\frac{3}{4}$, $b\neq4$ ⑤ $a\neq\frac{3}{4}$, $b=4$

│ 해결 전략 │ $ax^2+bx+c=0$이 x에 대한 일차방정식이 되려면 $a=0$, $b\neq0$ 이어야 한다.

464
유형 10

다음 표에 있는 네 식을 순서대로 계산하면 12일 때, x의 값은?

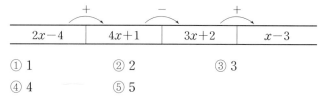

| $2x-4$ | $4x+1$ | $3x+2$ | $x-3$ |

① 1 ② 2 ③ 3

④ 4 ⑤ 5

│ 해결 전략 │ 왼쪽부터 순서대로 일차식을 계산한 값이 12이다.

465
유형 05 ⊙ 유형 10

등식 $(a-2)x+12=3(x+2b)+2x$가 x의 값에 관계없이 항상 성립할 때, 일차방정식 $3x-a=bx$의 해는?

(단, a, b는 상수이다.)

① $x=7$ ② $x=6$ ③ $x=5$

④ $x=-5$ ⑤ $x=-6$

│ 해결 전략 │ x의 값에 관계없이 항상 성립한다. ⇨ x에 대한 항등식이다.

466
유형 15

일차방정식 $0.3(x-2)+k=0.2x+3$의 해가 일차방정식 $2x+2=-1+3x$의 해의 2배일 때, 상수 k의 값은?

① -2 ② -1 ③ 1

④ 2 ⑤ 3

│ 해결 전략 │ $2x+2=-1+3x$의 해가 $x=a$이면
$0.3(x-2)+k=0.2x+3$의 해는 $x=2a$이다.

467
유형 15

일차방정식 $ax+5=x-7$에서 좌변의 x의 계수 a의 부호를 잘못 보고 풀었더니 해가 $x=2$가 나왔다. 주어진 방정식의 해를 구하시오.

│ 해결 전략 │ $ax+5=x-7$의 x의 계수는 a이므로 잘못 본 x의 계수는 $-a$이다.

468
유형 10

세 상수 a, b, c가 다음 조건을 만족시킬 때, 일차방정식 $a-\{b-(cx+3)\}=7-x$의 해를 구하시오.

(개) a는 10에 가장 가까운 소수이다.
(내) b는 약수의 개수가 홀수인 수 중 가장 작은 자연수이다.
(대) c는 가장 작은 소수이다.

│ 해결 전략 │ 소수를 작은 수부터 차례대로 써 보면 2, 3, 5, 7, 11, 13, ...이다.

469

유형 11 ✦ 유형 12 ✦ 유형 14

x에 대한 두 일차방정식

$$-\frac{7}{6}-\frac{a-x}{3}=\frac{-4x+a}{2}+2x,$$

$$0.3x+a=-0.2(a-3x)$$

의 해를 각각 $x=m$, $x=n$이라 할 때, $m:n=3:4$가 성립한다. 이때 상수 a의 값을 구하시오.

| 해결 전략 | $m:n=3:4$이므로 $4m=3n$이다.

470

유형 15

0이 아닌 두 수 a, b에 대하여 $5(a-b)=2(2a-b)$이고, $\dfrac{a}{b}$의 값이 x에 대한 일차방정식 $m-2(x+1)=mx+1$의 해일 때, 상수 m의 값은?

① $-\dfrac{9}{2}$ ② $-\dfrac{7}{2}$ ③ -3

④ 2 ⑤ 3

| 해결 전략 | $5(a-b)=2(2a-b)$를 정리하여 $a=kb$의 꼴로 만든다. (단, $k\ne0$)

471

유형 05 ✦ 유형 15

x에 대한 일차방정식 $3kx+2b=6ak-4x$가 상수 k의 값에 관계없이 항상 $x=1$을 해로 가질 때, 두 상수 a, b에 대하여 ab의 값을 구하시오.

| 해결 전략 | $3kx+2b=6ak-4x$에 $x=1$을 대입한 식이 k에 대한 항등식이다.

472

유형 16

x에 대한 다음 세 일차방정식의 해가 모두 같을 때, 두 상수 a, b에 대하여 $a+b$의 값은?

- $0.1x+a=0.7(ax+1)$
- $\dfrac{3}{2}x-\dfrac{9}{2}=-2x-1$
- $5x-3b=2(x-2b)$

① -3 ② -2 ③ -1

④ 0 ⑤ 1

| 해결 전략 | 상수 a, b가 없는 일차방정식 $\dfrac{3}{2}x-\dfrac{9}{2}=-2x-1$의 해를 먼저 구한다.

473

유형 16

x에 대한 두 일차방정식

$$0.3\left(x-\frac{7}{3}\right)+\frac{1}{2}=3-0.1x, \quad \frac{x}{4}-|a+1|=0$$

의 해가 같도록 하는 모든 a의 값의 곱을 구하시오.

| 해결 전략 | $|x|=k$이면 $x=k$ 또는 $x=-k$이다. (단, $k>0$)

474

유형 17

x에 대한 일차방정식 $2x-\dfrac{2}{3}(x+a)=-4$의 해가 음의 정수가 되도록 하는 모든 자연수 a의 값의 합은?

① 2 ② 3 ③ 4

④ 5 ⑤ 6

| 해결 전략 | 자연수 m, n에 대하여 $x=-\dfrac{n}{m}$이 음의 정수가 되려면 n은 m의 배수이어야 한다.

475 대표 문제
어떤 수와 7의 합의 3배는 어떤 수의 5배보다 3만큼 클 때, 어떤 수는?

① −11   ② −9   ③ 5
④ 9   ⑤ 11

476
차가 12인 서로 다른 두 자연수가 있다. 큰 수는 작은 수의 2배보다 3만큼 클 때, 작은 수를 구하시오.

477
어떤 수를 2배 하여 5를 더해야 할 것을 잘못하여 어떤 수에 2를 더한 후 5배 하였더니 구하려고 했던 수보다 11만큼 컸다. 다음을 구하시오.

(1) 어떤 수
(2) 구하려고 했던 수

478 대표 문제
연속하는 세 홀수의 합이 123일 때, 세 홀수 중 가장 큰 수는?

① 37   ② 39   ③ 41
④ 43   ⑤ 45

479
연속하는 세 자연수의 합이 72일 때, 세 자연수 중 가장 큰 수를 구하시오.

480
연속하는 세 짝수가 있다. 가운데 수의 7배는 나머지 두 수의 합보다 30만큼 크다고 할 때, 세 짝수 중 가장 큰 수와 가장 작은 수의 합을 구하시오.

481
연속하는 세 홀수가 있다. 가장 작은 수는 나머지 두 수의 합보다 37만큼 작을 때, 세 홀수 중 가장 큰 수를 구하시오.

유형 03 자리의 숫자에 대한 문제

482 대표 문제
십의 자리의 숫자가 2인 두 자리 자연수가 있다. 이 자연수의 십의 자리의 숫자와 일의 자리의 숫자를 바꾼 수는 처음 수보다 27만큼 크다. 이때 처음 수를 구하시오.

483
일의 자리의 숫자가 2인 두 자리 자연수가 있다. 이 자연수는 각 자리의 숫자의 합의 8배와 같다. 이 자연수를 구하시오.

484
일의 자리의 숫자가 십의 자리의 숫자보다 3만큼 작은 두 자리 자연수가 있다. 이 자연수의 십의 자리의 숫자와 일의 자리의 숫자를 바꾼 수를 3배 하면 처음 수보다 1만큼 클 때, 처음 수를 구하시오.

485
십의 자리의 숫자가 일의 자리의 숫자보다 5만큼 작은 두 자리 자연수가 있다. 이 자연수는 각 자리의 숫자의 합의 3배보다 10만큼 클 때, 이 자연수를 구하시오.

유형 04 나이에 대한 문제

486 대표 문제
현재 아버지와 아들의 나이의 합은 64세이고 16년 후의 아버지의 나이는 아들의 나이의 2배가 된다고 한다. 현재 아버지의 나이는?

① 45세 ② 46세 ③ 47세
④ 48세 ⑤ 49세

487
현재 수진이와 어머니의 나이의 차는 29세이고 12년 후에는 어머니의 나이가 수진이의 나이의 2배보다 7세 많아진다고 한다. 현재 수진이의 나이를 구하시오.

488
민준이네 사형제의 나이는 각각 2세씩 차이가 난다. 가장 큰 형의 나이는 막내의 나이의 2배보다 6세 적다고 할 때, 사형제 중 셋째의 나이를 구하시오.

489
규리와 동생의 나이는 3세 차이가 난다. 규리의 나이가 현재 규리와 동생의 나이의 합과 같아지는 해에 두 사람은 자전거 여행을 떠나기로 하였다. 현재 규리의 나이가 12세일 때, 두 사람이 자전거 여행을 떠나는 것은 몇 년 후인지 구하시오.

490 대표 문제

도윤이네 반은 옆 반과의 농구 경기에서 2점 슛과 3점 슛을 합하여 20개를 성공하여 47점을 득점하였다. 성공한 3점 슛의 개수를 구하시오.

491

어느 봉사 단체의 회원은 300명이고, 여성 회원이 남성 회원보다 50명 더 많다고 한다. 이때 남성 회원은 몇 명인지 구하시오.

492

어느 농장의 오리와 소를 합하면 17마리이다. 다리의 수의 합이 46일 때, 오리는 몇 마리인지 구하시오.

493

햄버거와 샌드위치를 상자에 담아 배달하려고 한다. 한 개에 4500원인 햄버거와 한 개에 3300원인 샌드위치를 합하여 모두 10개를 구입한 후 2000원짜리 오렌지주스 2병과 600원어치 종이컵과 함께 상자에 담았더니 총 금액이 44800원이었다. 구입한 샌드위치는 몇 개인지 구하시오.
(단, 상자의 값은 받지 않는다.)

494 대표 문제

현재 형의 저금통에는 4000원, 동생의 저금통에는 5600원이 들어 있다. 내일부터 형은 매일 500원씩, 동생은 매일 300원씩 저금통에 넣는다면 형과 동생의 저금통에 들어 있는 금액이 같아지는 것은 며칠 후인지 구하시오.

495

현재 누나는 10800원, 동생은 8400원을 가지고 있다. 내일부터 누나는 매일 900원씩, 동생은 매일 500원씩 사용한다면 누나와 동생이 가지고 있는 금액이 같아지는 것은 며칠 후인가?

① 4일 후 ② 5일 후 ③ 6일 후
④ 7일 후 ⑤ 8일 후

496

현재 예린이의 예금액은 18000원, 준혁이의 예금액은 54000원이다. 다음 달부터 예린이는 매달 x원씩, 준혁이는 매달 3000원씩 예금한다면 14개월 후에 준혁이의 예금액은 예린이의 예금액의 3배가 된다고 한다. 이때 x의 값을 구하시오.

유형 07 도형에 대한 문제

497 대표 문제

가로의 길이가 11 cm, 세로의 길이가 6 cm인 직사각형에서 가로의 길이를 x cm, 세로의 길이를 2 cm 줄였더니 처음 직사각형의 넓이보다 42 cm²만큼 줄었다. 이때 x의 값을 구하시오.

498

오른쪽 그림과 같이 가로의 길이가 x cm, 세로의 길이가 40 cm인 직사각형 모양의 종이의 네 모퉁이를 한 변의 길이가 4 cm인 정사각형 모양으로 각각 잘라낸 후 접어서 뚜껑이 없는 직육면체 모양의 상자를 만들었다.
이 상자의 부피가 1280 cm³일 때, x의 값을 구하시오.

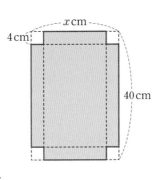

499

둘레의 길이가 36 cm인 직사각형 5개를 오른쪽 그림과 같이 이어 붙여 정사각형을 만들었을 때, 이 정사각형의 한 변의 길이를 구하시오.

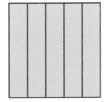

500

길이가 70 cm인 철사를 구부려 가로의 길이와 세로의 길이의 비가 4 : 3인 직사각형을 만들려고 한다. 이 직사각형의 넓이를 구하시오.
(단, 철사는 겹치는 부분이 없도록 모두 사용한다.)

유형 08 원가와 정가에 대한 문제

501 대표 문제

원가에 30 %의 이익을 붙여 정가를 정한 상품이 팔리지 않아 정가에서 800원을 할인하여 팔았더니 700원의 이익이 생겼다. 다음을 구하시오.

(1) 상품의 원가
(2) 상품의 판매 가격

502

원가에 50 %의 이익을 붙여 정가를 정한 상품이 팔리지 않아 정가에서 3000원을 할인하여 팔았더니 원가의 30 %의 이익이 생겼다. 이 상품의 원가를 구하시오.

503

원가가 20000원인 가방이 있다. 정가의 40 %를 할인하여 팔아 원가의 20 %의 이익을 남기려면 정가를 얼마로 정해야 하는지 구하시오.

504

원가가 8000원인 상품에 x %의 이익을 붙여 정가를 정한 상품이 팔리지 않아 다시 정가의 25 %를 할인하여 팔았더니 원가의 20 %의 이익이 생겼다. 이때 x의 값을 구하시오.

07
일차방정식의 활용

505 대표 문제

어느 중학교의 작년 전체 학생은 1200명이었다. 올해는 작년에 비하여 남학생은 5 % 감소하고, 여학생은 6 % 증가하여 전체 학생이 5명 감소하였다. 올해 남학생 수는?

① 650 ② 655 ③ 660
④ 665 ⑤ 670

506

어느 지역 모임의 올해 회원은 작년보다 10 % 증가하여 143명이다. 작년 회원 수를 구하시오.

507

어느 중학교의 작년 전체 학생은 500명이었다. 올해 남학생 수는 작년과 같고, 여학생은 작년에 비하여 15 % 증가하여 전체 학생이 9 % 증가하였다. 작년 여학생 수를 구하시오.

508

어느 병원의 작년 전체 신생아는 800명이었다. 올해는 작년에 비하여 남자 신생아는 40명 감소하고, 여자 신생아는 6 % 증가하여 전체 신생아가 2 % 감소하였다. 올해 여자 신생아 수를 구하시오.

509 대표 문제

준서는 책 한 권을 읽는데 첫째 날에는 전체의 $\frac{1}{4}$, 둘째 날에는 35쪽, 셋째 날에는 전체의 $\frac{1}{2}$을 읽어 책 한 권을 다 읽었다고 한다. 이 책 한 권의 전체 쪽수를 구하시오.

510

윤서는 며칠 동안 여행을 다녀왔다. 전체 여행 시간의 $\frac{1}{4}$은 잠을 잤고, $\frac{1}{10}$은 식사를 했고, $\frac{1}{6}$은 관광을 했다. 또, 쇼핑과 이동 등 나머지 시간을 합하면 29시간이었다고 한다. 윤서의 전체 여행 시간은 몇 시간인지 구하시오.

511

민준이는 용돈을 받아 첫째 날에는 받은 용돈의 $\frac{1}{4}$을 사용하고, 둘째 날에는 7500원을 사용했다. 셋째 날에는 첫째 날과 둘째 날에 사용하고 남은 용돈의 $\frac{1}{3}$을 사용했더니 남은 용돈이 20000원이었다. 민준이가 받은 용돈은 얼마인가? (단, 용돈을 받기 전에 민준이가 가지고 있던 돈은 없다.)

① 30000원 ② 35000원 ③ 40000원
④ 45000원 ⑤ 50000원

유형 11 거리, 속력, 시간에 대한 문제 (1)

512 대표 문제

서현이가 등산을 하는데 올라갈 때는 시속 4 km로, 내려올 때는 올라갈 때보다 2 km 더 먼 길을 시속 5 km로 걸어 총 4시간이 걸렸다. 내려온 거리를 구하시오.

513

하진이가 집에서 출발하여 체육관에 다녀오는데 갈 때는 시속 3 km로 걸어가고 체육관에서 40분 동안 운동한 후 올 때는 같은 길을 시속 2 km로 걸어서 총 4시간이 걸렸다. 하진이네 집에서 체육관까지의 거리를 구하시오.

514

집에서 학교까지 가는데 시속 4 km로 걸어가면 시속 8 km로 뛰어가는 것보다 30분이 더 걸린다. 집에서 학교까지의 거리를 구하시오.

515

지우가 집을 출발한 지 20분 후에 언니가 지우를 따라나섰다. 지우는 분속 60 m로 걷고 언니는 분속 100 m로 따라간다면 언니가 집을 출발한 지 몇 분 후에 지우를 만나는지 구하시오.

516

집에서 영화관까지 가는데 시속 6 km로 뛰어서 가면 영화 상영 시간보다 15분 늦게 도착하고, 시속 10 km로 자전거를 타고 가면 영화 상영 시간보다 5분 빨리 도착한다. 집에서 영화관까지의 거리를 구하시오.

517

준석이는 친척들과 함께 여행을 가는데 두 대의 차로 나누어 타고 출발했다. 한 차는 먼저 출발하여 시속 80 km로 달렸고, 또 다른 차는 30분 늦게 출발하여 시속 100 km로 달려서 목적지에 두 대의 차가 동시에 도착했다. 출발지에서 목적지까지의 거리는?

① 160 km ② 180 km ③ 200 km

④ 220 km ⑤ 240 km

일차방정식의 활용

518 [대표 문제]

8 %의 소금물 500 g이 있다. 여기에서 몇 g의 물을 증발시키면 10 %의 소금물이 되는가?

① 80 g   ② 100 g   ③ 120 g

④ 140 g   ⑤ 160 g

519

20 %의 소금물 300 g이 있다. 여기에 몇 g의 물을 더 넣으면 12 %의 소금물이 되는지 구하시오.

520

16 %의 소금물 400 g에 소금을 더 넣었더니 20 %의 소금물이 되었다. 더 넣은 소금의 양을 구하시오.

521

4 %의 설탕물 600 g에 20 %의 설탕물을 섞어서 10 %의 설탕물을 만들려고 한다. 이때 20 %의 설탕물을 몇 g 섞어야 하는가?

① 300 g   ② 320 g   ③ 340 g

④ 360 g   ⑤ 380 g

522 [대표 문제]

준혁이와 가은이네 집 사이의 거리는 2100 m이다. 준혁이는 분속 65 m로, 가은이는 분속 75 m로 각자의 집에서 상대방의 집을 향해 동시에 출발하여 걸어갔다. 두 사람이 만나는 것은 출발한 지 몇 분 후인지 구하시오.

523

둘레의 길이가 3 km인 호수의 둘레를 따라 도현이와 예린이가 각각 분속 65 m, 분속 55 m로 같은 지점에서 동시에 출발하여 서로 반대 방향으로 걸어갔다. 두 사람이 처음으로 다시 만나는 것은 출발한 지 몇 분 후인지 구하시오.

524

둘레의 길이가 1400 m인 호수의 둘레를 따라 형준이와 정온이가 각각 분속 40 m, 분속 30 m로 같은 지점에서 동시에 출발하여 서로 같은 방향으로 걸어갔다. 두 사람이 처음으로 다시 만나는 것은 출발한 지 몇 분 후인지 구하시오.

525

1초에 32 m를 달리는 기차가 1100 m인 다리를 완전히 통과하는 데 40초가 걸렸다. 이때 이 기차의 길이는?

① 140 m   ② 160 m   ③ 180 m

④ 200 m   ⑤ 220 m

528 대표 문제

도서관 일손 돕기에 참여한 학생들에게 책갈피를 나누어 주는데 5개씩 주면 2개가 부족하고, 4개씩 주면 8개가 남는다. 이때 일손 돕기에 참여한 학생 수를 구하시오.

529

도준이가 가지고 있는 돈으로 같은 공책 7권을 사면 100원이 남고, 8권을 사면 600원이 부족하다고 한다. 도준이가 가지고 있는 돈은 얼마인지 구하시오.

526

둘레의 길이가 2200 m인 호수의 같은 지점에서 경미가 분속 70 m로 호수의 둘레를 따라 걷기 시작한 지 10분 후에 예진이가 반대 방향으로 분속 55 m로 걷기 시작했다. 두 사람이 처음으로 다시 만나는 것은 예진이가 출발한 지 몇 분 후인지 구하시오.

530

어느 식당에서는 단체 손님이 방문하여 따로 마련된 단체석에 자리를 배정하려고 한다. 각 테이블에 6명씩 앉히면 2명의 손님이 자리에 앉지 못하고, 1개의 테이블에 3명을 앉히고 나머지 테이블에 각각 7명씩 앉히면 모든 손님이 자리에 앉을 수 있다. 이 식당의 단체석의 테이블의 개수를 구하시오.

527

일정한 속력으로 달리는 열차가 길이가 800 m인 다리를 완전히 통과하는 데 30초가 걸렸고, 길이가 1400 m인 터널을 완전히 통과하는 데 50초가 걸렸다. 이때 이 열차의 길이는?

① 100 m   ② 150 m   ③ 200 m

④ 250 m   ⑤ 300 m

531

강당의 긴 의자에 학생들이 앉는데 한 의자에 3명씩 앉으면 8명의 학생이 앉지 못하고, 한 의자에 4명씩 앉으면 의자 하나가 완전히 비어 있고 마지막 의자에는 2명이 앉는다고 한다. 이때 학생 수를 구하시오.

발전 유형 **15** 일에 대한 문제

532 [대표 문제]

어떤 일을 완성하는 데 찬준이가 혼자 하면 12일이 걸리고, 재희가 혼자 하면 6일이 걸린다고 한다. 찬준이와 재희가 함께 이 일을 완성하는 데 며칠이 걸리는지 구하시오.

533

어느 수영장에 물을 가득 채우는 데 A 호스로는 10시간, B 호스로는 14시간이 걸린다. 빈 수영장에 B 호스로만 2시간 동안 물을 받다가 그 이후에는 A, B 두 호스를 동시에 사용하여 물을 가득 채웠다. A, B 두 호스를 동시에 사용한 시간은?

① 3시간 　　② 4시간 　　③ 5시간
④ 6시간 　　⑤ 7시간

534

어떤 일을 하는 데 준서가 혼자 하면 15일이 걸리고, 수빈이가 혼자 하면 9일이 걸린다고 한다. 처음에 준서가 혼자 이 일을 하다가 나머지를 수빈이가 넘겨받아 일을 완성하였는데 수빈이는 준서보다 7일 덜 했다고 한다. 수빈이는 며칠 동안 일했는지 구하시오.

발전 유형 **16** 규칙을 찾는 문제

535 [대표 문제]

다음 그림과 같이 바둑돌을 사용하여 정사각형을 만들려고 한다. 바둑돌 200개를 모두 사용하면 몇 단계의 정사각형을 만들 수 있는지 구하시오.

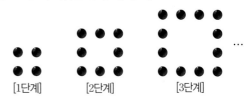

[1단계]　　　[2단계]　　　　[3단계]

536

다음 그림과 같이 S에 직선을 한 개 그으면 S는 4개의 부분으로 나누어지고, 직선을 두 개 그으면 7개의 부분, 직선을 세 개 그으면 10개의 부분, ...으로 나누어진다. S가 52개의 부분으로 나누어졌을 때, 그은 직선은 몇 개인가?

① 15개 　　② 16개 　　③ 17개
④ 18개 　　⑤ 19개

537

오른쪽 그림과 같이 달력에서 ✚ 모양으로 5개의 날짜를 묶었더니 날짜의 합이 110일이 되었다. 이 5개의 날짜를 모두 구하시오.

일	월	화	수	목	금	토
	1	2	3	4	5	6
7	8	9	10	11	12	13
14	15	16	17	18	19	20
21	22	23	24	25	26	27
28	29	30	31			

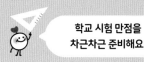
538

유형 02

연속하는 네 자연수가 있다. 가장 작은 수의 4배는 나머지 세 수의 합보다 3만큼 클 때, 네 자연수 중 가장 큰 수를 구하시오.

| **해결 전략** | 연속하는 네 자연수는 x, $x+1$, $x+2$, $x+3$이다.

539

유형 03

각 자리의 숫자의 합이 8인 두 자리 자연수가 있다. 이 자연수를 3배 하면 십의 자리의 숫자와 일의 자리의 숫자를 바꾼 수보다 20만큼 작을 때, 처음 수를 구하시오.

| **해결 전략** | 각 자리의 숫자의 합이 8이므로 십의 자리의 숫자가 x이면 일의 자리의 숫자는 $8-x$이다.

540

유형 04

민규네 가족은 부모님과 동생을 포함하여 모두 네 명이다. 현재 민규네 가족의 나이가 다음과 같을 때, 아버지의 나이를 구하시오.

> ㈎ 동생의 나이의 4배에서 3을 빼면 어머니의 나이인 37세와 같다.
> ㈏ 민규의 나이는 동생의 나이의 $\frac{7}{5}$배이다.
> ㈐ 18년 후에 아버지의 나이는 민규의 나이의 2배가 된다.

| **해결 전략** | 동생의 나이를 x세라 하고 식을 세운다.

541

유형 05

다음 그림과 같이 두 점 A, B는 수직선의 원점에 있다. 동전을 한 번 던져서 동전의 앞면이 나오면 점 A가 오른쪽으로 3만큼 이동하고, 동전의 뒷면이 나오면 점 B가 왼쪽으로 1만큼 이동한다. 동전을 20번 던진 후 두 점 A, B 사이의 거리가 38일 때, 동전의 앞면이 나온 횟수를 구하시오.

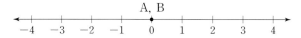

| **해결 전략** | 동전을 20번 던졌으므로 앞면이 나온 횟수를 x라 하면 뒷면이 나온 횟수는 $20-x$이다.

542

유형 07

가로의 길이가 15 m, 세로의 길이가 6 m인 직사각형 모양의 화단에 다음 그림과 같이 십자 모양의 길을 내었더니 길을 제외한 화단의 넓이가 처음 화단의 넓이의 40 %가 되었다. 이때 x의 값을 구하시오.

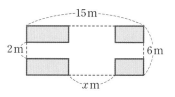

| **해결 전략** | 화단의 넓이가 a m²일 때, 화단의 넓이의 40 %는 $a \times \dfrac{40}{100}$ (m²)이다.

543

유형 09

어느 중학교의 작년 전체 학생은 960명이었다. 올해는 작년에 비하여 남학생은 5 % 증가하고, 여학생은 3 % 감소하여 전체 학생 수는 작년과 같았다. 작년과 올해의 남학생 수를 차례대로 구하시오.

| **해결 전략** | x가 a % 증가 ⇨ $x + \dfrac{a}{100}x$

x가 a % 감소 ⇨ $x - \dfrac{a}{100}x$

07

일차방정식의 활용

544

유형 14

하린이네 반에서는 교내 자율 청소에 참여한 학생들에게 공책을 나누어 주려고 한다. 공책을 5권씩 나누어 주면 7권이 남고, 8권씩 나누어 주면 5권이 부족하다. 공책을 6권씩 나누어 주었을 때의 결과는?

① 3권이 부족하다.　　　　② 3권이 남는다.

③ 4권이 부족하다.　　　　④ 4권이 남는다.

⑤ 부족하거나 남는 것이 없다.

| 해결 전략 | 학생 수를 x라 하고 공책의 개수를 x에 대한 식으로 나타낸다.

545

유형 13

일정한 속력으로 달리는 기차가 길이가 1080 m인 터널을 완전히 통과하는 데 45초가 걸렸고, 터널을 통과할 때 기차는 27초 동안 보이지 않았다. 이때 기차의 길이는?

① 240 m　　　　② 250 m　　　　③ 260 m

④ 270 m　　　　⑤ 280 m

| 해결 전략 | (기차가 터널을 완전히 통과할 때까지 이동한 거리)
　　　　　＝(터널의 길이)＋(기차의 길이)
　　　　(기차가 보이지 않는 동안 이동한 거리)
　　　　　＝(터널의 길이)－(기차의 길이)

546

유형 08

연습장 20권을 도매 시장에서 구입하여 전체의 $\frac{3}{4}$은 30 %의 이익을 붙여서 팔고 나머지 $\frac{1}{4}$은 10 %의 이익을 붙여서 팔았더니 총 12000원의 이익을 얻었다. 도매 시장에서 구입한 연습장 한 권의 가격을 구하시오.

| 해결 전략 | 원가 x원의 이익 a %는 $\frac{a}{100}x$원이다.

547

유형 12

4 %의 소금물 400 g에 소금 100 g을 넣은 후 10 %의 소금물을 더 넣어서 20 %의 소금물을 만들었다. 이때 더 넣은 10 %의 소금물은 몇 g인지 구하시오.

| 해결 전략 | (4 % 소금물의 소금의 양)＋100＋(10 % 소금물의 소금의 양)
　　　　＝(20 % 소금물의 소금의 양)

548

유형 15

어떤 물통에 물을 가득 채우는 데 A 호스로는 2시간, B 호스로는 6시간이 걸린다. 또한, 이 물통에 가득 찬 물을 빼내는 데 C 호스로는 4시간이 걸린다. 빈 물통에 A, B 두 호스로 물을 넣음과 동시에 C 호스로 물을 빼낼 때, 물통에 물을 가득 채우려면 몇 시간이 걸리겠는가?

① 2시간　　　　② $\frac{12}{5}$시간　　　　③ $\frac{14}{5}$시간

④ 3시간　　　　⑤ $\frac{16}{5}$시간

| 해결 전략 | 1시간 동안 A, B 호스로 채우는 물의 양과 C 호스로 빼는 물의 양을 구한다.

549

유형 15

어떤 일을 완성하는 데 준혁이가 혼자 하면 6시간이 걸리고, 연우가 혼자 하면 4시간이 걸린다고 한다. 준혁이는 한 번 일할 때마다 30분씩 하고, 연우는 한 번 일할 때마다 20분씩 한다. 준혁이와 연우가 번갈아가며 같은 횟수만큼 일하여 이 일을 완성했을 때, 준혁이와 연우가 일한 횟수는 몇 번인지 구하시오.

| 해결 전략 | a시간이 걸려 완성할 때, 전체의 일의 양을 1이라 하면 1시간에 하는 일의 양은 $\frac{1}{a}$이다.

550

유형 16

수빈이가 하교할 때 시계를 보니 3시와 4시 사이에서 시침과 분침이 일치하였다. 수빈이가 하교한 시각은?

① 3시 $\frac{50}{11}$분　　　　② 3시 $\frac{95}{11}$분　　　　③ 3시 $\frac{180}{11}$분

④ 3시 $\frac{220}{13}$분　　　　⑤ 3시 $\frac{230}{13}$분

| 해결 전략 | 시침과 분침이 x분 동안 움직인 각도를 구한다.

유형 ⑨ 잡기

유형 01 순서쌍

551 대표 문제

두 순서쌍 $(2a-1, -b+3)$과 $(a+1, b-1)$이 서로 같을 때, $a+b$의 값은?

① 0   ② 1   ③ 2

④ 3   ⑤ 4

552

두 순서쌍 $(2a-5, 3-b)$와 $(1, 5)$가 서로 같을 때, $a+b$의 값은?

① 1   ② 2   ③ 3

④ 4   ⑤ 5

553

두 수 a, b에 대하여 $|a|=5$, $|b|=1$일 때, 순서쌍 (a, b)를 모두 구하시오.

유형 02 좌표평면 위의 점의 좌표

554 대표 문제

다음 중 오른쪽 좌표평면 위의 점의 좌표를 바르게 나타낸 것은?

① A$(2, 4)$

② B$(-3, 2)$

③ C$(-2, 2)$

④ D$(-2, -1)$

⑤ E$(3, 2)$

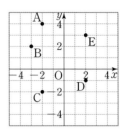

555

오른쪽 좌표평면 위의 네 점 A, B, C, D의 좌표를 각각 기호로 나타내시오.

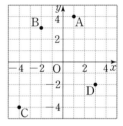

556

다음 순서쌍을 좌표로 하는 점을 순서대로 찾아 만들어지는 영어 단어를 구하시오.

> $(-4, 2)$
> $\Rightarrow (3, 2) \Rightarrow (-3, -1)$
> $\Rightarrow (3, -2) \Rightarrow (-1, -2)$

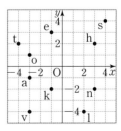

557 대표 문제

y축 위에 있고 y좌표가 -2인 점의 좌표는?

① $(-2, -2)$ ② $(-2, 0)$ ③ $(-2, 2)$
④ $(0, -2)$ ⑤ $(2, -2)$

558

다음 중 좌표축 위의 점이 <u>아닌</u> 것은?

① A$(0, 0)$ ② B$(1, 2)$ ③ C$(0, 3)$
④ D$(0, -4)$ ⑤ E$(-5, 0)$

559

원점이 아닌 점 (a, b)가 x축 위에 있을 때, 다음 중 옳은 것은?

① $a=0$, $b>0$ ② $a\neq0$, $b=0$
③ $a=0$, $b\neq0$ ④ $a>0$, $b\neq0$
⑤ $a>0$, $b>0$

560

좌표평면 위의 두 점 A$(a-3, b+1)$, B$(a+2, b-5)$가 각각 x축, y축 위에 있을 때, ab의 값을 구하시오.

561 대표 문제

세 점 A$(0, 3)$, B$(2, -2)$, C$(-4, -2)$를 꼭짓점으로 하는 삼각형 ABC의 넓이는?

① 11 ② 13 ③ 15
④ 17 ⑤ 19

562

네 점 A$(2, 1)$, B$(-3, 1)$, C$(-3, -3)$, D$(2, -3)$을 꼭짓점으로 하는 사각형 ABCD의 넓이는?

① 20 ② 22 ③ 24
④ 26 ⑤ 28

563

다음 조건을 모두 만족시키는 세 점 O, A, B를 꼭짓점으로 하는 삼각형 OAB의 넓이를 구하시오.

> ㈎ 점 O는 x축과 y축이 만나는 점이다.
> ㈏ 점 A는 x축 위에 있고 x좌표는 4이다.
> ㈐ 점 B는 y축 위에 있고 y좌표는 -6이다.

564

승민이는 동네의 지도를 자신의 위치를 원점 O로 해서 좌표평면 위에 나타내었더니 놀이터가 네 점 A$(3, 1)$, B$(-3, 1)$, C$(-2, -3)$, D$(0, -3)$을 꼭짓점으로 하는 사각형 모양임을 알게 되었다. 좌표평면 위의 놀이터의 넓이를 구하시오.

유형 05 사분면 위의 점

565 대표 문제

다음 중 점의 좌표와 그 점이 속하는 사분면이 바르게 연결된 것은?

① (1, 0) ⇨ 제1사분면
② (−2, 4) ⇨ 제4사분면
③ (1, 3) ⇨ 제2사분면
④ (−3, −5) ⇨ 제3사분면
⑤ (5, −1) ⇨ 제2사분면

566

다음 중 제2사분면 위의 점은?

① A(7, 2)
② B(−3, −1)
③ C(−4, 3)
④ D(3, −6)
⑤ E(0, −5)

567

다음 중 점 (1, −5)와 같은 사분면 위의 점은?

① A(−4, 6)
② B(−5, −5)
③ C(3, −2)
④ D(1, 1)
⑤ E(−3, 0)

568

다음 보기에서 좌표평면에 대한 설명으로 옳은 것을 모두 고르시오.

┤ 보기 ├
ㄱ. y축 위의 점은 y좌표가 0이다.
ㄴ. 제2사분면에 속하는 점의 x좌표는 음수이다.
ㄷ. 제4사분면에 속하는 점의 x좌표와 y좌표는 모두 음수이다.
ㄹ. 점 (0, 3)은 어느 사분면에도 속하지 않는다.

유형 06 사분면이 주어진 경우의 점의 위치

569 대표 문제

점 $(a, -b)$가 제2사분면 위의 점일 때, 다음 중 제1사분면 위의 점은?

① A(a, b)
② B$(-a, b)$
③ C(b, a)
④ D$(b, -a)$
⑤ E$(-b, -a)$

570

점 (a, b)가 제3사분면 위의 점일 때, 다음 보기에서 점 $(-b, a)$와 같은 사분면 위의 점을 모두 고르시오.

┤ 보기 ├
ㄱ. A(2, −1)   ㄴ. B(0, 1)
ㄷ. C(−3, −2)   ㄹ. D(−3, 1)
ㅁ. E(1, −4)   ㅂ. F(5, 3)

571

점 (a, b)가 제4사분면 위의 점일 때, 다음 중 점 $(a-b, -a)$와 같은 사분면 위의 점은?

① A$(a, -b)$
② B$(-a, -b)$
③ C$(-b, a)$
④ D$(b, -a)$
⑤ E$(-b, -a)$

572 대표 문제

$ab<0$, $a-b<0$일 때, 점 (a, b)는 제몇 사분면 위의 점인가?

① 제1사분면   ② 제2사분면
③ 제3사분면   ④ 제4사분면
⑤ 어느 사분면에도 속하지 않는다.

573

$a+b<0$, $\dfrac{a}{b}>0$일 때, 점 (a, b)는 제몇 사분면 위의 점인가?

① 제1사분면   ② 제2사분면
③ 제3사분면   ④ 제4사분면
⑤ 어느 사분면에도 속하지 않는다.

574

$ab<0$, $a-b>0$일 때, 점 $(-b, a)$는 제몇 사분면 위의 점인지 구하시오.

575

$ab>0$, $a>b$일 때, 다음 중 점 $\left(a-b, -\dfrac{b}{a}\right)$와 같은 사분면 위의 점은?

① $A(-5, -1)$ ② $B(-3, 2)$
③ $C(-4, 0)$ ④ $D(5, 1)$
⑤ $E(4, -7)$

576 대표 문제

두 점 $(6, a)$, $(b, -2)$가 y축에 대하여 대칭일 때, $a-b$의 값은?

① 1   ② 2   ③ 3
④ 4   ⑤ 5

577

두 점 $(7-a, 1)$, $(-2, b+4)$가 원점에 대하여 대칭일 때, $a+b$의 값을 구하시오.

578

점 $P(3, -2)$와 x축에 대하여 대칭인 점을 A, y축에 대하여 대칭인 점을 B, 원점에 대하여 대칭인 점을 C라 할 때, 세 점 A, B, C의 좌표를 각각 구하시오.

579

점 $P(1, -3)$과 y축에 대하여 대칭인 점을 A, 원점에 대하여 대칭인 점을 B라 할 때, 세 점 P, A, B를 꼭짓점으로 하는 삼각형 PAB의 넓이를 구하시오.

유형 09 상황에 맞는 그래프 찾기

580 대표 문제

다음 상황에 대하여 경과 시간 x에 따른 물의 높이 y 사이의 관계를 나타낸 그래프로 알맞은 것은?

> 욕조에 뜨거운 물을 반쯤 받고 물을 잠궈 놓았다. 일정한 시간이 흐르니 욕조의 물이 식어 다시 뜨거운 물을 더 받았다.

①   ②   ③

④   ⑤

581

건물 가장 높은 층에 있던 준서는 엘리베이터를 타고 1층까지 내려가서 잠시 친구와 대화를 나누고 다시 가장 높은 층으로 되돌아 왔다. 준서가 가장 높은 층에서 출발한 후 경과 시간 x에 따른 1층으로부터 떨어진 거리를 y라 하자. 다음 중 x와 y 사이의 관계를 나타낸 그래프로 알맞은 것은?

①   ②   ③

④   ⑤

유형 10 그래프의 변화 파악하기

582 대표 문제

다음 그림과 같이 부피가 같은 세 그릇 A, B, C에 일정한 속력으로 물을 채울 때, 경과 시간 x에 따른 물의 높이 y 사이의 관계를 나타낸 그래프로 알맞은 것을 보기에서 각각 고르시오.

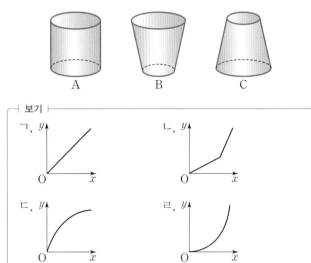

583

오른쪽 그림과 같은 그릇에 시간당 일정한 양의 물을 넣을 때, 다음 중 경과 시간 x에 따른 물의 높이 y 사이의 관계를 나타낸 그래프로 알맞은 것은?

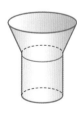

①   ②

③   ④   ⑤

584 대표 문제

수빈이는 집에서 2.5 km 떨어진 도서관까지 직선 도로로 걸어갔다. 오른쪽 그림은 집을 출발하여 x 분 동안 이동한 거리를 y km라 할 때, x와 y 사

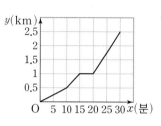

이의 관계를 그래프로 나타낸 것이다. 도서관에 가는 중간에 편의점에 들러서 음료수를 사 먹었다고 할 때, 다음 물음에 답하시오.

　(단, 편의점 안에서 이동한 거리는 생각하지 않는다.)

(1) 수빈이가 집에서 출발한 후 처음 10분 동안 이동한 거리를 구하시오.

(2) 수빈이는 집에서 출발한 지 몇 분 후에 편의점에 도착했는지 구하시오.

(3) 수빈이가 편의점에서 보낸 시간을 제외하고 도서관까지 가는 데 몇 분 동안 걸었는지 구하시오.

585

다음 그림은 어느 지역의 하루 동안의 미세 먼지 농도 변화를 나타낸 그래프이다. x시일 때의 미세 먼지 농도를 y μg/m³라 할 때, 물음에 답하시오.

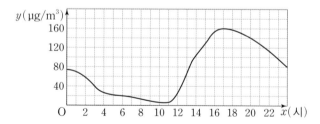

(1) 오전 6시일 때의 미세 먼지 농도를 구하시오.

(2) 미세 먼지 농도가 증가하는 것은 몇 시부터 몇 시까지인지 구하시오.

586

도윤이는 양초에 불을 붙였다가 중간에 불을 끈 후 다시 불을 붙였다. 다음 그림은 양초에 처음 불을 붙인 지 x분 후의 양초의 길이를 y cm라 할 때, x와 y 사이의 관계를 그래프로 나타낸 것이다. 물음에 답하시오.

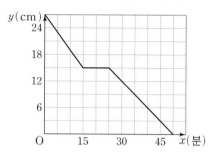

(1) 도윤이는 양초에 처음 불을 붙인 지 몇 분 후에 불을 껐는지 구하시오.

(2) 양초에 다시 불을 붙이고 나서 15분 동안 줄어든 양초의 길이를 구하시오.

587

다음 그림은 지면에서 출발하여 위아래로 움직이는 놀이기구가 출발한 지 x분 후의 지면으로부터의 높이를 y m라 할 때, x와 y 사이의 관계를 그래프로 나타낸 것이다. 물음에 답하시오.

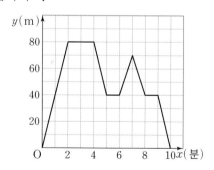

(1) 가장 높은 높이에서 몇 분 동안 머물렀는지 구하시오.

(2) 놀이기구의 높이가 60 m가 되는 것은 모두 몇 번인지 구하시오.

발전 유형 12 주기적 변화 파악하기

588 대표 문제

다음 그림은 어느 날 x시에서의 어느 해수면의 높이를 y m라 할 때, x와 y 사이의 관계를 그래프로 나타낸 것이다. 물음에 답하시오.

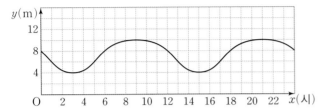

(1) 해수면의 높이가 가장 높을 때의 높이를 구하시오.

(2) 해수면의 높이가 4 m인 순간은 몇 번인지 구하시오.

(3) 해수면의 높이의 변화는 몇 시간마다 반복되는지 구하시오.

589

A 지점과 B 지점 사이의 직선 도로를 왕복하는 어느 순환 버스가 있다. 다음 그림은 순환 버스가 A 지점에서 처음 출발한 지 x분 후의 A 지점과 순환 버스 사이의 거리를 y km라 할 때, x와 y 사이의 관계를 그래프로 나타낸 것이다. 물음에 답하시오.

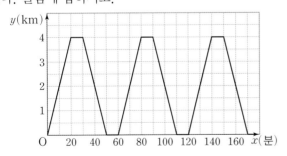

(1) A 지점과 B 지점 사이의 거리를 구하시오.

(2) 순환 버스가 A 지점과 B 지점 사이를 한 번 왕복하는 데 걸리는 시간을 구하시오.

(단, 쉬는 시간은 제외한다.)

발전 유형 13 그래프의 비교

590 대표 문제

집에서 1.5 km 떨어진 학교 앞을 지나 집에서 3 km 떨어진 영화관까지 형과 동생이 각각 일정한 속력으로 걸어 갔다. 다음 그림은 두 사람이 집에서 동시에 출발하여 x분 동안 걸어간 거리를 y km라 할 때, x와 y 사이의 관계를 그래프로 나타낸 것이다. 형이 학교 앞을 지나간 지 몇 분 후에 동생이 학교 앞을 지나갔는지 구하시오.

(단, 집에서 영화관까지 가는 길은 하나이다.)

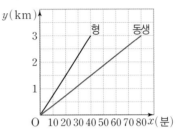

591

준서와 예린이는 학교에서 3000 m 떨어진 체육관에 갔다. 다음 그림은 두 사람이 학교에서 동시에 출발하여 x분 후 학교로부터 떨어진 거리를 y m라 할 때, x와 y 사이의 관계를 그래프로 나타낸 것이다. 물음에 답하시오.

(단, 학교에서 체육관까지 가는 길은 하나이다.)

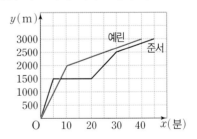

(1) 두 사람이 학교에서 체육관까지 가는 데 걸린 시간을 각각 구하시오.

(2) 누가 체육관에 몇 분 먼저 도착했는지 구하시오.

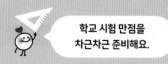
592 유형 01

좌표평면 위의 두 점 $A(a-4, b-5)$, $B(3a-6, 2b+1)$
이 서로 같을 때, $a+b$의 값을 구하시오.

| **해결 전략** | x좌표와 y좌표가 각각 같다.

595 유형 03 ✦ 유형 05

점 $(2a-6, 3b-9)$는 x축 위의 점이고
점 $(6a+18, 4b+8)$은 y축 위의 점일 때, 점 $(-a, b)$는
제몇 사분면 위의 점인가?

① 제1사분면 ② 제2사분면
③ 제3사분면 ④ 제4사분면
⑤ 어느 사분면에도 속하지 않는다.

| **해결 전략** | x축 위의 점의 좌표에서 y좌표, y축 위의 점의 좌표에서 x좌표
는 0이다.

593 유형 02

오른쪽 그림과 같이 점 P는 직사
각형 ABCD의 네 변 위를 움직
인다. $P(a, b)$라 할 때, $a-b$의
값 중 가장 큰 값과 가장 작은 값
의 합을 구하시오. (단, 직사각형
의 각 변은 x축 또는 y축에 평행하다.)

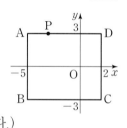

| **해결 전략** | $a-b$의 값이 크려면 a의 값은 크고 b의 값은 작아야 하고,
$a-b$의 값이 작으려면 a의 값은 작고 b의 값은 커야 한다.

596 유형 06

점 $P\left(a-b, \dfrac{a}{b}\right)$가 제3사분면 위의 점일 때, 다음 점이
속하는 사분면이 나머지 넷과 다른 하나는?

① $A(-a^2, -a+b)$ ② $B(a^2, b^2)$
③ $C(ab, -a)$ ④ $D(a, b)$
⑤ $E(-b^2, a^2)$

| **해결 전략** | 점 P가 제3사분면 위의 점임을 이용하여 a, b의 부호를 구한다.

597 유형 07

$ab>0$, $a+b<0$, $|a|<|b|$일 때, 점 $(a-b, b-a)$는
제몇 사분면 위의 점인가?

① 제1사분면 ② 제2사분면
③ 제3사분면 ④ 제4사분면
⑤ 어느 사분면에도 속하지 않는다.

| **해결 전략** | a, b의 부호를 구해 조건을 만족시키는 a, b의 값을 적절히 대입
해 본다.

594 유형 04

좌표평면 위의 세 점 $A(-3, 5)$, $B(-3, -2)$, $C(a, 1)$
을 꼭짓점으로 하는 삼각형 ABC의 넓이가 21일 때, a의
값을 구하시오. (단, $a>0$)

| **해결 전략** | 세 점 A, B, C를 좌표평면 위에 나타낸다.

598

유형 08

점 $A(a-1, -b-3)$과 x축에 대하여 대칭인 점을 A', $B(-a+5, 3a-2b)$와 y축에 대하여 대칭인 점을 B'이라 할 때, 두 점 A', B'은 원점에 대하여 대칭이다. 이때 $a+b$의 값을 구하시오.

| 해결 전략 | 원점에 대하여 대칭인 점은 x좌표, y좌표의 부호를 모두 바꾼다.

599

유형 12

다음은 원 모양의 대관람차를 탑승한 지 x분 후 지면으로부터의 높이를 y m라 할 때, x와 y 사이의 관계를 그래프로 나타낸 것이다.

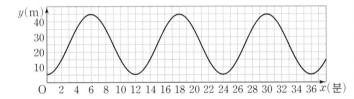

지우는 2바퀴를 도는 S 티켓을 구입하고 준서는 4바퀴를 도는 L 티켓을 구입해서 동시에 탑승하였다. 지우가 내린 지 몇 분 후에 준서가 내렸는지 구하시오.

| 해결 전략 | 대관람차가 한 바퀴 도는 데 걸리는 시간을 구한다.

600

유형 08

점 $A_1(-3, 4)$와 y축에 대하여 대칭인 점을 A_2, 점 A_2와 원점에 대하여 대칭인 점을 A_3, 점 A_3과 x축에 대하여 대칭인 점을 A_4, 점 A_4와 y축에 대하여 대칭인 점을 A_5, …이라 할 때, 점 A_{2025}의 좌표를 구하시오.

| 해결 전략 | A_2, A_3, A_4, …의 좌표를 순서대로 구하여 규칙을 찾는다.

601

유형 09

다음 상황에 대하여 경과 시간 x에 따른 속력 y 사이의 관계를 나타낸 그래프로 알맞은 것은?

> 지원이는 천천히 뛰다가 속력을 높여 전속력으로 뛰는 것을 2회 반복하고 멈췄다.

①   ②   ③

④   ⑤

| 해결 전략 | y의 값의 주기적인 변화와 빠르기를 파악한다.

602

유형 10

오른쪽 그림과 같은 모양의 그릇에 매초 일정한 양의 물을 넣을 때, 다음 중 경과 시간 x에 따른 물의 높이 y 사이의 관계를 나타낸 그래프로 알맞은 것은?

①   ②

③   ④

⑤

| 해결 전략 | 위로 갈수록 그릇의 폭이 좁아지고 넓어지는 변화를 파악한다.

603

유형 11

연아는 직선 도로로 자전거를 타고 다녀왔다. 오른쪽 그림은 출발한 지 x분 후 연아가 출발 지점으로부터 떨어진 거리를 y km라 할 때, x와 y 사이의 관계를 그래프로 나타낸 것이다. 다음 보기에서 옳은 것을 모두 고르시오.

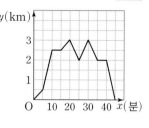

┌ 보기 ┐
ㄱ. 돌아올 때까지 3차례에 걸쳐 휴식을 취하였다.
ㄴ. 출발 이후 달리는 방향을 2번 바꾸었다.
ㄷ. 처음 휴식을 끝낸 지 20분 후에 다시 휴식을 시작했다.
ㄹ. 가장 멀리 간 곳은 출발 지점으로부터 3 km 떨어진 곳이다.
ㅁ. 출발한 지 40분 후에 출발 지점으로 다시 돌아왔다.

| 해결 전략 | 그래프가 오른쪽 위로 향하면 출발 지점에서 멀어지고, 그래프가 오른쪽 아래로 향하면 출발 지점에 가까워진다고 해석할 수 있다.

604

유형 11

서현이가 집에서 9시에 출발하여 직선 도로로 자전거 여행을 다녀왔다. 다음 그림은 시각이 x시일 때 집으로부터 떨어진 거리를 y km라 할 때, x와 y 사이의 관계를 그래프로 나타낸 것이다. 그래프에 대한 설명으로 옳은 것은?

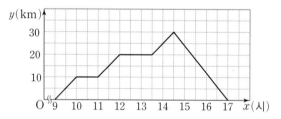

① 서현이는 집에서 출발한 지 2시간 후 처음 정지하였다.
② 서현이가 집으로 돌아오기 시작한 것은 집에서 출발한 지 5시간 후이다.
③ 서현이는 자전거 여행을 하는 동안 총 2시간 동안 정지하였다.
④ 서현이가 여행한 총 이동 거리는 60 km이다.
⑤ 서현이가 11시부터 13시까지 이동한 거리는 15 km이다.

| 해결 전략 | x의 값이 '시간'이 아닌 '시각'임에 주의한다.

605

유형 11 ✛ 유형 13

지우와 규리는 자전거를 타고 집에서 12 km 떨어진 공원을 같은 길을 따라 다녀왔다. 다음 그림은 시각이 x시일 때 집으로부터 떨어진 거리를 y km라 할 때, x와 y 사이의 관계를 그래프로 나타낸 것이다. 보기에서 옳은 것을 모두 고르시오. (단, 공원의 크기는 생각하지 않는다.)

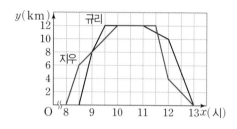

┌ 보기 ┐
ㄱ. 지우와 규리가 공원에서 머문 시간은 같다.
ㄴ. 규리는 출발한 지 1시간 30분 후 공원에 도착했다.
ㄷ. 지우와 규리는 이동하면서 공원이 아닌 길에서 1번 만났다.
ㄹ. 규리가 출발한 후 공원에 도착하기 전에 지우보다 앞서 간 시간은 30분이다.

| 해결 전략 | 두 그래프에서 x의 값의 차를 이용하여 문제를 해결한다.

606

유형 11 ✛ 유형 13

네 명의 학생 승민, 예린, 준서, 도윤이가 심장병 어린이 돕기 마라톤 대회 4 km 코스에 참가하였다. 오른쪽 그림은 x분 동안 달린 거리를 y km라 할 때, x와 y 사이의 관계를 각각 그래프로 나타낸 것이다. 다음 보기에서 옳은 것을 모두 고르시오.

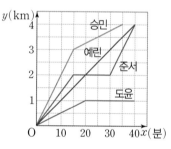

┌ 보기 ┐
ㄱ. 승민이는 초반보다는 후반에 더 빨리 달려서 4명 중 가장 빨리 들어왔다.
ㄴ. 처음 20분 동안은 준서가 예린이를 앞섰다.
ㄷ. 도윤이는 천천히 뛰었지만 포기하지는 않았다.
ㄹ. 예린이는 1등은 아니지만 처음부터 끝까지 일정한 속력으로 달렸다.
ㅁ. 준서는 출발한 지 15분 후부터 15분 동안은 일정한 속력으로 걸었다.

| 해결 전략 | 그래프에서 y의 값이 4일 때, x의 값이 작을수록 기록이 좋은 학생이다.

유형 ㏌ 잡기

유형 01 정비례 관계

607 대표 문제

다음 중 x와 y가 정비례하지 <u>않는</u> 것은?

① $y=x$　　② $2xy=1$　　③ $y=-\dfrac{2}{3}x$

④ $\dfrac{y}{x}=-2$　　⑤ $x=4y$

608

다음 중 x의 값이 2배, 3배, 4배, …가 될 때, y의 값도 2배, 3배, 4배, …가 되는 x와 y 사이의 관계를 나타내는 식은?

① $y=4x+1$　　② $y=\dfrac{2}{x}$　　③ $y=x-5$

④ $y=-\dfrac{x}{3}$　　⑤ $xy=3$

609

다음 보기에서 x와 y가 정비례하는 것을 모두 고르시오.

┌ 보기 ├─────────────────────
ㄱ. $y=-3x$　　ㄴ. $y=\dfrac{-2}{x}$　　ㄷ. $y=\dfrac{1}{2}x$

ㄹ. $xy=-4$　　ㅁ. $y=3x-4$　　ㅂ. $\dfrac{y}{x}=5$
└──────────────────────────

유형 02 정비례 관계를 나타내는 식 구하기

610 대표 문제

x와 y가 정비례하고 $x=4$일 때 $y=6$이다. $x=-6$일 때, y의 값은?

① -9　　② -6　　③ 3

④ 6　　⑤ 9

611

x와 y가 정비례하고 $x=-3$일 때 $y=4$이다. 이때 x와 y 사이의 관계를 나타내는 식을 구하시오.

612

x와 y가 정비례하고 $x=-\dfrac{1}{5}$일 때 $y=2$이다. 다음 보기에서 옳은 것을 모두 고르시오.

┌ 보기 ├─────────────────────
ㄱ. x의 값이 2배가 되면 y의 값도 2배가 된다.
ㄴ. x와 y 사이의 관계를 나타내는 식은 $y=-10x$이다.
ㄷ. $x=2$일 때 $y=-5$이다.
└──────────────────────────

613

x와 y가 정비례하고 x와 y 사이의 관계가 다음 표와 같을 때, $A-B+C$의 값을 구하시오.

x	-8	-6	B	C
y	16	A	-4	-6

09 정비례와 반비례

614 대표 문제

어떤 무빙워크는 초속 3 m로 움직인다고 한다. 무빙워크를 타고 x초 동안 움직인 거리를 y m라 할 때, 다음 물음에 답하시오.

(1) x와 y 사이의 관계를 식으로 나타내시오.

(2) 무빙워크를 타고 90 m를 움직이는 데 걸리는 시간을 구하시오.

615

다음 중 x와 y가 정비례하지 <u>않는</u> 것은?

① 매달 5000원씩 저축했을 때, x달 동안 모은 금액 y원

② 1분에 x장씩 인쇄하는 프린터기가 30장 인쇄하는 데 걸리는 시간 y분

③ 밑변의 길이가 x cm, 높이가 8 cm인 삼각형의 넓이 y cm²

④ 한 모둠에 5명씩인 x개 모둠의 총 학생 수 y

⑤ 넓이가 20 cm²인 타일 x개를 붙였을 때, 타일 전체의 넓이 y cm²

616

어떤 태블릿 한 대의 원가는 50만 원이고 판매 가격은 90만 원이다. 태블릿 x대의 판매 수익을 y만 원이라 할 때, 다음 보기에서 옳은 것을 모두 고르시오.

┌ 보기 ├
ㄱ. x와 y는 반비례한다.
ㄴ. x와 y는 정비례한다.
ㄷ. 태블릿 5대를 판매하면 판매 수익은 450만 원이다.
ㄹ. 판매 수익이 360만 원이면 태블릿을 9대 판매한 것이다.

617 대표 문제

다음 중 정비례 관계 $y=-\dfrac{2}{3}x$의 그래프는?

① 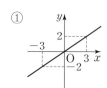 ②

③   ④

⑤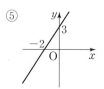

618

다음 중 정비례 관계 $y=\dfrac{2}{5}x$의 그래프는?

① 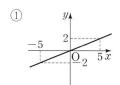 ②

③ 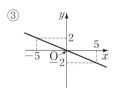 ④

⑤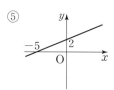

유형 05 정비례 관계 $y=ax\,(a\neq0)$의 그래프와 a의 값 사이의 관계

619 대표 문제

다음 정비례 관계의 그래프 중 x축에 가장 가까운 것은?

① $y=-6x$　　② $y=-x$　　③ $y=-\dfrac{1}{4}x$

④ $y=\dfrac{1}{3}x$　　⑤ $y=4x$

620

오른쪽 그림에서 정비례 관계 $y=\dfrac{5}{3}x$의 그래프로 알맞은 것은?

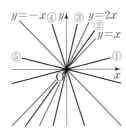

621

정비례 관계 $y=-\dfrac{1}{2}x,\ y=ax$의 그래프가 오른쪽 그림과 같을 때, 다음 중 상수 a의 값이 될 수 있는 것은?

① -2　　② $-\dfrac{1}{4}$

③ $\dfrac{1}{4}$　　④ 1

⑤ 2

622

정비례 관계 $y=ax,\ y=bx,$ $y=cx$의 그래프가 오른쪽 그림과 같을 때, 세 상수 $a,\ b,\ c$의 대소 관계를 바르게 나타낸 것은?

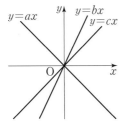

① $a<b<c$　　② $a<c<b$

③ $b<a<c$　　④ $b<c<a$

⑤ $c<b<a$

유형 06 정비례 관계 $y=ax\,(a\neq0)$의 그래프의 성질

623 대표 문제

다음 중 정비례 관계 $y=-\dfrac{1}{2}x$의 그래프에 대한 설명으로 옳은 것은?

① 원점을 지난다.
② 점 $(4,\ 2)$를 지난다.
③ 제1사분면과 제3사분면을 지난다.
④ x의 값이 증가하면 y의 값도 증가한다.
⑤ $y=x$의 그래프보다 y축에 가깝다.

624

정비례 관계 $y=ax\,(a\neq0)$의 그래프에 대한 설명으로 옳은 것을 보기에서 모두 고른 것은?

│ 보기 ├

ㄱ. 점 $(1,\ a)$를 지난다.
ㄴ. $a>0$일 때, 오른쪽 아래로 향하는 직선이다.
ㄷ. $a<0$일 때, 제1사분면과 제3사분면을 지난다.
ㄹ. $a<0$일 때, x의 값이 감소하면 y의 값은 증가한다.
ㅁ. a의 값이 클수록 y축에 가깝다.

① ㄱ, ㄴ　　② ㄱ, ㄷ　　③ ㄱ, ㄹ

④ ㄴ, ㄷ　　⑤ ㄹ, ㅁ

09 정비례와 반비례

625 대표 문제

다음 중 정비례 관계 $y=2x$의 그래프 위의 점이 <u>아닌</u> 것은?

① $(-2, -1)$　　② $(0, 0)$　　③ $\left(\dfrac{1}{2}, 1\right)$

④ $\left(\dfrac{2}{3}, \dfrac{4}{3}\right)$　　⑤ $(1, 2)$

626

정비례 관계 $y=-\dfrac{5}{6}x$의 그래프가 점 $(-18, a)$를 지날 때, a의 값은?

① -15　　② -12　　③ 9

④ 12　　⑤ 15

627

정비례 관계 $y=\dfrac{1}{3}x$의 그래프가 오른쪽 그림과 같을 때, a의 값은?

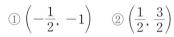

① -9　　② -7

③ -5　　④ -3

⑤ -1

628

정비례 관계 $y=ax$의 그래프가 두 점 $(10, -6)$, $(-5, b)$를 지날 때, $a+b$의 값을 구하시오. (단, a는 상수이다.)

629 대표 문제

오른쪽 그래프가 나타내는 식을 구하시오.

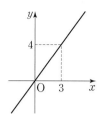

630

다음 조건을 모두 만족시키는 그래프가 나타내는 식을 구하시오.

㈎ 원점을 지나는 직선이다.
㈏ 점 $(8, -10)$을 지난다.

631

다음 중 오른쪽 그림과 같은 그래프 위의 점은?

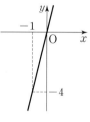

① $\left(-\dfrac{1}{2}, -1\right)$　　② $\left(\dfrac{1}{2}, \dfrac{3}{2}\right)$

③ $(1, 3)$　　④ $\left(\dfrac{3}{2}, 6\right)$

⑤ $(2, 9)$

632

오른쪽 그림과 같은 그래프에서 m의 값을 구하시오.

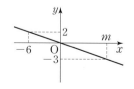

유형 09 정비례 관계 $y=ax$ $(a \neq 0)$의 그래프와 도형의 넓이

633 대표 문제

오른쪽 그림과 같이 정비례 관계 $y=-\dfrac{4}{3}x$의 그래프 위의 한 점 P 에서 x축에 내린 수선과 x축이 만나는 점을 Q라 하자. 점 Q의 x좌표가 -9일 때, 삼각형 OPQ의 넓이를 구하시오. (단, O는 원점이다.)

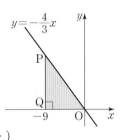

634

오른쪽 그림과 같이 정비례 관계 $y=\dfrac{1}{4}x$, $y=-x$의 그래프가 x좌표가 4인 두 점 A, B를 각각 지날 때, 삼각형 AOB의 넓이를 구하시오. (단, O는 원점이다.)

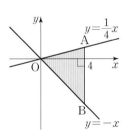

635

오른쪽 그림과 같이 정비례 관계 $y=ax$의 그래프 위의 한 점 P에서 y축에 내린 수선과 y축이 만나는 점 Q의 y좌표가 6이고 삼각형 OQP의 넓이가 9일 때, 음수 a의 값을 구하시오. (단, O는 원점이다.)

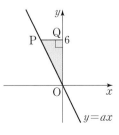

유형 10 반비례 관계

636 대표 문제

다음 중 x와 y가 반비례하지 <u>않는</u> 것을 모두 고르면?

(정답 2개)

① $xy=-7$ ② $x=\dfrac{-3}{2y}$ ③ $y=-\dfrac{x}{2}$

④ $y=\dfrac{-2}{x}$ ⑤ $\dfrac{x}{y}=-1$

637

다음 중 x의 값이 2배, 3배, 4배, ...가 될 때, y의 값은 $\dfrac{1}{2}$배, $\dfrac{1}{3}$배, $\dfrac{1}{4}$배, ...가 되는 x와 y 사이의 관계를 나타내는 식은?

① $3y=-4x$ ② $x=\dfrac{15}{y}$ ③ $y=9x$

④ $\dfrac{x}{y}=-12$ ⑤ $x+y=10$

638

다음 보기에서 x와 y가 반비례하는 것을 모두 고르시오.

┌ 보기 ┐
ㄱ. $y=-x$ ㄴ. $y=3x-1$ ㄷ. $xy=4$

ㄹ. $\dfrac{y}{x}=\dfrac{1}{2}$ ㅁ. $y=\dfrac{x}{5}$ ㅂ. $y=\dfrac{-7}{x}$
└─────────────────┘

09

정비례와 반비례

639 대표 문제

x와 y가 반비례하고 $x=2$일 때 $y=-6$이다. $x=4$일 때, y의 값을 구하시오.

640

x와 y가 반비례하고 $x=-5$일 때 $y=-4$이다. 이때 x와 y 사이의 관계를 나타내는 식은?

① $y=-\dfrac{20}{x}$　　② $y=-\dfrac{10}{x}$　　③ $y=\dfrac{5}{x}$

④ $y=\dfrac{10}{x}$　　⑤ $y=\dfrac{20}{x}$

641

x와 y가 반비례하고 $x=9$일 때 $y=\dfrac{2}{3}$이다. 다음 보기에서 옳은 것을 모두 고르시오.

─┤ 보기 ├─

ㄱ. x의 값이 4배가 되면 y의 값은 $\dfrac{1}{4}$배가 된다.

ㄴ. x와 y 사이의 관계를 나타내는 식은 $y=\dfrac{12}{x}$이다.

ㄷ. $x=\dfrac{1}{5}$일 때 $y=30$이다.

642

x와 y가 반비례하고 x와 y 사이의 관계가 다음 표와 같을 때, $A+B+C$의 값을 구하시오.

x	-10	-5	B	C
y	$-\dfrac{3}{2}$	A	-5	-15

643 대표 문제

온도가 일정할 때 기체의 부피는 압력에 반비례한다. 어떤 기체의 부피가 $60\ \mathrm{cm}^3$일 때, 이 기체의 압력이 2기압이었다. 이 기체의 x기압에서의 부피를 $y\ \mathrm{cm}^3$라 할 때, 다음 물음에 답하시오. (단, 온도는 일정하다.)

⑴ x와 y 사이의 관계를 식으로 나타내시오.
⑵ 압력이 5기압일 때, 이 기체의 부피를 구하시오.

644

다음 중 x와 y가 반비례하는 것은?

① 365일 중 비가 온 날 x일과 비가 오지 않은 날 y일
② 둘레의 길이가 $40\ \mathrm{cm}$인 직사각형의 가로의 길이 $x\ \mathrm{cm}$와 세로의 길이 $y\ \mathrm{cm}$
③ 설탕 $5\ \mathrm{g}$이 들어 있는 설탕물 $x\ \mathrm{g}$의 농도 $y\ \%$
④ 시속 $3\ \mathrm{km}$로 x시간 동안 걸은 거리 $y\ \mathrm{km}$
⑤ 1분 동안 맥박 수가 90일 때, x분 동안의 총 맥박 수 y

645

매분 $4\ \mathrm{L}$씩 물을 넣으면 40분 만에 물이 가득 차는 물탱크가 있다. 이 물탱크에 매분 $x\ \mathrm{L}$씩 물을 넣으면 가득 채우는 데 y분이 걸린다고 할 때, 다음 보기에서 옳은 것을 모두 고르시오.

─┤ 보기 ├─

ㄱ. x와 y는 정비례한다.
ㄴ. x와 y는 반비례한다.
ㄷ. 매분 $5\ \mathrm{L}$씩 물을 넣으면 가득 채우는 데 50분이 걸린다.
ㄹ. 20분 만에 가득 채우려면 매분 $8\ \mathrm{L}$씩 넣어야 한다.

유형 13 반비례 관계 $y=\dfrac{a}{x}$ $(a\neq0)$의 그래프

646 대표 문제

다음 중 반비례 관계 $y=-\dfrac{3}{x}$의 그래프는?

① 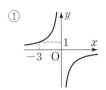   ②

③   ④

⑤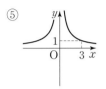

647

다음 중 반비례 관계 $y=\dfrac{4}{x}$의 그래프는?

① 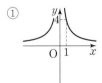   ②

③ 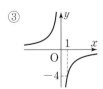   ④

⑤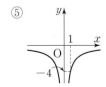

유형 14 반비례 관계 $y=\dfrac{a}{x}$ $(a\neq0)$의 그래프와 a의 값 사이의 관계

648 대표 문제

다음 반비례 관계의 그래프 중 원점에서 가장 가까운 것은?

① $y=-\dfrac{8}{x}$ ② $y=-\dfrac{6}{x}$ ③ $y=-\dfrac{2}{x}$

④ $y=\dfrac{4}{x}$ ⑤ $y=\dfrac{12}{x}$

649

반비례 관계 $y=\dfrac{a}{x}$, $y=\dfrac{2}{x}$의 그래프가 오른쪽 그림과 같을 때, 다음 중 상수 a의 값이 될 수 있는 것은?

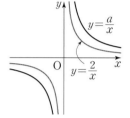

① $-\dfrac{1}{2}$ ② -1

③ $\dfrac{1}{2}$ ④ 1

⑤ 3

650

반비례 관계 $y=\dfrac{a}{x}$, $y=-\dfrac{4}{x}$의 그래프가 오른쪽 그림과 같을 때, 상수 a의 값의 범위는?

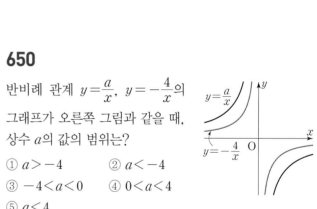

① $a>-4$ ② $a<-4$

③ $-4<a<0$ ④ $0<a<4$

⑤ $a<4$

651

반비례 관계 $y=\dfrac{a}{x}$, $y=\dfrac{b}{x}$, $y=\dfrac{c}{x}$의 그래프가 오른쪽 그림과 같을 때, 상수 a, b, c의 대소 관계를 바르게 나타낸 것은?

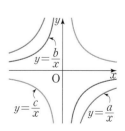

① $a<b<c$ ② $a<c<b$

③ $b<a<c$ ④ $b<c<a$

⑤ $c<a<b$

652 대표 문제

다음 중 반비례 관계 $y=-\dfrac{1}{2x}$의 그래프에 대한 설명으로 옳은 것은?

① 점 $\left(\dfrac{1}{2},\ -4\right)$를 지난다.

② 원점을 지나는 직선이다.

③ $x>0$일 때, x의 값이 증가하면 y의 값은 감소한다.

④ 제2사분면과 제4사분면을 지난다.

⑤ $y=-\dfrac{1}{x}$의 그래프보다 원점에서 멀다.

653

다음 중 반비례 관계 $y=\dfrac{a}{x}$ $(a\neq0)$의 그래프에 대한 설명으로 옳은 것을 모두 고르면? (정답 2개)

① 점 $(a,\ 1)$을 지난다.

② a의 절댓값이 클수록 원점에 가깝다.

③ $a>0$이면 $x>0$인 범위에서 x의 값이 증가할 때, y의 값은 감소한다.

④ 원점을 지나고 좌표축에 한없이 가까워지는 한 쌍의 곡선이다.

⑤ x의 값이 2배, 3배, 4배, …가 될 때, y의 값도 2배, 3배, 4배, …가 된다.

654 대표 문제

다음 중 반비례 관계 $y=-\dfrac{24}{x}$의 그래프 위의 점인 것은?

① $(-12,\ 3)$ ② $\left(-8,\ \dfrac{8}{3}\right)$ ③ $(-6,\ 4)$

④ $(2,\ -6)$ ⑤ $(4,\ -8)$

655

반비례 관계 $y=-\dfrac{36}{x}$의 그래프가 두 점 $(4,\ a)$, $(b,\ -6)$을 지날 때, $a+b$의 값을 구하시오.

656

반비례 관계 $y=\dfrac{a}{x}$의 그래프가 두 점 $(-8,\ -5)$, $(b,\ 10)$을 지날 때, $a+b$의 값을 구하시오.

(단, a는 상수이다.)

657

반비례 관계 $y=\dfrac{8}{x}$의 그래프 위의 점 중 x좌표와 y좌표가 모두 정수인 점의 개수를 구하시오.

유형 17 그래프가 주어질 때 식 구하기 – 반비례 관계

658

오른쪽 그래프가 나타내는 식은?

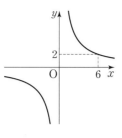

① $y = -\dfrac{12}{x}$ 　　② $y = -\dfrac{4}{3}x$

③ $y = \dfrac{4}{3}x$ 　　④ $y = \dfrac{4}{x}$

⑤ $y = \dfrac{12}{x}$

659

다음 조건을 모두 만족시키는 그래프가 나타내는 식을 구하시오.

㈎ x좌표와 y좌표의 곱이 일정한 점들을 지나는 한 쌍의 매끄러운 곡선이다.

㈏ 점 $(5, 3)$을 지난다.

660

오른쪽 그림과 같은 그래프에서 m의 값을 구하시오.

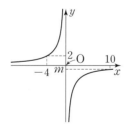

661

오른쪽 그림은 반비례 관계 $y = \dfrac{a}{x}$, $y = \dfrac{b}{x}$의 그래프이다. 두 상수 a, b에 대하여 $a+b$의 값을 구하시오.

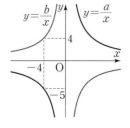

유형 18 반비례 관계 $y = \dfrac{a}{x}$ $(a \ne 0)$의 그래프와 도형의 넓이

662 대표 문제

오른쪽 그림과 같이 반비례 관계 $y = \dfrac{a}{x}$의 그래프가 점 $(6, 3)$을 지난다. 이 그래프 위의 한 점 P에서 x축, y축에 각각 내린 수선과 x축, y축이 만나는 점을 A, B라 할 때, 사각형 OAPB의 넓이를 구하시오. (단, a는 상수이고, O는 원점이다.)

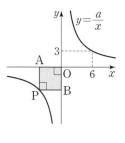

663

오른쪽 그림은 반비례 관계 $y = -\dfrac{10}{x}$의 그래프의 일부이고 점 A는 이 그래프 위의 점이다. 점 A에서 y축에 내린 수선이 y축과 만나는 점 B의 좌표가

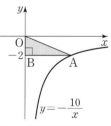

$(0, -2)$일 때, 직각삼각형 OBA의 넓이를 구하시오. (단, O는 원점이다.)

664

오른쪽 그림은 반비례 관계 $y = \dfrac{a}{x}$의 그래프이고 두 점 A, C는 이 그래프 위의 점이다. 직사각형 ABCD의 네 변이 x축 또는 y축에 평행할 때, 직사각형 ABCD의 넓이를 구하시오. (단, a는 상수이다.)

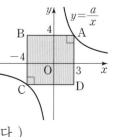

발전 유형 19 $y=ax\,(a\neq0),\ y=\dfrac{b}{x}\,(b\neq0)$의 그래프가 만날 때

665 대표 문제

오른쪽 그림과 같이 정비례 관계 $y=2x$의 그래프와 반비례 관계 $y=\dfrac{a}{x}$의 그래프가 점 A에서 만난다. 점 A의 x좌표가 3일 때, 상수 a의 값은?

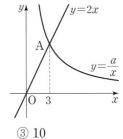

① 2 　　　② 6 　　　③ 10
④ 14 　　　⑤ 18

666

정비례 관계 $y=ax$의 그래프와 반비례 관계 $y=\dfrac{b}{x}$의 그래프가 두 점 $(4,\ -6)$, $(-4,\ c)$에서 만날 때, abc의 값을 구하시오. (단, a, b는 상수이다.)

667

오른쪽 그림과 같이 정비례 관계 $y=\dfrac{4}{3}x$의 그래프와 반비례 관계 $y=\dfrac{a}{x}$의 그래프가 점 $A(b,\ 8)$에서 만난다. 점 $B(12,\ c)$가 $y=\dfrac{a}{x}$의 그래프 위의 점일 때, $a+b+c$의 값을 구하시오.

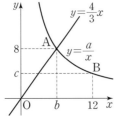

(단, a는 상수이다.)

발전 유형 20 정비례, 반비례 관계의 그래프의 활용

668 대표 문제

오른쪽 그림은 정해진 시각에 물체의 길이를 x cm, 이 때의 물체의 그림자의 길이를 y cm라 할 때, x와 y 사이의 관계를 그래프로 나타낸 것이다. 같은 시각에 길이가 25 cm인 물체의 그림자의 길이를 구하시오.

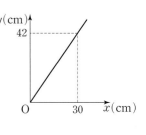

669

음파의 파장은 진동수에 반비례한다. 오른쪽 그림은 어느 온도에서 음파의 진동수를 x Hz, 이때의 파장을 y m라 할 때, x와 y 사이의 관계를 그래프로 나타낸 것이다. 진동수가 180 Hz일 때의 음파의 파장을 구하시오.

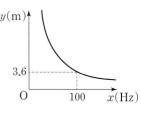

670

학교에서 700 m 떨어진 공원까지 가은이는 자전거를 타고 가고, 민준이는 걸어서 갔다. 오른쪽 그림은 두 사람이 학교에서 동시에 출발하여 x분 동안 간 거리를 y m라 할 때, x와 y 사이의 관계를 그래프로 나타낸 것이다. 가은이가 공원에 도착한 후 몇 분을 기다려야 민준이가 도착하는지 구하시오.

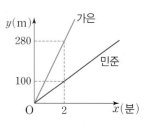

만점 각 잡기

학교 시험 만점을
차근차근 준비해요.

671
유형 03

톱니가 각각 16개, 32개인 두 톱니바퀴 A, B가 서로 맞물려 회전하고 있다. A가 x번 회전할 때, B는 y번 회전한다고 한다. A가 10번 회전할 때, B는 몇 번 회전하는가?

① 5번   ② 10번   ③ 15번
④ 20번   ⑤ 25번

| 해결 전략 | 변하는 두 양 x, y에 대하여 x와 y 사이의 관계를 $y=ax$ ($a \neq 0$)로 나타낸다.

672
유형 03

오른쪽 그림과 같은 직사각형 ABCD에서 점 P는 꼭짓점 B를 출발하여 꼭짓점 C까지 변 BC를 매초 2 cm의 속력으로 움직인다. 점 P가 출발한 지 x초 후의 삼각형 ABP의 넓이를 y cm²라 할 때, 삼각형 ABP의 넓이가 24 cm²가 되는 것은 몇 초 후인지 구하시오.

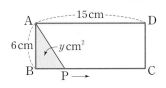

| 해결 전략 | 변하는 두 양 x, y에 대하여 x와 y 사이의 관계를 $y=ax$ ($a \neq 0$)로 나타낸다.

673
유형 08

세 점 O(0, 0), A(2, −10), B(k, 30)이 한 직선 위에 있을 때, k의 값을 구하시오.

| 해결 전략 | 원점을 지나는 직선인 그래프가 나타내는 식은 $y=ax$ ($a \neq 0$)의 꼴이다.

674
유형 09

오른쪽 그림과 같이 정비례 관계 $y=\dfrac{5}{4}x$, $y=\dfrac{1}{4}x$의 그래프 위의 두 점 A, B의 x좌표가 8일 때, 삼각형 AOB의 넓이를 구하시오. (단, O는 원점이다.)

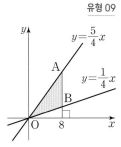

| 해결 전략 | 두 점 A, B의 y좌표를 먼저 구한다.

675
유형 09

오른쪽 그림과 같이 정비례 관계 $y=ax$의 그래프는 점 P를 지난다. 네 점 A, B, C, D의 좌표가 각각 (0, 7), (0, 3), (3, 0), (5, 0)이고 두 삼각형 ABP, CDP의 넓이가 같을 때, 상수 a의 값을 구하시오.

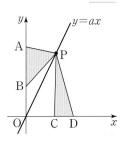

| 해결 전략 | 점 P의 x좌표를 p라 하고 점 P가 $y=ax$의 그래프 위의 점임을 이용한다.

676
유형 11

다음 조건을 모두 만족시키는 그래프가 나타내는 식을 구하시오.

> (가) xy의 값은 일정한 양수이다.
> (나) $x=3$일 때의 y의 값과 $x=-6$일 때 y의 값의 합이 1이다.

| 해결 전략 | xy의 값이 일정하므로 $xy=k$ (k는 상수)로 놓는다.

09 정비례와 반비례

677

유형 12

오른쪽 그림과 같은 저울에서 점 A의 왼쪽으로 y cm 떨어진 곳에 무게가 x kg인 추를 매달고, 점 A의 오른쪽으로 15 cm 떨어진 곳에 무게가 8 kg인 물건을 매달아 평형을 이루게 하였다. 이 저울은 평형을 이룰 때, 점 A에서 물체를 매단 곳까지의 거리와 물체의 무게의 곱은 양쪽이 항상 같다고 한다. 저울의 왼쪽에 4 kg인 추를 매달아 평형을 이루게 하려면 점 A에서 왼쪽의 추를 매단 곳까지의 거리는 몇 cm로 해야 하는지 구하시오.

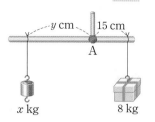

| 해결 전략 | 변하는 두 양 x, y에 대하여 x와 y 사이의 관계를 $y=\dfrac{a}{x}$ $(a \ne 0)$ 로 나타낸다.

678

유형 16

오른쪽 그림은 반비례 관계 $y=\dfrac{a}{x}$ 의 그래프이다. 이 그래프가 점 $\left(6, -\dfrac{10}{3}\right)$을 지날 때, 이 그래프 위의 점 중 x좌표와 y좌표가 모두 정수인 점의 개수를 구하시오. (단, a는 상수이다.)

| 해결 전략 | $y=\dfrac{a}{x}$에 $x=6$, $y=-\dfrac{10}{3}$을 대입하면 등식이 성립한다.

679

유형 17

오른쪽 그림은 반비례 관계 $y=\dfrac{a}{x}$ 의 그래프의 일부이다. 이 그래프 위의 두 점 A, B의 y좌표의 차가 2일 때, 상수 a의 값은?

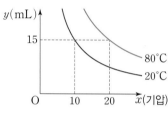

① 6 　　② 8

③ 9 　　④ 10

⑤ 12

| 해결 전략 | $y=\dfrac{a}{x}$에 두 점 A, B의 x좌표를 대입하여 y좌표를 각각 구한다.

680

유형 20

오른쪽 그림은 일정한 온도에서 어떤 기체에 가해지는 압력을 x기압, 부피를 y mL라 할 때, x와 y 사이의 관계를 그래프로 나타낸 것이다. 30기압에서 80 ℃일 때의 기체의 부피와 20 ℃일 때의 기체의 부피의 차를 구하시오. (단, 압력과 부피는 반비례한다.)

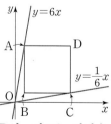

| 해결 전략 | 주어진 그래프를 보고 x와 y 사이의 관계를 나타내는 식을 각각 구한다.

681

유형 09

오른쪽 그림에서 제1사분면 위의 두 점 A, C는 각각 정비례 관계 $y=6x$, $y=\dfrac{1}{6}x$의 그래프 위의 점 이고, 사각형 ABCD는 한 변의 길이가 10인 정사각형일 때, 점 A의 좌표를 구하시오. (단, 두 점 A, B의 x좌표는 같다.)

| 해결 전략 | 점 A의 x좌표를 a라 하고 네 점 A, B, C, D의 좌표를 각각 구한다.

682

유형 18

오른쪽 그림과 같이 반비례 관계 $y=\dfrac{12}{x}$ $(x>0)$의 그래프 위의 한 점 P에서 x축, y축에 각각 내린 수선과 x축, y축이 만나는 점을 A, B라 하자. 이때 직사각형 OAPB의 가로의 길이와 세로의 길이가 모두 자연수가 되는 모든 직사각형의 넓이의 합을 구하시오.

(단, O는 원점이다.)

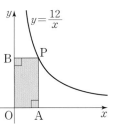

| 해결 전략 | 점 P의 좌표를 (a, b)라 하고 a와 b 사이의 관계를 나타내는 식을 구한다.

683

유형 18

오른쪽 그림은 두 반비례 관계 $y=\dfrac{a}{x}$, $y=\dfrac{b}{x}$의 그래프이고 두 점 A, C는 $y=\dfrac{a}{x}$의 그래프 위의 점, 두 점 B, D는 $y=\dfrac{b}{x}$의 그래프 위의 점이다. 각각의 점에서 만든 4개의 직사각형의 넓이의 합이 28, 점 C의 좌표가 $(5, -2)$일 때, 두 상수 a, b에 대하여 $a+b$의 값을 구하시오.

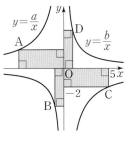

| 해결 전략 | $y=\dfrac{a}{x}$에 $x=5$, $y=-2$를 대입하면 등식이 성립한다.

684

유형 19

오른쪽 그림과 같이 반비례 관계 $y=\dfrac{15}{x}$ $(x>0)$의 그래프가 두 점 A$(3, 5)$, B$(t, 3)$을 지날 때, 정비례 관계 $y=ax$의 그래프가 선분 AB와 한 점에서 만나도록 하는 상수 a의 값의 범위를 구하시오.

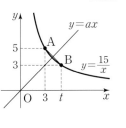

| 해결 전략 | $y=\dfrac{15}{x}$에 $x=t$, $y=3$을 대입하면 등식이 성립한다.

685

유형 18 ✚ 유형 19

오른쪽 그림과 같이 정비례 관계 $y=ax$의 그래프와 반비례 관계 $y=\dfrac{b}{x}$의 그래프가 만나는 두 점을 각각 A, B라 할 때, 직사각형 ACBD의 넓이는 60이다. 두 점 A, D의 x좌표가 모두 3일 때, 두 상수 a, b에 대하여 ab의 값을 구하시오.

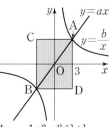

| 해결 전략 | $y=\dfrac{b}{x}$의 그래프는 원점에 대하여 대칭인 한 쌍의 곡선이므로 점 B는 점 A와 원점에 대하여 대칭인 점이다.

686

유형 20

규리가 수조에 물을 계속 넣고, 도윤이는 수조에서 물을 계속 빼내어 들이가 100 L인 어느 수조에 물을 가득 채우려고 한다. 오른쪽 그림은 규리가 물을 넣기 시작하고, 동시에 도윤이는 물을 빼내기 시작하여 x분이 지난 후 넣거나 뺀 물의 양을 y L라 할 때, x와 y 사이의 관계를 그래프로 나타낸 것이다. 이 수조에 물을 가득 채우는 데 걸리는 시간을 구하시오.

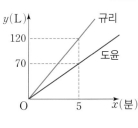

| 해결 전략 | 주어진 그래프를 보고 x와 y 사이의 관계를 나타내는 식을 각각 구한다.

MEMO

1등급의 절대기준

2022 개정
교육과정
반영

고등 수학 내신 1등급 문제서

대성마이맥 이창무 집필
수학 최상위 레벨 대표 강사

타임 어택 1, 3, 7분컷
실전 감각 UP

적중률 높이는 기출
교육 특구 및 전국 500개 학교 분석

1등급 확정
변별력 갖춘 A·B·C STEP

공통수학1, 공통수학2, 대수, 미적분 I, 확률과 통계, 미적분 II

수매씽 MATHING 유형

모바일 빠른 정답
QR 코드를 찍으면 정답 및 풀이를
쉽고 빠르게 확인할 수 있습니다.

유형북

01 소인수분해

8~9쪽

개념 잡기

0001 답 ×   **0002** 답 ○

0003 답 ×   **0004** 답 ○

0005 답 ○   **0006** 답 ×

0007 오른쪽 그림과 같이 소수가 있는 칸을 모두 색칠할 때 나타나는 자음은 ㅂ이다.   답 ㅂ

2	4	6	7
11	13	17	19
23	24	25	29
31	37	41	43

0008 답 9, 15, 42, 91

0009 답 5^4

0010 답 $3^2 \times 5^3 \times 7$

0011 답 $\left(\dfrac{1}{2}\right)^2 \times \left(\dfrac{1}{3}\right)^3$

0012 답 $\dfrac{1}{5^2 \times 7^3}$

0013 답 2^5

0014 답 5^3

0015 답 10^3

0016 답 $\left(\dfrac{1}{3}\right)^4$

0017 $27 = 3^3$이고 소인수는 3이다.   답 3^3, 3

0018 $48 = 2^4 \times 3$이고 소인수는 2, 3이다.   답 $2^4 \times 3$, 2, 3

0019 $100 = 2^2 \times 5^2$이고 소인수는 2, 5이다.   답 $2^2 \times 5^2$, 2, 5

0020 $108 = 2^2 \times 3^3$이고 소인수는 2, 3이다.   답 $2^2 \times 3^3$, 2, 3

0021 $175 = 5^2 \times 7$이고 소인수는 5, 7이다.   답 $5^2 \times 7$, 5, 7

0022 $180 = 2^2 \times 3^2 \times 5$이고 소인수는 2, 3, 5이다.
답 $2^2 \times 3^2 \times 5$, 2, 3, 5

0023 답 $2^3 \times 3^2$

0024 답

×	1	2	2^2	2^3
1	1	2	4	8
3	3	6	12	24
3^2	9	18	36	72

약수 : 1, 2, 3, 4, 6, 8, 9, 12, 18, 24, 36, 72

0025

×	1	2
1	1	2
3	3	6
3^2	9	18

답 1, 2, 3, 6, 9, 18

0026

×	1	2	2^2	2^3
1	1	2	4	8
7	7	14	28	56

답 1, 2, 4, 7, 8, 14, 28, 56

0027 $81 = 3^4$이므로 약수는 1, 3, 3^2, 3^3, 3^4, 즉 1, 3, 9, 27, 81이다.   답 1, 3, 9, 27, 81

0028 $225 = 3^2 \times 5^2$

×	1	3	3^2
1	1	3	9
5	5	15	45
5^2	25	75	225

답 1, 3, 5, 9, 15, 25, 45, 75, 225

0029 $5 + 1 = 6$ 답 6

0030 $(2+1) \times (1+1) = 3 \times 2 = 6$ 답 6

0031 $(2+1) \times (1+1) \times (3+1) = 3 \times 2 \times 4 = 24$ 답 24

0032 $120 = 2^3 \times 3 \times 5$이므로 약수의 개수는
$(3+1) \times (1+1) \times (1+1) = 4 \times 2 \times 2 = 16$ 답 16

유형 다 잡기

10~16쪽

0033 소수는 2, 7, 29, 31의 4개이므로 $a = 4$
합성수는 15, 28, 39의 3개이므로 $b = 3$
∴ $a - b = 4 - 3 = 1$ 답 1
참고 1은 소수도 아니고 합성수도 아니다.

0034 약수가 2개인 수는 소수이므로 30보다 크고 40 이하인 소수는 31, 37의 2개이다.   답 2

0035 15보다 크고 25보다 작은 소수는 17, 19, 23의 3개이므로
$a = 3$ …❶
10보다 크고 20보다 작은 합성수는 12, 14, 15, 16, 18의 5개이므로 $b = 5$ …❷
∴ $b - a = 5 - 3 = 2$ …❸

답 2

채점 기준	비율
❶ a의 값 구하기	40 %
❷ b의 값 구하기	40 %
❸ $b-a$의 값 구하기	20 %

0036 8을 두 소수의 합으로 나타내면 $3+5$ 또는 $5+3$이므로
$a = 3$, $b = 5$ 또는 $a = 5$, $b = 3$
12를 두 소수의 합으로 나타내면 $5+7$ 또는 $7+5$이므로
$c = 5$, $d = 7$ 또는 $c = 7$, $d = 5$
∴ $a \times b + c \times d = 15 + 35 = 50$ 답 50

0037 ① 가장 작은 소수는 2이다.
　　　1은 소수도 아니고 합성수도 아니다.
② 소수의 약수는 1과 자기 자신이므로 약수가 2개이다.
③ 2는 소수이지만 짝수이다.
⑤ 자연수는 1, 소수, 합성수로 이루어져 있다.　　　　답 ④

0038 ㄱ. 2는 짝수이지만 소수이다. (거짓)
ㄴ. 10 이하의 소수는 2, 3, 5, 7의 4개이다. (참)
ㄷ. 합성수가 아닌 자연수는 1 또는 소수이다. (거짓)
ㄹ. 합성수의 약수는 3개 이상이고, 소수의 약수는 2개이 므로 합성수의 약수의 개수가 소수의 약수의 개수보다 항상 많다. (참)
따라서 옳은 것은 ㄴ, ㄹ이다.　　　　답 ㄴ, ㄹ

0039 ① $51=3\times17$이므로 소수가 아니다.
② 가장 작은 합성수는 4이다.
⑤ 100에 가장 가까운 소수는 101이다.　　　답 ③, ④
주의 ⑤ 100에 가장 가까운 소수를 100보다 작은 소수로 착각하지 않도록 주의한다.

0040 ① $5\times5\times5=5^3$
③ $4\times4\times4=4^3$
④ $2\times2+2\times3=2^2+2\times3$
⑤ $a\times a\times a\times b\times b=a^3\times b^2$　　　　답 ②

0041 $2\times3\times3\times3\times5\times5=2\times3^3\times5^2$이므로
$a=2$, $b=3$, $c=2$
$\therefore a+b+c=2+3+2=7$　　　　답 7

0042 [1단계]의 참가자의 수는 3
[2단계]의 참가자의 수는 3^2
[3단계]의 참가자의 수는 3^3
　　　　⋮
따라서 [9단계]의 참가자의 수는 3^9이다.　　　답 3^9

0043 $2^4=2\times2\times2\times2=16$이므로 $a=16$
$243=3\times3\times3\times3\times3=3^5$이므로 $b=5$
$\therefore a+b=16+5=21$　　　　답 21

0044 $625=5\times5\times5\times5=5^4$이므로 $a=4$　　답 ②

0045 ② 4를 밑, 3을 지수라 한다.
③, ④ $4^3=4\times4\times4$이지만 $3^4=3\times3\times3\times3$이다.
⑤ $4^3=4\times4\times4=64$　　　　답 ①, ⑤

0046 $3^4=3\times3\times3\times3=81$이므로　　　　…❶
$3^4+7^a=424$에서 $81+7^a=424$, $7^a=343$　…❷
$343=7\times7\times7=7^3$이므로 $a=3$　　　…❸
　　　　답 3

채점 기준	비율
❶ 3^4의 값 구하기	30 %
❷ 7^a의 값 구하기	40 %
❸ a의 값 구하기	30 %

0047 ① $15=3\times5$
② $42=2\times3\times7$
④ $72=2^3\times3^2$
⑤ $100=2^2\times5^2$　　　　답 ③

0048 $2\times2\times3\times2\times5=2^3\times3\times5$　　　답 ④

0049 오른쪽과 같이 360을 소인수분해 하면
$360=2^3\times3^2\times5$

```
2 ) 360
2 ) 180
2 ) 90
3 ) 45
3 ) 15
    5
```
　　　　답 ②

0050 ㄴ. $16=2^4$
ㄷ. $48=2^4\times3$
ㅁ. $132=2^2\times3\times11$
ㅂ. $245=5\times7^2$　　　　답 ㄱ, ㄹ

0051 $144=2^4\times3^2$이므로
144의 소인수는 2와 3이다.　　　　답 ①

0052 $510=2\times3\times5\times17$이므로
510의 소인수는 2, 3, 5, 17이다.
따라서 구하는 합은 $2+3+5+17=27$　　답 ⑤

0053 ① $45=3^2\times5$이므로 소인수는 3, 5
② $75=3\times5^2$이므로 소인수는 3, 5
③ $105=3\times5\times7$이므로 소인수는 3, 5, 7
④ $225=3^2\times5^2$이므로 소인수는 3, 5
⑤ $375=3\times5^3$이므로 소인수는 3, 5　　답 ③

0054 구하는 자연수가 7의 배수이므로
7을 소인수로 가져야 한다.
소수 중 크기가 작은 수부터 나열하면
2, 3, 5, 7, 11, …이므로
$2\times3\times7=42$, $2\times5\times7=70$, $3\times5\times7=105$, …
따라서 구하는 가장 작은 세 자리 자연수는 105이다.
　　　　답 105

0055 오른쪽과 같이 540을 소인수분해 하면
$540=2^2\times3^3\times5$이므로
$a=2$, $b=3$, $c=1$
$\therefore a+b+c=2+3+1=6$

```
2 ) 540
2 ) 270
3 ) 135
3 ) 45
3 ) 15
    5
```
　　　　답 6

0056 $22\times54=(2\times11)\times(2\times3^3)$
　　　　　　$=2^2\times3^3\times11$
따라서 $a=2$, $b=3$, $c=1$이므로
$a+b-c=2+3-1=4$　　　　답 4

0057 $216=2^3\times3^3$이므로　　　　…❶
$a=2$, $b=3$, $m=3$, $n=3$ 또는 $a=3$, $b=2$, $m=3$, $n=3$　…❷
$\therefore a+b+m+n=11$　　　…❸
　　　　답 11

채점 기준	비율
❶ 216을 소인수분해 하기	50 %
❷ a, b, m, n의 값 구하기	30 %
❸ $a+b+m+n$의 값 구하기	20 %

0058 $1 \times 2 \times 3 \times 4 \times 5 \times 6 \times 7 \times 8 \times 9$
$= 2 \times 3 \times (2 \times 2) \times 5 \times (2 \times 3) \times 7 \times (2 \times 2 \times 2) \times (3 \times 3)$
$= 2^7 \times 3^4 \times 5 \times 7$
따라서 $a=7$, $b=4$, $c=1$, $d=1$이므로
$a+b+c+d=7+4+1+1=13$　　　　　답 ②

0059 $60=2^2 \times 3 \times 5$이므로 곱할 수 있는 가장 작은 자연수는
$3 \times 5 = 15$　　　　　답 15

0060 $96=2^5 \times 3$이므로 나눌 수 있는 가장 작은 자연수는
$2 \times 3 = 6$　　　　　답 6

0061 $300=2^2 \times 3 \times 5^2$이므로
a는 $3 \times (자연수)^2$의 꼴이어야 한다.
즉, 가장 작은 자연수 a의 값은 3이다.
이때 $b^2=(2^2 \times 3 \times 5^2) \times 3=(2 \times 3 \times 5)^2$이므로
$b=2 \times 3 \times 5=30$
$\therefore a+b=3+30=33$　　　　　답 ④

0062 $504=2^3 \times 3^2 \times 7$이므로 a는 504의 약수이면서
$2 \times 7 \times (자연수)^2$의 꼴이어야 한다.
즉, 가장 작은 자연수 a의 값은 $2 \times 7 = 14$
이때 $b^2=(2^3 \times 3^2 \times 7) \div (2 \times 7)=(2 \times 3)^2$이므로
$b=2 \times 3=6$
$\therefore a-b=14-6=8$　　　　　답 8

0063 $75=3 \times 5^2$이므로 x는 $3 \times (자연수)^2$의 꼴이어야 한다.
① $3=3 \times 1^2$　　② $4=2^2$　　③ $12=3 \times 2^2$
④ $27=3 \times 3^2$　　⑤ $75=3 \times 5^2$
따라서 x의 값이 될 수 없는 것은 ②이다.　　답 ②

0064 $432=2^4 \times 3^3$이므로 x는 432의 약수이면서 $3 \times (자연수)^2$의 꼴이어야 한다.
① $3=3 \times 1^2$　　② $12=3 \times 2^2$　　③ $27=3 \times 3^2$
④ $108=3 \times 2^2 \times 3^2$　　⑤ $216=3 \times 2^3 \times 3^2$
따라서 x의 값이 될 수 없는 것은 ⑤이다.　　답 ⑤

0065 $125=5^3$이므로 곱할 수 있는 자연수는 $5 \times (자연수)^2$의 꼴이어야 한다.
즉, 곱할 수 있는 자연수를 크기순으로 나열하면
5, 5×2^2, 5×3^2, ...
따라서 두 번째로 작은 자연수는
$5 \times 2^2 = 20$　　　　　답 20

0066 $288=2^5 \times 3^2$이므로 x는 288의 약수이면서 $2 \times (자연수)^2$의 꼴이어야 한다.
그런데 x는 3의 배수이므로 $2 \times 3^2 \times (자연수)^2$의 꼴이어야 한다.
따라서 x의 값이 될 수 있는 수는 $2 \times 3^2 \times 1^2$, $2 \times 3^2 \times 2^2$, $2 \times 3^2 \times 4^2$이므로 18, 72, 288이다.　　답 18, 72, 288

0067 $60=2^2 \times 3 \times 5$이므로 60의 약수는
$(2^2$의 약수$) \times (3$의 약수$) \times (5$의 약수$)$의 꼴이다.
⑤ $3^2 \times 5$에서 3^2은 3의 약수가 아니다.　　답 ⑤

0068 $72=2^3 \times 3^2$이므로
(가) 2^3, (나) $2^2 \times 3$, (다) $2^3 \times 3^2$
④ $2^4 \times 3^2$에서 2^4은 2^3의 약수가 아니다.　　답 ④

0069 A의 약수 중 가장 큰 수는 $2^2 \times 3^2 \times 5$이고, 두 번째로 큰 수는 $2 \times 3^2 \times 5 = 90$　　답 90

참고 •가장 큰 약수 : 자기 자신
•두 번째로 큰 약수 : $\dfrac{(자기 자신)}{(가장 작은 소인수)}$

0070 $225=3^2 \times 5^2$이므로　　　　　…❶
225의 약수는 다음 표를 이용하여 구할 수 있다.

×	1	3	3^2
1	1	3	3^2
5	5	3×5	$3^2 \times 5$
5^2	5^2	3×5^2	$3^2 \times 5^2$

…❷

따라서 225의 약수 중 3의 배수는 소인수 3을 갖는 수이므로 3, 9, 15, 45, 75, 225이다.　　…❸
답 3, 9, 15, 45, 75, 225

채점 기준	비율
❶ 225를 소인수분해 하기	30 %
❷ 표를 이용하여 225의 약수 구하기	40 %
❸ 225의 약수 중 3의 배수 모두 구하기	30 %

0071 $100=2^2 \times 5^2$이므로 $a=(2+1) \times (2+1)=9$
$189=3^3 \times 7$이므로 $b=(3+1) \times (1+1)=8$
$\therefore a+b=9+8=17$　　　　　답 ③

0072 $6 \times 24=(2 \times 3) \times (2^3 \times 3)=2^4 \times 3^2$이므로
6×24의 약수의 개수는
$(4+1) \times (2+1)=15$　　　　　답 15

0073 $168=2^3 \times 3 \times 7$이므로 약수의 개수는
$(3+1) \times (1+1) \times (1+1)=16$
① $150=2 \times 3 \times 5^2$이므로 약수의 개수는
$(1+1) \times (1+1) \times (2+1)=12$
② $243=3^5$이므로 약수의 개수는
$5+1=6$
③ $270=2 \times 3^3 \times 5$이므로 약수의 개수는
$(1+1) \times (3+1) \times (1+1)=16$
④ $(1+1) \times (2+1) \times (2+1)=18$
⑤ $(3+1) \times (4+1)=20$　　　　　답 ③

0074 $\dfrac{200}{x}$이 자연수가 되도록 하는 자연수 x는 200의 약수이므로 x의 개수는 200의 약수의 개수와 같다.
$200=2^3 \times 5^2$이므로 200의 약수의 개수는
$(3+1) \times (2+1)=12$　　　　　답 ④

0075 $3^a \times 5^3$의 약수의 개수가 24이므로

$(a+1) \times (3+1) = 24$, $(a+1) \times 4 = 24$

$a+1=6$ $\therefore a=5$ 답 ④

0076 $2^n \times 9 = 2^n \times 3^2$의 약수의 개수가 12이므로

$(n+1) \times (2+1) = 12$, $(n+1) \times 3 = 12$

$n+1=4$ $\therefore n=3$ 답 ③

주의 약수의 개수를 구할 때에는 밑이 소수인지 확인한다.

0077 $2^3 \times 3^a$의 약수의 개수가 12이므로

$(3+1) \times (a+1) = 12$, $4 \times (a+1) = 12$

$a+1=3$ $\therefore a=2$

$2 \times 5^2 \times 7^b$의 약수의 개수가 18이므로

$(1+1) \times (2+1) \times (b+1) = 18$, $6 \times (b+1) = 18$

$b+1=3$ $\therefore b=2$

따라서 $3^a \times 5^b$, 즉 $3^2 \times 5^2$의 약수의 개수는

$(2+1) \times (2+1) = 3 \times 3 = 9$ 답 9

0078 $360 = 2^3 \times 3^2 \times 5$이므로

360의 약수의 개수는

$(3+1) \times (2+1) \times (1+1) = 24$ ···❶

$3^2 \times 5^a \times 7$의 약수의 개수는

$(2+1) \times (a+1) \times (1+1) = 3 \times (a+1) \times 2$ ···❷

이때 $24 = 3 \times (a+1) \times 2$이므로

$a+1=4$ $\therefore a=3$ ···❸

답 3

채점 기준	비율
❶ 360의 약수의 개수 구하기	40 %
❷ $3^2 \times 5^a \times 7$의 약수의 개수 구하기	40 %
❸ 자연수 a의 값 구하기	20 %

0079 ① $n=5$일 때,

$2^4 \times 3 \times 5$의 약수의 개수는

$(4+1) \times (1+1) \times (1+1) = 20$

② $n=6$일 때,

$2^5 \times 3^2$의 약수의 개수는

$(5+1) \times (2+1) = 18$

③ $n=7$일 때,

$2^4 \times 3 \times 7$의 약수의 개수는

$(4+1) \times (1+1) \times (1+1) = 20$

④ $n=9$일 때,

$2^4 \times 3^3$의 약수의 개수는

$(4+1) \times (3+1) = 20$

⑤ $n=11$일 때,

$2^4 \times 3 \times 11$의 약수의 개수는

$(4+1) \times (1+1) \times (1+1) = 20$ 답 ②

0080 $54 = 2 \times 3^3$이므로

① $n=2$일 때,

$2^2 \times 3^3$의 약수의 개수는

$(2+1) \times (3+1) = 12$

② $n=3$일 때,

2×3^4의 약수의 개수는

$(1+1) \times (4+1) = 10$

③ $n=4$일 때,

$2^3 \times 3^3$의 약수의 개수는

$(3+1) \times (3+1) = 16$

④ $n=5$일 때,

$2 \times 3^3 \times 5$의 약수의 개수는

$(1+1) \times (3+1) \times (1+1) = 16$

⑤ $n=6$일 때,

$2^2 \times 3^4$의 약수의 개수는

$(2+1) \times (4+1) = 15$ 답 ③, ④

0081 ① $n=8$일 때,

$2^3 \times 3^2$의 약수의 개수는

$(3+1) \times (2+1) = 12$

② $n=12$일 때,

$2^2 \times 3^3$의 약수의 개수는

$(2+1) \times (3+1) = 12$

③ $n=55$일 때,

$3^2 \times 5 \times 11$의 약수의 개수는

$(2+1) \times (1+1) \times (1+1) = 12$

이지만 소인수가 3, 5, 11의 3개이므로 n의 값이 될 수 없다.

④ $n=75$일 때,

$3^3 \times 5^2$의 약수의 개수는

$(3+1) \times (2+1) = 12$

⑤ $n=135$일 때,

$3^5 \times 5$의 약수의 개수는

$(5+1) \times (1+1) = 12$ 답 ③

0082 약수의 개수가 3인 자연수는 (소수)^{2}의 꼴이므로

$2^2 = 4$, $3^2 = 9$, $5^2 = 25$, $7^2 = 49$, $11^2 = 121$, $13^2 = 169$, …

이 중 150 이하의 자연수의 개수는 5이다.   답 5

0083 $9 = 8+1$ 또는 $9 = 3 \times 3$

(i) $9 = 8+1$에서

주어진 자연수는 a^8 (a는 소수)의 꼴이어야 하므로 가장 작은 자연수는 $2^8 = 256$

(ii) $9 = 3 \times 3 = (2+1) \times (2+1)$에서

주어진 자연수는 $a^2 \times b^2$ (a, b는 서로 다른 소수)의 꼴이어야 하므로

가장 작은 자연수는 $2^2 \times 3^2 = 36$

(i), (ii)에서 가장 작은 자연수는 36이다.   답 36

0084 $8 = 7+1$ 또는 $8 = 4 \times 2$ 또는 $8 = 2 \times 2 \times 2$에서

주어진 자연수는 a^7 또는 $a^3 \times b$ 또는 $a \times b \times c$의 꼴이다.

(단, a, b, c는 서로 다른 소수)

이때 50 이하의 자연수는

$2^3 \times 3 = 24$, $2^3 \times 5 = 40$, $2 \times 3 \times 5 = 30$, $2 \times 3 \times 7 = 42$이므로

$k = 2^8 \times 3^3 \times 5^2 \times 7$

따라서 k의 소인수의 개수는 2, 3, 5, 7의 4이다.   답 4

0085 조건 ㈎에 의해 n의 약수의 개수는 4이고
$4=3+1$ 또는 $4=2\times2=(1+1)\times(1+1)$이므로
n은 (소수)^{3}의 꼴이거나 서로 다른 두 소수의 곱으로 이루어진 수이다. ...... ㉠
조건 ㈏에 의해 $8\times n=2^3\times n$의 약수의 개수는 10이고
$10=9+1$ 또는 $10=(4+1)\times(1+1)$이므로
n은 2^6 또는 $2\times$(2를 제외한 소수)의 꼴이어야 한다. ...... ㉡
㉠, ㉡에서 $n=2\times$(2를 제외한 소수)의 꼴이어야 하므로
20 이하의 자연수 중 가능한 n의 값은
2×3, 2×5, 2×7이다.
따라서 조건을 만족시키는 자연수 n의 값은 6, 10, 14이다. **답** 6, 10, 14

학교 시험 꼭 잡기
17~19쪽

0086 ④ $27=3^3$이므로 27은 합성수이다. **답** ④

0087 $480=2^5\times3\times5$이므로 480의 소인수는 2, 3, 5이다. **답** ③

0088 $300=2^2\times3\times5^2$이므로 $a=2$, $b=1$, $c=2$
$\therefore a+b+c=2+1+2=5$ **답** 5

0089 소수를 작은 것부터 차례대로 나열하면
2, 3, 5, 7, 11, 13, ...
이때 5번째, 6번째로 작은 소수가 각각 11, 13이므로 a가 될 수 있는 수는 12, 13의 2개이다. **답** 2

0090 ① 1은 소수도 아니고 합성수도 아니다.
② 소수 중 2는 짝수이다.
④ 자연수 1은 소수도 아니고 합성수도 아니다.
⑤ 30보다 작은 소수는 2, 3, 5, 7, 11, 13, 17, 19, 23, 29의 10개이다. **답** ③

0091 첫째 날 받는 사탕의 개수는 1
둘째 날 받는 사탕의 개수는 $1\times3=3$
셋째 날 받는 사탕의 개수는 $1\times3\times3=3^2$
넷째 날 받는 사탕의 개수는 $1\times3\times3\times3=3^3$
⋮
따라서 스무 번째 날 받는 사탕의 개수는 3^{19}이다. **답** ④

0092 $64=2\times2\times2\times2\times2\times2=2^6$이므로 $a=6$
$5^3=5\times5\times5=125$이므로 $b=125$
$\therefore a+b=6+125=131$ **답** 131

0093 $90=2\times3^2\times5$이고, a는 90의 약수이므로 a의 값이 될 수 있는 수는 ① 3^2, ③ $3^2\times5$이다. **답** ①, ③

0094 ① $(1+1)\times(2+1)=6$
② $(1+1)\times(1+1)\times(1+1)=8$
③ $100=2^2\times5^2$이므로 약수의 개수는
$(2+1)\times(2+1)=9$
④ $(2+1)\times(2+1)=9$
⑤ $189=3^3\times7$이므로 약수의 개수는
$(3+1)\times(1+1)=8$

따라서 약수의 개수가 가장 적은 것은 ①이다. **답** ①

0095 240을 어떤 자연수로 나누면 나누어떨어지므로 어떤 자연수는 240의 약수이다.
$240=2^4\times3\times5$이므로 약수의 개수는
$(4+1)\times(1+1)\times(1+1)=20$ **답** 20

0096 $84=2^2\times3\times7$에서
84의 약수의 개수는 $(2+1)\times(1+1)\times(1+1)=12$이므로
$a=12$
모든 소인수의 합은 $2+3+7=12$이므로 $b=12$
$\therefore a+b=12+12=24$ **답** 24

0097 $3\times3\times5\times5\times5\times5=3^2\times5^4$이므로 $a=2$, $b=4$
ㄱ. 2는 소수이고, 4는 합성수이다. (참)
ㄴ. 2 이상 4 이하의 자연수 중 소수는 2, 3의 2개이다. (참)
ㄷ. 10 이하의 자연수 중 약수의 개수가 2인 수는 소수이므로 모든 수의 합은 $2+3+5+7=17$ (참)
따라서 옳은 것은 ㄱ, ㄴ, ㄷ이다. **답** ㄱ, ㄴ, ㄷ

0098 $135=3^3\times5$이므로 곱할 수 있는 자연수는
$3\times5\times$(자연수)^{2}의 꼴이어야 한다.
즉, 곱할 수 있는 자연수를 크기순으로 나열하면
3×5, $3\times5\times2^2$, $3\times5\times3^2$, ...
따라서 세 번째로 작은 자연수는
$3\times5\times3^2=135$ **답** ④

0099 $2^a\times3^b\times5^2$의 약수의 개수가 30이므로
$(a+1)\times(b+1)\times(2+1)=30$
즉, $(a+1)\times(b+1)=10$이므로 이를 만족시키는 자연수 a, b는
$a=1$, $b=4$ 또는 $a=4$, $b=1$
$\therefore a+b=5$ **답** ③

0100 $216=2^3\times3^3$이므로 216의 약수의 개수는
$(3+1)\times(3+1)=16$
$2^a\times3\times5$의 약수의 개수는 216의 약수의 개수와 같으므로
$(a+1)\times(1+1)\times(1+1)=16$, $(a+1)\times4=16$
$a+1=4$ $\therefore a=3$ **답** ③

0101 ① □=8일 때,
2^5의 약수의 개수는
$5+1=6$
② □=10일 때,
$2^3\times5$의 약수의 개수는
$(3+1)\times(1+1)=8$
③ □=18일 때,
$2^3\times3^2$의 약수의 개수는
$(3+1)\times(2+1)=12$
④ □=3^3일 때,
$2^2\times3^3$의 약수의 개수는
$(2+1)\times(3+1)=12$
⑤ □=7^2일 때,
$2^2\times7^2$의 약수의 개수는
$(2+1)\times(2+1)=9$ **답** ③, ④

0102 14를 서로 다른 두 소수의 합으로 나타내면

$14=3+11$

$a<b$이므로 $a=3$, $b=11$

즉, 약수의 개수가 3 이상인 수는 합성수이므로 11 이하의 자연수 중 합성수는 4, 6, 8, 9, 10의 5개이다. **답 5개**

0103 $10=2\times5$이므로

$<10>=2+5=7$ …❶

$60=2^2\times3\times5$이므로

$<60>=2+3+5=10$ …❷

$\therefore <10>+<60>=7+10=17$ …❸

답 17

채점 기준	비율
❶ $<10>$의 값 구하기	40 %
❷ $<60>$의 값 구하기	40 %
❸ $<10>+<60>$의 값 구하기	20 %

0104 지우의 생일이 4월 2일이므로 42를 소인수분해 하면

$42=2\times3\times7$ …❶

모든 소인수의 합은 $2+3+7=12$ …❷

따라서 지우의 통장 비밀번호는 4212이다. …❸

답 4212

채점 기준	비율
❶ 42를 소인수분해 하기	40 %
❷ 모든 소인수의 합 구하기	40 %
❸ 비밀번호 구하기	20 %

0105 (1)

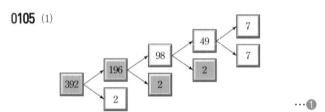

…❶

(2) 392를 소인수분해 하면

$392=2^3\times7^2$ …❷

따라서 약수의 개수는

$(3+1)\times(2+1)=4\times3=12$ …❸

답 (1) 풀이 참조 (2) 12

채점 기준	비율
❶ □ 안에 알맞은 수 써넣기	40 %
❷ 소인수분해 한 결과를 거듭제곱의 꼴로 나타내기	20 %
❸ 392의 약수의 개수 구하기	40 %

 창의력·문해력 UP!

20쪽

0106 ㄱ. 종이를 5번 접으면 2^5겹이다. (거짓)

ㄴ. 2^{30}겹인 종이를 한 번 더 접으면 $2^{30}\times2=2^{31}$(겹)이다. (참)

ㄷ. 두께가 a cm인 종이를 20번 접었을 때의 두께는 $a\times2^{20}$ (cm),

10번 접었을 때의 두께는 $a\times2^{10}$ (cm)

이므로 $2^{10}=1024$(배)이다. (거짓)

ㄹ. 두께가 0.1 cm인 종이를 39번 접으면 약 549756 km 이므로 달에 닿을 수 있다. (참)

따라서 옳은 것은 ㄴ, ㄹ이다. **답 ㄴ, ㄹ**

0107 조건 ㈎에 의해 두 수 A, B는 180의 약수 중 서로 다른 두 자리 자연수이다.

$180=2^2\times3^2\times5$이므로 180의 약수 중 두 자리 자연수의 곱으로 나타낼 수 있는 수는

2×5와 2×3^2, $2^2\times3$과 3×5이다.

이때 $A<B$이므로

$A=10$, $B=18$ 또는 $A=12$, $B=15$이다.

각 경우에 대하여 $A+B$의 값은

$10+18=28$, $12+15=27$

조건 ㈏에 의해 $A+B$는 7의 배수이므로

$A=10$, $B=18$이다.

따라서 도윤이의 비밀번호는 1018이다. **답 1018**

0108 약수의 개수가 5인 수는 (소수)⁴의 꼴이므로 앞의 두 자리 수는

$2^4=16$ 또는 $3^4=81$

약수의 개수가 7인 수는 (소수)⁶의 꼴이므로 뒤의 두 자리 수는

$2^6=64$

이때 목격자 C의 진술에서 뒤의 두 자리 수가 앞의 두 자리 수의 배수이므로 앞의 두 자리 수는 16, 뒤의 두 자리 수는 64이다.

따라서 구하는 번호판의 네 자리 수는 1664이다. **답 1664**

0109 (1) $A \to B \to C \to D$의 순서로 구해야 하므로

문제 카드 ③, 문제 카드 ②, 문제 카드 ①, 문제 카드 ④의 순서대로 풀어야 한다.

(2) 문제 카드 ③에서

$45\times A=3^2\times5\times A$이므로 $A=5$

문제 카드 ②에서

$\dfrac{B}{A}=\dfrac{B}{5}=2$이므로 $B=10$

문제 카드 ①에서

$C-B=C-10=10^2=100$이므로 $C=110$

문제 카드 ④에서

약수가 4개인 경우는 두 소수의 곱 또는 (소수)³의 꼴일 때이므로

$D+C=D+110=29\times31=899$

또는 $D+C=D+110=7^3=343$

$\therefore D=789$

$-A+B-C+D=-5+10-110+789=684$

이므로 684를 소인수분해 하면

$684=2^2\times3^2\times19$

답 (1) ③, ②, ①, ④

(2) $2^2\times3^2\times19$

02 최대공약수와 최소공배수

개념 잡기
22~23쪽

0110 답 (1) 1, 2, 4, 7, 14, 28
(2) 1, 2, 3, 6, 7, 14, 21, 42
(3) 1, 2, 7, 14
(4) 14
(5) 1, 2, 7, 14

0111 답 1, 2, 3, 6

0112 답 1, 2, 4, 8

0113 답 1, 2, 5, 10

0114 답 1, 3, 7, 21

0115 두 수의 최대공약수는 1이므로 서로소이다.   답 ○

0116 두 수의 최대공약수는 3이므로 서로소가 아니다.   답 ×

0117 두 수의 최대공약수는 1이므로 서로소이다.   답 ○

0118 두 수의 최대공약수는 33이므로 서로소가 아니다.   답 ×

0119
$$32=2^5$$
$$68=2^2\times17$$
$$\overline{(최대공약수)=2^2\qquad=4}$$
답 4

0120
$$30=2\times3\times5$$
$$42=2\times3\quad\times7$$
$$60=2^2\times3\times5$$
$$\overline{(최대공약수)=2\times3\qquad=6}$$
답 6

0121
$$2\times3^2\times5^3$$
$$3^4\times5$$
$$\overline{(최대공약수)=\quad3^2\times5=45}$$
답 45

0122
$$3^3\times5^2$$
$$2\times3^2\times5$$
$$2\times3^3\times5\times7$$
$$\overline{(최대공약수)=\quad3^2\times5\quad=45}$$
답 45

0123 답 (1) 12, 24, 36, 48, 60, 72, 84, 96, …
(2) 16, 32, 48, 64, 80, 96, …
(3) 48, 96, …
(4) 48
(5) 48, 96, …

0124 답 5, 10, 15

0125 답 12, 24, 36

0126 답 26, 52, 78

0127 답 35, 70, 105

0128
$$25=\qquad5^2$$
$$75=3\times5^2$$
$$\overline{(최소공배수)=3\times5^2=75}$$
답 75

0129
$$27=\qquad3^3$$
$$30=2\times3\times5$$
$$36=2^2\times3^2$$
$$\overline{(최소공배수)=2^2\times3^3\times5=540}$$
답 540

0130
$$3\times5$$
$$2\times3^2\times5$$
$$\overline{(최소공배수)=2\times3^2\times5=90}$$
답 90

0131
$$2^2\times3$$
$$2\times3\times5$$
$$2^3\times3^2\times5$$
$$\overline{(최소공배수)=2^3\times3^2\times5=360}$$
답 360

0132 최대공약수와 최소공배수의 관계에서
$$A\times120=12\times360$$
$$\therefore A=36$$
답 36

유형 다 잡기
24~30쪽

0133
$$2^3\times3^2\times5^3$$
$$2\times3^3\times5^2$$
$$\overline{(최대공약수)=2\times3^2\times5^2}$$
따라서 $a=2$, $b=2$이므로
$$a\times b=2\times2=4$$
답 4

0134
$$3\times5^2$$
$$2\times3\times5^2$$
$$180=2^2\times3^2\times5$$
$$\overline{(최대공약수)=\quad3\times5=15}$$
답 ③

0135
$$2\times3^2\times5^3$$
$$360=2^3\times3^2\times5$$
$$900=2^2\times3^2\times5^2$$
$$\overline{(최대공약수)=2\times3^2\times5}$$
따라서 $a=1$, $b=2$, $c=1$이므로
$$a+b+c=1+2+1=4$$
답 4

0136 $84=2^2\times3\times7$, $42=2\times3\times7$이므로   …❶
$$84=2^2\times3\times7$$
$$2\times a\times7$$
$$\overline{(최대공약수)=2\times3\times7=42}$$
즉, a가 될 수 있는 수는 3의 거듭제곱이다.   …❷
따라서 a가 될 수 있는 한 자리 자연수는 3, 9이다.   …❸
답 3, 9

채점 기준	비율
❶ 84, 42를 각각 소인수분해 하기	40 %
❷ a가 될 수 있는 수의 특징 알기	40 %
❸ a가 될 수 있는 수 구하기	20 %

0137 두 수의 최대공약수를 각각 구하면
① 14   ② 1   ③ 6   ④ 2   ⑤ 7

따라서 두 수가 서로소인 것은 ②이다. **답** ②

0138 8과 서로소인 수는 1, 3, 5, 7, 9, 11의 6개이다. **답** ③

참고 $8=2^3$이므로 8과 서로소인 수는 8의 인수인 2의 배수가 아니어야 한다.

0139 ㄱ. $2 \times \underline{3} \times 5$, $\underline{3} \times 11$

⇨ 최대공약수가 3이므로 서로소가 아니다.

ㄴ. $3^2 \times 11$, $2 \times 5 \times 7$

⇨ 최대공약수가 1이므로 서로소이다.

ㄷ. $22=2 \times \underline{11}$, $143=\underline{11} \times 13$

⇨ 최대공약수가 11이므로 서로소가 아니다.

ㄹ. $21=3 \times 7$, 13×17

⇨ 최대공약수가 1이므로 서로소이다.

따라서 두 수가 서로소인 것은 ㄴ, ㄹ이다. **답** ㄴ, ㄹ

0140 ⑤ 9와 15는 각각 홀수이지만 최대공약수가 3이므로 서로소가 아니다. **답** ⑤

0141 $3^2 \times 5^2 \times 7^3$, $2 \times 3^2 \times 5^3 \times 7$의 최대공약수는 $3^2 \times 5^2 \times 7$이므로 두 수의 공약수는 $3^2 \times 5^2 \times 7$의 약수이다.

⑤ $3^2 \times 5^2 \times \underline{7^2}$은 $3^2 \times 5^2 \times 7$의 약수가 아니다. **답** ⑤

0142 $120=2^3 \times 3 \times 5$이므로 ···❶

A, B의 공약수는 $2^3 \times 3 \times 5$의 약수이다. ···❷

$2^3 \times \underline{3^2}$은 $2^3 \times 3 \times 5$의 약수가 아니므로 네 명의 학생 중 A, B의 공약수를 잘못 적은 학생은 예린이다. ···❸

답 예린, 풀이 참조

채점 기준	비율
❶ 120을 소인수분해 하기	30 %
❷ 두 수 A, B의 공약수가 $2^3 \times 3 \times 5$의 약수임을 설명하기	40 %
❸ 네 수 중 $2^3 \times 3 \times 5$의 약수가 아닌 수를 찾아 잘못 적은 학생 찾기	30 %

0143 A, B의 공약수의 개수는 최대공약수 150의 약수의 개수와 같다.

$150=2 \times 3 \times 5^2$이므로 A, B의 공약수의 개수는

$(1+1) \times (1+1) \times (2+1)=12$ **답** 12

0144 조건 ㈎에 의해 A, B의 공약수는 35의 약수, 즉 1, 5, 7, 35이다.

조건 ㈏에 의해 B, C의 공약수는 14의 약수, 즉 1, 2, 7, 14이다.

따라서 A, B, C의 공약수는 1, 7이므로 최대공약수는 7이다. **답** 7

참고 세 수 A, B, C의 최대공약수는 A, B의 최대공약수 35와 B, C의 최대공약수 14의 최대공약수와 같다.

0145 어떤 자연수로 38을 나누면 2가 남고, 76과 94를 각각 나누면 모두 4가 남으므로

$38-2=36$, $76-4=72$, $94-4=90$은 어떤 자연수로 나누어떨어진다.

즉, 어떤 자연수는 36, 72, 90의 공약수이므로 그중 가장 큰 수는 36, 72, 90의 최대공약수이다.

$$36=2^2 \times 3^2$$
$$72=2^3 \times 3^2$$
$$90=2 \ \times 3^2 \times 5$$
$$\overline{(최대공약수)=2 \ \times 3^2}$$

따라서 구하는 수는

$2 \times 3^2=18$ **답** 18

0146 어떤 자연수로 38을 나누면 나머지가 2이고, 85를 나누면 나머지가 1이므로

$38-2=36$, $85-1=84$는 어떤 자연수로 나누어떨어진다.

즉, 어떤 자연수는 36, 84의 공약수이므로 그중 가장 큰 수는 36, 84의 최대공약수이다.

$$36=2^2 \times 3^2$$
$$84=2^2 \times 3 \ \times 7$$
$$\overline{(최대공약수)=2^2 \times 3}$$

따라서 구하는 수는

$2^2 \times 3=12$ **답** 12

0147 어떤 자연수로 112를 나누면 4가 남고, 70을 나누면 2가 부족하므로

$112-4=108$, $70+2=72$는 어떤 자연수로 나누어떨어진다.

즉, 어떤 자연수는 108, 72의 공약수이다.

$$108=2^2 \times 3^3$$
$$72=2^3 \times 3^2$$
$$\overline{(최대공약수)=2^2 \times 3^2}$$

따라서 어떤 자연수는 두 수의 최대공약수인 $2^2 \times 3^2=36$의 약수 중 4보다 큰 수만 가능하므로 될 수 없는 수는 ①이다. **답** ①

0148 어떤 자연수로 76을 나누면 나머지가 4이고, 46, 58을 각각 나누면 2가 부족하므로

$76-4=72$, $46+2=48$, $58+2=60$은 어떤 자연수로 나누어떨어진다.

즉, 어떤 자연수는 72, 48, 60의 공약수이므로 그중 가장 큰 수는 72, 48, 60의 최대공약수이다.

$$72=2^3 \times 3^2$$
$$48=2^4 \times 3$$
$$60=2^2 \times 3 \ \times 5$$
$$\overline{(최대공약수)=2^2 \times 3}$$

따라서 구하는 수는

$2^2 \times 3=12$ **답** 12

0149 최대한 많은 학생들에게 나누어 주려면 학생 수는 24, 60, 72의 최대공약수이어야 한다.

$$24=2^3 \times 3$$
$$60=2^2 \times 3 \ \times 5$$
$$72=2^3 \times 3^2$$
$$\overline{(최대공약수)=2^2 \times 3}$$

따라서 구하는 학생 수는

$2^2 \times 3=12$ **답** 12명

0150 되도록 큰 블록을 사용해야 하므로 블록의 한 모서리의 길이는 64, 32, 56의 최대공약수이다.

$$64=2^6$$
$$32=2^5$$
$$56=2^3\times7$$
$$\overline{\text{(최대공약수)}=2^3}$$

따라서 블록의 한 모서리의 길이는
$$2^3=8(\text{cm})$$ 〔답〕 8 cm

0151 화분 사이의 간격이 최대가 되려면 화분이 놓이는 간격은 20, 12의 최대공약수이다.

$$20=2^2\qquad\times5$$
$$12=2^2\times3$$
$$\overline{\text{(최대공약수)}=2^2}$$

즉, 화분이 놓이는 간격은 $2^2=4(\text{m})$
따라서 가로, 세로에 필요한 화분의 개수는 각각
$20\div4=5$, $12\div4=3$이므로 필요한 화분의 수는
$$(5+3)\times2=16$$ 〔답〕 ⑤

〔다른 풀이〕 화분이 놓이는 간격이 4 m이므로 가로에 놓이는 화분의 수는
$$(20\div4)+1=6$$
세로에 놓이는 화분의 수는
$$(12\div4)+1=4$$
이때 네 모퉁이에 놓이는 화분이 두 번씩 겹치므로 필요한 화분의 수는
$$(6+4)\times2-4=16$$

0152
$$2^3\times3$$
$$2^2\times3\times7$$
$$\overline{\text{(최소공배수)}=2^3\times3\times7}$$ 〔답〕 ③

0153
$$2^2\times3$$
$$2^2\qquad\times5$$
$$90=2\ \times3^2\times5$$
$$\overline{\text{(최소공배수)}=2^2\times3^2\times5=180}$$ 〔답〕 180

0154
$$2^2\times3^4\qquad\times7$$
$$2\ \times3^3\times5^2$$
$$\overline{\text{(최소공배수)}=2^2\times3^4\times5^2\times7}$$

따라서 $a=4$, $b=2$이므로
$$a+b=4+2=6$$ 〔답〕 6

0155
$$2\ \times3^3\times5^2$$
$$180=2^2\times3^2\times5$$
$$2^2\times3\ \times5^2\times7$$
$$\overline{\text{(최소공배수)}=2^2\times3^3\times5^2\times7}$$

따라서 $a=2$, $b=3$, $c=2$이므로
$$a+b+c=2+3+2=7$$ 〔답〕 7

0156 두 수의 공배수는 $600=2^3\times3\times5^2$의 배수이다.
④ $2^3\times3^2\times5\times7$은 600의 배수가 아니다. 〔답〕 ④

0157 최소공배수가 40이므로 두 수의 공배수는 40의 배수이다.
따라서 500보다 작은 40의 배수는

$40\times1=40$, $40\times2=80$, ..., $40\times12=480$의 12개이다.
〔답〕 ③

0158 최소공배수가 $2^2\times3^2\times5=180$이므로 두 수의 공배수는 180의 배수이다.
따라서 180의 배수 180, 360, 540, 720, 900, 1080, ... 중 1000에 가장 가까운 수는 1080이다. 〔답〕 1080

〔주의〕 180의 배수 중 1000에 가장 가까운 수를 1000보다 작은 수에서 생각하지 않도록 주의한다.

0159
$$12=2^2\times3$$
$$20=2^2\qquad\times5$$
$$35=\qquad\ \ 5\times7$$
$$\overline{\text{(최소공배수)}=2^2\times3\times5\times7=420}$$

최소공배수가 420이므로 세 수의 공배수는
420, 840, 1260, ...
따라서 가장 큰 세 자리 자연수는 840이다. 〔답〕 840

0160 세 자연수를 $2\times x$, $3\times x$, $5\times x$라 하면

$$\begin{array}{r|ccc} x & 2\times x & 3\times x & 5\times x \\ \hline & 2 & 3 & 5 \end{array}$$

최소공배수가 510이므로
$$x\times2\times3\times5=510,\ x\times30=510$$
$$\therefore x=17$$
따라서 가장 작은 수는
$$2\times17=34$$ 〔답〕 34

0161
$$\begin{array}{r|ccc} x & 3\times x & 5\times x & 10\times x \\ 5 & 3 & 5 & 10 \\ \hline & 3 & 1 & 2 \end{array}$$

최소공배수가 180이므로
$$x\times5\times3\times2=180,\ x\times30=180$$
$$\therefore x=6$$ 〔답〕 6

〔주의〕 최소공배수를 구하는 과정이므로 세 수를 x로 나눈 3, 5, 10에서 5와 10의 공약수인 5로 한 번 더 나누는 것을 잊지 않도록 한다.

0162 세 자연수를 $2\times x$, $5\times x$, $8\times x$라 하면

$$\begin{array}{r|ccc} x & 2\times x & 5\times x & 8\times x \\ 2 & 2 & 5 & 8 \\ \hline & 1 & 5 & 4 \end{array}$$

최소공배수가 480이므로
$$x\times2\times5\times4=480,\ x\times40=480$$
$$\therefore x=12$$
따라서 세 자연수는 $2\times12=24$, $5\times12=60$, $8\times12=96$
이므로 세 수의 합은
$$24+60+96=180$$ 〔답〕 180

0163 세 자연수를 $6\times x$, $7\times x$, $14\times x$라 하면

$$\begin{array}{r|ccc} x & 6\times x & 7\times x & 14\times x \\ 2 & 6 & 7 & 14 \\ 7 & 3 & 7 & 7 \\ \hline & 3 & 1 & 1 \end{array}$$

최소공배수가 252이므로
$$x\times2\times7\times3=252,\ x\times42=252$$
$$\therefore x=6$$
따라서 세 자연수의 최대공약수는 6이다. 〔답〕 6

0164 최대공약수와 최소공배수의 소인수 2의 지수 중 큰 것이 3 이므로 $a=3$

최대공약수와 최소공배수의 소인수 5의 지수가 모두 1이므로 $b=5$

최소공배수의 소인수 7의 지수가 2이므로 $c=2$ 답 ③

참고 b가 소수가 아니면 $a=2$, $b=10$, $c=2$도 성립한다.

0165 최대공약수와 최소공배수의 소인수 2의 지수 중 작은 것이 3이므로 $a=3$

세 수의 소인수 5의 지수 중 작은 것이 2, 큰 것이 4이므로 $b=2$, $c=4$

$\therefore a+b+c=3+2+4=9$ 답 ③

0166 최소공배수의 소인수 2의 지수가 3이므로 $a=3$

최대공약수와 최소공배수의 소인수 7의 지수가 모두 1이므로 $b=7$

최대공약수와 최소공배수의 소인수 3의 지수 중 작은 것이 1이므로 $c=1$

공통이 아닌 소인수가 5이므로 $d=5$

$\therefore a\times b+c\times d=3\times7+1\times5=26$ 답 26

0167 두 수의 소인수 2의 지수 중 큰 것이 3이므로 $a=3$

두 수의 소인수 3의 지수 중 큰 것이 3이므로 $b=3$ …❶

즉, 두 수 $2^3\times3\times5^2$, $2\times3^3\times5$의 최대공약수 N의 값은

$2\times3\times5=30$ …❷

$\therefore a+b+N=3+3+30=36$ …❸

답 36

채점 기준	비율
❶ a, b의 값 각각 구하기	60%
❷ N의 값 구하기	30%
❸ $a+b+N$의 값 구하기	10%

0168 A, $40=2^3\times5$의 최소공배수가 $2^3\times3^2\times5$이므로 A는 3^2의 배수이면서 $2^3\times3^2\times5$의 약수이어야 한다.

① $9=3^2\times1$ ② $18=3^2\times2$

③ $36=3^2\times2^2$ ④ $45=3^2\times5$

⑤ $75=3\times5^2$

따라서 A가 될 수 없는 수는 ⑤이다.   답 ⑤

0169 조건 ㈎에 의해 A, $72=2^3\times3^2$의 최소공배수가

$2^4\times3^2\times5$이므로 A는 $2^4\times5$의 배수이면서 $2^4\times3^2\times5$의 약수이어야 한다.   …❶

이때 A가 될 수 있는 수는

$2^4\times5$, $2^4\times3\times5$, $2^4\times3^2\times5$ …❷

따라서 이 중 300 이하의 세 자리 자연수 A의 값은

$2^4\times3\times5=240$ …❸

답 240

채점 기준	비율
❶ A의 특징 알기	60%
❷ A가 될 수 있는 수 모두 구하기	30%
❸ A의 값 구하기	10%

0170 $18=2\times3^2$이므로 A는 3^3의 배수이면서 $2^3\times3^3$의 약수이

어야 한다.

따라서 가장 작은 자연수 A의 값은

$3^3=27$ 답 27

0171 최대공약수가 $2^2\times3\times5$이므로 N은 $2^2\times3\times5$의 배수이어야 한다.

또한, 최소공배수가 $2^4\times3^2\times5\times7^2$이므로 N의 소인수 2의 지수는 4, 소인수 3의 지수는 1 또는 2, 소인수 5의 지수는 1, 소인수 7의 지수는 2이어야 한다.

따라서 $N=2^4\times3\times5\times7^2$ 또는 $N=2^4\times3^2\times5\times7^2$이므로 $N\div70$의 값은

$2^3\times3\times7=168$ 또는 $2^3\times3^2\times7=504$ 답 168, 504

참고 최소공배수의 소인수 5의 지수가 1이므로 $a=1$임을 알 수 있다.

0172 3, 5, 7의 어떤 수로 나누어도 항상 1이 남으므로 구하는 가장 작은 수는 (3, 5, 7의 최소공배수)+1이다.

이때 3, 5, 7의 최소공배수는 $3\times5\times7=105$이므로 구하는 수는

$105+1=106$ 답 106

0173 4로 나누면 3이 남고, 5로 나누면 4가 남고, 6으로 나누면 5가 남는 수는 4, 5, 6으로 나눌 때 모두 1이 부족하므로 구하는 자연수는 (4, 5, 6의 공배수)−1이다.

$$\begin{array}{r} 4=2^2 \\ 5=5 \\ 6=2\times3 \\ \hline (\text{최소공배수})=2^2\times3\times5 \end{array}$$

이때 4, 5, 6의 최소공배수는 $2^2\times3\times5=60$이므로 구하는 가장 작은 수는

$60-1=59$ 답 59

0174 5, 6의 어떤 수로 나누어도 항상 2가 남으므로 구하는 자연수는 (5, 6의 공배수)+2이다.

이때 5, 6의 최소공배수는 $5\times6=30$이므로 공배수는

30, 60, 90, 120, 150, 180, 210, …

따라서 구하는 자연수는 170 이상 190 이하이므로

$180+2=182$ 답 182

0175 조건 ㈎, ㈏, ㈐에서 3, 5, 6으로 나눌 때 모두 2가 부족하므로 구하는 자연수는 (3, 5, 6의 공배수)−2이다.

$$\begin{array}{r} 3=3 \\ 5=5 \\ 6=2\times3 \\ \hline (\text{최소공배수})=2\times3\times5 \end{array}$$

이때 3, 5, 6의 최소공배수는 $2\times3\times5=30$이므로 공배수는 30, 60, 90, 120, …

즉, 구하는 자연수가 될 수 있는 100 이하의 수는

$30-2=28$, $60-2=58$, $90-2=88$

조건 ㈑에 의해 8의 배수이어야 하므로 구하는 자연수는 88이다.   답 88

0176 구하는 자연수는 18, 30의 최소공배수이다.

$$18=2\times3^2$$
$$30=2\times3\times5$$
$$(최소공배수)=2\times3^2\times5$$
따라서 구하는 자연수는
$$2\times3^2\times5=90$$ 답 90

0177 구하는 자연수는 4, 10, 15의 최소공배수이다.
$$4=2^2$$
$$10=2\ \ \ \ \times5$$
$$15=\ \ \ \ \ 3\times5$$
$$(최소공배수)=2^2\times3\times5$$
따라서 구하는 자연수는
$$2^2\times3\times5=60$$ 답 60

0178 자연수 n은 32, 56의 공약수이다.
$$32=2^5$$
$$56=2^3\times7$$
$$(최대공약수)=2^3$$
이때 32, 56의 최대공약수는 $2^3=8$이므로 n은 8의 약수이다.
따라서 n의 값이 될 수 있는 수는 1, 2, 4, 8의 4개이다.
답 ④

0179 구하는 분수는 $\dfrac{(15,\ 12의\ 최소공배수)}{(28,\ 35의\ 최대공약수)}$이다.
$$15=\ \ \ \ \ 3\times5 \qquad\qquad 28=2^2\ \ \ \ \times7$$
$$12=2^2\times3 \qquad\qquad\ \ 35=\ \ \ \ \ 5\times7$$
$$(최소공배수)=2^2\times3\times5 \quad (최대공약수)=\ \ \ \ \ \ \ \ \ \ 7$$
따라서 구하는 분수는
$$\dfrac{2^2\times3\times5}{7}=\dfrac{60}{7}$$ 답 $\dfrac{60}{7}$

0180 관광 열차와 유람선이 처음으로 다시 동시에 출발할 때까지 걸리는 시간은 30, 50의 최소공배수이다.
$$30=2\times3\times5$$
$$50=2\ \ \ \ \times5^2$$
$$(최소공배수)=2\times3\times5^2$$
따라서 최소공배수는 $2\times3\times5^2=150$이므로 구하는 시각은 150분, 즉 2시간 30분 후인 오전 11시 30분이다. 답 ②

0181 가장 작은 정사각형을 만들므로 정사각형의 한 변의 길이는 14, 21의 최소공배수이다.
$$14=2\ \ \ \ \times7$$
$$21=\ \ \ \ \ 3\times7$$
$$(최소공배수)=2\times3\times7$$
따라서 정사각형의 한 변의 길이는
$$2\times3\times7=42(cm)$$ 답 ③

0182 두 톱니바퀴가 처음으로 다시 같은 톱니에서 맞물릴 때까지 돌아간 톱니의 수는 12, 18의 최소공배수이다.
$$12=2^2\times3$$
$$18=2\ \ \ \ \times3^2$$
$$(최소공배수)=2^2\times3^2$$

따라서 돌아간 톱니의 수는 $2^2\times3^2=36$이므로 톱니바퀴 A는 $36\div12=3$(바퀴) 회전해야 한다. 답 3바퀴

0183 $72=2^3\times3^2$이므로
$$A\times2^3\times3^2\times5=72\times2^3\times3^4\times5에서$$
$$A\times2^3\times3^2\times5=2^3\times3^2\times2^3\times3^4\times5$$
$$\therefore A=2^3\times3^4=648$$ 답 648

0184 $36\times N=12\times144$ $\therefore N=48$ 답 48

다른 풀이 $36=12\times3$이므로
$N=12\times a\ (a와\ 3은\ 서로소)$라 하면
두 자연수 36, N의 최소공배수는
$$12\times3\times a=144,\ 36\times a=144 \qquad \therefore a=4$$
$$\therefore N=12\times4=48$$

0185 (1) $448=8\times(최소공배수)$이므로 최소공배수는 56이다.
 ⋯❶

(2) 두 자연수를 A, B라 하면 최대공약수가 8이므로
 $A=8\times a$, $B=8\times b\ (a,\ b는\ 서로소,\ a>b)$라 하자.
 이때 A, B의 최소공배수가 56이므로
 $$8\times a\times b=56,\ a\times b=7$$
 $$\therefore a=7,\ b=1$$
 따라서 $A=8\times7=56$, $B=8\times1=8$이므로 ⋯❷
 $$A+B=56+8=64$$ ⋯❸
 답 (1) 56 (2) 64

채점 기준	비율
❶ 두 자연수의 최소공배수 구하기	40 %
❷ 두 자연수 구하기	50 %
❸ 두 자연수의 합 구하기	10 %

0186 A, B의 최대공약수가 7이므로
$A=7\times a$, $B=7\times b\ (a,\ b는\ 서로소,\ a>b)$라 하자.
이때 A, B의 최소공배수가 42이므로
$$7\times a\times b=42 \qquad \therefore a\times b=6$$
(i) $a=6$, $b=1$일 때,
$$A=7\times6=42,\ B=7\times1=7$$
(ii) $a=3$, $b=2$일 때,
$$A=7\times3=21,\ B=7\times2=14$$
A, B는 두 자리 자연수이므로 $A=21$, $B=14$
$$\therefore A+B=21+14=35$$ 답 35

학교시험 잡기
31~33쪽

0187 최대공약수를 각각 구하면
ㄱ. 1 ㄴ. 1 ㄷ. 3 ㄹ. 13 ㅁ. 1 ㅂ. 9
따라서 두 수가 서로소인 것은 ㄱ, ㄴ, ㅁ이다. 답 ②

0188

$$2 \times 3^2$$
$$2^2 \times 3 \times 5$$
$$2 \times 3^3 \quad \times 7$$

(최대공약수)$= 2 \times 3$

(최소공배수)$= 2^2 \times 3^3 \times 5 \times 7$ 　　　답 ③

0189 최대공약수의 소인수 3의 지수가 2이므로 $a=2$

최대공약수와 최소공배수의 소인수 5의 지수 중 큰 것이 2이므로 $b=2$

두 수의 소인수 3의 지수 중 큰 것이 3이므로 $c=3$

$\therefore a+b+c=2+2+3=7$ 　　　답 ②

0190 $\dfrac{x}{20}$가 기약분수이므로 x와 20은 서로소이다.

이때 $20=2^2 \times 5$이므로 20보다 작은 자연수 중 20과 서로소인 것은 2의 배수도 아니고 5의 배수도 아닌 수이다.

따라서 x는 1, 3, 7, 9, 11, 13, 17, 19의 8개이다. 　답 8

주의 1보다 작은 분수이므로 x는 20보다 작은 자연수임에 주의한다.

0191 $135=3^3 \times 5$이므로 두 수의 공약수는 최대공약수 $3^2 \times 5=45$의 약수이다.

따라서 모든 공약수의 합은

$1+3+5+9+15+45=78$ 　　　답 ⑤

0192 어떤 자연수로 143을 나누면 3이 남고, 173을 나누면 5가 남으므로 $143-3=140$, $173-5=168$은 어떤 자연수로 나누어떨어진다.

즉, 어떤 자연수는 140, 168의 공약수이다.

$$140=2^2 \quad \times 5 \times 7$$
$$168=2^3 \times 3 \quad \times 7$$

(최대공약수)$= 2^2 \quad \times 7$

이때 가장 큰 자연수는 140, 168의 최대공약수이므로 $2^2 \times 7=28$이고, 가장 작은 자연수는 최대공약수 28의 약수 1, 2, 4, 7, 14, 28 중에서 5보다 큰 7이다.

따라서 가장 큰 수와 가장 작은 수의 합은

$28+7=35$ 　　　답 ⑤

주의 어떤 자연수로 173을 나누면 5가 남으므로 어떤 자연수는 5보다 큰 수여야 한다.

0193 두 수의 공배수는 최소공배수 $2^3 \times 7=56$의 배수이므로 56의 배수 중 300보다 작은 수는 56, 112, 168, 224, 280의 5개이다. 　　　답 5

0194
$$\begin{array}{r|ccc} x & 3\times x & 6\times x & 7\times x \\ \hline 3 & 3 & 6 & 7 \\ \hline & 1 & 2 & 7 \end{array}$$

최소공배수가 882이므로

$x \times 3 \times 2 \times 7=882$, $x \times 42=882$ 　　 $\therefore x=21$

따라서 세 자연수 중 두 번째로 큰 수는

$6 \times 21=126$ 　　　답 ③

0195 3, 4, 5의 어떤 수로 나누어도 항상 2가 남으므로 구하는 가장 작은 수는 (3, 4, 5의 최소공배수)$+2$이다.

이때 3, 4, 5의 최소공배수는 $3 \times 4 \times 5=60$이므로 구하는 수는

$60+2=62$ 　　　답 ③

0196 $180=2^2 \times 3^2 \times 5$, $12=2^2 \times 3$이므로 어떤 자연수를 A라 하면

$A \times 180=12 \times 2^3 \times 3^2 \times 5 \times 7$에서

$A \times 2^2 \times 3^2 \times 5=2^2 \times 3 \times 2^3 \times 3^2 \times 5 \times 7$

$\therefore A=2^3 \times 3 \times 7$

따라서 구하는 자연수는 $2^3 \times 3 \times 7$이다. 　답 ④

0197 A, B의 최대공약수가 5이므로

$A=5 \times a$, $B=5 \times b$ (a, b는 서로소, $a>b$)라 하자.

이때 A, B의 최소공배수가 50이므로

$5 \times a \times b=50$ 　　 $\therefore a \times b=10$

(i) $a=10$, $b=1$일 때,

$A=5 \times 10=50$, $B=5 \times 1=5$

(ii) $a=5$, $b=2$일 때,

$A=5 \times 5=25$, $B=5 \times 2=10$

이때 A, B는 두 자리 자연수이므로 $A=25$, $B=10$

$\therefore A+B=25+10=35$ 　　　답 35

0198 자연수 N을 15로 나눈 몫을 n이라 하면

$$\begin{array}{r|ccc} 15 & 90 & 120 & N \\ \hline & 6 & 8 & n \end{array}$$

6, 8, n은 공통인 인수가 없어야 하므로 n은 2의 배수가 아니어야 한다.

즉, n의 값이 될 수 있는 수는

1, 3, 5, …

따라서 N의 값이 될 수 있는 수는

$15 \times 1=15$, $15 \times 3=45$, $15 \times 5=75$의 3개이다. 　답 3개

0199 $108=2^2 \times 3^3$이므로 $2^2 \times 3^3$, $2^2 \times 3 \times a$의 최대공약수는 $2^2 \times 3 \times$(자연수)의 꼴이다.

이때 $9=(2+1) \times (2+1)$이므로 두 수의 최대공약수는 $2^2 \times 3^2$이다.

따라서 구하는 자연수 a의 값은 3이다. 　답 3

0200 a는 분모 35, 45의 최소공배수이고, b는 분자 12, 28의 최대공약수이다.

$$35= \quad 5 \times 7 \qquad\qquad 12=2^2 \times 3$$
$$45=3^2 \times 5 \qquad\qquad 28=2^2 \quad \times 7$$

(최소공배수)$=3^2 \times 5 \times 7$ 　 (최대공약수)$=2^2$

따라서 $a=3^2 \times 5 \times 7=315$, $b=2^2=4$이므로

$a+b=315+4=319$ 　　　답 ③

0201 세 톱니바퀴가 처음으로 다시 같은 톱니에서 맞물릴 때까지 돌아간 톱니의 수는 24, 30, 48의 최소공배수이다.

$$24=2^3 \times 3$$
$$30=2 \times 3 \times 5$$
$$48=2^4 \times 3$$

(최소공배수)$=2^4 \times 3 \times 5$

따라서 돌아간 톱니의 수는 $2^4 \times 3 \times 5=240$이므로 톱니바퀴 B는 $240 \div 30=8$(바퀴) 회전해야 한다. 　답 8바퀴

0202 5로 나누면 3이 남고, 6으로 나누면 4가 남고, 8로 나누면 6이 남는 수는 5, 6, 8로 나눌 때 모두 2가 부족하므로 구하는 자연수는 (5, 6, 8의 공배수)−2이다.

$$
\begin{array}{l}
5=\qquad\ 5\\
6=2\ \times 3\\
\underline{8=2^3}\\
(최소공배수)=2^3\times 3\times 5
\end{array}
$$

이때 5, 6, 8의 최소공배수는 $2^3\times 3\times 5=120$이므로 공배수는

120, 240, 360, 480, 600, 720, 840, 960, 1080, …

따라서 세 자리 자연수 중 가장 작은 수는 $120-2=118$, 가장 큰 수는 $960-2=958$이므로 두 수의 차는

$958-118=840$　　　　　　　　　　　　　🅐 ⑤

0203 (1) $180=2^2\times 3^2\times 5$

　　$360=2^3\times 3^2\times 5$

　　$450=2\times 3^2\times 5^2$　　　　　　　　　…❶

(2) 최대공약수는 $2\times 3^2\times 5=90$　　　　　…❷

(3) 최소공배수는 $2^3\times 3^2\times 5^2=1800$　　…❸

🅐 (1) 풀이 참조　(2) 90　(3) 1800

채점 기준	비율
❶ 세 수를 각각 소인수분해 하기	40 %
❷ 최대공약수 구하기	30 %
❸ 최소공배수 구하기	30 %

0204 참매미가 5년에 한 번 활동하고 천적은 3년에 한 번 활동하므로 참매미와 천적이 다시 동시에 활동하는 데 걸리는 시간은 5, 3의 공배수이다.

즉, 5, 3의 최소공배수는 15이므로 15년마다 동시에 활동한다.　　　　　　　　　　　　　　　　…❶

이때 2000년에 참매미와 천적이 동시에 활동하였으므로 다시 동시에 활동하는 해는

2000+15=2015, 2015+15=2030, 2030+15=2045, …

따라서 2020년 이후 처음으로 동시에 활동하는 해는 2030년이다.　　　　　　　　　　　　　　　　…❷

🅐 2030년

채점 기준	비율
❶ 참매미와 천적이 몇 년마다 동시에 활동하는지 구하기	60 %
❷ 2020년 이후 처음으로 동시에 활동하는 해 구하기	40 %

0205 A, B의 최대공약수가 2×3^2이므로

$A=2\times 3^2\times a$, $B=2\times 3^2\times b$ (a, b는 서로소, $a>b$)라 하자.

이때 A, B의 최소공배수가 $2\times 3^2\times 7$이므로

$2\times 3^2\times a\times b=2\times 3^2\times 7$, $a\times b=7$

∴ $a=7$, $b=1$

즉, $A=2\times 3^2\times 7=126$, $B=2\times 3^2=18$이므로　…❶

$A+B=126+18=144$, $A-B=126-18=108$　…❷

따라서 $144=2^4\times 3^2$, $108=2^2\times 3^3$의 최대공약수는

$2^2\times 3^2=36$　　　　　　　　　　　　　…❸

🅐 36

34쪽

교과서
쏙 창의력·문해력 UP!

0206 (1) $60=2^2\times 3\times 5$이므로

소수 카드 2 두 장, 소수 카드 3 한 장, 소수 카드 5 한 장

$420=2^2\times 3\times 5\times 7$이므로

소수 카드 2 두 장, 소수 카드 3 한 장, 소수 카드 5 한 장, 소수 카드 7 한 장

$126=2\times 3^2\times 7$이므로

소수 카드 2 한 장, 소수 카드 3 두 장, 소수 카드 7 한 장

(2) 2 한 장, 3 한 장을 동시에 가지고 있다.

(3) $2\times 3=6$이므로 최대공약수는 6이다.

🅐 (1) 풀이 참조　(2) 2 : 한 장, 3 : 한 장　(3) 6

0207 $2+1=3$, $3+2=5$이므로 서현이와 도윤이가 5월 1일 이후에 다시 처음으로 같이 학원에 출석할 때까지 걸리는 시간은 3과 5의 최소공배수인 15일이다.

15일 동안 학원에 출석하는 것을 ○, 출석하지 않는 것을 ×로 나타내면 다음과 같으므로 15일 동안 같이 출석한 날은 6일이다.

날짜	1	2	3	4	5	6	7	8	9	10	11	12	13	14	15
서현	○	○	×	○	○	×	○	○	×	○	○	×	○	○	×
도윤	○	○	×	×	○	○	×	○	○	×	○	○	×	×	○

5월은 31일까지 있고,

$31=15\times 2+1$

이때 마지막 날인 31일은 서현이와 도윤이가 같이 출석하게 되므로 5월 한 달 동안 같이 출석한 날은

$6\times 2+1=13$(일)　　　　　　　　　　　🅐 13일

0208 십간과 십이지가 다시 처음으로 맞물릴 때까지 걸리는 시간은 10과 12의 최소공배수이다.

$$
\begin{array}{l}
10=2\qquad\ \ \times 5\\
\underline{12=2^2\times 3}\\
(최소공배수)=2^2\times 3\times 5
\end{array}
$$

즉, 최소공배수는 $2^2\times 3\times 5=60$이므로 60년마다 경자년이 된다.

$2143-2020=123$이고 $123=60\times 2+3$이므로

십간 : 경 → 신 → 임 →㉓계㉔ → …

십이지 : 자 → 축 → 인 →㉓묘㉔ → …

에서 2143년은 계묘년이다.　　　　　　　🅐 계묘년

채점 기준	비율
❶ 두 자연수 A, B를 각각 구하기	60 %
❷ $A+B$, $A-B$의 값을 각각 구하기	10 %
❸ $A+B$, $A-B$의 최대공약수 구하기	30 %

o3 정수와 유리수

0209 답 -5년   **0210** 답 $+240$ m

0211 답 -20 km   **0212** 답 -3만 원

0213 답 $+5$점   **0214** 답 -4 %

0215 답 $+5$, 9 **0216** 답 -3

0217 0은 양수도 음수도 아니다.   답 ×

0218 답 ○

0219 정수는 양의 정수, 0, 음의 정수로 이루어져 있다.   답 ×

0220 답 (1) $+2$, 3

(2) -4.2, 3.14, $-\dfrac{7}{2}$, $+5.6$

(3) -4.2, -8, $-\dfrac{7}{2}$

0221 답

수의 분류	$-\dfrac{8}{3}$	0	10	1.5	-2
정수	×	○	○	×	○
유리수	○	○	○	○	○
양수	×	×	○	○	×
음수	○	×	×	×	○

0222 답 ○

0223 $\dfrac{1}{2}$은 유리수이지만 정수가 아니다.   답 ×

0224 답 ○

0225 모든 자연수는 유리수이다.   답 ×

0226 답 ○

0227 답 A : -3, B : -1.5, C : $+2$, D : $+\dfrac{11}{3}$

0228 답
![수직선: A는 -4, B는 -1과 0 사이, D와 C는 +4와 +5 사이]
$-6\ -5\ -4\ -3\ -2\ -1\ \ 0\ +1\ +2\ +3\ +4\ +5\ +6$

0229 답 7 **0230** 답 4

0231 답 0 **0232** 답 2

0233 답 1.4 **0234** 답 $\dfrac{7}{3}$

0235 답 -5, 5 **0236** 답 $-\dfrac{7}{8}$, $\dfrac{7}{8}$

0237 답 >   **0238** 답 <

0239 답 >   **0240** 답 >

0241 답 >   **0242** 답 <

0243 답 >   **0244** 답 <

0245 답 $x>0$ **0246** 답 $x\leq-1$

0247 답 $x\geq4$ **0248** 답 $x\geq5$

0249 답 $-6\leq x<7$ **0250** 답 $2<x\leq8$

유형 다 잡기

0251 ⑤ 51실점 ⇨ -51점   답 ⑤

0252 답 ① $+5$일   ② -10일   ③ -1℃   ④ $+15$℃

0253 ① -5만 원   ② $+30$ m   ③ -3일

④ -4 %   ⑤ -200원

따라서 부호가 다른 하나는 ②이다.   답 ②

0254 양의 정수는 $\dfrac{4}{2}(=2)$, $+5$, 9의 3개이므로

$a=3$

음의 정수는 -20, $-\dfrac{6}{2}(=-3)$의 2개이므로

$b=2$

$\therefore a+b=3+2=5$ 답 5

0255 자연수가 아닌 정수는 0과 음의 정수이므로

① 0, ③ -3이다.   답 ①, ③

0256 정수는 -6, 0, $+1$, $\dfrac{21}{3}(=7)$, $-\dfrac{10}{2}(=-5)$의 5개이다.   답 5

0257 ① 2.5는 정수가 아니다.

③ $\dfrac{9}{6}=\dfrac{3}{2}$이므로 정수가 아니다.

④ -1.2는 정수가 아니다.   답 ②, ⑤

0258 ① 정수는 $+2$, 0, $-\dfrac{16}{4}(=-4)$, $\dfrac{28}{4}(=7)$의 4개이다.

② 음수는 -0.1, $-\dfrac{16}{4}$의 2개이다.

③ 양의 정수는 $+2$, $\dfrac{28}{4}(=7)$의 2개이다.

④ 양의 유리수는 $+2$, $+\dfrac{11}{3}$, 5.6, $\dfrac{28}{4}$의 4개이다.

⑤ 정수가 아닌 유리수는 -0.1, $+\dfrac{11}{3}$, 5.6의 3개이다.

답 ②

0259 ①, ②, ④ 정수

③, ⑤ 정수가 아닌 유리수   답 ③, ⑤

0260 양의 유리수는 4.2, $+8$의 2개이므로

$a=2$ …❶

음의 정수는 -1, $-\dfrac{30}{6}(=-5)$의 2개이므로

$b=2$ …❷

정수가 아닌 유리수는 4.2, $-\dfrac{4}{3}$, -2.9의 3개이므로

$c=3$ …❸

$\therefore a+b+c=2+2+3=7$ …❹

답 7

채점 기준	비율
❶ a의 값 구하기	30 %
❷ b의 값 구하기	30 %
❸ c의 값 구하기	30 %
❹ $a+b+c$의 값 구하기	10 %

주의 $-\dfrac{30}{6}=-5$이므로 정수이다.

0261 ㄴ. 0은 정수이므로 정수가 아닌 유리수가 아니다.

ㄷ. 유리수는 양의 유리수, 0, 음의 유리수로 이루어져 있다.

따라서 옳은 것은 ㄱ, ㄹ이다. 답 ③

0262 ① 가장 작은 정수는 알 수 없다.

② 음의 부호 $-$는 생략할 수 없다.

③ 모든 정수는 유리수이다.

④ 0은 음수가 아닌 유리수이지만 양수가 아니다. 답 ⑤

참고 서로 다른 두 유리수 사이에는 무수히 많은 유리수가 있다.

예를 들어 $-\dfrac{4}{3}(=-1.3\cdots)$와 $\dfrac{5}{2}(=2.5)$ 사이에는

$0.1, 0.11, 0.111, \ldots$과 같이 무수히 많은 유리수가 있다.

0263 ① 0은 정수이면서 유리수이다.

② $\dfrac{1}{2}$은 양의 유리수이지만 자연수가 아니다.

③ 1과 2 사이에는 $\dfrac{3}{2}, \dfrac{4}{3}, \dfrac{5}{4}, \ldots$ 등 무수히 많은 유리수가 있다.

⑤ 1과 2 사이에는 정수가 없다. 즉, 서로 다른 두 유리수 사이에 정수가 없을 때도 있다. 답 ④

0264 ③ C : $-\dfrac{3}{4}$ 답 ③

0265 ① A : -6 ② B : -5 ③ C : 0 답 ④, ⑤

0266 주어진 수들을 수직선 위에 나타내면 다음과 같다.

따라서 가장 왼쪽에 있는 수는 ⑤ -3이다. 답 ⑤

참고 절댓값을 배우면 다음과 같이 풀 수 있다.

수직선 위에 나타낼 때, 가장 왼쪽에 있는 수는 음수 중 절댓값이 가장 큰 수이다.

$-2, -\dfrac{7}{3}, -3$의 절댓값은 각각 $2\left(=\dfrac{6}{3}\right), \dfrac{7}{3}, 3\left(=\dfrac{9}{3}\right)$이므로

이 중 절댓값이 가장 큰 수는 -3이다.

따라서 가장 왼쪽에 있는 수는 -3이다.

0267 주어진 수들을 수직선 위에 나타내면 다음과 같다.

(1)

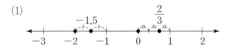

따라서 오른쪽에서 두 번째에 있는 수는 0이다.

(2)

따라서 오른쪽에서 두 번째에 있는 수는 3이다.

(3)

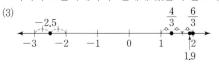

따라서 오른쪽에서 두 번째에 있는 수는 1.9이다.

답 (1) 0 (2) 3 (3) 1.9

참고 수의 대소 관계를 배우면 다음과 같이 풀 수 있다.

(1) $-2<-1.5<0<\dfrac{2}{3}$이므로 오른쪽에서 두 번째에 있는 수는 0 이다.

(2) $-1<0.5<3<\dfrac{10}{3}$이므로 오른쪽에서 두 번째에 있는 수는 3 이다.

(3) $-2.5<\dfrac{4}{3}<1.9<\dfrac{6}{3}$이므로 오른쪽에서 두 번째에 있는 수는 1.9 이다.

0268 ① 점 B가 나타내는 수는 -1이다.

② 점 C가 나타내는 수는 $+\dfrac{1}{5}(=+0.2)$이다.

③ 정수는 $-1, +2$의 2개이다.

④ 양수는 $+\dfrac{1}{5}, +2$의 2개이다.

⑤ 점 A가 나타내는 수는 -2.5, 점 C가 나타내는 수는 $+\dfrac{1}{5}$이므로 정수가 아닌 유리수이다. 답 ⑤

참고 ④ 원점보다 오른쪽에 위치한 점이 나타내는 수가 양수이다.

0269 (1) $-\dfrac{17}{6}=-2\dfrac{5}{6}, \dfrac{5}{3}=1\dfrac{2}{3}$이므로 $-\dfrac{17}{6}, \dfrac{5}{3}$를 수직선 위에 나타내면 다음과 같다.

 $\cdots$ ❶

(2) $-\dfrac{17}{6}$에 가장 가까운 정수는 -3, $\dfrac{5}{3}$에 가장 가까운 정수는 2이므로 $a=-3, b=2$ $\cdots$ ❷

답 (1) 풀이 참조 (2) $a=-3, b=2$

채점 기준	비율
❶ 수직선 위에 $-\dfrac{17}{6}, \dfrac{5}{3}$ 나타내기	60 %
❷ a, b의 값 각각 구하기	40 %

0270 그림에서 -3과 5를 나타내는 두 점으로부터 같은 거리에 있는 점이 나타내는 수는 1이다.

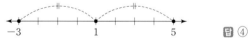 답 ④

0271 그림에서 -1을 나타내는 점으로부터 거리가 4인 두 점이 나타내는 두 수는 $-5, 3$이다.

 답 ②

0272 수직선에 두 점 A, B와 두 점 A와 B로부터 같은 거리에 있는 점 M을 나타내면 다음과 같다.

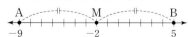

따라서 점 M이 나타내는 수는 -2이다. 답 -2

0273 a, b를 나타내는 두 점은 2를 나타내는 점으로부터 각각 $10\times\dfrac{1}{2}=5$만큼 떨어져 있다.

이때 $a<0$이므로 오른쪽 그림에서
$a=-3$, $b=7$

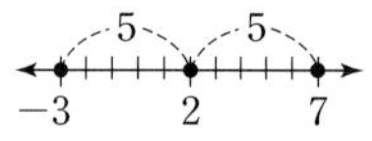

답 $a=-3$, $b=7$

0274 절댓값이 $\dfrac{3}{2}$인 두 수는 $-\dfrac{3}{2}$, $\dfrac{3}{2}$이다.

$-\dfrac{3}{2}$과 $\dfrac{3}{2}$을 나타내는 두 점과 원점 사이의 거리는 각각

$\left|-\dfrac{3}{2}\right|=\dfrac{3}{2}$, $\left|\dfrac{3}{2}\right|=\dfrac{3}{2}$

따라서 절댓값이 $\dfrac{3}{2}$인 두 수를 나타내는 두 점 사이의 거리는

$\dfrac{3}{2}+\dfrac{3}{2}=3$

답 3

0275 $a=|-5|=5$

수직선에서 원점으로부터의 거리가 10인 수는 절댓값이 10인 수이므로 -10, 10이고, b는 양수이므로

$b=10$

$\therefore a+b=5+10=15$

답 15

0276 $|a|+|b|-|c|=\left|-\dfrac{2}{3}\right|+\left|\dfrac{7}{3}\right|-|-1|$

$=\dfrac{2}{3}+\dfrac{7}{3}-1=2$

답 ③

0277 절댓값이 2인 수는 -2, 2이고 수직선에서 0을 나타내는 점의 왼쪽에 있는 점은 음수를 나타내므로

$a=-2$

절댓값이 3인 수는 -3, 3이고 수직선에서 0을 나타내는 점의 오른쪽에 있는 점은 양수를 나타내므로

$b=3$

답 $a=-2$, $b=3$

0278 ③ 절댓값이 0인 수는 0의 1개이므로 절댓값이 같은 수가 항상 2개인 것은 아니다.

답 ③

0279 ① $\dfrac{2}{3}$와 $-\dfrac{2}{3}$의 절댓값은 $\dfrac{2}{3}$로 같다.

② 원점으로부터의 거리가 5인 점이 나타내는 수는 -5와 5이다.

③ 절댓값은 0 또는 양수이다.

⑤ $|a|=a$이면 a는 0 또는 양수이다.

답 ④

0280 ㄴ. $a<0$이면 $|a|=-a$이다.

ㄷ. 절댓값이 가장 작은 정수는 0이다.

따라서 옳은 것은 ㄱ, ㄹ이다.

답 ③

참고 부호만 다른 두 유리수는 절댓값이 서로 같다.

0281 $|a|=|b|=26\times\dfrac{1}{2}=13$

이때 $a>b$이므로 $a=13$, $b=-13$

답 $a=13$, $b=-13$

0282 $a=|-7|=7$

b는 a와 절댓값이 같고 부호가 반대이므로 $b=-7$

따라서 a, b를 나타내는 두 점 사이의 거리는

$7+7=14$

답 ④

다른 풀이 $|a|=|-7|=7$, $|b|=|a|$이므로 a, b를 나타내는 두 점 사이의 거리는 $7\times2=14$

0283 a가 b보다 8만큼 크므로 a, b를 나타내는 두 점 사이의 거

리는 8이다.

즉, $|a|=|b|=8\times\dfrac{1}{2}=4$

이때 절댓값이 4인 수는 -4, 4이고 a가 b보다 크므로

$a=4$, $b=-4$

답 -4

0284 조건 (나)에 의해 $a=b-6$이므로 a는 b보다 6만큼 작다.

즉, 수직선에서 a, b를 나타내는 두 점 사이의 거리는 6이고, 조건 (가)에 의해 $|a|=|b|$이므로

$|a|=|b|=6\times\dfrac{1}{2}=3$ ···❶

이때 절댓값이 3인 수는 -3, 3이고 ···❷

a가 b보다 작으므로 $a=-3$, $b=3$ ···❸

답 $a=-3$, $b=3$

채점 기준	비율
❶ a, b의 절댓값 구하기	50 %
❷ 절댓값이 3인 두 수 구하기	30 %
❸ a, b의 값 각각 구하기	20 %

0285 ① $|-2.3|=2.3$ 　② $|-4.6|=4.6$

③ $\left|-\dfrac{7}{4}\right|=\dfrac{7}{4}=1.75$ 　④ $|2|=2$

⑤ $\left|\dfrac{15}{4}\right|=\dfrac{15}{4}=3.75$

따라서 절댓값이 가장 큰 수는 ② -4.6이다. 답 ②

0286 구하는 수는 주어진 수들 중 절댓값이 가장 작은 수이다.

① $|-3|=3$ 　② $|3.4|=3.4$

③ $\left|\dfrac{3}{4}\right|=\dfrac{3}{4}=0.75$ 　④ $|-2|=2$

⑤ $\left|-\dfrac{14}{5}\right|=\dfrac{14}{5}=2.8$

따라서 구하는 수는 ③ $\dfrac{3}{4}$이다. 답 ③

0287 $\left|-\dfrac{7}{2}\right|=\dfrac{7}{2}=3.5$, $|1|=1$, $\left|\dfrac{3}{5}\right|=\dfrac{3}{5}=0.6$, $|-3|=3$,

$|2.5|=2.5$

절댓값이 작은 수부터 차례대로 나열하면

$\dfrac{3}{5}$, 1, 2.5, -3, $-\dfrac{7}{2}$

따라서 절댓값이 가장 큰 수는 $-\dfrac{7}{2}$, 절댓값이 가장 작은

수는 $\dfrac{3}{5}$이므로 $a=-\dfrac{7}{2}$, $b=\dfrac{3}{5}$

$\therefore |a|-|b|=\dfrac{7}{2}-\dfrac{3}{5}=\dfrac{35}{10}-\dfrac{6}{10}=\dfrac{29}{10}$

답 $\dfrac{29}{10}$

0288 $\left|-\dfrac{1}{3}\right|=\dfrac{1}{3}=0.3\cdots$, $|2|=2$, $\left|\dfrac{9}{2}\right|=\dfrac{9}{2}=4.5$,

$\left|-\dfrac{11}{4}\right|=\dfrac{11}{4}=2.75$, $|-4|=4$, $|0|=0$

따라서 절댓값이 작은 수부터 차례대로 나열하면

0, $-\dfrac{1}{3}$, 2, $-\dfrac{11}{4}$, -4, $\dfrac{9}{2}$

이므로 세 번째에 오는 수는 2이다. 답 2

0289 절댓값이 4보다 작은 정수는 절댓값이 0, 1, 2, 3인 정수이다.

절댓값이 0인 정수는 0

절댓값이 1인 정수는 -1, 1
절댓값이 2인 정수는 -2, 2
절댓값이 3인 정수는 -3, 3
따라서 구하는 정수의 개수는 7이다.   답 ④

0290 ① $\left|-\dfrac{10}{3}\right|=\dfrac{10}{3}=3.3\cdots$ ② $|-2|=2$

③ $\left|-\dfrac{1}{5}\right|=\dfrac{1}{5}=0.2$ ④ $\left|\dfrac{5}{2}\right|=\dfrac{5}{2}=2.5$

⑤ $|4|=4$

따라서 절댓값이 1 이상 5 이하인 수가 아닌 것은 ③ $-\dfrac{1}{5}$

이다.   답 ③

0291 a는 정수이고 $|a|<5.5$이므로 $|a|$의 값이 될 수 있는 수는 0, 1, 2, 3, 4, 5이다.

$|a|=0$일 때, $a=0$
$|a|=1$일 때, $a=-1$, 1
$|a|=2$일 때, $a=-2$, 2
$|a|=3$일 때, $a=-3$, 3
$|a|=4$일 때, $a=-4$, 4
$|a|=5$일 때, $a=-5$, 5
따라서 정수 a는 -5, -4, -3, -2, -1, 0, 1, 2, 3, 4, 5의 11개이다.   답 ⑤

0292 수직선에서 0과 a를 나타내는 점 사이의 거리는 $|a|$이다.
a는 정수이고 $|a|<\dfrac{5}{3}=1.6\cdots$이므로 $|a|$의 값이 될 수 있는 수는 0, 1이다.
$|a|=0$일 때, $a=0$
$|a|=1$일 때, $a=-1$, 1
따라서 a의 값은 -1, 0, 1이다.   답 -1, 0, 1

0293 ① $|-2.3|=2.3>0$

② $\dfrac{5}{4}=\dfrac{15}{12}<\dfrac{4}{3}=\dfrac{16}{12}$

③ $|-3|=3$, $\left|-\dfrac{10}{3}\right|=\dfrac{10}{3}=3.3\cdots$에서

$|-3|<\left|-\dfrac{10}{3}\right|$이므로 $-3>-\dfrac{10}{3}$

④ 양수는 음수보다 크므로 $0.3>-0.2$

⑤ $\left|-\dfrac{15}{7}\right|=\dfrac{15}{7}=\dfrac{30}{14}$, $\left|\dfrac{5}{2}\right|=\dfrac{5}{2}=\dfrac{35}{14}$이므로

$\left|-\dfrac{15}{7}\right|<\left|\dfrac{5}{2}\right|$ 답 ③

0294 ① $\dfrac{5}{2}<3=\dfrac{6}{2}$

② $|-4|=4$, $|-5|=5$에서
$|-4|<|-5|$이므로 $-4>-5$

③ 음수는 0보다 작으므로 $0>-\dfrac{1}{3}$

④ $\left|-\dfrac{8}{3}\right|=\dfrac{8}{3}=\dfrac{16}{6}$, $\left|-\dfrac{5}{2}\right|=\dfrac{5}{2}=\dfrac{15}{6}$에서
$\left|-\dfrac{8}{3}\right|>\left|-\dfrac{5}{2}\right|$이므로 $-\dfrac{8}{3}<-\dfrac{5}{2}$

⑤ 양수는 음수보다 크므로 $-3<2$ 답 ④

0295 ① $|-7|=7$, $|-5|=5$에서
$|-7|>|-5|$이므로 $-7<-5$

② 음수는 0보다 작으므로 $-\dfrac{4}{7}<0$

③ $|-1.2|=1.2$, $\dfrac{8}{5}=1.6$이므로 $|-1.2|<\dfrac{8}{5}$

④ $\dfrac{13}{6}<\dfrac{7}{3}=\dfrac{14}{6}$

⑤ $\left|-\dfrac{3}{2}\right|=\dfrac{3}{2}=\dfrac{27}{18}$, $\left|-\dfrac{11}{9}\right|=\dfrac{11}{9}=\dfrac{22}{18}$이므로

$\left|-\dfrac{3}{2}\right|>\left|-\dfrac{11}{9}\right|$

따라서 알맞은 부등호가 나머지 넷과 다른 하나는 ⑤이다.   답 ⑤

0296 $\left|-\dfrac{7}{2}\right|=\dfrac{7}{2}=3.5$, $4\dfrac{1}{5}=4.2$, $|2.8|=2.8$, $\dfrac{14}{3}=4.66\cdots$

이므로 주어진 수들을 큰 수부터 차례로 나열하면

$\dfrac{14}{3}$, $4\dfrac{1}{5}$, $\left|-\dfrac{7}{2}\right|$, $|2.8|$, 2.74, -3

따라서 네 번째에 오는 수는 $|2.8|$이다.   답 $|2.8|$

0297 가장 밝게 보이는 행성은 겉보기 등급이 가장 낮은 금성이다.   답 금성

0298 주어진 수들을 작은 수부터 차례로 나열하면
$-\dfrac{17}{5}(=-3.4)$, -3.1, -3, 0, 6, $\dfrac{13}{2}(=6.5)$

① 가장 작은 수는 $-\dfrac{17}{5}$이다.

② 가장 큰 수는 $\dfrac{13}{2}$이다.

③ -3보다 작은 수는 -3.1, $-\dfrac{17}{5}$의 2개이다.

④ 가장 큰 음수는 -3이다.

⑤ 절댓값이 가장 작은 수는 0이다.   답 ③

0299 ㄴ. x는 -2보다 작거나 같다. ▷ $x\leq-2$
ㄹ. x는 3보다 작거나 같고 -3 초과이다. ▷ $-3<x\leq3$
따라서 옳은 것은 ㄱ, ㄷ이다.   답 ㄱ, ㄷ

주의 '크지 않다.'를 '작다.'와 같다고 생각하지 않도록 한다.

0300 (크지 않다)=(작거나 같다)이므로 'x는 0 이상이고 5보다 크지 않다.'를 부등호를 사용하여 나타내면 $0\leq x\leq5$이다.   답 ④

0301 (1) (크지 않다)=(작거나 같다)이므로
$|x|\leq2$ $\cdots$❶

(2) 절댓값이 2보다 작거나 같은 정수 x는
-2, -1, 0, 1, 2의 5개이다. $\cdots$❷
   답 (1) $|x|\leq2$ (2) 5

채점 기준	비율
❶ 부등호를 사용하여 나타내기	50 %
❷ 정수 x의 개수 구하기	50 %

0302 ③ $\dfrac{7}{3}=2.3\cdots$ ⑤ $\dfrac{13}{2}=6.5$

$-\dfrac{5}{2}=-2.5$이므로 $-\dfrac{5}{2}<a\leq6$을 만족시키는 유리수 a

가 될 수 없는 것은 ① -2.5, ⑤ $\dfrac{13}{2}$이다. 답 ①, ⑤

0303 $\dfrac{10}{3}=3.3\cdots$이므로 $\dfrac{10}{3}$보다 큰 정수 중에서 가장 작은 수는 4이다.

$-\dfrac{15}{4}=-3.75$이므로 $-\dfrac{15}{4}$보다 작은 정수 중에서 가장 큰 수는 -4이다.

따라서 $x=4$, $y=-4$이므로

$|x|+|y|=|4|+|-4|=8$ 답 8

0304 주어진 문장을 부등호를 사용하여 나타내면

$-\dfrac{16}{3}<x\le\dfrac{7}{2}$

$-\dfrac{16}{3}=-5.3\cdots$, $\dfrac{7}{2}=3.5$이므로 $-\dfrac{16}{3}<x\le\dfrac{7}{2}$을 만족시키는 정수 x는 -5, -4, -3, -2, -1, 0, 1, 2, 3이다.

따라서 이 중 절댓값이 가장 큰 수는 -5이다. 답 -5

0305 $-\dfrac{21}{4}=-5.25$이므로 $-5.25<x\le4$인 정수 x는

-5, -4, -3, -2, -1, 0, 1, 2, 3, 4

이 중 $|x|>2$인 수는 -5, -4, -3, 3, 4의 5개이다.

답 5

학교 시험 꽉 잡기 48~50쪽

0306 ④ -5분 답 ④

0307 정수는 2, 0, -4, $\dfrac{10}{2}(=5)$의 4개이다. 답 4

0308 ① A : $-\dfrac{10}{3}$ 답 ①

0309 ① $x<-2$

② $x\ge1$

③ $3\le x\le5$

④ $0\le x<4$ 답 ⑤

0310 유리수이면서 음수이고 정수가 아닌 수는 정수가 아닌 음의 유리수이므로 ③ -0.4이다. 답 ③

0311 ① 절댓값이 3인 수는 -3, 3이다.

② 음수는 절댓값이 클수록 작다.

③ 양수는 절댓값이 클수록 크다.

④ $a=-3$, $b=-2$일 때, $a<b$이지만

$|a|=|-3|=3$,

$|b|=|-2|=2$이므로 $|a|>|b|$이다. 답 ⑤

0312 a가 b보다 7만큼 크므로 수직선에서 a, b를 나타내는 두 점 사이의 거리는 7이다.

즉, $|a|=|b|=7\times\dfrac{1}{2}=\dfrac{7}{2}$

절댓값이 $\dfrac{7}{2}$인 수는 $-\dfrac{7}{2}$, $\dfrac{7}{2}$이고 a가 b보다 크므로

$a=\dfrac{7}{2}$ 답 $\dfrac{7}{2}$

0313 각 점이 나타내는 수는

A : -3, B : $-\dfrac{5}{3}$, C : $-\dfrac{2}{3}$, D : $\dfrac{4}{3}$, E : $\dfrac{8}{3}$

① 음수를 나타내는 점은 점 A, B, C의 3개이다.

② 정수를 나타내는 점은 점 A의 1개이다.

③ 점 B는 $-\dfrac{5}{3}$를 나타낸다.

④ 절댓값이 가장 큰 수를 나타내는 점은 원점에서 가장 멀리 떨어져 있는 점 A이다.

⑤ 절댓값이 가장 작은 수를 나타내는 점은 원점에서 가장 가까운 점 C이다. 답 ⑤

0314 ㄱ. $|-1.2|=1.2=\dfrac{6}{5}$이므로 $\dfrac{6}{5}=|-1.2|$

ㄴ. 음수는 0보다 작으므로 $0>-\dfrac{1}{10}$

ㄷ. $\left|-\dfrac{21}{5}\right|=\dfrac{21}{5}=4.2$이므로 $4<\left|-\dfrac{21}{5}\right|$

ㄹ. $|-3.9|=3.9$, $\left|-\dfrac{14}{3}\right|=\dfrac{14}{3}=4.6\cdots$에서

$|-3.9|<\left|-\dfrac{14}{3}\right|$이므로 $-3.9>-\dfrac{14}{3}$

따라서 옳은 것은 ㄷ, ㄹ이다. 답 ⑤

0315 주어진 수들을 작은 수부터 차례대로 나열하면

$-\dfrac{11}{2}(=-5.5)$, -5, -0.7, 0, $\dfrac{4}{7}$, 2, $\dfrac{12}{4}(=3)$

①, ⑤ 가장 큰 수는 $\dfrac{12}{4}$이고, 수직선 위에 나타낼 때 가장 왼쪽에 있는 수는 $-\dfrac{11}{2}$이다.

② 정수는 -5, 2, $\dfrac{12}{4}(=3)$, 0의 4개이다.

③ 음수 중 가장 작은 수 $-\dfrac{11}{2}$과 양수 중 가장 큰 수 $\dfrac{12}{4}$의 절댓값을 비교하면

$\left|-\dfrac{11}{2}\right|=\dfrac{11}{2}=5.5$, $\left|\dfrac{12}{4}\right|=3$에서 $\left|-\dfrac{11}{2}\right|>\left|\dfrac{12}{4}\right|$

이므로 절댓값이 가장 큰 수는 $-\dfrac{11}{2}$이다.

④ 정수가 아닌 유리수는 $\dfrac{4}{7}$, -0.7, $-\dfrac{11}{2}$의 3개이다.

따라서 옳은 것은 ①, ⑤이다. 답 ①, ⑤

0316 수직선에서 0을 나타내는 점과 a를 나타내는 점 사이의 거리는 $|a|$이다.

즉, $|a|<5$이고 a는 정수이므로 $|a|=0$, 1, 2, 3, 4

$|a|=0$일 때, $a=0$

$|a|=1$일 때, $a=-1$, 1

$|a|=2$일 때, $a=-2$, 2

$|a|=3$일 때, $a=-3$, 3

$|a|=4$일 때, $a=-4$, 4

따라서 정수 a의 개수는 9이다. 답 9

0317 $\dfrac{17}{4}=4.25$이므로 $\dfrac{17}{4}$보다 작은 정수 중 가장 큰 수는 4이다.

$-\dfrac{8}{5}=-1.6$이므로 $-\dfrac{8}{5}$보다 큰 정수 중 가장 작은 수는

−1이다.

따라서 $x=4$, $y=-1$이므로

$|x|-|y|=|4|-|-1|=4-1=3$ 　　　🖎 3

0318 큰 수가 적힌 길을 택하여 가면

$-\dfrac{5}{2}<-\dfrac{4}{3}$, $-\dfrac{1}{5}<-\dfrac{1}{6}$이므로

(출발) ➡ $-\dfrac{4}{3}$ ➡ $-\dfrac{1}{6}$ 　∴ $a=-\dfrac{1}{6}$

절댓값이 큰 수가 적힌 길을 택하여 가면

$\left|-\dfrac{5}{2}\right|>\left|-\dfrac{4}{3}\right|$, $|-1|>\left|\dfrac{1}{4}\right|$이므로

(출발) ➡ $-\dfrac{5}{2}$ ➡ -1 　∴ $b=-1$

∴ $|a|+|b|=\left|-\dfrac{1}{6}\right|+|-1|=\dfrac{1}{6}+1=\dfrac{7}{6}$ 　🖎 $\dfrac{7}{6}$

0319 $\dfrac{3}{2}=\dfrac{9}{6}$이므로 $-\dfrac{7}{6}$과 $\dfrac{9}{6}$ 사이에 있는 정수가 아닌 유리수

중 분모가 6인 기약분수는

$-\dfrac{5}{6}$, $-\dfrac{1}{6}$, $\dfrac{1}{6}$, $\dfrac{5}{6}$, $\dfrac{7}{6}$의 5개이다. 　🖎 ②

0320 조건 ㈎, ㈐에 의해 $|b|=|-4|=4$이고, $b>-4$이므로

$b=4$

조건 ㈐에 의해 $b=4<a$ 　……… ㉠

조건 ㈎에 의해 $c>-4$

이때 조건 ㈑에 의해 $a<c$ 　……… ㉡

㉠, ㉡에서 $b<a<c$ 　🖎 ③

0321 주어진 수 6개 모두 유리수이므로 $a=6$ 　…❶

정수는 2, -3, 0의 3개이므로 $b=3$ 　…❷

자연수는 2의 1개이므로 $c=1$ 　…❸

∴ $a+b+c=6+3+1=10$ 　…❹

🖎 10

채점 기준	비율
❶ a의 값 구하기	30 %
❷ b의 값 구하기	30 %
❸ c의 값 구하기	30 %
❹ $a+b+c$의 값 구하기	10 %

0322 $a=-10$이므로 $|a|=|-10|=10$ 　…❶

$|a|=|b|+3$이므로

$10=|b|+3$ 　∴ $|b|=7$ 　…❷

$a=-10<0$이고, a와 b의 부호가 서로 다르므로 $b>0$

따라서 b는 절댓값이 7인 수 중 양수이므로 $b=7$ 　…❸

🖎 7

채점 기준	비율
❶ $|a|$의 값 구하기	30 %
❷ $|b|$의 값 구하기	30 %
❸ b의 값 구하기	40 %

0323 $|b|=6$이므로 b의 값이 될 수 있는 수는 6, -6이다. …❶

(ⅰ) $b=6$일 때,

두 점으로부터 같은 거리에 있는 점이 나타내는 수가 3이므로 오른쪽 그림에서

$a=0$ 　…❷

(ⅱ) $b=-6$일 때,

두 점으로부터 같은 거리에 있는 점이 나타내는 수가 3이므로 오른쪽 그림에서

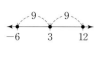

$a=12$ 　…❸

(ⅰ), (ⅱ)에서 a의 값이 될 수 있는 수는 0, 12이다. 　…❹

🖎 0, 12

채점 기준	비율
❶ b의 값 모두 구하기	20 %
❷ $b=6$일 때 a의 값 구하기	35 %
❸ $b=-6$일 때 a의 값 구하기	35 %
❹ a의 값이 될 수 있는 수 모두 구하기	10 %

교과서
쏙 창의력+문해력 **UP!** 　　51쪽

0324 $|5|=5$, $\left|-\dfrac{9}{2}\right|=4.5$이므로 $5\triangle\left(-\dfrac{9}{2}\right)=5$

즉, $5\triangledown\{x\triangle(-4)\}=-4$이므로 $x\triangle(-4)=-4$이어야 한다.

따라서 $|x|<4$를 만족시키는 정수 x는 -3, -2, -1, 0, 1, 2, 3의 7개이다. 　🖎 7

0325 $-\dfrac{6}{5}=-1.2$에 가장 가까운 정수는 -1이므로

$b=|-1|=1$

이때 b와 d 사이에 두 개의 음의 정수가 있어야 하므로 수직선 위에 네 수 a, b, c, d를 나타내면 다음 그림과 같다.

따라서 큰 수부터 차례대로 나열하면 a, b, d, c이다.

🖎 a, b, d, c

0326 ⑴ 평균 기온이 부산은 4.2 ℃이고, 여수는 5.1 ℃, 제주는 8.5 ℃이므로 평균 기온이 부산보다 높은 지역은 여수, 제주이다.

⑵ 평균 기온이 가장 높은 지역은 제주로 8.5 ℃이고, 가장 낮은 지역은 홍성으로 -2.5 ℃이다.

따라서 $a=8.5$, $b=-2.5$이므로

$|a|+|b|=|8.5|+|-2.5|=8.5+2.5=11$

🖎 ⑴ 여수, 제주 　⑵ 11

0327 양의 정수가 적힌 카드는 2장이고 $+\dfrac{4}{2}=2$이므로 빈 카드에는 양의 정수가 적혀 있어야 한다.

$|-8|=8$과의 차가 3인 수는 11 또는 5이다.

$-\dfrac{2}{3}$와 $\dfrac{3}{2}$ 사이에 있는 정수가 아닌 유리수 중에서 분모가 6인 기약분수는 $-\dfrac{1}{6}$, $\dfrac{1}{6}$, $\dfrac{5}{6}$, $\dfrac{7}{6}$이므로 분자는 -1, 1, 5, 7이다.

따라서 빈 카드에 적힌 숫자는 5이다. 　🖎 5

o4 정수와 유리수의 계산

0328 $(-5)+(-9)=-(5+9)=-14$ 답 -14

0329 $(+10)+(-7)=+(10-7)=3$ 답 3

0330 $\left(-\dfrac{4}{3}\right)+\left(+\dfrac{2}{5}\right)=-\left(\dfrac{4}{3}-\dfrac{2}{5}\right)$

$\qquad\qquad =-\left(\dfrac{20}{15}-\dfrac{6}{15}\right)=-\dfrac{14}{15}$ 답 $-\dfrac{14}{15}$

0331 $\left(-\dfrac{7}{4}\right)+\left(-\dfrac{11}{8}\right)=-\left(\dfrac{7}{4}+\dfrac{11}{8}\right)$

$\qquad\qquad =-\left(\dfrac{14}{8}+\dfrac{11}{8}\right)=-\dfrac{25}{8}$ 답 $-\dfrac{25}{8}$

0332 $(-2.9)+(-4.1)=-(2.9+4.1)=-7$ 답 -7

0333 $(+7)+(-5)+(+3)$
$=(+7)+(+3)+(-5)$
$=\{(+7)+(+3)\}+(-5)$
$=(+10)+(-5)=5$ 답 5

0334 $(-0.6)+(+1.8)+(-0.4)$
$=(+1.8)+(-0.6)+(-0.4)$
$=(+1.8)+\{(-0.6)+(-0.4)\}$
$=(+1.8)+(-1)=0.8$ 답 0.8

0335 $\left(-\dfrac{7}{5}\right)+\left(-\dfrac{1}{3}\right)+\left(+\dfrac{17}{5}\right)$
$=\left(-\dfrac{7}{5}\right)+\left(+\dfrac{17}{5}\right)+\left(-\dfrac{1}{3}\right)$
$=\left\{\left(-\dfrac{7}{5}\right)+\left(+\dfrac{17}{5}\right)\right\}+\left(-\dfrac{1}{3}\right)$
$=(+2)+\left(-\dfrac{1}{3}\right)$
$=\left(+\dfrac{6}{3}\right)+\left(-\dfrac{1}{3}\right)=\dfrac{5}{3}$ 답 $\dfrac{5}{3}$

0336 $(+10)-(+4)=(+10)+(-4)$
$\qquad\qquad\quad =+(10-4)=6$ 답 6

0337 $(+3)-(-8)=(+3)+(+8)$
$\qquad\qquad\quad =+(3+8)=11$ 답 11

0338 $(-9)-(-11)=(-9)+(+11)$
$\qquad\qquad\quad =+(11-9)=2$ 답 2

0339 $\left(+\dfrac{9}{5}\right)-\left(+\dfrac{8}{3}\right)=\left(+\dfrac{9}{5}\right)+\left(-\dfrac{8}{3}\right)$
$\qquad\qquad =-\left(\dfrac{8}{3}-\dfrac{9}{5}\right)$
$\qquad\qquad =-\left(\dfrac{40}{15}-\dfrac{27}{15}\right)=-\dfrac{13}{15}$ 답 $-\dfrac{13}{15}$

0340 $\left(-\dfrac{1}{2}\right)-\left(-\dfrac{4}{5}\right)=\left(-\dfrac{1}{2}\right)+\left(+\dfrac{4}{5}\right)=+\left(\dfrac{4}{5}-\dfrac{1}{2}\right)$
$\qquad\qquad =+\left(\dfrac{8}{10}-\dfrac{5}{10}\right)=\dfrac{3}{10}$ 답 $\dfrac{3}{10}$

0341 $(-5.2)-(+3.5)=(-5.2)+(-3.5)$
$\qquad\qquad =-(5.2+3.5)=-8.7$ 답 -8.7

0342 $(+17)-(-2)-(+9)$
$=(+17)+(+2)+(-9)$
$=\{(+17)+(+2)\}+(-9)$
$=(+19)+(-9)=10$ 답 10

0343 $(-2.1)-(+3.2)-(-4.3)$
$=(-2.1)+(-3.2)+(+4.3)$
$=\{(-2.1)+(-3.2)\}+(+4.3)$
$=(-5.3)+(+4.3)=-1$ 답 -1

0344 $\left(-\dfrac{1}{6}\right)-\left(-\dfrac{5}{3}\right)-\left(+\dfrac{5}{6}\right)$
$=\left(-\dfrac{1}{6}\right)+\left(+\dfrac{5}{3}\right)+\left(-\dfrac{5}{6}\right)$
$=\left(-\dfrac{1}{6}\right)+\left(-\dfrac{5}{6}\right)+\left(+\dfrac{5}{3}\right)$
$=\left\{\left(-\dfrac{1}{6}\right)+\left(-\dfrac{5}{6}\right)\right\}+\left(+\dfrac{5}{3}\right)$
$=(-1)+\left(+\dfrac{5}{3}\right)$
$=\left(-\dfrac{3}{3}\right)+\left(+\dfrac{5}{3}\right)=\dfrac{2}{3}$ 답 $\dfrac{2}{3}$

0345 $(-4)+(+10)-(-7)$
$=(-4)+(+10)+(+7)$
$=(-4)+\{(+10)+(+7)\}$
$=(-4)+(+17)=13$ 답 13

0346 $\left(+\dfrac{4}{7}\right)-\left(+\dfrac{1}{3}\right)+\left(-\dfrac{5}{21}\right)$
$=\left(+\dfrac{4}{7}\right)+\left(-\dfrac{1}{3}\right)+\left(-\dfrac{5}{21}\right)$
$=\left(+\dfrac{12}{21}\right)+\left\{\left(-\dfrac{7}{21}\right)+\left(-\dfrac{5}{21}\right)\right\}$
$=\left(+\dfrac{12}{21}\right)+\left(-\dfrac{12}{21}\right)=0$ 답 0

0347 $(+4.6)-(-0.4)+(+2.7)$
$=(+4.6)+(+0.4)+(+2.7)$
$=\{(+4.6)+(+0.4)\}+(+2.7)$
$=(+5)+(+2.7)=7.7$ 답 7.7

0348 $4-9+2-1=(+4)-(+9)+(+2)-(+1)$
$\qquad\qquad =\{(+4)+(-9)\}+(+2)+(-1)$
$\qquad\qquad =(-5)+(+2)+(-1)$
$\qquad\qquad =(-3)+(-1)=-4$ 답 -4

0349 $\dfrac{1}{5}-\dfrac{7}{10}+\dfrac{9}{2}=\left(+\dfrac{1}{5}\right)-\left(+\dfrac{7}{10}\right)+\left(+\dfrac{9}{2}\right)$
$\qquad\qquad =\left(+\dfrac{2}{10}\right)+\left(-\dfrac{7}{10}\right)+\left(+\dfrac{45}{10}\right)$
$\qquad\qquad =\left(-\dfrac{5}{10}\right)+\left(+\dfrac{45}{10}\right)=\dfrac{40}{10}=4$ 답 4

0350 $-2.8+5.4+3.5=(-2.8)+(+5.4)+(+3.5)$
$\qquad\qquad =\{(-2.8)+(+5.4)\}+(+3.5)$
$\qquad\qquad =(+2.6)+(+3.5)=6.1$ 답 6.1

0351 $(+5) \times (+7) = +(5 \times 7) = 35$ 　　答 35

0352 $(+4) \times (-7) = -(4 \times 7) = -28$ 　　答 -28

0353 $(-6) \times (+9) = -(6 \times 9) = -54$ 　　答 -54

0354 $(-2) \times (-8) = +(2 \times 8) = 16$ 　　答 16

0355 $\left(-\dfrac{5}{3}\right) \times \left(+\dfrac{9}{10}\right) = -\left(\dfrac{5}{3} \times \dfrac{9}{10}\right) = -\dfrac{3}{2}$ 　答 $-\dfrac{3}{2}$

0356 $\left(-\dfrac{14}{9}\right) \times \left(-\dfrac{3}{7}\right) = +\left(\dfrac{14}{9} \times \dfrac{3}{7}\right) = \dfrac{2}{3}$ 　答 $\dfrac{2}{3}$

0357 $(+3.2) \times (-5) = -(3.2 \times 5) = -16$ 　答 -16

0358 $\left(+\dfrac{10}{7}\right) \times (-0.2) = -\left(\dfrac{10}{7} \times 0.2\right)$
$= -\left(\dfrac{10}{7} \times \dfrac{1}{5}\right) = -\dfrac{2}{7}$ 　答 $-\dfrac{2}{7}$

0359 $10 \times \left\{\dfrac{3}{5} + \left(-\dfrac{7}{2}\right)\right\} = 10 \times \dfrac{3}{5} + 10 \times \left(-\dfrac{7}{2}\right)$
$= 6 + (-35) = -29$ 　答 -29

0360 $6 \times 5.32 + 6 \times (-2.32) = 6 \times \{5.32 + (-2.32)\}$
$= 6 \times 3 = 18$ 　答 18

0361 答 1 　　　　**0362** 答 -1

0363 答 -1 　　　**0364** 答 1

0365 $(+15) \div (+5) = +(15 \div 5) = 3$ 　答 3

0366 $(-44) \div (+11) = -(44 \div 11) = -4$ 　答 -4

0367 $(-3.2) \div (-0.8) = +(3.2 \div 0.8) = 4$ 　答 4

0368 答 1 　　　　**0369** 答 $-\dfrac{6}{7}$

0370 答 $-\dfrac{1}{8}$

0371 $0.9 = \dfrac{9}{10}$이므로 역수는 $\dfrac{10}{9}$이다. 　答 $\dfrac{10}{9}$

0372 $(+16) \div \left(-\dfrac{8}{3}\right) = -\left(16 \div \dfrac{8}{3}\right)$
$= -\left(16 \times \dfrac{3}{8}\right) = -6$ 　答 -6

0373 $\left(-\dfrac{18}{7}\right) \div \left(+\dfrac{6}{35}\right) = -\left(\dfrac{18}{7} \div \dfrac{6}{35}\right)$
$= -\left(\dfrac{18}{7} \times \dfrac{35}{6}\right) = -15$ 　答 -15

0374 $\left(-\dfrac{10}{3}\right) \div (-2.5) = +\left(\dfrac{10}{3} \div 2.5\right)$
$= +\left(\dfrac{10}{3} \div \dfrac{5}{2}\right)$
$= +\left(\dfrac{10}{3} \times \dfrac{2}{5}\right) = \dfrac{4}{3}$ 　答 $\dfrac{4}{3}$

0375 答 ㉢, ㉣, ㉡, ㉠

0376 $\dfrac{1}{2} + (-2)^3 \times \dfrac{5}{16} = \dfrac{1}{2} + (-8) \times \dfrac{5}{16}$
$= \dfrac{1}{2} + \left(-\dfrac{5}{2}\right) = -2$ 　答 -2

0377 $8 \times \dfrac{1}{4} - \left\{(-3)^2 \div \dfrac{3}{2} - 5\right\} = 2 - \left(9 \times \dfrac{2}{3} - 5\right)$
$= 2 - (6 - 5)$
$= 2 - 1 = 1$ 　答 1

유형⊛ 다 잡기

56~70쪽

0378 ㄱ. $(+5) + (-8) = -(8-5) = -3$
ㄴ. $(-2) + \left(+\dfrac{4}{5}\right) = -\left(2 - \dfrac{4}{5}\right) = -\left(\dfrac{10}{5} - \dfrac{4}{5}\right) = -\dfrac{6}{5}$
ㄷ. $(+1.4) + (-0.6) = +(1.4 - 0.6) = 0.8$
ㄹ. $\left(-\dfrac{3}{4}\right) + \left(-\dfrac{2}{3}\right) = -\left(\dfrac{3}{4} + \dfrac{2}{3}\right) = -\left(\dfrac{9}{12} + \dfrac{8}{12}\right) = -\dfrac{17}{12}$
따라서 옳은 것은 ㄴ, ㄹ이다. 　答 ㄴ, ㄹ

0379 ① $(+1) + (+3) = +(1+3) = 4$
② $(-4) + (+2) = -(4-2) = -2$
③ $\left(+\dfrac{3}{2}\right) + \left(-\dfrac{7}{3}\right) = -\left(\dfrac{7}{3} - \dfrac{3}{2}\right) = -\left(\dfrac{14}{6} - \dfrac{9}{6}\right)$
$= -\dfrac{5}{6} = -0.83\cdots$
④ $(-1) + \left(-\dfrac{1}{3}\right) = -\left(1 + \dfrac{1}{3}\right) = -\left(\dfrac{3}{3} + \dfrac{1}{3}\right)$
$= -\dfrac{4}{3} = -1.3\cdots$
⑤ $(-2.75) + (+0.6) = -(2.75 - 0.6)$
$= -2.15$
따라서 계산 결과가 가장 작은 것은 ⑤이다. 　答 ⑤

0380 $a = (+12) + (-9) = +(12-9) = 3$ 　⋯❶
$b = \left(-\dfrac{9}{5}\right) + \left(-\dfrac{2}{3}\right) = -\left(\dfrac{9}{5} + \dfrac{2}{3}\right)$
$= -\left(\dfrac{27}{15} + \dfrac{10}{15}\right) = -\dfrac{37}{15}$ 　⋯❷
$\therefore a + b = (+3) + \left(-\dfrac{37}{15}\right) = +\left(3 - \dfrac{37}{15}\right)$
$= +\left(\dfrac{45}{15} - \dfrac{37}{15}\right) = \dfrac{8}{15}$ 　⋯❸

答 $\dfrac{8}{15}$

채점 기준	비율
❶ a의 값 구하기	30 %
❷ b의 값 구하기	30 %
❸ $a+b$의 값 구하기	40 %

0381 ⑷에서 덧셈의 결합법칙이 이용되었다. 　答 ⑷
参고 ⑺에서는 덧셈의 교환법칙이 이용되었다.

0382 $(-2) + (+7) + (-18)$
$= (-2) + (-18) + (+7)$ ⎫ 덧셈의 [교환법칙]
$= \{(-2) + (-18)\} + (+7)$ ⎭ 덧셈의 [결합법칙]
$= (\boxed{-20}) + (+7) = \boxed{-13}$

答 ⑺ 교환법칙, ⑷ 결합법칙, ⑸ -20, ⑹ -13

0383 $(+1.7) + (-5) + (+2.3)$
$= (-5) + (+1.7) + (+2.3)$
$= (-5) + \{(+1.7) + (+2.3)\}$
$= (-5) + (+4) = -1$ 　答 -1

0384 ① $(+7) - (+11) = (+7) + (-11) = -4$
② $(-9) - (+13) = (-9) + (-13) = -22$
③ $(+0.5) - (-0.7) = (+0.5) + (+0.7) = 1.2$

④ $\left(-\dfrac{3}{4}\right)-\left(-\dfrac{2}{3}\right)=\left(-\dfrac{3}{4}\right)+\left(+\dfrac{2}{3}\right)$

$\qquad\qquad\qquad =\left(-\dfrac{9}{12}\right)+\left(+\dfrac{8}{12}\right)=-\dfrac{1}{12}$

⑤ $\left(+\dfrac{2}{5}\right)-\left(-\dfrac{3}{10}\right)=\left(+\dfrac{2}{5}\right)+\left(+\dfrac{3}{10}\right)$

$\qquad\qquad\qquad =\left(+\dfrac{4}{10}\right)+\left(+\dfrac{3}{10}\right)=\dfrac{7}{10}$

따라서 계산 결과가 가장 큰 것은 ③이다.   **답** ③

0385 ② $(+0.6)-(+1.7)=(+0.6)+(-1.7)$ **답** ②

0386 ㄱ. $(+2)-(-3)=(+2)+(+3)=5$

ㄴ. $(-3)-(+4)=(-3)+(-4)=-7$

ㄷ. $\left(-\dfrac{7}{4}\right)-\left(-\dfrac{5}{2}\right)=\left(-\dfrac{7}{4}\right)+\left(+\dfrac{5}{2}\right)$

$\qquad\qquad\qquad =\left(-\dfrac{7}{4}\right)+\left(+\dfrac{10}{4}\right)=\dfrac{3}{4}$

ㄹ. $\left(+\dfrac{2}{3}\right)-\left(+\dfrac{5}{3}\right)=\left(+\dfrac{2}{3}\right)+\left(-\dfrac{5}{3}\right)=-1$

따라서 계산 결과가 양수인 것은 ㄱ, ㄷ이다.   **답** ②

0387 주어진 그림은 0을 나타내는 점에서 왼쪽으로 3만큼 이동한 다음 오른쪽으로 5만큼 이동한 것이 0을 나타내는 점에서 오른쪽으로 2만큼 이동한 것과 같음을 나타내므로 주어진 수직선으로 설명할 수 있는 계산식은

② $(-3)+(+5)=+2$ **답** ②

0388 주어진 그림은 0을 나타내는 점에서 오른쪽으로 3만큼 이동한 다음 왼쪽으로 4만큼 이동한 것이 0을 나타내는 점에서 왼쪽으로 1만큼 이동한 것과 같음을 나타내므로 주어진 수직선으로 설명할 수 있는 계산식은

③ $(+3)+(-4)=-1$, ⑤ $(+3)-(+4)=-1$

   답 ③, ⑤

0389 $(+3)+(-10)=-(10-3)=-7$

이므로 유안이가 도착한 곳은 공원이다.   **답** 공원

0390 $\left(+\dfrac{1}{4}\right)+\left(-\dfrac{7}{3}\right)-\left(+\dfrac{5}{6}\right)-\left(-\dfrac{11}{12}\right)$

$=\left(+\dfrac{3}{12}\right)+\left(-\dfrac{28}{12}\right)+\left(-\dfrac{10}{12}\right)+\left(+\dfrac{11}{12}\right)$

$=-\dfrac{24}{12}=-2$ **답** -2

0391 ① $(-5)+(+2)-(-6)$

$\qquad =(-5)+(+2)+(+6)=3$

② $(+4)-(-5)-(-1.2)$

$\qquad =(+4)+(+5)+(+1.2)=10.2$

③ $(-1.2)-(+3.5)+(+0.6)$

$\qquad =(-1.2)+(-3.5)+(+0.6)=-4.1$

④ $\left(+\dfrac{2}{3}\right)-\left(+\dfrac{1}{2}\right)+\left(-\dfrac{1}{3}\right)$

$\qquad =\left(+\dfrac{4}{6}\right)+\left(-\dfrac{3}{6}\right)+\left(-\dfrac{2}{6}\right)=-\dfrac{1}{6}$

⑤ $\left(+\dfrac{3}{5}\right)-\left(+\dfrac{5}{2}\right)+(-0.2)$

$\qquad =\left(+\dfrac{6}{10}\right)+\left(-\dfrac{25}{10}\right)+\left(-\dfrac{2}{10}\right)=-\dfrac{21}{10}$ **답** ④

0392 $(+3)-\left(+\dfrac{5}{2}\right)-\left(-\dfrac{3}{4}\right)+(-1)$

$=(+3)+\left(-\dfrac{5}{2}\right)+\left(+\dfrac{3}{4}\right)+(-1)$

$=\{(+3)+(-1)\}+\left\{\left(-\dfrac{10}{4}\right)+\left(+\dfrac{3}{4}\right)\right\}$

$=(+2)+\left(-\dfrac{7}{4}\right)=\left(+\dfrac{8}{4}\right)+\left(-\dfrac{7}{4}\right)=\dfrac{1}{4}$ **답** $\dfrac{1}{4}$

0393 $-\dfrac{1}{3}+\dfrac{3}{2}-1+\dfrac{5}{6}$

$=\left(-\dfrac{1}{3}\right)+\left(+\dfrac{3}{2}\right)-(+1)+\left(+\dfrac{5}{6}\right)$

$=\left(-\dfrac{2}{6}\right)+\left(+\dfrac{9}{6}\right)+\left(+\dfrac{5}{6}\right)+(-1)$

$=\left\{\left(-\dfrac{2}{6}\right)+\left(+\dfrac{9}{6}\right)+\left(+\dfrac{5}{6}\right)\right\}+(-1)$

$=(+2)+(-1)=1$ **답** 1

0394 ㄱ. $12-6+15=(+12)-(+6)+(+15)$

$\qquad\qquad\quad =(+12)+(-6)+(+15)=21$

ㄴ. $-\dfrac{1}{2}+1-\dfrac{3}{2}=\left(-\dfrac{1}{2}\right)+(+1)-\left(+\dfrac{3}{2}\right)$

$\qquad\qquad\quad =\left(-\dfrac{1}{2}\right)+\left(-\dfrac{3}{2}\right)+(+1)$

$\qquad\qquad\quad =\left\{\left(-\dfrac{1}{2}\right)+\left(-\dfrac{3}{2}\right)\right\}+(+1)$

$\qquad\qquad\quad =(-2)+(+1)=-1$

ㄷ. $\dfrac{1}{3}+\dfrac{1}{2}-\dfrac{5}{6}=\left(+\dfrac{1}{3}\right)+\left(+\dfrac{1}{2}\right)-\left(+\dfrac{5}{6}\right)$

$\qquad\qquad\quad =\left(+\dfrac{2}{6}\right)+\left(+\dfrac{3}{6}\right)+\left(-\dfrac{5}{6}\right)=0$

ㄹ. $-\dfrac{1}{4}-\dfrac{2}{3}+\dfrac{1}{2}+\dfrac{1}{3}$

$\qquad =\left(-\dfrac{1}{4}\right)-\left(+\dfrac{2}{3}\right)+\left(+\dfrac{1}{2}\right)+\left(+\dfrac{1}{3}\right)$

$\qquad =\left(-\dfrac{3}{12}\right)+\left(-\dfrac{8}{12}\right)+\left(+\dfrac{6}{12}\right)+\left(+\dfrac{4}{12}\right)=-\dfrac{1}{12}$

따라서 계산 결과가 작은 것부터 차례대로 나열하면

ㄴ, ㄹ, ㄷ, ㄱ이다.   **답** ㄴ, ㄹ, ㄷ, ㄱ

0395 $a=\dfrac{8}{7}-2+\dfrac{1}{3}+\dfrac{2}{21}$

$=\left(+\dfrac{8}{7}\right)-(+2)+\left(+\dfrac{1}{3}\right)+\left(+\dfrac{2}{21}\right)$

$=\left(+\dfrac{24}{21}\right)+\left(-\dfrac{42}{21}\right)+\left(+\dfrac{7}{21}\right)+\left(+\dfrac{2}{21}\right)$

$=-\dfrac{9}{21}=-\dfrac{3}{7}$ ···❶

$b=-2-\dfrac{1}{4}+3$

$=(-2)-\left(+\dfrac{1}{4}\right)+(+3)$

$=(-2)+(+3)+\left(-\dfrac{1}{4}\right)$

$=\{(-2)+(+3)\}+\left(-\dfrac{1}{4}\right)$

$=(+1)+\left(-\dfrac{1}{4}\right)$

$=\left(+\dfrac{4}{4}\right)+\left(-\dfrac{1}{4}\right)=\dfrac{3}{4}$ ···❷

$$\therefore a+b=-\dfrac{3}{7}+\dfrac{3}{4}=\left(-\dfrac{3}{7}\right)+\left(+\dfrac{3}{4}\right)$$
$$=\left(-\dfrac{12}{28}\right)+\left(+\dfrac{21}{28}\right)=\dfrac{9}{28} \qquad \cdots ❸$$

답 $\dfrac{9}{28}$

채점 기준	비율
❶ a의 값 구하기	40 %
❷ b의 값 구하기	40 %
❸ $a+b$의 값 구하기	20 %

0396 $a=(+5)+(-4)=1$
$b=(-1)-(-5)=(-1)+(+5)=4$
$\therefore a+b=1+4=5$ 답 ④

0397 ① $(+3)+(-2)=1$ ② $(-8)+(+7)=-1$
③ $(-5)+(+6)=1$ ④ $(+4)-(+3)=1$
⑤ $(-4)-(-5)=(-4)+(+5)=1$
따라서 계산 결과가 나머지 넷과 다른 하나는 ②이다. 답 ②

0398 $a=(-2)-(+0.7)=(-2)+(-0.7)=-2.7$
따라서 구하는 수는
$(-2.7)+(+1.5)=-1.2$ 답 -1.2

0399 $a=(+3)+\left(-\dfrac{1}{3}\right)=\left(+\dfrac{9}{3}\right)+\left(-\dfrac{1}{3}\right)=\dfrac{8}{3}$ $\cdots ❶$
$b=\left(-\dfrac{5}{4}\right)-\left(+\dfrac{3}{2}\right)=\left(-\dfrac{5}{4}\right)+\left(-\dfrac{3}{2}\right)$
$=\left(-\dfrac{5}{4}\right)+\left(-\dfrac{6}{4}\right)=-\dfrac{11}{4}$ $\cdots ❷$
따라서 $-\dfrac{11}{4}=-2.75$, $\dfrac{8}{3}=2.6\cdots$이므로 $-\dfrac{11}{4}<x<\dfrac{8}{3}$
을 만족시키는 정수 x는 -2, -1, 0, 1, 2의 5개이다. $\cdots ❸$

답 5

채점 기준	비율
❶ a의 값 구하기	40 %
❷ b의 값 구하기	40 %
❸ 정수 x의 개수 구하기	20 %

0400 $a=\dfrac{1}{2}+(+3)=\dfrac{1}{2}+\dfrac{6}{2}=\dfrac{7}{2}$
$b=-1+\left(-\dfrac{3}{2}\right)=-\dfrac{2}{2}+\left(-\dfrac{3}{2}\right)=-\dfrac{5}{2}$
$\therefore a+b=\dfrac{7}{2}+\left(-\dfrac{5}{2}\right)=\dfrac{2}{2}=1$ 답 ⑤

0401 $\square=\dfrac{8}{5}-(-0.6)=\dfrac{8}{5}+\left(+\dfrac{3}{5}\right)=\dfrac{11}{5}$ 답 $\dfrac{11}{5}$

0402 $a=-7-(-4)=-7+(+4)=-3$
$b=9+(-6)=3$
$\therefore a-b=-3-3=-6$ 답 ②

0403 $-\dfrac{1}{2}+b=\dfrac{5}{6}$에서
$b=\dfrac{5}{6}-\left(-\dfrac{1}{2}\right)=\dfrac{5}{6}+\dfrac{3}{6}=\dfrac{8}{6}=\dfrac{4}{3}$
$\dfrac{3}{2}+a=b$, 즉 $\dfrac{3}{2}+a=\dfrac{4}{3}$에서
$a=\dfrac{4}{3}-\dfrac{3}{2}=\dfrac{8}{6}-\dfrac{9}{6}=-\dfrac{1}{6}$ 답 $a=-\dfrac{1}{6}$, $b=\dfrac{4}{3}$

0404 어떤 수를 $\square$라 하면
$\square-\dfrac{5}{3}=-\dfrac{6}{5}$이므로
$\square=-\dfrac{6}{5}+\dfrac{5}{3}=-\dfrac{18}{15}+\dfrac{25}{15}=\dfrac{7}{15}$
따라서 바르게 계산한 답은
$\dfrac{7}{15}+\dfrac{5}{3}=\dfrac{7}{15}+\dfrac{25}{15}=\dfrac{32}{15}$ 답 ⑤

0405 어떤 수를 $\square$라 하면
$-5+\square=2$이므로
$\square=2+5=7$
따라서 바르게 계산한 답은
$-5-7=-12$ 답 -12

0406 어떤 수를 $\square$라 하면
$\square+\dfrac{13}{2}=-7$이므로
$\square=-7-\dfrac{13}{2}=-\dfrac{14}{2}-\dfrac{13}{2}=-\dfrac{27}{2}$
따라서 바르게 계산한 답은
$-\dfrac{27}{2}-\dfrac{13}{2}=-\dfrac{40}{2}=-20$ 답 -20

0407 어떤 수를 $\square$라 하면
$\dfrac{11}{6}-\square=-\dfrac{2}{3}$이므로
$\square=\dfrac{11}{6}+\dfrac{2}{3}=\dfrac{11}{6}+\dfrac{4}{6}=\dfrac{15}{6}=\dfrac{5}{2}$
따라서 바르게 계산한 답은
$\dfrac{11}{6}+\dfrac{5}{2}=\dfrac{11}{6}+\dfrac{15}{6}=\dfrac{26}{6}=\dfrac{13}{3}$ 답 $\dfrac{13}{3}$

0408 a의 절댓값이 3이므로 $a=3$ 또는 $a=-3$
b의 절댓값이 4이므로 $b=4$ 또는 $b=-4$
(i) $a=3$, $b=4$일 때, $a+b=3+4=7$
(ii) $a=3$, $b=-4$일 때, $a+b=3+(-4)=-1$
(iii) $a=-3$, $b=4$일 때, $a+b=-3+4=1$
(iv) $a=-3$, $b=-4$일 때, $a+b=(-3)+(-4)=-7$
(i)~(iv)에서 $a+b$의 값 중 가장 작은 값은 -7이다. 답 ③

0409 $|a|=7$이므로 $a=7$ 또는 $a=-7$
$|b|=2$이므로 $b=2$ 또는 $b=-2$
(i) $a=7$, $b=2$일 때, $a+b=7+2=9$
(ii) $a=7$, $b=-2$일 때, $a+b=7+(-2)=5$
(iii) $a=-7$, $b=2$일 때, $a+b=-7+2=-5$
(iv) $a=-7$, $b=-2$일 때, $a+b=(-7)+(-2)=-9$
(i)~(iv)에서 $a+b$의 값 중 가장 큰 값은 9이다. 답 9

0410 $|a|=8$이므로 $a=8$ 또는 $a=-8$
$|b|=5$이므로 $b=5$ 또는 $b=-5$
(i) $a=8$, $b=5$일 때,
$a-b=8-5=3$
(ii) $a=8$, $b=-5$일 때,
$a-b=8-(-5)=8+(+5)=13$
(iii) $a=-8$, $b=5$일 때,
$a-b=(-8)-5=(-8)+(-5)=-13$
(iv) $a=-8$, $b=-5$일 때,

$$a-b=(-8)-(-5)=(-8)+(+5)=-3$$
(i)~(iv)에서 $M=13$, $m=-13$
$$\therefore M-m=13-(-13)=13+(+13)=26$$
답 26

0411 $|a|=\dfrac{1}{8}$이므로 $a=\dfrac{1}{8}$ 또는 $a=-\dfrac{1}{8}$

$|b|=\dfrac{5}{24}$이므로 $b=\dfrac{5}{24}$ 또는 $b=-\dfrac{5}{24}$

이때 a, b는 부호가 다르므로

(i) $a=\dfrac{1}{8}$, $b=-\dfrac{5}{24}$일 때,
$$a-b=\dfrac{1}{8}-\left(-\dfrac{5}{24}\right)=\dfrac{1}{8}+\left(+\dfrac{5}{24}\right)$$
$$=\dfrac{3}{24}+\left(+\dfrac{5}{24}\right)=\dfrac{8}{24}=\dfrac{1}{3}$$

(ii) $a=-\dfrac{1}{8}$, $b=\dfrac{5}{24}$일 때,
$$a-b=-\dfrac{1}{8}-\dfrac{5}{24}=\left(-\dfrac{1}{8}\right)+\left(-\dfrac{5}{24}\right)$$
$$=\left(-\dfrac{3}{24}\right)+\left(-\dfrac{5}{24}\right)=-\dfrac{8}{24}=-\dfrac{1}{3}$$ 답 $\dfrac{1}{3}$, $-\dfrac{1}{3}$

주의 a, b의 부호가 다르므로 $a=\dfrac{1}{8}$, $b=\dfrac{5}{24}$인 경우와 $a=-\dfrac{1}{8}$,

$b=-\dfrac{5}{24}$인 경우는 생각하지 않는다.

0412 점 A가 나타내는 수는
$$-2+\dfrac{13}{4}-\dfrac{7}{3}=-\dfrac{24}{12}+\dfrac{39}{12}-\dfrac{28}{12}=-\dfrac{13}{12}$$ 답 $-\dfrac{13}{12}$

0413 $4.3-\left(-\dfrac{1}{5}\right)=4.3+(+0.2)=4.5$ 답 ⑤

0414 수직선에서 -2를 나타내는 점과의 거리가 $\dfrac{1}{4}$인 점이 나

타내는 수는 $-2+\dfrac{1}{4}$, $-2-\dfrac{1}{4}$이다. 이 중 큰 수는

$$-2+\dfrac{1}{4}=-\dfrac{7}{4}$$ 답 ④

0415 대각선에 놓인 세 수의 합은
$$-4+(-3)+(-2)=-9$$
$-6+a+(-2)=-9$이므로
$$-8+a=-9 \quad \therefore a=-9-(-8)=-1$$
$a+(-3)+b=-9$, 즉 $-1+(-3)+b=-9$이므로
$$-4+b=-9 \quad \therefore b=-9-(-4)=-5$$
답 $a=-1$, $b=-5$

0416 삼각형의 한 변에 놓인 네 수의 합은
$$(-3)+(-8)+(-2)+20=7$$
$a+(-12)+1+(-3)=7$이므로
$$a+(-14)=7 \quad \therefore a=7-(-14)=7+14=21$$
$a+5+b+20=7$, 즉 $21+5+b+20=7$이므로
$$b+46=7 \quad \therefore b=7-46=-39$$
$$\therefore a-b=21-(-39)$$
$$=21+39=60$$ 답 60

0417 a와 마주 보는 면에 적혀 있는 수는 2이므로
$$a+2=-2 \quad \therefore a=-2-2=-4 \qquad \cdots ❶$$
b와 마주 보는 면에 적혀 있는 수는 4이므로

$$b+4=-2 \quad \therefore b=-2-4=-6 \qquad \cdots ❷$$
c와 마주 보는 면에 적혀 있는 수는 -1이므로
$$c+(-1)=-2$$
$$\therefore c=-2-(-1)=-2+1=-1 \qquad \cdots ❸$$
$$\therefore a+b-c=-4+(-6)-(-1)$$
$$=-4+(-6)+1=-9 \qquad \cdots ❹$$
답 -9

채점 기준	비율
❶ a의 값 구하기	30 %
❷ b의 값 구하기	30 %
❸ c의 값 구하기	30 %
❹ $a+b-c$의 값 구하기	10 %

0418 금요일의 입장객은
$$2000+250-150-200+500=2400(명)$$ 답 2400명

0419 5일의 몸무게는
$$45+0.3-0.6-0.2+1=45.5\,(\text{kg})$$ 답 45.5 kg

0420 1, 3, 5는 홀수이므로 나오는 눈의 수가 1, 3, 5일 때 얻게 되는 점수는 각각 -1점, -3점, -5점이고, 2, 4, 6은 짝수이므로 나오는 눈의 수가 2, 4, 6일 때 얻게 되는 점수는 각각 $+2$점, $+4$점, $+6$점이다.

주원이의 점수는
$$(-3)+(+6)+(+2)+(-1)=+4(점)$$
서연이의 점수는
$$(-5)+(-3)+(+4)+(-5)=-9(점)$$
따라서 두 사람의 점수의 차는
$$(+4)-(-9)=(+4)+(+9)=13(점)$$ 답 13점

0421 ① $(-2)\times(+3)=-(2\times3)=-6$

② $\left(-\dfrac{11}{3}\right)\times\left(+\dfrac{21}{22}\right)=-\left(\dfrac{11}{3}\times\dfrac{21}{22}\right)=-\dfrac{7}{2}$

③ $(-2.4)\times(-0.5)=+(2.4\times0.5)=1.2$

④ $\left(+\dfrac{5}{8}\right)\times\left(+\dfrac{16}{15}\right)=+\left(\dfrac{5}{8}\times\dfrac{16}{15}\right)=\dfrac{2}{3}$

⑤ $\left(+\dfrac{4}{25}\right)\times(-10)=-\left(\dfrac{4}{25}\times10\right)=-\dfrac{8}{5}$

따라서 계산 결과가 0에 가장 가까운 것은 ④이다. 답 ④

0422 ① $\left(-\dfrac{2}{5}\right)\times\left(-\dfrac{15}{4}\right)=+\left(\dfrac{2}{5}\times\dfrac{15}{4}\right)=\dfrac{3}{2}$

② $\left(+\dfrac{4}{3}\right)\times\left(-\dfrac{21}{8}\right)=-\left(\dfrac{4}{3}\times\dfrac{21}{8}\right)=-\dfrac{7}{2}$

③ $\left(-\dfrac{8}{7}\right)\times\left(+\dfrac{35}{2}\right)=-\left(\dfrac{8}{7}\times\dfrac{35}{2}\right)=-20$

④ $(+12)\times\left(-\dfrac{8}{3}\right)\times\left(+\dfrac{9}{16}\right)=-\left(12\times\dfrac{8}{3}\times\dfrac{9}{16}\right)=-18$

⑤ $\left(-\dfrac{8}{21}\right)\times\left(-\dfrac{7}{3}\right)\times\left(-\dfrac{9}{4}\right)=-\left(\dfrac{8}{21}\times\dfrac{7}{3}\times\dfrac{9}{4}\right)=-2$

따라서 계산 결과가 가장 작은 것은 ③이다. 답 ③

0423 $a=(+2)\times\left(-\dfrac{3}{4}\right)=-\left(2\times\dfrac{3}{4}\right)=-\dfrac{3}{2} \qquad \cdots ❶$

$b=\left(-\dfrac{5}{4}\right)\times\left(-\dfrac{8}{5}\right)=+\left(\dfrac{5}{4}\times\dfrac{8}{5}\right)=2 \qquad \cdots ❷$

$$\therefore a\times b=\left(-\dfrac{3}{2}\right)\times2=-\left(\dfrac{3}{2}\times2\right)=-3 \qquad \cdots ❸$$
답 -3

채점 기준	비율
❶ a의 값 구하기	40 %
❷ b의 값 구하기	40 %
❸ $a \times b$의 값 구하기	20 %

0424 (나)에서 곱셈의 결합법칙이 이용되었다.　　　　　답 (나)

참고 (가)에서는 곱셈의 교환법칙이 이용되었다.

0425 $\left(-\dfrac{3}{2}\right) \times (+3) \times \left(-\dfrac{4}{15}\right)$

$= \left(-\dfrac{3}{2}\right) \times \left(-\dfrac{4}{15}\right) \times (+3)$ 　곱셈의 교환법칙

$= \left\{\left(-\dfrac{3}{2}\right) \times \left(-\dfrac{4}{15}\right)\right\} \times (+3)$ 　곱셈의 결합법칙

$= \left(\boxed{+\dfrac{2}{5}}\right) \times (+3)$

$= \boxed{\dfrac{6}{5}}$

답 (가) 교환법칙, (나) 결합법칙, (다) $+\dfrac{2}{5}$, (라) $\dfrac{6}{5}$

0426 $(+4) \times (-6) \times (-1.25) \times \left(+\dfrac{1}{3}\right)$

$= (+4) \times (-1.25) \times (-6) \times \left(+\dfrac{1}{3}\right)$

$= \{(+4) \times (-1.25)\} \times \left\{(-6) \times \left(+\dfrac{1}{3}\right)\right\}$

$= (-5) \times (-2) = 10$ 　　　　　답 10

0427 세 수의 곱이 가장 크려면 음수 2개, 양수 1개를 곱해야 하고 세 수의 절댓값의 곱이 가장 커야 한다.

$\therefore \left(-\dfrac{1}{6}\right) \times 12 \times \left(-\dfrac{1}{3}\right) = +\left(\dfrac{1}{6} \times 12 \times \dfrac{1}{3}\right) = \dfrac{2}{3}$ 　답 $\dfrac{2}{3}$

0428 세 수의 곱이 가장 작으려면 음수 1개, 양수 2개를 곱해야 하고 세 수의 절댓값의 곱이 가장 커야 한다.

$\therefore \dfrac{1}{2} \times (-10) \times \dfrac{1}{4} = -\left(\dfrac{1}{2} \times 10 \times \dfrac{1}{4}\right) = -\dfrac{5}{4}$ 　답 ⑤

0429 세 수의 곱이 가장 크려면 음수 2개, 양수 1개를 곱해야 하고 세 수의 절댓값의 곱이 가장 커야 하므로

$a = \left(-\dfrac{3}{2}\right) \times \dfrac{5}{4} \times (-6) = +\left(\dfrac{3}{2} \times \dfrac{5}{4} \times 6\right) = \dfrac{45}{4}$

세 수의 곱이 가장 작으려면 음수 3개를 곱해야 하므로

$b = \left(-\dfrac{3}{2}\right) \times (-6) \times \left(-\dfrac{3}{4}\right)$

$= -\left(\dfrac{3}{2} \times 6 \times \dfrac{3}{4}\right) = -\dfrac{27}{4}$

$\therefore a + b = \dfrac{45}{4} + \left(-\dfrac{27}{4}\right) = \dfrac{18}{4} = \dfrac{9}{2}$ 　답 ④

0430 ① $-2^3 = -(2 \times 2 \times 2) = -8$

② $(-3)^2 = (-3) \times (-3) = 9$

③ $-(-2^3) = -\{-(2 \times 2 \times 2)\} = -(-8) = 8$

④ $-(-2)^3 = -\{(-2) \times (-2) \times (-2)\}$
　　　　$= -(-8) = 8$

⑤ $-(-3)^2 = -\{(-3) \times (-3)\} = -9$

따라서 계산 결과가 가장 작은 것은 ⑤이다.　　답 ⑤

0431 ⑤ $-\left(-\dfrac{1}{2}\right)^3 = -\left\{\left(-\dfrac{1}{2}\right) \times \left(-\dfrac{1}{2}\right) \times \left(-\dfrac{1}{2}\right)\right\}$

$= -\left(-\dfrac{1}{8}\right) = \dfrac{1}{8}$ 　　　답 ⑤

0432 $(-6)^2 \times \left(-\dfrac{1}{2}\right)^3 \times \left(-\dfrac{4}{3}\right)^2 = 36 \times \left(-\dfrac{1}{8}\right) \times \dfrac{16}{9}$

$= -\left(36 \times \dfrac{1}{8} \times \dfrac{16}{9}\right) = -8$

답 -8

0433 $\left(-\dfrac{1}{2}\right)^3 = -\dfrac{1}{8}$, $-\left(-\dfrac{1}{2}\right)^3 = \dfrac{1}{8}$, $\left(\dfrac{1}{2}\right)^2 = \dfrac{1}{4}$,

$-\left(\dfrac{1}{2}\right)^4 = -\dfrac{1}{16}$ 에서

$a = \dfrac{1}{4}$, $b = -\dfrac{1}{8}$ 이므로

$a \times b = \dfrac{1}{4} \times \left(-\dfrac{1}{8}\right) = -\dfrac{1}{32}$ 　답 ③

0434 ① $(-1)^{12} = 1$

② $-(-1^5) = -(-1) = 1$

③ $-(-1)^{10} = -1$

④ $\{-(-1)\}^6 = 1^6 = 1$

⑤ $-(-1)^7 = -(-1) = 1$

따라서 계산 결과가 나머지 넷과 다른 하나는 ③이다.

답 ③

0435 $(-1) \times 2 + (-1)^2 \times 3 + (-1)^3 \times 4 + (-1)^4 \times 5$

$= -2 + 3 - 4 + 5 = 2$ 　　　　답 ⑤

0436 $(-1) + (-1)^2 + (-1)^3 + \cdots + (-1)^{100}$

$= \{(-1)+1\} + \{(-1)+1\} + \cdots + \{(-1)+1\}$

$= 0 + 0 + \cdots + 0 = 0$ 　　　답 ③

0437 $-1^{100} + (-1)^{99} - (-1)^{101} + (-1)^{102}$

$= -1 + (-1) - (-1) + 1$

$= -1 - 1 + 1 + 1 = 0$ 　　　　답 0

0438 $a \times (b+c) = a \times b + a \times c$

$= -10 + 8 = -2$ 　　　　답 -2

0439 $58 \times (-0.54) + 42 \times (-0.54)$

$= (58+42) \times (-0.54)$

$= 100 \times (-0.54) = -54$

따라서 $a = 100$, $b = -54$ 이므로

$a + b = 100 + (-54) = 46$ 　　　답 ④

0440 $a \times c = 6$ 이고

$a \times (b-c) = a \times b - a \times c = -54$ 이므로

$a \times b - 6 = -54$

$\therefore a \times b = -54 + 6 = -48$ 　　답 -48

0441 $4.6 \times (-38) + 48 \times 9.8 - 48 \times 5.2$

$= 4.6 \times (-38) + 48 \times (9.8 - 5.2)$

$= 4.6 \times (-38) + 48 \times 4.6$

$= 4.6 \times (-38) + 4.6 \times 48$

$= 4.6 \times (-38 + 48)$

$= 4.6 \times 10 = 46$ 　　　　답 46

0442 $a=\dfrac{5}{3}$, $b=-\dfrac{1}{4}$이므로

$a\times b=\dfrac{5}{3}\times\left(-\dfrac{1}{4}\right)=-\dfrac{5}{12}$ 　**답** ②

0443 ③ 1의 역수는 1이다.

④ $0.7=\dfrac{7}{10}$이므로 0.7의 역수는 $\dfrac{10}{7}$이다.

⑤ $1\dfrac{1}{3}=\dfrac{4}{3}$이므로 $1\dfrac{1}{3}$의 역수는 $\dfrac{3}{4}$이다. **답** ③

주의 소수는 분수로, 대분수는 가분수로 바꾼 후 역수를 구한다.

0444 a의 역수가 6이므로 6의 역수는 a이다.

$\therefore a=\dfrac{1}{6}$

$1.5=\dfrac{3}{2}$이므로 $b=\dfrac{2}{3}$

$\therefore a+b=\dfrac{1}{6}+\dfrac{2}{3}=\dfrac{1}{6}+\dfrac{4}{6}=\dfrac{5}{6}$ **답** $\dfrac{5}{6}$

0445 a는 $\dfrac{7}{4}$의 역수이므로 $a=\dfrac{4}{7}$ $\cdots$ **❶**

b는 $-\dfrac{10}{9}$의 역수이므로 $b=-\dfrac{9}{10}$ $\cdots$ **❷**

c는 $\dfrac{6}{5}$의 역수이므로 $c=\dfrac{5}{6}$ $\cdots$ **❸**

$\therefore 7\times a+5\times b-3\times c$

$=7\times\dfrac{4}{7}+5\times\left(-\dfrac{9}{10}\right)-3\times\dfrac{5}{6}$

$=4+\left(-\dfrac{9}{2}\right)-\dfrac{5}{2}$

$=4-7=-3$ $\cdots$ **❹**

답 -3

채점 기준	비율
❶ a의 값 구하기	20 %
❷ b의 값 구하기	20 %
❸ c의 값 구하기	20 %
❹ $7\times a+5\times b-3\times c$의 값 구하기	40 %

0446 ① $(-24)\div(+4)=-(24\div4)=-6$

② $(+4)\div\left(-\dfrac{3}{2}\right)=(+4)\times\left(-\dfrac{2}{3}\right)$

$=-\left(4\times\dfrac{2}{3}\right)=-\dfrac{8}{3}$

③ $\left(+\dfrac{10}{3}\right)\div(+5)=\left(+\dfrac{10}{3}\right)\times\left(+\dfrac{1}{5}\right)$

$=+\left(\dfrac{10}{3}\times\dfrac{1}{5}\right)=\dfrac{2}{3}$

④ $\left(-\dfrac{12}{5}\right)\div(-1.2)=\left(-\dfrac{12}{5}\right)\times\left(-\dfrac{5}{6}\right)$

$=+\left(\dfrac{12}{5}\times\dfrac{5}{6}\right)=2$

⑤ $(-5.4)\div(+0.6)=-(5.4\div0.6)=-9$ **답** ④

0447 ① $(-16)\div(+4)=-(16\div4)=-4$

② $\left(+\dfrac{2}{3}\right)\div\left(-\dfrac{1}{6}\right)$

$=\left(+\dfrac{2}{3}\right)\times\left(-\dfrac{6}{1}\right)=-\left(\dfrac{2}{3}\times\dfrac{6}{1}\right)=-4$

③ $\left(-\dfrac{2}{5}\right)\div\left(+\dfrac{1}{10}\right)$

$=\left(-\dfrac{2}{5}\right)\times\left(+\dfrac{10}{1}\right)=-\left(\dfrac{2}{5}\times\dfrac{10}{1}\right)=-4$

④ $\left(+\dfrac{3}{2}\right)\div\left(-\dfrac{1}{8}\right)\div\left(+\dfrac{1}{3}\right)$

$=\left(+\dfrac{3}{2}\right)\times(-8)\times3=-36$

⑤ $\left(-\dfrac{5}{7}\right)\div\left(-\dfrac{3}{14}\right)\div\left(-\dfrac{5}{6}\right)$

$=\left(-\dfrac{5}{7}\right)\times\left(-\dfrac{14}{3}\right)\times\left(-\dfrac{6}{5}\right)=-4$ **답** ④

0448 $a=35\div(-5)\div\dfrac{21}{8}=35\times\left(-\dfrac{1}{5}\right)\times\dfrac{8}{21}$

$=-\left(35\times\dfrac{1}{5}\times\dfrac{8}{21}\right)=-\dfrac{8}{3}=-2.6\cdots$

따라서 a보다 큰 음의 정수는 -2, -1이므로 그 합은

$(-2)+(-1)=-3$ **답** -3

0449 $(-2)^2\div\left(-\dfrac{8}{5}\right)\times6=4\times\left(-\dfrac{5}{8}\right)\times6$

$=-\left(4\times\dfrac{5}{8}\times6\right)=-15$ **답** ①

0450 ① $(-3)\div(-12)\times(-8)=(-3)\times\left(-\dfrac{1}{12}\right)\times(-8)$

$=-\left(3\times\dfrac{1}{12}\times8\right)=-2$

② $(-4)\times(+10)\div(-5)=(-4)\times(+10)\times\left(-\dfrac{1}{5}\right)$

$=+\left(4\times10\times\dfrac{1}{5}\right)=8$

③ $\left(+\dfrac{3}{5}\right)\div\left(-\dfrac{4}{7}\right)\times\left(+\dfrac{12}{7}\right)$

$=\left(+\dfrac{3}{5}\right)\times\left(-\dfrac{7}{4}\right)\times\left(+\dfrac{12}{7}\right)$

$=-\left(\dfrac{3}{5}\times\dfrac{7}{4}\times\dfrac{12}{7}\right)=-\dfrac{9}{5}$

④ $\left(-\dfrac{1}{4}\right)^2\times(+8)\div(-3)=\dfrac{1}{16}\times(+8)\times\left(-\dfrac{1}{3}\right)$

$=-\left(\dfrac{1}{16}\times8\times\dfrac{1}{3}\right)=-\dfrac{1}{6}$

⑤ $\left(-\dfrac{3}{2}\right)\div(-9)\times(-2)^2=\left(-\dfrac{3}{2}\right)\times\left(-\dfrac{1}{9}\right)\times4$

$=+\left(\dfrac{3}{2}\times\dfrac{1}{9}\times4\right)=\dfrac{2}{3}$

따라서 계산 결과가 가장 작은 것은 ①이다. **답** ①

0451 $a=\left(-\dfrac{7}{10}\right)\times\left(-\dfrac{15}{4}\right)\div\left(-\dfrac{35}{12}\right)$

$=\left(-\dfrac{7}{10}\right)\times\left(-\dfrac{15}{4}\right)\times\left(-\dfrac{12}{35}\right)$

$=-\left(\dfrac{7}{10}\times\dfrac{15}{4}\times\dfrac{12}{35}\right)=-\dfrac{9}{10}$ $\cdots$ **❶**

$b=\dfrac{20}{3}\div(-16)\times\left(-\dfrac{9}{2}\right)$

$=\dfrac{20}{3}\times\left(-\dfrac{1}{16}\right)\times\left(-\dfrac{9}{2}\right)$

$=+\left(\dfrac{20}{3}\times\dfrac{1}{16}\times\dfrac{9}{2}\right)=\dfrac{15}{8}$ $\cdots$ **❷**

$\therefore a\div b=\left(-\dfrac{9}{10}\right)\div\dfrac{15}{8}=\left(-\dfrac{9}{10}\right)\times\dfrac{8}{15}$

$=-\left(\dfrac{9}{10}\times\dfrac{8}{15}\right)=-\dfrac{12}{25}$ $\cdots$ **❸**

답 $-\dfrac{12}{25}$

채점 기준	비율
❶ a의 값 구하기	40 %
❷ b의 값 구하기	40 %
❸ $a \div b$의 값 구하기	20 %

0452
$$-2^2-\left\{-3-\frac{1}{3}\times\left(3-\frac{3}{2}\right)\right\}\div\frac{5}{4}$$
$$=-4-\left(-3-\frac{1}{3}\times\frac{3}{2}\right)\div\frac{5}{4}$$
$$=-4-\left(-3-\frac{1}{2}\right)\div\frac{5}{4}$$
$$=-4-\left(-\frac{7}{2}\right)\times\frac{4}{5}$$
$$=-4-\left(-\frac{14}{5}\right)$$
$$=-4+\frac{14}{5}=-\frac{6}{5}$$
답 $-\dfrac{6}{5}$

0453 **답** ㉢, ㉣, ㉡, ㉤, ㉠

0454
$$-(-3)^2+\frac{1}{4}\times4-\left\{24+\frac{2}{5}\times(-15)\right\}$$
$$=-9+\frac{1}{4}\times4-(24-6)$$
$$=-9+1-18$$
$$=-8-18=-26$$
답 ③

0455 ① $-1^2+\left(\dfrac{2}{5}-\dfrac{1}{10}\right)\times10=-1+\dfrac{3}{10}\times10$
$$=-1+3=2$$

② $\dfrac{7}{2}-\left(-\dfrac{1}{3}\right)\div\left(\dfrac{1}{6}-\dfrac{1}{4}\right)=\dfrac{7}{2}-\left(-\dfrac{1}{3}\right)\div\left(-\dfrac{1}{12}\right)$
$$=\dfrac{7}{2}-\left(-\dfrac{1}{3}\right)\times(-12)$$
$$=\dfrac{7}{2}-4=-\dfrac{1}{2}$$

③ $(-2)^2+\left\{\dfrac{1}{4}-\left(\dfrac{3}{4}+\dfrac{7}{6}\right)\right\}\times3=4+\left(\dfrac{1}{4}-\dfrac{23}{12}\right)\times3$
$$=4+\left(-\dfrac{5}{3}\right)\times3$$
$$=4-5=-1$$

④ $\left\{18+\left(\dfrac{1}{2}-5\right)\times4\right\}\div7=\left\{18+\left(-\dfrac{9}{2}\right)\times4\right\}\div7$
$$=(18-18)\div7$$
$$=0\div7=0$$

⑤ $(-1)^3\div\dfrac{1}{2}+\left\{7-\left(-\dfrac{4}{5}\right)\times\left(-\dfrac{5}{2}\right)\right\}$
$$=-1\div\dfrac{1}{2}+(7-2)$$
$$=-1\times2+5$$
$$=-2+5=3$$

따라서 계산 결과가 가장 작은 것은 ③이다. **답** ③

참고 0÷(어떤 수)=0

0456
$a=\dfrac{2}{3}\times(-3)^2-\left\{\dfrac{10}{7}\div\left(-\dfrac{15}{49}\right)-\dfrac{5}{6}\right\}$
$$=\dfrac{2}{3}\times9-\left\{\dfrac{10}{7}\times\left(-\dfrac{49}{15}\right)-\dfrac{5}{6}\right\}$$
$$=6-\left(-\dfrac{14}{3}-\dfrac{5}{6}\right)$$
$$=6-\left(-\dfrac{11}{2}\right)=6+\dfrac{11}{2}=\dfrac{23}{2}$$
$\cdots$ ❶

따라서 a의 역수는 $\dfrac{2}{23}$이다. $\cdots$ ❷
답 $\dfrac{2}{23}$

채점 기준	비율
❶ a의 값 구하기	80 %
❷ a의 역수 구하기	20 %

0457
$a=\left(-\dfrac{1}{2}\right)^4\div\left(-\dfrac{1}{2}\right)^2-3\div\left\{3\times\left(-\dfrac{1}{2}\right)\right\}$
$$=\dfrac{1}{16}\div\dfrac{1}{4}-3\div\left(-\dfrac{3}{2}\right)=\dfrac{1}{16}\times4-3\times\left(-\dfrac{2}{3}\right)$$
$$=\dfrac{1}{4}+2=\dfrac{9}{4}$$

따라서 $a=\dfrac{9}{4}=2.25$에 가장 가까운 정수는 2이다. **답** 2

0458
$a=(-4)\div\dfrac{1}{3}=(-4)\times3=-12$
$b=(-2)\times(-6)=12$
$\therefore a\div b=(-12)\div12=-1$ **답** -1

0459
$a=\left(-\dfrac{7}{2}\right)\div\left(-\dfrac{3}{8}\right)=\left(-\dfrac{7}{2}\right)\times\left(-\dfrac{8}{3}\right)=\dfrac{28}{3}$ **답** $\dfrac{28}{3}$

0460
$x\div\dfrac{4}{3}=-9$이므로
$x=(-9)\times\dfrac{4}{3}=-12$ **답** -12

0461
$\left(-\dfrac{1}{8}\right)\div\square\times\left(-\dfrac{15}{4}\right)=\dfrac{9}{8}$이므로
$\left(-\dfrac{1}{8}\right)\div\square=\dfrac{9}{8}\div\left(-\dfrac{15}{4}\right)=\dfrac{9}{8}\times\left(-\dfrac{4}{15}\right)=-\dfrac{3}{10}$
$\therefore \square=\left(-\dfrac{1}{8}\right)\div\left(-\dfrac{3}{10}\right)$
$$=\left(-\dfrac{1}{8}\right)\times\left(-\dfrac{10}{3}\right)=\dfrac{5}{12}$$ **답** $\dfrac{5}{12}$

0462 어떤 수를 $\square$라 하면
$\square\div\left(-\dfrac{3}{2}\right)=\dfrac{4}{9}$이므로
$\square=\dfrac{4}{9}\times\left(-\dfrac{3}{2}\right)=-\dfrac{2}{3}$
따라서 바르게 계산한 답은
$\left(-\dfrac{2}{3}\right)\times\left(-\dfrac{3}{2}\right)=1$ **답** 1

0463 어떤 수를 $\square$라 하면
$\square\times(-3)=\dfrac{12}{5}$이므로
$\square=\dfrac{12}{5}\div(-3)=\dfrac{12}{5}\times\left(-\dfrac{1}{3}\right)=-\dfrac{4}{5}$
따라서 바르게 계산한 답은
$\left(-\dfrac{4}{5}\right)\div(-3)=\left(-\dfrac{4}{5}\right)\times\left(-\dfrac{1}{3}\right)=\dfrac{4}{15}$ **답** $\dfrac{4}{15}$

0464 $-\dfrac{2}{5}$의 역수는 $-\dfrac{5}{2}$이므로
어떤 수를 $\square$라 하면
$\left(-\dfrac{5}{2}\right)\times\square=10$
$\therefore \square=10\div\left(-\dfrac{5}{2}\right)=10\times\left(-\dfrac{2}{5}\right)=-4$

따라서 바르게 계산한 답은

$$\left(-\frac{5}{2}\right) \div (-4) = \left(-\frac{5}{2}\right) \times \left(-\frac{1}{4}\right) = \frac{5}{8}$$

답 $\dfrac{5}{8}$

0465 $a \times \left(-\dfrac{5}{4}\right) = \dfrac{1}{2}$이므로

$$a = \frac{1}{2} \div \left(-\frac{5}{4}\right) = \frac{1}{2} \times \left(-\frac{4}{5}\right) = -\frac{2}{5} \quad \cdots ❶$$

$$b = \left(-\frac{2}{5}\right) + \left(-\frac{5}{4}\right) = \left(-\frac{8}{20}\right) + \left(-\frac{25}{20}\right) = -\frac{33}{20} \quad \cdots ❷$$

$$\therefore a \div b = \left(-\frac{2}{5}\right) \div \left(-\frac{33}{20}\right)$$
$$= \left(-\frac{2}{5}\right) \times \left(-\frac{20}{33}\right) = \frac{8}{33} \quad \cdots ❸$$

답 $\dfrac{8}{33}$

채점 기준	비율
❶ a의 값 구하기	40 %
❷ b의 값 구하기	40 %
❸ $a \div b$의 값 구하기	20 %

0466 ① $a - b > 0$

② $a + b$는 양수인지 음수인지 알 수 없다.

③ $b - a < 0$

④ $-a < 0$, $b < 0$이므로 $-a \div b > 0$

⑤ $a > 0$, $b^2 > 0$이므로 $a \times b^2 > 0$

따라서 항상 음수인 것은 ③이다.

답 ③

0467 ① $a + b$는 양수인지 음수인지 알 수 없다.

② $a - b < 0$

③ $a \times b < 0$

④ $a^2 > 0$, $b > 0$이므로 $a^2 \times b > 0$

⑤ $a < 0$, $b^2 > 0$이므로 $a \div b^2 < 0$

따라서 항상 옳은 것은 ④이다.

답 ④

0468 ㄱ. $a > 0$, $b < 0$이고 $|a| > |b|$이므로 $a + b > 0$

ㄴ. $-b > 0$이므로 $a - b > 0$

ㄷ. $-a < 0$, $-b > 0$이고 $|-a| > |-b|$이므로
$-a - b < 0$

ㄹ. $a > 0$, $b < 0$이므로 $a \times b < 0$

따라서 옳은 것은 ㄱ, ㄹ이다.

답 ③

참고 $a = 2$, $b = -1$을 대입하여 확인해 볼 수 있다.

ㄱ. $a + b = 2 + (-1) = 1 > 0$
ㄴ. $a - b = 2 - (-1) = 2 + 1 = 3 > 0$
ㄷ. $-a - b = -2 - (-1) = -2 + 1 = -1 < 0$
ㄹ. $a \times b = 2 \times (-1) = -2 < 0$

0469 $a \div c > 0$이므로 $a > 0$, $c > 0$ 또는 $a < 0$, $c < 0$

그런데 $a + c > 0$이므로 $a > 0$, $c > 0$

$a > 0$, $a \times b < 0$이므로 $b < 0$

$\therefore a > 0$, $b < 0$, $c > 0$

답 ②

0470 $a \times b > 0$이므로 $a > 0$, $b > 0$ 또는 $a < 0$, $b < 0$

그런데 $a + b < 0$이므로 $a < 0$, $b < 0$

답 ⑤

0471 $a \div b < 0$이므로 $a > 0$, $b < 0$ 또는 $a < 0$, $b > 0$

그런데 $a + b > 0$, $|a| < |b|$이므로 $a < 0$, $b > 0$

① $a < 0$　　② $b > 0$　　③ $-b < 0$

④ $-b < 0$이므로 $a - b < 0$

⑤ $-a > 0$이므로 $-a + b > 0$

$-a + b > b$이므로 값이 가장 큰 것은 ⑤이다.

답 ⑤

참고 $a = -1$, $b = 2$를 대입하여 확인해 볼 수 있다.

① $a = -1$　　② $b = 2$　　③ $-b = -2$
④ $a - b = (-1) - 2 = -3$
⑤ $-a + b = -(-1) + 2 = 3$

0472 $-\dfrac{5}{3}$와 $\dfrac{1}{6}$을 나타내는 두 점 사이의 거리는

$$\frac{1}{6} - \left(-\frac{5}{3}\right) = \frac{1}{6} + \frac{5}{3} = \frac{1}{6} + \frac{10}{6} = \frac{11}{6}$$

따라서 구하는 수는

$$-\frac{5}{3} + \frac{11}{6} \times \frac{1}{2} = -\frac{5}{3} + \frac{11}{12} = -\frac{20}{12} + \frac{11}{12}$$
$$= -\frac{9}{12} = -\frac{3}{4}$$

답 $-\dfrac{3}{4}$

다른 풀이 $\dfrac{1}{6} - \dfrac{11}{6} \times \dfrac{1}{2} = \dfrac{1}{6} - \dfrac{11}{12} = \dfrac{2}{12} - \dfrac{11}{12} = -\dfrac{9}{12} = -\dfrac{3}{4}$

0473 두 점 A, P 사이의 거리는

$$\frac{10}{3} - (-2) = \frac{10}{3} + 2 = \frac{10}{3} + \frac{6}{3} = \frac{16}{3}$$

점 P가 두 점 A, B로부터 같은 거리에 있는 점이므로

두 점 B, P 사이의 거리도 $\dfrac{16}{3}$이다.

따라서 점 B가 나타내는 수는

$$\frac{10}{3} + \frac{16}{3} = \frac{26}{3}$$

답 $\dfrac{26}{3}$

0474 두 점 A, B 사이의 거리는

$$\frac{1}{5} - (-1) = \frac{1}{5} + 1 = \frac{6}{5} \quad \cdots ❶$$

따라서 점 P가 나타내는 수는

$$-1 + \frac{6}{5} \times \frac{1}{2} = -1 + \frac{3}{5} = -\frac{2}{5} \quad \cdots ❷$$

수직선에서 두 점 P, B 사이의 거리와 두 점 B, Q 사이의

거리가 같으므로 점 Q가 나타내는 수는

$$\frac{1}{5} + \frac{6}{5} \times \frac{1}{2} = \frac{1}{5} + \frac{3}{5} = \frac{4}{5} \quad \cdots ❸$$

따라서 두 점 P, Q가 나타내는 수의 합은

$$-\frac{2}{5} + \frac{4}{5} = \frac{2}{5} \quad \cdots ❹$$

답 $\dfrac{2}{5}$

채점 기준	비율
❶ 두 점 A, B 사이의 거리 구하기	20 %
❷ 점 P가 나타내는 수 구하기	30 %
❸ 점 Q가 나타내는 수 구하기	30 %
❹ 두 점 P, Q가 나타내는 수의 합 구하기	20 %

0475 성재는 앞면이 5번 나오고 뒷면이 3번 나왔으므로 성재의
점수는

$$5 \times 3 + 3 \times (-2) = 15 - 6 = 9(점)$$

답 9점

0476 아영이는 2문제를 맞히고 3문제를 틀렸으므로 얻은 점수는

$$2 \times 7 + 3 \times (-3) = 14 - 9 = 5(점)$$

따라서 아영이의 점수는 $100 + 5 = 105$(점)

답 105점

0477 눈의 수가 2, 4, 6일 때 얻게 되는 점수는 각각 2점, 4점, 6점이고, 눈의 수가 1, 3, 5일 때 잃게 되는 점수는 각각 2점, 6점, 10점이다.

지연이의 점수는

$6+(-6)+(-2)+4=2$(점)

서준이의 점수는

$(-2)+2+6+(-10)=-4$(점)

답 지연 : 2점, 서준 : -4점

학교 시험 꼭 잡기

71~73쪽

0478 $\left(-\dfrac{3}{2}\right)+\left(-\dfrac{1}{3}\right)+\left(+\dfrac{1}{2}\right)$

$=\left(-\dfrac{1}{3}\right)+\left\{\left(-\dfrac{3}{2}\right)+\left(+\dfrac{1}{2}\right)\right\}$

$=\left(-\dfrac{1}{3}\right)+(-1)=-\dfrac{4}{3}$　　**답** ①

0479 주어진 그림은 0을 나타내는 점에서 오른쪽으로 3만큼 이동한 다음 왼쪽으로 6만큼 이동한 것이 0을 나타내는 점에서 왼쪽으로 3만큼 이동한 것과 같음을 나타내므로 주어진 수직선으로 설명할 수 있는 덧셈식은

$(+3)+(-6)=-3$　　**답** ③

0480 **답** ④

0481 **답** ④

0482 $\dfrac{4}{3}=1.3\cdots,\ -\dfrac{7}{6}=-1.16\cdots,\ -\dfrac{5}{3}=-1.6\cdots$이므로

$-\dfrac{5}{3}<-1.5<-\dfrac{7}{6}<0<\dfrac{4}{3}<2$

즉, 가장 작은 수는 $-\dfrac{5}{3}$이므로 $a=-\dfrac{5}{3}$

음수 중 가장 작은 수 $-\dfrac{5}{3}$와 양수 중 가장 큰 수 2의 절 댓값을 비교하면 $\left|-\dfrac{5}{3}\right|<|2|$이므로 절댓값이 가장 큰 수는 2이다. 즉, $b=2$

$\therefore a-b=\left(-\dfrac{5}{3}\right)-2=\left(-\dfrac{5}{3}\right)-(+2)$

$=\left(-\dfrac{5}{3}\right)+\left(-\dfrac{6}{3}\right)=-\dfrac{11}{3}$　　**답** ②

0483 $a=(-4)-(-2)=(-4)+(+2)=-2$

$b=\left(+\dfrac{4}{3}\right)+\left(-\dfrac{7}{2}\right)=\left(+\dfrac{8}{6}\right)+\left(-\dfrac{21}{6}\right)=-\dfrac{13}{6}$

$-\dfrac{11}{5}(=-2.2)$과 $\dfrac{3}{4}(=0.75)$ 사이의 정수는 $-2,\ -1,$ 0이므로

$c=(-2)+(-1)+0=-3$

$\therefore c<b<a$　　**답** ⑤

0484 가로에 놓인 세 수의 합은

$0+(-7)+(-2)=-9$

$a+(-3)+c=-9$이므로

0485 $a\times b=12$이고

$a\times(b-c)=a\times b-a\times c=16$이므로

$12-a\times c=16$

$\therefore a\times c=12-16=-4$　　**답** ①

0486 ① $(-3)^3\times(-1)=(-27)\times(-1)=27$

② $-(-2)^2\times(-4)=-4\times(-4)=16$

③ $-5^2\times2=-25\times2=-50$

④ $9\div\left(-\dfrac{2}{3}\right)^2=9\div\dfrac{4}{9}=9\times\dfrac{9}{4}=\dfrac{81}{4}$

⑤ $-(-4)^3\div2=-(-64)\times\dfrac{1}{2}=32$

따라서 계산 결과가 가장 큰 것은 ⑤이다.　　**답** ⑤

0487 ① $(-4)+\left(+\dfrac{14}{3}\right)-\left(-\dfrac{1}{2}\right)$

$=\left(-\dfrac{24}{6}\right)+\left(+\dfrac{28}{6}\right)+\left(+\dfrac{3}{6}\right)=\dfrac{7}{6}$

② $\dfrac{7}{4}-\dfrac{11}{6}+\dfrac{5}{3}=\dfrac{21}{12}-\dfrac{22}{12}+\dfrac{20}{12}=\dfrac{19}{12}$

③ $(+2)-(-4)\times\left(-\dfrac{3}{8}\right)=2-\dfrac{3}{2}=\dfrac{1}{2}$

④ $\dfrac{10}{9}\div\left(-\dfrac{25}{3}\right)-\dfrac{4}{15}=\dfrac{10}{9}\times\left(-\dfrac{3}{25}\right)-\dfrac{4}{15}$

$=-\dfrac{2}{15}-\dfrac{4}{15}=-\dfrac{6}{15}=-\dfrac{2}{5}$

⑤ $\{(-1)+(-5)\}\div\dfrac{1}{2}=(-6)\times2=-12$　　**답** ③

0488 $a=-3^2-\left\{-\dfrac{7}{3}+10\div\left(\dfrac{3}{8}-1\right)\times\dfrac{1}{6}\right\}$

$=-9-\left\{-\dfrac{7}{3}+10\div\left(-\dfrac{5}{8}\right)\times\dfrac{1}{6}\right\}$

$=-9-\left\{-\dfrac{7}{3}+10\times\left(-\dfrac{8}{5}\right)\times\dfrac{1}{6}\right\}$

$=-9+\left\{\dfrac{7}{3}-\left(-\dfrac{8}{3}\right)\right\}$

$=-9+5=-4$

따라서 a보다 큰 음의 정수는 $-3,\ -2,\ -1$이므로 그 합은

$(-3)+(-2)+(-1)=-6$　　**답** -6

0489 $a\times(-18)=9$에서

$a=9\div(-18)=9\times\left(-\dfrac{1}{18}\right)=-\dfrac{1}{2}$

$a+c=-9-(-3)=-9+3=-6$

$b+(-3)+(-7)=-9$이므로

$b+(-10)=-9$

$\therefore b=-9-(-10)=-9+10=1$

$\therefore a-b+c=(a+c)-b=-6-1=-7$　　**답** -7

다른 풀이 가로에 놓인 세 수의 합은

$0+(-7)+(-2)=-9$

$b+(-3)+(-7)=-9$이므로 $b=1$

오른쪽과 같이 x를 정하면

$x+(-3)+0=-9$이므로 $x=-6$

$(-6)+c+(-2)=-9$이므로 $c=-1$

$a+(-3)+(-1)=-9$이므로 $a=-5$

$\therefore a-b+c=-5-1+(-1)=-7$

		b	x
a	-3	c
0	-7	-2

$b \div \left(-\dfrac{9}{8}\right) = \dfrac{2}{3}$ 에서

$b = \dfrac{2}{3} \times \left(-\dfrac{9}{8}\right) = -\dfrac{3}{4}$

$\therefore a+b = \left(-\dfrac{1}{2}\right) + \left(-\dfrac{3}{4}\right)$

$\qquad = \left(-\dfrac{2}{4}\right) + \left(-\dfrac{3}{4}\right) = -\dfrac{5}{4}$　　답 $-\dfrac{5}{4}$

0490 a, b, c가 적혀 있는 면과 서로 마주 보는 면에 적힌 수는 각각 $\dfrac{2}{5}$, -9, $-\dfrac{1}{3}$이다.

즉, a, b, c는 각각 $\dfrac{2}{5}$, -9, $-\dfrac{1}{3}$의 역수이므로

$a = \dfrac{5}{2}$, $b = -\dfrac{1}{9}$, $c = -3$

$\therefore a + b \times c = \dfrac{5}{2} + \left(-\dfrac{1}{9}\right) \times (-3)$

$\qquad = \dfrac{5}{2} + \dfrac{1}{3} = \dfrac{15}{6} + \dfrac{2}{6} = \dfrac{17}{6}$　　답 $\dfrac{17}{6}$

0491 조건 ㈎, ㈏에 의해 $a>0$, $b<0$

조건 ㈐에 의해 $a=9$, $b=-12$

$\therefore a+b = 9 + (-12) = -3$　　답 -3

0492 주어진 식에서 곱하는 수 중 음수가 25개이므로 곱의 부호는 $-$이다.

$\therefore \dfrac{1}{2} \times \left(-\dfrac{2}{3}\right) \times \dfrac{3}{4} \times \left(-\dfrac{4}{5}\right) \times \cdots \times \left(-\dfrac{50}{51}\right)$

$\qquad = -\left(\dfrac{1}{2} \times \dfrac{2}{3} \times \dfrac{3}{4} \times \cdots \times \dfrac{49}{50} \times \dfrac{50}{51}\right)$

$\qquad = -\dfrac{1}{51}$　　답 $-\dfrac{1}{51}$

0493 조건 ㈎에 의해 잘못 측정된 추로스 B의 길이는 $18\,\text{cm}$이므로

(추로스 B의 길이)$\times \left(1 - \dfrac{1}{10}\right) = 18$

$\therefore$ (추로스 B의 길이)$= 18 \times \dfrac{10}{9} = 20\,(\text{cm})$

조건 ㈏에 의해

(추로스 A의 길이)$\times \dfrac{5}{4} = 20$이므로

(추로스 A의 길이)$= 20 \times \dfrac{4}{5} = 16\,(\text{cm})$

조건 ㈐에 의해

(추로스 C의 길이)$= 20 + 20 \times \dfrac{1}{10} = 22\,(\text{cm})$

따라서 길이가 가장 긴 추로스는 C이고, 가장 짧은 추로스는 A이므로 그 길이의 차는 $22 - 16 = 6\,(\text{cm})$　답 $6\,\text{cm}$

0494 ① b는 음수이고 음수인 수의 절댓값이 더 크므로

$\qquad a + b < 0$

② $-a < 0$이므로 $b - a < 0$

③ $a \times b < 0$

④ $a > 0$, $-b > 0$이므로 $a \div (-b) > 0$

⑤ $|a| < |b|$이므로 $|b| - |a| > 0$　　답 ①

참고 ① $a=1$, $b=-2$라 하면 $a+b = 1 + (-2) = -1 < 0$

0495 어떤 수를 $\square$라 하면

$\square - \dfrac{9}{7} = \dfrac{8}{21}$이므로　　　　　　　　…❶

$\square = \dfrac{8}{21} + \dfrac{9}{7} = \dfrac{8}{21} + \dfrac{27}{21} = \dfrac{35}{21} = \dfrac{5}{3}$　…❷

따라서 바르게 계산한 답은

$\dfrac{5}{3} + \left(-\dfrac{7}{9}\right) = \dfrac{15}{9} + \left(-\dfrac{7}{9}\right) = \dfrac{8}{9}$　…❸

답 $\dfrac{8}{9}$

채점 기준	비율
❶ 어떤 수를 $\square$라 하고 식 세우기	20 %
❷ 어떤 수 구하기	40 %
❸ 바르게 계산한 답 구하기	40 %

0496 $a = -\dfrac{2}{3} + \dfrac{5}{2} - \dfrac{13}{6}$

$\quad = -\dfrac{4}{6} + \dfrac{15}{6} - \dfrac{13}{6}$

$\quad = -\dfrac{2}{6} = -\dfrac{1}{3}$　　　　　　　　　…❶

$b = \left(-\dfrac{2}{3}\right) \times (-16) \div \dfrac{64}{9}$

$\quad = \left(-\dfrac{2}{3}\right) \times (-16) \times \dfrac{9}{64} = \dfrac{3}{2}$　…❷

따라서 $-\dfrac{1}{3} = -0.3\cdots$, $\dfrac{3}{2} = 1.5$이므로 $-\dfrac{1}{3} < x < \dfrac{3}{2}$을

만족시키는 정수 x는 0, 1의 2개이다.　…❸

답 2개

채점 기준	비율
❶ a의 값 구하기	35 %
❷ b의 값 구하기	35 %
❸ 정수 x는 모두 몇 개인지 구하기	30 %

0497 A에 $\dfrac{12}{5}$를 입력하였을 때 계산된 값은

$\dfrac{12}{5} \times \dfrac{1}{3} - \dfrac{3}{2} = \dfrac{4}{5} - \dfrac{3}{2} = \dfrac{8}{10} - \dfrac{15}{10} = -\dfrac{7}{10}$　…❶

다시 $-\dfrac{7}{10}$을 B에 입력하였을 때 계산된 값은

$\left(-\dfrac{7}{10}\right) \div \left(-\dfrac{3}{10}\right) + 2 = \left(-\dfrac{7}{10}\right) \times \left(-\dfrac{10}{3}\right) + 2$

$\qquad = \dfrac{7}{3} + 2 = \dfrac{7}{3} + \dfrac{6}{3} = \dfrac{13}{3}$　…❷

답 $\dfrac{13}{3}$

채점 기준	비율
❶ A에 입력하여 계산된 값 구하기	50 %
❷ 최종적으로 계산된 값 구하기	50 %

74쪽

0498 1월부터 6월까지의 이익과 손해의 합은

$2.3 + 1.54 + (-1.35) + (-2.1) + (-1.5) + 0.72$

$= -0.39$(억 원)

1월부터 7월까지 이익과 손해의 합이 1억 원이므로 7월의 이익을 □억 원이라고 하면

$(-0.39)+□=1$, $□=1.39$

따라서 이 회사는 7월에 1.39억 원 이익을 보았다.

답 1.39억 원 이익

0499 우리나라 시각으로 준혁이는 1월 20일 오전 10시에서 9시간 후인 1월 20일 19시(오후 7시)에 밴쿠버 공항에 도착하게 된다.

또한, $(-8)-(+9)=(-8)+(-9)=-17$이므로 밴쿠버의 표준시는 우리나라의 표준시보다 17시간 느리다.

따라서 준혁이가 밴쿠버 공항에 도착했을 때, 현지 시각은 1월 20일 $(19-17)$시, 즉 1월 20일 오전 2시이다.

답 1월 20일 오전 2시

0500 $\frac{4}{3}$와 마주 보는 면에 적힌 수는 $\frac{3}{4}$,

-4와 마주 보는 면에 적힌 수는 $-\frac{1}{4}$,

$0.4=\frac{2}{5}$와 마주 보는 면에 적힌 수는 $\frac{5}{2}$이다.

6개의 유리수를 큰 수부터 차례대로 나열하면 $\frac{5}{2}$, $\frac{4}{3}$, $\frac{3}{4}$, $\frac{2}{5}$, $-\frac{1}{4}$, -4이다.

ㄴ. $\frac{5}{2}-(-4)=\frac{5}{2}+(+4)=\frac{13}{2}$

ㄷ. $\frac{5}{2}\times(-4)=-10$

ㄹ. 절댓값이 가장 큰 수는 -4, 절댓값이 가장 작은 수는 $-\frac{1}{4}$이므로

$(-4)\div\left(-\frac{1}{4}\right)=(-4)\times\left(-\frac{4}{1}\right)=16$

따라서 옳은 것은 ㄱ, ㄷ, ㄹ이다.

답 ㄱ, ㄷ, ㄹ

0501 민지는 A, C 순으로 카드를 뽑았으므로

A : $(-1)\div\frac{2}{5}-(-2)=(-1)\times\frac{5}{2}+(+2)$

$=-\frac{5}{2}+2=-\frac{1}{2}$

C : $\left(-\frac{1}{2}\right)\times\frac{4}{3}+(-1)=\left(-\frac{2}{3}\right)+(-1)=-\frac{5}{3}$

즉, 민지의 계산 결과는 $-\frac{5}{3}$이다.

도헌이는 C, B 순으로 카드를 뽑았으므로

C : $(-1)\times\frac{4}{3}+(-1)=\left(-\frac{4}{3}\right)+(-1)=-\frac{7}{3}$

B : $\left\{\left(-\frac{7}{3}\right)+\frac{5}{6}\right\}\times(-2)=\left(-\frac{3}{2}\right)\times(-2)=3$

즉, 도헌이의 계산 결과는 3이다.

따라서 민지와 도헌이의 계산 결과의 합은

$\left(-\frac{5}{3}\right)+3=\frac{4}{3}$

답 $\frac{4}{3}$

05 문자의 사용과 식의 계산

개념 잡기 76~79쪽

0502 **답** $(y\div10)$원

0503 **답** $(80\times x)$ km

0504 **답** $\left(\frac{a}{b}\times100\right)$ %

0505 **답** $-3a$

0506 **답** $0.01b$

0507 **답** $5a^2b$

0508 **답** $-(1-a)$

0509 **답** $-\frac{2}{x}$

0510 **답** $\frac{a+b}{4}$

0511 **답** $\frac{x}{y-z}$

0512 **답** $a-\frac{3}{b}$

0513 **답** $\frac{6a}{b}$

0514 **답** $2x+\frac{y}{3}$

0515 **답** $\frac{x^2y}{7}$

0516 **답** $4(a-b)-\frac{6}{c}$

0517 $-2a+4=-2\times3+4=-6+4=-2$ **답** -2

0518 $5a-2=5\times(-2)-2=-10-2=-12$ **답** -12

0519 $\frac{8}{a}+5=8\div a+5=8\div4+5=2+5=7$ **답** 7

0520 $\frac{2}{a}-1=2\div a-1=2\div\frac{1}{3}-1=2\times3-1=6-1=5$ **답** 5

0521 $a^2+a=(-3)^2+(-3)=9-3=6$ **답** 6

0522 $2x+3y=2\times2+3\times1=4+3=7$ **답** 7

0523 $3x+y=3\times1+(-4)=3-4=-1$ **답** -1

0524 $6xy=6\times\frac{1}{2}\times\left(-\frac{1}{3}\right)=-1$ **답** -1

0525 $6x-4y=6\times\frac{1}{3}-4\times\frac{3}{2}=2-6=-4$ **답** -4

0526 $x^2-2xy=(-1)^2-2\times(-1)\times2=1+4=5$ **답** 5

0527 **답** $2a$, 4

0528 **답** $-3x$, $2y$, -1

0529 **답** a의 계수 : 4, b의 계수 : 2, 상수항 : -3

0530 **답** x의 계수 : $\frac{1}{6}$, y의 계수 : $-\frac{1}{2}$, 상수항 : 1

0531 **답** x^2의 계수 : -1, x의 계수 : 6, 상수항 : -4

0532 **답** y^2의 계수 : 7, y의 계수 : 1, 상수항 : -8

0533 **답**

다항식	다항식의 차수	일차식 (○, ×)
$-6x+5$	1	○
4	0	×
$3x^2+2x-1$	2	×
$0.2y-0.5$	1	○

0534 **답** $10x$

0535 **답** $-2x$

0536 **답** $-5b$

0537 **답** $12y$

0538 $3(2x+3)=3\times2x+3\times3=6x+9$ **답** $6x+9$

0539 $-\frac{2}{3}(15a-9)=\left(-\frac{2}{3}\right)\times15a+\left(-\frac{2}{3}\right)\times(-9)$

$=-10a+6$ **답** $-10a+6$

0540 $(8x-16)\div(-4)=(8x-16)\times\left(-\dfrac{1}{4}\right)$

$\qquad\qquad =8x\times\left(-\dfrac{1}{4}\right)+(-16)\times\left(-\dfrac{1}{4}\right)$

$\qquad\qquad =-2x+4$ 답 $-2x+4$

0541 $(-42b+7)\div\dfrac{7}{3}=(-42b+7)\times\dfrac{3}{7}$

$\qquad\qquad =(-42b)\times\dfrac{3}{7}+7\times\dfrac{3}{7}$

$\qquad\qquad =-18b+3$ 답 $-18b+3$

0542 답 $\dfrac{x}{3},\ -4x$ **0543** 답 $0.1y,\ 9y$

0544 $-2a+3a=(-2+3)a=a$ 답 a

0545 $10x-4x+8x=(10-4+8)x=14x$ 답 $14x$

0546 $2a+1-3a=(2-3)a+1=-a+1$ 답 $-a+1$

0547 $7x+3-5x+2=(7-5)x+(3+2)=2x+5$ 답 $2x+5$

0548 $8x+3-(-x+2)=8x+3+x-2$

$\qquad\qquad =(8+1)x+(3-2)$

$\qquad\qquad =9x+1$ 답 $9x+1$

0549 $2(5a-1)-3(2a+5)=10a-2-6a-15$

$\qquad\qquad\qquad =(10-6)a+(-2-15)$

$\qquad\qquad\qquad =4a-17$ 답 $4a-17$

0550 $\dfrac{1}{2}(6x+8)-\dfrac{1}{3}(9x-3)=3x+4-3x+1$

$\qquad\qquad\qquad =(3-3)x+(4+1)$

$\qquad\qquad\qquad =5$ 답 5

0551 $5a-\{4-3(2a-1)\}=5a-(4-6a+3)$

$\qquad\qquad\qquad =5a-(7-6a)$

$\qquad\qquad\qquad =5a-7+6a$

$\qquad\qquad\qquad =(5+6)a-7$

$\qquad\qquad\qquad =11a-7$ 답 $11a-7$

0552 $\dfrac{x+1}{2}+\dfrac{x-1}{3}=\dfrac{3(x+1)}{6}+\dfrac{2(x-1)}{6}$

$\qquad\qquad =\dfrac{3x+3+2x-2}{6}$

$\qquad\qquad =\dfrac{5x+1}{6}=\dfrac{5}{6}x+\dfrac{1}{6}$ 답 $\dfrac{5}{6}x+\dfrac{1}{6}$

0553 $\dfrac{5-x}{6}-\dfrac{3x-1}{2}=\dfrac{5-x}{6}-\dfrac{3(3x-1)}{6}=\dfrac{5-x-9x+3}{6}$

$\qquad\qquad =\dfrac{-10x+8}{6}=-\dfrac{5}{3}x+\dfrac{4}{3}$

답 $-\dfrac{5}{3}x+\dfrac{4}{3}$

유형 다 잡기   80~90쪽

0554 ① $a\times b\times a=a^2b$

② $5\times a-4\times b=5a-4b$

③ $a\div3\div b=a\times\dfrac{1}{3}\times\dfrac{1}{b}=\dfrac{a}{3b}$

④ $a-b\div2=a-b\times\dfrac{1}{2}=a-\dfrac{b}{2}$

⑤ $(a+b)\div(-1)=(a+b)\times(-1)=-(a+b)$ 답 ③

0555 ① $a\times b\div c=a\times b\times\dfrac{1}{c}=\dfrac{ab}{c}$

② $a\times\dfrac{1}{b}\times c=\dfrac{ac}{b}$

③ $a\times\left(\dfrac{1}{b}\div\dfrac{1}{c}\right)=a\times\left(\dfrac{1}{b}\times c\right)=a\times\dfrac{c}{b}=\dfrac{ac}{b}$

④ $a\div b\div\dfrac{1}{c}=a\times\dfrac{1}{b}\times c=\dfrac{ac}{b}$

⑤ $a\div(b\div c)=a\div\dfrac{b}{c}=a\times\dfrac{c}{b}=\dfrac{ac}{b}$ 답 ①

0556 ㄱ. $a\times b\div2=a\times b\times\dfrac{1}{2}=\dfrac{ab}{2}$

ㄴ. $a\div2\div b=a\times\dfrac{1}{2}\times\dfrac{1}{b}=\dfrac{a}{2b}$

ㄷ. $2\times\dfrac{1}{b}\times a=\dfrac{2a}{b}$

ㄹ. $a\div2\times b=a\times\dfrac{1}{2}\times b=\dfrac{ab}{2}$

ㅁ. $\dfrac{1}{2}\div b\times a=\dfrac{1}{2}\times\dfrac{1}{b}\times a=\dfrac{a}{2b}$

ㅂ. $a\div(b\times2)=a\div2b=a\times\dfrac{1}{2b}=\dfrac{a}{2b}$

따라서 $\dfrac{a}{2b}$와 같은 것은 ㄴ, ㅁ, ㅂ이다.   답 ㄴ, ㅁ, ㅂ

0557 ① x원의 $10\,\%$는

$\qquad x\times\dfrac{10}{100}=\dfrac{1}{10}x(원)$ 답 ①

0558 ㄱ. $a\times1+b\times0.1=a+0.1b$

ㄴ. $1\,m$는 $100\,cm$이므로 $a\,m\ b\,cm$는

$\qquad 100\times a+b=100a+b\,(cm)$

ㄷ. $1\,kg$은 $1000\,g$이므로 $x\,kg\ y\,g$은

$\qquad 1000\times x+y=1000x+y\,(g)$

ㄹ. 수학 점수는 a점, 영어 점수는 b점일 때, 두 과목의 평균 점수는 $(a+b)\div2=\dfrac{a+b}{2}$(점)

ㅁ. a명씩 세 줄로 서고 한 명이 남았으므로 전체 인원은 $3\times a+1=3a+1$(명)

따라서 바르게 나타낸 것은 ㄱ, ㄷ이다.   답 ㄱ, ㄷ

0559 $10\,\%$ 할인된 장미 1송이의 가격은

$\qquad 1200-1200\times\dfrac{10}{100}=1200-120=1080(원)$

이므로 $10\,\%$ 할인된 장미 x송이의 가격은 $1080x$원이다.

이때 꽃 포장 비용 2000원을 추가해야 하므로 지불해야 하는 금액은 $(1080x+2000)$원이다.   답 ③

0560 5권에 x원인 공책 한 권의 가격은 $\dfrac{x}{5}$원이므로 3권의 가격은 $\dfrac{3}{5}x$원이다.

$\qquad\therefore$ (거스름돈)=(지불 금액)−(물건 가격)

$\qquad\qquad =5000-\dfrac{3}{5}x(원)$ 답 $\left(5000-\dfrac{3}{5}x\right)$원

0561 A 가게에서는 초콜릿 4개의 가격으로 5개를 살 수 있으므로 지불해야 하는 금액은 $4x$원

B 가게에서는 초콜릿 5개를 원래 가격의 $60\,\%$에 살 수 있으므로 지불해야 하는 금액은

$5x \times \dfrac{60}{100} = 3x$ (원)　　　　答 ②

0562 ① 직사각형의 둘레의 길이는 $2(x+5)$ cm

　② 삼각형의 넓이는 $\dfrac{1}{2}ab$ cm²

　④ 정삼각형의 둘레의 길이는 $3a$ cm

　⑤ 마름모의 넓이는 $\dfrac{4a}{2} = 2a$ (cm²)　　답 ③

0563 (1) (밑넓이)$=a \times b = ab$ (cm²)

　　(옆넓이)$=2 \times b \times c + 2 \times a \times c = 2bc + 2ac$ (cm²)

　　∴ (직육면체의 겉넓이)$=$(밑넓이)$\times 2 +$(옆넓이)

　　　　　　　　　　　$=ab \times 2 + (2bc + 2ac)$

　　　　　　　　　　　$=2ab + 2bc + 2ac$ (cm²) ⋯❶

　(2) (직육면체의 부피)$=$(밑넓이)$\times$(높이)

　　　　　　　　　　$=ab \times c$

　　　　　　　　　　$=abc$ (cm³) ⋯❷

답 (1) $(2ab+2bc+2ac)$ cm²　(2) abc cm³

채점 기준	비율
❶ 직육면체의 겉넓이 구하기	50 %
❷ 직육면체의 부피 구하기	50 %

0564 오른쪽 그림과 같이 밑변의 길이가

각각 12 cm, 16 cm인 두 삼각형으

로 나누어 생각하면 사각형의 넓이는

$\dfrac{1}{2} \times 12 \times x + \dfrac{1}{2} \times 16 \times y = 6x + 8y$ (cm²)

답 $(6x+8y)$ cm²

0565 (시간)$=\dfrac{(거리)}{(속력)}$이므로 출발 지점에서 3 km까지 가는 데

걸린 시간은 $\dfrac{3}{a}$시간이다.

나머지 거리 $5-3=2$(km)를 가는 데 걸린 시간은 $\dfrac{2}{3}$시

간이다.

따라서 5 km의 코스를 완주하는 데 걸린 시간은

$\left(\dfrac{3}{a}+\dfrac{2}{3}\right)$시간이다.　　　　답 ④

0566 종이배 자체의 속력은 없으며 바람의 영향도 받지 않으므

로 종이배는 강물의 속력으로만 이동한다.

(거리)$=$(속력)$\times$(시간)이므로 종이배가 강물을 따라 이동

한 거리는

$x \times 10 = 10x$ (m)　　　　답 ①

0567 시속 80 km로 x시간 동안 간 거리는

$80 \times x = 80x$ (km)

따라서 남은 거리는 $(400-80x)$ km이다.　　답 ⑤

참고 (남은 거리)$=$(전체 거리)$-$(이동한 거리)

0568 농도가 6 %인 소금물 a g에 들어 있는 소금의 양은

$\dfrac{6}{100} \times a = \dfrac{3}{50}a$ (g)

농도가 9 %인 소금물 b g에 들어 있는 소금의 양은

$\dfrac{9}{100} \times b = \dfrac{9}{100}b$ (g)

따라서 두 소금물을 섞었을 때의 소금의 양은

$\left(\dfrac{3}{50}a + \dfrac{9}{100}b\right)$ g이다.　　　　답 ③

0569 (소금물의 양)$=$(소금의 양)$+$(물의 양)$=x+200$ (g)

따라서 소금물의 농도는

$\dfrac{x}{x+200} \times 100 = \dfrac{100x}{x+200}$ (%)　　답 ⑤

0570 농도가 x %인 소금물 200 g에 들어 있는 소금의 양은

$\dfrac{x}{100} \times 200 = 2x$ (g)　　　　⋯❶

농도가 y %인 소금물 100 g에 들어 있는 소금의 양은

$\dfrac{y}{100} \times 100 = y$ (g)　　　　⋯❷

두 소금물을 섞었을 때의 소금의 양은 $(2x+y)$ g이다.

따라서 새로 만든 소금물 300 g의 농도는

$\dfrac{2x+y}{300} \times 100 = \dfrac{2x+y}{3}$ (%)　　⋯❸

답 $\dfrac{2x+y}{3}$ %

채점 기준	비율
❶ 농도가 x %인 소금물 200 g에 들어 있는 소금의 양 구하기	30 %
❷ 농도가 y %인 소금물 100 g에 들어 있는 소금의 양 구하기	30 %
❸ 새로 만든 소금물의 농도 구하기	40 %

0571 $2a - \dfrac{1}{3}ab = 2 \times 4 - \dfrac{1}{3} \times 4 \times (-9)$

　　　　　　$= 8 - (-12) = 8 + 12 = 20$　답 20

0572 ① $3x - 2y = 3 \times (-2) - 2 \times 1 = -6 - 2 = -8$

　② $4xy = 4 \times (-2) \times 1 = -8$

　③ $\dfrac{8}{x+y} = \dfrac{8}{(-2)+1} = -8$

　④ $-\dfrac{4}{x} - 10y = (-4) \div (-2) - 10 \times 1 = 2 - 10 = -8$

　⑤ $2x^2 - 8y = 2 \times (-2)^2 - 8 \times 1 = 8 - 8 = 0$　답 ⑤

0573 ① $7 + \dfrac{3}{a} = 7 + 3 \div (-1) = 7 + (-3) = 4$

　② $-(-a)^2 = -\{-(-1)\}^2 = -1^2 = -1$

　③ $-a^2 + 4 = -(-1)^2 + 4 = -1 + 4 = 3$

　④ $-\dfrac{2}{a^3} = (-2) \div (-1)^3 = (-2) \div (-1) = 2$

　⑤ $a + a^2 = (-1) + (-1)^2 = (-1) + 1 = 0$

따라서 식의 값이 가장 작은 것은 ②이다.　　답 ②

참고 $(-1)^n$ ⇨ n이 짝수이면 1, n이 홀수이면 -1이다.

0574 $\dfrac{b+c}{a} + \dfrac{ac}{b^2+1} = \dfrac{2+(-5)}{-3} + \dfrac{(-3) \times (-5)}{2^2+1}$

　　　　　　　　$= \dfrac{-3}{-3} + \dfrac{15}{5}$

　　　　　　　　$= 1 + 3 = 4$　　답 4

0575 ① $-\dfrac{1}{x} = (-1) \div x = (-1) \div \left(-\dfrac{1}{3}\right)$

　　　　$= (-1) \times (-3) = 3$

　② $-\dfrac{2}{x} = (-2) \div x = (-2) \div \left(-\dfrac{1}{3}\right)$

　　　　$= (-2) \times (-3) = 6$

③ $\dfrac{1}{x}+5=1\div x+5=1\div\left(-\dfrac{1}{3}\right)+5$

$\qquad\qquad\quad =1\times(-3)+5$

$\qquad\qquad\quad =-3+5=2$

④ $\dfrac{1}{x^2}=1\div x^2=1\div\left(-\dfrac{1}{3}\right)^2$

$\qquad\quad =1\div\dfrac{1}{9}=1\times9=9$

⑤ $-\dfrac{1}{x^3}=(-1)\div x^3=(-1)\div\left(-\dfrac{1}{3}\right)^3$

$\qquad\quad =(-1)\div\left(-\dfrac{1}{27}\right)$

$\qquad\quad =(-1)\times(-27)=27$

따라서 식의 값이 가장 큰 것은 ⑤이다. 답 ⑤

0576 $\dfrac{3}{x}+\dfrac{10}{y}=3\div x+10\div y$

$\qquad\qquad\quad =3\div\left(-\dfrac{1}{3}\right)+10\div\dfrac{5}{2}$

$\qquad\qquad\quad =3\times(-3)+10\times\dfrac{2}{5}$

$\qquad\qquad\quad =-9+4=-5$ 답 ①

0577 $\dfrac{2}{a}-\dfrac{3}{b}+\dfrac{1}{c}=2\div a-3\div b+1\div c$

$\qquad\qquad\quad =2\div\dfrac{1}{2}-3\div\dfrac{1}{3}+1\div\left(-\dfrac{1}{6}\right)$

$\qquad\qquad\quad =2\times2-3\times3+1\times(-6)$

$\qquad\qquad\quad =4-9-6=-11$ 답 ①

다른 풀이 $\dfrac{1}{c}$은 c의 역수이므로 $\dfrac{1}{c}=-6$

마찬가지로 $\dfrac{1}{a}=2,\ \dfrac{1}{b}=3$

$\therefore \dfrac{2}{a}-\dfrac{3}{b}+\dfrac{1}{c}=2\times2-3\times3+(-6)$

$\qquad\qquad\qquad =4-9-6=-11$

0578 $\dfrac{5}{9}(x-32)$에 $x=86$을 대입하면

$\dfrac{5}{9}\times(86-32)=\dfrac{5}{9}\times54=30$

따라서 화씨온도 $86\,^\circ$F는 섭씨온도로 $30\,^\circ$C이다. 답 $30\,^\circ$C

0579 $24t-3t^2$에 $t=3$을 대입하면

$24\times3-3\times3^2=72-27=45$

따라서 이 물체의 3초 후의 높이는 45 m이다. 답 ⑤

0580 $331+0.6x$에 $x=15$를 대입하면

$331+0.6\times15=331+9=340$

$331+0.6x$에 $x=5$를 대입하면

$331+0.6\times5=331+3=334$

따라서 기온이 $15\,^\circ$C일 때의 소리의 속력은 $5\,^\circ$C일 때의 소리의 속력보다 초속 $340-334=6$ (m) 더 빠르다.

답 ②

0581 (1) 지면에서 1 km 높아질 때마다 기온은 $6\,^\circ$C씩 낮아지므로 1 m 높아질 때마다 기온은 $0.006\,^\circ$C씩 낮아진다. 즉, 지면에서 a m 높이에서의 기온은 지면에서의 기온보다 $0.006\times a=0.006a$ $(^\circ$C) 낮다.

현재 지면에서의 기온이 $18\,^\circ$C이므로 지면에서 a m 높이에서의 기온은 $(18-0.006a)\,^\circ$C이다.

(2) $18-0.006a$에 $a=900$을 대입하면

$18-0.006\times900=18-5.4=12.6$ $(^\circ$C)

답 (1) $(18-0.006a)\,^\circ$C (2) $12.6\,^\circ$C

0582 (1) A 축구팀의 경기 결과가 x승 y무 2패이므로 승점은

$3\times x+1\times y+0\times2=3x+y$(점) ···❶

(2) $3x+y$에 $x=4,\ y=2$를 대입하면

$3\times4+2=12+2=14$(점) ···❷

답 (1) $(3x+y)$점 (2) 14점

채점 기준	비율
❶ A 축구팀의 승점을 문자를 사용한 식으로 나타내기	50 %
❷ A 축구팀이 4승 2무 2패를 하였을 때의 승점 구하기	50 %

0583 (1) n의 값에 따라 필요한 성냥개비의 개수는 다음과 같다.

n	필요한 성냥개비의 개수	
1	3	$=2\times1+1$
2	$5=3+2$	$=2\times2+1$
3	$7=5+2$	$=2\times3+1$
4	$9=7+2$	$=2\times4+1$
⋮	⋮	

따라서 n개의 정삼각형을 만들 때 필요한 성냥개비의 개수는

$2\times n+1=2n+1$

(2) $2n+1$에 $n=21$을 대입하면

$2\times21+1=42+1=43$ 답 (1) $2n+1$ (2) 43

0584 ② $-\dfrac{x}{3}=-\dfrac{1}{3}x$이므로 x의 계수는 $-\dfrac{1}{3}$이다. 답 ②

0585 단항식은 $-4,\ \dfrac{-xy^2}{3}$의 2개이다. 답 2개

주의 분모에 문자가 있는 식은 다항식이 아니다. 즉, $\dfrac{2}{x}$는 다항식이 아니므로 단항식이 아니다.

0586 각 다항식의 차수를 구하면 다음과 같다.

① 0 ② 1 ③ 2 ④ 1 ⑤ 3

따라서 차수가 가장 큰 다항식은 ⑤이다. 답 ⑤

0587 ② $xy-2$에서 항은 $xy,\ -2$의 2개이다.

③ $5-x$에서 상수항은 5이다.

④ $\dfrac{x}{3}+1$에서 x의 계수는 $\dfrac{1}{3}$이다.

⑤ $4x^2-x$의 차수는 2이다. 답 ①

0588 $\dfrac{x}{2}-5y+1$에서 x의 계수는 $\dfrac{1}{2}$, y의 계수는 -5, 상수항은 1이므로

$a=\dfrac{1}{2},\ b=-5,\ c=1$

$\therefore 4a-2b+c=4\times\dfrac{1}{2}-2\times(-5)+1$

$\qquad\qquad\quad =2+10+1=13$ 답 ⑤

0589 ㄱ. 다항식의 차수는 1이다.

ㄴ. 상수항은 −3이다.

ㅁ. b의 계수는 $-\dfrac{1}{4}$이다.

따라서 옳은 것은 ㄷ, ㄹ이다. 답 ②

0590 ① $0 \times x + 3 = 3$, 즉 상수항이므로 일차식이 아니다.

② $2x^2 + x$는 차수가 2이므로 일차식이 아니다.

④ $\dfrac{1}{x} - 4$는 분모에 문자가 있으므로 일차식이 아니다. 답 ③, ⑤

0591 ㄱ. $3x + \dfrac{2}{y}$는 분모에 문자가 있으므로 일차식이 아니다.

ㄷ. $3^2 = 9$, 즉 상수항이므로 일차식이 아니다.

ㅂ. $x^2 + 3x - 1$은 차수가 2이므로 일차식이 아니다.

따라서 일차식인 것은 ㄴ, ㄹ, ㅁ이다. 답 ㄴ, ㄹ, ㅁ

0592 주어진 다항식이 x에 대한 일차식이 되려면 x^2의 계수인 $a - 4 = 0$, x의 계수인 $a + 1 \neq 0$이어야 한다.

∴ $a = 4$ 답 4

0593 x의 계수와 상수항이 모두 -3인 x에 대한 일차식은 $-3x - 3$이다.

이 일차식에 $x = 2$를 대입하면

$a = -3 \times 2 - 3 = -6 - 3 = -9$

$x = -2$를 대입하면

$b = -3 \times (-2) - 3 = 6 - 3 = 3$

∴ $ab = (-9) \times 3 = -27$ 답 -27

0594 ① $6x \times (-2) = -12x$

② $-(5x - 6) = -5x + 6$

③ $12a \div \dfrac{1}{4} = 12a \times 4 = 48a$

④ $(-8x + 4) \div (-4) = (-8x + 4) \times \left(-\dfrac{1}{4}\right)$

$= (-8x) \times \left(-\dfrac{1}{4}\right) + 4 \times \left(-\dfrac{1}{4}\right)$

$= 2x - 1$

⑤ $(2x + 3) \times (-3) = 2x \times (-3) + 3 \times (-3)$

$= -6x - 9$ 답 ⑤

0595 $(6x - 18) \div (-3) = (6x - 18) \times \left(-\dfrac{1}{3}\right)$

$= 6x \times \left(-\dfrac{1}{3}\right) + (-18) \times \left(-\dfrac{1}{3}\right)$

$= -2x + 6$

따라서 $a = -2$, $b = 6$이므로

$ab = (-2) \times 6 = -12$ 답 -12

0596 $-2(4x - 1) = (-2) \times 4x + (-2) \times (-1)$

$= -8x + 2$

① $(-4x - 1) \times 2 = (-4x) \times 2 + (-1) \times 2$

$= -8x - 2$

② $(-16x + 4) \div (-4) = (-16x + 4) \times \left(-\dfrac{1}{4}\right)$

$= (-16x) \times \left(-\dfrac{1}{4}\right) + 4 \times \left(-\dfrac{1}{4}\right)$

$= 4x - 1$

③ $-\dfrac{1}{2}(16x - 1) = \left(-\dfrac{1}{2}\right) \times 16x + \left(-\dfrac{1}{2}\right) \times (-1)$

$= -8x + \dfrac{1}{2}$

④ $\left(4x - \dfrac{1}{2}\right) \div \dfrac{1}{2} = \left(4x - \dfrac{1}{2}\right) \times 2$

$= 4x \times 2 + \left(-\dfrac{1}{2}\right) \times 2$

$= 8x - 1$

⑤ $\left(x - \dfrac{1}{4}\right) \div \left(-\dfrac{1}{8}\right) = \left(x - \dfrac{1}{4}\right) \times (-8)$

$= x \times (-8) + \left(-\dfrac{1}{4}\right) \times (-8)$

$= -8x + 2$ 답 ⑤

0597 $A = -\dfrac{2}{5}(-10x + 15)$

$= \left(-\dfrac{2}{5}\right) \times (-10x) + \left(-\dfrac{2}{5}\right) \times 15$

$= 4x - 6$

즉, 다항식 A의 x의 계수는 4이다. ⋯❶

$B = \left(\dfrac{1}{2}x - 3\right) \div \dfrac{3}{8} = \left(\dfrac{1}{2}x - 3\right) \times \dfrac{8}{3}$

$= \dfrac{1}{2}x \times \dfrac{8}{3} + (-3) \times \dfrac{8}{3}$

$= \dfrac{4}{3}x - 8$

즉, 다항식 B의 상수항은 -8이다. ⋯❷

따라서 다항식 A의 x의 계수와 다항식 B의 상수항의 합은

$4 + (-8) = -4$ ⋯❸

답 -4

채점 기준	비율
❶ 다항식 A를 간단히 한 후 x의 계수 구하기	40%
❷ 다항식 B를 간단히 한 후 상수항 구하기	40%
❸ A의 x의 계수와 B의 상수항의 합 구하기	20%

0598 ① 상수항이므로 동류항이다.

② 문자가 다르므로 동류항이 아니다.

③ 문자와 차수가 모두 같으므로 동류항이다.

④ 차수가 다르므로 동류항이 아니다.

⑤ 각 문자의 차수가 다르므로 동류항이 아니다.

답 ①, ③

0599 $4ab$와 문자와 차수가 각각 같은 항을 찾는다. 답 ③

0600 x와 동류항인 것은 $-x$, $\dfrac{x}{7}$의 2개이다. 답 ②

0601 ①, ③ 차수가 다르므로 동류항이 아니다.

④ $\dfrac{1}{2}xy$라는 항은 없다.

⑤ 문자가 다르므로 동류항이 아니다. 답 ②

0602 $3(-4x + 3) - 2(x - 3) = -12x + 9 - 2x + 6$

$= (-12 - 2)x + (9 + 6)$

$= -14x + 15$ 답 ⑤

0603 ① $(7x + 2) + (-6x + 4) = (7 - 6)x + (2 + 4) = x + 6$

② $(5x + 3) - (2x - 1) = 5x + 3 - 2x + 1$

$= (5 - 2)x + (3 + 1)$

$= 3x + 4$

③ $-(-4x+4)+5(2x-6)=4x-4+10x-30$
$=(4+10)x+(-4-30)$
$=14x-34$

④ $\dfrac{3}{2}(6x-4)-(8x+5)=9x-6-8x-5$
$=(9-8)x+(-6-5)$
$=x-11$

⑤ $-\dfrac{5}{3}(-9x+15)+\dfrac{1}{2}(10x-2)$
$=15x-25+5x-1$
$=(15+5)x+(-25-1)$
$=20x-26$ 　　　　　답 ④

0604 $(-2x+6)\div\left(-\dfrac{2}{5}\right)-(ax+b)$
$=(-2x+6)\times\left(-\dfrac{5}{2}\right)-(ax+b)$
$=5x-15-ax-b$
$=(5-a)x+(-15-b)$ 　　　…❶
x의 계수가 3, 상수항이 -10이므로
$5-a=3,\ -15-b=-10$
즉, $a=2,\ b=-5$ 　　　…❷
$\therefore ab=2\times(-5)=-10$ 　　　…❸

답 -10

채점 기준	비율
❶ 주어진 식 간단히 하기	60 %
❷ $a,\ b$의 값 각각 구하기	20 %
❸ ab의 값 구하기	20 %

0605 $3x-\{6x-9+2(7x+2)\}=3x-(6x-9+14x+4)$
$=3x-(20x-5)$
$=3x-20x+5$
$=-17x+5$ 　답 $-17x+5$

0606 $x+3-\{2x+2(x-1)\}=x+3-(2x+2x-2)$
$=x+3-(4x-2)$
$=x+3-4x+2$
$=-3x+5$
따라서 $a=-3,\ b=5$이므로
$2a-b=2\times(-3)-5=-11$ 　답 -11

0607 $5x-2-\left\{\dfrac{1}{3}(6-9x)-4\right\}=5x-2-(2-3x-4)$
$=5x-2-(-3x-2)$
$=5x-2+3x+2$
$=8x$ 　답 ⑤

0608 $x-\dfrac{1}{2}[1-6x-3\{-1+5(2-x)\}+x]$
$=x-\dfrac{1}{2}\{1-6x-3(-1+10-5x)+x\}$
$=x-\dfrac{1}{2}\{1-6x-3(9-5x)+x\}$
$=x-\dfrac{1}{2}(1-6x-27+15x+x)$
$=x-\dfrac{1}{2}(-26+10x)=x+13-5x$
$=-4x+13$
따라서 x의 계수는 -4이다. 　답 -4

0609 $\dfrac{2x-3}{2}-\dfrac{4x-5}{3}=\dfrac{3(2x-3)}{6}-\dfrac{2(4x-5)}{6}$
$=\dfrac{6x-9-8x+10}{6}$
$=\dfrac{-2x+1}{6}$
$=-\dfrac{1}{3}x+\dfrac{1}{6}$ 　답 ②

0610 $\dfrac{2x-y}{3}-\dfrac{x+3y}{4}+x=\dfrac{4(2x-y)}{12}-\dfrac{3(x+3y)}{12}+\dfrac{12x}{12}$
$=\dfrac{8x-4y-3x-9y+12x}{12}$
$=\dfrac{17x-13y}{12}$
$=\dfrac{17}{12}x-\dfrac{13}{12}y$ 　　…❶
x의 계수는 $\dfrac{17}{12}$, y의 계수는 $-\dfrac{13}{12}$이므로
$a=\dfrac{17}{12},\ b=-\dfrac{13}{12}$ 　　…❷
$\therefore a-b=\dfrac{17}{12}-\left(-\dfrac{13}{12}\right)=\dfrac{30}{12}=\dfrac{5}{2}$ 　…❸

답 $\dfrac{5}{2}$

채점 기준	비율
❶ 주어진 식 간단히 하기	60 %
❷ $a,\ b$의 값 각각 구하기	20 %
❸ $a-b$의 값 구하기	20 %

0611 $2+\dfrac{x-3y}{4}-\dfrac{-x-2y+6}{6}$
$=\dfrac{24}{12}+\dfrac{3(x-3y)}{12}-\dfrac{2(-x-2y+6)}{12}$
$=\dfrac{24+3x-9y+2x+4y-12}{12}$
$=\dfrac{5x-5y+12}{12}$
$=\dfrac{5}{12}x-\dfrac{5}{12}y+1$
따라서 y의 계수는 $-\dfrac{5}{12}$, 상수항은 1이므로 구하는 합은
$-\dfrac{5}{12}+1=\dfrac{7}{12}$ 　답 $\dfrac{7}{12}$

0612 (사다리꼴의 넓이)$=\dfrac{1}{2}\times\{(x+2)+(3x-1)\}\times6$
$=3(4x+1)$
$=12x+3$
(직사각형의 넓이)$=4\times x=4x$
$\therefore$ (색칠한 부분의 넓이)
$=$(사다리꼴의 넓이)$-$(직사각형의 넓이)
$=(12x+3)-4x$
$=8x+3$ 　답 $8x+3$

참고 (사다리꼴의 넓이)$=\dfrac{1}{2}\times\{($윗변의 길이$)+($아랫변의 길이$)\}\times($높이$)$

0613 네 밭의 가로의 길이의 합은 $4\left(60-\dfrac{1}{4}x\right)$ m, 세로의 길이의 합은 $4\left(40-\dfrac{1}{4}x\right)$ m이다.

따라서 네 밭의 둘레의 길이의 합은

$$4\left(60-\frac{1}{4}x\right)+4\left(40-\frac{1}{4}x\right)=240-x+160-x$$
$$=400-2x \text{ (m)} \quad \text{답 ①}$$

0614 전시실 A의 가로의 길이는 5, 세로의 길이는 $x-3$이므로 넓이는

$$5\times(x-3)=5x-15$$

전시실 C의 가로의 길이는 $x-5$, 세로의 길이는 3이므로 넓이는

$$(x-5)\times3=3x-15$$

따라서 전시실 A와 전시실 C의 넓이의 합은

$$(5x-15)+(3x-15)=8x-30 \quad \text{답 } 8x-30$$

0615 $4A-B=4(3x-4)-(x-12)$
$$=12x-16-x+12$$
$$=11x-4 \quad \text{답 ④}$$

0616 $3A-2B=3(2x+1)-2(-4x+6)$
$$=6x+3+8x-12$$
$$=14x-9 \quad \text{답 ②}$$

0617 $2A-B+3C=2(-x+2)-(3x-1)+3(x-4)$
$$=-2x+4-3x+1+3x-12$$
$$=-2x-7 \quad \text{답 } -2x-7$$

0618 $-A+3B+3(A-2B)=-A+3B+3A-6B$
$$=2A-3B$$
$$=2\times\frac{x-y}{2}-3\times\frac{2x-y}{3}$$
$$=x-y-(2x-y)$$
$$=x-y-2x+y$$
$$=-x \quad \text{답 } -x$$

0619 어떤 다항식을 $\square$라 하면

$$\square-(-2x+9)=7x-3$$
$$\therefore \square=(7x-3)+(-2x+9)$$
$$=5x+6 \quad \text{답 ④}$$

0620 $-2(x-4)+\square=7x-11$이므로

$$-2x+8+\square=7x-11$$
$$\therefore \square=(7x-11)-(-2x+8)$$
$$=7x-11+2x-8$$
$$=9x-19 \quad \text{답 ③}$$

0621 조건 ㈎에 의해 $A+(x+3)=2x+7$이므로

$$A=(2x+7)-(x+3)$$
$$=2x+7-x-3$$
$$=x+4 \qquad \cdots\textbf{❶}$$

조건 ㈏에 의해 $B-(-x+4)=4x-5$이므로

$$B=(4x-5)+(-x+4)$$
$$=4x-5-x+4$$
$$=3x-1 \qquad \cdots\textbf{❷}$$

$$\therefore A+B=(x+4)+(3x-1)$$
$$=4x+3 \qquad \cdots\textbf{❸}$$
$$\text{답 } 4x+3$$

채점 기준	비율
❶ 다항식 A 구하기	40 %
❷ 다항식 B 구하기	40 %
❸ $A+B$를 간단히 하기	20 %

0622 가로로 두 번째 줄에 놓인 세 식의 합은

$$(-2x-3)+(2x+1)+(6x+5)=6x+3$$이므로

오른쪽 아래를 향하는 대각선에 놓인 세 식의 합은

$$A+(2x+1)+x=6x+3$$
$$A+(3x+1)=6x+3$$
$$\therefore A=(6x+3)-(3x+1)$$
$$=6x+3-3x-1$$
$$=3x+2$$

또, 세로로 첫 번째 줄에 놓인 세 식의 합은

$$A+(-2x-3)+B=6x+3$$이므로

$$(3x+2)+(-2x-3)+B=6x+3$$
$$(x-1)+B=6x+3$$
$$\therefore B=(6x+3)-(x-1)$$
$$=6x+3-x+1$$
$$=5x+4$$
$$\therefore A-B=(3x+2)-(5x+4)$$
$$=3x+2-5x-4$$
$$=-2x-2 \quad \text{답 } -2x-2$$

0623 어떤 다항식을 $\square$라 하면

$$\square+(6x+3)=-9x+1$$이므로

$$\square=(-9x+1)-(6x+3)$$
$$=-9x+1-6x-3$$
$$=-15x-2$$

따라서 바르게 계산한 식은

$$(-15x-2)-(6x+3)$$
$$=-15x-2-6x-3$$
$$=-21x-5 \quad \text{답 ①}$$

0624 어떤 다항식을 $\square$라 하면

$$\square-(7x-11)=-4x+10$$이므로

$$\square=(-4x+10)+(7x-11)$$
$$=3x-1$$

따라서 바르게 계산한 식은

$$(3x-1)+(7x-11)=10x-12 \quad \text{답 } 10x-12$$

0625 어떤 다항식을 $\square$라 하면

$$(5x-14)-\square=7x-11$$이므로

$$5x-14=(7x-11)+\square$$
$$\therefore \square=(5x-14)-(7x-11)$$
$$=5x-14-7x+11$$
$$=-2x-3$$

따라서 바르게 계산한 식은

$$(5x-14)+(-2x-3)$$
$$=5x-14-2x-3$$
$$=3x-17 \quad \text{답 ④}$$

0626 ① $a \times a \times (-2) = -2a^2$

② $a \div b \times 4 = a \times \dfrac{1}{b} \times 4 = \dfrac{4a}{b}$

③ $(a+b) \div \dfrac{1}{2} = (a+b) \times 2 = 2(a+b)$

④ $(-1) \times x \times y \times x = -x^2 y$

⑤ $(x \times y) \div (a \div b) = xy \div \dfrac{a}{b} = xy \times \dfrac{b}{a} = \dfrac{bxy}{a}$ 답 ⑤

0627 ① (거리)=(속력)×(시간)이므로 시속 x km로 3시간 동안 간 거리는

$x \times 3 = 3x$ (km)

② (총점)=(평균)×(과목 수)이므로 총점은

$a \times 3 = 3a$(점)

③ $x \% = \dfrac{x}{100}$이므로 판매 가격은

$2000 + 2000 \times \dfrac{x}{100} = 2000 + 20x$(원)

④ (소금의 양)$= \dfrac{(소금물의 농도)}{100} \times (소금물의 양)$이므로

소금의 양은

$\dfrac{10}{100} \times a = \dfrac{a}{10}$ (g)

⑤ (거스름돈)=(지불 금액)-(물건 가격)이므로 거스름돈은

$5000 - 3 \times x = 5000 - 3x$(원)   답 ⑤

> **주의** $x \%$는 $\dfrac{x}{100}$이므로 x를 곱하는 것이 아니라 $\dfrac{x}{100}$를 곱해야 한다.

0628 다항식 중에서 항이 한 개뿐인 식을 찾는다.   답 ②, ④

0629 ㄷ. $ab = a \times b$, $b^2 = b \times b$이므로 동류항이 아니다.

ㄹ. 문자가 다르므로 동류항이 아니다.

ㅁ. $-\dfrac{3}{a}$은 다항식이 아니므로 동류항이 아니다.

따라서 동류항끼리 짝 지어진 것은 ㄱ, ㄴ, ㅂ이다.   답 ③

0630 $\dfrac{3}{a} - \dfrac{2}{b} + \dfrac{4}{c} = 3 \div a - 2 \div b + 4 \div c$

$= 3 \div \left(-\dfrac{1}{6}\right) - 2 \div \left(-\dfrac{1}{3}\right) + 4 \div \dfrac{1}{2}$

$= 3 \times (-6) - 2 \times (-3) + 4 \times 2$

$= -18 + 6 + 8 = -4$ 답 -4

0631 x^2의 계수는 $\dfrac{2}{3}$, 다항식의 차수는 2, 상수항은 -3이므로

$a = \dfrac{2}{3}$, $b = 2$, $c = -3$

$\therefore ac + b = \dfrac{2}{3} \times (-3) + 2 = -2 + 2 = 0$ 답 ③

0632 ① $(x-2) + (5x-3) = x - 2 + 5x - 3$

$= 6x - 5$

② $3(2-3x) + 4(2x-1) = 6 - 9x + 8x - 4$

$= -x + 2$

③ $(11x+4) - (-2x+7) = 11x + 4 + 2x - 7$

$= 13x - 3$

④ $\dfrac{1}{2}(-6x+8) - (9x-4) = -3x + 4 - 9x + 4$

$= -12x + 8$

⑤ $-\dfrac{5}{3}(12x-9) - \dfrac{1}{4}(8x+12) = -20x + 15 - 2x - 3$

$= -22x + 12$ 답 ④

0633 $3(x-1) - \left[x - \left\{5 - \dfrac{1}{2}(2x+8)\right\}\right]$

$= 3(x-1) - \{x - (5 - x - 4)\}$

$= 3(x-1) - \{x - (-x+1)\}$

$= 3(x-1) - (x + x - 1)$

$= 3x - 3 - 2x + 1$

$= x - 2$ 답 $x-2$

0634 $\dfrac{a+1}{2} - \dfrac{a-4}{3} + \dfrac{1-2a}{6}$

$= \dfrac{3(a+1)}{6} - \dfrac{2(a-4)}{6} + \dfrac{1-2a}{6}$

$= \dfrac{3a+3 - 2a+8 + 1 - 2a}{6}$

$= \dfrac{-a+12}{6}$

$= -\dfrac{1}{6}a + 2$ 답 $-\dfrac{1}{6}a + 2$

0635 오른쪽 그림과 같이 2개의 직사각형으로 나누면

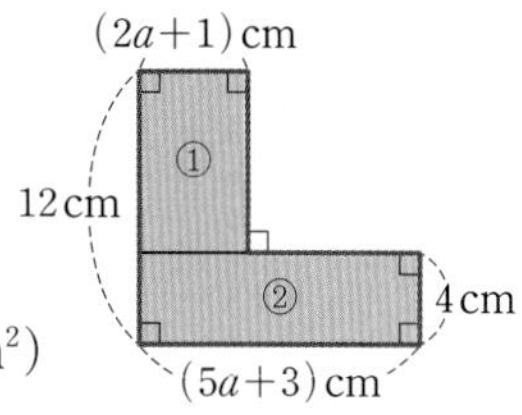

(①의 넓이)

$= (2a+1) \times (12-4)$

$= (2a+1) \times 8 = 16a + 8$ (cm^2)

(②의 넓이)

$= (5a+3) \times 4 = 20a + 12$ (cm^2)

$\therefore$ (도형의 넓이)=(①의 넓이)+(②의 넓이)

$= (16a+8) + (20a+12)$

$= 36a + 20$ (cm^2)   답 ③

0636 $5A - 2(A-B) = 5A - 2A + 2B$

$= 3A + 2B$

$= 3(2x-y+5) + 2(-3x+2y-3)$

$= 6x - 3y + 15 - 6x + 4y - 6$

$= y + 9$ 답 $y+9$

0637 $\square + 2(5x-4) = 6x + 5$이므로

$\square + 10x - 8 = 6x + 5$

$\therefore \square = (6x+5) - (10x-8)$

$= 6x + 5 - 10x + 8$

$= -4x + 13$ 답 $-4x+13$

0638 어떤 다항식을 $\square$라 하면

$\square - (5x-4) = -2x + 9$이므로

$\square = (-2x+9) + (5x-4) = 3x + 5$

따라서 바르게 계산한 식은

$(3x+5) + (5x-4) = 8x + 1$ 답 $8x+1$

0639 준서의 키는 160 cm, 즉 1.6 m이고 몸무게는 64 kg이므로

$$(체질량\ 지수)=\frac{64}{1.6^2}=\frac{64}{2.56}$$
$$=64\div2.56$$
$$=64\div\frac{256}{100}=64\times\frac{25}{64}$$
$$=25\ (\mathrm{kg/m^2})$$

즉, 준서의 체질량 지수는 $25\ \mathrm{kg/m^2}$이므로 비만 정도는 1단계 비만이다.

따라서 준서는 프로그램의 참가비를 면제받을 수 있다.

🖩 프로그램의 참가비를 면제받을 수 있다.

0640 (1) 한 변에 성냥개비가 각각 1개, 2개, 3개, ...가 있는 정삼각형을 만드는 데 필요한 성냥개비의 개수는 1×3, 2×3, 3×3, ...이므로 한 변에 x개의 성냥개비가 있는 정삼각형을 만드는 데 필요한 성냥개비의 개수는
$$x\times3=3x$$

(2) $3x$에 $x=8$을 대입하면
$$3\times8=24$$

따라서 필요한 성냥개비의 개수는 24이다.

🖩 (1) $3x$ (2) 24

0641 $A=\dfrac{1}{2}\times(2x+4)\times5=5x+10$

$B=(15x-3)\div\dfrac{9}{4}=(15x-3)\times\dfrac{4}{9}=\dfrac{20}{3}x-\dfrac{4}{3}$

A의 x의 계수는 5, B의 x의 계수는 $\dfrac{20}{3}$이므로

$$a=5,\ b=\frac{20}{3}$$

$$\therefore\ \frac{b}{a}=b\div a=\frac{20}{3}\div5=\frac{20}{3}\times\frac{1}{5}=\frac{4}{3}$$

🖩 $\dfrac{4}{3}$

0642 다음 그림과 같이 빈칸의 두 식을 A, B라 하면

$5-2x$		$4x+7$		(가)
	A		B	
		$-5x+1$		

$A=(5-2x)+(4x+7)=2x+12$

$A+B=-5x+1$, 즉 $(2x+12)+B=-5x+1$이므로
$$B=(-5x+1)-(2x+12)$$
$$=-5x+1-2x-12$$
$$=-7x-11$$

$(4x+7)+$(가)$=B$, 즉 $(4x+7)+$(가)$=-7x-11$이므로
(가)$=(-7x-11)-(4x+7)$
$$=-7x-11-4x-7$$
$$=-11x-18$$

🖩 $-11x-18$

0643 (1) $A\times\left(-\dfrac{1}{3}\right)^2=x-\dfrac{1}{3}$

즉, $A\times\dfrac{1}{9}=x-\dfrac{1}{3}$이므로

$$A=\left(x-\frac{1}{3}\right)\div\frac{1}{9}$$
$$=\left(x-\frac{1}{3}\right)\times9$$
$$=9x-3 \qquad\cdots❶$$

(2) $(9x-3)\div\left(-\dfrac{1}{3}\right)=(9x-3)\times(-3)$
$$=-27x+9 \qquad\cdots❷$$

🖩 (1) $9x-3$ (2) $-27x+9$

채점 기준	비율
❶ 일차식 A 구하기	50 %
❷ 바르게 계산한 식 구하기	50 %

0644 $\dfrac{-x+2}{3}-\left\{\dfrac{x+4}{2}-(x-1)\right\}$

$$=\frac{-x+2}{3}-\left\{\frac{x+4}{2}-\frac{2(x-1)}{2}\right\}$$
$$=\frac{-x+2}{3}-\frac{x+4-2x+2}{2}$$
$$=\frac{-x+2}{3}-\frac{-x+6}{2}$$
$$=\frac{2(-x+2)}{6}-\frac{3(-x+6)}{6}$$
$$=\frac{-2x+4+3x-18}{6}$$
$$=\frac{x-14}{6}=\frac{1}{6}x-\frac{7}{3} \qquad\cdots❶$$

x의 계수는 $\dfrac{1}{6}$, 상수항은 $-\dfrac{7}{3}$이므로

$$a=\frac{1}{6},\ b=-\frac{7}{3} \qquad\cdots❷$$

$$\therefore\ \frac{b}{a}=b\div a=\left(-\frac{7}{3}\right)\div\frac{1}{6}$$
$$=\left(-\frac{7}{3}\right)\times6=-14 \qquad\cdots❸$$

🖩 -14

채점 기준	비율
❶ 주어진 식을 간단히 하기	50 %
❷ a, b의 값 각각 구하기	20 %
❸ $\dfrac{b}{a}$의 값 구하기	30 %

0645 $A-(-6x+3)=3x+5$이므로
$$A=(3x+5)+(-6x+3)=-3x+8 \qquad\cdots❶$$

또, $B+(-3x+4)=x-2$이므로
$$B=(x-2)-(-3x+4)=x-2+3x-4$$
$$=4x-6 \qquad\cdots❷$$

A의 상수항은 8, B의 x의 계수는 4이므로
$$a=8,\ b=4 \qquad\cdots❸$$
$$\therefore\ a-2b=8-2\times4=0 \qquad\cdots❹$$

🖩 0

채점 기준	비율
❶ 다항식 A 구하기	30 %
❷ 다항식 B 구하기	30 %
❸ a, b의 값 각각 구하기	20 %
❹ $a-2b$의 값 구하기	20 %

94쪽

0646 (1) ❶ 태어난 날 d에 5를 곱하고 15를 더하면 $5d+15$

❷ ❶의 결과에 20을 곱하면
$$(5d+15)\times20=100d+300$$
❸ ❷의 결과에 태어난 달 m을 더하면
$$(100d+300)+m=100d+m+300$$
따라서 태어난 달을 m, 태어난 날을 d라 할 때, 생일수는 $100d+m+300$이다.
(2) $100d+m+300$에 $m=6$, $d=4$를 대입하면
$$100\times4+6+300=400+6+300=706$$
⑤ (1) $100d+m+300$ (2) 706

0647 A 음료수 1개의 정가를 x원이라 하면
(ⅰ) B 편의점
A 음료수 4개의 가격으로 5개를 살 수 있고 추가로 1개만 더 사면 되므로 A 음료수 6개를 사는 데 드는 비용은
$$4x+x=5x(원)$$
(ⅱ) C 편의점
정가에서 10 % 할인하므로 A 음료수 1개의 판매 가격은
$$\frac{100-10}{100}x=\frac{9}{10}x=0.9x(원)$$
A 음료수 6개를 사는 데 드는 비용은
$$6\times0.9x=5.4x(원)$$
따라서 B 편의점에서 사는 것이 더 저렴하다.
⑤ B 편의점, 풀이 참조

0648 A 카드 : $3x-5-2(x+7)=3x-5-2x-14$
$$\qquad\qquad\qquad\qquad=x-19$$
B 카드 : $7x-5-2(-3x+7)=7x-5+6x-14$
$$\qquad\qquad\qquad\qquad=13x-19$$
C 카드 : $-9x-2(-x+3y-5)=-9x+2x-6y+10$
$$\qquad\qquad\qquad\qquad=-7x-6y+10$$
즉, 세 장의 카드 A, B, C에 적힌 식에서 x의 계수는 각각 1, 13, -7이다.
두 장의 카드에 적힌 식의 합을 간단히 하였을 때, x의 계수가 가장 크려면 x의 계수가 큰 두 장의 카드를 뽑아야 하므로 A 카드와 B 카드를 골라야 한다.
⑤ A 카드, B 카드

0649 오른쪽 그림과 같이 빈칸의 두 식을 A, B라 하면
$$A+(-2x+3)=3x-4$$
이므로
$$A=(3x-4)-(-2x+3)$$
$$\quad=3x-4+2x-3$$
$$\quad=5x-7$$
$B+(3x-4)=4x+1$이므로
$$B=(4x+1)-(3x-4)$$
$$\quad=4x+1-3x+4$$
$$\quad=x+5$$
따라서 ㈎$-A=B$, 즉 ㈎$-(5x-7)=x+5$이므로
㈎$=(x+5)+(5x-7)=6x-2$　⑤ ④

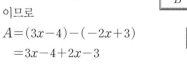

o6 일차방정식

0650 ⑤ ×　　　　**0651** ⑤ ○

0652 ⑤ ×　　　　**0653** ⑤ ○

0654 ⑤ $2(a+3)=10$

0655 ⑤ $5000-800x=200$

0656 ⑤ ×　　　　**0657** ⑤ ○

0658 ⑤ ○　　　　**0659** ⑤ ○

0660 ⑤ ○　　　　**0661** ⑤ ×

0662 ⑤ $3x=4+2$

0663 ⑤ $x+3x=-4$

0664 ⑤ $2x+x=7-1$

0665 ⑤ $2x-3x=8-4$

0666 ⑤ ○　　　　**0667** ⑤ ×

0668 ⑤ ×　　　　**0669** ⑤ ×

0670 $2x-4=x+7$에서
$$2x-x=7+4$$
$$\therefore\ x=11$$　⑤ $x=11$

0671 $-x-8=2x-5$에서
$$-x-2x=-5+8$$
$$-3x=3\quad\therefore\ x=-1$$　⑤ $x=-1$

0672 $x=-2(5-2x)$에서
$$x=-10+4x,\ x-4x=-10$$
$$-3x=-10\quad\therefore\ x=\frac{10}{3}$$　⑤ $x=\frac{10}{3}$

0673 $x-2=3(x+6)$에서
$$x-2=3x+18,\ x-3x=18+2$$
$$-2x=20\quad\therefore\ x=-10$$　⑤ $x=-10$

0674 $0.2x=0.4x+2$의 양변에 10을 곱하면
$$2x=4x+20,\ 2x-4x=20$$
$$-2x=20\quad\therefore\ x=-10$$　⑤ $x=-10$

0675 $0.3x-1.2=0.2x-1.4$의 양변에 10을 곱하면
$$3x-12=2x-14$$
$$3x-2x=-14+12$$
$$\therefore\ x=-2$$　⑤ $x=-2$

0676 $\frac{1}{2}x+3=\frac{1}{5}x$의 양변에 2와 5의 최소공배수 10을 곱하면
$$5x+30=2x,\ 5x-2x=-30$$
$$3x=-30\quad\therefore\ x=-10$$　⑤ $x=-10$

0677 $\frac{x-1}{4}=\frac{x}{2}+3$의 양변에 4와 2의 최소공배수 4를 곱하면
$$x-1=2x+12,\ x-2x=12+1$$
$$-x=13\quad\therefore\ x=-13$$　⑤ $x=-13$

0678 등식, 즉 등호를 사용한 식은 ③이다.   답 ③

0679 등식이 아닌 것은 등호를 사용하지 않거나 등호가 아닌 부등호를 사용한 식이므로 ④, ⑤이다.   답 ④, ⑤

0680 등식, 즉 등호를 사용한 식은 ㄴ, ㅁ, ㅂ이다.
     답 ㄴ, ㅁ, ㅂ

0681 ① $x+x+x=15$, 즉 $3x=15$

② (거리)=(속력)×(시간)이므로 $10x=60$

③ (지불 금액)-(물건 가격)=(거스름돈)이므로
$$10000-1200x=4000$$

④ 사과를 x명에게 4개씩 나누어 줄 때의 사과의 개수는 $4x$이고, 이때 사과는 50개에서 2개가 부족하므로
$$4x-50=2$$

⑤ $a \times \dfrac{100-20}{100}=8000$, 즉 $0.8a=8000$ 답 ④

0682 ㄱ. $3x+8$이므로 등식이 아니다.

ㄴ. $500 \times 4+1000 \times x$, 즉 $2000+1000x$이므로 등식이 아니다.

ㄷ. $\dfrac{x+60}{2}=80$이므로 등식이다.

ㄹ. $x+7>0$이므로 등식이 아니다.

ㅁ. $30-2x=4$이므로 등식이다.
     답 ㄷ. $\dfrac{x+60}{2}=80$, ㅁ. $30-2x=4$

0683 ① $5x-2=x+2$에 $x=1$을 대입하면 $3=3$ (참)

② $5x-3=-x$에 $x=-\dfrac{1}{2}$을 대입하면 $-\dfrac{11}{2} \neq \dfrac{1}{2}$ (거짓)

③ $-x+4=2x-5$에 $x=-3$을 대입하면 $7 \neq -11$ (거짓)

④ $\dfrac{1}{2}x=-x+4$에 $x=-2$를 대입하면 $-1 \neq 6$ (거짓)

⑤ $-5x+2=3x+2$에 $x=-1$을 대입하면 $7 \neq -1$ (거짓)
     답 ①

0684 ① $\dfrac{1}{2}x=6$에 $x=2$를 대입하면 $1 \neq 6$ (거짓)

② $-5x=15$에 $x=2$를 대입하면 $-10 \neq 15$ (거짓)

③ $4x+1=25$에 $x=2$를 대입하면 $9 \neq 25$ (거짓)

④ $2x-3=5-2x$에 $x=2$를 대입하면 $1=1$ (참)

⑤ $-3x+14=2x-4$에 $x=2$를 대입하면 $8 \neq 0$ (거짓)
     답 ④

0685 ① $3x=x-2$에 $x=-1$을 대입하면 $-3=-3$ (참)

② $2(x-2)=-6$에 $x=-1$을 대입하면 $-6=-6$ (참)

③ $2x+6=3-x$에 $x=-1$을 대입하면 $4=4$ (참)

④ $2-(4+x)=x$에 $x=-1$을 대입하면 $-1=-1$ (참)

⑤ $4x+4=-2+x$에 $x=-1$을 대입하면 $0 \neq -3$ (거짓)
     답 ⑤

0686 x가 6의 약수이므로 $x=1, 2, 3, 6$ …❶

$2x-1=3+\dfrac{2}{3}x$에

$x=1$을 대입하면 $1 \neq \dfrac{11}{3}$ (거짓)

$x=2$를 대입하면 $3 \neq \dfrac{13}{3}$ (거짓)

$x=3$을 대입하면 $5=5$ (참)

$x=6$을 대입하면 $11 \neq 7$ (거짓)   …❷

따라서 주어진 방정식의 해는 $x=3$이다.   …❸
     답 $x=3$

채점 기준	비율
❶ 6의 약수 구하기	30 %
❷ x의 값을 방정식에 대입하기	50 %
❸ 방정식의 해 구하기	20 %

0687 x의 값에 관계없이 항상 참인 등식은 항등식이다.

⑤ (좌변)$=-2(x+2)+4=-2x$, (우변)$=-2x$
즉, (좌변)=(우변)이므로 항등식이다.   답 ⑤

0688 ④ (좌변)$=8 \times 2x=16x$, (우변)$=16x$
즉, (좌변)=(우변)이므로 항등식이다.   답 ④

0689 모든 x의 값에 대하여 항상 참인 등식은 항등식이다.

ㄴ. (좌변)$=2(2-x)=4-2x$, (우변)$=-2x+4$
즉, (좌변)=(우변)이므로 항등식이다.

ㄹ. (좌변)$=-3(x+2)+5=-3x-1$, (우변)$=-3x-1$
즉, (좌변)=(우변)이므로 항등식이다.

따라서 항등식인 것은 ㄴ, ㄹ이다.   답 ②

0690 $3x+5=a(x-1)+8$에서 $3x+5=ax-a+8$
이 식이 x에 대한 항등식이므로
$3=a, \ 5=-a+8$ ∴ $a=3$ 답 ⑤

0691 $a(2+x)+9=b-8x$에서
$2a+ax+9=b-8x$
$ax+2a+9=-8x+b$
이 식이 x에 대한 항등식이므로
$a=-8$ …❶
$2a+9=b$
즉, $b=2 \times (-8)+9=-16+9=-7$ …❷
∴ $a+b=-8+(-7)=-15$ …❸
     답 -15

채점 기준	비율
❶ a의 값 구하기	40 %
❷ b의 값 구하기	40 %
❸ $a+b$의 값 구하기	20 %

0692 $\dfrac{3-5x}{2}-6=ax-b$에서

$\dfrac{3}{2}-\dfrac{5}{2}x-6=ax-b$

$-\dfrac{5}{2}x-\dfrac{9}{2}=ax-b$

이 식이 x에 대한 항등식이므로

$a=-\dfrac{5}{2}, \ b=\dfrac{9}{2}$

$$\therefore ab=\left(-\frac{5}{2}\right)\times\frac{9}{2}=-\frac{45}{4}$$
답 ③

0693 $3(x-1)+5=-x+A$에서

$3x-3+5=-x+A$

$3x+2=-x+A$

$\therefore A=(3x+2)+x$

$\quad=4x+2$
답 $4x+2$

참고 **항등식의 표현**
① 모든 x의 값에 대하여 항상 참이다.
② x의 값에 관계없이 항상 성립한다.
③ x의 값에 관계없이 항상 참이다.

0694 ① $a=b$의 양변에서 3을 빼면 $a-3=b-3$

② $-a=-b$의 양변에 -1을 곱하면 $a=b$

③ $a=b$의 양변을 4로 나누면 $\dfrac{a}{4}=\dfrac{b}{4}$

④ $a=b$의 양변에 -1을 곱하면 $-a=-b$

이 식의 양변에 1을 더하면 $-a+1=-b+1$

⑤ $\dfrac{a}{3}=\dfrac{b}{4}$의 양변에 12를 곱하면 $4a=3b$

$\therefore 3a\neq 4b$
답 ⑤

0695 ① $2a-1=5$의 양변에 1을 더하면 $2a=6$

② $2a-1=5$의 양변에서 3을 빼면 $2a-4=2$

③ $2a-1=5$의 양변에 2를 곱하면 $4a-2=10$

④ $2a-1=5$의 양변을 2로 나누면 $a-\dfrac{1}{2}=\dfrac{5}{2}$

⑤ $2a-1=5$의 양변에 -1을 곱하면 $-2a+1=-5$

이 식의 양변에서 2를 빼면 $-2a-1=-7$

$\therefore -2a-1\neq -5$
답 ⑤

0696 ① $2a=7$의 양변에 3을 더하면 $2a+\boxed{3}=10$

② $\dfrac{a}{3}=1$의 양변에 3을 곱하면 $a=\boxed{3}$

③ $6a=12$의 양변을 2로 나누면 $\boxed{3}a=6$

④ $a+5=0$의 양변에 3을 더하면 $a+8=\boxed{3}$

⑤ $\dfrac{3}{2}a=-1$의 양변에 -2를 곱하면 $-3a=\boxed{2}$
답 ⑤

0697 ① $3a=2b$의 양변을 2로 나누면 $\dfrac{3}{2}a=b$

$\therefore \dfrac{3}{2}a\neq \dfrac{1}{2}b$

② $3a=2b$의 양변에 2를 곱하면 $6a=4b$

$\therefore 6a\neq b$

③ $6a=4b$의 양변에서 1을 빼면 $6a-1=4b-1$

$\therefore 6a-1\neq 4b-2$

④ $3a=2b$의 양변에 3을 곱하면 $9a=6b$

이 식의 양변에 3을 더하면 $9a+3=6b+3$

⑤ $3a=2b$의 양변에 -6을 곱하면 $-18a=-12b$

이 식의 양변에 1을 더하면 $1-18a=1-12b$

$\therefore 1-8a\neq 1-12b$
답 ④

0698 ㄱ. $x=1,\ y=2,\ z=0$이면 $xz=yz$이지만 $x\neq y$ (거짓)

ㄴ. $\dfrac{x}{5}=\dfrac{y}{3}$의 양변에 15를 곱하면 $3x=5y$ (참)

ㄷ. $x=2y$의 양변에서 1을 빼면 $x-1=2y-1$

$\therefore x-1\neq 2(y-1)$ (거짓)

ㄹ. $\dfrac{x}{2}=\dfrac{y}{3}$의 양변에 6을 곱하면 $3x=2y$

이 식의 양변에서 3을 빼면 $3x-3=2y-3$

$\therefore 3(x-1)\neq 2(y-1)$ (거짓)

ㅁ. $x=-y$의 양변에 3을 곱하면 $3x=-3y$

이 식의 양변에 4를 더하면 $3x+4=-3y+4$ (참)

따라서 옳은 것은 ㄴ, ㅁ이다.
답 ③

0699 ① $x-1=y+1$의 양변에서 2를 빼면 $x-3=y-1$

② $x-1=y+1$의 양변에 1을 더하면 $x=y+2$

이 식의 양변에서 z를 빼면 $x-z=y-z+2$

③ $x-1=y+1$의 양변에서 y를 빼면 $x-y-1=1$

이 식의 양변에 1을 더하면 $x-y=2$

이 식의 양변을 z로 나누면 $\dfrac{x-y}{z}=\dfrac{2}{z}$

④ $x-1=y+1$의 양변에 z를 곱하면

$z(x-1)=z(y+1)$이므로

$xz-z=yz+z$　$\therefore xz-z\neq y+yz$

⑤ $x-1=y+1$의 양변에 y를 더하면 $x+y-1=2y+1$
답 ④

0700 ㉠ 등식의 양변에 3을 곱한다.

㉡ 등식의 양변에서 15를 뺀다.

㉢ 등식의 양변을 2로 나눈다.
답 ㉢

0701
$$\dfrac{3}{2}x-1=2 \quad\text{양변에 2를 곱한다. (ㄷ)}$$
$$3x-2=4 \quad\text{양변에 2를 더한다. (ㄱ)}$$
$$3x=6 \quad\text{양변을 3으로 나눈다. (ㄹ)}$$
$$\therefore x=2$$

따라서 이용되지 않은 등식의 성질은 ㄴ이다.
답 ②

참고 양변에서 c를 빼는 것은 양변에 $-c$를 더하는 것과 같고, 양변을 c로 나누는 것은 양변에 $\dfrac{1}{c}$을 곱하는 것과 같다. (단, $c\neq 0$)

0702 ① $x+3=3$의 양변에서 3을 빼면 $x=0$

② $6x=12$의 양변을 6으로 나누면 $x=2$

③ $2x-1=5$의 양변에 1을 더하면 $2x=6$

이 식의 양변을 2로 나누면 $x=3$

④ $\dfrac{x+1}{5}=-2$의 양변에 5를 곱하면 $x+1=-10$

이 식의 양변에서 1을 빼면 $x=-11$

⑤ $4x+1=-3$의 양변에서 1을 빼면 $4x=-4$

이 식의 양변을 4로 나누면 $x=-1$
답 ③

0703 $3x-4=8$의 양변에 4를 더하면

$3x-4+\boxed{4}=8+\boxed{4}$

$3x=12$

이 식의 양변을 3으로 나누면

$3x\div\boxed{3}=12\div\boxed{3}$

$\therefore x=\boxed{4}$

따라서 ㈎ 4, ㈏ 3, ㈐ 4이므로 그 합은

$4+3+4=11$
답 11

0704 [1단계] 접시저울의 양쪽 접시에서 ● 모양의 추를 2개씩 빼낸다.

[2단계] 접시저울의 양쪽 접시에서 ▣ 모양의 추를 2개씩 빼낸다.

[3단계] ● 모양의 추 2개의 무게가 ▣ 모양의 추 3개의 무게와 같으므로 ▣ 모양의 추 3개의 무게는 $6 \times 2 = 12$ (g)

따라서 ▣ 모양의 추 한 개의 무게는

$12 \div 3 = 4$ (g) 　　　　　　　　　　　　 답 4 g

0705 ① $2x+8=2 \Rightarrow 2x=2-8$

③ $3x-8=2x+2 \Rightarrow 3x-2x=2+8$

④ $6x+12=2x+14 \Rightarrow 6x-2x=14-12$

⑤ $2+8x=6x-10 \Rightarrow 8x-6x=-10-2$ 　　 답 ②

0706 -7을 이항하면 $2x=5+7$

② $2x-7=5$의 양변에 7을 더하면

$2x-7+7=5+7$ 　　 ∴ $2x=5+7$

③ $2x-7=5$의 양변에서 -7을 빼면

$2x-7-(-7)=5-(-7)$ 　　 ∴ $2x=5+7$

답 ②, ③

0707 $2x-2=5x+4$에서 우변의 $5x$, 4를 좌변으로 이항하면

$2x-2-5x-4=0$, $-3x-6=0$ 　　　　　 …❶

따라서 $a=-3$, $b=-6$이므로 　　　　　　 …❷

$a+b=(-3)+(-6)=-9$ 　　　　　　　 …❸

답 -9

채점 기준	비율
❶ $ax+b=0$ $(b<0)$의 꼴로 나타내기	60 %
❷ a, b의 값 각각 구하기	20 %
❸ $a+b$의 값 구하기	20 %

0708 ① $x=3x+2$에서 $x-3x-2=0$

즉, $-2x-2=0$이므로 일차방정식이다.

② $x^2-2=x$에서 $x^2-x-2=0$

즉, (일차식)=0의 꼴이 아니므로 일차방정식이 아니다.

③ $3x-3=3(x-1)$에서 $3x-3=3x-3$

즉, (좌변)=(우변)이므로 항등식이다.

④ $3x>2x-10$은 등호가 없으므로 방정식이 아니다.

⑤ $2x(x-1)=2x$에서 $2x^2-2x=2x$

$2x^2-2x-2x=0$, $2x^2-4x=0$

즉, (일차식)=0의 꼴이 아니므로 일차방정식이 아니다. 　　　　　　　　　　　　　　 답 ①

0709 ① $3x=2x-5$에서 $3x-2x+5=0$

즉, $x+5=0$이므로 일차방정식이다.

② $2x+1=2(x-1)$에서

$2x+1=2x-2$, $2x+1-2x+2=0$

즉, $3=0$이므로 일차방정식이 아니다.

③ $4x+2=2x-5$에서 $4x+2-2x+5=0$

즉, $2x+7=0$이므로 일차방정식이다.

④ $\dfrac{x^2}{2}-x=\dfrac{x^2}{2}+1$에서 $\dfrac{x^2}{2}-x-\dfrac{x^2}{2}-1=0$

즉, $-x-1=0$이므로 일차방정식이다.

⑤ $3x-1=1-3x$에서 $3x-1-1+3x=0$

즉, $6x-2=0$이므로 일차방정식이다. 　　 답 ②

0710 $3x+4=kx$에서 $3x-kx+4=0$

$(3-k)x+4=0$

이 등식이 x에 대한 일차방정식이 되려면 x의 계수가 0이 아니어야 하므로

$3-k\neq0$ 　　 ∴ $k\neq3$ 　　　　　　 답 $k\neq3$

0711 ㄱ. (정사각형의 넓이)=(한 변의 길이)×(한 변의 길이)이므로 $x \times x = 25$에서 $x^2-25=0$

ㄴ. (거리)=(속력)×(시간)이므로

$30 \times x = 120$에서 $30x-120=0$

ㄷ. $x \times 4+1=13$에서 $4x-12=0$

따라서 일차방정식인 것은 ㄴ, ㄷ이다. 　　 답 ㄴ, ㄷ

0712 $3(4-5x)=x-2(x+1)$에서

$12-15x=x-2x-2$, $12-15x=-x-2$

$-15x+x=-2-12$, $-14x=-14$

∴ $x=1$ 　　　　　　　　　　　　　　 답 ④

0713 $-x+9=4-2(1-3x)$에서

$-x+9=4-2+6x$, $-x+9=2+6x$

$-x-6x=2-9$, $-7x=-7$

∴ $x=1$

① $-x+6=7$에서 $-x=7-6$, $-x=1$ 　 ∴ $x=-1$

② $4=2(2-x)$에서 $4=4-2x$

$2x=4-4$, $2x=0$ 　　 ∴ $x=0$

③ $2x-8=x+9$에서 $2x-x=9+8$ 　 ∴ $x=17$

④ $3(x-1)=2x-2$에서 $3x-3=2x-2$

$3x-2x=-2+3$ 　　 ∴ $x=1$

⑤ $5x=3-(x-4)$에서 $5x=3-x+4$, $5x=-x+7$

$5x+x=7$, $6x=7$ 　　 ∴ $x=\dfrac{7}{6}$ 　 답 ④

0714 $3x-5=-2x+15$에서

$3x+2x=15+5$, $5x=20$ 　　 ∴ $x=4$

$6-2(9-x)=4x$에서 $6-18+2x=4x$, $-12+2x=4x$

$2x-4x=12$, $-2x=12$ 　　 ∴ $x=-6$

따라서 $a=4$, $b=-6$이므로

$a-b=4-(-6)=10$ 　　　　　　　　 답 10

0715 오른쪽 그림과 같이 빈칸의 식을 각각 B, C라 하면

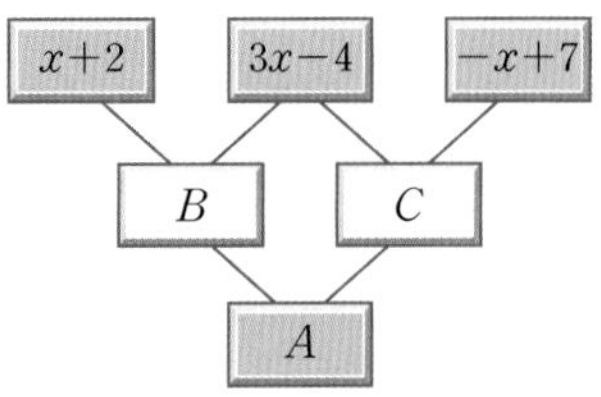

$B=(x+2)+(3x-4)$

$\quad=4x-2$

$C=(3x-4)+(-x+7)$

$\quad=2x+3$

이므로

$A=B+C=(4x-2)+(2x+3)=6x+1$

따라서 $6x+1=-5$이므로

$6x=-6$ 　　 ∴ $x=-1$ 　　　　　　 답 -1

0716 $0.4x=0.3(x+5)-1.8$의 양변에 10을 곱하면
$4x=3(x+5)-18$, $4x=3x+15-18$
$4x=3x-3$, $4x-3x=-3$
$\therefore x=-3$ 　　　　　　 답 $x=-3$

0717 $0.05x+1.3=0.35x-0.5$의 양변에 100을 곱하면
$5x+130=35x-50$
$5x-35x=-50-130$
$-30x=-180$　　 $\therefore x=6$ 　　 답 ④

0718 $1.2x-0.1=0.5(x-2)$의 양변에 10을 곱하면
$12x-1=5(x-2)$, $12x-1=5x-10$
$7x=-9$　　 $\therefore x=-\dfrac{9}{7}$
즉, $a=-\dfrac{9}{7}$이므로
$-7a+1=-7\times\left(-\dfrac{9}{7}\right)+1=10$ 　　 답 10

0719 $0.02(12-x)=1.1+0.3(x-5)$의 양변에 100을 곱하면
$2(12-x)=110+30(x-5)$
$24-2x=-40+30x$
$-32x=-64$　　 $\therefore x=2$
즉, $a=2$이므로 a보다 작은 자연수는 1의 1개이다. 답 ①

0720 $\dfrac{3x-2}{5}-2=\dfrac{x-4}{3}$의 양변에 15를 곱하면
$3(3x-2)-30=5(x-4)$
$9x-6-30=5x-20$
$9x-36=5x-20$, $9x-5x=-20+36$
$4x=16$　　 $\therefore x=4$ 　　 답 $x=4$

0721 $\dfrac{6}{5}x-\dfrac{21}{10}=\dfrac{3}{10}x+\dfrac{12}{5}$의 양변에 10을 곱하면
$12x-21=3x+24$, $12x-3x=24+21$
$9x=45$　　 $\therefore x=5$ 　　 답 ⑤

0722 $\dfrac{1-2x}{3}-3=\dfrac{3x+1}{6}-\dfrac{1}{2}$의 양변에 6을 곱하면
$2(1-2x)-18=3x+1-3$
$-16-4x=3x-2$
$-7x=14$　　 $\therefore x=-2$ 　　 답 $x=-2$

0723 ① $\dfrac{x}{2}-3=-1$의 양변에 2를 곱하면
$x-6=-2$　　 $\therefore x=4$
② $\dfrac{x}{4}+1=\dfrac{x}{2}$의 양변에 4를 곱하면
$x+4=2x$　　 $\therefore x=4$
③ $\dfrac{2x-1}{3}=2$의 양변에 3을 곱하면
$2x-1=6$, $2x=7$　　 $\therefore x=\dfrac{7}{2}$
④ $\dfrac{x+8}{6}-\dfrac{x+1}{5}=1$의 양변에 30을 곱하면
$5(x+8)-6(x+1)=30$
$-x+34=30$　　 $\therefore x=4$

⑤ $\dfrac{3x-2}{2}=-x+9$의 양변에 2를 곱하면
$3x-2=2(-x+9)$, $3x-2=-2x+18$
$5x=20$　　 $\therefore x=4$ 　　 답 ③

0724 $\dfrac{x-1}{3}+1=0.5(x+3)$의 양변에 6을 곱하면
$2(x-1)+6=3(x+3)$
$2x+4=3x+9$　　 $\therefore x=-5$ 　　 답 ①

0725 $0.25x-\dfrac{x+5}{2}=0.2(3x+8)+1$의 양변에 20을 곱하면
$5x-10(x+5)=4(3x+8)+20$
$-5x-50=12x+52$
$-17x=102$　　 $\therefore x=-6$ 　　 답 $x=-6$

0726 $0.4x=\dfrac{1}{3}-0.5(1-x)$의 양변에 30을 곱하면
$12x=10-15(1-x)$, $12x=-5+15x$
$-3x=-5$　　 $\therefore x=\dfrac{5}{3}$
$\dfrac{x}{6}+0.25(5x-2)=\dfrac{3}{2}x-1$의 양변에 12를 곱하면
$2x+3(5x-2)=18x-12$
$17x-6=18x-12$　　 $\therefore x=6$
따라서 $a=\dfrac{5}{3}$, $b=6$이므로
$ab=\dfrac{5}{3}\times6=10$ 　　 답 ②

0727 $(x-2):6=(x-3):4$에서
$4(x-2)=6(x-3)$, $4x-8=6x-18$
$-2x=-10$　　 $\therefore x=5$ 　　 답 ④

0728 $3:(2x-1)=4:(3x-2)$에서
$3(3x-2)=4(2x-1)$
$9x-6=8x-4$, $9x-8x=-4+6$
$\therefore x=2$ 　　 답 2

0729 $\left(4x+\dfrac{4}{3}\right):2=(x-3):4:3$에서
$3\left(4x+\dfrac{4}{3}\right)=8(x-3)$
$12x+4=8x-24$, $12x-8x=-24-4$
$4x=-28$　　 $\therefore x=-7$ 　　 답 ②

0730 $\dfrac{1-2x}{5}:3=(x-0.2):5$에서
$\dfrac{1-2x}{5}\times5=3(x-0.2)$
$1-2x=3x-0.6$
이 식의 양변에 10을 곱하면
$10-20x=30x-6$, $-20x-30x=-6-10$
$-50x=-16$　　 $\therefore x=\dfrac{8}{25}$
따라서 $a=25$, $b=8$이므로
$a+b=25+8=33$ 　　 답 33

0731 $x=1$을 $-3a(x-2)+ax=12$에 대입하면
$3a+a=12$, $4a=12$
$\therefore a=3$ 　　 답 3

0732 $x=-4$를 $\dfrac{x+5}{2}-\dfrac{x-a}{6}=1$에 대입하면

$\dfrac{-4+5}{2}-\dfrac{-4-a}{6}=1$

$\dfrac{1}{2}+\dfrac{4+a}{6}=1$

이 식의 양변에 6을 곱하면

$3+(4+a)=6,\ 7+a=6$

$\therefore a=-1$ **답** -1

0733 $x=5$를 $a(x-1)=8$에 대입하면

$4a=8 \quad \therefore a=2$

$a=2$를 $4x+a(x+2)=10$에 대입하면

$4x+2(x+2)=10,\ 4x+2x+4=10$

$6x+4=10,\ 6x=10-4$

$6x=6 \quad \therefore x=1$ **답** $x=1$

0734 $x=-2$를 $3x+2=x+a$에 대입하면

$-6+2=-2+a,\ -4=-2+a \quad \therefore a=-2$

$x=-2$를 $\dfrac{1}{2}(bx+4)=1.2(2x-1)$에 대입하면

$\dfrac{1}{2}(-2b+4)=1.2\times(-5)$

$-b+2=-6 \quad \therefore b=8$

$\therefore \dfrac{b}{a}=\dfrac{8}{-2}=-4$ **답** -4

0735 $3(x-4)+8=5x$에서 $3x-12+8=5x$

$3x-4=5x,\ 3x-5x=4$

$-2x=4 \quad \therefore x=-2$

$x=-2$를 $\dfrac{x}{4}-\dfrac{3-ax}{6}=2$에 대입하면

$\dfrac{-2}{4}-\dfrac{3+2a}{6}=2,\ -\dfrac{1}{2}-\dfrac{3+2a}{6}=2$

이 식의 양변에 6을 곱하면

$-3-(3+2a)=12,\ -3-3-2a=12$

$-6-2a=12,\ -2a=12+6$

$-2a=18 \quad \therefore a=-9$ **답** -9

0736 $\dfrac{1}{2}x=x-1$에서 $\dfrac{1}{2}x-x=-1$

$-\dfrac{1}{2}x=-1 \quad \therefore x=2$

$x=2$를 $2x-1=a$에 대입하면

$4-1=a \quad \therefore a=3$ **답** 3

0737 $0.3(7-2x)=\dfrac{1}{2}x+1$의 양변에 10을 곱하면

$3(7-2x)=5x+10,\ 21-6x=5x+10$

$-6x-5x=10-21,\ -11x=-11$

$\therefore x=1$

$x=1$을 $\dfrac{3a+x}{2}-ax=0.5$에 대입하면

$\dfrac{3a+1}{2}-a=0.5,\ \dfrac{3a+1}{2}-a=\dfrac{1}{2}$

이 식의 양변에 2를 곱하면

$3a+1-2a=1 \quad \therefore a=0$ **답** 0

0738 (1) $(2x+5):(2x-1)=3:1$에서

$2x+5=3(2x-1)$

$2x+5=6x-3,\ 2x-6x=-3-5$

$-4x=-8 \quad \therefore x=2$ ⋯❶

(2) $x=2$를 $x-3a=3x+1$에 대입하면

$2-3a=6+1,\ 2-3a=7$

$-3a=5 \quad \therefore a=-\dfrac{5}{3}$ ⋯❷

답 (1) 2 (2) $-\dfrac{5}{3}$

채점 기준	비율
❶ x의 값 구하기	50 %
❷ a의 값 구하기	50 %

0739 $x-2(x+a)=2x-11$에서

$x-2x-2a=2x-11$

$-x-2a=2x-11,\ -x-2x=-11+2a$

$-3x=-11+2a$

$\therefore x=\dfrac{11-2a}{3}$

이 방정식의 해가 자연수이어야 하므로 $11-2a$는 3의 배수이어야 한다.

(i) $11-2a=3$일 때, $2a=8 \quad \therefore a=4$

(ii) $11-2a=6$일 때, $2a=5 \quad \therefore a=\dfrac{5}{2}$

(iii) $11-2a=9$일 때, $2a=2 \quad \therefore a=1$

(iv) $11-2a$가 12 이상인 3의 배수일 때에는 $a<0$이므로 a는 자연수가 아니다.

(i)~(iv)에서 자연수 a의 값은 1, 4이다. **답** 1, 4

주의 자연수 a의 값을 구해야 하므로 $a=\dfrac{5}{2}$의 값을 답으로 하지 않도록 주의한다.

0740 $x-\dfrac{1}{3}(x+2a)=-4$의 양변에 3을 곱하면

$3x-(x+2a)=-12,\ 3x-x-2a=-12$

$2x-2a=-12,\ 2x=-12+2a$

$\therefore x=-6+a$

따라서 $-6+a$가 음의 정수가 되도록 하는 자연수 a는 1, 2, 3, 4, 5의 5개이다. **답** ④

0741 $5(4-x)=a-x$에서 $20-5x=a-x$

$-5x+x=a-20,\ -4x=a-20$

$\therefore x=\dfrac{20-a}{4}$

이 방정식의 해가 자연수이어야 하므로 $20-a$는 4의 배수이어야 한다.

(i) $20-a=4$일 때, $a=16$

(ii) $20-a=8$일 때, $a=12$

(iii) $20-a=12$일 때, $a=8$

(iv) $20-a=16$일 때, $a=4$

(v) $20-a$가 20 이상인 4의 배수일 때에는 $a\le0$이므로 a는 자연수가 아니다.

(i)~(v)에서 자연수 a의 값은 4, 8, 12, 16이다. **답** ⑤

0742 $3(2x+1)=ax-5$에서 $6x+3=ax-5$

$6x-ax=-5-3$, $(6-a)x=-8$

$\therefore x=-\dfrac{8}{6-a}$

이 방정식의 해가 음의 정수이어야 하므로 $6-a$는 8의 약수이어야 한다.

(i) $6-a=1$일 때, $a=5$

(ii) $6-a=2$일 때, $a=4$

(iii) $6-a=4$일 때, $a=2$

(iv) $6-a=8$일 때, $a=-2$

(i)~(iv)에서 정수 a의 값의 합은

$5+4+2+(-2)=9$ 답 9

0743 $ax-x=3+x$에서

$(a-2)x=3$

주어진 등식을 만족시키는 x의 값이 존재하지 않으므로

$a-2=0$ $\therefore a=2$ 답 2

0744 $ax-3=6x+b$에서

$(a-6)x=b+3$

주어진 방정식의 해가 무수히 많으므로

$a-6=0$, $b+3=0$

$\therefore a=6$, $b=-3$ 답 ④

0745 $(a+1)x-3=1$에서 $(a+1)x=4$

주어진 방정식의 해가 없으므로

$a+1=0$ $\therefore a=-1$

$(b-1)x+2=c$에서

$(b-1)x=c-2$

주어진 방정식의 해가 무수히 많으므로

$b-1=0$, $c-2=0$ $\therefore b=1$, $c=2$

$\therefore a+b+c=(-1)+1+2=2$ 답 2

학교시험꼭잡기 108~110쪽

0746 등식, 즉 등호를 사용한 식은 ㄱ, ㅁ, ㅂ의 3개이다. 답 ②

0747 ① $2x-1=1$에 $x=1$을 대입하면 $1=1$ (참)

② $-(x-3)=3$에 $x=0$을 대입하면 $3=3$ (참)

③ $-3x+1=-5$에 $x=2$를 대입하면 $-5=-5$ (참)

④ $4-2x=3x+5$에 $x=-2$를 대입하면 $8\neq-1$ (거짓)

⑤ $2(x-2)=x-1$에 $x=3$을 대입하면 $2=2$ (참) 답 ④

0748 ㄴ. (좌변)$=4x+3x=7x$, (우변)$=7x$

즉, (좌변)$=$(우변)이므로 항등식이다.

ㄹ. (좌변)$=3(2x+1)=6x+3$, (우변)$=6x+3$

즉, (좌변)$=$(우변)이므로 항등식이다.

따라서 항등식인 것은 ㄴ, ㄹ이다. 답 ③

0749 ② $2x\underline{-12}=6x \Rightarrow 2x-6x=12$ 답 ②

0750 $2a(2-x)+1=b-4x$에서

$4a-2ax+1=b-4x$

$(4a+1)-2ax=b-4x$

이 식이 x에 대한 항등식이므로

$4a+1=b$, $-2a=-4$

따라서 $a=2$, $b=9$이므로

$ab=2\times9=18$ 답 18

0751 ① $a+7=b+7$의 양변에서 7을 빼면 $a=b$

② $a=3b$의 양변에서 3을 빼면 $a-3=3b-3$

$\therefore a-3=3(b-1)$

③ $\dfrac{a}{4}=\dfrac{b}{5}$의 양변에 20을 곱하면 $5a=4b$

$\therefore 4a\neq5b$

④ $c\neq0$일 때, $ac=bc$의 양변을 c로 나누면 $a=b$

⑤ $a+b=c-d$의 양변에서 b를 빼면 $a=c-d-b$

이 식의 양변에 d를 더하면 $a+d=c-b$ 답 ③

0752 ㈎ 등식의 양변에서 2를 뺀다. (ㄴ)

㈏ 등식의 양변에 3을 곱한다. (ㄷ)

따라서 ㈎, ㈏에서 이용한 등식의 성질은 차례대로 ㄴ, ㄷ 이다. 답 ③

0753 $\dfrac{x+5}{6}-2=-\dfrac{3x-1}{4}$의 양변에 12를 곱하면

$\dfrac{x+5}{6}\times12-2\times12=-\dfrac{3x-1}{4}\times12$

따라서 처음으로 잘못 계산한 부분은 ①이다. 답 ①

0754 $(a+2)x-1=a-4ax$에서

$(a+2)x-1-a+4ax=0$

$(5a+2)x-1-a=0$

이 등식이 x에 대한 일차방정식이 되려면 x의 계수가 0이 아니어야 하므로

$5a+2\neq0$, $5a\neq-2$ $\therefore a\neq-\dfrac{2}{5}$ 답 ②

0755 ① $x-5=4$에서 $x=4+5$ $\therefore x=9$

② $2x+1=-3$에서 $2x=-3-1$

$2x=-4$ $\therefore x=-2$

③ $4x-3=6-x$에서 $4x+x=6+3$

$5x=9$ $\therefore x=\dfrac{9}{5}$

④ $3(x+4)-5x=8$에서 $3x+12-5x=8$

$-2x=-4$ $\therefore x=2$

⑤ $2(x-1)=-x-5$에서 $2x-2=-x-5$

$3x=-3$ $\therefore x=-1$

따라서 해가 가장 작은 것은 ②이다. 답 ②

0756 $(x-1):4=\dfrac{x+1}{2}:3$에서

$3(x-1)=4\times\dfrac{x+1}{2}$, $3(x-1)=2(x+1)$

$3x-3=2x+2$ $\therefore x=5$ 답 5

0757 $7x-5=4x-8$에서 $7x-4x=-8+5$

$3x=-3$ $\quad \therefore x=-1$

$x=-1$을 $2(ax-1)=3-3x$에 대입하면

$2(-a-1)=3+3,\ -2a-2=6$

$-2a=8$ $\quad \therefore a=-4$ 　　　　답 -4

0758 ① $\dfrac{x+30}{2}\geq 27$

② $x(x+2)=120$, 즉 $x^2+2x=120$

③ $\dfrac{300}{x}=y$

④ (거스름돈)=(지불 금액)-(물건 가격)

　　　　$=x-1000\times 2=x-2000$(원)

⑤ (속력)×(시간)=(거리)이므로 $80x=400$

따라서 일차방정식인 것은 ⑤이다. 　　　　답 ⑤

0759 $\dfrac{2-x}{3}-1=\dfrac{3x+1}{6}-\dfrac{1}{2}$의 양변에 6을 곱하면

$2(2-x)-6=3x+1-3,\ -2-2x=3x-2$

$-2x-3x=-2+2,\ -5x=0$ $\quad \therefore x=0$

$0.03x=-\dfrac{1}{5}(1.2x-2.7)$의 양변에 100을 곱하면

$3x=-24x+54,\ 27x=54$ $\quad \therefore x=2$

따라서 $a=0$, $b=2$이므로

$a+b=0+2=2$ 　　　　답 2

0760 잘못 본 우변의 상수항을 a라 하면

$3x-5=a-4x$

이 방정식의 해가 $x=-1$이므로

$x=-1$을 $3x-5=a-4x$에 대입하면

$-3-5=a+4,\ -a=12$ $\quad \therefore a=-12$

따라서 상수항 3을 -12로 잘못 보았다. 　　　　답 ②

0761 $\dfrac{3x-2}{4}=\dfrac{1}{2}(x-6a)+5$의 양변에 4를 곱하면

$3x-2=2(x-6a)+20,\ 3x-2=2x-12a+20$

$\therefore x=22-12a$

이 방정식의 해가 양의 정수이고, a는 자연수이어야 하므로

$a=1$ 　　　　답 1

참고 $a=2$일 때, $x=-2$

　　　$a=3$일 때, $x=-14$

　　　$\vdots$

　　이므로 a가 2 이상의 정수일 때, 해는 음의 정수가 된다.

0762 $\left(a+\dfrac{1}{4}\right)x-3=\dfrac{3}{4}x+b$에서

$\left(a-\dfrac{1}{2}\right)x=b+3$

주어진 방정식의 해가 무수히 많으므로

$a-\dfrac{1}{2}=0,\ b+3=0$ $\quad \therefore a=\dfrac{1}{2},\ b=-3$

$(c+1)x+5=2$에서

$(c+1)x=-3$

주어진 방정식의 해가 없으므로

$c+1=0$ $\quad \therefore c=-1$

$\therefore \dfrac{bc}{a}=bc\div a=(-3)\times(-1)\div\dfrac{1}{2}$

　　　$=(-3)\times(-1)\times 2=6$ 　　　　답 6

0763 $3(2x-4)=(a-2)x+(1-b)$에서

$6x-12=(a-2)x+(1-b)$

이 식이 x에 대한 항등식이므로

$6=a-2,\ -12=1-b$

따라서 $a=8$, $b=13$이므로 　　　　…❶

$a-b=8-13=-5$ 　　　　…❷

　　　　답 -5

채점 기준	비율
❶ a, b의 값 각각 구하기	60 %
❷ $a-b$의 값 구하기	40 %

0764 $ax(x+2)-7=\dfrac{1}{2}(4x^2-2x+6)+5$에서

$ax^2+2ax-7=2x^2-x+3+5$

$(a-2)x^2+(2a+1)x-15=0$ 　　　　……㉠

㉠이 일차방정식이 되려면 이차항의 계수가 0이고, 일차항의 계수는 0이 아니어야 하므로

$a-2=0$ $\quad \therefore a=2$ 　　　　…❶

$a=2$를 ㉠에 대입하면

$5x-15=0,\ 5x=15$ $\quad \therefore x=3$ $\quad \therefore b=3$ 　　…❷

$\therefore ab=2\times 3=6$ 　　　　…❸

　　　　답 6

채점 기준	비율
❶ a의 값 구하기	50 %
❷ b의 값 구하기	35 %
❸ ab의 값 구하기	15 %

0765 $2(x-1)=7-x$에서 $2x-2=7-x$

$2x+x=7+2,\ 3x=9$ $\quad \therefore x=3$ 　　…❶

즉, $ax+1=-2$의 해는 $x=1$이다. 　　…❷

따라서 $x=1$을 $ax+1=-2$에 대입하면

$a+1=-2$ $\quad \therefore a=-3$ 　　…❸

　　　　답 -3

채점 기준	비율
❶ 일차방정식 $2(x-1)=7-x$의 해 구하기	30 %
❷ 일차방정식 $ax+1=-2$의 해 구하기	30 %
❸ a의 값 구하기	40 %

교과서 쏙 창의력·문해력 UP!　　　111쪽

0766 (1) 규리의 나이를 a세라 하면

규리의 맥박 수가 123회이므로

$\dfrac{3}{5}(220-a)=123$

$220-a=123\times\dfrac{5}{3}=205$ $\quad \therefore a=15$

따라서 규리는 15세이다.

(2) 동생의 나이를 x세라 하면 할머니의 나이는 $6x$세이므로 동생의 맥박 수는 $\frac{3}{5}(220-x)$회이고, 할머니의 맥박 수는 $\frac{3}{5}(220-6x)$회이다.

동생의 맥박 수는 할머니의 맥박 수보다 30회 많으므로

$\frac{3}{5}(220-x)=\frac{3}{5}(220-6x)+30$

양변에 $\frac{5}{3}$를 곱하면

$220-x=220-6x+50,\ 5x=50$ $\therefore\ x=10$

답 (1) 15세 (2) 10

0767

[그림 1] [그림 2] [그림 3]

[그림 1]의 양쪽 접시 위에 ■ 모양의 추 3개를 올려놓으면

[그림 2]에 의해 $\boxed{■■■■▲}=\boxed{■■▲▲}$

이때 양쪽 접시에서 ▲ 모양의 추 1개를 내려놓으면

[그림 1]에 의해 $\boxed{■■■■}=\boxed{■●}$

따라서 $\boxed{?}$에 올려놓을 수 있는 추는 ●이다.   **답** ●

0768 3으로 약분하기 전의 처음 분수는 $\dfrac{7\times3}{a\times3}=\dfrac{21}{3a}$

이 분수의 분모에서 5를 빼고 분자에는 4를 더하면

$\dfrac{21+4}{3a-5}=\dfrac{25}{3a-5}$

분모에 분자를 더하면 $\dfrac{25}{3a-5+25}=\dfrac{25}{3a+20}$

이 분수를 적절히 약분하면 $\dfrac{7}{a}$이므로 $\dfrac{25}{3a+20}=\dfrac{7}{a}$

$25a=7(3a+20),\ 25a=21a+140$

$4a=140$ $\therefore\ a=35$

따라서 이 분수는 $\dfrac{21}{3\times35}=\dfrac{21}{105}$이므로 기약분수로 나타내면 $\dfrac{1}{5}$이다.   **답** $\dfrac{1}{5}$

0769 $\dfrac{5}{4}x+\dfrac{a}{3}=\dfrac{7x+1}{6}$의 양변에 12를 곱하면

$15x+4a=14x+2$

$\therefore\ x=-4a+2$

$2(3x+b)=x$에서

$6x+2b=x,\ 5x=-2b$

$\therefore\ x=-\dfrac{2}{5}b$

두 일차방정식의 해가 같으므로

$-4a+2=-\dfrac{2}{5}b,\ 10a-b=5$

이때 $a,\ b$는 한 자리 자연수이므로 $a=1,\ b=5$

(a와 b의 합)$=6$, (a와 b의 차)$=4$이므로

정민이의 사물함 비밀번호는 6541이다.   **답** 6541

07 일차방정식의 활용

0770 **답** $x+6,\ x+6,\ 9,\ 9,\ 15$

0771 **답** $x+2$

0772 **답** $x+(x+2)=60$

0773 $x+(x+2)=60$에서 $2x+2=60$

$2x=58$ $\therefore\ x=29$

따라서 연속하는 두 홀수는 29, 31이다.   **답** 29, 31

0774 연속하는 두 짝수를 $x-2,\ x$라 하면

$(x-2)+x=54$

$2x-2=54$

$2x=56$ $\therefore\ x=28$

따라서 연속하는 두 짝수는 26, 28이다.   **답** 26, 28

0775 $2(x+5)=16$에서 $x+5=8$

$\therefore\ x=3$ **답** $2(x+5)=16,\ x=3$

0776 $2(x+5)=24$에서 $x+5=12$

$\therefore\ x=7$ **답** $2(x+5)=24,\ x=7$

0777 x명에게 6개씩 나누어 준 사탕의 개수는 $6x$이므로

$50-6x=2,\ -6x=-48$

$\therefore\ x=8$ **답** $50-6x=2,\ x=8$

0778 한 개에 700원인 지우개 x개의 가격은 $700x$원이므로

$3000-700x=200,\ -700x=-2800$

$\therefore\ x=4$ **답** $3000-700x=200,\ x=4$

0779 **답** $10,\ 10,\ \dfrac{11}{10}x$

0780 **답** $10,\ 10,\ \dfrac{9}{10}x$

0781 **답** $3,\ \dfrac{x}{3}$

0782 왕복하는 데 걸린 시간을 이용하여 방정식을 세우면

(갈 때 걸린 시간)$+$(올 때 걸린 시간)$=2$(시간)

이므로 $\dfrac{x}{6}+\dfrac{x}{3}=2$ **답** $\dfrac{x}{6}+\dfrac{x}{3}=2$

0783 $\dfrac{x}{6}+\dfrac{x}{3}=2$의 양변에 6을 곱하면

$x+2x=12,\ 3x=12$

$\therefore\ x=4$

따라서 집에서 문화 센터까지의 거리는 4 km이다.

답 4 km

0784 **답** $300+x,\ \dfrac{9}{100}\times(300+x)$

0785 물을 더 넣어도 소금의 양은 변하지 않으므로

$\dfrac{12}{100}\times300=\dfrac{9}{100}\times(300+x)$

답 $\dfrac{12}{100}\times300=\dfrac{9}{100}\times(300+x)$

0786 $\dfrac{12}{100} \times 300 = \dfrac{9}{100} \times (300+x)$의 양변에 100을 곱하면

$3600 = 9(300+x)$, $3600 = 2700 + 9x$

$-9x = -900$ ∴ $x = 100$

따라서 더 넣어야 하는 물의 양은 100 g이다. **답** 100 g

114~122쪽

유형 다 잡기

0787 어떤 수를 x라 하면

$x + 45 = 3x + 17$

$-2x = -28$ ∴ $x = 14$

따라서 어떤 수는 14이다. **답** ③

0788 작은 수를 x라 하면 큰 수는 $x+9$

큰 수는 작은 수의 3배보다 5만큼 작으므로

$x + 9 = 3x - 5$

$-2x = -14$ ∴ $x = 7$

따라서 작은 수는 7이다. **답** 7

0789 (1) 어떤 수를 x라 하면 구하려고 했던 수는 $8(x-3)$이므로

$3(x-8) = \dfrac{1}{4} \times 8(x-3)$

$3x - 24 = 2x - 6$ ∴ $x = 18$

따라서 어떤 수는 18이다.

(2) $8(x-3) = 8 \times (18-3) = 8 \times 15 = 120$

답 (1) 18 (2) 120

0790 연속하는 세 홀수를 $x-2$, x, $x+2$라 하면

$(x-2) + x + (x+2) = 117$

$3x = 117$ ∴ $x = 39$

따라서 세 홀수 중 가장 큰 수는

$39 + 2 = 41$ **답** ②

참고 연속하는 세 홀수를 $x-4$, $x-2$, x로 놓고 풀 수도 있다.

0791 연속하는 세 자연수를 $x-1$, x, $x+1$이라 하면

$(x-1) + x + (x+1) = 51$

$3x = 51$ ∴ $x = 17$

따라서 세 자연수 중 가장 작은 수는

$17 - 1 = 16$ **답** 16

참고 연속하는 세 자연수를 x, $x+1$, $x+2$로 놓고 풀 수도 있다.

0792 연속하는 세 홀수를 $x-2$, x, $x+2$라 하면

$10x = (x-2) + (x+2) + 40$

$10x = 2x + 40$

$8x = 40$ ∴ $x = 5$

따라서 연속하는 세 홀수는 3, 5, 7이다. **답** 3, 5, 7

0793 연속하는 세 짝수를 $x-2$, x, $x+2$라 하면

$x + 2 = (x-2) + x - 90$

$x + 2 = 2x - 92$

$-x = -94$ ∴ $x = 94$

따라서 세 짝수 중 가장 작은 수는

$94 - 2 = 92$ **답** 92

참고 연속하는 세 짝수를 x, $x+2$, $x+4$로 놓고 풀 수도 있다.

0794 처음 수의 일의 자리의 숫자를 x라 하면

처음 수는 $30+x$, 바꾼 수는 $10x+3$이므로

$10x + 3 = (30+x) + 9$

$10x + 3 = x + 39$

$9x = 36$ ∴ $x = 4$

따라서 처음 수는 34이다. **답** 34

0795 십의 자리의 숫자를 x라 하면

$10x + 4 = 6(x+4)$

$10x + 4 = 6x + 24$

$4x = 20$ ∴ $x = 5$

따라서 구하는 자연수는 54이다. **답** 54

0796 처음 수의 십의 자리의 숫자를 x라 하면 일의 자리의 숫자는 $x+6$이다.

처음 수는 $10x + (x+6)$, 바꾼 수는 $10(x+6) + x$이므로

$3\{10x + (x+6)\} = 10(x+6) + x - 20$

$3(11x+6) = 10x + 60 + x - 20$

$33x + 18 = 11x + 40$

$22x = 22$ ∴ $x = 1$

따라서 십의 자리의 숫자는 1, 일의 자리의 숫자는 7이므로 처음 수는 17이다. **답** 17

0797 십의 자리의 숫자를 x라 하면 일의 자리의 숫자는 $x+2$이므로

$10x + (x+2) = 4\{x + (x+2)\} + 15$ ··· ❶

$11x + 2 = 4(2x+2) + 15$

$11x + 2 = 8x + 23$

$3x = 21$ ∴ $x = 7$ ··· ❷

따라서 십의 자리의 숫자는 7, 일의 자리의 숫자는 9이므로 구하는 자연수는 79이다. ··· ❸

답 79

채점 기준	비율
❶ 미지수를 정하고 방정식 세우기	40 %
❷ 방정식의 해 구하기	40 %
❸ 답 구하기	20 %

0798 x년 후 어머니의 나이가 아들의 나이의 2배가 된다고 하면

$43 + x = 2(15+x)$

$43 + x = 30 + 2x$ ∴ $x = 13$

따라서 13년 후에 어머니의 나이가 아들의 나이의 2배가 된다. **답** 13년 후

0799 현재 우진이의 나이를 x세라 하면 아버지의 나이는 $(x+28)$세이고 15년 후 우진이의 나이는 $(x+15)$세, 아버지의 나이는 $\{(x+28)+15\}$세이므로

$2(x+15) = \{(x+28) + 15\} + 2$

$2x + 30 = x + 45$ ∴ $x = 15$

따라서 현재 우진이의 나이는 15세이다. **답** 15세

0800 막내의 나이를 x세라 하면

삼남매의 나이는 각각 x세, $(x+3)$세, $(x+6)$세이므로

$x + 6 = 2x - 10$

$-x=-16$ ∴ $x=16$
따라서 막내의 나이는 16세이다.   🄳 16세

0801 현재 지우의 나이가 16세이므로 언니의 나이는 20세이다.
x년 후에 배낭여행을 떠난다고 하면
$5(20+x)=6(16+x)$
$100+5x=96+6x$
$-x=-4$ ∴ $x=4$
따라서 배낭여행을 떠나는 것은 4년 후이다.   🄳 4년 후

0802 성공한 2점 숫을 x개라 하면 3점 숫은 $(23-x)$개이므로
$2x+3(23-x)=52$
$2x+69-3x=52$
$-x=-17$ ∴ $x=17$
따라서 성공한 2점 숫은 17개이다.   🄳 ③

0803 여학생을 x명이라 하면 남학생은 $(220-x)$명이므로
$220-x=x+30$
$-2x=-190$ ∴ $x=95$
따라서 여학생은 95명이다.   🄳 95명

0804 돼지를 x마리라 하면 닭은 $(16-x)$마리이므로
$4x+2(16-x)=44$
$4x+32-2x=44$
$2x=12$ ∴ $x=6$
따라서 돼지는 6마리이다.   🄳 6마리

0805 구입한 음료수를 x병이라 하면 생수는 $(12-x)$병이므로
$1500x+800(12-x)+2800=18000$
$1500x+9600-800x+2800=18000$
$700x+12400=18000$
$700x=5600$ ∴ $x=8$
따라서 구입한 음료수는 8병이다.   🄳 8병

0806 x일 후에 언니와 동생의 저금통에 들어 있는 금액이 같아진다고 하면
$5000+1000x=6400+800x$
$200x=1400$ ∴ $x=7$
따라서 언니와 동생의 저금통에 들어 있는 금액이 같아지는 것은 7일 후이다.   🄳 7일 후

0807 x일 후에 형과 동생이 가지고 있는 금액이 같아진다고 하면
$9000-800x=7200-600x$
$-200x=-1800$ ∴ $x=9$
따라서 형과 동생이 가지고 있는 금액이 같아지는 것은 9일 후이다.   🄳 ④

0808 10개월 후에 가은이의 포인트는
$21900+1200×10=33900(점)$
10개월 후에 도윤이의 포인트는 $(1400+10x)$점이므로
$33900=3(1400+10x)$
$33900=4200+30x$
$30x=29700$ ∴ $x=990$ 🄳 990

0809 새로 만든 직사각형의 가로의 길이는 $6-2=4(cm)$, 세로의 길이는 $(4+x)$ cm이므로
$4(4+x)=28$
$4+x=7$ ∴ $x=3$ 🄳 3
참고 (직사각형의 넓이)=(가로의 길이)×(세로의 길이)

0810 직육면체 모양의 상자는 가로의 길이가 $(x-6)$ cm, 세로의 길이가 $26-6=20$ (cm), 높이가 3 cm이므로
$(x-6)×20×3=300$
$x-6=5$ ∴ $x=11$ 🄳 11

0811 직사각형 1개의 가로의 길이를 x cm라 하면 세로의 길이는 $(10-x)$ cm이므로
$4(10-x)=x$, $40-4x=x$
$-5x=-40$ ∴ $x=8$
따라서 정사각형의 한 변의 길이는 8 cm이다.   🄳 8 cm

0812 직사각형의 세로의 길이를 x cm라 하면 가로의 길이는 $3x$ cm이므로
$2(x+3x)=48$ ⋯❶
$8x=48$ ∴ $x=6$ ⋯❷
따라서 직사각형의 가로의 길이는
$3×6=18(cm)$ ⋯❸
🄳 18 cm

채점 기준	비율
❶ 미지수를 정하고 방정식 세우기	40 %
❷ 방정식의 해 구하기	40 %
❸ 답 구하기	20 %

0813 상품의 원가를 x원이라 하면
$(정가)=\dfrac{100+40}{100}x=\dfrac{140}{100}x=\dfrac{7}{5}x(원)$
$(판매 가격)=\dfrac{7}{5}x-1000(원)$
이때 (판매 가격)−(원가)=(이익)이고 이익이 200원이므로
$\left(\dfrac{7}{5}x-1000\right)-x=200$
$\dfrac{2}{5}x-1000=200$
$\dfrac{2}{5}x=1200$ ∴ $x=3000$
따라서 상품의 원가는 3000원이다.   🄳 3000원

0814 상품의 원가를 x원이라 하면
$(정가)=\dfrac{100+30}{100}x=\dfrac{130}{100}x=\dfrac{13}{10}x(원)$
$(판매 가격)=\dfrac{13}{10}x-700(원)$
이때 (판매 가격)−(원가)=(이익)이고 이익이 원가의 20 %이므로
$\left(\dfrac{13}{10}x-700\right)-x=\dfrac{20}{100}x$
$\dfrac{3}{10}x-700=\dfrac{2}{10}x$
$\dfrac{1}{10}x=700$ ∴ $x=7000$
따라서 상품의 원가는 7000원이다.   🄳 7000원

0815 정가를 x원이라 하면

$(판매 가격) = \dfrac{100-25}{100}x = \dfrac{75}{100}x = \dfrac{3}{4}x(원)$

$(이익) = 12000 \times \dfrac{10}{100} = 1200(원)$

이때 (판매 가격) $-$ (원가) $=$ (이익)이므로

$\dfrac{3}{4}x - 12000 = 1200$

$\dfrac{3}{4}x = 13200$ $\quad \therefore x = 17600$

따라서 정가는 17600원이다. 　　　　　**답** 17600원

0816 $(정가) = \dfrac{100+20}{100} \times 5000 = 6000(원)$

$(판매 가격) = \dfrac{100-x}{100} \times 6000 = 6000 - 60x(원)$

이때 (판매 가격) $-$ (원가) $=$ (이익)이고 이익이 원가의 8 %
이므로

$(6000 - 60x) - 5000 = \dfrac{8}{100} \times 5000$

$1000 - 60x = 400$

$60x = 600$ $\quad \therefore x = 10$ 　　　　　**답** 10

0817 작년 여학생 수를 x라 하면 작년 남학생 수는 $1000-x$
이다.

$(올해 감소한 남학생 수) = \dfrac{6}{100}(1000-x)$

$(올해 증가한 여학생 수) = \dfrac{12}{100}x$

전체 학생이 12명 증가하였으므로

$\dfrac{12}{100}x - \dfrac{6}{100}(1000-x) = 12$

$12x - 6(1000-x) = 1200$

$12x - 6000 + 6x = 1200$

$18x = 7200$ $\quad \therefore x = 400$

따라서 올해 여학생 수는

$400 + \dfrac{12}{100} \times 400 = 400 + 48 = 448$ 　　　**답** 448

참고 작년 학생 수와 올해 학생 수의 증가, 감소에 대한 문제는 작년 학생
수를 미지수 x로 놓고, 변화된 부분에 대한 식을 세운다.

0818 작년 직원 수를 x라 하면

$(올해 감소한 직원 수) = \dfrac{4}{100}x$

올해 직원 수는 240이므로

$x - \dfrac{4}{100}x = 240$, $\quad x - \dfrac{1}{25}x = 240$

$\dfrac{24}{25}x = 240$ $\quad \therefore x = 250$

따라서 작년 직원 수는 250이다. 　　　　　**답** 250

0819 작년 남학생 수를 x라 하면

$(올해 감소한 남학생 수) = \dfrac{5}{100}x$

올해 전체 학생 수가 3 % 감소하였으므로

$\dfrac{5}{100}x = 400 \times \dfrac{3}{100}$

$5x = 1200$ $\quad \therefore x = 240$

따라서 작년 남학생 수는 240이다. 　　　　　**답** 240

0820 작년 여성 회원 수를 x라 하면

$(올해 증가한 여성 회원 수) = \dfrac{25}{100}x$

올해 전체 회원이 20 % 증가하였으므로

$\dfrac{25}{100}x - 15 = 1200 \times \dfrac{20}{100}$

$25x - 1500 = 24000$

$25x = 25500$ $\quad \therefore x = 1020$

따라서 올해 여성 회원 수는

$1020 + \dfrac{25}{100} \times 1020 = 1020 + 255 = 1275$ 　　**답** 1275

0821 한 권의 전체 쪽수를 x라 하면

$\dfrac{1}{2}x + \dfrac{1}{3}x + 20 = x$

$\dfrac{5}{6}x + 20 = x$

$\dfrac{1}{6}x = 20$ $\quad \therefore x = 120$

따라서 이 책 한 권의 전체 쪽수는 120이다. 　　**답** 120

0822 지우네 반 전체 학생 수를 x라 하면

$\dfrac{1}{3}x + \dfrac{1}{6}x + \dfrac{1}{4}x + 6 = x$

$\dfrac{4+2+3}{12}x + 6 = x$

$\dfrac{9}{12}x + 6 = x$

$\dfrac{1}{4}x = 6$ $\quad \therefore x = 24$

따라서 지우네 반 전체 학생 수는 24이다. 　　**답** 24

0823 수빈이가 처음에 가지고 있던 초콜릿의 개수를 x라 하면

$(언니에게 나누어 준 초콜릿의 개수) = \dfrac{1}{8}x$

$(수빈이가 먹은 초콜릿의 개수) = \left(x - 5 - \dfrac{1}{8}x\right) \times \dfrac{1}{6}$

$\qquad\qquad\qquad\qquad\qquad = \dfrac{1}{6}\left(\dfrac{7}{8}x - 5\right)$

이때 남은 초콜릿의 개수가 25이므로

$5 + \dfrac{1}{8}x + \dfrac{1}{6}\left(\dfrac{7}{8}x - 5\right) + 25 = x$

$\dfrac{13}{48}x + \dfrac{175}{6} = x$

$\dfrac{35}{48}x = \dfrac{175}{6}$ $\quad \therefore x = 40$

따라서 수빈이가 처음에 가지고 있던 초콜릿의 개수는 40
이다. 　　　　　　　　　　　　　　　　　**답** ④

0824 올라간 거리를 x km라 하면 내려온 거리는
$(x+1)$ km이고,

$(올라간 시간) + (내려온 시간) = 5시간$

이므로 $\dfrac{x}{3} + \dfrac{x+1}{5} = 5$

$5x + 3(x+1) = 75$

$5x + 3x + 3 = 75$

$8x = 72$ $\quad \therefore x = 9$

따라서 올라간 거리는 9 km이다. 　　　　　**답** 9 km

0825 준혁이네 집에서 문구점까지의 거리를 x km라 하면
(갈 때 걸린 시간)+(펜을 구매한 시간)+(올 때 걸린 시간)
$$=3시간$$
이고, 펜을 구매한 시간은 30분, 즉 $\dfrac{1}{2}$시간이므로
$$\frac{x}{4}+\frac{1}{2}+\frac{x}{3}=3$$
$$3x+6+4x=36$$
$$7x=30 \qquad \therefore x=\frac{30}{7}$$
따라서 준혁이네 집에서 문구점까지의 거리는 $\dfrac{30}{7}$ km이다.

답 ③

주의 시간의 단위를 '시간'으로 통일한다.

0826 집에서 학교까지의 거리를 x km라 하면
(걸어가는 시간)−(자전거를 타고 가는 시간)=42분
이고, 42분은 $\dfrac{42}{60}$시간이므로
$$\frac{x}{5}-\frac{x}{12}=\frac{42}{60}$$
$$12x-5x=42,\ 7x=42$$
$$\therefore x=6$$
따라서 집에서 학교까지의 거리는 6 km이다. 답 6 km

0827 언니가 집을 출발한 지 x분 후에 서현이를 만난다고 하면 서현이가 $(x+10)$분 동안 간 거리와 언니가 x분 동안 간 거리는 같으므로
$$80(x+10)=120x \qquad \cdots ❶$$
$$80x+800=120x$$
$$-40x=-800 \qquad \therefore x=20$$
따라서 언니가 집을 출발한 지 20분 후에 서현이를 만난다. $\cdots ❷$

답 20분 후

채점 기준	비율
❶ 미지수를 정하고 방정식 세우기	60 %
❷ 방정식을 풀어 답 구하기	40 %

0828 집에서 영화관까지의 거리를 x km라 하면
시간 차는 $5-(-10)=15$(분), 즉 $\dfrac{15}{60}=\dfrac{1}{4}$(시간)이므로
$$\frac{x}{4}-\frac{x}{8}=\frac{1}{4}$$
$$\frac{x}{8}=\frac{1}{4} \qquad \therefore x=2$$
따라서 집에서 영화관까지의 거리는 2 km이다. 답 2 km

0829 늦게 출발한 버스가 목적지에 도착할 때까지 걸린 시간을 x시간이라 하면 먼저 출발한 버스가 목적지에 도착할 때까지 걸린 시간은 $x+\dfrac{40}{60}=x+\dfrac{2}{3}$(시간)
이때 두 버스가 달린 거리는 같으므로
$$60\times\left(x+\frac{2}{3}\right)=90x$$
$$60x+40=90x$$
$$30x=40 \qquad \therefore x=\frac{4}{3}$$

따라서 늦게 출발한 버스가 목적지에 도착할 때까지 $\dfrac{4}{3}$시간이 걸렸으므로 학교에서 목적지까지의 거리는
$$90\times\frac{4}{3}=120 \text{ (km)}$$
답 ⑤

0830 물 x g을 증발시킨다고 하면
(6 % 소금물 300 g의 소금의 양)
$$=(10\text{ % 소금물 }(300-x)\text{ g의 소금의 양)이므로}$$
$$\frac{6}{100}\times300=\frac{10}{100}\times(300-x)$$
$$1800=3000-10x$$
$$10x=1200 \qquad \therefore x=120$$
따라서 물 120 g을 증발시켜야 한다. 답 120 g

0831 물 x g을 더 넣는다고 하면
(15 % 소금물 200 g의 소금의 양)
$$=(8\text{ % 소금물 }(200+x)\text{ g의 소금의 양)이므로}$$
$$\frac{15}{100}\times200=\frac{8}{100}\times(200+x)$$
$$3000=1600+8x$$
$$8x=1400 \qquad \therefore x=175$$
따라서 물 175 g을 더 넣어야 한다. 답 175 g

0832 더 넣은 소금의 양을 x g이라 하면
(10 % 소금물 200 g의 소금의 양)+x
$$=(40\text{ % 소금물 }(200+x)\text{ g의 소금의 양)이므로}$$
$$\frac{10}{100}\times200+x=\frac{40}{100}\times(200+x) \qquad \cdots ❶$$
$$2000+100x=8000+40x$$
$$60x=6000 \qquad \therefore x=100$$
따라서 더 넣은 소금의 양은 100 g이다. $\cdots ❷$

답 100 g

채점 기준	비율
❶ 미지수를 정하고 방정식 세우기	60 %
❷ 방정식을 풀어 답 구하기	40 %

0833 14 %의 설탕물 x g을 섞는다고 하면
(5 % 설탕물 600 g의 설탕의 양)+(14 % 설탕물 x g의 설탕의 양)=(8 % 설탕물 $(600+x)$ g의 설탕의 양)이므로
$$\frac{5}{100}\times600+\frac{14}{100}\times x=\frac{8}{100}\times(600+x)$$
$$3000+14x=4800+8x$$
$$6x=1800 \qquad \therefore x=300$$
따라서 14 %의 설탕물 300 g을 섞어야 한다. 답 ⑤

0834 두 사람이 출발한 지 x분 후에 만난다고 하면
(승민이가 걸은 거리)+(규리가 걸은 거리)
$$=(승민이와 규리네 집 사이의 거리)$$
이므로 $70x+50x=1200$
$$120x=1200 \qquad \therefore x=10$$
따라서 두 사람이 만나는 것은 출발한 지 10분 후이다.

답 10분 후

0835 두 사람이 출발한 지 x분 후에 처음으로 다시 만난다고 하면
(도윤이가 걸은 거리)+(가은이가 걸은 거리)
$$=(호수의 둘레의 길이)$$
이므로 $40x+50x=2700$
$90x=2700$ ∴ $x=30$
따라서 두 사람이 처음으로 다시 만나는 것은 출발한 지 30분 후이다. 　답 30분 후

0836 두 사람이 출발한 지 x분 후에 처음으로 다시 만난다고 하면
(민준이가 걸은 거리)−(수빈이가 걸은 거리)
$$=(호수의 둘레의 길이)$$
이므로 $50x-30x=1600$
$20x=1600$ ∴ $x=80$
따라서 두 사람이 처음으로 다시 만나는 것은 출발한 지 80분 후이다. 　답 80분 후

0837 기차의 길이를 x m라 하면 터널을 완전히 통과하는 데 34초가 걸리므로
$$\frac{1200+x}{40}=34$$
$1200+x=1360$ ∴ $x=160$
따라서 기차의 길이는 160 m이다. 　답 ②

0838 준서가 출발한 지 x분 후에 처음으로 다시 만난다고 하면
(예린이가 걸은 거리)+(준서가 걸은 거리)
$$=(호수의 둘레의 길이)$$
이므로 $80(x+12)+50x=3300$
$130x+960=3300$
$130x=2340$ ∴ $x=18$
따라서 두 사람이 처음으로 다시 만나는 것은 준서가 출발한 지 18분 후이다. 　답 18분 후

0839 기차의 길이를 x m라 하면
다리를 완전히 통과할 때의 기차의 속력은
초속 $\dfrac{1000+x}{20}$ m이고, 터널을 완전히 통과할 때의 기차의 속력은 초속 $\dfrac{700+x}{15}$ m이다.
이때 기차의 속력은 일정하므로
$$\frac{1000+x}{20}=\frac{700+x}{15}$$
$3(1000+x)=4(700+x)$
$3000+3x=2800+4x$ ∴ $x=200$
따라서 기차의 길이는 200 m이다. 　답 ③

0840 정답을 맞힌 학생 수를 x라 하면
4개씩 나누어 줄 때의 사탕 수는 $4x+13$
7개씩 나누어 줄 때의 사탕 수는 $7x-11$
이때 사탕 수는 같으므로
$4x+13=7x-11$
$-3x=-24$ ∴ $x=8$
따라서 정답을 맞힌 학생 수는 8이다. 　답 8

0841 과자 1개의 가격을 x원이라 하자.
과자 10개를 사면 500원이 남으므로 가지고 있는 돈은 $(10x+500)$원
과자 11개를 사면 200원이 부족하므로 가지고 있는 돈은 $(11x-200)$원
이때 가지고 있는 돈은 같으므로
$10x+500=11x-200$
$-x=-700$ ∴ $x=700$
따라서 도윤이가 가지고 있는 돈은
$10\times700+500=7500$(원) 　답 7500원

0842 1학년 학급 수를 x라 하면
각 학급에서 3명씩 모집할 때의 활동 인원 수는 $3x+4$
1개의 학급에서는 1명을 모집하고 나머지 학급에서 각각 4명씩 모집할 때의 활동 인원 수는 $1+4(x-1)$
이때 봉사 활동 인원 수는 같으므로
$3x+4=1+4(x-1)$
$3x+4=4x-3$ ∴ $x=7$
따라서 1학년 학급 수는 7이다. 　답 7

0843 의자의 개수를 x라 하면
한 의자에 5명씩 앉을 때의 학생 수는 $5x+4$
한 의자에 8명씩 앉으면 8명이 모두 앉게 되는 의자는 $(x-2)$개이므로 학생 수는 $8(x-2)+5$
이때 학생 수는 같으므로
$5x+4=8(x-2)+5$
$5x+4=8x-11$
$-3x=-15$ ∴ $x=5$
따라서 의자가 5개이므로 구하는 학생 수는
$5\times5+4=29$ 　답 29

참고
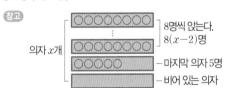

0844 전체 일의 양을 1이라 하면 지우와 예린이가 하루 동안 하는 일의 양은 각각 $\dfrac{1}{20}$, $\dfrac{1}{30}$이다.
이 일을 두 사람이 함께 완성하는 데 x일이 걸린다고 하면
$$\left(\frac{1}{20}+\frac{1}{30}\right)x=1$$
$$\frac{5}{60}x=1$$ ∴ $x=12$
따라서 두 사람이 함께 이 일을 완성하는 데 12일이 걸린다. 　답 12일

0845 물통에 가득 찬 물의 양을 1이라 하면 1분 동안 A, B 호스로 채우는 물의 양은 각각 $\dfrac{1}{15}$, $\dfrac{1}{30}$이다. ···❶
A, B 두 호스를 동시에 사용한 시간을 x분이라 하면
$$\frac{1}{15}\times3+\left(\frac{1}{15}+\frac{1}{30}\right)x=1$$
$$\frac{1}{5}+\frac{1}{10}x=1$$

$2+x=10$ $\therefore x=8$

따라서 A, B 두 호스를 동시에 사용한 시간은 8분이다.

··· ❷

답 8분

채점 기준	비율
❶ 1분 동안 A, B 두 호스로 채우는 물의 양 구하기	40 %
❷ A, B 두 호스를 동시에 사용한 시간 구하기	60 %

0846 전체 일의 양을 1이라 하면 예서와 영민이가 하루 동안 하는 일의 양은 각각 $\dfrac{1}{6}$, $\dfrac{1}{10}$이다.

영민이가 x일 동안 일했다고 하면 예서는 $(x-2)$일 동안 일했으므로

$\dfrac{x-2}{6}+\dfrac{x}{10}=1$

$5(x-2)+3x=30$

$8x-10=30$

$8x=40$ $\therefore x=5$

따라서 영민이는 5일 동안 일했다.

답 5일

0847 각 단계에서 사용된 바둑돌의 개수는 다음과 같다.

1단계 : $2\times3=6$

2단계 : $3\times3=9$

3단계 : $4\times3=12$

⋮

x단계 : $(x+1)\times3=3x+3$

즉, $3x+3=159$에서 $3x=156$

$\therefore x=52$

따라서 바둑돌 159개를 모두 사용하면 52단계의 정삼각형을 만들 수 있다.

답 52단계

0848 각 단계에서 사용된 성냥개비의 개수는 다음과 같다.

1단계 : 4

2단계 : $4+3=7$

3단계 : $4+3+3=4+3\times2=10$

⋮

x단계 : $4+3(x-1)=3x+1$

즉, $3x+1=115$에서 $3x=114$

$\therefore x=38$

따라서 성냥개비 115개를 모두 사용하면 38단계의 도형을 만들 수 있다.

답 38단계

0849 ▦ 모양의 4개의 날짜 중에서 가장 왼쪽 위에 있는 날짜를 x일이라 하면 나머지 날짜는 다음 그림과 같으므로

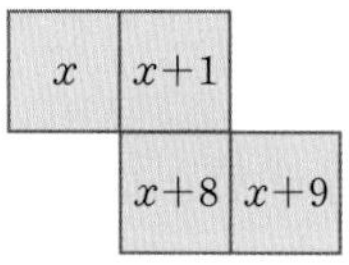

x	$x+1$

$x+8$	$x+9$

$x+(x+1)+(x+8)+(x+9)=94$

$4x+18=94$

$4x=76$ $\therefore x=19$

따라서 4개의 날짜는 19일, 20일, 27일, 28일이다.

답 19일, 20일, 27일, 28일

0850 x년 후의 딸의 나이와 아버지의 나이는 각각 $(14+x)$세, $(45+x)$세이므로

$45+x=2(14+x)$

답 ④

0851 첫째 날 x쪽을 읽는다고 하면

$x+(x+1)+(x+2)+(x+3)+(x+4)=130$

$5x+10=130$

$5x=120$ $\therefore x=24$

따라서 첫째 날 24쪽을 읽어야 한다.

답 ④

0852 연속하는 세 홀수를 x, $x+2$, $x+4$라 하면

$x+(x+2)+(x+4)=147$

$3x+6=147$

$3x=141$ $\therefore x=47$

따라서 세 홀수 중 가장 작은 수는 47이다.

답 47

0853 처음 수의 십의 자리의 숫자를 x라 하면

처음 수는 $10x+8$, 바꾼 수는 $80+x$이므로

$80+x=2(10x+8)+7$

$80+x=20x+23$

$-19x=-57$ $\therefore x=3$

따라서 처음 수는 38이다.

답 ③

0854 x일 후에 준서와 승민이의 저금통에 들어 있는 금액이 같아진다고 하면

$8200+400x=3400+600x$

$-200x=-4800$ $\therefore x=24$

따라서 준서와 승민이의 저금통에 들어 있는 금액이 같아지는 것은 24일 후이다.

답 ③

0855 두 자연수 중 작은 수를 x라 하면 큰 수는 $120-x$이므로

$120-x=8x+3$

$-9x=-117$ $\therefore x=13$

따라서 작은 수는 13이다.

답 ③

0856 튤립을 x송이 샀다고 하면 장미는 $(7-x)$송이 샀으므로

$700x+1000(7-x)+3800=9600$

$700x+7000-1000x+3800=9600$

$-300x=-1200$ $\therefore x=4$

따라서 튤립은 4송이 샀다.

답 ④

0857 상품의 원가를 x원이라 하면

(정가)$=\dfrac{100+20}{100}x=\dfrac{120}{100}x=\dfrac{6}{5}x$(원)

원가의 10 %의 이익은 $\dfrac{10}{100}x=\dfrac{1}{10}x$(원)이므로

$\left(\dfrac{6}{5}x-700\right)-x=\dfrac{1}{10}x$

$\dfrac{1}{5}x-700=\dfrac{1}{10}x$

$2x-7000=x$

$\therefore x=7000$

따라서 상품의 원가는 7000원이다.

답 7000원

0858 작년 여학생 수를 x라 하면 작년 남학생 수는 $700-x$이므로

$$\frac{5}{100}(700-x)-\frac{3}{100}x=11$$

$$5(700-x)-3x=1100$$

$$3500-5x-3x=1100$$

$$-8x=-2400 \quad \therefore x=300$$

따라서 작년 여학생 수는 300이다. 　　📦 ⑤

0859 형이 집을 출발한 지 x분 후에 동생과 만난다면 동생이 $(x+3)$분 동안 간 거리와 형이 x분 동안 간 거리는 같으므로

$$100(x+3)=160x$$

$$100x+300=160x$$

$$-60x=-300 \quad \therefore x=5$$

따라서 형이 집을 출발한 지 5분 후에 동생을 만난다.

📦 ②

0860 증발시킨 물의 양을 x g이라 하면

$$\frac{5}{100}\times200+\frac{15}{100}\times600=\frac{20}{100}\times(800-x)$$

$$1000+9000=16000-20x$$

$$20x=6000 \quad \therefore x=300$$

따라서 증발시킨 물의 양은 300 g이다. 　　📦 300 g

0861 학생 수를 x라 하면

6개씩 나누어 줄 때의 체리의 개수는 $6x+2$

7개씩 나누어 줄 때의 체리의 개수는 $7x-5$

이때 체리의 개수는 같으므로

$$6x+2=7x-5$$

$$-x=-7 \quad \therefore x=7$$

따라서 학생 수는 7이므로 체리의 개수는 $6\times7+2=44$

📦 학생 수 : 7, 체리의 개수 : 44

0862 기차의 길이를 x m라 하면

150 m인 터널을 완전히 통과할 때의 속력은

초속 $\dfrac{150+x}{5}$ m이고, 50 m인 다리를 완전히 통과할 때의

속력은 초속 $\dfrac{50+x}{3}$ m이다.

이때 기차의 속력은 일정하므로

$$\frac{150+x}{5}=\frac{50+x}{3}$$

$$3(150+x)=5(50+x)$$

$$450+3x=250+5x$$

$$-2x=-200 \quad \therefore x=100$$

따라서 기차의 길이는 100 m이다. 　　📦 ①

0863 집에서 도서관까지의 거리를 x km라 하면

(민주의 이동 시간)−(정현이의 이동 시간)=20분

이고, 20분은 $\dfrac{1}{3}$시간이므로

$$\frac{x}{4}-\frac{x}{6}=\frac{1}{3}$$

$$3x-2x=4 \quad \therefore x=4$$

따라서 정현이가 집에서 도서관까지 가는 데 걸린 시간은

$\dfrac{4}{6}=\dfrac{2}{3}$(시간), 즉 40분이므로

도서관에 도착한 시각은 오전 10시 40분이다.

📦 오전 10시 40분

0864 전체 일의 양을 1이라 하면 A, B 두 사람이 하루에 하는 일의 양은 각각 $\dfrac{1}{20}$, $\dfrac{1}{30}$이다.

이 일을 완성하는 데 걸린 기간을 x일이라 하면

$$\frac{1}{20}x+\frac{1}{30}(x-5)=1$$

$$3x+2(x-5)=60$$

$$5x-10=60$$

$$5x=70$$

$$\therefore x=14$$

따라서 이 일을 완성하는 데 14일이 걸린다. 　　📦 14일

0865 $\overline{CP}$의 길이를 a cm라 하면 사다리꼴 ABCP의 넓이가 1920 cm²이므로

$$\frac{1}{2}\times(40+a)\times60=1920$$

$$1200+30a=1920$$

$$30a=720$$

$$\therefore a=24$$

점 P가 점 A를 출발하여 움직인 거리는

$$40+60+24=124(\text{cm})$$

이므로 걸린 시간은

$$\frac{124}{4}=31(\text{초})$$

따라서 점 P가 점 A를 출발한 지 31초 후이다. 　　📦 ④

0866 (1) 정육각형의 개수에 따라 사용된 성냥개비의 개수는 다음과 같다.

　정육각형 1개 : 6

　정육각형 2개 : $6+5=11$

　정육각형 3개 : $6+5+5=6+5\times2=16$

　정육각형 4개 : $6+5+5+5=6+5\times3=21$

　　　　　　　⋮

　정육각형 x개 : $6+5(x-1)=5x+1$

(2) $5x+1$에 $x=10$을 대입하면

　$5\times10+1=51$

　따라서 10개의 정육각형을 만드는 데 필요한 성냥개비의 개수는 51이다.

(3) $5x+1=91$에서 $5x=90$

　$\therefore x=18$

　따라서 91개의 성냥개비로 만들 수 있는 정육각형의 개수는 18이다. 　　📦 (1) $5x+1$ (2) 51 (3) 18

0867 십의 자리의 숫자를 x라 하면 일의 자리의 숫자는 $13-x$이다. 　　⋯❶

일의 자리의 숫자와 십의 자리의 숫자를 바꾼 수는 처음 수보다 27만큼 작으므로

$$10(13-x)+x=10x+(13-x)-27$$

$$130-9x=9x-14$$

$-18x=-144$ $\therefore x=8$ $\cdots$ ②

따라서 처음 수는 십의 자리의 숫자가 8, 일의 자리의 숫자가 5이므로 85이다. $\cdots$ ③

답 85

채점 기준	비율
❶ 십의 자리의 숫자와 일의 자리의 숫자를 각각 x에 관한 식으로 나타내기	30 %
❷ x의 값 구하기	50 %
❸ 처음 수 구하기	20 %

0868 원피스의 원가를 x원이라 하면

정가는 $(x+9000)$원이다. $\cdots$ ❶

정가에서 20 % 할인하여 판매한 가격은

$\dfrac{100-20}{100}(x+9000)=\dfrac{4}{5}(x+9000)$(원)

이 가격으로 판매했을 때 원가의 10 %만큼 이익이 생겼으므로

$\dfrac{4}{5}(x+9000)-x=\dfrac{10}{100}x$

$8(x+9000)-10x=x$

$8x+72000-10x=x$

$-3x=-72000$

$\therefore x=24000$ $\cdots$ ❷

따라서 원가가 24000원이므로 정가는

$24000+9000=33000$(원) $\cdots$ ❸

답 33000원

채점 기준	비율
❶ 원가와 정가를 각각 x에 관한 식으로 나타내기	30 %
❷ x의 값 구하기	50 %
❸ 정가 구하기	20 %

0869 피타고라스의 제자의 수를 x라 하면

$\dfrac{1}{2}x+\dfrac{1}{4}x+\dfrac{1}{7}x+3=x$ $\cdots$ ❶

$14x+7x+4x+84=28x$

$25x+84=28x$

$-3x=-84$

$\therefore x=28$

따라서 피타고라스의 제자의 수는 28이다. $\cdots$ ❷

답 28

채점 기준	비율
❶ 미지수를 정하고 방정식 세우기	60 %
❷ 방정식을 풀어 답 구하기	40 %

교과서 쏙 창의력＋문해력 UP!

126쪽

0870 (1) $10a+2=7(a+2)$

$10a+2=7a+14$

$3a=12$

$\therefore a=4$

따라서 두 자리 자연수는 42이다.

(2) 연속하는 세 짝수를 $n-2$, n, $n+2$라 하면

세 짝수의 합은 $3n$이므로 이 자연수는 3의 배수이다.

$100b+40+2=100b+42$에서 42는 3의 배수이므로 $100b$가 3의 배수이어야 한다.

따라서 $b=3$, 6, 9, ...이므로

가장 작은 세 자리 자연수는 342이다.

(3) $342=3n$이므로 $n=114$

따라서 가장 큰 짝수는

$114+2=116$ 답 (1) 42   (2) 342   (3) 116

0871 과자 1개의 가격을 x원이라 하면

과자 10개를 사면 1500원이 남으므로 가지고 있는 돈은 $(10x+1500)$원

과자 12개를 사면 700원이 부족하므로 가지고 있는 돈은 $(12x-700)$원

이때 가지고 있는 돈은 같으므로

$10x+1500=12x-700$

$-2x=-2200$

$\therefore x=1100$

따라서 형식이가 가지고 있는 돈은

$10\times1100+1500=12500$(원)

과자 11개의 가격은 $1100\times11=12100$(원)이므로 형식이가 가지고 있는 돈 12500원으로 살 수 있다.

답 12500원, 살 수 있다.

0872 각 단계에서의 정사각형의 개수는 다음과 같다.

1단계 : $2+2+2+1=3\times2+1=7$

2단계 : $3+3+3+1=3\times3+1=10$

3단계 : $4+4+4+1=3\times4+1=13$

$\vdots$

x단계 : $(x+1)+(x+1)+(x+1)+1=3x+4$

즉, $3x+4=94$에서 $3x=90$

$\therefore x=30$

따라서 정사각형이 94개일 때에는 30단계이다.   답 30단계

참고 각 단계의 정사각형의 개수를 다음과 같이 셀 수도 있다.

　1단계 : 7

　2단계 : $7+3=10$

　3단계 : $7+3\times2=13$

　$\vdots$

　x단계 : $7+3(x-1)=3x+4$

0873 (1) 준비한 풍선의 개수를 x라 하면 첫 번째 학생과 두 번째 학생이 받은 풍선의 개수가 같으므로

$\dfrac{1}{5}x=\dfrac{1}{5}\left(x-\dfrac{1}{5}x\right)+10$

$5x=5\left(x-\dfrac{1}{5}x\right)+250$

$5x=5x-x+250$

$\therefore x=250$

따라서 준비한 풍선은 250개이다.

(2) 첫 번째 학생이 받은 풍선은

$250\times\dfrac{1}{5}=50$(개)

이때 학생들이 받은 풍선의 개수가 모두 같으므로 풍선을 받은 학생은

$250\div50=5$(명)   답 (1) 250개   (2) 5명

o8 좌표평면과 그래프

128~129쪽

개념 잡기

0874 답 A(-3), B(0), C(1), D(4)

0875 답
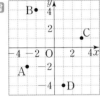

0876 답 A$(3, 2)$　　　**0877** 답 B$(-3, 1)$

0878 답 C$(-3, -3)$　　**0879** 답 D$(4, -2)$

0880 답 E$(1, 0)$

0881~0884 답

0885 답 $(2, 6)$　　　**0886** 답 $(-1, 5)$

0887 답 $(-4, -2)$　　**0888** 답 $(2, -6)$

0889 답 제2사분면　　**0890** 답 제1사분면

0891 답 제4사분면　　**0892** 답 제3사분면

0893 답 $(1, 3)$　　　**0894** 답 $(-1, -3)$

0895 답 $(-1, 3)$　　**0896** 답 0.5 km

0897 답 30분　　　**0898** 답 20분

0899 답 1.5 km

유형 다 잡기

130~136쪽

0900 $3a+1=a-3$이므로 $2a=-4$　　$\therefore a=-2$
$b-4=-5b+2$이므로 $6b=6$　　$\therefore b=1$
$\therefore a-b=-2-1=-3$　　　답 ②

0901 $2-a=0$이므로 $a=2$
$3b+5=2$이므로 $3b=-3$　　$\therefore b=-1$
$\therefore a+b=2+(-1)=1$　　　답 ①

0902 $|a|=2$이므로 $a=-2$ 또는 $a=2$
$|b|=6$이므로 $b=-6$ 또는 $b=6$
따라서 순서쌍 (a, b)를 모두 구하면
$(-2, -6)$, $(-2, 6)$, $(2, -6)$, $(2, 6)$
답 $(-2, -6)$, $(-2, 6)$, $(2, -6)$, $(2, 6)$

0903 ① A$(-3, 2)$　　　② B$(-2, -3)$
③ C$(1, -3)$　　　⑤ E$(4, 3)$　　답 ④

0904 답 A$(3, 1)$, B$(-4, 3)$, C$(-1, -1)$, D$(2, -4)$

0905 주어진 순서쌍을 좌표로 하는 점은 순서대로 매, 일, 독,
서, 하, 기이므로 민준이의 다짐은 '매일 독서하기'이다.
답 매일 독서하기

0906 답 ②

0907 x축, y축을 통틀어 좌표축이라 하므로 좌표축 위의 점이
아닌 것은 C$(-1, 3)$이다.　　답 ③

0908 점 (a, b)가 y축 위에 있으므로 $a=0$
이때 점 (a, b)는 원점이 아니므로 $b\neq0$　　답 ③

0909 점 A가 x축 위에 있으므로
$5a-2=0$　　$\therefore a=\dfrac{2}{5}$　　　…❶
점 B가 y축 위에 있으므로
$4b-1=0$　　$\therefore b=\dfrac{1}{4}$　　　…❷
$\therefore ab=\dfrac{2}{5}\times\dfrac{1}{4}=\dfrac{1}{10}$　　　…❸
답 $\dfrac{1}{10}$

채점 기준	비율
❶ a의 값 구하기	40 %
❷ b의 값 구하기	40 %
❸ ab의 값 구하기	20 %

0910 세 점 A, B, C를 좌표평면 위에
나타내면 오른쪽 그림과 같다.
(밑변의 길이)$=3-(-2)=5$
(높이)$=2-(-2)=4$
따라서 삼각형 ABC의 넓이는
$\dfrac{1}{2}\times5\times4=10$　　答 10
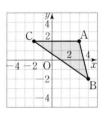

0911 네 점 A, B, C, D를 좌표평면 위
에 나타내면 오른쪽 그림과 같다.
(가로의 길이)$=4-(-2)=6$
(세로의 길이)$=3-(-2)=5$
따라서 사각형 ABCD의 넓이는
$6\times5=30$　　答 ⑤
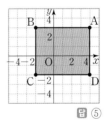

0912 O$(0, 0)$, A$(-3, 0)$, B$(0, 4)$이므로
세 점을 좌표평면 위에 나타내면 오른쪽
그림과 같다.
따라서 삼각형 OAB의 넓이는
$\dfrac{1}{2}\times3\times4=6$　　答 6

0913 가은이의 집을 원점 O로 해서 네 점
A, B, C, D를 좌표평면 위에 나타
내면 오른쪽 그림과 같다.
사각형 ABCD는 사다리꼴이고
(윗변의 길이)$=3-1=2$

(아랫변의 길이)$=5-1=4$

(높이)$=2-(-1)=3$

따라서 구하는 공원의 넓이는

$\dfrac{1}{2}\times(2+4)\times3=9$ 답 9

0914 ① 제4사분면 　② 제3사분면

③ 어느 사분면에도 속하지 않는다.

⑤ 제2사분면 답 ④

0915 ① 제4사분면 　② 제2사분면 　④ 제1사분면

⑤ 어느 사분면에도 속하지 않는다. 답 ③

0916 점 $(-5,\,2)$는 제2사분면 위의 점이다.

① 어느 사분면에도 속하지 않는다.

② 제1사분면 　③ 제4사분면

④ 제2사분면 　⑤ 제3사분면

따라서 점 $(-5,\,2)$와 같은 사분면 위의 점은 ④이다.

답 ④

0917 ㄱ. x축 위의 점은 y좌표가 0이다.

ㄴ. 점 $(-2,\,0)$은 어느 사분면에도 속하지 않는다.

따라서 옳은 것은 ㄷ, ㄹ이다. 답 ㄷ, ㄹ

0918 점 $(a,\,-b)$가 제1사분면 위의 점이므로

$a>0,\,-b>0$, 즉 $a>0,\,b<0$

① $a>0,\,b<0$이므로 점 $\mathrm{A}(a,\,b)$는 제4사분면 위의 점이다.

② $-a<0,\,b<0$이므로 점 $\mathrm{B}(-a,\,b)$는 제3사분면 위의 점이다.

③ $-a<0,\,-b>0$이므로 점 $\mathrm{C}(-a,\,-b)$는 제2사분면 위의 점이다.

④ $b<0,\,a>0$이므로 점 $\mathrm{D}(b,\,a)$는 제2사분면 위의 점이다.

⑤ $-b>0,\,a>0$이므로 점 $\mathrm{E}(-b,\,a)$는 제1사분면 위의 점이다. 답 ②

0919 점 $(a,\,b)$가 제4사분면 위의 점이므로 $a>0,\,b<0$

즉, $b<0,\,-a<0$이므로 점 $(b,\,-a)$는 제3사분면 위의 점이다.

따라서 제3사분면 위의 점은 x좌표와 y좌표가 모두 음수이므로 ㄱ, ㅂ이다. 답 ㄱ, ㅂ

0920 점 $(a,\,b)$가 제2사분면 위의 점이므로 $a<0,\,b>0$

즉, $-b<0$이므로 $a-b<0,\,-a>0$

따라서 점 $(a-b,\,-a)$는 제2사분면 위의 점이다.

① $-a>0,\,b>0$이므로 점 $\mathrm{A}(-a,\,b)$는 제1사분면 위의 점이다.

② $-a>0,\,-b<0$이므로 점 $\mathrm{B}(-a,\,-b)$는 제4사분면 위의 점이다.

③ $b>0,\,a<0$이므로 점 $\mathrm{C}(b,\,a)$는 제4사분면 위의 점이다.

④ $ab<0,\,a<0$이므로 점 $\mathrm{D}(ab,\,a)$는 제3사분면 위의 점이다.

⑤ $-b<0,\,-ab>0$이므로 점 $\mathrm{E}(-b,\,-ab)$는 제2사분면 위의 점이다. 답 ⑤

0921 $ab<0$이므로 $a,\,b$의 부호는 서로 다르고

$a-b>0$이므로 $a>0,\,b<0$

따라서 점 $(a,\,b)$는 제4사분면 위의 점이다. 답 ④

0922 $-ab<0$, 즉 $ab>0$이므로 $a,\,b$의 부호는 서로 같고

$a+b<0$이므로 $a<0,\,b<0$

따라서 점 $(a,\,b)$는 제3사분면 위의 점이다. 답 ③

0923 $ab<0$이므로 $a,\,b$의 부호는 서로 다르고

$a<b$이므로 $a<0,\,b>0$ …❶

따라서 $b>0,\,a<0$이므로 점 $(b,\,a)$는 제4사분면 위의 점이다. …❷

답 제4사분면

채점 기준	비율
❶ $a,\,b$의 부호 구하기	60 %
❷ 점 $(b,\,a)$는 제몇 사분면 위의 점인지 구하기	40 %

0924 $ab<0$이므로 $a,\,b$의 부호는 서로 다르고

$a>b$이므로 $a>0,\,b<0$

즉, $b<0,\,-\dfrac{a}{b}>0$이므로 점 $\left(b,\,-\dfrac{a}{b}\right)$는 제2사분면 위의 점이다.

① 제3사분면 　② 제2사분면

③ 어느 사분면에도 속하지 않는다.

④ 제1사분면 　⑤ 제4사분면

따라서 점 $\left(b,\,-\dfrac{a}{b}\right)$와 같은 사분면 위의 점은 ②이다.

답 ②

0925 점 $(a,\,3)$과 x축에 대하여 대칭인 점의 좌표는 $(a,\,-3)$이므로

$a=4,\,-3=-b$에서 $b=3$

$\therefore a-b=4-3=1$ 답 ①

0926 점 $(a+1,\,5)$와 원점에 대하여 대칭인 점의 좌표는 $(-a-1,\,-5)$이므로

$-a-1=2$에서 $a=-3$

$-5=b-3$에서 $b=-2$

$\therefore a+b=-3+(-2)=-5$ 답 -5

0927 오른쪽 그림과 같이 점 $\mathrm{P}(4,\,3)$과 x축에 대하여 대칭인 점은 $\mathrm{A}(4,\,-3)$,

y축에 대하여 대칭인 점은 $\mathrm{B}(-4,\,3)$,

원점에 대하여 대칭인 점은 $\mathrm{C}(-4,\,-3)$이다.

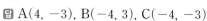

답 $\mathrm{A}(4,\,-3),\,\mathrm{B}(-4,\,3),\,\mathrm{C}(-4,\,-3)$

0928 점 $\mathrm{P}(5,\,2)$와 x축에 대하여 대칭인 점은 $\mathrm{A}(5,\,-2)$, y축에 대하여 대칭인 점은 $\mathrm{B}(-5,\,2)$이므로 세 점 $\mathrm{P},\,\mathrm{A},\,\mathrm{B}$를 좌표평면 위에 나타내면 오른쪽 그림과 같다.

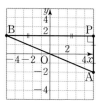

$\therefore$ (삼각형 PAB의 넓이)$=\dfrac{1}{2}\times4\times10=20$ 답 20

0929 데이터 사용량이 일정하게 증가하다가 잠시 멈춘 동안 데이터 사용량의 변화가 없다가 다시 일정하게 증가하므로 그래프로 알맞은 것은 ④이다. 　　　　　　🔑 ④

0930 도서관에서 출발하므로 집으로부터 떨어진 거리가 점점 가까워지다가 집에 도착해서 식사를 하는 동안은 거리가 0이 되고, 도서관으로 다시 돌아가면서 집으로부터 떨어진 거리가 점점 멀어지므로 그래프로 알맞은 것은 ⑤이다. 　　　　　　🔑 ⑤

0931 시간당 일정한 양의 물을 똑같이 넣을 때 물통 A는 폭이 일정하므로 물의 높이가 일정하게 증가한다.

물통 B는 위로 갈수록 폭이 점점 넓어지므로 물의 높이가 점점 느리게 증가한다.

따라서 x와 y 사이의 관계를 나타낸 그래프를 알맞게 짝지으면 A-ㄱ, B-ㄷ이다. 　　🔑 A : ㄱ, B : ㄷ

0932 물통은 폭이 좁고 일정한 윗부분과 폭이 넓고 일정한 아랫부분으로 나누어진다.

따라서 물의 높이가 빠르고 일정하게 감소하다가 느리고 일정하게 감소하므로 그래프로 알맞은 것은 ②이다. 🔑 ②

0933 (1) $x=60$일 때 $y=8$이므로 민지가 집에서 출발한 후 처음 1시간, 즉 60분 동안 이동한 거리는 8 km이다.

(2) 집에서 출발한 지 10분 후부터 40분 후까지 이동한 거리의 변화가 없으므로 휴식을 가진 것으로 해석할 수 있다.

따라서 집에서 출발한 지 10분 후에 처음 휴식을 시작했다.

(3) 휴식을 가진 시간은 모두 $30+20=50$(분)이고 집에서 출발한 지 90분 후에 민지가 친구 집에 도착했으므로 구하는 시간은 $90-50=40$(분)

🔑 (1) 8 km　(2) 10분 후　(3) 40분

0934 (1) $x=11$일 때 $y=25$이므로 오전 11시일 때의 기온은 25 ℃이다.

(2) y의 값이 증가하는 것은 $x=6$일 때부터 $x=15$일 때까지이므로 6시부터 15시까지이다.

🔑 (1) 25 ℃　(2) 6시부터 15시까지

0935 (1) A 지점을 통과하고 15초 후에 속력을 줄이기 시작하여 45초 후에 정류장에 도착하였으므로 $45-15=30$(초)

따라서 속력을 줄이기 시작한 지 30초 후에 정류장에 도착했다.

(2) A 지점을 통과하고 75초 후에 정류장에서 다시 출발했다. 이때부터 15초 후, 즉 90초 후의 마을버스의 속력은 10 m/s이다. 　🔑 (1) 30초 후　(2) 10 m/s

0936 (1) 가장 높게 올라간 높이는 30 m이다. …❶

8분 후부터 10분 후까지 30 m 높이에 있었으므로 구하는 시간은

$10-8=2$(분) …❷

(2) 주어진 그래프에서 높이가 25 m 될 때는 6분과 8분 사이, 10분과 12분 사이, 14분이므로 모두 3번이다. …❸

🔑 (1) 2분　(2) 3번

채점 기준	비율
❶ 드론이 가장 높게 올라간 높이 구하기	20 %
❷ 가장 높은 높이에서 비행한 시간 구하기	30 %
❸ 드론의 높이가 25 m가 되는 것은 모두 몇 번인지 구하기	50 %

0937 (1) 탑승 칸이 지면으로부터 가장 높이 올라갔을 때의 높이는 35 m이다.

(2) 8분 후와 14분 후의 탑승 칸의 지면으로부터의 높이는 각각 30 m, 10 m이므로 높이의 차는

$30-10=20$ (m)

(3) 대관람차가 한 바퀴 도는 데 걸리는 시간은 12분이다.

🔑 (1) 35 m　(2) 20 m　(3) 12분

0938 (1) A 지점과 B 지점 사이의 거리는 4 m이다.

(2) A 지점에서 B 지점까지 갔다가 다시 A 지점으로 돌아오는 데 4초가 걸린다.

이때 거리의 변화가 없는 시간은 없다.

따라서 구하는 시간은 4초이다. 🔑 (1) 4 m　(2) 4초

0939 예린이의 그래프에서 $y=2$일 때 $x=10$이므로 예린이는 출발한 지 10분 후에 편의점 앞을 지나갔고, 도윤이의 그래프에서 $y=2$일 때 $x=25$이므로 도윤이는 출발한 지 25분 후에 편의점 앞을 지나갔다.

따라서 예린이가 편의점 앞을 지나간 지 $25-10=15$(분) 후에 도윤이가 편의점 앞을 지나갔다. 　🔑 15분 후

0940 (1) 지우의 그래프에서 $y=5$일 때 $x=50$이므로 지우가 학교에서 도서관까지 가는 데 걸린 시간은 50분이다. …❶

가은이의 그래프에서 $y=5$일 때 $x=60$이므로 가은이가 학교에서 도서관까지 가는 데 걸린 시간은 60분이다. …❷

(2) 지우와 가은이가 학교에서 도서관까지 가는 데 걸린 시간은 각각 50분, 60분이므로 지우가 $60-50=10$(분) 먼저 도착했다. …❸

🔑 (1) 지우 : 50분, 가은 : 60분　(2) 지우, 10분

채점 기준	비율
❶ 지우가 학교에서 도서관까지 가는 데 걸린 시간 구하기	30 %
❷ 가은이가 학교에서 도서관까지 가는 데 걸린 시간 구하기	30 %
❸ 누가 도서관에 몇 분 먼저 도착했는지 구하기	40 %

학교 시험 꽉 잡기 　　　　　137~139쪽

0941 $|a|=1$이므로 $a=-1$ 또는 $a=1$

$|b|=3$이므로 $b=-3$ 또는 $b=3$

따라서 순서쌍 (a, b)를 모두 구하면

$(-1, -3), (-1, 3), (1, -3), (1, 3)$이므로 순서쌍 (a, b)가 아닌 것은 ④이다. 　🔑 ④

0942 ① A(1, 4)　　② B(-2, 0)

③ C(2, -3)　　⑤ E(-3, -4)　　🔑 ④

0943 점 $(3a, b-2)$가 x축 위에 있으므로

$b-2=0$ ∴ $b=2$

점 $(a+1, b+2)$가 y축 위에 있으므로

$a+1=0$ ∴ $a=-1$

∴ $a+b=(-1)+2=1$ 🖪 ③

0944 ① 제1사분면 ② 제3사분면

④ 제4사분면 ⑤ 제3사분면 🖪 ③

0945 $4+3a=a-2$이므로

$2a=-6$ ∴ $a=-3$

$3b-1=-b$이므로

$4b=1$ ∴ $b=\dfrac{1}{4}$

따라서 $a+b=(-3)+\dfrac{1}{4}=-\dfrac{11}{4}<0$, $b=\dfrac{1}{4}>0$이므로

점 $(a+b, b)$는 제2사분면 위의 점이다. 🖪 제2사분면

0946 점 $\mathrm{P}(a+b, -ab)$가 제3사분면 위의 점이므로

$a+b<0$, $-ab<0$, 즉 $a+b<0$, $ab>0$

$ab>0$에서 a, b의 부호는 서로 같고

$a+b<0$이므로 $a<0$, $b<0$

따라서 $-a>0$, $b<0$이므로 점 $\mathrm{Q}(-a, b)$는 제4사분면

위의 점이다. 🖪 제4사분면

0947 y의 값이 일정하게 감소하다가 중간에 잠시 멈춘 후 다시

일정하게 줄어들어 0이 되므로 그래프로 알맞은 것은 ④이

다. 🖪 ④

0948 물의 높이가 일정하게 초반에는 천천히 증가하다가 중반

에는 빠르게, 후반에는 다시 천천히 증가하므로 ③과 같은

아령 모양의 물통이다. 🖪 ③

0949 규리와 민재가 출발점에서 100 m 떨어진 지점에 도착하는

데 걸린 시간은 각각 1분, 3분이므로 규리가 $3-1=2$(분)

먼저 도착했다. 🖪 규리, 2분

0950 출발 후 규리가 앞서다가 3분 30초일 때 두 사람이 만나고

이후에 민재가 앞선다.

따라서 출발한 지 3분 30초 후에 민재가 규리를 따라잡았

다. 🖪 ④

0951 $a>0$, $b<0$이고 $|a|>|b|$이므로 $a=2$, $b=-1$이라 하면

$a+b=2+(-1)=1>0$

따라서 $-\dfrac{a}{b}>0$, $a+b>0$이므로 점 $\left(-\dfrac{a}{b}, a+b\right)$는

제1사분면 위의 점이다. 🖪 ①

0952 점 $(-a, 2)$와 y축에 대하여 대칭인 점의 좌표는 $(a, 2)$

점 $(5, b)$와 x축에 대하여 대칭인 점의 좌표는 $(5, -b)$

두 점의 좌표가 같으므로

$a=5$, $-b=2$ ∴ $b=-2$

∴ $a-b=5-(-2)=7$ 🖪 ④

0953 ① 이동한 거리는 총 4.5 km이다.

② 걸린 시간은 총 100분, 즉 1시간 40분이다.

③ 준서는 중간에 20분 동안 멈추고 휴식을 취하였다.

⑤ 휴식 후 이동한 거리는 $4.5-2.5=2$(km)이다.

따라서 옳은 것은 ④이다. 🖪 ④

0954 ① 출발점까지의 거리가 점점 멀어졌다가 가까워지는 것

이 3회 반복되므로 총 3회 왕복하였다.

② 출발점에서의 거리가 가장 멀 때 반환점에 도착한 것이

므로 한 번 갈 때 걸린 시간은 8초이다.

③ $y=40$에서 가장 큰 값이므로 반환점까지의 거리는

40 m이다.

④ 출발점에서 반환점까지의 거리가 40 m이므로

왕복 거리는 $40+40=80$ (m)

이때 총 3회 왕복하였으므로 총 달린 거리는

$80\times3=240$ (m)

⑤ 총 달린 시간은 48초이다.

따라서 옳지 않은 것은 ④이다. 🖪 ④

0955 동아리 활동을 시작한 지 1시간 후에 실내체육관의 미세

먼지 농도가 운동장의 미세 먼지 농도보다 높아지기 시작

하여 3시간 30분 후에 다시 그 반대가 된다.

따라서 운동장에서 동아리 활동을 실시한 시간은 활동을

시작한 지 1시간 후부터 3시간 30분 후까지이므로 2시간

30분이다. 🖪 2시간 30분

0956 네 점 A, B, C, D를 좌표평면 위에 나타

내면 오른쪽 그림과 같다. …❶

(가로의 길이)$=1-(-2)=3$ …❷

(세로의 길이)$=3-(-1)=4$ …❷

따라서 사각형 ABCD의 넓이는

$3\times4=12$ …❸

🖪 12

채점 기준	비율
❶ 네 점을 좌표평면 위에 나타내기	30 %
❷ 사각형의 가로, 세로의 길이 각각 구하기	40 %
❸ 사각형 ABCD의 넓이 구하기	30 %

0957 $x=4$에서 y의 값이 감소하기 시작하므로 버스가 브레이

크를 밟아 속력이 감소하기 시작한 순간은 4초 후이다.

…❶

$x=14$에서 $y=0$이므로 버스가 완전히 멈춘 순간은 14초

후이다. …❷

따라서 구하는 시간은 $14-4=10$(초) …❸

🖪 10초

채점 기준	비율
❶ 버스가 브레이크를 밟아 속력이 감소하기 시작한 순간 구하기	40 %
❷ 버스가 완전히 멈춘 순간 구하기	40 %
❸ 구하는 시간 구하기	20 %

0958 탑승 칸이 가장 높게 올라갔을 때의 지면으로부터의 높이

는 30 m이므로 $a=30$ …❶

대관람차가 1바퀴 도는 데 20분이 걸리므로 60분 동안 대

관람차는 3바퀴를 돌아 처음 위치로 되돌아온다.

즉, $b=3$ …❷

∴ $a+b=30+3=33$ …❸

채점 기준	비율
❶ a의 값 구하기	40 %
❷ b의 값 구하기	50 %
❸ $a+b$의 값 구하기	10 %

답 33

교과서 쏙 창의력·문해력 UP!

140쪽

0959 조건 ㈎에서 정수 a, b에 대하여 $ab=-3$이고, 점 (a, b)는 제4사분면 위의 점이므로 $a>0$, $b<0$
∴ $a=1$, $b=-3$ 또는 $a=3$, $b=-1$

(i) $a=1$, $b=-3$일 때, 조건 ㈐에서
A$(1, 3)$, B$(-1, 3)$, C$(-3, -1)$, D$(-2, -4)$
이지만 두 점 C, D가 제3사분면에 속하므로 조건 ㈏를 만족시키지 않는다.

(ii) $a=3$, $b=-1$일 때, 조건 ㈐에서
A$(3, 1)$, B$(-3, 1)$, C$(-1, -3)$, D$(2, -4)$이고
각각 제1사분면, 제2사분면, 제3사분면, 제4사분면에 속하므로 조건 ㈏를 만족시킨다.
이때 네 점 A, B, C, D를 좌표 평면 위에 나타내면 오른쪽 그림과 같다.

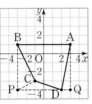

따라서 사각형 ABCD의 넓이는
(사각형 ABPQ의 넓이)
$-(\triangle BCP+\triangle PCD+\triangle ADQ)$
$=6\times5-\left(\dfrac{1}{2}\times5\times2+\dfrac{1}{2}\times5\times1+\dfrac{1}{2}\times5\times1\right)$
$=30-\left(5+\dfrac{5}{2}+\dfrac{5}{2}\right)=20$

답 20

0960 (1) 경과 시간 x에 따른 물의 양 y가 일정하게 느리게 증가하다가 일정하게 빠르게 증가하므로 그래프로 알맞은 것은 ㄹ이다.

(2) 경과 시간 x에 따른 물의 양 y가 일정하게 빠르게 증가하다가 일정하게 느리게 증가하므로 그래프로 알맞은 것은 ㄷ이다.

(3) 경과 시간 x에 따른 물의 양 y가 처음에는 점점 느리게 증가하다가 점점 빠르게 증가한 후 일정하게 빠르게 증가하므로 그래프로 알맞은 것은 ㄱ이다.

답 (1) ㄹ (2) ㄷ (3) ㄱ

0961 (1) 경과 시간 x에 따른 음료수의 양 y가 일정하게 줄어들므로 알맞은 그래프는 ㄴ이다.

(2) 경과 시간 x에 따른 음료수의 양 y가 일정하게 줄어들다가 잠시 변화가 없고, 다시 줄어들므로 알맞은 그래프는 ㄷ이다.

(3) 경과 시간 x에 따른 음료수의 양 y가 변화가 없다가 일정하게 줄어들고, 다시 변화가 없으므로 알맞은 그래프는 ㄱ이다.

(4) 경과 시간 x에 따른 음료수의 양 y의 변화가 없으므로 알맞은 그래프는 ㄹ이다. 답 (1) ㄴ (2) ㄷ (3) ㄱ (4) ㄹ

09 정비례와 반비례

개념 잡기

142~143쪽

0962 답 (1) 10, 15, 20, 25　(2) $y=5x$

0963 답 (1) 10, 30, 40, 50　(2) $y=10x$

0964 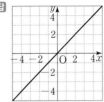　**0965**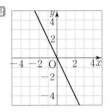

0966 그래프가 점 $(-1, -2)$를 지나므로
$y=ax$에 $x=-1$, $y=-2$를 대입하면
$-2=-a$　∴ $a=2$

답 2

0967 그래프가 점 $(2, -1)$을 지나므로
$y=ax$에 $x=2$, $y=-1$을 대입하면
$-1=2a$　∴ $a=-\dfrac{1}{2}$

답 $-\dfrac{1}{2}$

0968 답 (1) 30, 20, 15, 12　(2) $y=\dfrac{60}{x}$

0969 답 (1) 24, 12, 6, $\dfrac{24}{5}$　(2) $y=\dfrac{24}{x}$

0970 답 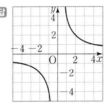　**0971** 답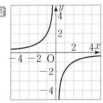

0972 그래프가 점 $(2, 5)$를 지나므로
$y=\dfrac{a}{x}$에 $x=2$, $y=5$를 대입하면
$5=\dfrac{a}{2}$　∴ $a=10$

답 10

0973 그래프가 점 $(-2, 4)$를 지나므로
$y=\dfrac{a}{x}$에 $x=-2$, $y=4$를 대입하면
$4=\dfrac{a}{-2}$　∴ $a=-8$

답 -8

유형 다 잡기

144~153쪽

0974 x와 y가 정비례하면 x와 y 사이의 관계를 나타내는 식은
$y=ax$, $\dfrac{y}{x}=a\ (a\neq0)$의 꼴이다.
④ $xy=-7$에서 $y=-\dfrac{7}{x}$이므로 x와 y가 정비례하지 않는다.

답 ④

0975 x의 값이 2배, 3배, 4배, ...가 될 때, y의 값도 2배, 3배,

4배, ...가 되는 관계가 있으면 x와 y는 정비례하므로
$y=ax \ (a \neq 0)$의 꼴이다. **답** ②

0976 x와 y가 정비례하면 x와 y 사이의 관계를 나타내는 식은
$y=ax, \ \dfrac{y}{x}=a \ (a \neq 0)$의 꼴이다.

ㅁ. $xy=5$에서 $y=\dfrac{5}{x}$이므로 x와 y가 정비례하지 않는다.
따라서 x와 y가 정비례하는 것은 ㄱ, ㄹ, ㅂ이다.

답 ㄱ, ㄹ, ㅂ

0977 $y=ax$라 하고 $x=-6$, $y=1$을 대입하면
$1=-6a$ ∴ $a=-\dfrac{1}{6}$

따라서 $y=-\dfrac{1}{6}x$이므로 $x=12$를 대입하면

$y=-\dfrac{1}{6} \times 12=-2$ **답** -2

0978 $y=ax$라 하고 $x=3$, $y=-12$를 대입하면
$-12=3a$ ∴ $a=-4$

따라서 x와 y 사이의 관계를 나타내는 식은 $y=-4x$이
다. **답** $y=-4x$

0979 ㄱ. x와 y가 정비례하므로 x의 값이 3배가 되면 y의 값도
3배가 된다.

ㄴ. $y=ax$라 하고 $x=2$, $y=5$를 대입하면
$5=2a$ ∴ $a=\dfrac{5}{2}$ ∴ $y=\dfrac{5}{2}x$

ㄷ. $y=\dfrac{5}{2}x$에 $x=-4$를 대입하면

$y=\dfrac{5}{2} \times (-4)=-10$

따라서 옳은 것은 ㄱ, ㄷ이다. **답** ㄱ, ㄷ

0980 $y=ax$라 하고 $x=2$, $y=6$을 대입하면
$6=2a$ ∴ $a=3$ ∴ $y=3x$ ···❶
$y=3x$에 $x=4$, $y=A$를 대입하면
$A=3 \times 4=12$ ···❷
$y=3x$에 $x=B$, $y=15$를 대입하면
$15=3 \times B$ ∴ $B=5$ ···❸
$y=3x$에 $x=9$, $y=C$를 대입하면
$C=3 \times 9=27$ ···❹
∴ $A+B+C=12+5+27=44$ ···❺

답 44

채점 기준	비율
❶ x와 y 사이의 관계를 나타내는 식 구하기	30 %
❷ A의 값 구하기	20 %
❸ B의 값 구하기	20 %
❹ C의 값 구하기	20 %
❺ $A+B+C$의 값 구하기	10 %

0981 (2) $y=4x$에 $y=36$을 대입하면
$36=4x$ ∴ $x=9$
따라서 물통의 절반이 차는 데 걸리는 시간은 9분이다.

답 (1) $y=4x$ (2) 9분

0982 ① $y=3x$ ② $y=\dfrac{100}{x}$ ③ $y=500x$

④ $y=10x$ ⑤ $y=2x$
따라서 x와 y가 정비례하지 않는 것은 ②이다. **답** ②

0983 (거리)=(속력)×(시간)이므로
x와 y 사이의 관계를 나타내는 식은 $y=60x$
ㄱ, ㄴ. x와 y는 정비례한다.

ㄷ. $y=60x$에 $x=\dfrac{1}{2}$을 대입하면

$y=60 \times \dfrac{1}{2}=30$

즉, 30분 동안 달린 거리는 30 km이다.

ㄹ. $y=60x$에 $y=80$을 대입하면

$80=60x$ ∴ $x=\dfrac{4}{3}$

즉, 80 km를 달리기 위해서는 1시간 20분이 걸린다.
따라서 옳은 것은 ㄱ, ㄹ이다. **답** ㄱ, ㄹ

0984 정비례 관계 $y=\dfrac{3}{4}x$의 그래프는 원점을 지나고, $x=4$일 때
$y=3$이므로 점 $(4, 3)$을 지나는 직선이다. **답** ②

0985 정비례 관계 $y=-\dfrac{4}{5}x$의 그래프는 원점을 지나고, $x=5$일
때 $y=-4$이므로 점 $(5, -4)$를 지나는 직선이다. **답** ③

0986 $y=ax$의 그래프는 a의 절댓값이 클수록 y축에 가깝다.
각 식의 a의 절댓값을 구하면

① 3 ② $\dfrac{3}{2}$ ③ 1 ④ $\dfrac{1}{3}$ ⑤ 2
따라서 절댓값이 가장 큰 것은 ①이다. **답** ①

0987 $-\dfrac{1}{4}<0$이고, $\left|-\dfrac{1}{4}\right|<|-1|$이므로 $y=-\dfrac{1}{4}x$의 그래
프로 알맞은 것은 ⑤이다. **답** ⑤

0988 $y=ax$의 그래프가 제1사분면과 제3사분면을 지나므로
$a>0$
또, $y=ax$의 그래프가 $y=3x$의 그래프보다 x축에 가까
우므로
$|a|<|3|$ ∴ $0<a<3$
따라서 a의 값이 될 수 있는 것은 ④ 2이다. **답** ④

0989 $a>0$이고 $b<c<0$이므로 $b<c<a$ **답** ④

0990 ① 점 $(2, 4)$를 지난다.
③ 원점을 지난다.
④ x의 값이 증가하면 y의 값도 증가한다.
⑤ $|1|<|2|$이므로 $y=x$의 그래프보다 y축에 가깝다.
따라서 옳은 것은 ②이다. **답** ②

0991 ㄷ. $a<0$일 때, x의 값이 증가하면 y의 값은 감소한다.
ㄹ. $a<0$일 때, 오른쪽 아래로 향하는 직선이다.
ㅁ. a의 절댓값이 클수록 y축에 가깝다.
따라서 옳은 것은 ㄱ, ㄴ이다. **답** ①

0992 각 점의 좌표를 $y=-\dfrac{3}{2}x$에 대입하여 등식이 성립하지 않
는 것을 찾는다.

④ $y=-\dfrac{3}{2}x$에 $x=6$을 대입하면

$y=-\dfrac{3}{2}\times6=-9\neq-12$이므로 등식이 성립하지 않는다.

답 ④

0993 $y=\dfrac{4}{3}x$에 $x=-15$, $y=a$를 대입하면

$a=\dfrac{4}{3}\times(-15)=-20$

답 ①

0994 $y=\dfrac{2}{5}x$에 $x=a$, $y=-4$를 대입하면

$-4=\dfrac{2}{5}a$ ∴ $a=-10$

답 ④

0995 $y=ax$에 $x=-2$, $y=4$를 대입하면

$4=-2a$ ∴ $a=-2$ ∴ $y=-2x$

$y=-2x$에 $x=6$, $y=b$를 대입하면

$b=-2\times6=-12$

∴ $a+b=(-2)+(-12)=-14$

답 -14

참고 $y=ax$에서 $\dfrac{y}{x}=a$이므로 $a=\dfrac{4}{-2}=\dfrac{b}{6}$이다.

0996 $y=ax$에 $x=3$, $y=5$를 대입하면

$5=3a$ ∴ $a=\dfrac{5}{3}$

따라서 그래프가 나타내는 식은 $y=\dfrac{5}{3}x$이다. 답 $y=\dfrac{5}{3}x$

0997 조건 ㈎에 의해 원점을 지나는 직선이므로 그래프가 나타
내는 식은 $y=ax$의 꼴이다.

조건 ㈏에 의해 $y=ax$에 $x=4$, $y=-14$를 대입하면

$-14=4a$ ∴ $a=-\dfrac{7}{2}$

따라서 그래프가 나타내는 식은 $y=-\dfrac{7}{2}x$이다.

답 $y=-\dfrac{7}{2}x$

0998 $y=ax$에 $x=-8$, $y=-2$를 대입하면

$-2=-8a$ ∴ $a=\dfrac{1}{4}$ ∴ $y=\dfrac{1}{4}x$

각 점의 좌표를 $y=\dfrac{1}{4}x$에 대입하여 등식이 성립하는 것을
찾는다.

④ $y=\dfrac{1}{4}x$에 $x=2$를 대입하면 $y=\dfrac{1}{4}\times2=\dfrac{1}{2}$이므로

점 $\left(2,\dfrac{1}{2}\right)$은 $y=\dfrac{1}{4}x$의 그래프 위의 점이다. 답 ④

0999 원점을 지나는 직선이므로 그래프가 나타내는 식은
$y=ax$의 꼴이다. ···❶

$y=ax$에 $x=-6$, $y=4$를 대입하면

$4=-6a$ ∴ $a=-\dfrac{2}{3}$ ∴ $y=-\dfrac{2}{3}x$ ···❷

$y=-\dfrac{2}{3}x$에 $x=m$, $y=-2$를 대입하면

$-2=-\dfrac{2}{3}m$ ∴ $m=3$ ···❸

답 3

채점 기준	비율
❶ 그래프가 나타내는 식이 $y=ax$의 꼴임을 알기	20 %
❷ 그래프가 나타내는 식 구하기	40 %
❸ m의 값 구하기	40 %

1000 점 A의 x좌표가 7이므로

$y=\dfrac{3}{7}x$에 $x=7$을 대입하면

$y=\dfrac{3}{7}\times7=3$ ∴ A(7, 3)

따라서 삼각형 AOB의 넓이는

$\dfrac{1}{2}\times7\times3=\dfrac{21}{2}$ 답 $\dfrac{21}{2}$

1001 $y=-\dfrac{1}{2}x$에 $y=4$를 대입하면

$4=-\dfrac{1}{2}x$ ∴ $x=-8$ ∴ A$(-8, 4)$

$y=2x$에 $y=4$를 대입하면

$4=2x$ ∴ $x=2$ ∴ B$(2, 4)$

따라서 삼각형 AOB의 넓이는

$\dfrac{1}{2}\times\{2-(-8)\}\times4=20$ 답 20

1002 점 P의 y좌표가 4이므로 $y=ax$에 $y=4$를 대입하면

$4=ax$ ∴ $x=\dfrac{4}{a}$ ∴ P$\left(\dfrac{4}{a}, 4\right)$

삼각형 OPQ의 넓이가 16이므로

$\dfrac{1}{2}\times\dfrac{4}{a}\times4=16$, $\dfrac{8}{a}=16$ ∴ $a=\dfrac{1}{2}$ 답 $\dfrac{1}{2}$

1003 x와 y가 반비례하면 x와 y 사이의 관계를 나타내는 식은
$y=\dfrac{a}{x}$, $xy=a$ $(a\neq0)$의 꼴이다.

② $x=\dfrac{1}{y}$에서 $y=\dfrac{1}{x}$이므로 x와 y가 반비례한다.

④ $\dfrac{x}{y}=3$에서 $y=\dfrac{x}{3}$이므로 x와 y가 반비례하지 않는다.

답 ④

1004 x의 값이 2배, 3배, 4배, ...가 될 때, y의 값은 $\dfrac{1}{2}$배, $\dfrac{1}{3}$배,

$\dfrac{1}{4}$배, ...가 되는 관계가 있으면 x와 y는 반비례하므로

$y=\dfrac{a}{x}$ $(a\neq0)$의 꼴이다.

③ $xy=3$에서 $y=\dfrac{3}{x}$이므로 x와 y가 반비례한다. 답 ③

1005 x와 y가 반비례하면 x와 y 사이의 관계를 나타내는 식은
$y=\dfrac{a}{x}$, $xy=a$ $(a\neq0)$의 꼴이다.

ㄴ. $x+y=2$에서 $y=-x+2$

ㅁ. $\dfrac{y}{x}=1$에서 $y=x$

따라서 x와 y가 반비례하는 것은 ㄷ, ㄹ이다. 답 ㄷ, ㄹ

1006 $y=\dfrac{a}{x}$라 하고 $x=-4$, $y=1$을 대입하면

$1=\dfrac{a}{-4}$ ∴ $a=-4$

따라서 $y=-\dfrac{4}{x}$이므로 $x=2$를 대입하면

$y=-\dfrac{4}{2}=-2$ 답 -2

1007 $y=\dfrac{a}{x}$라 하고 $x=5$, $y=30$을 대입하면

$30=\dfrac{a}{5}$ ∴ $a=150$

따라서 x와 y 사이의 관계를 나타내는 식은 $y=\dfrac{150}{x}$이다.

답 $y=\dfrac{150}{x}$

1008 ㄱ. x와 y가 반비례하므로 x의 값이 $\dfrac{1}{2}$배가 되면 y의 값은 2배가 된다.

ㄴ. $y=\dfrac{a}{x}$라 하고 $x=3$, $y=-4$를 대입하면

$$-4=\dfrac{a}{3} \quad \therefore a=-12 \quad \therefore y=-\dfrac{12}{x}$$

ㄷ. $y=-\dfrac{12}{x}$에 $x=-6$을 대입하면

$$y=-\dfrac{12}{-6}=2$$

따라서 옳은 것은 ㄱ, ㄴ이다.

답 ㄱ, ㄴ

1009 $y=\dfrac{a}{x}$라 하고 $x=-6$, $y=-4$를 대입하면

$$-4=\dfrac{a}{-6} \quad \therefore a=24 \quad \therefore y=\dfrac{24}{x} \quad \cdots❶$$

$y=\dfrac{24}{x}$에 $x=-4$, $y=A$를 대입하면

$$A=\dfrac{24}{-4}=-6 \quad \cdots❷$$

$y=\dfrac{24}{x}$에 $x=B$, $y=4$를 대입하면

$$4=\dfrac{24}{B} \quad \therefore B=6 \quad \cdots❸$$

$y=\dfrac{24}{x}$에 $x=8$, $y=C$를 대입하면

$$C=\dfrac{24}{8}=3 \quad \cdots❹$$

$$\therefore A-B+C=(-6)-6+3=-9 \quad \cdots❺$$

답 -9

채점 기준	비율
❶ x와 y 사이의 관계를 나타내는 식 구하기	30 %
❷ A의 값 구하기	20 %
❸ B의 값 구하기	20 %
❹ C의 값 구하기	20 %
❺ $A-B+C$의 값 구하기	10 %

1010 (1) 일정한 시간 동안 맞물린 톱니의 개수는 같으므로

$$24\times2=x\times y,\ xy=48 \quad \therefore y=\dfrac{48}{x}$$

(2) $y=\dfrac{48}{x}$에 $x=16$을 대입하면 $y=\dfrac{48}{16}=3$

따라서 작은 톱니바퀴의 톱니가 16개일 때, 작은 톱니바퀴는 3번 회전해야 한다.

답 (1) $y=\dfrac{48}{x}$ (2) 3번

1011 ① $x+y=10$에서 $y=-x+10$

② $y=200-x$

③ $y=2x$

④ $y=2000x$

⑤ $xy=500$에서 $y=\dfrac{500}{x}$

따라서 x와 y가 반비례하는 것은 ⑤이다.

답 ⑤

1012 10대의 기계로 6시간 동안 작업한 일의 양과 x대의 기계로 y시간 동안 작업한 일의 양이 같으므로

$$10\times6=x\times y,\ xy=60 \quad \therefore y=\dfrac{60}{x}$$

ㄱ, ㄴ. x와 y는 반비례한다.

ㄷ. $y=\dfrac{60}{x}$에 $y=2$를 대입하면

$$2=\dfrac{60}{x} \quad \therefore x=30$$

즉, 최소한 30대의 기계가 필요하다.

ㄹ. $y=\dfrac{60}{x}$에 $x=1$을 대입하면 $y=\dfrac{60}{1}=60$(시간)이므로 2일 안에 일을 끝낼 수 없다.

따라서 옳은 것은 ㄴ, ㄷ이다.

답 ㄴ, ㄷ

1013 반비례 관계 $y=\dfrac{5}{x}$의 그래프는 제1사분면과 제3사분면을 지나는 한 쌍의 매끄러운 곡선이다.

또, $x=1$일 때 $y=5$이므로 점 $(1, 5)$를 지난다.

답 ②

1014 반비례 관계 $y=-\dfrac{2}{x}$의 그래프는 제2사분면과 제4사분면을 지나는 한 쌍의 매끄러운 곡선이다.

또, $x=1$일 때 $y=-2$이므로 점 $(1, -2)$를 지난다.

답 ③

1015 $y=\dfrac{a}{x}$의 그래프는 a의 절댓값이 클수록 원점에서 멀리 떨어져 있다.

각 식의 a의 절댓값을 구하면

① 6 ② 1 ③ $\dfrac{1}{2}$ ④ 5 ⑤ $\dfrac{1}{3}$

따라서 원점에서 가장 멀리 떨어진 것은 ①이다.

답 ①

1016 반비례 관계 $y=\dfrac{a}{x}$의 그래프가 제2사분면과 제4사분면을 지나므로 $a<0$

a의 절댓값이 클수록 원점에서 멀리 떨어져 있으므로

$$|-2|>|a| \quad \therefore -2<a<0$$

따라서 a의 값이 될 수 있는 것은 ②이다.

답 ②

1017 반비례 관계 $y=\dfrac{a}{x}$의 그래프가 제1사분면과 제3사분면을 지나므로 $a>0$

a의 절댓값이 클수록 원점에서 멀리 떨어져 있으므로

$$|a|<|3|$$

$$\therefore 0<a<3$$

답 ③

1018 반비례 관계 $y=\dfrac{a}{x}$, $y=\dfrac{c}{x}$의 그래프가 제1사분면과 제3사분면을 지나므로 $a>0$, $c>0$

a, c의 절댓값이 클수록 원점에서 멀리 떨어져 있으므로

$$0<c<a$$

반비례 관계 $y=\dfrac{b}{x}$의 그래프는 제2사분면과 제4사분면을 지나므로 $b<0$

$$\therefore b<c<a$$

답 ④

1019 ① 원점을 지나지 않고 좌표축에 한없이 가까워지는 한 쌍의 매끄러운 곡선이다.
② 점 $(2, 3)$을 지난다.
③ $x>0$일 때, x의 값이 증가하면 y의 값은 감소한다.
④ 제1사분면과 제3사분면을 지난다.
따라서 옳은 것은 ⑤이다. 　　　　　　　　　**답** ⑤

1020 반비례 관계 $y=\dfrac{a}{x}$ $(a\neq0)$의 그래프는 $a>0$이면 제1사분면과 제3사분면을 지나고, $a<0$이면 제2사분면과 제4사분면을 지나는 한 쌍의 매끄러운 곡선이다.
또, $x=1$일 때 $y=a$이므로 점 $(1, a)$를 지난다.
따라서 옳은 것은 ⑤이다. 　　　　　　　　　**답** ⑤

1021 각 점의 좌표를 $y=-\dfrac{18}{x}$에 대입하여 등식이 성립하는 것을 찾는다.
① $y=-\dfrac{18}{x}$에 $x=-6$을 대입하면 $y=-\dfrac{18}{-6}=3$이므로 등식이 성립한다. 　　　　　　　**답** ①

1022 $y=-\dfrac{20}{x}$에 $x=2$, $y=a$를 대입하면
$a=-\dfrac{20}{2}=-10$
$y=-\dfrac{20}{x}$에 $x=b$, $y=-4$를 대입하면
$-4=-\dfrac{20}{b}$ 　　$\therefore b=5$
$\therefore a+b=(-10)+5=-5$ 　　　　　**답** -5

참고 $y=-\dfrac{20}{x}$에서 $xy=-20$이므로 $-20=2a=-4b$이다.

1023 $y=\dfrac{a}{x}$에 $x=3$, $y=4$를 대입하면 $4=\dfrac{a}{3}$
$\therefore a=12$ 　　　　　　　　　　…❶
$y=\dfrac{12}{x}$에 $x=-6$, $y=b$를 대입하면
$b=\dfrac{12}{-6}=-2$ 　　　　　　　　…❷
$\therefore a+b=12+(-2)=10$ 　　　　…❸
　　　　　　　　　　　　　　　　　　　답 10

채점 기준	비율
❶ a의 값 구하기	40 %
❷ b의 값 구하기	40 %
❸ $a+b$의 값 구하기	20 %

1024 $y=\dfrac{16}{x}$에서 $xy=16$이고, x좌표와 y좌표가 모두 자연수이므로 x와 y는 모두 16의 약수이다.
$x=1$일 때 $y=16$, $x=2$일 때 $y=8$, $x=4$일 때 $y=4$, $x=8$일 때 $y=2$, $x=16$일 때 $y=1$
따라서 구하는 점은 $(1, 16)$, $(2, 8)$, $(4, 4)$, $(8, 2)$, $(16, 1)$의 5개이다. 　　　　　　　　**답** 5

1025 $y=\dfrac{a}{x}$에 $x=2$, $y=5$를 대입하면
$5=\dfrac{a}{2}$ 　　$\therefore a=10$

따라서 그래프가 나타내는 식은 $y=\dfrac{10}{x}$이다. 　**답** $y=\dfrac{10}{x}$

1026 조건 ㈎에 의해 x좌표와 y좌표의 곱이 일정한 점들을 지나는 한 쌍의 매끄러운 곡선이므로 그래프가 나타내는 식은 $y=\dfrac{a}{x}$ $(a\neq0)$의 꼴이다.
조건 ㈏에 의해 $y=\dfrac{a}{x}$에 $x=-3$, $y=-2$를 대입하면
$-2=\dfrac{a}{-3}$ 　　$\therefore a=6$
따라서 그래프가 나타내는 식은 $y=\dfrac{6}{x}$이다. 　**답** $y=\dfrac{6}{x}$

1027 $y=\dfrac{a}{x}$에 $x=-2$, $y=4$를 대입하면
$4=\dfrac{a}{-2}$ 　　$\therefore a=-8$ 　　$\therefore y=-\dfrac{8}{x}$
$y=-\dfrac{8}{x}$에 $x=6$, $y=m$을 대입하면
$m=-\dfrac{8}{6}=-\dfrac{4}{3}$ 　　　　　　　　　**답** $-\dfrac{4}{3}$

1028 $y=\dfrac{a}{x}$에 $x=2$, $y=2$를 대입하면
$2=\dfrac{a}{2}$ 　　$\therefore a=4$
$y=\dfrac{b}{x}$에 $x=1$, $y=-3$을 대입하면
$-3=\dfrac{b}{1}$ 　　$\therefore b=-3$
$\therefore a-b=4-(-3)=7$ 　　　　　　　　　**답** 7

1029 $y=\dfrac{a}{x}$에 $x=-5$, $y=-3$을 대입하면
$-3=\dfrac{a}{-5}$ 　　$\therefore a=15$ 　　$\therefore y=\dfrac{15}{x}$
점 P의 좌표를 $\left(p, \dfrac{15}{p}\right)$라 하면 사각형 OAPB의 넓이는
$p\times\dfrac{15}{p}=15$ 　　　　　　　　　　**답** 15

1030 점 A의 x좌표가 -3이므로 $y=-\dfrac{6}{x}$에 $x=-3$을 대입하면
$y=-\dfrac{6}{-3}=2$ 　　$\therefore A(-3, 2)$
따라서 직각삼각형 OAB의 넓이는
$\dfrac{1}{2}\times3\times2=3$ 　　　　　　　　　**답** 3

1031 $y=\dfrac{a}{x}$에 $x=-4$, $y=3$을 대입하면
$3=\dfrac{a}{-4}$ 　　$\therefore a=-12$ 　　$\therefore y=-\dfrac{12}{x}$
$y=-\dfrac{12}{x}$에 $x=6$을 대입하면
$y=-\dfrac{12}{6}=-2$ 　　$\therefore C(6, -2)$
따라서 직사각형 ABCD의 넓이는
$\{6-(-4)\}\times\{3-(-2)\}=10\times5=50$ 　**답** 50

1032 $y=\dfrac{16}{x}$에 $x=-2$를 대입하면

$$y=\frac{16}{-2}=-8 \qquad \therefore A(-2,\ -8)$$

$y=ax$에 $x=-2$, $y=-8$을 대입하면

$$-8=-2a \qquad \therefore a=4 \qquad\qquad \text{답 ②}$$

1033 $y=ax$에 $x=-2$, $y=-4$를 대입하면

$$-4=-2a \qquad \therefore a=2$$

$y=\dfrac{b}{x}$에 $x=-2$, $y=-4$를 대입하면

$$-4=\frac{b}{-2} \qquad \therefore b=8$$

$y=2x$에 $x=2$, $y=c$를 대입하면

$$c=2\times2=4$$

$$\therefore a+b+c=2+8+4=14 \qquad\qquad \text{답 14}$$

1034 $y=\dfrac{3}{2}x$에 $x=b$, $y=3$을 대입하면

$$3=\frac{3}{2}b \qquad \therefore b=2 \qquad\qquad \cdots\text{❶}$$

$y=\dfrac{a}{x}$에 $x=2$, $y=3$을 대입하면

$$3=\frac{a}{2} \qquad \therefore a=6 \qquad\qquad \cdots\text{❷}$$

$y=\dfrac{6}{x}$에 $x=3$, $y=c$를 대입하면

$$c=\frac{6}{3}=2 \qquad\qquad \cdots\text{❸}$$

$$\therefore a+b+c=6+2+2=10 \qquad \cdots\text{❹}$$

$$\text{답 10}$$

채점 기준	비율
❶ b의 값 구하기	30 %
❷ a의 값 구하기	30 %
❸ c의 값 구하기	30 %
❹ $a+b+c$의 값 구하기	10 %

1035 $y=ax$라 하고 $x=3$, $y=15$를 대입하면

$$15=3a \qquad \therefore a=5 \qquad \therefore y=5x$$

$y=5x$에 $x=20$을 대입하면

$$y=5\times20=100$$

따라서 20 kWh의 전력량으로 쉬지 않고 100 km를 달릴 수 있다. 　　　　　　　　　　　　　　　　답 100 km

1036 $y=\dfrac{a}{x}$라 하고 $x=3$, $y=30$을 대입하면

$$30=\frac{a}{3} \qquad \therefore a=90 \qquad \therefore y=\frac{90}{x}$$

$y=\dfrac{90}{x}$에 $x=10$을 대입하면

$$y=\frac{90}{10}=9$$

따라서 압력이 10기압일 때의 기체의 부피는 9 cm³이다.

$$\text{답 } 9\,\text{cm}^3$$

1037 (ⅰ) 동생이 도서관에 도착하는 데 걸리는 시간 구하기

$y=ax$라 하고 $x=2$, $y=200$을 대입하면

$$200=2a \qquad \therefore a=100 \qquad \therefore y=100x$$

$y=100x$에 $y=1200$을 대입하면

$$1200=100x \qquad \therefore x=12$$

(ⅱ) 누나가 도서관에 도착하는 데 걸리는 시간 구하기

$y=bx$라 하고 $x=3$, $y=180$을 대입하면

$$180=3b \qquad \therefore b=60 \qquad \therefore y=60x$$

$y=60x$에 $y=1200$을 대입하면

$$1200=60x \qquad \therefore x=20$$

(ⅰ), (ⅱ)에서 동생이 도서관에 도착한 후 기다려야 하는 시간은

$$20-12=8\text{(분)} \qquad\qquad \text{답 8분}$$

1038 $y=ax$라 하고 $x=6$, $y=36$을 대입하면

$$36=6a \qquad \therefore a=6$$

따라서 $y=6x$이므로 $x=4$를 대입하면

$$y=6\times4=24 \qquad\qquad \text{답 24}$$

1039 정비례 관계 $y=\dfrac{1}{3}x$의 그래프는 원점을 지나고, $x=3$일 때 $y=1$이므로 점 $(3,\ 1)$을 지나는 직선이다. 　　답 ①

1040 $y=\dfrac{a}{x}$라 하고 $x=-4$, $y=7$을 대입하면

$$7=\frac{a}{-4} \qquad \therefore a=-28$$

따라서 x와 y 사이의 관계를 나타내는 식은 $y=-\dfrac{28}{x}$이다.

$$\text{답 ①}$$

1041 반비례 관계 $y=\dfrac{a}{x}$에서 $a>0$이면 그 그래프가 제1사분면과 제3사분면을 지난다.

ㄷ. $xy=12$에서 $y=\dfrac{12}{x}$

ㄹ. $xy=-3$에서 $y=-\dfrac{3}{x}$

따라서 그래프가 제1사분면과 제3사분면을 지나는 것은 ㄱ, ㄷ이다. 　　　　　　　　　　　　　답 ②

1042 $y=\dfrac{12}{x}$에 $x=-6$, $y=3a+1$을 대입하면

$$3a+1=\frac{12}{-6},\ 3a+1=-2$$

$$3a=-3 \qquad \therefore a=-1 \qquad\qquad \text{답 } -1$$

1043 ① 원점을 지난다.

② $y=-\dfrac{1}{3}x$에 $x=3$을 대입하면

$$y=-\frac{1}{3}\times3=-1$$

즉, 점 $(3,\ -1)$을 지난다.

③ 제2사분면과 제4사분면을 지난다.

④ x의 값이 증가하면 y의 값은 감소한다.

⑤ $y=ax$의 그래프는 a의 절댓값이 작을수록 x축에 가까우므로 $y=-\dfrac{1}{3}x$의 그래프는 $y=-3x$의 그래프보다 x축에 더 가깝다. 　　　　　　　　　　　답 ⑤

1044 $y=ax$라 하고 $x=-2$, $y=-4$를 대입하면
$-4=-2a$ ∴ $a=2$ ∴ $y=2x$
$y=2x$에 $x=3$, $y=m$을 대입하면
$m=2\times3=6$ 답 ③

1045 $y=\dfrac{2}{3}x$에 $x=3$을 대입하면 $y=\dfrac{2}{3}\times3=2$이므로
A$(3,2)$이다.
A$(3,2)$와 x축에 대하여 대칭인 점은 B$(3,-2)$
A$(3,2)$와 y축에 대하여 대칭인 점은 C$(-3,2)$
A$(3,2)$와 원점에 대하여 대칭인 점은 D$(-3,-2)$
네 점 A, B, C, D를 좌표평면 위
에 나타내면 오른쪽 그림과 같다.
∴ (사각형 ACDB의 둘레의 길이)
$=2\times(6+4)$
$=20$

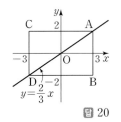

답 20

 참고 점 (a,b)와 x축에 대하여 대칭인 점은 $(a,-b)$,
y축에 대하여 대칭인 점은 $(-a,b)$,
원점에 대하여 대칭인 점은 $(-a,-b)$이다.

1046 $y=ax$에 $x=4$를 대입하면
$y=4a$ ∴ A$(4,4a)$
삼각형 AOB의 넓이가 24이므로
$\dfrac{1}{2}\times4\times4a=24$, $8a=24$ ∴ $a=3$ 답 3

1047 $y=\dfrac{a}{x}$라 하고 $x=5$, $y=12$를 대입하면
$12=\dfrac{a}{5}$ ∴ $a=60$ ∴ $y=\dfrac{60}{x}$
$y=\dfrac{60}{x}$에 $x=4$를 대입하면
$y=\dfrac{60}{4}=15$
따라서 압력이 4기압일 때, 이 기체의 부피는 15 cm³이
다. 답 15 cm³

1048 $y=\dfrac{a}{x}$의 그래프는 a의 절댓값이 클수록 원점에서 멀리
떨어져 있다.
각 식의 a의 절댓값을 구하면
① 6 ② 3 ③ 1 ④ 2 ⑤ 5
따라서 원점에서 가장 멀리 떨어진 것은 ①이다. 답 ①

1049 $y=\dfrac{a}{x}$에 $x=3$, $y=15$를 대입하면
$15=\dfrac{a}{3}$ ∴ $a=45$ ∴ $y=\dfrac{45}{x}$
$y=\dfrac{45}{x}$에 $x=-9$, $y=b$를 대입하면
$b=\dfrac{45}{-9}=-5$
∴ $a+b=45+(-5)=40$ 답 40

1050 $y=-\dfrac{16}{x}$에서 $xy=-16$이고, x좌표와 y좌표가 모두 정
수이므로 $|x|$와 $|y|$는 모두 16의 약수이다.
이때 제2사분면 위의 점이므로 x좌표가 음수, y좌표가 양
수이다.
따라서 구하는 점은 $(-16,1)$, $(-8,2)$, $(-4,4)$,
$(-2,8)$, $(-1,16)$의 5개이다. 답 ③

1051 $y=\dfrac{a}{x}$라 하고 $x=-6$, $y=-3$을 대입하면
$-3=\dfrac{a}{-6}$ ∴ $a=18$ ∴ $y=\dfrac{18}{x}$
$y=\dfrac{18}{x}$에 $x=m$, $y=-2$를 대입하면
$-2=\dfrac{18}{m}$ ∴ $m=-9$
$y=\dfrac{18}{x}$에 $x=9$, $y=n$을 대입하면
$n=\dfrac{18}{9}=2$
∴ $m+n=(-9)+2=-7$ 답 ④

1052 ㉠의 식을 $y=px$라 하고 $x=4$, $y=6$을 대입하면
$6=4p$ ∴ $p=\dfrac{3}{2}$ ∴ $y=\dfrac{3}{2}x$
㉡의 식을 $y=qx$라 하고 $x=4$, $y=2$를 대입하면
$2=4q$ ∴ $q=\dfrac{1}{2}$ ∴ $y=\dfrac{1}{2}x$
이때 $a>0$이고 $y=ax$의 그래프는 $y=\dfrac{1}{2}x$의 그래프보다
y축에 더 가깝고, $y=\dfrac{3}{2}x$의 그래프는 $y=ax$의 그래프보다
y축에 더 가까우므로 a의 값의 범위는
$\dfrac{1}{2}<a<\dfrac{3}{2}$ 답 $\dfrac{1}{2}<a<\dfrac{3}{2}$

1053 $y=\dfrac{1}{2}x$에 $y=8$을 대입하면
$8=\dfrac{1}{2}x$ ∴ $x=16$ ∴ A$(16,8)$
$y=x$에 $y=8$을 대입하면
$x=8$ ∴ B$(8,8)$
점 C의 x좌표는 점 B의 x좌표와 같으므로
$y=\dfrac{1}{2}x$에 $x=8$을 대입하면
$y=\dfrac{1}{2}\times8=4$ ∴ C$(8,4)$
따라서 삼각형 ABC의 넓이는
$\dfrac{1}{2}\times(16-8)\times(8-4)=16$ 답 16

1054 $y=\dfrac{a}{x}$에 $x=-1$, $y=4$를 대입하면
$4=\dfrac{a}{-1}$ ∴ $a=-4$ ∴ $y=-\dfrac{4}{x}$
점 P의 좌표를 $\left(p,-\dfrac{4}{p}\right)$ $(p>0)$라 하면
사각형 OQPR의 넓이는
$p\times\dfrac{4}{p}=4$ 답 4

1055 수영을 나타내는 그래프를 $y=ax$라 하고
$x=5$, $y=40$을 대입하면
$40=5a$ $\therefore a=8$ $\therefore y=8x$
즉, 수영을 30분 동안 할 때 소모되는 열량은
$y=8\times30=240$ (kcal)
윗몸 일으키기를 나타내는 그래프를 $y=bx$라 하고
$x=5$, $y=35$를 대입하면
$35=5b$ $\therefore b=7$ $\therefore y=7x$
즉, 윗몸 일으키기를 30분 동안 할 때 소모되는 열량은
$y=7\times30=210$ (kcal)
따라서 두 운동의 열량의 차는
$240-210=30$ (kcal)   답 30 kcal

1056 (1) 흙 한 포대에서 나오는 금의 값이 50원이므로 흙 x포대에서 나오는 금의 값은 $50x$원이다.
따라서 x와 y 사이의 관계를 나타내는 식은 $y=50x$이다. …❶
(2) 소 25마리의 값은 $64\times25=1600$(원)이므로 …❷
$y=50x$에 $y=1600$을 대입하면
$1600=50x$ $\therefore x=32$
따라서 소 25마리를 사기 위해서는 흙이 32포대 필요하다. …❸
답 (1) $y=50x$ (2) 32포대

채점 기준	비율
❶ x와 y 사이의 관계를 식으로 나타내기	40 %
❷ 소 25마리의 값 구하기	30 %
❸ 흙이 몇 포대 필요한지 구하기	30 %

1057 (1) $y=\dfrac{24}{x}$에 $x=2$를 대입하면
$y=\dfrac{24}{2}=12$ $\therefore$ P$(2,\ 12)$ …❶
(2) 점 P를 지나는 정비례 관계의 그래프가 나타내는 식을 $y=ax$라 하자. …❷
$y=ax$에 $x=2$, $y=12$를 대입하면
$12=2a$ $\therefore a=6$
$\therefore y=6x$ …❸
답 (1) $(2,\ 12)$ (2) $y=6x$

채점 기준	비율
❶ 점 P의 좌표 구하기	40 %
❷ 구하는 식이 $y=ax$의 꼴임을 알기	20 %
❸ 정비례 관계의 그래프가 나타내는 식 구하기	40 %

158쪽

1058 (2) $z=4x$, $y=3x$이므로 $x=\dfrac{z}{4}$, $x=\dfrac{y}{3}$
즉, $\dfrac{z}{4}=\dfrac{y}{3}$이므로 $z=\dfrac{4}{3}y$

(3) $z=\dfrac{4}{3}y$에 $z=48$을 대입하면
$48=\dfrac{4}{3}y$ $\therefore y=36$
따라서 구하는 정삼각형의 둘레의 길이는 36 cm이다.
답 (1) $y=3x$ (2) $z=\dfrac{4}{3}y$ (3) 36 cm

1059 물탱크의 용량은 $2.5\times40=100$ (L)이므로
매분 넣는 물의 양을 x L, 넣는 시간을 y분이라 하면 x와 y 사이의 관계를 나타내는 식은
$y=\dfrac{100}{x}$
$y=\dfrac{100}{x}$에 $y=25$를 대입하면
$25=\dfrac{100}{x}$ $\therefore x=4$
따라서 예린이는 매분 4 L의 물을 넣었다.
답 4 L

1060 $y=\dfrac{a}{x}$에 $x=1.5$, $y=1.0$을 대입하면
$1=\dfrac{a}{1.5}$ $\therefore a=1.5$
$\therefore y=\dfrac{1.5}{x}$
$y=\dfrac{1.5}{x}$에 $x=3$을 대입하면
$y=\dfrac{1.5}{3}=0.5$
따라서 구하는 시력은 0.5이다.
답 0.5

1061 ㈎에서 반비례 관계의 그래프는 원점 $(0,\ 0)$을 지나지 않으므로
$a=0$
㈏에서 $y=\dfrac{b}{x}$에 $x=2$, $y=3$을 대입하면
$3=\dfrac{b}{2}$ $\therefore b=6$
㈐에서 $y=-8x$에 $x=-\dfrac{1}{4}$을 대입하면
$y=-8\times\left(-\dfrac{1}{4}\right)=2$
$y=\dfrac{c}{x}$에 $x=-\dfrac{1}{4}$, $y=2$를 대입하면
$2=c\div\left(-\dfrac{1}{4}\right)$ $\therefore c=-\dfrac{1}{2}$
㈑에서 네 점 $(0,\ 0)$, $(2,\ 0)$, $\left(0,\ \dfrac{d}{2}\right)$, $\left(2,\ \dfrac{d}{2}\right)$를 꼭짓점으로 하는 직사각형의 넓이가 8이므로

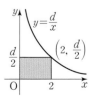

$2\times\dfrac{d}{2}=8$ $\therefore d=8$
$\therefore ab+cd=0\times6+\left(-\dfrac{1}{2}\right)\times8=-4$ 답 -4

워크북

01 소인수분해

4~10쪽

유형 잡기

001 소수는 2, 5, 11, 17, 37의 5개이므로 $a=5$
합성수는 14, 22, 25, 27의 4개이므로 $b=4$
$\therefore a \times b = 5 \times 4 = 20$ 답 20

002 약수가 2개인 수는 소수이므로 25보다 크고 50 이하인 소수는 29, 31, 37, 41, 43, 47의 6개이다. 답 6

003 10보다 크고 30보다 작은 소수는 11, 13, 17, 19, 23, 29의 6개이므로
$a=6$
20보다 크고 30보다 작은 합성수는 21, 22, 24, 25, 26, 27, 28의 7개이므로
$b=7$
$\therefore a+b=6+7=13$ 답 13

004 10을 서로 다른 두 소수의 합으로 나타내면
$3+7$ 또는 $7+3$이므로
$a=3$, $b=7$ 또는 $a=7$, $b=3$
15를 두 소수의 합으로 나타내면
$2+13$ 또는 $13+2$이므로
$c=2$, $d=13$ 또는 $c=13$, $d=2$
$\therefore c \times d - a \times b = 26-21 = 5$ 답 5

005 ① 두 소수 2와 3의 합은 5로 홀수이다.
② 1은 소수도 아니고 합성수도 아니다.
③ 소수 2는 일의 자리의 수가 짝수이다.
⑤ 1은 소수가 아니지만 약수가 1의 1개이다. 답 ④

006 ㄱ. 71은 소수이다. (참)
ㄴ. 한 자리 자연수 중 합성수는 4, 6, 8, 9의 4개이다. (거짓)
ㄷ. 짝수 중 소수는 2의 1개이다. (참)
ㄹ. 합성수가 아닌 자연수 중 1은 소수가 아니다. (거짓)
따라서 옳은 것은 ㄱ, ㄷ이다. 답 ②

007 ④ 2는 짝수이지만 소수이다.
⑤ 소수 2와 다른 소수의 곱은 짝수이다. 답 ④, ⑤

008 ① $3 \times 3 \times 3 \times 3 = 3^4$
② $2 \times 2 \times 5 \times 5 = 2^2 \times 5^2$
③ $2 \times 2 \times 3 \times 3 \times 3 \times 3 = 2^2 \times 3^4$
④ $\frac{1}{2} \times \frac{1}{2} \times \frac{1}{2} \times \frac{1}{2} \times \frac{1}{2} = \frac{1}{2^5}$ 답 ⑤

009 $2 \times 2 \times 3 \times 7 \times 7 \times 7 = 2^2 \times 3 \times 7^3$이므로
$a=2$, $b=3$, $c=3$
$\therefore a \times b \times c = 2 \times 3 \times 3 = 18$ 답 18

010 1시간 후에는 2개
2시간 후에는 2^2개
3시간 후에는 2^3개
⋮
따라서 8시간 후에는 2^8개가 된다. 답 2^8개

011 $3^4 = 3 \times 3 \times 3 \times 3 = 81$이므로 $a=81$
$125 = 5 \times 5 \times 5 = 5^3$이므로 $b=3$
$\therefore a-b = 81-3 = 78$ 답 78

012 $256 = 2 \times 2 \times 2 \times 2 \times 2 \times 2 \times 2 \times 2 = 2^8$이므로
$a=8$ 답 ④

013 ① 5의 네제곱이라 읽는다.
④ $5^4 = 5 \times 5 \times 5 \times 5 = 625$이므로 625와 같은 수이다.
⑤ $5 \times 5 \times 5 \times 5$를 거듭제곱으로 나타낸 것이다.
답 ②, ③

014 $2^5 = 2 \times 2 \times 2 \times 2 \times 2 = 32$, $3^4 = 3 \times 3 \times 3 \times 3 = 81$이므로
$2^5 + 7^a = 3^4$에서 $32 + 7^a = 81$, $7^a = 49$
$49 = 7 \times 7 = 7^2$이므로 $a=2$ 답 2

015 ④ $96 = 2^5 \times 3$ 답 ④

016 $108 = 2 \times 2 \times 3 \times 3 \times 3 = 2^2 \times 3^3$ 답 ④

017 오른쪽과 같이 270을 소인수분해 하면
$270 = 2 \times 3^3 \times 5$

```
2 ) 270
3 ) 135
3 )  45
3 )  15
      5
```
답 ⑤

주의 ①, ②, ③, ④에서 9, 6, 15, 10은 소인수가 아니다.

018 ㄱ. $36 = 2^2 \times 3^2$
ㄹ. $78 = 2 \times 3 \times 13$
ㅁ. $198 = 2 \times 3^2 \times 11$
ㅂ. $375 = 3 \times 5^3$
따라서 소인수분해가 바르게 된 것은 ㄴ, ㄷ이다. 답 ㄴ, ㄷ

019 $135 = 3^3 \times 5$이므로 135의 소인수는 3과 5이다. 답 ①

020 $660 = 2^2 \times 3 \times 5 \times 11$이므로
660의 소인수는 2, 3, 5, 11이다.
따라서 구하는 합은 $2+3+5+11 = 21$ 답 ④

021 ① $30 = 2 \times 3 \times 5$이므로 소인수는 2, 3, 5
② $60 = 2^2 \times 3 \times 5$이므로 소인수는 2, 3, 5
③ $90 = 2 \times 3^2 \times 5$이므로 소인수는 2, 3, 5
④ $150 = 2 \times 3 \times 5^2$이므로 소인수는 2, 3, 5
⑤ $160 = 2^5 \times 5$이므로 소인수는 2, 5 답 ⑤

022 구하는 자연수는 9의 배수이므로
$9 = 3^2$에서 3을 소인수로 가져야 한다.
소수 중 크기가 작은 수부터 나열하면
2, 3, 5, 7, 11, …이므로

$2 \times 3^2 \times 5 = 90$, $2 \times 3^2 \times 7 = 126$, $2^2 \times 3^2 \times 5 = 180$, ...
따라서 구하는 가장 작은 세 자리 자연수는 126이다.

답 126

023 오른쪽과 같이 420을 소인수분해 하면
$420 = 2^2 \times 3 \times 5 \times 7$이므로
$a = 2$, $b = 1$, $c = 7$
$\therefore a + b + c = 2 + 1 + 7 = 10$

$$
\begin{array}{r|r}
2 & 420 \\
2 & 210 \\
3 & 105 \\
5 & 35 \\
\hline
 & 7
\end{array}
$$

답 10

024 $56 \times 63 = (2^3 \times 7) \times (3^2 \times 7)$
$\qquad\qquad = 2^3 \times 3^2 \times 7^2$
따라서 $a = 2$, $b = 3$, $c = 2$이므로
$a + b + c = 2 + 3 + 2 = 7$

답 7

025 $200 = 2^3 \times 5^2$이므로
$a = 2$, $b = 5$, $m = 3$, $n = 2$
또는 $a = 5$, $b = 2$, $m = 2$, $n = 3$
$\therefore a + b + m + n = 12$

답 12

026 $2 \times 4 \times 6 \times 8 \times 10 \times 12 \times 14$
$= 2 \times (2 \times 2) \times (2 \times 3) \times (2 \times 2 \times 2) \times (2 \times 5)$
$\qquad\qquad\qquad\qquad\qquad \times (2 \times 2 \times 3) \times (2 \times 7)$
$= 2^{11} \times 3^2 \times 5 \times 7$
따라서 $a = 11$, $b = 2$, $c = 1$, $d = 1$이므로
$a \times b \times c \times d = 11 \times 2 \times 1 \times 1 = 22$

답 ③

027 $90 = 2 \times 3^2 \times 5$이므로 곱할 수 있는 가장 작은 자연수는
$2 \times 5 = 10$

답 10

028 $216 = 2^3 \times 3^3$이므로 나눌 수 있는 가장 작은 자연수는
$2 \times 3 = 6$

답 6

029 $240 = 2^4 \times 3 \times 5$이므로
a는 $3 \times 5 \times (자연수)^2$의 꼴이어야 한다.
즉, 가장 작은 자연수 a의 값은 $3 \times 5 = 15$
이때 $b^2 = (2^4 \times 3 \times 5) \times (3 \times 5) = (2^2 \times 3 \times 5)^2$이므로
$b = 2^2 \times 3 \times 5 = 60$
$\therefore b - a = 60 - 15 = 45$

답 45

030 $600 = 2^3 \times 3 \times 5^2$이므로
a는 600의 약수이면서 $2 \times 3 \times (자연수)^2$의 꼴이어야 한다.
즉, 가장 작은 자연수 a의 값은 $2 \times 3 = 6$
이때 $b^2 = (2^3 \times 3 \times 5^2) \div (2 \times 3) = (2 \times 5)^2$이므로
$b = 2 \times 5 = 10$
$\therefore a + b = 6 + 10 = 16$

답 16

031 $56 = 2^3 \times 7$이므로
x는 $2 \times 7 \times (자연수)^2$의 꼴이어야 한다.
① $14 = 2 \times 7 \times 1^2$
② $42 = 2 \times 7 \times 3$
③ $126 = 2 \times 7 \times 3^2$
④ $224 = 2 \times 7 \times 4^2$
⑤ $350 = 2 \times 7 \times 5^2$

따라서 x의 값이 될 수 없는 것은 ②이다.

답 ②

032 $176 = 2^4 \times 11$이므로
x는 176의 약수이면서 $11 \times (자연수)^2$의 꼴이어야 한다.
따라서 x의 값이 될 수 있는 수는
11×1^2, 11×2^2, 11×2^4이므로 11, 44, 176이다.

답 11, 44, 176

033 $132 = 2^2 \times 3 \times 11$이므로 곱할 수 있는 자연수는
$3 \times 11 \times (자연수)^2$의 꼴이어야 한다.
즉, 곱할 수 있는 자연수를 크기순으로 나열하면
3×11, $3 \times 11 \times 2^2$, $3 \times 11 \times 3^2$, ...
따라서 세 번째로 작은 자연수는
$3 \times 11 \times 3^2 = 297$

답 297

034 $336 = 2^4 \times 3 \times 7$이므로
x는 336의 약수이면서 $3 \times 7 \times (자연수)^2$의 꼴이어야 한다.
그런데 x는 2의 배수이므로
$3 \times 7 \times 2^2 \times (자연수)^2$의 꼴이어야 한다.
따라서 x의 값이 될 수 있는 수는
$3 \times 7 \times 2^2 \times 1^2$, $3 \times 7 \times 2^2 \times 2^2$이므로
모든 x의 값의 합은
$84 + 336 = 420$

답 420

035 ② $20 = 2^2 \times 5$
④ $45 = 3^2 \times 5$
⑤ $81 = 3^4$
따라서 $2^2 \times 3^3 \times 5$의 약수가 아닌 것은 ⑤이다.

답 ⑤

036 $108 = 2^2 \times 3^3$이므로
㈎ 3^3, ㈏ 2×3, ㈐ 2×3^3, ㈑ $2^2 \times 3^3$
⑤ $2^2 \times 3^3$은 2×3^3의 2배이다.

답 ⑤

037 A의 약수를 큰 수부터 크기순으로 나열하면
$2^3 \times 3 \times 5^2$, $2^2 \times 3 \times 5^2$, $2^3 \times 5^2$, ...이므로
세 번째로 큰 수는
$2^3 \times 5^2 = 200$

답 200

038 $175 = 5^2 \times 7$이므로
175의 약수는 다음 표를 이용하여 구할 수 있다.

×	1	5	5^2
1	1	5	5^2
7	7	5×7	$5^2 \times 7$

따라서 175의 약수 중 5의 배수는 소인수 5를 갖는 수이므로
5, 25, 35, 175이다.

답 5, 25, 35, 175

039 $192 = 2^6 \times 3$이므로
$a = (6 + 1) \times (1 + 1) = 14$
$490 = 2 \times 5 \times 7^2$이므로
$b = (1 + 1) \times (1 + 1) \times (2 + 1) = 12$
$\therefore a - b = 14 - 12 = 2$

답 ③

040 $396 = 2^2 \times 3^2 \times 11$이므로 396의 약수의 개수는
$(2 + 1) \times (2 + 1) \times (1 + 1) = 18$

답 18

041 $392 = 2^3 \times 7^2$이므로 약수의 개수는

$(3+1) \times (2+1) = 12$

① $72 = 2^3 \times 3^2$이므로 약수의 개수는
$(3+1) \times (2+1) = 12$

② $80 = 2^4 \times 5$이므로 약수의 개수는
$(4+1) \times (1+1) = 10$

③ $140 = 2^2 \times 5 \times 7$이므로 약수의 개수는
$(2+1) \times (1+1) \times (1+1) = 12$

④ $(1+1) \times (1+1) \times (2+1) = 12$

⑤ $(3+1) \times (2+1) = 12$ 답 ②

042 $720 \div x$의 값이 자연수가 되도록 하는 자연수 x는 720의 약수이므로 x의 개수는 720의 약수의 개수와 같다.
$720 = 2^4 \times 3^2 \times 5$이므로 720의 약수의 개수는
$(4+1) \times (2+1) \times (1+1) = 30$ 답 30

043 $2^a \times 3^4$의 약수의 개수가 30이므로
$(a+1) \times (4+1) = 30$, $(a+1) \times 5 = 30$
$a+1 = 6$ ∴ $a = 5$ 답 ⑤

044 $2^n \times 45 = 2^n \times 3^2 \times 5$의 약수의 개수가 18이므로
$(n+1) \times (2+1) \times (1+1) = 18$, $(n+1) \times 6 = 18$
$n+1 = 3$ ∴ $n = 2$ 답 ②

045 $2^2 \times 7^a$의 약수의 개수가 15이므로
$(2+1) \times (a+1) = 15$, $3 \times (a+1) = 15$
$a+1 = 5$ ∴ $a = 4$
$2 \times 3^3 \times 5^b$의 약수의 개수가 24이므로
$(1+1) \times (3+1) \times (b+1) = 24$, $8 \times (b+1) = 24$
$b+1 = 3$ ∴ $b = 2$
따라서 $3^a \times 7^b$, 즉 $3^4 \times 7^2$의 약수의 개수는
$(4+1) \times (2+1) = 5 \times 3 = 15$ 답 15

046 $675 = 3^3 \times 5^2$이므로 675의 약수의 개수는
$(3+1) \times (2+1) = 12$
$2 \times 5^a \times 11$의 약수의 개수는 675의 약수의 개수의 2배이므로
$(1+1) \times (a+1) \times (1+1) = 2 \times 12$
$4 \times (a+1) = 24$
$a+1 = 6$ ∴ $a = 5$ 답 5

047 ① $n = 7$일 때,
  $3^2 \times 5^3 \times 7$의 약수의 개수는
  $(2+1) \times (3+1) \times (1+1) = 24$

② $n = 11$일 때,
  $3^2 \times 5^3 \times 11$의 약수의 개수는
  $(2+1) \times (3+1) \times (1+1) = 24$

③ $n = 75 = 3 \times 5^2$일 때,
  $3^3 \times 5^5$의 약수의 개수는
  $(3+1) \times (5+1) = 24$

④ $n = 243 = 3^5$일 때,
  $3^7 \times 5^3$의 약수의 개수는
  $(7+1) \times (3+1) = 32$

⑤ $n = 625 = 5^4$일 때,
  $3^2 \times 5^7$의 약수의 개수는
  $(2+1) \times (7+1) = 24$ 답 ④

048 $63 = 3^2 \times 7$이므로
① $n = 2$일 때,
  $2 \times 3^2 \times 7$의 약수의 개수는
  $(1+1) \times (2+1) \times (1+1) = 12$

② $n = 4$일 때,
  $2^2 \times 3^2 \times 7$의 약수의 개수는
  $(2+1) \times (2+1) \times (1+1) = 18$

③ $n = 5$일 때,
  $3^2 \times 5 \times 7$의 약수의 개수는
  $(2+1) \times (1+1) \times (1+1) = 12$

④ $n = 21$일 때,
  $3^3 \times 7^2$의 약수의 개수는
  $(3+1) \times (2+1) = 12$

⑤ $n = 49$일 때,
  $3^2 \times 7^3$의 약수의 개수는
  $(2+1) \times (3+1) = 12$ 답 ②

049 ① $n = 15$일 때,
  $2^4 \times 3 \times 5$의 약수의 개수는
  $(4+1) \times (1+1) \times (1+1) = 20$

② $n = 21$일 때,
  $2^4 \times 3 \times 7$의 약수의 개수는
  $(4+1) \times (1+1) \times (1+1) = 20$

③ $n = 27$일 때,
  $2^4 \times 3^3$의 약수의 개수는
  $(4+1) \times (3+1) = 20$이지만 소인수가 2, 3의 2개이므로 n의 값이 될 수 없다.

④ $n = 33$일 때,
  $2^4 \times 3 \times 11$의 약수의 개수는
  $(4+1) \times (1+1) \times (1+1) = 20$

⑤ $n = 35$일 때,
  $2^4 \times 5 \times 7$의 약수의 개수는
  $(4+1) \times (1+1) \times (1+1) = 20$ 답 ③

050 약수의 개수가 3인 자연수는 (소수)^{2}의 꼴이므로
$7^2 = 49$, $11^2 = 121$, $13^2 = 169$, $17^2 = 289$, $19^2 = 361$, …
이 중 100 이상 300 이하의 자연수의 개수는 3이다.   답 3

051 $4 = 3+1$ 또는 $4 = 2 \times 2$
(ⅰ) $4 = 3+1$에서
  주어진 자연수는 a^3 (a는 소수)의 꼴이어야 하므로
  가장 작은 자연수는 $2^3 = 8$

(ⅱ) $4 = 2 \times 2 = (1+1) \times (1+1)$에서
  주어진 자연수는 $a \times b$ (a, b는 서로 다른 소수)의 꼴이어야 하므로 가장 작은 자연수는 $2 \times 3 = 6$

(ⅰ), (ⅱ)에서 가장 작은 자연수는 6이다.   답 6

052 $10 = 9+1$ 또는 $10 = 5 \times 2$에서 주어진 자연수는
a^9 또는 $a^4 \times b$의 꼴이다. (단, a, b는 서로 다른 소수)
이때 100 이하의 자연수는 $2^4 \times 3 = 48$, $2^4 \times 5 = 80$이므로
$k = 2^8 \times 3 \times 5$
따라서 k의 소인수는 2, 3, 5이다.   답 2, 3, 5

053 조건 (가)에 의해 $2^3 \times 5 \times n$의 약수의 개수는 16이고,

$16 = (7+1) \times (1+1)$ 또는 $16 = (3+1) \times (3+1)$

또는 $16 = (3+1) \times (1+1) \times (1+1)$

(i) $2^3 \times 5 \times n = 2^7 \times 5$일 때,

$n = 2^4 = 16$

(ii) $2^3 \times 5 \times n = 2^3 \times 5^3$일 때,

$n = 5^2 = 25$

(iii) $2^3 \times 5 \times n = 2^3 \times 5 \times (2$와 5를 제외한 소수$)$일 때,

조건 (나)에 의해 30 이하의 두 자리 자연수 n의 값은

11, 13, 17, 19, 23, 29

(i), (ii), (iii)에서 조건을 모두 만족시키는 자연수 n의 개수

는 11, 13, 16, 17, 19, 23, 25, 29의 8이다.　　　🈵 8

만점 꽉 잡기

11~12쪽

054 조건 (나)에 의해 n의 약수는 1과 n뿐이므로 n은 소수이다.

조건 (가)에 의해 n은 23, 29, 31, 37, 41, 43, 47의 7개이다.

🈵 7

055 7의 거듭제곱의 일의 자리의 숫자는 7, 9, 3, 1이 차례대로

반복된다.

$30 = 4 \times 7 + 2$이므로 7^{30}의 일의 자리의 숫자는 7^2의 일의

자리의 숫자 9와 같다.　　　🈵 9

056 15 이상 35 이하인 자연수 중 소수는 17, 19, 23, 29, 31이

므로 $a = 5$

$208 \times 3^a = (2^4 \times 13) \times 3^5 = 2^4 \times 3^5 \times 13$이므로

어떤 자연수의 제곱이 되도록 나눌 수 있는 자연수 중 가장

작은 자연수 b는

$3 \times 13 = 39$

따라서 $a + b$의 값 중 가장 작은 값은

$5 + 39 = 44$　　　🈵 44

057 $180 = 2^2 \times 3^2 \times 5$에서

곱할 수 있는 자연수는 $5 \times ($자연수$)^2$의 꼴이어야 하므로

가장 작은 자연수 a의 값은 5이다.

또, 나눌 수 있는 자연수는 180의 약수이면서 $5 \times ($자연수$)^2$

의 꼴이어야 하므로 5, 5×2^2, 5×3^2, $5 \times 2^2 \times 3^2$에서

두 번째로 작은 자연수 b의 값은 $5 \times 2^2 = 20$

$\therefore a + b = 5 + 20 = 25$　　　🈵 ③

058 $24 = 2^3 \times 3$이므로 $a \times b$가 될 수 있는 값은

$2 \times 3 \times ($자연수$)^2$의 꼴, 즉 6, 6×2^2, 6×3^2, ...

그런데 a, b는 주사위의 눈의 수이므로 $a \times b$의 값이 될 수

있는 수는 6, $6 \times 2^2 = 24$뿐이다.

(i) $a \times b = 6$인 경우

(a, b)는 $(1, 6)$, $(2, 3)$, $(3, 2)$, $(6, 1)$의 4개

(ii) $a \times b = 24$인 경우

(a, b)는 $(4, 6)$, $(6, 4)$의 2개

(i), (ii)에서 (a, b)의 개수는 6이다.　　　🈵 6

059 126을 소인수분해 하는 과정은 다음과 같다.

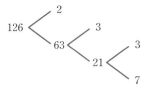

$a = 63$, $b = 3$, $c = 21$, $d = 7$이므로

$a \times b \times c \times d = 63 \times 3 \times 21 \times 7$

$\qquad = (3^2 \times 7) \times 3 \times (3 \times 7) \times 7$

$\qquad = 3^4 \times 7^3$

① $27 = 3^3$이므로 $3^4 \times 7^3$의 약수이다.

② $63 = 3^2 \times 7$이므로 $3^4 \times 7^3$의 약수이다.

③ $189 = 3^3 \times 7$이므로 $3^4 \times 7^3$의 약수이다.

④ $3^4 \times 7^3$은 $3^4 \times 7^3$의 약수이다.

⑤ $3^5 \times 7^3$에서 3^5은 3^4의 약수가 아니다.　　　🈵 ⑤

060 $56 = 2^3 \times 7$이 $2^a \times 3^b \times 7^c$의 약수이므로 a는 3 이상의 자연

수, c는 1 이상의 자연수이다.

또, b는 자연수이므로 세 자연수 a, b, c의 값 중 가장 작은

수는 각각 3, 1, 1이다.

따라서 $a + b + c$의 값 중 가장 작은 값은

$3 + 1 + 1 = 5$　　　🈵 ③

061 1부터 8까지의 자연수 중 2의 배수는 2, 4, 6, 8이다.

이때 $4 = 2^2$, $6 = 2 \times 3$, $8 = 2^3$이므로

$1 \times 2 \times 3 \times 4 \times 5 \times 6 \times 7 \times 8$

$= (1 \times 3 \times 5 \times 7) \times (2 \times 4 \times 6 \times 8)$

$= (1 \times 3 \times 5 \times 7) \times (2 \times 2^2 \times 2 \times 3 \times 2^3)$

$= (1 \times 3 \times 5 \times 7) \times (2^7 \times 3)$

에서 $1 \times 2 \times 3 \times 4 \times 5 \times 6 \times 7 \times 8$은 2^7의 배수이다.

따라서 가장 큰 자연수 n의 값은 7이다.　　　🈵 ②

다른 풀이 1부터 8까지의 자연수 중 2의 배수는 4개, $2^2 = 4$의

배수는 2개, $2^3 = 8$의 배수는 1개이므로 $4 + 2 + 1 = 7$

따라서 $1 \times 2 \times 3 \times 4 \times 5 \times 6 \times 7 \times 8$은 2^7의 배수이므로

가장 큰 자연수 n의 값은 7이다.

062 $2^a \times 3^3$의 약수의 개수는 24이므로

$(a+1) \times (3+1) = 24$, $(a+1) \times 4 = 24$

$a + 1 = 6$　　　$\therefore a = 5$

$3^2 \times 5^b \times 7^3$의 약수의 개수는 36이므로

$(2+1) \times (b+1) \times (3+1) = 36$, $3 \times (b+1) \times 4 = 36$

$b + 1 = 3$　　　$\therefore b = 2$

$a \times b \times N$, 즉 $5 \times 2 \times N$의 약수의 개수가 15이고,

$15 = (2+1) \times (4+1)$이므로 $5 \times 2 \times N$의 값은

$2^2 \times 5^4$ 또는 $2^4 \times 5^2$이어야 한다.

따라서 N의 값이 될 수 있는 수는 2×5^3 또는 $2^3 \times 5$이고

이 중 두 자리 자연수 N의 값은 $2^3 \times 5 = 40$　　　🈵 40

063 구하는 수는 40 이하의 자연수이므로 11로 나누었을 때 몫

이 될 수 있는 소수는 2, 3이고 나머지가 될 수 있는 소수는
2, 3, 5, 7이다.

(i) 몫이 2일 때,
$11 \times 2 + 2 = 24$, $11 \times 2 + 3 = 25$, $11 \times 2 + 5 = 27$,
$11 \times 2 + 7 = 29$

(ii) 몫이 3일 때,
$11 \times 3 + 2 = 35$, $11 \times 3 + 3 = 36$, $11 \times 3 + 5 = 38$,
$11 \times 3 + 7 = 40$

(i), (ii)에서 구하는 소수는 29이다.　　　　　　답 29

주의 나머지는 나누는 수보다 작음에 주의한다.

064 $1680 = 2^4 \times 3 \times 5 \times 7$이므로 도로망에서 11, 13, 17이 적힌
타일은 지날 수 없고, 1680은 소인수 3, 5, 7이 한 번씩만
곱해지므로 3, 5, 7의 배수가 적힌 타일은 각각 한 번만 지
나야 한다.

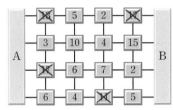

(i) $3 \to 10 \to 4$로 이동하는 경우
$3 \to 10 \to 4 \to 15$에서
3, 5가 각각 두 번 곱해지고 7은 곱해지지 않으므로 조
건을 만족시키지 않는다.
$3 \to 10 \to 4 \to 7 \to 2$에서
$3 \times 10 \times 4 \times 7 \times 2 = 1680$

(ii) $3 \to 10 \to 6$으로 이동하는 경우
$3 \to 10 \to 6 \to 7 \to 2$에서
3이 두 번 곱해지므로 조건을 만족시키지 않는다.
$3 \to 10 \to 6 \to 7 \to 2 \to 5$에서
3, 5가 각각 두 번 곱해지므로 조건을 만족시키지 않는다.

(i), (ii)에서 지나간 타일에 적힌 모든 수의 합은
$3 + 10 + 4 + 7 + 2 = 26$　　　　　　답 26

주의 →, ↓ 방향으로만 이동할 수 있음에 주의한다.

065 $100 = 2^2 \times 5^2$이므로 $N(100) = 3 \times 3 = 9$
$9 \times N(n) = 108$이므로 $N(n) = 12$

(i) $12 = 12 \times 1$일 때,
$n = a^{11}$(a는 소수)의 꼴이므로
$n = 2^{11}$, 3^{11}, 5^{11}, ...

(ii) $12 = 6 \times 2$일 때,
$n = a^5 \times b$(a, b는 서로 다른 소수)의 꼴이므로
$n = 2^5 \times 3$, $2^5 \times 5$, $2^5 \times 7$, $2^5 \times 11$, ...

(iii) $12 = 4 \times 3$일 때,
$n = a^3 \times b^2$(a, b는 서로 다른 소수)의 꼴이므로
$n = 2^3 \times 3^2$, $3^3 \times 2^2$, $2^3 \times 5^2$, $2^3 \times 7^2$, ...

(iv) $12 = 3 \times 2 \times 2$일 때,
$n = a^2 \times b \times c$($a$, b, c는 서로 다른 소수)의 꼴이므로
$n = 2^2 \times 3 \times 5$, $2^2 \times 3 \times 7$, $3^2 \times 2 \times 5$, ...

(i)~(iv)에서 가장 작은 자연수 n의 값은 $2^2 \times 3 \times 5 = 60$
답 60

유형 또 잡기　　　　　　13~19쪽

066
$$3^2 \times 5^2 \times 7^2$$
$$\underline{3 \times 5^3 \times 7^4}$$
$$(최대공약수) = 3 \times 5^2 \times 7^2$$
따라서 $a = 1$, $b = 2$, $c = 2$이므로
$a + b + c = 1 + 2 + 2 = 5$　　　　　　답 5

067
$$2^3 \times 5 \times 7^2$$
$$2^2 \times 5^3 \times 7$$
$$\underline{112 = 2^4 \times 7}$$
$$(최대공약수) = 2^2 \times 7 = 28$$　　　　　　답 ③

068
$$2^2 \times 3^3 \times 7$$
$$420 = 2^2 \times 3 \times 5 \times 7$$
$$\underline{588 = 2^2 \times 3 \times 7^2}$$
$$(최대공약수) = 2^2 \times 3 \times 7$$
따라서 $a = 2$, $b = 1$, $c = 1$이므로
$a \times b \times c = 2 \times 1 \times 1 = 2$　　　　　　답 2

069 $252 = 2^2 \times 3^2 \times 7$, $84 = 2^2 \times 3 \times 7$이므로
$$252 = 2^2 \times 3^2 \times 7$$
$$\underline{2^3 \times 3 \times a}$$
$$(최대공약수) = 2^2 \times 3 \times 7 = 84$$
즉, a가 될 수 있는 수는 7의 배수이지만 3의 배수는 아니
어야 한다.
따라서 a가 될 수 있는 두 자리 자연수는
$7 \times 2 = 14$, $7 \times 4 = 28$, $7 \times 5 = 35$, $7 \times 7 = 49$, $7 \times 8 = 56$,
$7 \times 10 = 70$, $7 \times 11 = 77$, $7 \times 13 = 91$, $7 \times 14 = 98$
의 9개이다.　　　　　　답 9

070 두 수의 최대공약수를 각각 구하면
① 2　　② 3　　③ 1　　④ 5　　⑤ 17
따라서 두 수가 서로소인 것은 ③이다.　　　　　　답 ③

071 15와의 최대공약수를 각각 구하면
① 1　　② 3　　③ 5　　④ 5　　⑤ 1
따라서 15와 서로소인 것은 ①, ⑤이다.　　　　　　답 ①, ⑤
참고 $15 = 3 \times 5$이므로 15와 서로소인 수는 15의 인수인 3, 5의 배수가 아
니어야 한다.

072 ㄱ. 2×5, $5^2 \times 7$
⇨ 최대공약수가 5이므로 서로소가 아니다.

ㄴ. 5×11, $3 \times 7^2 \times 13$
⇨ 최대공약수가 1이므로 서로소이다.

ㄷ. $66 = 2 \times 3 \times 11$, $72 = 2^3 \times 3^2$
⇨ 최대공약수가 $2 \times 3 = 6$이므로 서로소가 아니다.

ㄹ. $56 = 2^3 \times 7$, $117 = 3^2 \times 13$
⇨ 최대공약수가 1이므로 서로소이다.

따라서 두 수가 서로소인 것은 ㄴ, ㄹ이다.　　　　　　답 ④

073 ① 7과 63의 최대공약수는 7이므로 서로소가 아니다.

② 9와 12는 홀수와 짝수이지만 서로소가 아니다.

③ 8과 9는 서로소이지만 둘 다 소수가 아니다.

④ 한 자리 자연수 중 8과 서로소인 수는 1, 3, 5, 7, 9의 5개이다. **답** ⑤

074 $2×3^2×5$, $2^2×3^2×5^2$의 최대공약수는 $2×3^2×5$이므로 두 수의 공약수는 $2×3^2×5$의 약수이다.

⑤ $2×3^2×5^2$은 $2×3^2×5$의 약수가 아니다. **답** ⑤

075 $84=2^2×3×7$이므로

A, B의 공약수는 $2^2×3×7$의 약수이다.

$2^3×7$은 $2^2×3×7$의 약수가 아니므로 네 명의 학생 중 A, B의 공약수를 잘못 적은 학생은 준서이다.

답 준서, 풀이 참조

076 A, B의 공약수는 최대공약수 45의 약수이다.

따라서 45의 약수는 1, 3, 5, 9, 15, 45이므로 A, B의 모든 공약수의 합은

$1+3+5+9+15+45=78$ **답** 78

077 조건 ㈎에 의해 A, B의 공약수는 40의 약수, 즉 1, 2, 4, 5, 8, 10, 20, 40이다.

조건 ㈏에 의해 B, C의 공약수는 15의 약수, 즉 1, 3, 5, 15이다.

따라서 A, B, C의 공약수는 1, 5이므로 최대공약수는 5이다.

답 5

078 어떤 자연수로 123을 나누면 3이 남고, 77, 92를 각각 나누면 모두 2가 남으므로 $123-3=120$, $77-2=75$, $92-2=90$은 어떤 자연수로 나누어떨어진다.

즉, 어떤 자연수는 120, 75, 90의 공약수이므로 그중 가장 큰 수는 120, 75, 90의 최대공약수이다.

$$
\begin{array}{r}
120=2^3×3×5 \\
75=3×5^2 \\
90=2×3^2×5 \\
\hline
(최대공약수)=3×5
\end{array}
$$

따라서 구하는 수는

$3×5=15$ **답** 15

079 어떤 자연수로 98을 나누면 2가 부족하고, 64를 나누면 나머지가 4이므로 $98+2=100$, $64-4=60$은 어떤 자연수로 나누어떨어진다.

즉, 어떤 자연수는 100, 60의 공약수이므로 그중 가장 큰 수는 100, 60의 최대공약수이다.

$$
\begin{array}{r}
100=2^2×5^2 \\
60=2^2×3×5 \\
\hline
(최대공약수)=2^2×5
\end{array}
$$

따라서 구하는 수는

$2^2×5=20$ **답** 20

080 어떤 자연수로 127을 나누면 2가 남고, 247을 나누면 3이 부족하므로 $127-2=125$, $247+3=250$은 어떤 자연수로 나누어떨어진다.

즉, 어떤 자연수는 125, 250의 최대공약수이다.

$$
\begin{array}{r}
125=5^3 \\
250=2×5^3 \\
\hline
(최대공약수)=5^3
\end{array}
$$

따라서 어떤 자연수는 두 수의 최대공약수인 $5^3=125$의 약수 중 3보다 큰 수만 가능하므로 될 수 없는 수는 ②, ③이다.

답 ②, ③

081 어떤 자연수로 63을 나누면 나머지가 3이고, 47, 89를 각각 나누면 1이 부족하므로 $63-3=60$, $47+1=48$, $89+1=90$은 어떤 자연수로 나누어떨어진다.

즉, 어떤 자연수는 60, 48, 90의 공약수이므로 그중 가장 큰 수는 60, 48, 90의 최대공약수이다.

$$
\begin{array}{r}
60=2^2×3×5 \\
48=2^4×3 \\
90=2×3^2×5 \\
\hline
(최대공약수)=2×3
\end{array}
$$

따라서 구하는 수는

$2×3=6$ **답** 6

082 최대한 많은 학생들에게 나누어 주려면 학생 수는 48, 72, 36의 최대공약수이어야 한다.

$$
\begin{array}{r}
48=2^4×3 \\
72=2^3×3^2 \\
36=2^2×3^2 \\
\hline
(최대공약수)=2^2×3
\end{array}
$$

따라서 구하는 학생 수는

$2^2×3=12$ **답** 12명

083 되도록 큰 블록을 사용해야 하므로 블록의 한 모서리의 길이는 84, 63, 147의 최대공약수이다.

$$
\begin{array}{r}
84=2^2×3×7 \\
63=3^2×7 \\
147=3×7^2 \\
\hline
(최대공약수)=3×7
\end{array}
$$

즉, 블록의 한 모서리의 길이는 $3×7=21(cm)$

따라서 가로, 세로, 높이에 필요한 블록의 개수는 각각 $84÷21=4$, $63÷21=3$, $147÷21=7$이므로 필요한 블록의 개수는 $4×3×7=84$ **답** 84

084 화분의 수를 가능한 한 적게 하려면 화분이 놓이는 간격을 최대로 해야 하므로 화분이 놓이는 간격은 18, 24의 최대공약수이다.

$$
\begin{array}{r}
18=2×3^2 \\
24=2^3×3 \\
\hline
(최대공약수)=2×3
\end{array}
$$

즉, 화분이 놓이는 간격은 $2×3=6(m)$

따라서 가로, 세로에 필요한 화분의 개수는 각각 $18÷6=3$, $24÷6=4$이므로 필요한 화분의 수는 $(3+4)×2=14$ **답** ⑤

085

$$2^2 \times 3^3$$
$$2 \times 3^2 \times 5$$
$$\overline{\text{(최소공배수)}=2^2 \times 3^3 \times 5}$$

答 ⑤

086

$$42=2 \times 3 \quad \times 7$$
$$2^2 \times 3^2 \times 5$$
$$2^2 \quad \times 5 \times 7$$
$$\overline{\text{(최소공배수)}=2^2 \times 3^2 \times 5 \times 7=1260}$$

答 1260

087

$$2^2 \times 5^2 \times 7$$
$$2^3 \times 5 \quad \times 11^2$$
$$\overline{\text{(최소공배수)}=2^3 \times 5^2 \times 7 \times 11^2}$$
따라서 $a=3$, $b=2$, $c=2$이므로
$a+b+c=3+2+2=7$

答 7

088

$$2 \times 3^2 \times 5$$
$$240=2^4 \times 3 \times 5$$
$$2^3 \times 3 \times 5^2 \times 7$$
$$\overline{\text{(최소공배수)}=2^4 \times 3^2 \times 5^2 \times 7}$$
따라서 $a=4$, $b=2$, $c=1$이므로
$a \times b \times c=4 \times 2 \times 1=8$

答 8

089 두 수의 공배수는 $450=2 \times 3^2 \times 5^2$의 배수이다.
⑤ $2^3 \times 3 \times 5^3 \times 7$은 450의 배수가 아니다.

答 ⑤

090 최소공배수가 72이므로 두 수의 공배수는 72의 배수이다.
따라서 72의 배수 중 세 자리 자연수는 $72 \times 2=144$,
$72 \times 3=216$, ..., $72 \times 13=936$의 12개이다.

答 ②

091 최소공배수가 $2 \times 5^2 \times 7=350$이므로 두 수의 공배수는 350
의 배수이다.
따라서 350의 배수 350, 700, 1050, 1400, 1750, 2100,
... 중 2000에 가장 가까운 수는 2100이다.

答 2100

092

$$18=2 \times 3^2$$
$$35= \quad 5 \times 7$$
$$42=2 \times 3 \quad \times 7$$
$$\overline{\text{(최소공배수)}=2 \times 3^2 \times 5 \times 7=630}$$

최소공배수가 630이므로 세 수의 공배수는 630, 1260, ...
따라서 가장 작은 네 자리 자연수는 1260이다.

答 1260

093 세 자연수를 $2 \times x$, $3 \times x$, $4 \times x$라 하면

$$\begin{array}{r|ccc} x & 2 \times x & 3 \times x & 4 \times x \\ 2 & 2 & 3 & 4 \\ \hline & 1 & 3 & 2 \end{array}$$

최소공배수가 240이므로
$x \times 2 \times 3 \times 2=240$, $x \times 12=240$ ∴ $x=20$
따라서 세 자연수는 $2 \times 20=40$, $3 \times 20=60$, $4 \times 20=80$
이므로 가장 큰 수 80과 가장 작은 수 40의 차는 40이다.

答 ④

주의 최소공배수를 구하는 과정이므로 $2 \times x$, $3 \times x$, $4 \times x$를 x로 나눈 2, 3,
4에서 2와 4의 약수 2로 한 번 더 나누는 것을 잊지 않도록 한다.

094 $\begin{array}{r|ccc} x & 4 \times x & 5 \times x & 9 \times x \\ \hline & 4 & 5 & 9 \end{array}$

최소공배수가 720이므로
$x \times 4 \times 5 \times 9=720$, $x \times 180=720$ ∴ $x=4$

答 4

095 세 자연수를 $2 \times x$, $7 \times x$, $9 \times x$라 하면

$$\begin{array}{r|ccc} x & 2 \times x & 7 \times x & 9 \times x \\ \hline & 2 & 7 & 9 \end{array}$$

최소공배수가 756이므로
$x \times 2 \times 7 \times 9=756$, $x \times 126=756$ ∴ $x=6$
따라서 세 자연수는 $2 \times 6=12$, $7 \times 6=42$, $9 \times 6=54$이므
로 세 수의 합은
$12+42+54=108$

答 108

096 세 자연수를 $5 \times x$, $8 \times x$, $14 \times x$라 하면

$$\begin{array}{r|ccc} x & 5 \times x & 8 \times x & 14 \times x \\ 2 & 5 & 8 & 14 \\ \hline & 5 & 4 & 7 \end{array}$$

최소공배수가 840이므로
$x \times 2 \times 5 \times 4 \times 7=840$, $x \times 280=840$ ∴ $x=3$
따라서 세 자연수의 최대공약수는 3이므로 공약수는 1, 3의
2개이다.

答 2

097 최대공약수와 최소공배수의 소인수 2의 지수 중 큰 것이 2
이므로 $a=2$
최대공약수와 최소공배수의 소인수 7의 지수가 모두 1이므
로 $b=7$
최소공배수의 소인수 5의 지수가 3이므로 $c=3$

答 ②

098 최소공배수의 소인수 3의 지수가 4이므로 $a=4$
세 수의 소인수 2의 지수 중 작은 것이 2이므로 $b=2$
세 수의 소인수 5의 지수 중 큰 것이 3이므로 $c=3$
∴ $a \times b \times c=4 \times 2 \times 3=24$

答 ④

099 최소공배수의 소인수 3의 지수가 1이므로 $a=1$
최대공약수와 최소공배수의 소인수 5의 지수가 모두 1이므
로 $b=5$
최대공약수와 최소공배수의 소인수 2의 지수 중 큰 것이 3
이므로 $c=3$
공통이 아닌 소인수가 11이므로 $d=11$
∴ $a \times b+c \times d=1 \times 5+3 \times 11=38$

答 38

100 두 수의 소인수 3의 지수 중 큰 것이 4이므로 $a=4$
최소공배수의 소인수 7의 지수가 1이므로 $b=1$
공통이 아닌 소인수 5의 지수가 3이므로 $c=3$
즉, 두 수 $2^2 \times 3^4 \times 7$, $2 \times 3 \times 5^3 \times 7$의 최대공약수 N의 값은
$N=2 \times 3 \times 7=42$
∴ $a+b+c+N=4+1+3+42=50$

答 50

101 A, $54=2 \times 3^3$의 최소공배수가 $2^2 \times 3^3 \times 7$이므로 A는
$2^2 \times 7$의 배수이면서 $2^2 \times 3^3 \times 7$의 약수이어야 한다.
① $28=2^2 \times 7$ ② $84=2^2 \times 3 \times 7$
③ $140=2^2 \times 5 \times 7$ ④ $252=2^2 \times 3^2 \times 7$
⑤ $756=2^2 \times 3^3 \times 7$
따라서 A가 될 수 없는 수는 ③이다.

答 ③

102 조건 ㈎에 의해 A, $42=2 \times 3 \times 7$의 최소공배수가

$2^3 \times 3 \times 7$이므로 A는 2^3의 배수이면서 $2^3 \times 3 \times 7$의 약수이어야 한다.

따라서 A가 될 수 있는 수는 2^3, $2^3 \times 3$, $2^3 \times 7$, $2^3 \times 3 \times 7$이므로 이 중 세 자리 자연수는

$2^3 \times 3 \times 7 = 168$ 　　　　　　　　　답 168

103 $30 = 2 \times 3 \times 5$이므로 A는 2^2의 배수이면서 $2^2 \times 3^2 \times 5 \times 7$의 약수이어야 한다.

또한, A는 9의 배수이어야 하므로 A는 $2^2 \times 3^2 \times ($자연수$)$의 꼴이어야 한다.

따라서 A의 값 중 9의 배수는 $2^2 \times 3^2$, $2^2 \times 3^2 \times 5$, $2^2 \times 3^2 \times 7$, $2^2 \times 3^2 \times 5 \times 7$의 4개이다. 　　답 4

104 최대공약수가 $2^2 \times 3 \times 7$이므로 N은 $2^2 \times 3 \times 7$의 배수이어야 한다.

또한, 최소공배수가 $2^3 \times 3^2 \times 5^2 \times 7$이므로 N의 소인수 2의 지수는 3, 소인수 3의 지수는 1 또는 2, 소인수 5의 지수는 2, 소인수 7의 지수는 1이어야 한다.

따라서 $N = 2^3 \times 3 \times 5^2 \times 7$ 또는 $N = 2^3 \times 3^2 \times 5^2 \times 7$이므로 $N \div 100$의 값은

$2 \times 3 \times 7 = 42$ 또는 $2 \times 3^2 \times 7 = 126$ 　　답 42, 126

참고 최소공배수의 소인수 7의 지수가 1이므로 $a=1$임을 알 수 있다.

105 3, 7, 8의 어떤 수로 나누어도 항상 2가 남으므로 구하는 가장 작은 수는 (3, 7, 8의 최소공배수)$+2$이다.

이때 3, 7, 8의 최소공배수는 $3 \times 7 \times 8 = 168$이므로 구하는 수는

$168 + 2 = 170$ 　　　　　　　　　답 170

106 3으로 나누면 1이 남고, 6으로 나누면 4가 남고, 7로 나누면 5가 남는 수는 3, 6, 7로 나눌 때 모두 2가 부족하므로 구하는 자연수는 (3, 6, 7의 공배수)-2이다.

$$\begin{array}{rl} 3 = & 3 \\ 6 = & 2 \times 3 \\ 7 = & 7 \\ \hline (\text{최소공배수}) = & 2 \times 3 \times 7 \end{array}$$

이때 3, 6, 7의 최소공배수는 $2 \times 3 \times 7 = 42$이므로 구하는 가장 작은 수는

$42 - 2 = 40$ 　　　　　　　　　답 40

107 6, 7의 어떤 수로 나누어도 항상 3이 남으므로 구하는 자연수는 (6, 7의 공배수)$+3$이다.

이때 6, 7의 최소공배수는 $6 \times 7 = 42$이므로 공배수는 42, 84, 126, 168, 210, …

따라서 구하는 자연수는 150 이상 200 이하이므로

$168 + 3 = 171$ 　　　　　　　　　답 171

108 조건 (가), (나), (다)에서 4, 6, 9로 나눌 때 모두 3이 부족하므로 구하는 자연수는 (4, 6, 9의 공배수)-3이다.

$$\begin{array}{rl} 4 = & 2^2 \\ 6 = & 2 \times 3 \\ 9 = & 3^2 \\ \hline (\text{최소공배수}) = & 2^2 \times 3^2 \end{array}$$

이때 4, 6, 9의 최소공배수는 $2^2 \times 3^2 = 36$이므로 공배수는 36, 72, 108, 144, 180, 216, …

즉, 구하는 자연수가 될 수 있는 200 이하의 수는

$36 - 3 = 33$, $72 - 3 = 69$, $108 - 3 = 105$, $144 - 3 = 141$, $180 - 3 = 177$

조건 (라)에 의해 5의 배수이어야 하므로 구하는 자연수는 105이다. 　　　　　　　　　답 105

109 구하는 자연수는 24, 28의 최소공배수이다.

$$\begin{array}{rl} 24 = & 2^3 \times 3 \\ 28 = & 2^2 \times 7 \\ \hline (\text{최소공배수}) = & 2^3 \times 3 \times 7 \end{array}$$

따라서 구하는 자연수는

$2^3 \times 3 \times 7 = 168$ 　　　　　　　　　답 168

110 구하는 자연수는 5, 9, 12의 최소공배수이다.

$$\begin{array}{rl} 5 = & 5 \\ 9 = & 3^2 \\ 12 = & 2^2 \times 3 \\ \hline (\text{최소공배수}) = & 2^2 \times 3^2 \times 5 \end{array}$$

따라서 구하는 자연수는

$2^2 \times 3^2 \times 5 = 180$ 　　　　　　　　　답 180

111 자연수 n은 24, 42의 공약수이다.

$$\begin{array}{rl} 24 = & 2^3 \times 3 \\ 42 = & 2 \times 3 \times 7 \\ \hline (\text{최대공약수}) = & 2 \times 3 \end{array}$$

이때 24, 42의 최대공약수는 $2 \times 3 = 6$이므로 n은 6의 약수이다.

따라서 n의 값이 될 수 있는 수는 1, 2, 3, 6의 4개이다. 　　　　　　　　　답 ④

112 구하는 분수는 $\dfrac{(35, 49\text{의 최소공배수})}{(18, 24\text{의 최대공약수})}$이다.

$$\begin{array}{rl} 35 = & 5 \times 7 \\ 49 = & 7^2 \\ \hline (\text{최소공배수}) = & 5 \times 7^2 \end{array} \qquad \begin{array}{rl} 18 = & 2 \times 3^2 \\ 24 = & 2^3 \times 3 \\ \hline (\text{최대공약수}) = & 2 \times 3 \end{array}$$

따라서 구하는 분수는

$\dfrac{5 \times 7^2}{2 \times 3} = \dfrac{245}{6}$ 　　　　　　　　　답 $\dfrac{245}{6}$

113 관광 열차와 유람선이 처음으로 다시 동시에 출발할 때까지 걸리는 시간은 25, 40의 최소공배수이다.

$$\begin{array}{rl} 25 = & 5^2 \\ 40 = & 2^3 \times 5 \\ \hline (\text{최소공배수}) = & 2^3 \times 5^2 \end{array}$$

따라서 최소공배수는 $2^3 \times 5^2 = 200$이므로 구하는 시각은 200분, 즉 3시간 20분 후인 오후 12시 20분이다. 　　답 ⑤

114 가장 작은 정사각형을 만들므로 정사각형의 한 변의 길이는 15, 18의 최소공배수이다.

$$\begin{array}{rl} 15 = & 3 \times 5 \\ 18 = & 2 \times 3^2 \\ \hline (\text{최소공배수}) = & 2 \times 3^2 \times 5 \end{array}$$

즉, 정사각형의 한 변의 길이는 $2 \times 3^2 \times 5 = 90$ (cm)
가로, 세로에 필요한 종이의 개수는 각각 $90 \div 15 = 6$,
$90 \div 18 = 5$이므로 필요한 종이의 개수는 $6 \times 5 = 30$ 답 ②

115 두 톱니바퀴가 처음으로 다시 같은 톱니에서 맞물릴 때까지
돌아간 톱니의 수는 45, 54의 최소공배수이다.

$$\begin{array}{r} 45 = \quad 3^2 \times 5 \\ 54 = 2 \times 3^3 \\ \hline (\text{최소공배수}) = 2 \times 3^3 \times 5 \end{array}$$

따라서 돌아간 톱니의 수는 $2 \times 3^3 \times 5 = 270$이므로 톱니바퀴
B는 $270 \div 54 = 5$(바퀴) 회전해야 한다. 답 5바퀴

116 $108 = 2^2 \times 3^3$이므로
$A \times 2^2 \times 3^3 \times 5 = 108 \times 2^3 \times 3^3 \times 5$에서
$A \times 2^2 \times 3^3 \times 5 = 2^2 \times 3^3 \times 2^3 \times 3^3 \times 5$
$\therefore A = 2^3 \times 3^3 = 216$ 답 216

117 $45 \times N = 9 \times 540$ $\therefore N = 108$ 답 108

118 (1) $175 = 5 \times (\text{최소공배수})$이므로 최소공배수는 35이다.
(2) 두 자연수를 A, B라 하면 최대공약수가 5이므로
$A = 5 \times a$, $B = 5 \times b$ (a, b는 서로소, $a > b$)라 하자.
이때 A, B의 최소공배수가 35이므로
$5 \times a \times b = 35$, $a \times b = 7$
$\therefore a = 7$, $b = 1$
따라서 $A = 5 \times 7 = 35$, $B = 5 \times 1 = 5$이므로
$A + B = 35 + 5 = 40$ 답 (1) 35 (2) 40

119 A, B의 최대공약수가 8이므로
$A = 8 \times a$, $B = 8 \times b$ (a, b는 서로소, $a > b$)라 하자.
이때 A, B의 최소공배수가 80이므로
$8 \times a \times b = 80$ $\therefore a \times b = 10$
(i) $a = 10$, $b = 1$일 때,
$A = 8 \times 10 = 80$, $B = 8 \times 1 = 8$
(ii) $a = 5$, $b = 2$일 때,
$A = 8 \times 5 = 40$, $B = 8 \times 2 = 16$
A, B는 두 자리 자연수이므로 $A = 40$, $B = 16$
$\therefore A - B = 40 - 16 = 24$ 답 24

만점 콕 잡기

120 $6 \times a = 2 \times 3 \times a$, $4 \times a = 2^2 \times a$이므로 $6 \times a$와 $4 \times a$의 최대
공약수는 $2 \times a$이다.
이때 $2 \times a = 24$이므로 $a = 12$ 답 12

다른 풀이

$$\begin{array}{r} a \enclose{verticalstrike}{)} \; 6 \times a \quad 4 \times a \\ 2 \enclose{verticalstrike}{)} \quad 6 \qquad 4 \\ \hline \qquad 3 \qquad 2 \end{array}$$

최대공약수가 24이므로 $a \times 2 = 24$ $\therefore a = 12$

121 두 수를 소인수분해 하면
$231 = 3 \times 7 \times 11$, $273 = 3 \times 7 \times 13$
두 수를 어떤 자연수로 나누었을 때 나누어떨어지면서 그 몫

이 서로소가 되려면 두 수의 최대공약수로 나눠야 한다.
두 수의 최대공약수는 $3 \times 7 = 21$이므로
그 몫은 각각 11, 13이고, 이 두 수는 서로소이다.
따라서 구하는 어떤 자연수는 21이다. 답 21

122 두 수 $2^2 \times 3^3 \times 5$, $2^3 \times 3^4 \times 7$의 최대공약수는 $2^2 \times 3^3$이다.
$2^2 \times 3^3$의 약수 중 어떤 자연수의 제곱이 되는 수는 1, 2^2,
3^2, $2^2 \times 3^2$의 4개이다. 답 ④

123 가능한 한 큰 정육면체 모양으로 똑같이 잘라야 하므로 자
른 정육면체 모양의 케이크의 한 모서리의 길이는 72, 84,
12의 최대공약수이다.

$$\begin{array}{r} 72 = 2^3 \times 3^2 \\ 84 = 2^2 \times 3 \times 7 \\ 12 = 2^2 \times 3 \\ \hline (\text{최대공약수}) = 2^2 \times 3 \end{array}$$

즉, 자른 정육면체 모양의 케이크의 한 모서리의 길이는
$2^2 \times 3 = 12$ (cm)이므로
가로 : $72 \div 12 = 6$(개),
세로 : $84 \div 12 = 7$(개),
높이 : $12 \div 12 = 1$(개)
따라서 자른 정육면체 모양의 케이크의 개수는
$6 \times 7 \times 1 = 42$
이므로 총 판매 금액은
$42 \times 5000 = 210000$(원) 답 210000원

124
$$\begin{array}{r} 75 = \quad 3 \times 5^2 \\ 90 = 2 \times 3^2 \times 5 \\ \hline (\text{최소공배수}) = 2 \times 3^2 \times 5^2 \end{array}$$

75와 90의 최소공배수는 $2 \times 3^2 \times 5^2 = 450$이므로 공배수는
450, 900, 1350, ...
어떤 자연수를 x라 하면 $x \times 9 = 450$, 900, 1350, ...이므로
$x = 50$, 100, 150, ...
따라서 구하는 가장 작은 세 자리 수는 100이다. 답 ①

125 $2\dfrac{11}{12} = \dfrac{35}{12}$

$$\begin{array}{r} 12 = 2^2 \times 3 \\ 21 = \quad 3 \times 7 \\ 42 = 2 \times 3 \times 7 \\ \hline (\text{최소공배수}) = 2^2 \times 3 \times 7 = 84 \end{array}$$

a는 12, 21, 42의 최소공배수이므로 $a = 84$
b는 35, 10, 5의 최대공약수이므로 $b = 5$
$\therefore a \times b = 84 \times 5 = 420$ 답 420

126 세 톱니바퀴가 처음으로 다시 같은 톱니에서 맞물릴 때까지
돌아간 톱니의 수는 14, 21, 35의 최소공배수이다.

$$\begin{array}{r} 14 = 2 \qquad \times 7 \\ 21 = \quad 3 \times 7 \\ 35 = \qquad 5 \times 7 \\ \hline (\text{최소공배수}) = 2 \times 3 \times 5 \times 7 \end{array}$$

따라서 돌아간 톱니의 수는 $2 \times 3 \times 5 \times 7 = 210$이므로 톱니

02. 최대공약수와 최소공배수 **77**

바퀴 C는 $210 \div 35 = 6$(바퀴) 회전하고, 장난감 자동차는
$6 \times 10 = 60$(cm)를 움직인다. 　　　답 60 cm

127 18과 N의 최대공약수가 1이므로 자연수 N은 50 미만의 자연수 중 18과 서로소인 수이다.
즉, $18 = 2 \times 3^2$이므로 18의 소인수인 2와 3의 배수를 제외한 수의 개수를 구하면 된다.
50 미만의 자연수 중 2의 배수는 24개, 3의 배수는 16개이고, 이 중 2와 3의 공배수, 즉 6의 배수는 8개이다.
따라서 구하는 자연수 N의 개수는
$49 - 24 - 16 + 8 = 17$ 　　　답 ④

128 18과 48로 모두 나누어떨어지는 수는 18과 48의 공배수이고, 18과 48의 공배수는 18과 48의 최소공배수의 배수이다.
$$\begin{array}{l} 18 = 2 \times 3^2 \\ 48 = 2^4 \times 3 \\ \hline (최소공배수) = 2^4 \times 3^2 \end{array}$$
두 수의 최소공배수는 $2^4 \times 3^2 = 144$이므로
$N = 144 \times 2 = 288$
따라서 $N \div 18 = 288 \div 18 = 16$, $N \div 48 = 288 \div 48 = 6$이므로 두 수 16과 6의 공약수는 1, 2의 2개이다. 　　　답 2

129 $72 = 2^3 \times 3^2$이고 최소공배수의 각 소인수의 지수는 짝수이어야 하므로 a는 4 이상의 자연수이다.
$a = 4, 6, 8, \cdots$
$b = 2, 4, 6, \cdots$
따라서 구하는 가장 작은 자연수 a, b의 곱은
$a \times b = 4 \times 2 = 8$ 　　　답 ④

130 $A = 12 \times a$라 하면
$$\begin{array}{l} 12 \\ A = 12 \times a \\ 84 = 12 \times 7 \\ \hline (최소공배수) = 252 = 12 \times 3 \times 7 \end{array}$$
즉, $a = 3 \times (7의 약수)$이므로
$a = 3$ 또는 $a = 3 \times 7$
∴ $A = 12 \times 3 = 36$ 또는 $A = 12 \times 3 \times 7 = 252$
따라서 A의 값이 될 수 있는 모든 수의 합은
$36 + 252 = 288$ 　　　답 ①

131 조건 ㈎에 의해 두 수 A, B의 최대공약수가 3이므로
$A = 3 \times a$, $B = 3 \times b$ (a, b는 서로소, $a > b$)라 하자.
조건 ㈏에 의해 A, B의 최소공배수가 54이므로
$3 \times a \times b = 54$　　∴ $a \times b = 18$
(ⅰ) $a = 18$, $b = 1$일 때,
　$A = 3 \times 18 = 54$, $B = 3 \times 1 = 3$
(ⅱ) $a = 9$, $b = 2$일 때,
　$A = 3 \times 9 = 27$, $B = 3 \times 2 = 6$
조건 ㈐에 의해 A, B의 차가 21이므로
$A = 27$, $B = 6$
∴ $A + B = 27 + 6 = 33$ 　　　답 33
주의 a, b는 서로소이므로 $a = 6$, $b = 3$인 경우는 제외한다.

o3 정수와 유리수

유형 잡기

22~29쪽

132 ① $+2000$원　③ $-2\,\mathrm{kg}$　④ $+1$시간　⑤ $+6\,\mathrm{cm}$ 　　　답 ②

133 답 (1) $+25$점　(2) $+5$층, -4층　(3) $+500$원, -1000원

134 ① -3000원　② $-200\,\mathrm{m}$　③ $-10\,\mathrm{m}$
④ -3층　⑤ $+2$시간
따라서 부호가 다른 하나는 ⑤이다. 　　　답 ⑤

135 양의 정수는 3, $+5$의 2개이므로 $a = 2$
음의 정수는 -1, $-\dfrac{18}{6}(= -3)$의 2개이므로 $b = 2$
∴ $a - b = 2 - 2 = 0$ 　　　답 0

136 자연수가 아닌 정수는 0과 음의 정수이므로
② $-\dfrac{9}{3}(= -3)$, ③ 0이다. 　　　답 ②, ③

137 정수는 $\dfrac{4}{2}(= 2)$, 0, 4, -2의 4개이다. 　　　답 4

138 ① 3.4는 정수가 아니다.
② $-\dfrac{2}{4} = -\dfrac{1}{2}$이므로 정수가 아니다.
③ $\dfrac{10}{4} = \dfrac{5}{2}$이므로 정수가 아니다.
④ -2.3은 정수가 아니다. 　　　답 ⑤

139 ① 정수는 -2, 3, $-\dfrac{12}{3}(= -4)$의 3개이다.
② 정수가 아닌 유리수는 $+0.1$, -1.1, 2.11, $\dfrac{4}{5}$, $1\dfrac{2}{3}$의 5개이다.
③ 음의 정수는 -2, $-\dfrac{12}{3}(= -4)$의 2개이다.
④ 양수는 $+0.1$, 2.11, $\dfrac{4}{5}$, $1\dfrac{2}{3}$, 3의 5개이다.
⑤ 음의 유리수는 -2, -1.1, $-\dfrac{12}{3}$의 3개이다. 　　　답 ④

140 ① $-\dfrac{15}{3}(= -5)$, ② 4, ④ 0은 정수이다.
③ $\dfrac{15}{7}$, ⑤ -6.1은 정수가 아닌 유리수이다. 　　　답 ③, ⑤

141 양의 유리수는 5.3, $+9$, $\dfrac{30}{5}$의 3개이므로 $a = 3$
음의 정수는 -2의 1개이므로 $b = 1$
정수가 아닌 유리수는 5.3, $-\dfrac{1}{2}$, -3.8의 3개이므로 $c = 3$
∴ $a - b + c = 3 - 1 + 3 = 5$ 　　　답 5

142 ① 0은 양의 유리수도 음의 유리수도 아니다.
③ 0은 음의 정수가 아닌 정수이지만 자연수가 아니다.
⑤ 음의 정수 중 가장 큰 수는 -1이다. 　　　답 ②, ④

143 ③ -1은 음의 유리수이면서 정수이다. 　　　답 ③

144 서연 : 자연수가 아닌 정수는 0과 음의 정수이다.
규리 : 서로 다른 두 유리수 0과 1 사이에는 정수가 없다.

따라서 옳은 설명을 한 학생은 민지와 도현이다.

답 민지, 도현

145 ④ $D : 2\dfrac{2}{3}\left(=\dfrac{8}{3}\right)$ 답 ④

146 ① $A : -5$ ③ $C : +1$ ⑤ $E : +6$ 답 ②, ④

147 주어진 수들을 수직선 위에 나타내면 다음과 같다.

따라서 가장 오른쪽에 있는 수는 ③ 5이다. 답 ③

다른 풀이 수직선 위에 나타낼 때, 가장 오른쪽에 있는 수는 양수 중 절댓값이 가장 큰 수이다.

$\dfrac{9}{2}$, 5 중 절댓값이 더 큰 수는 5이므로 가장 오른쪽에 있는 수는 5이다.

148 주어진 수들을 수직선 위에 나타내면 다음과 같다.

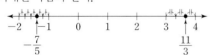

따라서 왼쪽에서 두 번째에 있는 수는 -1.8이다. 답 -1.8

다른 풀이 $-2 < -1.8 < -\dfrac{2}{3} < \dfrac{5}{6} < 3$이므로 왼쪽에서 두 번째에 있는 수는 -1.8이다.

149 ① 정수는 -3, 0, 2의 3개이다.
　　② 점 B가 나타내는 수는 -1.5이다.
　　③ 점 E가 나타내는 수는 3.25이다.
　　④ 두 점 C, D가 나타내는 수는 각각 0, 2이므로 음이 아닌 정수이다.
　　⑤ 점 A가 나타내는 수는 -3으로 정수, 점 B가 나타내는 수는 -1.5로 정수가 아닌 유리수이다. 답 ④

150 (1) $-\dfrac{7}{5} = -1\dfrac{2}{5}$, $\dfrac{11}{3} = 3\dfrac{2}{3}$이므로 $-\dfrac{7}{5}$, $\dfrac{11}{3}$을 수직선 위에 나타내면 다음과 같다.

(2) $-\dfrac{7}{5}$에 가장 가까운 정수는 -1, $\dfrac{11}{3}$에 가장 가까운 정수는 4이므로 $a=-1$, $b=4$

답 (1) 풀이 참조 (2) $a=-1$, $b=4$

151 그림에서 -6과 4를 나타내는 두 점으로부터 같은 거리에 있는 점이 나타내는 수는 -1이다.

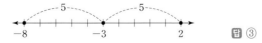

답 ②

152 그림에서 -3을 나타내는 점으로부터 거리가 5인 두 점이 나타내는 두 수는 -8, 2이다.

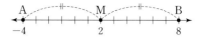

답 ③

153 수직선에 두 점 A, B와 두 점 A와 B로부터 같은 거리에 있는 점 M을 나타내면 다음과 같다.

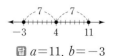

따라서 점 M이 나타내는 수는 2이다. 답 2

154 a, b를 나타내는 두 점은 4를 나타내는 점으로부터 각각 $14 \times \dfrac{1}{2} = 7$만큼 떨어져 있다.

이때 $a > 0$이므로 오른쪽 그림에서 $a = 11$, $b = -3$

답 $a = 11$, $b = -3$

155 절댓값이 $\dfrac{5}{3}$인 두 수는 $-\dfrac{5}{3}$, $\dfrac{5}{3}$이다.

$-\dfrac{5}{3}$와 $\dfrac{5}{3}$를 나타내는 두 점과 원점 사이의 거리는 각각

$$\left|-\dfrac{5}{3}\right| = \dfrac{5}{3}, \quad \left|\dfrac{5}{3}\right| = \dfrac{5}{3}$$

따라서 절댓값이 $\dfrac{5}{3}$인 두 수를 나타내는 두 점 사이의 거리는

$$\dfrac{5}{3} + \dfrac{5}{3} = \dfrac{10}{3}$$

답 $\dfrac{10}{3}$

156 $a = |-4| = 4$
절댓값이 7인 수는 -7, 7이고, b는 양수이므로 $b=7$
$\therefore a+b = 4+7 = 11$ 답 11

157 $|a| - |b| + |c| = \left|-\dfrac{9}{4}\right| - \left|\dfrac{3}{4}\right| + |-2|$

$\qquad\qquad\qquad = \dfrac{9}{4} - \dfrac{3}{4} + 2 = \dfrac{7}{2}$ 답 ⑤

158 절댓값이 5인 수는 -5, 5이고 수직선에서 0을 나타내는 점의 오른쪽에 있는 점은 양수를 나타내므로
$a=5$
절댓값이 6인 수는 -6, 6이고 수직선에서 0을 나타내는 점의 왼쪽에 있는 점은 음수를 나타내므로
$b=-6$ 답 $a=5$, $b=-6$

159 ③ 절댓값이 2인 두 수 -2, 2는 서로 같지 않다. 답 ③

160 ② 원점으로부터의 거리가 3인 점이 나타내는 수는 -3과 3이다.
　　③ 절댓값이 1 이하인 정수는 -1, 0, 1의 3개이다.
　　⑤ 절댓값이 클수록 원점에서 멀리 떨어져 있다. 답 ①, ④

161 ㄷ. $|a| = |b|$이면 $a=b$ 또는 $a=-b$이다.
　　ㄹ. 수직선에서 -1은 -2보다 오른쪽에 있지만 $|-1| = 1 < |-2| = 2$이다.
따라서 옳은 것은 ㄱ, ㄴ이다. 답 ④

162 두 수를 a, b라 하면
$|a| = |b| = 12 \times \dfrac{1}{2} = 6$
즉, $a=6$, $b=-6$ 또는 $a=-6$, $b=6$
따라서 두 수는 6, -6이므로 이 중 작은 수는 -6이다.

답 -6

163 $a = |-3| = 3$
b는 a와 절댓값이 같고 부호가 반대이므로 $b=-3$
따라서 a, b를 나타내는 두 점 사이의 거리는
$3+3 = 6$ 답 ①

다른 풀이 $|a|=|-3|=3$, $|b|=|a|$이므로 a, b를 나타내는 두 점 사이의 거리는 $3\times2=6$

164 a가 b보다 $\dfrac{16}{5}$만큼 크므로 a, b를 나타내는 두 점 사이의 거리는 $\dfrac{16}{5}$이다.

즉, $|a|=|b|=\dfrac{16}{5}\times\dfrac{1}{2}=\dfrac{8}{5}$

이때 절댓값이 $\dfrac{8}{5}$인 수는 $-\dfrac{8}{5}$, $\dfrac{8}{5}$이고 a가 b보다 크므로

$a=\dfrac{8}{5}$, $b=-\dfrac{8}{5}$ **답** $-\dfrac{8}{5}$

165 조건 ㈏에 의해 $a=b-9$이므로 a는 b보다 9만큼 작다.
즉, 수직선에서 a, b를 나타내는 두 점 사이의 거리는 9이고, 조건 ㈎에 의해 $|a|=|b|$이므로

$|a|=|b|=9\times\dfrac{1}{2}=\dfrac{9}{2}$

이때 절댓값이 $\dfrac{9}{2}$인 수는 $-\dfrac{9}{2}$, $\dfrac{9}{2}$이고, a가 b보다 작으므로

$a=-\dfrac{9}{2}$, $b=\dfrac{9}{2}$ **답** $a=-\dfrac{9}{2}$, $b=\dfrac{9}{2}$

166 ① $\left|-\dfrac{8}{3}\right|=\dfrac{8}{3}=2.6\cdots$ ② $\left|\dfrac{12}{5}\right|=\dfrac{12}{5}=2.4$

③ $|2|=2$ ④ $|-1.9|=1.9$

⑤ $|-3|=3$
따라서 절댓값이 가장 작은 수는 ④ -1.9이다. **답** ④

167 구하는 수는 주어진 수들 중 절댓값이 가장 큰 수이다.
① $|-1|=1$ ② $|3.7|=3.7$

③ $\left|\dfrac{5}{4}\right|=\dfrac{5}{4}=1.25$ ④ $|-2|=2$

⑤ $\left|-\dfrac{18}{5}\right|=\dfrac{18}{5}=3.6$
따라서 구하는 수는 ② 3.7이다. **답** ②

168 $|-4.6|=4.6$, $\left|\dfrac{9}{2}\right|=\dfrac{9}{2}=4.5$, $|1.7|=1.7$,

$|-2|=2$, $|+4|=4$
절댓값이 작은 수부터 차례대로 나열하면

1.7, -2, $+4$, $\dfrac{9}{2}$, -4.6

따라서 절댓값이 가장 큰 수는 -4.6, 절댓값이 가장 작은 수는 1.7이므로 $a=-4.6$, $b=1.7$
$\therefore |a|+|b|=4.6+1.7=6.3$ **답** 6.3

169 $\left|-\dfrac{6}{5}\right|=\dfrac{6}{5}=1.2$, $|1.3|=1.3$, $|-0.7|=0.7$, $|4|=4$,

$\left|\dfrac{1}{2}\right|=\dfrac{1}{2}=0.5$, $|0|=0$
따라서 절댓값이 큰 수부터 차례대로 나열하면

4, 1.3, $-\dfrac{6}{5}$, -0.7, $\dfrac{1}{2}$, 0

이므로 두 번째에 오는 수는 1.3이다. **답** 1.3

170 절댓값이 3보다 작은 정수는 절댓값이 0, 1, 2인 정수이다.
절댓값이 0인 정수는 0
절댓값이 1인 정수는 -1, 1

절댓값이 2인 정수는 -2, 2
따라서 구하는 정수의 개수는 5이다. **답** ②

171 ① $\left|-\dfrac{13}{4}\right|=\dfrac{13}{4}=3.25$ ② $|-4|=4$

③ $\left|-\dfrac{21}{4}\right|=\dfrac{21}{4}=5.25$ ④ $\left|\dfrac{3}{2}\right|=\dfrac{3}{2}=1.5$

⑤ $|3.8|=3.8$
따라서 절댓값이 1 이상 4 이하인 수가 아닌 것은 ③ $-\dfrac{21}{4}$
이다. **답** ③

172 a는 정수이고 $|a|<6.2$이므로 $|a|$의 값이 될 수 있는 수는 0, 1, 2, 3, 4, 5, 6이다.
$|a|=0$일 때, $a=0$
$|a|=1$일 때, $a=-1$, 1
$|a|=2$일 때, $a=-2$, 2
$|a|=3$일 때, $a=-3$, 3
$|a|=4$일 때, $a=-4$, 4
$|a|=5$일 때, $a=-5$, 5
$|a|=6$일 때, $a=-6$, 6
따라서 정수 a는 -6, -5, -4, $\ldots$, 4, 5, 6의 13개이다. **답** ⑤

173 a는 정수이고 $|a|<\dfrac{10}{7}$이므로 $|a|$의 값이 될 수 있는 수는 0, 1이다.
$|a|=0$일 때, $a=0$
$|a|=1$일 때, $a=-1$, 1
따라서 a의 값은 -1, 0, 1이다. **답** -1, 0, 1

174 ① $|-3.5|=3.5>0$
② $|-1|=1$, $|-2|=2$에서
 $|-1|<|-2|$이므로 $-1>-2$
③ 양수는 0보다 크므로 $0<\dfrac{7}{6}$

④ $\left|-\dfrac{7}{3}\right|=\dfrac{7}{3}=2.3\cdots$, $|-2|=2$에서

 $\left|-\dfrac{7}{3}\right|>|-2|$이므로 $-\dfrac{7}{3}<-2$

⑤ $\left|-\dfrac{1}{4}\right|=\dfrac{1}{4}=0.25$, $\left|\dfrac{1}{3}\right|=\dfrac{1}{3}=0.3\cdots$이므로

 $\left|-\dfrac{1}{4}\right|<\left|\dfrac{1}{3}\right|$ **답** ⑤

175 ① $\dfrac{2}{3}=0.6\cdots$이므로 $1.4>\dfrac{2}{3}$

② 음수는 0보다 작으므로 $-0.3<0$

③ $\left|-\dfrac{1}{2}\right|=\dfrac{1}{2}=\dfrac{2}{4}$, $\left|-\dfrac{3}{4}\right|=\dfrac{3}{4}$에서

 $\left|-\dfrac{1}{2}\right|<\left|-\dfrac{3}{4}\right|$이므로 $-\dfrac{1}{2}>-\dfrac{3}{4}$

④ 양수는 음수보다 크므로 $-\dfrac{1}{2}<\dfrac{1}{3}$

⑤ $|-0.8|=0.8$, $\left|-\dfrac{3}{4}\right|=\dfrac{3}{4}=0.75$에서

 $|-0.8|>\left|-\dfrac{3}{4}\right|$이므로 $-0.8<-\dfrac{3}{4}$ **답** ③

176 ① 양수는 0보다 크므로 $0<\dfrac{3}{4}$

② $\left|-\dfrac{2}{5}\right|=\dfrac{2}{5}$, $\left|-\dfrac{3}{5}\right|=\dfrac{3}{5}$에서

$\left|-\dfrac{2}{5}\right|<\left|-\dfrac{3}{5}\right|$이므로 $-\dfrac{2}{5}>-\dfrac{3}{5}$

③ 양수는 음수보다 크므로 $-6<2$

④ $\left|-\dfrac{1}{3}\right|=\dfrac{1}{3}$에서 $\dfrac{1}{6}<\dfrac{1}{3}$이므로 $\dfrac{1}{6}<\left|-\dfrac{1}{3}\right|$

⑤ $\dfrac{2}{7}=\dfrac{10}{35}$, $\dfrac{4}{5}=\dfrac{28}{35}$이므로 $\dfrac{2}{7}<\dfrac{4}{5}$

따라서 알맞은 부등호가 나머지 넷과 다른 하나는 ②이다.

답 ②

177 $\dfrac{2}{3}=0.66\cdots$, $|-2|=2$, $\left|\dfrac{5}{4}\right|=\dfrac{5}{4}=1.25$, $-1\dfrac{1}{5}=-1.2$

이므로 주어진 수들을 큰 수부터 차례대로 나열하면

$|-2|$, $\left|\dfrac{5}{4}\right|$, 1, $\dfrac{2}{3}$, -0.5, $-1\dfrac{1}{5}$

따라서 세 번째에 오는 수는 1이다.

답 1

178 가장 밝게 보이는 별은 겉보기 등급이 가장 낮은 시리우스 이다.

실제로 가장 밝은 별은 절대 등급이 가장 낮은 데네브이다.

답 시리우스, 데네브

179 주어진 수들을 작은 수부터 차례대로 나열하면

-1, $-\dfrac{1}{3}(=-0.3\cdots)$, 0.02, 2.5, $|-4|(=4)$, 5

① 가장 큰 수는 5이다.

② 가장 작은 수는 -1이다.

③ 절댓값이 가장 작은 수는 0.02이다.

④ 음수 중 가장 큰 수는 $-\dfrac{1}{3}$이다.

⑤ 0보다 작은 수는 $-\dfrac{1}{3}$, -1의 2개이다.

답 ⑤

180 ④ d는 0 초과이고 5보다 크지 않다. ➡ $0<d\le5$

답 ④

181 (작지 않다)=(크거나 같다)이므로 'x는 $-\dfrac{1}{2}$보다 크거나 같고 4 미만이다.'를 부등호를 사용하여 나타내면

$-\dfrac{1}{2}\le x<4$이다.

답 ②

182 (1) (크지 않다)=(작거나 같다)이므로 $|x|\le4$

(2) 절댓값이 4보다 크지 않은 정수 x는 -4, -3, -2, -1, 0, 1, 2, 3, 4의 9개이다.

답 (1) $|x|\le4$ (2) 9

183 ① $-\dfrac{7}{2}=-3.5$ ⑤ $\dfrac{10}{3}(=3.3\cdots)$

$\dfrac{11}{4}=2.75$이므로 $-4\le a<\dfrac{11}{4}$을 만족시키는 유리수 a가 될 수 없는 것은 ⑤ $\dfrac{10}{3}$이다.

답 ⑤

184 $\dfrac{9}{4}=2.25$이므로 $\dfrac{9}{4}$보다 작은 정수 중 가장 큰 수는 2이다.

$-\dfrac{13}{3}=-4.3\cdots$이므로 $-\dfrac{13}{3}$보다 큰 정수 중 가장 작은 수는 -4이다.

따라서 $x=2$, $y=-4$이므로

$|x|+|y|=|2|+|-4|=6$

답 6

185 주어진 문장을 부등호를 사용하여 나타내면

$-\dfrac{15}{2}<x\le\dfrac{8}{3}$

$-\dfrac{15}{2}=-7.5$, $\dfrac{8}{3}=2.6\cdots$이므로

$-\dfrac{15}{2}<x\le\dfrac{8}{3}$을 만족시키는 정수 x는

-7, -6, -5, -4, -3, -2, -1, 0, 1, 2이다.

따라서 이 중 절댓값이 가장 큰 수는 -7이다.

답 -7

186 $-\dfrac{17}{3}=-5.6\cdots$이므로 $-\dfrac{17}{3}<x\le1$인 정수 x는

-5, -4, -3, -2, -1, 0, 1

그중 $|x|<3$인 수는 -2, -1, 0, 1의 4개이다.

답 4

만점꼭잡기 30~31쪽

187 $\left\langle\dfrac{1}{3}\right\rangle+<3>+<0>-<-3.1>-\left\langle-\dfrac{9}{3}\right\rangle$

$=1+0+0-1-0=0$

답 0

188 ① $0=\dfrac{0}{1}=\dfrac{0}{2}=\cdots$ 과 같이 0을 분수로 나타낼 수 있다.

② $|a|<|-1|=1$이므로 a는 -1과 1 사이의 수이다.

즉, a는 -1보다 크고 1보다 작다.

③ 모든 유리수는 수직선 위에 나타낼 수 있다.

④ 수직선에서 $-\dfrac{2}{3}$를 나타내는 점은 0을 나타내는 점의 왼쪽에 있다.

⑤ $a=3$, $b=-4$이면 $|a|<|b|$이지만 수직선에서 b를 나타내는 점이 a를 나타내는 점의 왼쪽에 있다.

답 ②

189 점 A가 나타내는 수는 -4 또는 4이다.

오른쪽 그림에서 점 B가 나타내는 수는 -5 또는 1이다.

따라서 두 점 A, B 사이의 거리는 두 점 A, B가 나타내는 수가 각각 4, -5일 때 최대이므로 구하는 값은 9이다.

답 9

190 조건 ㈎, ㈐에 의해 $|a|=|b|=8\times\dfrac{1}{2}=4$

조건 ㈏에 의해 $a<|-2|=2$이므로 $a=-4$

조건 ㈐에 의해 $b=4$

답 $a=-4$, $b=4$

191 조건 ㈎에 의해 $c>-5$이고

조건 ㈏에 의해 $|c|=|-5|=5$이므로 $c=5$

조건 ㈐에 의해 $a>5$이므로 $c<a$

조건 ㈎, ㈑에 의해 $b<c$

∴ $b<c<a$

답 a, c, b

192 $\dfrac{1}{2}\le|x|<\dfrac{3}{2}$이므로 x의 절댓값은 $\dfrac{1}{2}(=0.5)$보다 크거나 같고 $\dfrac{3}{2}(=1.5)$보다 작아야 한다.

① $|-1.3|=1.3$　　　② $|-0.7|=0.7$

③ $|-0.4|=0.4$　　　④ $|0.9|=0.9$

⑤ $|1.4|=1.4$

따라서 유리수 x가 될 수 없는 것은 ③ -0.4이다.

답 ③

193 $-\dfrac{1}{5}=-\dfrac{4}{20}$, $\dfrac{1}{4}=\dfrac{5}{20}$이므로 $-\dfrac{4}{20}$와 $\dfrac{5}{20}$ 사이에 있는 정수가 아닌 유리수 중 분모가 20인 기약분수는

$$-\dfrac{3}{20},\ -\dfrac{1}{20},\ \dfrac{1}{20},\ \dfrac{3}{20}$$의 4개이다. 답 ②

194 $-\dfrac{28}{5}=-5.6$이므로 $-\dfrac{28}{5}$보다 작은 정수는

$$-6,\ -7,\ -8,\ \ldots \qquad \therefore a=-7$$
따라서 a와 절댓값이 같고 부호가 반대인 수는 7이다.

답 7

195 $a<0$, $b>0$이므로 수직선에서 a, b를 나타내는 점은 각각 원점을 기준으로 왼쪽, 오른쪽에 있다.

수직선에서 a, b를 나타내는 두 점 사이의 거리가 16이고, $|a|=|b|\times3$이므로

$$|a|=16\times\dfrac{3}{4}=12,\ |b|=16\times\dfrac{1}{4}=4$$
그런데 $a<0$, $b>0$이므로 $a=-12$, $b=4$

답 $a=-12$, $b=4$

196 절댓값이 0인 수는 0
절댓값이 1인 수는 -1, 1
절댓값이 2인 수는 -2, 2
$\vdots$
절댓값이 n인 수는 $-n$, n
절댓값이 n 이하인 정수가 37개이므로 이 중 0을 제외한 정수는 36개이다.

$$\therefore n=\dfrac{36}{2}=18$$

답 ③

197 a, b는 정수이므로 $|a|+|b|=4$이고 $a>b$인 경우는

(ⅰ) $|a|=0$, $|b|=4$일 때,
$\quad a=0$, $b=-4$

(ⅱ) $|a|=1$, $|b|=3$일 때,
$\quad a=-1$, $b=-3$ 또는 $a=1$, $b=-3$

(ⅲ) $|a|=2$, $|b|=2$일 때,
$\quad a=2$, $b=-2$

(ⅳ) $|a|=3$, $|b|=1$일 때,
$\quad a=3$, $b=-1$ 또는 $a=3$, $b=1$

(ⅴ) $|a|=4$, $|b|=0$일 때,
$\quad a=4$, $b=0$

(ⅰ)~(ⅴ)에서 구하는 $(a,\ b)$는 $(0,\ -4)$, $(-1,\ -3)$, $(1,\ -3)$, $(2,\ -2)$, $(3,\ -1)$, $(3,\ 1)$, $(4,\ 0)$의 7개이다.

답 7

198 조건 ㈎, ㈏에 의해 $a<0$, $b<0$

조건 ㈐에 의해 $\dfrac{19}{2}(=9.5)<|a|<15$이므로

$$|a|=10,\ 11,\ 12,\ 13,\ 14$$
조건 ㈑에 의해 약수의 개수가 2인 수는 소수이므로

$$|a|=11,\ 13$$
$$\therefore a=-11,\ -13$$

답 -11, -13

참고 부호가 서로 같은 두 수 a, b에 대하여
$a<b$이고 $|a|<|b|$ $\Rightarrow$ $a>0$, $b>0$
$a<b$이고 $|a|>|b|$ $\Rightarrow$ $a<0$, $b<0$

04 정수와 유리수의 계산

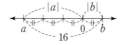

유형 잡기

32~46쪽

199 ㄱ. $(+10)+(-2)=+(10-2)=8$

ㄴ. $(+1.8)+(-2.1)=-(2.1-1.8)=-0.3$

ㄷ. $(-2.9)+(+3.5)=+(3.5-2.9)=0.6$

ㄹ. $\left(-\dfrac{10}{9}\right)+\left(-\dfrac{5}{3}\right)=-\left(\dfrac{10}{9}+\dfrac{5}{3}\right)$
$\qquad\qquad\qquad\qquad\ =-\left(\dfrac{10}{9}+\dfrac{15}{9}\right)=-\dfrac{25}{9}$

따라서 옳은 것은 ㄷ, ㄹ이다.

답 ㄷ, ㄹ

200 ① $(+9)+(-13)=-(13-9)=-4$

② $(-1)+(-4)=-(1+4)=-5$

③ $\left(-\dfrac{7}{4}\right)+\left(-\dfrac{9}{5}\right)=-\left(\dfrac{7}{4}+\dfrac{9}{5}\right)=-\left(\dfrac{35}{20}+\dfrac{36}{20}\right)$
$\qquad\qquad\qquad\qquad\qquad =-\dfrac{71}{20}=-3.55$

④ $(+3.5)+\left(-\dfrac{23}{5}\right)=-\left(\dfrac{23}{5}-3.5\right)=-\left(\dfrac{46}{10}-\dfrac{35}{10}\right)$
$\qquad\qquad\qquad\qquad\qquad =-\dfrac{11}{10}=-1.1$

⑤ $\left(+\dfrac{1}{6}\right)+\left(-\dfrac{17}{4}\right)=-\left(\dfrac{17}{4}-\dfrac{1}{6}\right)=-\left(\dfrac{51}{12}-\dfrac{2}{12}\right)$
$\qquad\qquad\qquad\qquad\qquad =-\dfrac{49}{12}=-4.08\cdots$

따라서 계산 결과가 가장 큰 것은 ④이다.

답 ④

201 $a=(+9)+(-4)$
$\quad\ =+(9-4)=5$

$b=\left(-\dfrac{7}{4}\right)+\left(+\dfrac{7}{2}\right)$
$\quad\ =+\left(\dfrac{7}{2}-\dfrac{7}{4}\right)=+\left(\dfrac{14}{4}-\dfrac{7}{4}\right)=\dfrac{7}{4}$

$$\therefore a+b=5+\dfrac{7}{4}=\dfrac{20}{4}+\dfrac{7}{4}=\dfrac{27}{4}$$

답 $\dfrac{27}{4}$

202 답 ㈎ 덧셈의 교환법칙, ㈏ 덧셈의 결합법칙

203 $(-4)+(+5)+(-13)+(+30)$

$=(-4)+(-13)+(+5)+(+30)$ 〕덧셈의 교환법칙

$=\{(-4)+(-13)\}+\{(+5)+(+30)\}$ 〕덧셈의 결합법칙

$=(\boxed{-17})+(\boxed{+35})$

$=\boxed{18}$

답 ㈎ 덧셈의 교환법칙, ㈏ 덧셈의 결합법칙,
㈐ -17, ㈑ $+35$, ㈒ 18

204 $(-2.2)+(+10)+(-6.8)$
$=(+10)+(-2.2)+(-6.8)$
$=(+10)+\{(-2.2)+(-6.8)\}$
$=(+10)+(-9)$
$=1$

답 1

205 ① $(-5)-(+1)=(-5)+(-1)=-6$

② $(+4)-(+3)=(+4)+(-3)=1$

③ $(+3.5)-(-0.5)=(+3.5)+(+0.5)=4$

④ $\left(-\dfrac{8}{3}\right)-\left(-\dfrac{9}{2}\right)=\left(-\dfrac{8}{3}\right)+\left(+\dfrac{9}{2}\right)$

$\qquad\qquad=\left(-\dfrac{16}{6}\right)+\left(+\dfrac{27}{6}\right)$

$\qquad\qquad=\dfrac{11}{6}=1.83\cdots$

⑤ $(-1.1)-\left(+\dfrac{1}{2}\right)=(-1.1)+\left(-\dfrac{1}{2}\right)$

$\qquad\qquad=(-1.1)+(-0.5)=-1.6$

따라서 계산 결과가 가장 큰 것은 ③이다. 📗 ③

206 ② $(+0.5)-(+1.2)=(+0.5)+(-1.2)$ 📗 ②

207 ① $(-7)-(+7)=(-7)+(-7)=-14$

② $(-1.5)-(+1.8)=(-1.5)+(-1.8)=-3.3$

③ $(-7.5)-(-9.5)=(-7.5)+(+9.5)=2$

④ $\left(-\dfrac{17}{4}\right)-(-2)=\left(-\dfrac{17}{4}\right)+(+2)=-\dfrac{9}{4}$

⑤ $\left(+\dfrac{7}{6}\right)-\left(+\dfrac{2}{3}\right)=\left(+\dfrac{7}{6}\right)+\left(-\dfrac{2}{3}\right)=\dfrac{3}{6}=\dfrac{1}{2}$

따라서 계산 결과가 양수인 것은 ③, ⑤이다. 📗 ③, ⑤

208 주어진 그림은 0을 나타내는 점에서 왼쪽으로 5만큼 이동한 다음 오른쪽으로 2만큼 이동한 것이 0을 나타내는 점에서 왼쪽으로 3만큼 이동한 것과 같음을 나타내므로 주어진 수직선으로 설명할 수 있는 계산식은

③ $(-5)+(+2)=-3$ 📗 ③

209 주어진 그림은 0을 나타내는 점에서 오른쪽으로 4만큼 이동한 다음 왼쪽으로 7만큼 이동한 것이 0을 나타내는 점에서 왼쪽으로 3만큼 이동한 것과 같음을 나타내므로 주어진 수직선으로 설명할 수 있는 계산식은

② $(+4)+(-7)=-3$, ⑤ $(+4)-(+7)=-3$ 📗 ②, ⑤

210 $(+4)+(-6)=-(6-4)=-2$

이므로 지원이가 도착한 곳은 학교이다. 📗 학교

211 $\left(+\dfrac{5}{2}\right)+\left(-\dfrac{1}{3}\right)-\left(-\dfrac{5}{6}\right)-\left(+\dfrac{7}{3}\right)$

$=\left(+\dfrac{15}{6}\right)+\left(-\dfrac{2}{6}\right)+\left(+\dfrac{5}{6}\right)+\left(-\dfrac{14}{6}\right)$

$=\dfrac{4}{6}=\dfrac{2}{3}$ 📗 $\dfrac{2}{3}$

212 ① $(+18)-(-12)-(+15)$

$\qquad=(+18)+(+12)+(-15)=15$

② $(+2.4)-(+3.3)+(-0.1)$

$\qquad=(+2.4)+(-3.3)+(-0.1)=-1$

③ $\left(-\dfrac{9}{2}\right)+\left(-\dfrac{1}{3}\right)-\left(-\dfrac{5}{6}\right)$

$\qquad=\left(-\dfrac{27}{6}\right)+\left(-\dfrac{2}{6}\right)+\left(+\dfrac{5}{6}\right)=-4$

④ $\left(+\dfrac{3}{2}\right)+\left(-\dfrac{4}{7}\right)-\left(+\dfrac{3}{4}\right)$

$\qquad=\left(+\dfrac{42}{28}\right)+\left(-\dfrac{16}{28}\right)+\left(-\dfrac{21}{28}\right)=\dfrac{5}{28}$

⑤ $\left(-\dfrac{6}{5}\right)-(-3)-\left(+\dfrac{1}{2}\right)$

$\qquad=\left(-\dfrac{12}{10}\right)+\left(+\dfrac{30}{10}\right)+\left(-\dfrac{5}{10}\right)=\dfrac{13}{10}$

따라서 계산 결과가 옳지 않은 것은 ④이다. 📗 ④

213 $\left(+\dfrac{1}{2}\right)-\left(-\dfrac{4}{3}\right)+\left(-\dfrac{7}{4}\right)-(+1)$

$=\left(+\dfrac{6}{12}\right)+\left(+\dfrac{16}{12}\right)+\left(-\dfrac{21}{12}\right)+\left(-\dfrac{12}{12}\right)$

$=-\dfrac{11}{12}$ 📗 $-\dfrac{11}{12}$

214 $-\dfrac{2}{5}+3-\dfrac{3}{4}-\dfrac{3}{2}$

$=\left(-\dfrac{2}{5}\right)+(+3)-\left(+\dfrac{3}{4}\right)-\left(+\dfrac{3}{2}\right)$

$=\left(-\dfrac{8}{20}\right)+\left(+\dfrac{60}{20}\right)+\left(-\dfrac{15}{20}\right)+\left(-\dfrac{30}{20}\right)$

$=\dfrac{7}{20}$ 📗 $\dfrac{7}{20}$

215 ㄱ. $6-13+10=(+6)-(+13)+(+10)$

$\qquad\qquad\qquad=(+6)+(-13)+(+10)=3$

ㄴ. $-7-13+8=(-7)-(+13)+(+8)$

$\qquad\qquad\qquad=(-7)+(-13)+(+8)=-12$

ㄷ. $-\dfrac{1}{4}-\dfrac{1}{3}+\dfrac{2}{9}=\left(-\dfrac{1}{4}\right)-\left(+\dfrac{1}{3}\right)+\left(+\dfrac{2}{9}\right)$

$\qquad\qquad=\left(-\dfrac{9}{36}\right)+\left(-\dfrac{12}{36}\right)+\left(+\dfrac{8}{36}\right)$

$\qquad\qquad=-\dfrac{13}{36}$

ㄹ. $-\dfrac{1}{3}+3+\dfrac{1}{4}-\dfrac{5}{3}$

$\qquad=\left(-\dfrac{1}{3}\right)+(+3)+\left(+\dfrac{1}{4}\right)-\left(+\dfrac{5}{3}\right)$

$\qquad=\left(-\dfrac{4}{12}\right)+\left(+\dfrac{36}{12}\right)+\left(+\dfrac{3}{12}\right)+\left(-\dfrac{20}{12}\right)$

$\qquad=\dfrac{15}{12}=\dfrac{5}{4}$

따라서 계산 결과가 작은 것부터 차례대로 나열하면 ㄴ, ㄷ, ㄹ, ㄱ이다. 📗 ㄴ, ㄷ, ㄹ, ㄱ

216 $a=-\dfrac{1}{6}-\dfrac{2}{3}-\dfrac{7}{6}$

$\quad=\left(-\dfrac{1}{6}\right)+\left(-\dfrac{4}{6}\right)+\left(-\dfrac{7}{6}\right)=-\dfrac{12}{6}$

$\quad=-2$

$b=2+\dfrac{3}{4}-\dfrac{1}{2}$

$\quad=\left(+\dfrac{8}{4}\right)+\left(+\dfrac{3}{4}\right)+\left(-\dfrac{2}{4}\right)=\dfrac{9}{4}$

$\therefore b-a=\dfrac{9}{4}-(-2)$

$\qquad=\left(+\dfrac{9}{4}\right)+\left(+\dfrac{8}{4}\right)=\dfrac{17}{4}$ 📗 ⑤

217 $a=(+3)+(-5)=-2$

$b=(-2)-(-1)=(-2)+(+1)=-1$

$\therefore a+b=(-2)+(-1)=-3$ 📗 ②

218 ① $(+2)+(-6)=-4$

② $0+(+4)=4$

③ $(+5)-(-4)=5+(+4)=9$

④ $(-3)-(-5)=(-3)+(+5)=2$

⑤ $(-3)+(+8)=5$

따라서 가장 큰 수는 ③이다.　　　　　　　　답 ③

219 $a=(-1)-(-0.7)=(-1)+(+0.7)=-0.3$

따라서 구하는 수는

$(-0.3)+(+2.2)=1.9$　　　　　　　　답 1.9

220 $a=(+4)+\left(-\dfrac{1}{2}\right)=\left(+\dfrac{8}{2}\right)+\left(-\dfrac{1}{2}\right)=\dfrac{7}{2}$

$b=\left(-\dfrac{3}{5}\right)-\left(+\dfrac{2}{3}\right)=\left(-\dfrac{3}{5}\right)+\left(-\dfrac{2}{3}\right)$

$=\left(-\dfrac{9}{15}\right)+\left(-\dfrac{10}{15}\right)=-\dfrac{19}{15}$

따라서 $-\dfrac{19}{15}=-1.26\cdots$, $\dfrac{7}{2}=3.5$이므로 $-\dfrac{19}{15}<x<\dfrac{7}{2}$

을 만족시키는 정수 x는 -1, 0, 1, 2, 3의 5개이다.　답 5

221 $a=\dfrac{3}{2}+(+4)=\dfrac{3}{2}+\dfrac{8}{2}=\dfrac{11}{2}$

$b=-1+\left(-\dfrac{5}{4}\right)=-\dfrac{4}{4}+\left(-\dfrac{5}{4}\right)=-\dfrac{9}{4}$

$\therefore a+b=\dfrac{11}{2}+\left(-\dfrac{9}{4}\right)=\dfrac{22}{4}+\left(-\dfrac{9}{4}\right)=\dfrac{13}{4}$　　답 ⑤

222 $\square=\dfrac{4}{3}-(-1.2)=\dfrac{20}{15}+\left(+\dfrac{18}{15}\right)=\dfrac{38}{15}$　답 $\dfrac{38}{15}$

223 $a=-8-(-3)=-8+(+3)=-5$

$b=7+(-5)=2$

$\therefore a-b=-5-2=-7$　　　　　　　답 ①

224 $-1+5=4$, $5+2=7$이므로 아래쪽에 위치한 수는 위쪽에 위치한 두 수를 더한 결과이다.

$\dfrac{7}{4}+a=-1$이므로

$a=-1-\dfrac{7}{4}=-\dfrac{4}{4}-\dfrac{7}{4}=-\dfrac{11}{4}$

$-\dfrac{11}{4}+b=-\dfrac{5}{2}$이므로

$b=-\dfrac{5}{2}-\left(-\dfrac{11}{4}\right)=-\dfrac{10}{4}+\dfrac{11}{4}=\dfrac{1}{4}$

답 $a=-\dfrac{11}{4}$, $b=\dfrac{1}{4}$

225 어떤 수를 $\square$라 하면

$\square-(-13)=6$이므로

$\square=6-13=-7$

따라서 바르게 계산한 답은

$-7+(-13)=-20$　　　　　　　　답 ①

226 어떤 수를 $\square$라 하면

$4+\square=-\dfrac{1}{2}$이므로

$\square=-\dfrac{1}{2}-4=-\dfrac{1}{2}-\dfrac{8}{2}=-\dfrac{9}{2}$

따라서 바르게 계산한 답은

$4-\left(-\dfrac{9}{2}\right)=\dfrac{8}{2}+\dfrac{9}{2}=\dfrac{17}{2}$　　　　답 ④

227 어떤 수를 $\square$라 하면

$\square+\left(-\dfrac{5}{6}\right)=-\dfrac{7}{3}$이므로

$\square=-\dfrac{7}{3}-\left(-\dfrac{5}{6}\right)=-\dfrac{14}{6}+\dfrac{5}{6}=-\dfrac{9}{6}=-\dfrac{3}{2}$

따라서 바르게 계산한 답은

$-\dfrac{3}{2}-\left(-\dfrac{5}{6}\right)=-\dfrac{9}{6}+\dfrac{5}{6}=-\dfrac{4}{6}=-\dfrac{2}{3}$　답 $-\dfrac{2}{3}$

228 어떤 수를 $\square$라 하면

$\dfrac{8}{5}-\square=-1$이므로

$\square=\dfrac{8}{5}+1=\dfrac{8}{5}+\dfrac{5}{5}=\dfrac{13}{5}$

따라서 바르게 계산한 답은

$\dfrac{8}{5}+\dfrac{13}{5}=\dfrac{21}{5}$　　　　　　　답 $\dfrac{21}{5}$

229 a의 절댓값이 5이므로 $a=5$ 또는 $a=-5$

b의 절댓값이 3이므로 $b=3$ 또는 $b=-3$

(ⅰ) $a=5$, $b=3$일 때, $a+b=(+5)+(+3)=8$

(ⅱ) $a=5$, $b=-3$일 때, $a+b=(+5)+(-3)=2$

(ⅲ) $a=-5$, $b=3$일 때, $a+b=(-5)+(+3)=-2$

(ⅳ) $a=-5$, $b=-3$일 때, $a+b=(-5)+(-3)=-8$

(ⅰ)~(ⅳ)에서 $a+b$의 값 중 가장 작은 값은 -8이다. 답 ①

230 $|a|=1$이므로 $a=1$ 또는 $a=-1$

$|b|=4$이므로 $b=4$ 또는 $b=-4$

(ⅰ) $a=1$, $b=4$일 때, $a+b=(+1)+(+4)=5$

(ⅱ) $a=1$, $b=-4$일 때, $a+b=(+1)+(-4)=-3$

(ⅲ) $a=-1$, $b=4$일 때, $a+b=(-1)+(+4)=3$

(ⅳ) $a=-1$, $b=-4$일 때, $a+b=(-1)+(-4)=-5$

(ⅰ)~(ⅳ)에서 $a+b$의 값 중 가장 큰 값은 5이다.　　답 5

231 $|a|=2$이므로 $a=2$ 또는 $a=-2$

$|b|=7$이므로 $b=7$ 또는 $b=-7$

(ⅰ) $a=2$, $b=7$일 때,

$a-b=(+2)-(+7)=(+2)+(-7)=-5$

(ⅱ) $a=2$, $b=-7$일 때,

$a-b=(+2)-(-7)=(+2)+(+7)=9$

(ⅲ) $a=-2$, $b=7$일 때,

$a-b=(-2)-(+7)=(-2)+(-7)=-9$

(ⅳ) $a=-2$, $b=-7$일 때,

$a-b=(-2)-(-7)=(-2)+(+7)=5$

(ⅰ)~(ⅳ)에서 $M=9$, $m=-9$

$\therefore M-m=(+9)-(-9)=(+9)+(+9)=18$ 답 18

232 $|a|=\dfrac{1}{4}$이므로 $a=\dfrac{1}{4}$ 또는 $a=-\dfrac{1}{4}$

$|b|=\dfrac{7}{12}$이므로 $b=\dfrac{7}{12}$ 또는 $b=-\dfrac{7}{12}$

이때 a, b는 부호가 다르므로

(ⅰ) $a=\dfrac{1}{4}$, $b=-\dfrac{7}{12}$일 때,

$a-b=\left(+\dfrac{1}{4}\right)-\left(-\dfrac{7}{12}\right)=\left(+\dfrac{1}{4}\right)+\left(+\dfrac{7}{12}\right)$

$=\left(+\dfrac{3}{12}\right)+\left(+\dfrac{7}{12}\right)=\dfrac{10}{12}=\dfrac{5}{6}$

(ii) $a=-\dfrac{1}{4}$, $b=\dfrac{7}{12}$일 때,

$$a-b=\left(-\dfrac{1}{4}\right)-\left(+\dfrac{7}{12}\right)=\left(-\dfrac{1}{4}\right)+\left(-\dfrac{7}{12}\right)$$
$$=\left(-\dfrac{3}{12}\right)+\left(-\dfrac{7}{12}\right)=-\dfrac{10}{12}=-\dfrac{5}{6}$$

답 $\dfrac{5}{6}$, $-\dfrac{5}{6}$

주의 a, b의 부호가 다르므로 $a=\dfrac{1}{4}$, $b=\dfrac{7}{12}$인 경우와 $a=-\dfrac{1}{4}$, $b=-\dfrac{7}{12}$

인 경우는 생각하지 않는다.

233 점 A가 나타내는 수는

$$-3+\dfrac{14}{3}-\dfrac{12}{5}=-\dfrac{45}{15}+\dfrac{70}{15}-\dfrac{36}{15}=-\dfrac{11}{15}$$

답 $-\dfrac{11}{15}$

234 $\dfrac{3}{2}-(-2.8)=1.5+(+2.8)=4.3$

답 ③

235 수직선에서 -3을 나타내는 점과의 거리가 $\dfrac{7}{2}$인 점이 나타

내는 수는 $-3+\dfrac{7}{2}$과 $-3-\dfrac{7}{2}$이다.

따라서 이 중 큰 수는 $-3+\dfrac{7}{2}=\dfrac{1}{2}$

답 ③

236 대각선에 놓인 세 수의 합은

$2+1+0=3$

$2+(-3)+c=3$이므로

$-1+c=3$ ∴ $c=3+1=4$

$0+b+c=3$, 즉 $0+b+4=3$이므로

$b+4=3$ ∴ $b=3-4=-1$

$a+1+b=3$, 즉 $a+1+(-1)=3$이므로 $a=3$

답 $a=3$, $b=-1$, $c=4$

237 삼각형의 한 변에 놓인 네 수의 합은

$5+(-2)+(-4)+3=2$

$a+9+(-7)+5=2$이므로

$a+7=2$ ∴ $a=2-7=-5$

$a+(-6)+b+3=2$, 즉 $-5+(-6)+b+3=2$이므로

$b-8=2$ ∴ $b=2+8=10$

∴ $b-a=10-(-5)=10+5=15$

답 15

238 a와 마주 보는 면에 적혀 있는 수는 -1이므로

$a+(-1)=\dfrac{1}{2}$

∴ $a=\dfrac{1}{2}-(-1)=\dfrac{1}{2}+1=\dfrac{1}{2}+\dfrac{2}{2}=\dfrac{3}{2}$

b와 마주 보는 면에 적혀 있는 수는 $\dfrac{7}{6}$이므로

$b+\dfrac{7}{6}=\dfrac{1}{2}$

∴ $b=\dfrac{1}{2}-\dfrac{7}{6}=\dfrac{3}{6}-\dfrac{7}{6}=-\dfrac{4}{6}=-\dfrac{2}{3}$

c와 마주 보는 면에 적혀 있는 수는 $-\dfrac{1}{2}$이므로

$c+\left(-\dfrac{1}{2}\right)=\dfrac{1}{2}$ ∴ $c=\dfrac{1}{2}-\left(-\dfrac{1}{2}\right)=\dfrac{1}{2}+\dfrac{1}{2}=1$

∴ $a+b-c=\dfrac{3}{2}+\left(-\dfrac{2}{3}\right)-1$

$=\dfrac{9}{6}+\left(-\dfrac{4}{6}\right)-\dfrac{6}{6}=-\dfrac{1}{6}$

답 $-\dfrac{1}{6}$

239 금요일의 입장객은

$4000+300-170-130+600=4600$(명)

답 4600명

240 5일의 몸무게는

$42-0.6+0.8-0.5+0.7=42.4$ (kg)

답 42.4 kg

241 1, 3, 5는 홀수이므로 나오는 눈의 수가 1, 3, 5일 때 얻게

되는 점수는 각각 -1점, -3점, -5점이고, 2, 4, 6은 짝

수이므로 나오는 눈의 수가 2, 4, 6일 때 얻게 되는 점수는

각각 $+2$점, $+4$점, $+6$점이다.

하민이의 점수는

$(+2)+(-5)+(-3)+(-1)=-7$(점)

수영이의 점수는

$(-1)+(+6)+(+2)+(-5)=+2$(점)

따라서 두 사람의 점수의 차는

$(+2)-(-7)=9$(점)

답 9점

242 ① $(-3)\times(+2)=-(3\times2)=-6$

② $\left(+\dfrac{2}{3}\right)\times\left(+\dfrac{7}{2}\right)=+\left(\dfrac{2}{3}\times\dfrac{7}{2}\right)=\dfrac{7}{3}$

③ $(-0.6)\times(+5)=-(0.6\times5)=-3$

④ $\left(-\dfrac{4}{5}\right)\times\left(-\dfrac{5}{8}\right)=+\left(\dfrac{4}{5}\times\dfrac{5}{8}\right)=\dfrac{1}{2}$

⑤ $\left(-\dfrac{1}{5}\right)\times(+0.5)=-\left(\dfrac{1}{5}\times\dfrac{1}{2}\right)=-\dfrac{1}{10}$

따라서 계산 결과가 0에 가장 가까운 것은 ⑤이다.

답 ⑤

243 ① $\left(-\dfrac{3}{4}\right)\times\left(+\dfrac{16}{9}\right)=-\left(\dfrac{3}{4}\times\dfrac{16}{9}\right)=-\dfrac{4}{3}$

② $\left(-\dfrac{25}{28}\right)\times\left(+\dfrac{7}{15}\right)=-\left(\dfrac{25}{28}\times\dfrac{7}{15}\right)=-\dfrac{5}{12}$

③ $\left(+\dfrac{11}{26}\right)\times(-13)=-\left(\dfrac{11}{26}\times13\right)=-\dfrac{11}{2}$

④ $(+8)\times\left(-\dfrac{3}{2}\right)\times\left(+\dfrac{3}{4}\right)=-\left(8\times\dfrac{3}{2}\times\dfrac{3}{4}\right)=-9$

⑤ $\left(-\dfrac{4}{3}\right)\times\left(-\dfrac{15}{16}\right)\times\left(-\dfrac{12}{5}\right)=-\left(\dfrac{4}{3}\times\dfrac{15}{16}\times\dfrac{12}{5}\right)$

$=-3$

따라서 계산 결과가 가장 작은 것은 ④이다.

답 ④

244 $a=(-3.2)\times(-5)=+(3.2\times5)=16$

$b=\left(+\dfrac{5}{8}\right)\times\left(-\dfrac{16}{15}\right)=-\left(\dfrac{5}{8}\times\dfrac{16}{15}\right)=-\dfrac{2}{3}$

∴ $a\times b=16\times\left(-\dfrac{2}{3}\right)=-\dfrac{32}{3}$

답 $-\dfrac{32}{3}$

245 답 ㈎ 곱셈의 교환법칙, ㈏ 곱셈의 결합법칙

246 답 ㈎ 곱셈의 교환법칙, ㈏ 곱셈의 결합법칙, ㈐ $-\dfrac{1}{6}$, ㈑ -1

247 $(-0.6)\times\left(+\dfrac{4}{5}\right)\times(+10)\times\left(-\dfrac{5}{12}\right)$

$=(-0.6)\times(+10)\times\left(+\dfrac{4}{5}\right)\times\left(-\dfrac{5}{12}\right)$

$=\{(-0.6)\times(+10)\}\times\left\{\left(+\dfrac{4}{5}\right)\times\left(-\dfrac{5}{12}\right)\right\}$

$=(-6)\times\left(-\dfrac{1}{3}\right)=2$

답 2

248 세 수의 곱이 가장 크려면 음수 2개, 양수 1개를 곱해야 하고 세 수의 절댓값의 곱이 가장 커야 한다.

$\therefore 20 \times \left(-\dfrac{5}{6}\right) \times \left(-\dfrac{1}{4}\right) = +\left(20 \times \dfrac{5}{6} \times \dfrac{1}{4}\right) = \dfrac{25}{6}$

답 $\dfrac{25}{6}$

249 세 수의 곱이 가장 작으려면 음수 1개, 양수 2개를 곱해야 하고 세 수의 절댓값의 곱이 가장 커야 한다.

$\therefore (-14) \times \dfrac{5}{2} \times \dfrac{1}{5} = -\left(14 \times \dfrac{5}{2} \times \dfrac{1}{5}\right) = -7$ 답 ②

250 세 수의 곱이 가장 크려면 음수 2개, 양수 1개를 곱해야 하고 세 수의 절댓값의 곱이 가장 커야 하므로

$a = \left(-\dfrac{10}{3}\right) \times \dfrac{3}{4} \times (-12) = +\left(\dfrac{10}{3} \times \dfrac{3}{4} \times 12\right) = 30$

세 수의 곱이 가장 작으려면 음수 3개를 곱해야 하므로

$b = \left(-\dfrac{10}{3}\right) \times (-12) \times \left(-\dfrac{1}{6}\right) = -\left(\dfrac{10}{3} \times 12 \times \dfrac{1}{6}\right)$

$= -\dfrac{20}{3}$

$\therefore a + b = 30 + \left(-\dfrac{20}{3}\right) = \dfrac{70}{3}$ 답 ⑤

251 ① $-2^2 = -(2 \times 2) = -4$

② $(+0.1)^2 = 0.1 \times 0.1 = 0.01$

③ $\left(-\dfrac{1}{2}\right)^2 = \left(-\dfrac{1}{2}\right) \times \left(-\dfrac{1}{2}\right) = \dfrac{1}{4}$

④ $\left(-\dfrac{1}{2}\right)^3 = \left(-\dfrac{1}{2}\right) \times \left(-\dfrac{1}{2}\right) \times \left(-\dfrac{1}{2}\right) = -\dfrac{1}{8}$

⑤ $-\left(-\dfrac{1}{3}\right)^3 = -\left\{\left(-\dfrac{1}{3}\right) \times \left(-\dfrac{1}{3}\right) \times \left(-\dfrac{1}{3}\right)\right\}$

$= -\left(-\dfrac{1}{27}\right) = \dfrac{1}{27}$

따라서 계산 결과가 가장 큰 것은 ③이다. 답 ③

252 ④ $-\left(-\dfrac{1}{2}\right)^4 = -\left\{\left(-\dfrac{1}{2}\right) \times \left(-\dfrac{1}{2}\right) \times \left(-\dfrac{1}{2}\right) \times \left(-\dfrac{1}{2}\right)\right\}$

$= -\left(+\dfrac{1}{16}\right) = -\dfrac{1}{16}$ 답 ④

253 $-(-5)^2 \times \left(-\dfrac{2}{5}\right)^3 \times \left(-\dfrac{1}{4}\right)^2$

$= -25 \times \left(-\dfrac{8}{125}\right) \times \dfrac{1}{16} = \dfrac{1}{10}$ 답 $\dfrac{1}{10}$

254 $\left(-\dfrac{1}{2}\right)^5 = -\dfrac{1}{32}$, $\left(-\dfrac{1}{2}\right)^4 = \dfrac{1}{16}$, $-\left(-\dfrac{1}{2}\right)^3 = \dfrac{1}{8}$,

$-\left(\dfrac{1}{2}\right)^2 = -\dfrac{1}{4}$에서

$a = \dfrac{1}{8}$, $b = -\dfrac{1}{4}$이므로

$a \times b = \dfrac{1}{8} \times \left(-\dfrac{1}{4}\right) = -\dfrac{1}{32}$ 답 ③

255 ① $(-1)^2 = 1$

② $(-1)^9 = -1$

③ $-(-1)^5 = -(-1) = 1$

④ $\{-(-1)\}^5 = 1^5 = 1$

⑤ $\{-(-1)^2\}^8 = (-1)^8 = 1$

따라서 계산 결과가 나머지 넷과 다른 하나는 ②이다. 답 ②

256 $(-1)^2 \times 1 + (-1)^3 \times 2 + (-1)^4 \times 3 + (-1)^5 \times 4$

$= 1 - 2 + 3 - 4 = -2$ 답 ①

257 $(-1) + (-1)^3 + (-1)^5 + \cdots + (-1)^{99}$

$= (-1) + (-1) + (-1) + \cdots + (-1)$

$= -1 \times 50 = -50$ 답 ②

258 $(-1)^{10} - (-1)^{11} + (-1)^{12} - (-1)^{13}$

$= 1 - (-1) + 1 - (-1) = 4$ 답 4

259 $a \times (b+c) = a \times b + a \times c$

$= -20 + 5 = -15$ 답 -15

260 $64 \times (-0.78) + 36 \times (-0.78) = (64+36) \times (-0.78)$

$= 100 \times (-0.78) = -78$

따라서 $a = 100$, $b = -78$이므로

$a + b = 100 + (-78) = 22$ 답 ⑤

261 $a \times c = 8$이고

$a \times (b-c) = a \times b - a \times c = 12$이므로

$a \times b - 8 = 12$

$\therefore a \times b = 12 + 8 = 20$ 답 20

262 $6.4 \times (-42) + 32 \times 8.1 - 32 \times 1.7$

$= 6.4 \times (-42) + 32 \times (8.1 - 1.7)$

$= 6.4 \times (-42) + 32 \times 6.4$

$= 6.4 \times (-42) + 6.4 \times 32$

$= 6.4 \times (-42 + 32)$

$= 6.4 \times (-10) = -64$ 답 -64

263 $a = -\dfrac{1}{6}$, $1\dfrac{1}{2} = \dfrac{3}{2}$이므로 $b = \dfrac{2}{3}$

$\therefore a \times b = \left(-\dfrac{1}{6}\right) \times \dfrac{2}{3} = -\dfrac{1}{9}$ 답 ③

264 ③ $0.3 = \dfrac{3}{10}$이므로 0.3의 역수는 $\dfrac{10}{3}$이다.

④ $0.5 = \dfrac{1}{2}$이므로 0.5의 역수는 2이다.

⑤ $2\dfrac{1}{3} = \dfrac{7}{3}$이므로 $2\dfrac{1}{3}$의 역수는 $\dfrac{3}{7}$이다. 답 ④

265 a의 역수가 -3이므로 -3의 역수는 a이다.

$\therefore a = -\dfrac{1}{3}$

$2.4 = \dfrac{12}{5}$이므로 $b = \dfrac{5}{12}$

$\therefore a + b = -\dfrac{1}{3} + \dfrac{5}{12} = -\dfrac{4}{12} + \dfrac{5}{12} = \dfrac{1}{12}$ 답 $\dfrac{1}{12}$

266 $a = \dfrac{3}{8}$, $b = -\dfrac{4}{7}$, $c = \dfrac{5}{3}$이므로

$8 \times a + 14 \times b - 6 \times c = 8 \times \dfrac{3}{8} + 14 \times \left(-\dfrac{4}{7}\right) - 6 \times \dfrac{5}{3}$

$= 3 - 8 - 10 = -15$ 답 -15

267 ① $(-49) \div (-7) = +(49 \div 7) = 7$

② $\left(+\dfrac{1}{4}\right) \div \left(-\dfrac{5}{12}\right) = \left(+\dfrac{1}{4}\right) \times \left(-\dfrac{12}{5}\right)$

$= -\left(\dfrac{1}{4} \times \dfrac{12}{5}\right) = -\dfrac{3}{5}$

③ $\left(-\dfrac{5}{2}\right)\div\left(+\dfrac{15}{8}\right)=\left(-\dfrac{5}{2}\right)\times\left(+\dfrac{8}{15}\right)$

$\qquad\qquad\qquad\qquad\quad =-\left(\dfrac{5}{2}\times\dfrac{8}{15}\right)=-\dfrac{4}{3}$

④ $\left(-\dfrac{3}{5}\right)\div\left(-\dfrac{3}{20}\right)=\left(-\dfrac{3}{5}\right)\times\left(-\dfrac{20}{3}\right)$

$\qquad\qquad\qquad\qquad\quad =+\left(\dfrac{3}{5}\times\dfrac{20}{3}\right)=4$

⑤ $\left(+\dfrac{3}{4}\right)\div(-1.5)=\left(+\dfrac{3}{4}\right)\times\left(-\dfrac{2}{3}\right)$

$\qquad\qquad\qquad\qquad\quad =-\left(\dfrac{3}{4}\times\dfrac{2}{3}\right)=-\dfrac{1}{2}$

따라서 계산 결과가 옳은 것은 ③이다. 답 ③

268 ① $(+42)\div(-6)=-(42\div6)=-7$

② $\left(-\dfrac{5}{2}\right)\div\left(+\dfrac{1}{2}\right)=\left(-\dfrac{5}{2}\right)\times(+2)$

$\qquad\qquad\qquad\qquad =-\left(\dfrac{5}{2}\times2\right)=-5$

③ $\left(-\dfrac{2}{5}\right)\div(-5)\div(-1)=\left(-\dfrac{2}{5}\right)\times\left(-\dfrac{1}{5}\right)\times(-1)$

$\qquad\qquad\qquad\qquad\qquad =-\left(\dfrac{2}{5}\times\dfrac{1}{5}\times1\right)=-\dfrac{2}{25}$

④ $\left(-\dfrac{6}{5}\right)\div(+5)\div(+2)=\left(-\dfrac{6}{5}\right)\times\left(+\dfrac{1}{5}\right)\times\left(+\dfrac{1}{2}\right)$

$\qquad\qquad\qquad\qquad\qquad =-\left(\dfrac{6}{5}\times\dfrac{1}{5}\times\dfrac{1}{2}\right)=-\dfrac{3}{25}$

⑤ $\left(+\dfrac{11}{3}\right)\div(+22)\div\left(-\dfrac{1}{4}\right)$

$\quad =\left(+\dfrac{11}{3}\right)\times\left(+\dfrac{1}{22}\right)\times(-4)$

$\quad =-\left(\dfrac{11}{3}\times\dfrac{1}{22}\times4\right)=-\dfrac{2}{3}$

따라서 계산 결과가 가장 큰 것은 ③이다. 답 ③

269 $a=\dfrac{8}{15}\div\left(-\dfrac{2}{5}\right)\div\dfrac{1}{3}$

$\qquad =\dfrac{8}{15}\times\left(-\dfrac{5}{2}\right)\times3$

$\qquad =-\left(\dfrac{8}{15}\times\dfrac{5}{2}\times3\right)=-4$

따라서 a보다 큰 음의 정수는 -3, -2, -1이므로 그 합은

$(-3)+(-2)+(-1)=-6$ 답 -6

270 $6\div\left(-\dfrac{1}{3}\right)\div(-2)^2=6\times(-3)\times\dfrac{1}{4}$

$\qquad\qquad\qquad\qquad\qquad =-\left(6\times3\times\dfrac{1}{4}\right)=-\dfrac{9}{2}$ 답 ①

271 ① $(-3)\times4\div2=(-3)\times4\times\dfrac{1}{2}=-\left(3\times4\times\dfrac{1}{2}\right)=-6$

② $(-6)\div(-3)\times\left(-\dfrac{3}{2}\right)=(-6)\times\left(-\dfrac{1}{3}\right)\times\left(-\dfrac{3}{2}\right)$

$\qquad\qquad\qquad\qquad\qquad =-\left(6\times\dfrac{1}{3}\times\dfrac{3}{2}\right)=-3$

③ $(-1)^3\times4\div\dfrac{16}{5}=(-1)\times4\times\dfrac{5}{16}$

$\qquad\qquad\qquad\qquad =-\left(1\times4\times\dfrac{5}{16}\right)=-\dfrac{5}{4}$

④ $\left(-\dfrac{1}{2}\right)^2\div\dfrac{5}{4}\times(-3)=\dfrac{1}{4}\times\dfrac{4}{5}\times(-3)$

$\qquad\qquad\qquad\qquad\qquad =-\left(\dfrac{1}{4}\times\dfrac{4}{5}\times3\right)=-\dfrac{3}{5}$

⑤ $\dfrac{9}{4}\times12\div\left(-\dfrac{3}{5}\right)=\dfrac{9}{4}\times12\times\left(-\dfrac{5}{3}\right)$

$\qquad\qquad\qquad\qquad =-\left(\dfrac{9}{4}\times12\times\dfrac{5}{3}\right)=-45$

따라서 계산 결과가 가장 큰 것은 ④이다. 답 ④

272 $a=\left(-\dfrac{1}{5}\right)^2\times\left(-\dfrac{20}{7}\right)\div\dfrac{8}{7}$

$\qquad =\dfrac{1}{25}\times\left(-\dfrac{20}{7}\right)\times\dfrac{7}{8}$

$\qquad =-\left(\dfrac{1}{25}\times\dfrac{20}{7}\times\dfrac{7}{8}\right)=-\dfrac{1}{10}$

$b=\left(-\dfrac{6}{5}\right)\div(-8)\times\left(-\dfrac{12}{5}\right)$

$\qquad =\left(-\dfrac{6}{5}\right)\times\left(-\dfrac{1}{8}\right)\times\left(-\dfrac{12}{5}\right)$

$\qquad =-\left(\dfrac{6}{5}\times\dfrac{1}{8}\times\dfrac{12}{5}\right)=-\dfrac{9}{25}$

$\therefore a\div b=\left(-\dfrac{1}{10}\right)\div\left(-\dfrac{9}{25}\right)$

$\qquad\qquad =\left(-\dfrac{1}{10}\right)\times\left(-\dfrac{25}{9}\right)$

$\qquad\qquad =+\left(\dfrac{1}{10}\times\dfrac{25}{9}\right)=\dfrac{5}{18}$ 답 $\dfrac{5}{18}$

273 $-3^2-\left\{-2-\dfrac{1}{3}\times\left(3-\dfrac{3}{2}\right)\right\}\div\dfrac{5}{2}$

$=-9-\left(-2-\dfrac{1}{3}\times\dfrac{3}{2}\right)\div\dfrac{5}{2}$

$=-9-\left(-2-\dfrac{1}{2}\right)\div\dfrac{5}{2}$

$=-9-\left(-\dfrac{5}{2}\right)\times\dfrac{2}{5}$

$=-9-(-1)$

$=-9+1=-8$

답 -8

274 답 ㉤, ㉣, ㉢, ㉡, ㉠

275 $\left(-\dfrac{1}{2}\right)^2\times6+\{17+3\times(24\div9)\}+\dfrac{5}{2}$

$=\dfrac{1}{4}\times6+\left(17+3\times\dfrac{8}{3}\right)+\dfrac{5}{2}$

$=\dfrac{3}{2}+(17+8)+\dfrac{5}{2}$

$=\dfrac{3}{2}+25+\dfrac{5}{2}=29$ 답 ③

276 ① $5+\left(\dfrac{1}{3}-\dfrac{5}{6}\right)\times(-2)^2=5+\left(-\dfrac{1}{2}\right)\times4$

$\qquad\qquad\qquad\qquad\qquad\qquad =5-2=3$

② $6-7\div\left(\dfrac{5}{12}+\dfrac{4}{3}\right)=6-7\div\dfrac{7}{4}$

$\qquad\qquad\qquad\qquad\quad =6-7\times\dfrac{4}{7}$

$\qquad\qquad\qquad\qquad\quad =6-4=2$

③ $-(-1)^2+\left\{-\dfrac{1}{10}-\left(-\dfrac{3}{5}+\dfrac{1}{2}\right)\right\}\times5$

$\quad =-(-1)^2+\left\{-\dfrac{1}{10}-\left(-\dfrac{1}{10}\right)\right\}\times5$

$\quad =-1+0\times5$

$\quad =-1+0=-1$

④ $\left\{\left(-\dfrac{1}{4}\right)\div\left(\dfrac{5}{8}+\dfrac{3}{16}\right)\right\}\times13+1$

$\quad=\left\{\left(-\dfrac{1}{4}\right)\div\dfrac{13}{16}\right\}\times13+1$

$\quad=-\dfrac{4}{13}\times13+1$

$\quad=-4+1=-3$

⑤ $\left(-\dfrac{1}{2}\right)^3\times4+\left\{-4+\dfrac{5}{2}\times\left(\dfrac{1}{6}\div\dfrac{5}{6}\right)\right\}$

$\quad=\left(-\dfrac{1}{8}\right)\times4+\left(-4+\dfrac{5}{2}\times\dfrac{1}{5}\right)$

$\quad=-\dfrac{1}{2}+\left(-4+\dfrac{1}{2}\right)$

$\quad=-\dfrac{1}{2}+\left(-\dfrac{7}{2}\right)=-4$

따라서 계산 결과가 가장 큰 것은 ①이다. 　　📌 ①

277 $a=7-28\div\{6\div0.45-16\times(0.5)^2\}$

$\quad=7-28\div\left(6\times\dfrac{20}{9}-16\times\dfrac{1}{4}\right)$

$\quad=7-28\div\left(\dfrac{40}{3}-4\right)=7-28\div\dfrac{28}{3}$

$\quad=7-28\times\dfrac{3}{28}=7-3=4$

따라서 a의 역수는 $\dfrac{1}{4}$이다. 　　📌 $\dfrac{1}{4}$

278 $a=\left(-\dfrac{1}{3}\right)^3\div\left(-\dfrac{1}{3}\right)^4-4\div\left\{5\times\left(-\dfrac{1}{3}\right)\right\}$

$\quad=\left(-\dfrac{1}{27}\right)\div\dfrac{1}{81}-4\div\left(-\dfrac{5}{3}\right)$

$\quad=\left(-\dfrac{1}{27}\right)\times81-4\times\left(-\dfrac{3}{5}\right)$

$\quad=-3+\dfrac{12}{5}=-\dfrac{3}{5}$

따라서 $a=-\dfrac{3}{5}=-0.6$에 가장 가까운 정수는 -1이다.

📌 -1

279 $a=\dfrac{5}{2}\div(-2)=\dfrac{5}{2}\times\left(-\dfrac{1}{2}\right)=-\dfrac{5}{4}$

$b=9\times\dfrac{5}{3}=15$

$\therefore a\div b=\left(-\dfrac{5}{4}\right)\div15$

$\qquad=\left(-\dfrac{5}{4}\right)\times\dfrac{1}{15}=-\dfrac{1}{12}$ 　　📌 $-\dfrac{1}{12}$

280 $a=(-12)\div\left(-\dfrac{4}{3}\right)=(-12)\times\left(-\dfrac{3}{4}\right)=9$ 　　📌 9

281 $x\div\left(-\dfrac{3}{10}\right)=15$이므로

$x=15\times\left(-\dfrac{3}{10}\right)=-\dfrac{9}{2}$ 　　📌 $-\dfrac{9}{2}$

282 $\left(-\dfrac{9}{28}\right)\div\square\times\dfrac{7}{3}=-\dfrac{5}{2}$이므로

$\left(-\dfrac{9}{28}\right)\div\square=\left(-\dfrac{5}{2}\right)\div\dfrac{7}{3}=\left(-\dfrac{5}{2}\right)\times\dfrac{3}{7}=-\dfrac{15}{14}$

$\therefore \square=\left(-\dfrac{9}{28}\right)\div\left(-\dfrac{15}{14}\right)$

$\qquad=\left(-\dfrac{9}{28}\right)\times\left(-\dfrac{14}{15}\right)=\dfrac{3}{10}$ 　　📌 $\dfrac{3}{10}$

283 어떤 수를 □라 하면

$\square\div\left(-\dfrac{4}{3}\right)=\dfrac{5}{12}$이므로

$\square=\dfrac{5}{12}\times\left(-\dfrac{4}{3}\right)=-\dfrac{5}{9}$

따라서 바르게 계산한 답은

$\left(-\dfrac{5}{9}\right)\times\left(-\dfrac{4}{3}\right)=\dfrac{20}{27}$ 　　📌 $\dfrac{20}{27}$

284 어떤 수를 □라 하면

$\square\times(-2)=\dfrac{10}{7}$이므로

$\square=\dfrac{10}{7}\div(-2)=\dfrac{10}{7}\times\left(-\dfrac{1}{2}\right)=-\dfrac{5}{7}$

따라서 바르게 계산한 답은

$\left(-\dfrac{5}{7}\right)\div(-2)=\left(-\dfrac{5}{7}\right)\times\left(-\dfrac{1}{2}\right)=\dfrac{5}{14}$ 　　📌 $\dfrac{5}{14}$

285 $-\dfrac{3}{2}$의 역수는 $-\dfrac{2}{3}$이므로

어떤 수를 □라 하면

$\left(-\dfrac{2}{3}\right)\times\square=-\dfrac{1}{15}$

$\therefore \square=\left(-\dfrac{1}{15}\right)\div\left(-\dfrac{2}{3}\right)=\left(-\dfrac{1}{15}\right)\times\left(-\dfrac{3}{2}\right)=\dfrac{1}{10}$

따라서 바르게 계산한 답은

$\left(-\dfrac{2}{3}\right)\div\dfrac{1}{10}=\left(-\dfrac{2}{3}\right)\times10=-\dfrac{20}{3}$ 　　📌 $-\dfrac{20}{3}$

286 $a\div\dfrac{7}{6}=-9$이므로

$a=(-9)\times\dfrac{7}{6}=-\dfrac{21}{2}$

$b=-\dfrac{21}{2}+\dfrac{7}{6}=-\dfrac{63}{6}+\dfrac{7}{6}=-\dfrac{56}{6}=-\dfrac{28}{3}$

$\therefore a\times b=\left(-\dfrac{21}{2}\right)\times\left(-\dfrac{28}{3}\right)=98$ 　　📌 98

287 ① $a+b$는 양수인지 음수인지 알 수 없다.

② $-a>0$이므로 $b-a>0$

③ $-b<0$이므로 $a-b<0$

④ $a\times b<0$

⑤ $a\div b<0$

따라서 항상 양수인 것은 ②이다. 　　📌 ②

288 ① $a+b$는 양수인지 음수인지 알 수 없다.

② $a>0$, $-b>0$이므로 $a-b>0$

③ $a\times b<0$

④ $a^2>0$, $b<0$이므로 $a^2\times b<0$

⑤ $a>0$, $b^2>0$이므로 $a\div b^2>0$

따라서 항상 옳은 것은 ⑤이다. 　　📌 ⑤

289 ㄱ. $a<0$, $b>0$이고 $|a|>|b|$이므로 $a+b<0$

ㄴ. $a<0$, $-b<0$이므로 $a-b<0$

ㄷ. $-a>0$, $-b<0$이고 $|-a|>|-b|$이므로
　　$-a-b>0$

ㄹ. $a<0$, $b>0$이므로 $a\div b<0$

따라서 옳은 것은 ㄴ, ㄹ이다. 　　📌 ④

참고 $a=-2$, $b=1$을 대입하여 확인해 볼 수 있다.

　　ㄱ. $a+b=-2+1=-1<0$

ㄴ. $a-b=-2-1=-3<0$
ㄷ. $-a-b=-(-2)-1=2-1=1>0$
ㄹ. $a\div b=(-2)\div 1=-2<0$

290 $a\times b>0$에서 a, b의 부호는 같고
$c\div a<0$에서 a, c의 부호는 다르다.
따라서 b, c의 부호는 다르고 $b>c$이므로
$a>0$, $b>0$, $c<0$ 답 ②

291 $a\times b<0$이므로 $a>0$, $b<0$ 또는 $a<0$, $b>0$
$a-b>0$에서 $a>b$이므로 $a>0$, $b<0$ 답 ②

292 $a\times b<0$이므로 $a>0$, $b<0$ 또는 $a<0$, $b>0$
이때 $a-b<0$, $|a|<|b|$이므로 $a<0$, $b>0$
① $a<0$
② $-a>0$
③ $b>0$
④ $a+b>0$
⑤ $-a+b>0$
따라서 그 값이 가장 작은 것은 ①이다. 답 ①
참고 $a=-1$, $b=2$를 대입하여 확인해 볼 수 있다.
① $a=-1$ ② $-a=1$ ③ $b=2$
④ $a+b=(-1)+2=1$
⑤ $-a+b=-(-1)+2=3$

293 $-\frac{12}{5}$와 $\frac{2}{3}$를 나타내는 두 점 사이의 거리는
$\frac{2}{3}-\left(-\frac{12}{5}\right)=\frac{2}{3}+\frac{12}{5}=\frac{10}{15}+\frac{36}{15}=\frac{46}{15}$
따라서 구하는 수는
$-\frac{12}{5}+\frac{46}{15}\times\frac{1}{2}=-\frac{12}{5}+\frac{23}{15}$
$=-\frac{36}{15}+\frac{23}{15}=-\frac{13}{15}$
답 $-\frac{13}{15}$

다른 풀이 $\frac{2}{3}-\frac{46}{15}\times\frac{1}{2}=\frac{2}{3}-\frac{23}{15}$
$=\frac{10}{15}-\frac{23}{15}=-\frac{13}{15}$

294 두 점 P, B 사이의 거리는
$3-\left(-\frac{4}{5}\right)=3+\frac{4}{5}=\frac{15}{5}+\frac{4}{5}=\frac{19}{5}$
점 P가 두 점 A, B로부터 같은 거리에 있는 점이므로
두 점 A, P 사이의 거리도 $\frac{19}{5}$이다.
따라서 점 A가 나타내는 수는
$-\frac{4}{5}-\frac{19}{5}=-\frac{23}{5}$ 답 $-\frac{23}{5}$

295 두 점 A, B 사이의 거리가
$4-\left(-\frac{1}{3}\right)=4+\left(+\frac{1}{3}\right)=\frac{13}{3}$
이므로 점 P가 나타내는 수는
$-\frac{1}{3}+\frac{13}{3}\times\frac{1}{2}=-\frac{1}{3}+\frac{13}{6}=\frac{11}{6}$
수직선에서 두 점 P, B 사이의 거리와 두 점 B, Q 사이의 거리가 같으므로 점 Q가 나타내는 수는
$4+\frac{13}{3}\times\frac{1}{2}=4+\frac{13}{6}=\frac{37}{6}$
따라서 두 점 P, Q가 나타내는 수의 합은
$\frac{11}{6}+\frac{37}{6}=\frac{48}{6}=8$ 답 8

296 지후는 앞면이 3번 나오고 뒷면이 3번 나왔으므로 지후의 점수는
$3\times2+3\times(-1)=6-3=3$(점) 답 3점

297 연주는 3문제를 맞히고 2문제를 틀렸으므로 얻은 점수는
$3\times8+2\times(-2)=24-4=20$(점)
따라서 연주의 점수는 $100+20=120$(점) 답 120점

298 눈의 수가 2, 4, 6일 때 얻게 되는 점수는 각각 4점, 8점, 12점이고, 눈의 수가 1, 3, 5일 때 잃게 되는 점수는 각각 1점, 3점, 5점이다.
지은이의 점수는
$(-5)+(-3)+4+8=4$(점)
예준이의 점수는
$12+(-1)+(-5)+4=10$(점)
답 지은 : 4점, 예준 : 10점

만점 각 잡기 47~48쪽

299 $a+b=\frac{9}{5}$, $c=(-1)+\left(-\frac{5}{6}\right)=-\frac{11}{6}$
$\therefore a+b+c=\frac{9}{5}+\left(-\frac{11}{6}\right)=-\frac{1}{30}$ 답 $-\frac{1}{30}$

300 $\frac{1}{2}◆\frac{1}{3}=\frac{1}{2}-\frac{1}{3}=\frac{1}{6}$
$\frac{1}{3}◎\frac{1}{4}=\frac{1}{4}-\frac{1}{3}=-\frac{1}{12}$
$\therefore \left\{\left(\frac{1}{2}◆\frac{1}{3}\right)◎\frac{1}{4}\right\}+\left\{\frac{1}{2}◆\left(\frac{1}{3}◎\frac{1}{4}\right)\right\}$
$=\left(\frac{1}{6}◎\frac{1}{4}\right)+\left\{\frac{1}{2}◆\left(-\frac{1}{12}\right)\right\}$
$=\left(\frac{1}{4}-\frac{1}{6}\right)+\left\{\frac{1}{2}-\left(-\frac{1}{12}\right)\right\}$
$=\frac{1}{12}+\frac{7}{12}=\frac{8}{12}=\frac{2}{3}$ 답 $\frac{2}{3}$

301 $a=\left(-\frac{14}{5}\right)-(-3)=-\frac{14}{5}+3=\frac{1}{5}$
$b=3+\frac{5}{2}=\frac{11}{2}$
$\frac{1}{5}=0.2$, $\frac{11}{2}=5.5$이므로 $\frac{1}{5}<|x|<\frac{11}{2}$을 만족시키는 정수 x는 -5, -4, -3, -2, -1, 1, 2, 3, 4, 5의 10개이다. 답 ③

302 조건 (가)에 의해 $|a|=4$이므로 $a=4$ 또는 $a=-4$
$|b|=\frac{11}{4}$이므로 $b=\frac{11}{4}$ 또는 $b=-\frac{11}{4}$
(i) $a=4$, $b=\frac{11}{4}$일 때,
$a-b=4-\frac{11}{4}=\frac{5}{4}$

워크북

(ii) $a=4$, $b=-\dfrac{11}{4}$일 때,

$$a-b=4-\left(-\dfrac{11}{4}\right)=4+\dfrac{11}{4}=\dfrac{27}{4}$$

(iii) $a=-4$, $b=\dfrac{11}{4}$일 때,

$$a-b=(-4)-\dfrac{11}{4}=-\dfrac{27}{4}$$

(iv) $a=-4$, $b=-\dfrac{11}{4}$일 때,

$$a-b=(-4)-\left(-\dfrac{11}{4}\right)=-4+\dfrac{11}{4}=-\dfrac{5}{4}$$

따라서 조건 (내)에 의해 $a=-4$, $b=-\dfrac{11}{4}$이므로

$$a+b=(-4)+\left(-\dfrac{11}{4}\right)=-\dfrac{27}{4}$$ 　　📘 $-\dfrac{27}{4}$

303 $\dfrac{2}{3}+\left(-\dfrac{1}{6}\right)+a=1$이므로

$$\dfrac{1}{2}+a=1$$

$$\therefore a=1-\dfrac{1}{2}=\dfrac{1}{2}$$

$\dfrac{1}{4}+\left(-\dfrac{3}{8}\right)+b=-1$이므로

$$\left(-\dfrac{1}{8}\right)+b=-1$$

$$\therefore b=-1-\left(-\dfrac{1}{8}\right)=-1+\dfrac{1}{8}=-\dfrac{7}{8}$$

$$\therefore a+b=\dfrac{1}{2}+\left(-\dfrac{7}{8}\right)=-\dfrac{3}{8}$$ 　　📘 $-\dfrac{3}{8}$

304 산봉우리 C의 높이는

$$82-36+72.6-89.6+64=93\,(\text{m})$$ 　　📘 ④

305 정현이는 2번 이기고 7번 졌으므로

$$2\times(+2)+7\times(-1)=4-7=-3$$

즉, 정현이는 처음 위치에서 3계단 내려갔다.

한편, 태민이는 7번 이기고 2번 졌으므로

$$7\times(+2)+2\times(-1)=14-2=12$$

즉, 태민이는 처음 위치에서 12계단 올라갔다.

따라서 두 사람이 떨어져 있는 계단 수는

$$12-(-3)=12+3=15(\text{계단})$$ 　　📘 15계단

306 서로 다른 세 수를 뽑아 곱한 값이 가장 작으려면 음수 3개 또는 양수 2개와 음수 중 절댓값이 가장 큰 수 1개를 뽑아야 한다.

(ⅰ) 음수 3개를 뽑는 경우

뽑아야 할 세 수는 $-\dfrac{9}{5}$, -2, -3이므로

$$\left(-\dfrac{9}{5}\right)\times(-2)\times(-3)=-\dfrac{54}{5}$$

(ⅱ) 양수 2개와 음수 중 절댓값이 가장 큰 수 1개를 뽑는 경우

뽑아야 할 세 수는 $\dfrac{8}{3}$, $\dfrac{5}{4}$, -3이므로

$$\dfrac{8}{3}\times\dfrac{5}{4}\times(-3)=-10$$

(ⅰ), (ⅱ)에서 $a=-\dfrac{54}{5}$

또, 서로 다른 세 수를 뽑아 곱한 값이 가장 크려면 음수 중 절댓값이 큰 수 2개와 양수 중 절댓값이 큰 수 1개를 뽑아야 한다.

즉, 뽑아야 할 세 수는 -2, -3, $\dfrac{8}{3}$이므로

$$b=(-2)\times(-3)\times\dfrac{8}{3}=16$$

$-\dfrac{54}{5}=-10.8$이므로

$-\dfrac{54}{5}<x<16$을 만족시키는 정수 x는 -10, -9, $\cdots$, 9, 10, 11, 12, 13, 14, 15이고, 그 합은

$$(-10)+(-9)+\cdots+9+10+11+12+13+14+15$$
$$=11+12+13+14+15=65$$ 　　📘 65

307 $1\times(-1)+2\times(-1)^2+3\times(-1)^3+\cdots$
$$\qquad\qquad +100\times(-1)^{100}+101\times(-1)^{101}$$
$$=(-1)+2+(-3)+4+\cdots$$
$$\qquad\qquad +(-99)+100+(-101)$$
$$=(-1+2)+(-3+4)+\cdots+(-99+100)+(-101)$$
$$=1\times 50+(-101)=-51$$ 　　📘 -51

308 $a<0$, $b>0$이고 $|a|<|b|$이므로

$$a+b>0,\ a-b<0,\ a\times b<0,\ a\div b<0$$

따라서 옳은 것은 ③이다. 　　📘 ③

(참고) $a=-1$, $b=2$를 대입하여 확인해 볼 수 있다.

$$a+b=(-1)+2=1>0$$
$$a-b=(-1)-2=-3<0$$
$$a\times b=(-1)\times 2=-2<0$$
$$a\div b=(-1)\div 2=-\dfrac{1}{2}<0$$

309 $a=-\dfrac{1}{2}$이라 하면

① $|-a|=\left|\dfrac{1}{2}\right|=\dfrac{1}{2}$

② $\dfrac{1}{a}=-2$이므로 $-\dfrac{1}{a}=-(-2)=2$

③ $-a=\dfrac{1}{2}$이므로 $-(-a)=-\dfrac{1}{2}$

④ $a^2=\left(-\dfrac{1}{2}\right)^2=\dfrac{1}{4}$이므로 $-a^2=-\dfrac{1}{4}$

⑤ $\dfrac{1}{a}=-2$

따라서 가장 작은 수는 ⑤이다. 　　📘 ⑤

310 두 점 B, E 사이의 간격은 $6-(-2)=8$이므로 각 점 사이의 간격은

$$8\div 3=8\times\dfrac{1}{3}=\dfrac{8}{3}$$

따라서 $a=-2-\dfrac{8}{3}=-\dfrac{14}{3}$, $b=6+\dfrac{8}{3}=\dfrac{26}{3}$이므로

$$a\div b=\left(-\dfrac{14}{3}\right)\div\dfrac{26}{3}$$
$$=\left(-\dfrac{14}{3}\right)\times\dfrac{3}{26}=-\dfrac{7}{13}$$ 　　📘 ①

o5 문자의 사용과 식의 계산

 잡기

49~59쪽

311 ① $a \times a \times b \times a = a^3 b$

② $7 \times a - 5 \times b = 7a - 5b$

③ $a \div b \div 2 = a \times \dfrac{1}{b} \times \dfrac{1}{2} = \dfrac{a}{2b}$

④ $a + b \div 2 = a + b \times \dfrac{1}{2} = a + \dfrac{b}{2}$

⑤ $a + b \div (-1) = a + b \times (-1) = a - b$

답 ④

312 ① $a \div b \times c = a \times \dfrac{1}{b} \times c = \dfrac{ac}{b}$

② $a \div (b \div c) = a \div \dfrac{b}{c} = a \times \dfrac{c}{b} = \dfrac{ac}{b}$

③ $a \div b \div \dfrac{1}{c} = a \times \dfrac{1}{b} \times c = \dfrac{ac}{b}$

④ $a \times \dfrac{1}{b} \div \dfrac{1}{c} = a \times \dfrac{1}{b} \times c = \dfrac{ac}{b}$

⑤ $a \div \left(\dfrac{1}{b} \div \dfrac{1}{c} \right) = a \div \left(\dfrac{1}{b} \times c \right) = a \div \dfrac{c}{b} = a \times \dfrac{b}{c} = \dfrac{ab}{c}$

답 ⑤

313 ㄱ. $a \div b \div c \div 2 = a \times \dfrac{1}{b} \times \dfrac{1}{c} \times \dfrac{1}{2} = \dfrac{a}{2bc}$

ㄴ. $a \div (b \div 2) \div c = a \div \dfrac{b}{2} \div c = a \times \dfrac{2}{b} \times \dfrac{1}{c} = \dfrac{2a}{bc}$

ㄷ. $a \div (b \times 2) \div c = a \div 2b \div c = a \times \dfrac{1}{2b} \times \dfrac{1}{c} = \dfrac{a}{2bc}$

ㄹ. $a \div 2 \div c \div \dfrac{1}{b} = a \times \dfrac{1}{2} \times \dfrac{1}{c} \times b = \dfrac{ab}{2c}$

따라서 $\dfrac{a}{2bc}$와 같은 것은 ㄱ, ㄷ이다. 답 ㄱ, ㄷ

314 ① $a \% = \dfrac{a}{100}$ 이므로 3000원의 $a \%$는

$3000 \times \dfrac{a}{100} = 30a$(원)

③ $100 \times a + 10 \times 5 + b = 100a + b + 50$

④ 1 L는 1000 mL이므로 x L의 20 %는

$x \times \dfrac{20}{100} = \dfrac{1}{5} x$ (L) $= 200x$ (mL)

⑤ 1시간은 60분이므로 x시간 y분은

$60 \times x + y = 60x + y$(분) 답 ③

315 ㄱ. 1 m는 100 cm이므로 a m b cm는

$100 \times a + b = 100a + b$ (cm)

ㄴ. 1 km는 1000 m이므로 x km의 30 %는

$x \times \dfrac{30}{100} = 0.3x$ (km) $= 300x$ (m)

ㄷ. $0.1 \times a + 0.01 \times 7 = 0.1a + 0.07$

ㄹ. 말은 다리가 4개, 닭은 다리가 2개이므로 다리는 모두

$4 \times a + 2 \times b = 4a + 2b$(개)

ㅁ. a명의 학생에게 사탕을 5개씩 나누어 주고 2개가 남았으므로 사탕은 모두 $5 \times a + 2 = 5a + 2$(개)

따라서 바르게 나타낸 것은 ㄱ, ㄷ이다. 답 ㄱ, ㄷ

316 10 % 할인된 백합 1송이의 가격은

$2000 - 2000 \times \dfrac{10}{100} = 2000 - 200 = 1800$(원)

이므로 10 % 할인된 백합 x송이의 가격은 $1800x$원이다. 이때 꽃 포장 비용 1500원을 추가해야 하므로 지불해야 하는 금액은 $(1800x + 1500)$원이다. 답 ②

317 4개에 x원인 지우개 한 개의 가격은 $\dfrac{x}{4}$원이므로 3개의 가격은 $\dfrac{3}{4} x$원이다.

∴ (거스름돈)=(지불 금액)−(물건 가격)

$= 3000 - \dfrac{3}{4} x$(원) 답 ②

318 A 편의점에서는 주스 3병의 가격으로 4병을 살 수 있으므로 지불해야 하는 금액은 $3x$원

B 편의점에서는 주스 4병을 원래 가격의 75 %에 살 수 있으므로 지불해야 하는 금액은 $4x \times \dfrac{75}{100} = 3x$(원)

답 A 편의점 : $3x$원, B 편의점 : $3x$원

319 ① 직사각형의 둘레의 길이는 $2(x + 7)$ cm

② 삼각형의 넓이는 $\dfrac{1}{2} \times a \times 6 = 3a$ (cm^2)

③ 평행사변형의 넓이는 $8x$ cm^2

⑤ 마름모의 넓이는 $\dfrac{1}{2} \times 8 \times a = 4a$ (cm^2) 답 ④

320 (1) (정육면체의 겉넓이)=(한 면의 넓이)$\times 6$

$= (2a \times 2a) \times 6$

$= 4a^2 \times 6 = 24a^2$ (cm^2)

(2) (정육면체의 부피)=(가로)$\times$(세로)$\times$(높이)

$= 2a \times 2a \times 2a$

$= 8a^3$ (cm^3)

답 (1) $24a^2$ cm^2 (2) $8a^3$ cm^3

321 오른쪽 그림과 같이 두 개의 삼각형으로 나누어 생각하면 사각형의 넓이는

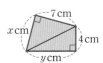

$\dfrac{1}{2} \times x \times 7 + \dfrac{1}{2} \times y \times 4 = \dfrac{7}{2} x + 2y$ (cm^2)

답 $\left(\dfrac{7}{2} x + 2y \right)$ cm^2

322 (시간)$= \dfrac{(거리)}{(속력)}$ 이므로 출발 지점에서 1 km까지 가는 데 걸린 시간은 $\dfrac{1}{5}$시간이다.

나머지 거리 $(x - 1)$ km를 가는 데 걸린 시간은 $\dfrac{x-1}{2}$시간이다.

따라서 승민이가 완주하는 데 걸린 시간은

$\dfrac{1}{5} + \dfrac{x-1}{2} = \dfrac{1}{5} + \dfrac{x}{2} - \dfrac{1}{2} = \dfrac{x}{2} - \dfrac{3}{10}$(시간) 답 ①

323 종이배 자체의 속력은 없으며 바람의 영향도 받지 않으므로 종이배는 강물의 속력으로만 이동한다.

30분$= \dfrac{1}{2}$시간이고, (거리)$=$(속력)$\times$(시간)이므로 종이배가

강물을 따라 이동한 거리는

$$x \times \frac{1}{2} = \frac{x}{2} \text{ (km)}$$

답 ②

324 시속 x km로 2시간 동안 간 거리는

$$x \times 2 = 2x \text{ (km)}$$

따라서 남은 거리는 $(290 - 2x)$ km이다.

답 ②

325 농도가 $x \%$인 설탕물 300 g에 들어 있는 설탕의 양은

$$\frac{x}{100} \times 300 = 3x \text{ (g)}$$

농도가 5 %인 설탕물 y g에 들어 있는 설탕의 양은

$$\frac{5}{100} \times y = \frac{y}{20} \text{ (g)}$$

따라서 두 설탕물을 섞었을 때의 설탕의 양은

$$\left(3x + \frac{y}{20} \right) \text{g이다.}$$

답 ③

326 (소금물의 양) = (소금의 양) + (물의 양) = $3x + 100$ (g)

따라서 소금물의 농도는

$$\frac{3x}{3x+100} \times 100 = \frac{300x}{3x+100} \text{ (\%)}$$

답 ④

327 농도가 $x \%$인 소금물 400 g에 들어 있는 소금의 양은

$$\frac{x}{100} \times 400 = 4x \text{ (g)}$$

농도가 $y \%$인 소금물 300 g에 들어 있는 소금의 양은

$$\frac{y}{100} \times 300 = 3y \text{ (g)}$$

두 소금물을 섞었을 때의 소금의 양은 $(4x + 3y)$ g이다.

따라서 새로 만든 소금물 700 g의 농도는

$$\frac{4x+3y}{700} \times 100 = \frac{4x+3y}{7} \text{ (\%)}$$

답 $\dfrac{4x+3y}{7}$ %

328 $ab + \dfrac{10}{a^2 - b} = (-3) \times 4 + \dfrac{10}{(-3)^2 - 4}$

$$= -12 + \frac{10}{9-4} = -12 + \frac{10}{5}$$

$$= -12 + 2 = -10$$

답 -10

329 ① $\dfrac{1}{3}xy^3 = \dfrac{1}{3} \times (-1) \times 3^3 = -9$

② $3xy = 3 \times (-1) \times 3 = -9$

③ $2xy - 3 = 2 \times (-1) \times 3 - 3 = -6 - 3 = -9$

④ $(-xy)^2 = \{(-1) \times (-1) \times 3\}^2 = 3^2 = 9$

⑤ $y^2 + 18x = 3^2 + 18 \times (-1) = 9 - 18 = -9$

답 ④

330 ① $5 - \dfrac{10}{a} = 5 + (-10) \div (-2) = 5 + 5 = 10$

② $-(-a)^2 = -\{-(-2)\}^2 = -2^2 = -4$

③ $-a^2 + 5 = -(-2)^2 + 5 = -4 + 5 = 1$

④ $-\dfrac{16}{a} = (-16) \div (-2) = 8$

⑤ $a - a^2 = (-2) - (-2)^2 = -2 - 4 = -6$

따라서 식의 값이 가장 큰 것은 ①이다.

답 ①

331 $\dfrac{bc}{a} + \dfrac{ac+1}{b^2} = \dfrac{(-3) \times 4}{2} + \dfrac{2 \times 4 + 1}{(-3)^2}$

$$= \frac{-12}{2} + \frac{9}{9}$$

$$= -6 + 1 = -5$$

답 -5

332 ① $x - 5 = \left(-\dfrac{1}{5} \right) - 5 = -\dfrac{26}{5}$

② $5x = 5 \times \left(-\dfrac{1}{5} \right) = -1$

③ $\dfrac{5}{x} = 5 \div x = 5 \div \left(-\dfrac{1}{5} \right)$

$$= 5 \times (-5) = -25$$

④ $\dfrac{1}{x^2} = 1 \div x^2 = 1 \div \left(-\dfrac{1}{5} \right)^2$

$$= 1 \div \frac{1}{25} = 1 \times 25 = 25$$

⑤ $-\dfrac{1}{x^3} = (-1) \div x^3 = (-1) \div \left(-\dfrac{1}{5} \right)^3$

$$= (-1) \div \left(-\frac{1}{125} \right)$$

$$= (-1) \times (-125) = 125$$

따라서 식의 값이 가장 작은 것은 ③이다.

답 ③

333 $-\dfrac{6}{x} + \dfrac{2}{y} = -6 \div x + 2 \div y$

$$= -6 \div \left(-\frac{3}{4} \right) + 2 \div \frac{1}{6}$$

$$= -6 \times \left(-\frac{4}{3} \right) + 2 \times 6$$

$$= 8 + 12 = 20$$

답 ⑤

334 $\dfrac{1}{a} + \dfrac{4}{b} - \dfrac{9}{c} = 1 \div a + 4 \div b - 9 \div c$

$$= 1 \div \left(-\frac{1}{2} \right) + 4 \div \frac{2}{3} - 9 \div \left(-\frac{3}{4} \right)$$

$$= 1 \times (-2) + 4 \times \frac{3}{2} - 9 \times \left(-\frac{4}{3} \right)$$

$$= -2 + 6 + 12 = 16$$

답 ⑤

335 $\dfrac{9}{5}x + 32$에 $x = 0$을 대입하면

$$\frac{9}{5} \times 0 + 32 = 32$$

따라서 화씨온도 32 °F에서 물이 언다.

답 32 °F

336 $30t - t^2$에 $t = 10$을 대입하면

$$30 \times 10 - 10^2 = 300 - 100 = 200$$

따라서 이 물체의 10초 후의 높이는 200 m이다.

답 ①

337 $331 + 0.6x$에 $x = 30$을 대입하면

$$331 + 0.6 \times 30 = 331 + 18 = 349$$

$331 + 0.6x$에 $x = 10$을 대입하면

$$331 + 0.6 \times 10 = 331 + 6 = 337$$

따라서 기온이 30 °C일 때의 소리의 속력은 10 °C일 때의 소리의 속력보다 초속 $349 - 337 = 12$ (m) 더 빠르다.

답 ⑤

338 (1) 지면에서 1 m 높아질 때마다 기온은 0.006 °C씩 낮아진다.

즉, 지면에서 a m 높이에서의 기온은 지면에서의 기온보다 $0.006 \times a = 0.006a$ (°C) 낮다.

현재 지면에서의 기온이 24 °C이므로 지면에서 a m 높이에서의 기온은 $(24 - 0.006a)$ °C이다.

(2) $24 - 0.006a$에 $a = 800$을 대입하면

$$24 - 0.006 \times 800 = 24 - 4.8 = 19.2 \text{ (°C)}$$

답 (1) $(24-0.006a)$ °C (2) 19.2 °C

339 (1) $4 \times x + 1 \times y + 0 \times 3 = 4x + y$(점)

(2) $4x + y$에 $x=5$, $y=2$를 대입하면

$$4 \times 5 + 2 = 20 + 2 = 22(점)$$

답 (1) $(4x+y)$점 (2) 22점

340 (1) n의 값에 따라 필요한 성냥개비의 개수는 다음과 같다.

n	필요한 성냥개비의 개수	
1	4	$=3 \times 1 + 1$
2	$7 = 4 + 3$	$= 3 \times 2 + 1$
3	$10 = 7 + 3$	$= 3 \times 3 + 1$
4	$13 = 10 + 3$	$= 3 \times 4 + 1$
⋮	⋮	

따라서 n개의 정사각형을 만들 때 필요한 성냥개비의 개수는 $3 \times n + 1 = 3n + 1$

(2) $3n + 1$에 $n = 10$을 대입하면

$$3 \times 10 + 1 = 30 + 1 = 31$$

답 (1) $3n + 1$ (2) 31

341 ② x의 계수는 $-\dfrac{1}{7}$이다.

③ 항은 $-3x^2$, $-\dfrac{x}{7}$, 1이다.

⑤ 차수가 가장 큰 항인 $-3x^2$의 차수가 2이므로 다항식의 차수는 2이다.

답 ①, ④

342 단항식은 -6, $\dfrac{2xy}{3}$의 2개이다. **답** 2개

주의 $\dfrac{1}{x}$과 같이 분모에 문자가 있는 식은 다항식이 아니다.

343 각 다항식의 차수를 구하면 다음과 같다.

① 0 ② 1 ③ 3 ④ 1 ⑤ 2

따라서 차수가 가장 큰 다항식은 ③이다. **답** ③

344 ① $x^2 - x$의 차수는 2이다.

② $0.3x - 0.3$에서 x의 계수는 0.3, 상수항은 -0.3으로 같지 않다.

③ $\dfrac{x}{5} + 2$에서 x의 계수는 $\dfrac{1}{5}$이다.

④ $3xy + 1$에서 항은 $3xy$, 1의 2개이므로 단항식이 아니다. **답** ⑤

345 $-3x - \dfrac{y}{4} - 1$에서 x의 계수는 -3, y의 계수는 $-\dfrac{1}{4}$, 상수항은 -1이므로

$a = -3$, $b = -\dfrac{1}{4}$, $c = -1$

$\therefore a + 4b - 8c = -3 + 4 \times \left(-\dfrac{1}{4}\right) - 8 \times (-1)$

$\qquad = -3 - 1 + 8 = 4$ **답** ③

346 ㄱ. 다항식의 차수는 1이다.

ㄹ. a의 계수는 1이다.

ㅁ. b의 계수는 $-\dfrac{2}{3}$이다.

따라서 옳은 것은 ㄴ, ㄷ이다. **답** ㄴ, ㄷ

347 ② $0 \times x + 7 = 7$, 즉 상수항이므로 일차식이 아니다.

③ $\dfrac{1}{x} + 8$은 분모에 문자가 있으므로 일차식이 아니다.

⑤ $x^2 - x$는 차수가 2이므로 일차식이 아니다. **답** ①, ④

348 ㄱ. $1^2 = 1$, 즉 상수항이므로 일차식이 아니다.

ㄷ. $x^2 + x$는 차수가 2이므로 일차식이 아니다.

ㄹ. $\dfrac{x}{3} - \dfrac{4}{y}$는 분모에 문자가 있으므로 일차식이 아니다.

ㅁ. $y^3 - y^2 - y$는 차수가 3이므로 일차식이 아니다.

따라서 일차식인 것은 ㄴ, ㅂ이다. **답** ㄴ, ㅂ

349 주어진 다항식이 x에 대한 일차식이 되려면 x^2의 계수인 $5 - a = 0$, x의 계수인 $5 + 3a \neq 0$이어야 한다.

$\therefore a = 5$ **답** 5

350 x의 계수가 -2이고, 상수항이 5인 x에 대한 일차식은 $-2x + 5$이다.

이 일차식에 $x = 3$을 대입하면

$a = -2 \times 3 + 5 = -6 + 5 = -1$

$x = -4$를 대입하면

$b = -2 \times (-4) + 5 = 8 + 5 = 13$

$\therefore a - b = -1 - 13 = -14$ **답** -14

351 ① $3x \times 2 = 6x$

② $-2(x - 3y) = (-2) \times x + (-2) \times (-3y)$

$\qquad = -2x + 6y$

③ $15a \div \dfrac{1}{3} = 15a \times 3 = 45a$

④ $(10x - 5) \times \dfrac{1}{5} = 10x \times \dfrac{1}{5} - 5 \times \dfrac{1}{5} = 2x - 1$

⑤ $-(2x - 1) = -2x + 1$ **답** ④

352 $\left(2x - \dfrac{1}{6}\right) \div \dfrac{2}{3} = \left(2x - \dfrac{1}{6}\right) \times \dfrac{3}{2}$

$\qquad = 2x \times \dfrac{3}{2} + \left(-\dfrac{1}{6}\right) \times \dfrac{3}{2}$

$\qquad = 3x - \dfrac{1}{4}$

따라서 $a = 3$, $b = -\dfrac{1}{4}$이므로

$a + b = 3 + \left(-\dfrac{1}{4}\right) = \dfrac{11}{4}$ **답** $\dfrac{11}{4}$

353 $-6(-2x + 1) = (-6) \times (-2x) + (-6) \times 1$

$\qquad = 12x - 6$

① $(-2x + 1) \div (-6) = (-2x + 1) \times \left(-\dfrac{1}{6}\right)$

$\qquad = (-2x) \times \left(-\dfrac{1}{6}\right) + 1 \times \left(-\dfrac{1}{6}\right)$

$\qquad = \dfrac{1}{3}x - \dfrac{1}{6}$

② $3(-4x + 6) = 3 \times (-4x) + 3 \times 6$

$\qquad = -12x + 18$

③ $3(4x - 2) = 3 \times 4x + 3 \times (-2)$

$\qquad = 12x - 6$

④ $(-2x + 1) \div \dfrac{1}{6} = (-2x + 1) \times 6$

$\qquad = (-2x) \times 6 + 1 \times 6$

$\qquad = -12x + 6$

⑤ $(4x-2) \div \left(-\dfrac{1}{3}\right) = (4x-2) \times (-3)$
$\qquad\qquad\qquad\quad = 4x \times (-3) + (-2) \times (-3)$
$\qquad\qquad\qquad\quad = -12x + 6$ 답 ③

354 $A = \dfrac{1}{2}(6x-4)$
$\qquad = \dfrac{1}{2} \times 6x + \dfrac{1}{2} \times (-4)$
$\qquad = 3x - 2$
즉, 다항식 A의 상수항은 -2이다.
$B = (-12x+6) \div \left(-\dfrac{3}{2}\right)$
$\qquad = (-12x+6) \times \left(-\dfrac{2}{3}\right)$
$\qquad = (-12x) \times \left(-\dfrac{2}{3}\right) + 6 \times \left(-\dfrac{2}{3}\right) = 8x - 4$
즉, 다항식 B의 x의 계수는 8이다.
따라서 다항식 A의 상수항과 다항식 B의 x의 계수의 곱은
$(-2) \times 8 = -16$ 답 -16

355 ①, ⑤ 문자와 차수가 모두 같으므로 동류항이다.
② , ④ 차수는 같지만 문자가 다르므로 동류항이 아니다.
③ 각 문자의 차수가 다르므로 동류항이 아니다.
답 ①, ⑤

356 $\dfrac{ab}{3}$와 문자와 차수가 각각 같은 항을 찾는다. 답 ④

357 y와 동류항인 것은 $-\dfrac{y}{2}$, $4y$의 2개이다. 답 2개

358 ① 문자가 다르므로 동류항이 아니다.
② 문자와 차수가 모두 같으므로 동류항이다.
③, ④ 차수는 같지만 문자가 다르므로 동류항이 아니다.
⑤ 문자와 차수가 모두 다르므로 동류항이 아니다. 답 ②

359 $-3(1-4x) - 2(2x-3) = -3 + 12x - 4x + 6$
$\qquad\qquad\qquad\qquad\qquad = (12-4)x + (-3+6)$
$\qquad\qquad\qquad\qquad\qquad = 8x + 3$ 답 ⑤

360 ① $(3x+6) + (2x-3) = (3+2)x + (6-3) = 5x+3$
② $(-3y+2) - (y-5) = -3y + 2 - y + 5$
$\qquad\qquad\qquad\qquad\quad = (-3-1)y + (2+5)$
$\qquad\qquad\qquad\qquad\quad = -4y + 7$
③ $3(2x-7) + 2(2x-1) = 6x - 21 + 4x - 2$
$\qquad\qquad\qquad\qquad\qquad = (6+4)x + (-21-2)$
$\qquad\qquad\qquad\qquad\qquad = 10x - 23$
④ $4(5x-3) - 3(2x-1) = 20x - 12 - 6x + 3$
$\qquad\qquad\qquad\qquad\qquad = (20-6)x + (-12+3)$
$\qquad\qquad\qquad\qquad\qquad = 14x - 9$
⑤ $\dfrac{1}{3}(6x+3) + \dfrac{1}{2}(4x-10) = 2x + 1 + 2x - 5$
$\qquad\qquad\qquad\qquad\qquad\quad = (2+2)x + (1-5)$
$\qquad\qquad\qquad\qquad\qquad\quad = 4x - 4$ 답 ④

361 (주어진 식) $= \dfrac{9}{4} \times \left(4x - \dfrac{2}{9}\right) - (ax+b)$
$\qquad\qquad = 9x - \dfrac{1}{2} - (ax+b)$
$\qquad\qquad = 9x - \dfrac{1}{2} - ax - b$
$\qquad\qquad = (9-a)x + \left(-\dfrac{1}{2} - b\right)$
x의 계수가 15, 상수항이 $\dfrac{3}{2}$이므로
$9 - a = 15$, $-\dfrac{1}{2} - b = \dfrac{3}{2}$
즉, $a = -6$, $b = -2$
$\therefore \dfrac{a}{b} = a \div b = (-6) \div (-2)$
$\qquad\quad = (-6) \times \left(-\dfrac{1}{2}\right) = 3$ 답 3

362 $-3 + \{3x - 2(2x-5)\} = -3 + (3x - 4x + 10)$
$\qquad\qquad\qquad\qquad\qquad = -3 + (-x + 10)$
$\qquad\qquad\qquad\qquad\qquad = -x + 7$ 답 $-x+7$

363 $6x + 5 - 2\{-1 - 2(3x-1)\}$
$= 6x + 5 - 2(-1 - 6x + 2)$
$= 6x + 5 - 2(-6x + 1)$
$= 6x + 5 + 12x - 2$
$= 18x + 3$
따라서 $a = 18$, $b = 3$이므로
$a - b = 18 - 3 = 15$ 답 15

364 $-2(x-3) - \left\{x + \dfrac{1}{4}(-8x+4)\right\}$
$= -2x + 6 - (x - 2x + 1)$
$= -2x + 6 - (-x + 1)$
$= -2x + 6 + x - 1$
$= -x + 5$ 답 ②

365 $x - \dfrac{1}{2}[3 - \{x - 4(2x-1) - (x+3)\}]$
$= x - \dfrac{1}{2}\{3 - (x - 8x + 4 - x - 3)\}$
$= x - \dfrac{1}{2}\{3 - (-8x + 1)\}$
$= x - \dfrac{1}{2}(3 + 8x - 1)$
$= x - \dfrac{1}{2}(8x + 2)$
$= x - 4x - 1$
$= -3x - 1$
따라서 x의 계수는 -3이다. 답 -3

366 $\dfrac{5x-11}{2} - \dfrac{3x-13}{3} = \dfrac{3(5x-11)}{6} - \dfrac{2(3x-13)}{6}$
$\qquad\qquad\qquad\qquad\quad = \dfrac{15x - 33 - 6x + 26}{6}$
$\qquad\qquad\qquad\qquad\quad = \dfrac{9x - 7}{6}$
$\qquad\qquad\qquad\qquad\quad = \dfrac{3}{2}x - \dfrac{7}{6}$ 답 ⑤

367

$$\frac{7-3x}{4}-\frac{-2-6y}{5}-y$$

$$=\frac{5(7-3x)}{20}-\frac{4(-2-6y)}{20}-\frac{20y}{20}$$

$$=\frac{35-15x+8+24y-20y}{20}$$

$$=\frac{-15x+4y+43}{20}=-\frac{3}{4}x+\frac{1}{5}y+\frac{43}{20}$$

x의 계수는 $-\frac{3}{4}$, y의 계수는 $\frac{1}{5}$, 상수항은 $\frac{43}{20}$이므로

$$a=-\frac{3}{4},\ b=\frac{1}{5},\ c=\frac{43}{20}$$

$$\therefore\ ab+c=\left(-\frac{3}{4}\right)\times\frac{1}{5}+\frac{43}{20}$$

$$=-\frac{3}{20}+\frac{43}{20}=\frac{40}{20}=2 \qquad \text{답 } 2$$

368

$$y-\frac{x+4y}{3}+\frac{x+y-4}{2}$$

$$=\frac{6y}{6}-\frac{2(x+4y)}{6}+\frac{3(x+y-4)}{6}$$

$$=\frac{6y-2x-8y+3x+3y-12}{6}$$

$$=\frac{x+y-12}{6}$$

$$=\frac{1}{6}x+\frac{1}{6}y-2$$

따라서 y의 계수는 $\frac{1}{6}$, 상수항은 -2이므로 구하는 곱은

$$\frac{1}{6}\times(-2)=-\frac{1}{3} \qquad \text{답 }-\frac{1}{3}$$

369

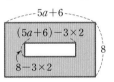

(큰 직사각형의 넓이)$=(5a+6)\times8=40a+48$

(작은 직사각형의 넓이)$=\{(5a+6)-3\times2\}\times(8-3\times2)$

$$=5a\times2=10a$$

∴ (색칠한 부분의 넓이)

$$=(큰 직사각형의 넓이)-(작은 직사각형의 넓이)$$

$$=(40a+48)-10a$$

$$=30a+48 \qquad \text{답 } 30a+48$$

370 네 밭의 가로의 길이의 합은 $4\left(40-\frac{1}{2}x\right)$ m, 세로의 길이의 합은 $4\left(50-\frac{1}{2}x\right)$ m이다.

따라서 네 밭의 둘레의 길이의 합은

$$4\left(40-\frac{1}{2}x\right)+4\left(50-\frac{1}{2}x\right)$$

$$=160-2x+200-2x$$

$$=360-4x\,(m) \qquad \text{답 } ⑤$$

371 전시실 A의 가로의 길이는 7, 세로의 길이는 $2x-4$이므로 넓이는

$$7\times(2x-4)=14x-28$$

전시실 C의 가로의 길이는 $2x-7$, 세로의 길이는 4이므로 넓이는

$$(2x-7)\times4=8x-28$$

따라서 전시실 A와 전시실 C의 넓이의 합은

$$(14x-28)+(8x-28)=22x-56 \qquad \text{답 } 22x-56$$

372

$$2A-3B=2(2x+5)-3(3x-2)$$

$$=4x+10-9x+6$$

$$=-5x+16 \qquad \text{답 } ④$$

373

$$A-5B=(-4x+1)-5(-x+3)$$

$$=-4x+1+5x-15$$

$$=x-14 \qquad \text{답 } ④$$

374

$$-A+2B-3C=-(-5x+1)+2(-x+7)-3(2x-1)$$

$$=5x-1-2x+14-6x+3$$

$$=-3x+16 \qquad \text{답 }-3x+16$$

375

$$3A-8(A+B)=3A-8A-8B$$

$$=-5A-8B$$

$$=-5\left(x-\frac{y}{5}\right)-8\left(\frac{3}{4}x-\frac{1}{8}y\right)$$

$$=-5x+y-6x+y$$

$$=-11x+2y \qquad \text{답 }-11x+2y$$

376 어떤 다항식을 □라 하면

$$□-(12x-9)=-5x+6$$

$$\therefore\ □=(-5x+6)+(12x-9)$$

$$=7x-3 \qquad \text{답 } ③$$

377 $-5(-x+2)+□=3x-4$이므로

$$5x-10+□=3x-4$$

$$\therefore\ □=(3x-4)-(5x-10)$$

$$=3x-4-5x+10$$

$$=-2x+6 \qquad \text{답 } ⑤$$

378 조건 ㈎에 의해 $A-(-7x+1)=3x-11$이므로

$$A=(3x-11)+(-7x+1)=-4x-10$$

조건 ㈏에 의해 $B+(5x-8)=9x-10$이므로

$$B=(9x-10)-(5x-8)$$

$$=9x-10-5x+8=4x-2$$

$$\therefore\ \frac{1}{2}A+B=\frac{1}{2}(-4x-10)+(4x-2)$$

$$=-2x-5+4x-2$$

$$=2x-7 \qquad \text{답 } 2x-7$$

379 오른쪽 위를 향하는 대각선에 놓인 세 식의 합은

$$(x+1)+(-3x+1)+(-2x+3)=-4x+5$$이므로

세로로 두 번째 줄에 놓인 세 식의 합은

$$(-2x+2)+(-3x+1)+A=-4x+5$$

$$(-5x+3)+A=-4x+5$$

$$\therefore\ A=(-4x+5)-(-5x+3)$$

$$=-4x+5+5x-3$$

$$=x+2$$

또, 가로로 두 번째 줄에 놓인 세 식의 합은

$$(-5x+4)+(-3x+1)+B=-4x+5$$

$$(-8x+5)+B=-4x+5$$

$$\therefore B = (-4x+5)-(-8x+5)$$
$$= -4x+5+8x-5$$
$$= 4x$$
$$\therefore A-B = (x+2)-4x$$
$$= -3x+2 \qquad \text{답} -3x+2$$

380 어떤 다항식을 $\square$라 하면
$\square+(2x-5)=3x-8$이므로
$$\square = (3x-8)-(2x-5)$$
$$= 3x-8-2x+5$$
$$= x-3$$
따라서 바르게 계산한 식은
$$(x-3)-(2x-5) = x-3-2x+5$$
$$= -x+2 \qquad \text{답} ③$$

381 어떤 다항식을 $\square$라 하면
$\square-(3x-4)=2x-10$이므로
$$\square = (2x-10)+(3x-4)$$
$$= 5x-14$$
따라서 바르게 계산한 식은
$$(5x-14)+(3x-4) = 8x-18 \qquad \text{답} ④$$

382 어떤 다항식을 $\square$라 하면
$(-2x+5)+\square=9x+3$이므로
$$\square = (9x+3)-(-2x+5)$$
$$= 9x+3+2x-5$$
$$= 11x-2$$
따라서 바르게 계산한 식은
$$(-2x+5)-(11x-2) = -2x+5-11x+2$$
$$= -13x+7 \qquad \text{답} ②$$

만점 꽉 잡기
60~61쪽

383 남학생 a명의 수학 시험의 총점은 $68 \times a = 68a$(점)이고,
여학생 120명의 수학 시험의 총점은 $b \times 120 = 120b$(점)
이므로 이 학교 전체 학생의 수학 시험의 총점은
$(68a+120b)$점이다.
전체 학생 수는 $(a+120)$명이므로 이 학교 전체 학생의
평균 점수는 $\dfrac{68a+120b}{a+120}$ 점이다. \quad 답 ②

384 $2x = 2 \times x$이고, 상자에 -8을 넣었으므로 $x = -4$
따라서 이 상자에 -8을 넣었을 때 나오는 값은
$3x^2+5x-2$에 $x=-4$를 대입한 것과 같으므로
$$3 \times (-4)^2+5 \times (-4)-2 = 48-20-2 = 26 \qquad \text{답} 26$$

385 $\dfrac{-5x^2+3x}{2}-1 = -\dfrac{5}{2}x^2+\dfrac{3}{2}x-1$이므로 잘못된 부분을
모두 찾아 고치면 다음과 같다.
① 항은 $\dfrac{-5x^2+3x}{2}$, -1의 2개
$\Rightarrow$ 항은 $-\dfrac{5}{2}x^2$, $\dfrac{3}{2}x$, -1의 3개
③ x^2의 계수는 $-5 \Rightarrow x^2$의 계수는 $-\dfrac{5}{2}$

④ x의 계수는 $3 \Rightarrow x$의 계수는 $\dfrac{3}{2}$ \qquad 답 풀이 참조

주의 다항식의 항을 구할 때에는 부호까지 포함해야 한다.

386 n이 홀수이면 $n+1$은 짝수이므로
$(-1)^n = -1$, $(-1)^{n+1} = 1$
$$\therefore (-1)^n(2x-1)-(-1)^{n+1}(2x+1)$$
$$= (-1) \times (2x-1)-1 \times (2x+1)$$
$$= -2x+1-2x-1$$
$$= -4x \qquad \text{답} -4x$$

387 두 일차식 A와 B에서 x의 계수가 모두 3이고, 상수항은
절댓값이 같고 부호가 반대이므로
$A = 3x+a$, $B = 3x-a$ (a는 상수)라 하면
$$A-B = (3x+a)-(3x-a) = 2a$$
이때 $A-B = 2$이므로
$2a = 2$, 즉 $a = 1$
$$\therefore A = 3x+1, B = 3x-1 \qquad \text{답} A = 3x+1, B = 3x-1$$

388 $\dfrac{x+1}{2}-\dfrac{4x+3}{5} = \dfrac{5(x+1)}{10}-\dfrac{2(4x+3)}{10}$
$$= \dfrac{5x+5-8x-6}{10} = \dfrac{-3x-1}{10}$$
$$= -\dfrac{3}{10}x-\dfrac{1}{10}$$
$$\therefore a = -\dfrac{1}{10}$$
$\dfrac{-y+4}{3}-2(y-1) = \dfrac{-y+4}{3}-\dfrac{6(y-1)}{3}$
$$= \dfrac{-y+4-6y+6}{3} = \dfrac{-7y+10}{3}$$
$$= -\dfrac{7}{3}y+\dfrac{10}{3}$$
$$\therefore b = -\dfrac{7}{3}$$
따라서 $\dfrac{1}{a} = -10$, $\dfrac{1}{b} = -\dfrac{3}{7}$이므로
$$\dfrac{1}{a}+\dfrac{7}{b} = -10+7 \times \left(-\dfrac{3}{7}\right)$$
$$= -10+(-3) = -13 \qquad \text{답} -13$$

389 $\dfrac{2A-5B}{3}-\dfrac{A-3B}{2}$
$$= \dfrac{2(2A-5B)}{6}-\dfrac{3(A-3B)}{6}$$
$$= \dfrac{4A-10B-3A+9B}{6}$$
$$= \dfrac{A-B}{6}$$
$$= \dfrac{(3x-2y)-(-x+4y)}{6}$$
$$= \dfrac{4x-6y}{6} = \dfrac{2}{3}x-y \qquad \text{답} \dfrac{2}{3}x-y$$

390 시속 60 km는 분속 1000 m와 같고
기차가 다리를 완전히 통과할 때까지 이동한 거리는
$(x+700)$ m이다.
$(\text{시간}) = \dfrac{(\text{거리})}{(\text{속력})}$이므로 기차가 다리를 완전히 통과하는 데
걸린 시간은 $\dfrac{x+700}{1000}$분이다. \qquad 답 ③

391 선분 EF가 접는 선이므로
(선분 EH의 길이)=(선분 AE의 길이)
$$=12-x$$
또, 선분 GH의 길이는 12이고, 색칠한 부분은 사다리꼴이므로
(색칠한 부분의 넓이)$=\dfrac{1}{2}\times\{3+(12-x)\}\times12$
$$=\dfrac{1}{2}\times(15-x)\times12$$
$$=6(15-x)$$
$$=90-6x$$ 답 $90-6x$

392 (1) 종이를 한 장씩 붙일 때마다 띠의 가로의 길이는
$10-2=8$ (cm)씩 늘어나므로 n장을 이어 붙여서 만든 띠의 가로의 길이는
$10+8(n-1)=10+8n-8=8n+2$ (cm)
따라서 둘레의 길이는
$2\times\{(8n+2)+8\}=2\times(8n+10)$
$$=16n+20 \text{ (cm)}$$
(2) (넓이)=(가로의 길이)$\times$(세로의 길이)이므로
$(8n+2)\times8=64n+16 \text{ (cm}^2)$
답 (1) $(16n+20)$ cm (2) $(64n+16)$ cm²

393 아랫변의 길이는 $3x+1$에서 25 % 늘였으므로
$\dfrac{100+25}{100}(3x+1)=\dfrac{5}{4}(3x+1)$
높이는 10에서 20 % 줄였으므로
$\dfrac{100-20}{100}\times10=8$
따라서 새로 만든 사다리꼴의 넓이는

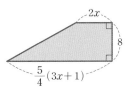

$\dfrac{1}{2}\times\left\{2x+\dfrac{5}{4}(3x+1)\right\}\times8$
$$=4\times\left\{2x+\dfrac{5}{4}(3x+1)\right\}$$
$$=8x+5(3x+1)$$
$$=8x+15x+5$$
$$=23x+5$$ 답 $23x+5$

394 $A-(3x+2)=-x+5$에서
$A=-x+5+(3x+2)=2x+7$
$B-4x+7=A$에서 $B-4x+7=2x+7$이므로
$B=(2x+7)-(-4x+7)$
$$=2x+7+4x-7=6x$$
$C-\dfrac{3}{2}(-6x+4)=B$에서
$C-\dfrac{3}{2}(-6x+4)=6x$, $C+9x-6=6x$이므로
$C=6x-(9x-6)$
$$=6x-9x+6=-3x+6$$
$\therefore A+B+C=(2x+7)+6x+(-3x+6)$
$$=5x+13$$ 답 $5x+13$

06 일차방정식

유형 잡기 62~71쪽

워크북

395 등식, 즉 등호를 사용한 식은 ①, ④이다. 답 ①, ④

396 등식이 아닌 것은 등호를 사용하지 않거나 등호가 아닌 부등호를 사용한 식이므로 ⑤이다. 답 ⑤

397 등식, 즉 등호를 사용한 식은 ㄴ, ㄷ, ㅁ, ㅂ이다.
답 ㄴ, ㄷ, ㅁ, ㅂ

398 ② 잘라 낸 길이는 $5x$ cm이므로 $75-5x=11$
⑤ 아버지의 나이가 민준이의 나이보다 31세 더 많으므로
$x=y+31$ 답 ⑤

399 ㄱ. $6x=x+10$이므로 등식이다.
ㄴ. $1000\times\dfrac{100-10}{100}\times3$이므로 등식이 아니다.
ㄷ. $x<9$이므로 등식이 아니다.
ㄹ. $-5+3x>0$이므로 등식이 아니다.
ㅁ. $10000-2x=y$이므로 등식이다.
답 ㄱ. $6x=x+10$, ㅁ. $10000-2x=y$

400 ① $3-2x=-5$에 $x=4$를 대입하면 $-5=-5$ (참)
② $2-(4+x)=x$에 $x=-1$을 대입하면 $-1=-1$ (참)
③ $\dfrac{x-1}{3}=\dfrac{x}{2}$에 $x=-2$를 대입하면 $-1=-1$ (참)
④ $2x-5=1$에 $x=-3$을 대입하면 $-11\neq1$ (거짓)
⑤ $x-3(x-2)=6$에 $x=0$을 대입하면 $6=6$ (참) 답 ④

401 ① $2x-1=-1$에 $x=1$을 대입하면 $1\neq-1$ (거짓)
② $x=2x-3$에 $x=1$을 대입하면 $1\neq-1$ (거짓)
③ $3x-4=4x-5$에 $x=1$을 대입하면 $-1=-1$ (참)
④ $2x-5=-x+4$에 $x=1$을 대입하면 $-3\neq3$ (거짓)
⑤ $\dfrac{5x+1}{2}=\dfrac{4x+6}{3}$에 $x=1$을 대입하면 $3\neq\dfrac{10}{3}$ (거짓)
답 ③

402 ① $x=-x-4$에 $x=-2$를 대입하면 $-2=-2$ (참)
② $1-3x=7$에 $x=-2$를 대입하면 $7=7$ (참)
③ $2x+6=5x+12$에 $x=-2$를 대입하면 $2=2$ (참)
④ $2(x-1)=x$에 $x=-2$를 대입하면 $-6\neq-2$ (거짓)
⑤ $4x+8=0$에 $x=-2$를 대입하면 $0=0$ (참) 답 ④

403 x가 -1 이상 3 미만의 정수이므로 $x=-1, 0, 1, 2$
$2x+3=6-x$에
$x=-1$을 대입하면 $1\neq7$ (거짓)
$x=0$을 대입하면 $3\neq6$ (거짓)
$x=1$을 대입하면 $5=5$ (참)
$x=2$를 대입하면 $7\neq4$ (거짓)
따라서 주어진 방정식의 해는 $x=1$이다. 답 $x=1$

404 x의 값에 관계없이 항상 참인 등식은 항등식이다.
④ (좌변)$=4x-7x=-3x$, (우변)$=-3x$
즉, (좌변)=(우변)이므로 항등식이다. 답 ④

405 ② (좌변)$=3x+5x=8x$, (우변)$=8x$

즉, (좌변)$=$(우변)이므로 항등식이다.

④ (좌변)$=5x-1-2x=3x-1$, (우변)$=-1+3x$

즉, (좌변)$=$(우변)이므로 항등식이다. 답 ②, ④

406 모든 x의 값에 대하여 항상 참인 등식은 항등식이다.

ㄷ. (좌변)$=x-x=0$, (우변)$=2-2=0$

즉, (좌변)$=$(우변)이므로 항등식이다.

ㄹ. (좌변)$=x-6$, (우변)$=3x-6-2x=x-6$

즉, (좌변)$=$(우변)이므로 항등식이다.

ㅂ. (좌변)$=-3(x-1)+1=-3x+4$, (우변)$=4-3x$

즉, (좌변)$=$(우변)이므로 항등식이다.

따라서 항등식은 ㄷ, ㄹ, ㅂ이다. 답 ㄷ, ㄹ, ㅂ

407 $-4(x+1)+5=-4x+a$에서

$-4x-4+5=-4x+a$, $-4x+1=-4x+a$

이 식이 x에 대한 항등식이므로 $a=1$ 답 ③

408 $x-(4x-a)=b(1-x)+2$에서

$x-4x+a=b-bx+2$

$-3x+a=-bx+b+2$

이 식이 x에 대한 항등식이므로

$-3=-b$, $a=b+2$

$\therefore b=3$, $a=5$

$\therefore 2ab=2\times5\times3=30$ 답 30

409 $\dfrac{6-3x}{2}+b=a(x-5)-2$에서

$3-\dfrac{3}{2}x+b=ax-5a-2$

$-\dfrac{3}{2}x+3+b=ax-5a-2$

이 식이 x에 대한 항등식이므로

$-\dfrac{3}{2}=a$, $3+b=-5a-2$

$\therefore a=-\dfrac{3}{2}$, $b=\dfrac{5}{2}$

$\therefore b-a=\dfrac{5}{2}-\left(-\dfrac{3}{2}\right)=4$ 답 ⑤

410 $-(5-3x)+9x=2x-7+A$에서

$-5+3x+9x=2x-7+A$

$12x-5=2x-7+A$

$\therefore A=(12x-5)-2x+7=10x+2$ 답 $10x+2$

411 ① $a=b$의 양변에서 2를 빼면 $a-2=b-2$

② $a=b$의 양변에 3을 곱하면 $3a=3b$ $\therefore 3a\neq2b$

③ $a=3b$의 양변을 3으로 나누면 $\dfrac{a}{3}=b$

④ $a+5=b+5$의 양변에서 5를 빼면 $a=b$

⑤ $-\dfrac{a}{4}=-\dfrac{b}{4}$의 양변에 -4를 곱하면 $a=b$ 답 ②

412 ① $4x-3=7$의 양변에 3을 더하면 $4x=10$

② $4x-3=7$의 양변에서 2를 빼면 $4x-5=5$

③ $4x-3=7$의 양변에 2를 곱하면 $8x-6=14$

④ $4x-3=7$의 양변을 4로 나누면 $x-\dfrac{3}{4}=\dfrac{7}{4}$

$\therefore x-\dfrac{3}{4}\neq7$

⑤ $4x-3=7$의 양변에 -1을 곱하면 $-4x+3=-7$

이 식의 양변에서 6을 빼면 $-4x-3=-13$ 답 ④

413 ① $3a=12$의 양변에서 2를 빼면 $3a-\boxed{2}=10$

② $\dfrac{a}{2}=4$의 양변을 2로 나누면 $\dfrac{a}{4}=\boxed{2}$

③ $-3a=6$의 양변을 -3으로 나누면 $a=\boxed{-2}$

④ $a-2=0$의 양변에 2를 더하면 $a=\boxed{2}$

⑤ $-\dfrac{a}{10}=-\dfrac{1}{5}$의 양변에 -10을 곱하면 $a=\boxed{2}$ 답 ③

414 ① $a=2b$의 양변을 2로 나누면 $\dfrac{a}{2}=b$

② $a=2b$의 양변에서 1을 빼면 $a-1=2b-1$

$\therefore a-1\neq2b-2$

③ $a=2b$의 양변에서 2를 빼면

$a-2=2b-2$, $a-2=2(b-1)$

$\therefore a-2\neq2(b-2)$

④ $a=2b$의 양변에 2를 곱하면

$2a=4b$ $\therefore 2a\neq b$

⑤ $a=2b$의 양변에 -1을 곱하면 $-a=-2b$

이 식의 양변에 4를 더하면 $4-a=4-2b$

$\therefore 4-a\neq4+2b$ 답 ①

415 ㄱ. $a=1$, $c=2$, $b=0$이면 $ab=bc$이지만 $a\neq c$ (거짓)

ㄴ. $3a=2b$의 양변을 9로 나누면 $\dfrac{a}{3}=\dfrac{2b}{9}$

$\therefore \dfrac{a}{3}\neq\dfrac{b}{2}$ (거짓)

ㄷ. $a=-b+1$의 양변에 3을 곱하면 $3a=-3b+3$

이 식의 양변에 7을 더하면 $3a+7=-3b+10$ (참)

ㄹ. $\dfrac{a}{2}=\dfrac{b}{5}$의 양변에 10을 곱하면 $5a=2b$

이 식의 양변에 5를 더하면 $5a+5=2b+5$

$\therefore 5(a+1)\neq2(b+1)$ (거짓)

ㅁ. $a=3b$의 양변에서 b를 빼면 $a-b=2b$

이 식의 양변에 2를 곱하면 $2(a-b)=4b$ (참)

따라서 옳은 것은 ㄷ, ㅁ이다. 답 ⑤

416 ① $2a-1=1+2b$의 양변에서 1을 빼면 $2a-2=2b$

② $2a-1=1+2b$의 양변에 1을 더하면 $2a=2b+2$

이 식의 양변에서 $2c$를 빼면 $2a-2c=2b-2c+2$

$\therefore 2a-2c\neq2(b+c+1)$

③ $2a-1=1+2b$의 양변에 1을 더하면 $2a=2b+2$

이 식의 양변에서 $2b$를 빼면 $2a-2b=2$

이 식의 양변을 $2c$로 나누면 $\dfrac{a-b}{c}=\dfrac{1}{c}$

④ $2a-1=1+2b$의 양변에 1을 더하면 $2a=2b+2$

이 식의 양변을 2로 나누면 $a=b+1$

이 식의 양변에 c를 곱하면 $ac=bc+c$

⑤ $2a-1=1+2b$의 양변에 1을 더하면 $2a=2+2b$

이 식의 양변에 $2b$를 더하면 $2a+2b=2+4b$ 답 ②

417 ㉠ 등식의 양변에 7을 곱한다.

ㄴ 등식의 양변에서 35를 뺀다.

ㄷ 등식의 양변을 2로 나눈다.　　　　　　　답 ㉠

418 $\dfrac{x+7}{3}=-2$ 〉 양변에 3을 곱한다. (ㄷ)

$x+7=-6$ 〉 양변에서 7을 뺀다. (ㄴ)

$\therefore x=-13$

따라서 (개)에서 사용한 성질은 ㄷ, (내)에서 사용한 성질은 ㄴ이다.　　　　　　　답 ③

419 ① $x+5=-2$의 양변에서 5를 빼면 $x=-7$

② $x+11=13$의 양변에서 11을 빼면 $x=2$

③ $\dfrac{1}{2}x+1=\dfrac{3}{2}$의 양변에 2를 곱하면 $x+2=3$

이 식의 양변에서 2를 빼면 $x=1$

④ $3x-4=2$의 양변에 4를 더하면 $3x=6$

이 식의 양변을 3으로 나누면 $x=2$

⑤ $\dfrac{5x+1}{4}=-1$의 양변에 4를 곱하면 $5x+1=-4$

이 식의 양변에서 1을 빼면 $5x=-5$

이 식의 양변을 5로 나누면 $x=-1$　　　답 ④

420 $7x-3=-11+5x$의 양변에 3을 더하면

$7x-3+\boxed{3}=-11+5x+\boxed{3}$

$7x=5x-8$

이 식의 양변에서 $5x$를 빼면

$7x-\boxed{5x}=5x-8-\boxed{5x}$

$2x=-8$

이 식의 양변을 2로 나누면

$\dfrac{2x}{\boxed{2}}=\dfrac{-8}{\boxed{2}}$

$\therefore x=-4$　　　답 (개) 3, (내) $5x$, (대) 2

421 [1단계] 접시저울의 양쪽 접시에서 검은 구슬을 5개씩 빼낸다.

[2단계] 접시저울의 양쪽 접시에서 흰 구슬을 2개씩 빼낸다.

[3단계] 흰 구슬 2개의 무게가 검은 구슬 3개의 무게와 같으므로 검은 구슬 3개의 무게는 $15\times 2=30$ (g)

따라서 검은 구슬 한 개의 무게는

$30\div 3=10$ (g)　　　　　　답 10 g

422 ① $-2x\underline{-3}=5 \Rightarrow -2x=5+3$

③ $3x\underline{-1}=\underline{x}-1 \Rightarrow 3x-x=-1+1$

④ $3x\underline{-4}=\underline{-3x}+4 \Rightarrow 3x+3x=4+4$

⑤ $\underline{4}-7x=\underline{3x}+9 \Rightarrow -7x-3x=9-4$　　　답 ②

423 2를 이항하면 $3x=8-2$

① $2+3x=8$의 양변에 -2를 더하면

$2+3x+(-2)=8+(-2)$　　$\therefore 3x=8-2$

④ $2+3x=8$의 양변에서 2를 빼면

$2+3x-2=8-2$　　$\therefore 3x=8-2$　　답 ①, ④

424 $5-4x=-6-7x$에서 좌변의 5를 우변으로 이항하고, 우변의 $-7x$를 좌변으로 이항하면

$-4x+7x=-6-5$, $3x=-11$

따라서 $a=3$, $b=-11$이므로

$a-b=3-(-11)=14$　　　　　　답 ⑤

425 ㄱ. $-(x-4)=4+x$에서

$-x+4=4+x$, $-x+4-4-x=0$

즉, $-2x=0$이므로 일차방정식이다.

ㄴ. $5x+1=3x+2x$에서

$5x+1=5x$, $5x+1-5x=0$

즉, $1=0$이므로 일차방정식이 아니다.

ㄷ. $x^2-2=1-x(x+3)$에서 $x^2-2=1-x^2-3x$

$x^2-2-1+x^2+3x=0$, $2x^2+3x-3=0$

즉, (일차식)$=0$의 꼴이 아니므로 일차방정식이 아니다.

ㄹ. $2+x=-x$에서 $2+x+x=0$

즉, $2+2x=0$이므로 일차방정식이다.

ㅁ. $x^2-x-2=x^2$에서 $x^2-x-2-x^2=0$

즉, $-x-2=0$이므로 일차방정식이다.

ㅂ. 분모에 문자가 있는 식은 다항식이 아니므로 일차방정식이 아니다.

따라서 일차방정식은 ㄱ, ㄹ, ㅁ의 3개이다.　　답 ③

426 ① $2x=5x+2$에서 $2x-5x-2=0$

즉, $-3x-2=0$이므로 일차방정식이다.

② $2x+3=5$에서 $2x+3-5=0$

즉, $2x-2=0$이므로 일차방정식이다.

③ $x^2=2x-1$에서 $x^2-2x+1=0$

즉, (일차식)$=0$의 꼴이 아니므로 일차방정식이 아니다.

④ $2y+20=-y-4$에서 $2y+20+y+4=0$

즉, $3y+24=0$이므로 일차방정식이다.

⑤ $4x+2=-3x+9$에서 $4x+2+3x-9=0$

즉, $7x-7=0$이므로 일차방정식이다.　　답 ③

427 $7-3x=(k+1)x+2$에서

$7-3x-(k+1)x-2=0$

$(-k-4)x+5=0$

이 등식이 x에 대한 일차방정식이 되려면 x의 계수가 0이 아니어야 하므로

$-k-4\neq 0$　　$\therefore k\neq -4$　　답 $k\neq -4$

428 ㄱ. $5\times x=5000$에서 $5x-5000=0$

ㄴ. $9\times x=360$에서 $9x-360=0$

ㄷ. $x\div 3+1$, 즉 $\dfrac{x}{3}+1$

따라서 일차방정식인 것은 ㄱ, ㄴ이다.　　답 ㄱ, ㄴ

429 $-5x-11=3x-2(x-8)$에서

$-5x-11=3x-2x+16$, $-5x-11=x+16$

$-5x-x=16+11$, $-6x=27$

$\therefore x=-\dfrac{9}{2}$　　　　　　답 ②

430 $2x-7=-(x-2)$에서 $2x-7=-x+2$

$2x+x=2+7$, $3x=9$　　$\therefore x=3$

① $4x=2x-24$에서

$4x-2x=-24$, $2x=-24$　　$\therefore x=-12$

② $2x+4=x$에서 $2x-x=-4$ $\therefore x=-4$

③ $2x-1=5$에서 $2x=5+1$, $2x=6$ $\therefore x=3$

④ $2+3x=x+10$에서

     $3x-x=10-2$, $2x=8$ $\therefore x=4$

⑤ $-2x-3=-4x+1$에서

     $-2x+4x=1+3$, $2x=4$ $\therefore x=2$ 답 ③

431 $x-2=3(x+4)$에서 $x-2=3x+12$

$x-3x=12+2$, $-2x=14$ $\therefore x=-7$

$5+x=-x+25$에서

$x+x=25-5$, $2x=20$ $\therefore x=10$

따라서 $a=-7$, $b=10$이므로

$a+b=(-7)+10=3$ 답 3

432 $B=(x-1)+(3x-8)=4x-9$이므로

$A=B+(7-2x)=(4x-9)+(7-2x)=2x-2$

따라서 $2x-2=-14$이므로 $2x=-14+2$

$2x=-12$ $\therefore x=-6$ 답 -6

433 $0.3x-0.8=2(0.3x+1)-x$의 양변에 10을 곱하면

$3x-8=20(0.3x+1)-10x$, $3x-8=6x+20-10x$

$3x-8=-4x+20$, $3x+4x=20+8$

$7x=28$ $\therefore x=4$ 답 $x=4$

434 $0.4x-0.15=0.25x-0.3$의 양변에 100을 곱하면

$40x-15=25x-30$, $40x-25x=-30+15$

$15x=-15$ $\therefore x=-1$ 답 ②

435 $1.5(x-2)=1.2x-0.3$의 양변에 10을 곱하면

$15(x-2)=12x-3$, $15x-30=12x-3$

$3x=27$ $\therefore x=9$

즉, $a=9$이므로 $\dfrac{1}{3}a+1=\dfrac{1}{3}\times 9+1=4$ 답 4

436 $0.21-0.1(0.2x+5)=0.04(-3-x)$의 양변에 100을 곱하면

$21-10(0.2x+5)=4(-3-x)$

$21-2x-50=-12-4x$

$-29-2x=-12-4x$

$2x=17$ $\therefore x=\dfrac{17}{2}$

따라서 $a=\dfrac{17}{2}=8.5$이므로 a보다 작은 자연수는 1, 2, 3, ..., 8의 8개이다.   답 ④

437 $\dfrac{1}{3}(x+2)-\dfrac{x-4}{4}=\dfrac{5}{12}x$의 양변에 12를 곱하면

$4(x+2)-3(x-4)=5x$

$4x+8-3x+12=5x$

$x+20=5x$, $x-5x=-20$

$-4x=-20$ $\therefore x=5$ 답 $x=5$

438 $\dfrac{3}{2}x-1=\dfrac{x}{5}+\dfrac{3}{10}$의 양변에 10을 곱하면

$15x-10=2x+3$

$15x-2x=3+10$

$13x=13$ $\therefore x=1$ 답 ①

439 $-\dfrac{7x+1}{3}=\dfrac{x-3}{2}-\dfrac{1}{4}$의 양변에 12를 곱하면

$-4(7x+1)=6(x-3)-3$

$-28x-4=6x-21$

$-34x=-17$ $\therefore x=\dfrac{1}{2}$ 답 $x=\dfrac{1}{2}$

440 ① $\dfrac{x}{3}+5=4$의 양변에 3을 곱하면

     $x+15=12$ $\therefore x=-3$

② $\dfrac{x}{6}+2=-\dfrac{x}{2}$의 양변에 6을 곱하면

     $x+12=-3x$, $4x=-12$ $\therefore x=-3$

③ $\dfrac{3x+2}{7}=-1$의 양변에 7을 곱하면

     $3x+2=-7$, $3x=-9$ $\therefore x=-3$

④ $\dfrac{x+10}{4}-\dfrac{x+6}{3}=1$의 양변에 12를 곱하면

     $3(x+10)-4(x+6)=12$

     $-x+6=12$, $-x=6$ $\therefore x=-6$

⑤ $\dfrac{2x+1}{5}=x+2$의 양변에 5를 곱하면

     $2x+1=5(x+2)$, $2x+1=5x+10$

     $-3x=9$ $\therefore x=-3$ 답 ④

441 $0.2(x+4)=\dfrac{3x+5}{4}-1$의 양변에 20을 곱하면

$4(x+4)=5(3x+5)-20$, $4x+16=15x+5$

$-11x=-11$ $\therefore x=1$ 답 ①

442 $0.7(x-1)+\dfrac{x}{5}=\dfrac{1-x}{2}+3$의 양변에 10을 곱하면

$7(x-1)+2x=5(1-x)+30$

$9x-7=35-5x$

$14x=42$ $\therefore x=3$ 답 $x=3$

443 $0.2\left(\dfrac{1}{2}+x\right)-1=2-\dfrac{5}{4}x$의 양변에 20을 곱하면

$4\left(\dfrac{1}{2}+x\right)-20=40-25x$, $-18+4x=40-25x$

$29x=58$ $\therefore x=2$

$\dfrac{x-1}{3}=0.2(x+1)-\dfrac{1}{4}(4x+1)$의 양변에 60을 곱하면

$20(x-1)=12(x+1)-15(4x+1)$

$20x-20=-3-48x$

$68x=17$ $\therefore x=\dfrac{1}{4}$

따라서 $a=2$, $b=\dfrac{1}{4}$이므로 $ab=2\times\dfrac{1}{4}=\dfrac{1}{2}$ 답 ①

444 $\dfrac{3x+1}{4}:3=(5-x):12$에서

$\dfrac{3x+1}{4}\times 12=3(5-x)$, $3(3x+1)=3(5-x)$

$9x+3=15-3x$, $9x+3x=15-3$

$12x=12$ $\therefore x=1$ 답 ②

445 $1:(3-4x)=5:(6-29x)$에서

$6-29x=5(3-4x)$

$6-29x=15-20x$, $-29x+20x=15-6$

$-9x=9$ $\therefore x=-1$ 답 -1

446 $\left(3x+\dfrac{2}{3}\right):3(1-4x)=1:6$에서

$6\left(3x+\dfrac{2}{3}\right)=3(1-4x)$

$18x+4=3-12x,\ 18x+12x=3-4$

$30x=-1\qquad\therefore x=-\dfrac{1}{30}$ 답 $-\dfrac{1}{30}$

447 $\dfrac{9-x}{4}:3=\left(0.3x-\dfrac{1}{2}\right):0.8$에서

$0.8\times\dfrac{9-x}{4}=3\left(0.3x-\dfrac{1}{2}\right)$

이 식의 양변에 10을 곱하면

$8\times\dfrac{9-x}{4}=30\left(0.3x-\dfrac{1}{2}\right)$

$18-2x=9x-15,\ -2x-9x=-15-18$

$-11x=-33\qquad\therefore x=3$ 답 3

448 $x=3$을 $a(2x-1)-3x=-x+9$에 대입하면

$5a-9=-3+9,\ 5a-9=6$

$5a=15\qquad\therefore a=3$ 답 ④

449 $x=-2$를 $5-\dfrac{x-2a}{4}=\dfrac{a-2x}{3}$에 대입하면

$5-\dfrac{-2-2a}{4}=\dfrac{a+4}{3}$

이 식의 양변에 12를 곱하면

$60-3(-2-2a)=4(a+4)$

$60+6+6a=4a+16,\ 66+6a=4a+16$

$6a-4a=16-66,\ 2a=-50$

$\therefore a=-25$ 답 -25

450 $x=7$을 $a(x-3)=2a+10$에 대입하면

$4a=2a+10,\ 2a=10\qquad\therefore a=5$

$a=5$를 $\dfrac{x-6}{5}=1-\dfrac{x+a}{3}$에 대입하면

$\dfrac{x-6}{5}=1-\dfrac{x+5}{3}$

이 식의 양변에 15를 곱하면

$3(x-6)=15-5(x+5)$

$3x-18=15-5x-25,\ 3x-18=-5x-10$

$3x+5x=-10+18,\ 8x=8$

$\therefore x=1$ 답 $x=1$

451 $x=1$을 $0.2(9x-2a)=1.4(2-x)$에 대입하면

$0.2(9-2a)=1.4$

이 식의 양변에 10을 곱하면

$2(9-2a)=14,\ 18-4a=14$

$-4a=-4\qquad\therefore a=1$

$x=1$을 $2x-b=3b-2x$에 대입하면

$2-b=3b-2,\ -b-3b=-2-2$

$-4b=-4\qquad\therefore b=1$

$\therefore a-b=1-1=0$ 답 0

452 $-5(x+3)=-2x-12$에서 $-5x-15=-2x-12$

$-5x+2x=-12+15,\ -3x=3\qquad\therefore x=-1$

452 (cont.) $x=-1$을 $\dfrac{a(x+2)}{3}-\dfrac{2-ax}{4}=\dfrac{1}{6}$에 대입하면

$\dfrac{a}{3}-\dfrac{2+a}{4}=\dfrac{1}{6}$

이 식의 양변에 12를 곱하면

$4a-3(2+a)=2,\ 4a-6-3a=2$

$a-6=2\qquad\therefore a=8$ 답 ⑤

453 $4x+6=x+12$에서 $4x-x=12-6$

$3x=6\qquad\therefore x=2$

$x=2$를 $-2(1-3x)+5=a$에 대입하면

$-2\times(-5)+5=a\qquad\therefore a=15$ 답 15

454 $0.5x=\dfrac{2x+1}{3}-1$의 양변에 6을 곱하면

$3x=2(2x+1)-6,\ 3x=4x+2-6$

$3x=4x-4,\ 3x-4x=-4$

$-x=-4\qquad\therefore x=4$

$x=4$를 $1.6x-\dfrac{a}{5}=3(0.7x-1)$에 대입하면

$6.4-\dfrac{a}{5}=3\times1.8,\ 6.4-\dfrac{a}{5}=5.4$

$-\dfrac{a}{5}=-1\qquad\therefore a=5$ 답 5

455 (1) $\left(2-\dfrac{8}{7}x\right):(3x-1)=3:7$에서

$7\left(2-\dfrac{8}{7}x\right)=3(3x-1)$

$14-8x=9x-3,\ -8x-9x=-3-14$

$-17x=-17\qquad\therefore x=1$

(2) $x=1$을 $2x-5a=x-14$에 대입하면

$2-5a=1-14,\ 2-5a=-13$

$-5a=-15\qquad\therefore a=3$ 답 (1) 1 (2) 3

456 $-x-2(x+a)=2x-7$에서 $-x-2x-2a=2x-7$

$-3x-2a=2x-7,\ -3x-2x=-7+2a$

$-5x=-7+2a\qquad\therefore x=\dfrac{7-2a}{5}$

이 방정식의 해가 자연수이어야 하므로 $7-2a$는 5의 배수이어야 한다.

(i) $7-2a=5$일 때, $-2a=-2\qquad\therefore a=1$

(ii) $7-2a$가 10 이상인 5의 배수일 때는 $a<0$이므로 a는 자연수가 아니다.

(i), (ii)에서 자연수 a는 1의 1개이다. 답 ①

457 $\dfrac{x}{2}-\dfrac{2}{5}(x+a)=-1$의 양변에 10을 곱하면

$5x-4(x+a)=-10,\ 5x-4x-4a=-10$

$x-4a=-10\qquad\therefore x=4a-10$

따라서 $4a-10$이 음의 정수가 되도록 하는 자연수 a의 값은 1, 2이고 그중 가장 큰 수는 2이다. 답 2

458 $3(5-2x)=a-3x$에서 $15-6x=a-3x$

$-6x+3x=a-15,\ -3x=a-15$

$\therefore x=\dfrac{15-a}{3}$

이 방정식의 해가 자연수이어야 하므로 $15-a$는 3의 배수
이어야 한다.

(ⅰ) $15-a=3$일 때, $a=12$

(ⅱ) $15-a=6$일 때, $a=9$

(ⅲ) $15-a=9$일 때, $a=6$

(ⅳ) $15-a=12$일 때, $a=3$

(ⅴ) $15-a$가 15 이상인 3의 배수일 때에는 $a\leq0$이므로
a는 자연수가 아니다.

(ⅰ)~(ⅴ)에서 자연수 a의 값은 3, 6, 9, 12이다.　　답 ⑤

459 $2(ax+4)=-3x+2$에서 $2ax+8=-3x+2$

$2ax+3x=2-8$, $(2a+3)x=-6$

$\therefore x=-\dfrac{6}{2a+3}$

이 방정식의 해가 음의 정수이어야 하므로 $2a+3$은 6의
약수이어야 한다.

(ⅰ) $2a+3=1$일 때, $a=-1$

(ⅱ) $2a+3=2$일 때, $a=-\dfrac{1}{2}$

(ⅲ) $2a+3=3$일 때, $a=0$

(ⅳ) $2a+3=6$일 때, $a=\dfrac{3}{2}$

(ⅰ)~(ⅳ)에서 정수 a의 값의 합은

$-1+0=-1$　　답 -1

460 $x+4=ax-2x+1$에서 $(a-3)x=3$

주어진 등식을 만족시키는 x의 값이 존재하지 않으므로

$a-3=0$　　$\therefore a=3$　　답 3

461 $4x+a=bx+7$에서 $(b-4)x=a-7$

주어진 방정식의 해가 무수히 많으므로

$a-7=0$, $b-4=0$

$\therefore a=7$, $b=4$　　답 ⑤

462 $(a-5)x+\dfrac{1}{2}=-2$에서 $(a-5)x=-\dfrac{5}{2}$

주어진 방정식의 해가 없으므로

$a-5=0$　　$\therefore a=5$

$bx-3=4x+c$에서 $(b-4)x=c+3$

주어진 방정식의 해가 무수히 많으므로

$b-4=0$, $c+3=0$　　$\therefore b=4$, $c=-3$

$\therefore a+b+c=5+4+(-3)=6$　　답 6

![만점괴잡기] **72~73쪽**

463 $2x(x-a)+3=\dfrac{1}{2}(bx^2-3x-6)$에서

$2x^2-2ax+3=\dfrac{b}{2}x^2-\dfrac{3}{2}x-3$

$\left(2-\dfrac{b}{2}\right)x^2+\left(\dfrac{3}{2}-2a\right)x+6=0$

이 등식이 x에 대한 일차방정식이 되려면

(x에 대한 일차식)$=0$의 꼴이어야 하므로

$2-\dfrac{b}{2}=0$에서 $-\dfrac{b}{2}=-2$　　$\therefore b=4$

$\dfrac{3}{2}-2a\neq0$에서 $-2a\neq-\dfrac{3}{2}$　　$\therefore a\neq\dfrac{3}{4}$　　답 ⑤

464 $(2x-4)+(4x+1)-(3x+2)+(x-3)=12$이므로

$2x-4+4x+1-3x-2+x-3=12$

$4x-8=12$, $4x=20$　　$\therefore x=5$　　답 ⑤

465 $(a-2)x+12=3(x+2b)+2x$에서

$(a-2)x+12=3x+6b+2x$

$(a-2)x+12=5x+6b$

이 식이 x에 대한 항등식이므로

$a-2=5$, $12=6b$　　$\therefore a=7$, $b=2$

$a=7$, $b=2$를 $3x-a=bx$에 대입하면

$3x-7=2x$, $3x-2x=7$　　$\therefore x=7$　　답 ①

466 $2x+2=-1+3x$에서 $2x-3x=-1-2$

$-x=-3$　　$\therefore x=3$

따라서 $0.3(x-2)+k=0.2x+3$의 해는 $x=6$이다.

$x=6$을 이 식에 대입하면

$0.3\times4+k=1.2+3$

$1.2+k=4.2$　　$\therefore k=3$　　답 ⑤

467 a를 $-a$로 잘못 보았으므로

$-ax+5=x-7$

이 방정식의 해가 $x=2$이므로

$x=2$를 $-ax+5=x-7$에 대입하면

$-2a+5=2-7$, $-2a=-10$　　$\therefore a=5$

$5x+5=x-7$에서

$4x=-12$　　$\therefore x=-3$　　답 $x=-3$

468 소수는 2, 3, 5, 7, 11, 13, …이므로 $a=11$, $c=2$

약수의 개수가 홀수인 수는 자연수의 제곱인 수이므로

1, 4, 9, 16, …이고, 이 중 가장 작은 자연수 b는 $b=1$

즉, $11-\{1-(2x+3)\}=7-x$에서

$11-(1-2x-3)=7-x$

$11-(-2-2x)=7-x$

$11+2+2x=7-x$

$3x=-6$　　$\therefore x=-2$　　답 $x=-2$

469 $-\dfrac{7}{6}-\dfrac{a-x}{3}=\dfrac{-4x+a}{2}+2x$의 양변에 6을 곱하면

$-7-2(a-x)=3(-4x+a)+12x$

$-7-2a+2x=-12x+3a+12x$

$2x=5a+7$　　$\therefore x=\dfrac{5a+7}{2}$

$0.3x+a=-0.2(a-3x)$의 양변에 10을 곱하면

$3x+10a=-2(a-3x)$

$3x+10a=-2a+6x$

$-3x=-12a$　　$\therefore x=4a$

즉, $m=\dfrac{5a+7}{2}$, $n=4a$이므로

$\dfrac{5a+7}{2}:4a=3:4$에서 $4\times\dfrac{5a+7}{2}=4a\times3$

$10a+14=12a$, $-2a=-14$ $\quad\therefore a=7$ 　　답 7

470 $5(a-b)=2(2a-b)$에서

$5a-5b=4a-2b$, $a=3b$ $\quad\therefore \dfrac{a}{b}=3$

즉, $x=3$이 $m-2(x+1)=mx+1$의 해이므로

$m-8=3m+1$, $-2m=9$

$\therefore m=-\dfrac{9}{2}$ 　　답 ①

471 $3kx+2b=6ak-4x$의 해가 $x=1$이므로

$3k+2b=6ak-4$

이 식이 k에 대한 항등식이므로

$3=6a$, $2b=-4$ $\quad\therefore a=\dfrac{1}{2}$, $b=-2$

$\therefore ab=\dfrac{1}{2}\times(-2)=-1$ 　　답 -1

472 $\dfrac{3}{2}x-\dfrac{9}{2}=-2x-1$의 양변에 2를 곱하면

$3x-9=-4x-2$, $7x=7$ $\quad\therefore x=1$

즉, 세 방정식의 해가 모두 $x=1$이다.

$x=1$을 $0.1x+a=0.7(ax+1)$에 대입하면

$0.1+a=0.7a+0.7$

이 식의 양변에 10을 곱하면

$1+10a=7a+7$, $3a=6$ $\quad\therefore a=2$

$x=1$을 $5x-3b=2(x-2b)$에 대입하면

$5-3b=2-4b$ $\quad\therefore b=-3$

$\therefore a+b=2+(-3)=-1$ 　　답 ③

473 $0.3\left(x-\dfrac{7}{3}\right)+\dfrac{1}{2}=3-0.1x$의 양변에 10을 곱하면

$3\left(x-\dfrac{7}{3}\right)+5=30-x$, $3x-7+5=30-x$

$3x-2=30-x$, $4x=32$ $\quad\therefore x=8$

$x=8$이 $\dfrac{x}{4}-|a+1|=0$의 해이므로

$2-|a+1|=0$, $|a+1|=2$

$\therefore a+1=-2$ 또는 $a+1=2$

따라서 $a=-3$ 또는 $a=1$이므로 그 곱은

$(-3)\times1=-3$ 　　답 -3

474 $2x-\dfrac{2}{3}(x+a)=-4$의 양변에 3을 곱하면

$6x-2(x+a)=-12$, $6x-2x-2a=-12$

$4x=-12+2a$ $\quad\therefore x=-\dfrac{6-a}{2}$

이 방정식의 해가 음의 정수이어야 하므로 $6-a$는 2의 배수이어야 한다.

(ⅰ) $6-a=2$일 때, $a=4$

(ⅱ) $6-a=4$일 때, $a=2$

(ⅲ) $6-a$가 6 이상인 2의 배수일 때에는 $a\leq0$이므로 a는 자연수가 아니다.

(ⅰ), (ⅱ), (ⅲ)에서 자연수 a의 값은 2, 4이므로 그 합은

$2+4=6$ 　　답 ⑤

o7 일차방정식의 활용

유형 CC 잡기

74~82쪽

475 어떤 수를 x라 하면

$3(x+7)=5x+3$

$3x+21=5x+3$

$-2x=-18$ $\quad\therefore x=9$

따라서 어떤 수는 9이다. 　　답 ④

476 작은 수를 x라 하면 큰 수는 $x+12$

큰 수는 작은 수의 2배보다 3만큼 크므로

$x+12=2x+3$ $\quad\therefore x=9$

따라서 작은 수는 9이다. 　　답 9

477 ⑴ 어떤 수를 x라 하면

$5(x+2)=(2x+5)+11$

$5x+10=2x+16$

$3x=6$ $\quad\therefore x=2$

따라서 어떤 수는 2이다.

⑵ $2x+5=2\times2+5=4+5=9$ 　　답 ⑴ 2 ⑵ 9

478 연속하는 세 홀수를 $x-2$, x, $x+2$라 하면

$(x-2)+x+(x+2)=123$

$3x=123$ $\quad\therefore x=41$

따라서 세 홀수 중 가장 큰 수는

$41+2=43$ 　　답 ④

479 연속하는 세 자연수를 $x-1$, x, $x+1$이라 하면

$(x-1)+x+(x+1)=72$

$3x=72$ $\quad\therefore x=24$

따라서 세 자연수 중 가장 큰 수는 $24+1=25$ 　　답 25

480 연속하는 세 짝수를 $x-2$, x, $x+2$라 하면

$7x=(x-2)+(x+2)+30$

$7x=2x+30$

$5x=30$ $\quad\therefore x=6$

따라서 연속하는 세 짝수는 4, 6, 8이므로 가장 큰 수와 가장 작은 수의 합은

$8+4=12$ 　　답 12

481 연속하는 세 홀수를 $x-2$, x, $x+2$라 하면

$x-2=x+(x+2)-37$

$x-2=2x-35$

$-x=-33$ $\quad\therefore x=33$

따라서 세 홀수 중 가장 큰 수는

$33+2=35$ 　　답 35

482 처음 수의 일의 자리의 숫자를 x라 하면

처음 수는 $20+x$, 바꾼 수는 $10x+2$이므로

$10x+2=(20+x)+27$

$10x+2=x+47$

$9x=45$ $\quad\therefore x=5$

따라서 처음 수는 25이다. 　　답 25

483 십의 자리의 숫자를 x라 하면
$10x+2=8(x+2)$, $10x+2=8x+16$
$2x=14$ $\quad\therefore x=7$
따라서 구하는 자연수는 72이다. **답** 72

484 처음 수의 일의 자리의 숫자를 x라 하면 십의 자리의 숫자는 $x+3$이다.
처음 수는 $10(x+3)+x$, 바꾼 수는 $10x+(x+3)$이므로
$3\{10x+(x+3)\}=10(x+3)+x+1$
$3(11x+3)=10x+30+x+1$
$33x+9=11x+31$
$22x=22$ $\quad\therefore x=1$
따라서 십의 자리의 숫자는 4, 일의 자리의 숫자는 1이므로 처음 수는 41이다. **답** 41

485 십의 자리의 숫자를 x라 하면 일의 자리의 숫자는 $x+5$이므로
$10x+(x+5)=3\{x+(x+5)\}+10$
$11x+5=3(2x+5)+10$
$11x+5=6x+15+10$
$5x=20$ $\quad\therefore x=4$
따라서 십의 자리의 숫자는 4, 일의 자리의 숫자는 9이므로 구하는 자연수는 49이다. **답** 49

486 현재 아버지의 나이를 x세라 하면 아들의 나이는 $(64-x)$세이고 16년 후 아버지의 나이는 $(x+16)$세, 아들의 나이는 $\{(64-x)+16\}$세이므로
$x+16=2\{(64-x)+16\}$
$x+16=2(80-x)$
$x+16=160-2x$
$3x=144$ $\quad\therefore x=48$
따라서 현재 아버지의 나이는 48세이다. **답** ④

487 현재 수진이의 나이를 x세라 하면 어머니의 나이는 $(x+29)$세이고 12년 후의 수진이의 나이는 $(x+12)$세, 어머니의 나이는 $\{(x+29)+12\}$세이므로
$(x+29)+12=2(x+12)+7$
$x+41=2x+24+7$
$-x=-10$ $\quad\therefore x=10$
따라서 현재 수진이의 나이는 10세이다. **답** 10세

488 사형제 중 셋째의 나이를 x세라 하면
가장 큰 형의 나이는 $(x+4)$세이고,
막내의 나이는 $(x-2)$세이므로
$x+4=2(x-2)-6$, $x+4=2x-10$
$-x=-14$ $\quad\therefore x=14$
따라서 셋째의 나이는 14세이다. **답** 14세

489 현재 규리의 나이가 12세이므로 동생의 나이는 9세이다.
현재 규리와 동생의 나이의 합은 $12+9=21$(세)이므로
x년 후에 자전거 여행을 떠난다고 하면
$12+x=21$ $\quad\therefore x=9$
따라서 자전거 여행을 떠나는 것은 9년 후이다. **답** 9년 후

490 성공한 3점 슛을 x개라 하면 2점 슛은 $(20-x)$개이므로
$2(20-x)+3x=47$
$40-2x+3x=47$
$x+40=47$ $\quad\therefore x=7$
따라서 성공한 3점 슛은 7개이다. **답** 7

491 남성 회원을 x명이라 하면 여성 회원은 $(300-x)$명이므로
$300-x=x+50$
$-2x=-250$ $\quad\therefore x=125$
따라서 남성 회원은 125명이다. **답** 125명

492 오리를 x마리라 하면 소는 $(17-x)$마리이므로
$2x+4(17-x)=46$
$2x+68-4x=46$
$-2x=-22$ $\quad\therefore x=11$
따라서 오리는 11마리이다. **답** 11마리

493 구입한 샌드위치를 x개라 하면 햄버거는 $(10-x)$개이므로
$4500(10-x)+3300x+2000\times2+600=44800$
$45000-4500x+3300x+4000+600=44800$
$-1200x+49600=44800$
$-1200x=-4800$ $\quad\therefore x=4$
따라서 구입한 샌드위치는 4개이다. **답** 4개

494 x일 후에 형과 동생의 저금통에 들어 있는 금액이 같아진다고 하면
$4000+500x=5600+300x$
$200x=1600$ $\quad\therefore x=8$
따라서 형과 동생의 저금통에 들어 있는 금액이 같아지는 것은 8일 후이다. **답** 8일 후

495 x일 후에 누나와 동생이 가지고 있는 금액이 같아진다고 하면
$10800-900x=8400-500x$
$-400x=-2400$ $\quad\therefore x=6$
따라서 누나와 동생이 가지고 있는 금액이 같아지는 것은 6일 후이다. **답** ③

496 14개월 후에 예린이의 예금액은 $(18000+14x)$원
14개월 후에 준혁이의 예금액은
$54000+3000\times14=96000$(원)
이므로
$96000=3(18000+14x)$
$42x=42000$ $\quad\therefore x=1000$ **답** 1000

497 처음 직사각형의 넓이는
$11\times6=66\ (\text{cm}^2)$
새로 만든 직사각형의 가로의 길이는 $(11-x)\ \text{cm}$, 세로의 길이는 $6-2=4\ (\text{cm})$이므로
$4(11-x)=66-42$
$44-4x=24$
$4x=20$ $\quad\therefore x=5$ **답** 5

498 직육면체 모양의 상자는 가로의 길이가 $(x-8)$ cm,

세로의 길이가 $40-8=32$(cm), 높이가 4 cm이므로

$(x-8)\times 32\times 4=1280$

$x-8=10$ ∴ $x=18$ 🅐 18

499 직사각형 1개의 세로의 길이를 x cm라 하면 가로의 길이

는 $(18-x)$ cm이므로

$x=5(18-x)$

$x=90-5x$

$6x=90$ ∴ $x=15$

따라서 정사각형의 한 변의 길이는 15 cm이다. 🅐 15 cm

500 직사각형의 가로의 길이를 $4x$ cm라 하면 세로의 길이는

$3x$ cm이므로

$2(4x+3x)=70$

$7x=35$ ∴ $x=5$

따라서 직사각형의 가로의 길이는 20 cm, 세로의 길이는

15 cm이므로 넓이는 $20\times 15=300(\text{cm}^2)$ 🅐 300 cm²

501 (1) 상품의 원가를 x원이라 하면

$$(정가)=\frac{100+30}{100}x=\frac{130}{100}x=\frac{13}{10}x(원),$$

$$(판매\ 가격)=\frac{13}{10}x-800(원)$$

이때 (판매 가격)$-$(원가)$=$(이익)이고

이익이 700원이므로

$$\left(\frac{13}{10}x-800\right)-x=700$$

$$\frac{3}{10}x-800=700,\ \frac{3}{10}x=1500$$

∴ $x=5000$

따라서 상품의 원가는 5000원이다.

(2) 상품의 판매 가격은

$5000+700=5700(원)$ 🅐 (1) 5000원 (2) 5700원

502 상품의 원가를 x원이라 하면

$$(정가)=\frac{100+50}{100}x=\frac{150}{100}x=\frac{3}{2}x(원),$$

$$(판매\ 가격)=\frac{3}{2}x-3000(원)$$

이때 (판매 가격)$-$(원가)$=$(이익)이고

이익이 원가의 30 %이므로

$$\left(\frac{3}{2}x-3000\right)-x=\frac{30}{100}x$$

$$\frac{1}{2}x-3000=\frac{3}{10}x$$

$$\frac{1}{5}x=3000$ ∴ $x=15000$

따라서 상품의 원가는 15000원이다.   🅐 15000원

503 가방의 정가를 x원이라 하면

$$(판매\ 가격)=\frac{100-40}{100}x=\frac{60}{100}x=\frac{3}{5}x(원),$$

$$(이익)=20000\times\frac{20}{100}=4000(원)$$

이때 (판매 가격)$-$(원가)$=$(이익)이므로

$$\frac{3}{5}x-20000=4000$$

$$\frac{3}{5}x=24000$ ∴ $x=40000$

따라서 정가는 40000원이다.   🅐 40000원

504 $(정가)=\dfrac{100+x}{100}\times 8000=80(100+x)(원)$,

$(판매\ 가격)=\dfrac{100-25}{100}\times 80(100+x)=60(100+x)(원)$

이때 (판매 가격)$-$(원가)$=$(이익)이고

이익이 원가의 20 %이므로

$$60(100+x)-8000=\frac{20}{100}\times 8000$$

$$60x-2000=1600$$

$$60x=3600$ ∴ $x=60$ 🅐 60

505 작년 남학생 수를 x라 하면 작년 여학생 수는 $1200-x$이다.

$$(올해\ 감소한\ 남학생\ 수)=\frac{5}{100}x$$

$$(올해\ 증가한\ 여학생\ 수)=\frac{6}{100}(1200-x)$$

전체 학생이 5명 감소하였으므로

$$-\frac{5}{100}x+\frac{6}{100}(1200-x)=-5$$

$$-5x+6(1200-x)=-500$$

$$-5x+7200-6x=-500$$

$$-11x=-7700$ ∴ $x=700$

따라서 올해 남학생 수는

$700-700\times\dfrac{5}{100}=700-35=665$ 🅐 ④

506 작년 회원 수를 x라 하면

$$(올해\ 증가한\ 회원\ 수)=\frac{10}{100}x$$

올해 회원 수는 143이므로

$$x+\frac{10}{100}x=143,\ x+\frac{1}{10}x=143$$

$$\frac{11}{10}x=143$ ∴ $x=130$

따라서 작년 회원 수는 130이다.   🅐 130

507 작년 여학생 수를 x라 하면

$$(올해\ 증가한\ 여학생\ 수)=\frac{15}{100}x$$

올해 전체 학생 수가 9 % 증가하였으므로

$$\frac{15}{100}x=500\times\frac{9}{100}$$

$$15x=4500$ ∴ $x=300$

따라서 작년 여학생 수는 300이다.   🅐 300

508 작년 여자 신생아 수를 x라 하면

$$(올해\ 증가한\ 여자\ 신생아\ 수)=\frac{6}{100}x$$

올해 전체 신생아가 2 % 감소하였으므로

$$\frac{6}{100}x-40=-800\times\frac{2}{100}$$

$$6x-4000=-1600$$

$$6x=2400$ ∴ $x=400$

따라서 올해 여자 신생아 수는

$$400+\frac{6}{100}\times400=400+24=424$$

🖪 424

509 책 한 권의 전체 쪽수를 x라 하면

$$\frac{1}{4}x+35+\frac{1}{2}x=x$$

$$\frac{3}{4}x+35=x$$

$$\frac{1}{4}x=35 \qquad \therefore x=140$$

따라서 이 책 한 권의 전체 쪽수는 140이다.　🖪 140

510 윤서의 전체 여행 시간을 x시간이라 하면

$$\frac{1}{4}x+\frac{1}{10}x+\frac{1}{6}x+29=x$$

$$\frac{15+6+10}{60}x+29=x$$

$$\frac{31}{60}x+29=x$$

$$\frac{29}{60}x=29 \qquad \therefore x=60$$

따라서 윤서의 전체 여행 시간은 60시간이다.　🖪 60시간

511 민준이가 받은 용돈을 x원이라 하면

$$(\text{첫째 날에 사용한 금액})=\frac{1}{4}x(\text{원})$$

$$(\text{셋째 날에 사용한 금액})=\left(x-\frac{1}{4}x-7500\right)\times\frac{1}{3}$$

$$=\frac{1}{4}x-2500(\text{원})$$

이때 남은 용돈이 20000원이므로

$$\frac{1}{4}x+7500+\left(\frac{1}{4}x-2500\right)+20000=x$$

$$\frac{1}{2}x+25000=x$$

$$\frac{1}{2}x=25000 \qquad \therefore x=50000$$

따라서 민준이가 받은 용돈은 50000원이다.　🖪 ⑤

512 내려온 거리를 x km라 하면 올라간 거리는 $(x-2)$ km이고,

$$(\text{올라간 시간})+(\text{내려온 시간})=4\text{시간}$$

이므로 $\dfrac{x-2}{4}+\dfrac{x}{5}=4$

$$5(x-2)+4x=80$$

$$5x-10+4x=80$$

$$9x=90 \qquad \therefore x=10$$

따라서 내려온 거리는 10 km이다.　🖪 10 km

513 하진이네 집에서 체육관까지의 거리를 x km라 하면

$$(\text{갈 때 걸린 시간})+(\text{운동한 시간})+(\text{올 때 걸린 시간})$$

$$=4\text{시간}$$

이고, 운동한 시간은 40분, 즉 $\dfrac{2}{3}$시간이므로

$$\frac{x}{3}+\frac{2}{3}+\frac{x}{2}=4$$

$$2x+4+3x=24$$

$$5x=20 \qquad \therefore x=4$$

따라서 하진이네 집에서 체육관까지의 거리는 4 km이다.

🖪 4 km

514 집에서 학교까지의 거리를 x km라 하면

$$(\text{걸어가는 시간})-(\text{뛰어가는 시간})=30\text{분}$$

이고, 30분은 $\dfrac{1}{2}$시간이므로

$$\frac{x}{4}-\frac{x}{8}=\frac{1}{2}$$

$$2x-x=4 \qquad \therefore x=4$$

따라서 집에서 학교까지의 거리는 4 km이다.　🖪 4 km

515 언니가 집을 출발한 지 x분 후에 지우를 만난다고 하면 지우가 $(x+20)$분 동안 간 거리와 언니가 x분 동안 간 거리는 같으므로

$$60(x+20)=100x$$

$$60x+1200=100x$$

$$-40x=-1200 \qquad \therefore x=30$$

따라서 언니가 집을 출발한 지 30분 후에 지우를 만난다.

🖪 30분 후

516 집에서 영화관까지의 거리를 x km라 하면 시간의 차는 $15-(-5)=20(\text{분})$, 즉 $\dfrac{20}{60}=\dfrac{1}{3}(\text{시간})$이므로

$$\frac{x}{6}-\frac{x}{10}=\frac{1}{3}$$

$$\frac{1}{15}x=\frac{1}{3} \qquad \therefore x=5$$

따라서 집에서 영화관까지의 거리는 5 km이다.　🖪 5 km

517 늦게 출발한 차가 목적지에 도착할 때까지 걸린 시간을 x시간이라 하면 먼저 출발한 차가 목적지에 도착할 때까지 걸린 시간은

$$x+\frac{30}{60}=x+\frac{1}{2}(\text{시간})$$

이때 두 차가 달린 거리는 같으므로

$$80\times\left(x+\frac{1}{2}\right)=100x$$

$$80x+40=100x$$

$$20x=40 \qquad \therefore x=2$$

따라서 늦게 출발한 차가 목적지에 도착할 때까지 2시간이 걸렸으므로 출발지에서 목적지까지의 거리는

$$100\times2=200\,(\text{km})$$

🖪 ③

518 물 x g을 증발시킨다고 하면

$$\frac{8}{100}\times500=\frac{10}{100}\times(500-x)$$

$$4000=5000-10x$$

$$10x=1000 \qquad \therefore x=100$$

따라서 물 100 g을 증발시켜야 한다.　🖪 ②

519 물 x g을 넣는다고 하면

$$(20\,\%\text{ 소금물 }300\text{ g의 소금의 양})$$

$$=(12\,\%\text{ 소금물 }(300+x)\text{ g의 소금의 양})\text{이므로}$$

$$\frac{20}{100}\times300=\frac{12}{100}\times(300+x)$$

$$6000=3600+12x$$

$$12x=2400 \qquad \therefore x=200$$

따라서 물 200 g을 더 넣어야 한다.　🖪 200 g

520 더 넣은 소금의 양을 x g이라 하면

$$\frac{16}{100} \times 400 + x = \frac{20}{100} \times (400 + x)$$

$$6400 + 100x = 8000 + 20x$$

$$80x = 1600 \qquad \therefore x = 20$$

따라서 더 넣은 소금의 양은 20 g이다. **답** 20 g

521 20 %의 설탕물 x g을 섞는다고 하면

$$\frac{4}{100} \times 600 + \frac{20}{100} \times x = \frac{10}{100} \times (600 + x)$$

$$2400 + 20x = 6000 + 10x$$

$$10x = 3600 \qquad \therefore x = 360$$

따라서 20 %의 설탕물 360 g을 섞어야 한다. **답** ④

522 두 사람이 출발한 지 x분 후에 만난다고 하면

(준혁이가 걸은 거리) + (가은이가 걸은 거리)

　　　　　　 = (준혁이와 가은이네 집 사이의 거리)

이므로 $65x + 75x = 2100$

$$140x = 2100 \qquad \therefore x = 15$$

따라서 두 사람이 만나는 것은 출발한 지 15분 후이다.

답 15분 후

523 두 사람이 출발한 지 x분 후에 처음으로 다시 만난다고 하면

(도현이가 걸은 거리) + (예린이가 걸은 거리)

　　　　　　 = (호수의 둘레의 길이)

이므로 $65x + 55x = 3000$

$$120x = 3000 \qquad \therefore x = 25$$

따라서 두 사람이 처음으로 다시 만나는 것은 출발한 지 25분 후이다. **답** 25분 후

524 두 사람이 출발한 지 x분 후에 처음으로 다시 만난다고 하면

(형준이가 걸은 거리) − (정온이가 걸은 거리)

　　　　　　 = (호수의 둘레의 길이)

이므로 $40x - 30x = 1400$

$$10x = 1400 \qquad \therefore x = 140$$

따라서 두 사람이 처음으로 다시 만나는 것은 출발한 지 140분 후이다. **답** 140분 후

525 기차의 길이를 x m라 하면 다리를 완전히 통과하는 데 40초가 걸리므로

$$\frac{1100 + x}{32} = 40$$

$$1100 + x = 1280 \qquad \therefore x = 180$$

따라서 기차의 길이는 180 m이다. **답** ③

526 예진이가 출발한 지 x분 후에 처음으로 다시 만난다고 하면

(경미가 걸은 거리) + (예진이가 걸은 거리)

　　　　　　 = (호수의 둘레의 길이)

이므로 $70(x + 10) + 55x = 2200$

$$125x + 700 = 2200$$

$$125x = 1500 \qquad \therefore x = 12$$

따라서 두 사람이 처음으로 다시 만나는 것은 예진이가 출발한 지 12분 후이다. **답** 12분 후

527 열차의 길이를 x m라 하면

다리를 완전히 통과할 때의 열차의 속력은 초속 $\dfrac{800 + x}{30}$ m 이고, 터널을 완전히 통과할 때의 열차의 속력은 초속 $\dfrac{1400 + x}{50}$ m이다.

이때 열차의 속력은 일정하므로

$$\frac{800 + x}{30} = \frac{1400 + x}{50}$$

$$5(800 + x) = 3(1400 + x)$$

$$4000 + 5x = 4200 + 3x$$

$$2x = 200 \qquad \therefore x = 100$$

따라서 열차의 길이는 100 m이다. **답** ①

528 도서관 일손 돕기에 참여한 학생 수를 x라 하면

5개씩 나누어 줄 때의 책갈피 수는 $5x - 2$

4개씩 나누어 줄 때의 책갈피 수는 $4x + 8$

이때 책갈피 수는 같으므로

$$5x - 2 = 4x + 8 \qquad \therefore x = 10$$

따라서 일손 돕기에 참여한 학생 수는 10이다. **답** 10

529 공책 1권의 가격을 x원이라 하면

공책 7권을 사면 100원이 남으므로 가지고 있는 돈은 $(7x + 100)$원

공책 8권을 사면 600원이 부족하므로 가지고 있는 돈은 $(8x - 600)$원

이때 가지고 있는 돈은 같으므로

$$7x + 100 = 8x - 600$$

$$-x = -700 \qquad \therefore x = 700$$

따라서 도준이가 가지고 있는 돈은

$$7 \times 700 + 100 = 5000(원)$$ **답** 5000원

530 단체석의 테이블의 개수를 x라 하면

각 테이블에 6명씩 앉힐 때 단체 손님의 수는 $6x + 2$

1개의 테이블에 3명을 앉히고 나머지 테이블에 7명씩 앉힐 때의 단체 손님의 수는 $3 + 7(x - 1)$

이때 단체 손님의 수는 같으므로

$$6x + 2 = 3 + 7(x - 1)$$

$$6x + 2 = 7x - 4 \qquad \therefore x = 6$$

따라서 이 식당의 단체석의 테이블의 개수는 6이다. **답** 6

531 의자의 개수를 x라 하면

한 의자에 3명씩 앉을 때의 학생 수는 $3x + 8$

한 의자에 4명씩 앉으면 4명이 모두 앉게 되는 의자는 $(x - 2)$개이므로 학생 수는 $4(x - 2) + 2$

이때 학생 수는 같으므로

$$3x + 8 = 4(x - 2) + 2$$

$$3x + 8 = 4x - 6$$

$$-x = -14 \qquad \therefore x = 14$$

따라서 의자가 14개이므로 구하는 학생 수는

$$3 \times 14 + 8 = 50$$ **답** 50

532 전체 일의 양을 1이라 하면 찬준이와 재희가 하루 동안 하는 일의 양은 각각 $\dfrac{1}{12}$, $\dfrac{1}{6}$이다.

이 일을 두 사람이 함께 완성하는 데 x일이 걸린다고 하면

$\left(\dfrac{1}{12}+\dfrac{1}{6}\right)x=1$

$\dfrac{1}{4}x=1$ ∴ $x=4$

따라서 두 사람이 함께 이 일을 완성하는 데 4일이 걸린다.

🄳 4일

533 수영장에 가득 찬 물의 양을 1이라 하면 1시간 동안 A, B 호스로 채우는 물의 양은 각각 $\dfrac{1}{10}$, $\dfrac{1}{14}$이다.

A, B 두 호스를 동시에 사용한 시간을 x시간이라 하면

$\dfrac{1}{14}\times2+\left(\dfrac{1}{10}+\dfrac{1}{14}\right)x=1$

$\dfrac{1}{7}+\dfrac{6}{35}x=1$

$\dfrac{6}{35}x=\dfrac{6}{7}$ ∴ $x=5$

따라서 A, B 두 호스를 동시에 사용한 시간은 5시간이다.

🄳 ③

534 전체 일의 양을 1이라 하면 준서와 수빈이가 하루 동안 하는 일의 양은 각각 $\dfrac{1}{15}$, $\dfrac{1}{9}$이다.

수빈이가 x일 동안 일했다고 하면
준서는 $(x+7)$일 동안 일했으므로

$\dfrac{x+7}{15}+\dfrac{x}{9}=1$

$3(x+7)+5x=45$

$8x+21=45$

$8x=24$ ∴ $x=3$

따라서 수빈이는 3일 동안 일했다.

🄳 3일

535 각 단계에서 사용된 바둑돌의 개수는 다음과 같다.

1단계 : 4

2단계 : 4+4=4×2=8

3단계 : 8+4=4×3=12

$\vdots$

x단계 : 4×x

즉, $4x=200$에서 $x=50$

따라서 바둑돌 200개를 모두 사용하면 50단계의 정사각형을 만들 수 있다.

🄳 50단계

536 직선의 개수에 따라 나누어지는 부분의 개수는 다음과 같다.

직선이 1개 : 4

직선이 2개 : 4+3=7

직선이 3개 : 4+3+3=4+3×2=10

$\vdots$

직선이 x개 : $4+3(x-1)=3x+1$

즉, $3x+1=52$에서 $3x=51$

∴ $x=17$

따라서 52개의 부분으로 나누어졌을 때, 그은 직선은 17개이다.

🄳 ③

537 ✚ 모양의 다섯 날짜 중에서 가운데에 있는 날짜를 x일이라 하면 나머지 날짜는 다음 그림과 같으므로

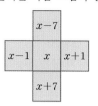

$(x-7)+(x-1)+x+(x+1)+(x+7)=110$

$5x=110$ ∴ $x=22$

따라서 5개의 날짜는 15일, 21일, 22일, 23일, 29일이다.

🄳 15일, 21일, 22일, 23일, 29일

만점과 잡기   83~84쪽

538 연속하는 네 자연수를 x, $x+1$, $x+2$, $x+3$이라 하면

$4x=(x+1)+(x+2)+(x+3)+3$

$4x=3x+9$ ∴ $x=9$

따라서 네 자연수 중 가장 큰 수는

$9+3=12$

🄳 12

539 처음 수의 십의 자리의 숫자를 x라 하면 일의 자리의 숫자는 $8-x$이다.

처음 수는 $10x+(8-x)$, 바꾼 수는 $10(8-x)+x$이므로

$3(10x+8-x)=10(8-x)+x-20$

$27x+24=60-9x$

$36x=36$ ∴ $x=1$

따라서 십의 자리의 숫자는 1, 일의 자리의 숫자는 7이므로 처음 수는 17이다.

🄳 17

540 ㈎에서 동생의 나이를 x세라 하면

$4x-3=37$

$4x=40$ ∴ $x=10$

즉, 동생의 나이는 10세이다.

㈏에서 민규의 나이는 $10\times\dfrac{7}{5}=14$(세)

㈐에서 아버지의 나이를 y세라 하면

$y+18=2\times(14+18)$

$y+18=64$ ∴ $y=46$

따라서 아버지의 나이는 46세이다.

🄳 46세

541 동전을 20번 던져서 앞면이 나온 횟수를 x라 하면 뒷면이 나온 횟수는 $20-x$이다.

앞면이 나올 때마다 점 A가 오른쪽으로 3만큼씩 이동하므로 나타내는 수는 $3x$

뒷면이 나올 때마다 점 B가 왼쪽으로 1만큼씩 이동하므로 나타내는 수는 $-(20-x)=x-20$

따라서 두 점 A, B 사이의 거리는 38이므로

$3x-(x-20)=38$

$2x=18$ ∴ $x=9$

따라서 동전의 앞면은 9번 나왔다.

🄳 9

542 길을 제외한 화단의 넓이는 처음 화단의 넓이의 40 %이므로

$$(15-x) \times 4 = 15 \times 6 \times \frac{40}{100}$$

$$60-4x=36$$

$$-4x=-24 \qquad \therefore x=6 \qquad \text{답} \ 6$$

참고 길을 제외한 화단의 넓이는 다음 그림과 같이 생각하여 구하면 편리하다.

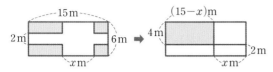

543 작년 남학생 수를 x라 하면 작년 여학생 수는 $960-x$이다.

$$(올해 증가한 남학생 수)=\frac{5}{100}x$$

$$(올해 감소한 여학생 수)=\frac{3}{100}(960-x)$$

전체 학생 수가 변하지 않았으므로

$$\frac{5}{100}x-\frac{3}{100}(960-x)=0$$

$$5x-2880+3x=0$$

$$8x=2880 \qquad \therefore x=360$$

따라서 작년 남학생 수는 360이고,

올해 남학생 수는

$$360+\frac{5}{100}\times 360=378 \qquad \text{답} \ 360,\ 378$$

544 교내 자율 청소에 참여한 학생 수를 x라 하면

5권씩 나누어 줄 때의 공책 수는 $5x+7$

8권씩 나누어 줄 때의 공책 수는 $8x-5$

이때 공책 수는 같으므로

$$5x+7=8x-5$$

$$-3x=-12 \qquad \therefore x=4$$

따라서 학생 수는 4이고, 공책 수는 $5\times 4+7=27$이므로

6권씩 나누어 주면 $27-6\times 4=3$(권)이 남는다.

$\text{답} \ ②$

545 기차의 길이를 x m라 하면 기차가 터널을 완전히 통과할 때의 속력은 초속 $\dfrac{1080+x}{45}$ m이고, 기차가 보이지 않을 때의 속력은 초속 $\dfrac{1080-x}{27}$ m이다.

이때 속력이 일정하므로

$$\frac{1080+x}{45}=\frac{1080-x}{27}$$

$$3(1080+x)=5(1080-x)$$

$$3240+3x=5400-5x$$

$$8x=2160 \qquad \therefore x=270$$

따라서 기차의 길이는 270 m이다.

$\text{답} \ ④$

546 도매 시장에서 구입한 연습장 한 권의 가격을 x원이라 하면

총 이익이 12000원이므로

$$\left(20 \times \frac{3}{4}\right) \times \frac{30}{100}x+\left(20 \times \frac{1}{4}\right) \times \frac{10}{100}x=12000$$

$$\frac{9}{2}x+\frac{1}{2}x=12000$$

$$5x=12000 \qquad \therefore x=2400$$

따라서 도매 시장에서 구입한 연습장 한 권의 가격은 2400 원이다.

$\text{답} \ 2400원$

547 더 넣은 10 %의 소금물의 양을 x g이라 하면

$$\frac{4}{100}\times 400+100+\frac{10}{100}\times x=\frac{20}{100}\times(400+100+x)$$

$$1600+10000+10x=8000+2000+20x$$

$$-10x=-1600 \qquad \therefore x=160$$

따라서 10 %의 소금물을 160 g 더 넣었다. $\text{답} \ 160 \text{ g}$

548 물통에 가득 찬 물의 양을 1이라 하면 1시간 동안 A, B 호스로 채우는 물의 양은 각각 $\dfrac{1}{2}$, $\dfrac{1}{6}$이고 C 호스로 빼는 물의 양은 $\dfrac{1}{4}$이다.

A, B 두 호스로 물을 넣음과 동시에 C 호스로 물을 빼내어 물통에 물을 가득 채우는 데 걸리는 시간을 x시간이라 하면

$$\left(\frac{1}{2}+\frac{1}{6}-\frac{1}{4}\right)x=1,\ \left(\frac{6}{12}+\frac{2}{12}-\frac{3}{12}\right)x=1$$

$$\frac{5}{12}x=1 \qquad \therefore x=\frac{12}{5}$$

따라서 물통에 물을 가득 채우는 데 $\dfrac{12}{5}$시간이 걸린다.

$\text{답} \ ②$

549 전체 일의 양을 1이라 하면 준혁이와 연우가 1시간 동안 하는 일의 양은 각각 $\dfrac{1}{6}$, $\dfrac{1}{4}$이다.

준혁이는 30분씩 일하므로 한 번에 하는 일의 양은

$$\frac{1}{6}\times\frac{30}{60}=\frac{1}{12}$$

연우는 20분씩 일하므로 한 번에 하는 일의 양은

$$\frac{1}{4}\times\frac{20}{60}=\frac{1}{12}$$

준혁이와 연우가 일한 횟수를 x라 하면

$$\left(\frac{1}{12}+\frac{1}{12}\right)x=1$$

$$\frac{1}{6}x=1 \qquad \therefore x=6$$

따라서 준혁이와 연우는 6번씩 일했다. $\text{답} \ 6번$

550 시침과 분침이 일치하는 시각을 3시 x분이라 하면

3시에 시침과 분침 사이의 각도는 90°이고,

x분 동안 시침과 분침이 움직인 각도는 각각 $0.5x°$, $6x°$이므로

$$6x=90+0.5x,\ 5.5x=90$$

$$11x=180 \qquad \therefore x=\frac{180}{11}$$

따라서 수빈이가 하교한 시각은 3시 $\dfrac{180}{11}$분이다. $\text{답} \ ③$

참고 시침은 1시간, 즉 60분 동안 30°를 움직이므로 1분에 0.5°씩 움직이고, 분침은 1시간, 즉 60분 동안 360°를 움직이므로 1분에 6°씩 움직인다.

08 좌표평면과 그래프

551 $2a-1=a+1$이므로 $a=2$
$-b+3=b-1$이므로 $-2b=-4$ $\therefore b=2$
$\therefore a+b=2+2=4$ 답 ⑤

552 $2a-5=1$이므로 $2a=6$ $\therefore a=3$
$3-b=5$이므로 $b=-2$
$\therefore a+b=3+(-2)=1$ 답 ①

553 $|a|=5$이므로 $a=-5$ 또는 $a=5$
$|b|=1$이므로 $b=-1$ 또는 $b=1$
따라서 순서쌍 (a, b)를 모두 구하면
$(-5, -1), (-5, 1), (5, -1), (5, 1)$
답 $(-5, -1), (-5, 1), (5, -1), (5, 1)$

554 ① A$(-2, 4)$ ③ C$(-2, -2)$
④ D$(2, -1)$ ⑤ E$(2, 3)$ 답 ②

555 답 A$(1, 4)$, B$(-2, 3)$, C$(-4, -4)$, D$(3, -2)$

556 주어진 순서쌍을 좌표로 하는 점은 순서대로 t, h, a, n, k
이므로 만들어지는 영어 단어는 'thank'이다. 답 thank

557 답 ④

558 x축, y축을 통틀어 좌표축이라 하므로 좌표축 위의 점이
아닌 것은 B$(1, 2)$이다. 답 ②

559 점 (a, b)가 x축 위에 있으므로 $b=0$
이때 점 (a, b)는 원점이 아니므로 $a\neq0$ 답 ②

560 점 A가 x축 위에 있으므로 $b+1=0$ $\therefore b=-1$
점 B가 y축 위에 있으므로 $a+2=0$ $\therefore a=-2$
$\therefore ab=(-2)\times(-1)=2$ 답 2

561 세 점 A, B, C를 좌표평면 위에
나타내면 오른쪽 그림과 같다.
(밑변의 길이)$=2-(-4)=6$
(높이)$=3-(-2)=5$
따라서 삼각형 ABC의 넓이는
$\frac{1}{2}\times6\times5=15$ 답 ③

562 네 점 A, B, C, D를 좌표평면 위에
나타내면 오른쪽 그림과 같다.
(가로의 길이)$=2-(-3)=5$
(세로의 길이)$=1-(-3)=4$
따라서 사각형 ABCD의 넓이는
$5\times4=20$ 답 ①

563 O$(0, 0)$, A$(4, 0)$, B$(0, -6)$이
므로 세 점을 좌표평면 위에 나타내
면 오른쪽 그림과 같다.
따라서 삼각형 OAB의 넓이는
$\frac{1}{2}\times4\times6=12$ 답 12

564 승민이의 위치를 원점 O로 해서 네
점 A, B, C, D를 좌표평면 위에
나타내면 오른쪽 그림과 같다.
사각형 ABCD는 사다리꼴이고
(윗변의 길이)$=3-(-3)=6$
(아랫변의 길이)$=0-(-2)=2$
(높이)$=1-(-3)=4$
따라서 구하는 놀이터의 넓이는
$\frac{1}{2}\times(6+2)\times4=16$ 답 16

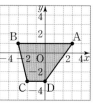

565 ① 어느 사분면에도 속하지 않는다.
② 제2사분면 ③ 제1사분면 ⑤ 제4사분면 답 ④

566 ① 제1사분면 ② 제3사분면 ④ 제4사분면
⑤ 어느 사분면에도 속하지 않는다. 답 ③

567 점 $(1, -5)$는 제4사분면 위의 점이다.
① 제2사분면 ② 제3사분면
③ 제4사분면 ④ 제1사분면
⑤ 어느 사분면에도 속하지 않는다.
따라서 점 $(1, -5)$와 같은 사분면 위의 점은 ③이다.
답 ③

568 ㄱ. y축 위의 점은 x좌표가 0이다.
ㄷ. 제4사분면에 속하는 점의 x좌표는 양수, y좌표는 음수
이다.
따라서 옳은 것은 ㄴ, ㄹ이다. 답 ㄴ, ㄹ

569 점 $(a, -b)$가 제2사분면 위의 점이므로
$a<0$, $-b>0$, 즉 $a<0$, $b<0$
① $a<0$, $b<0$이므로 점 A(a, b)는 제3사분면 위의 점이다.
② $-a>0$, $b<0$이므로 점 B$(-a, b)$는 제4사분면 위의
점이다.
③ $b<0$, $a<0$이므로 점 C(b, a)는 제3사분면 위의 점이다.
④ $b<0$, $-a>0$이므로 점 D$(b, -a)$는 제2사분면 위의
점이다.
⑤ $-b>0$, $-a>0$이므로 점 E$(-b, -a)$는 제1사분면
위의 점이다. 답 ⑤

570 점 (a, b)가 제3사분면 위의 점이므로 $a<0$, $b<0$
즉, $-b>0$, $a<0$이므로 점 $(-b, a)$는 제4사분면 위의
점이다.
따라서 제4사분면 위의 점은 ㄱ, ㅁ이다. 답 ㄱ, ㅁ

571 점 (a, b)가 제4사분면 위의 점이므로 $a>0$, $b<0$
즉, $a-b>0$, $-a<0$이므로 점 $(a-b, -a)$는 제4사분
면 위의 점이다.
① $a>0$, $-b>0$이므로 점 A$(a, -b)$는 제1사분면 위의
점이다.
② $-a<0$, $-b>0$이므로 점 B$(-a, -b)$는 제2사분면
위의 점이다.
③ $-b>0$, $a>0$이므로 점 C$(-b, a)$는 제1사분면 위의
점이다.
④ $b<0$, $-a<0$이므로 점 D$(b, -a)$는 제3사분면 위의

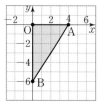

점이다.

⑤ $-b>0$, $-a<0$이므로 점 $E(-b, -a)$는 제4사분면 위의 점이다.　　　　　　　　　　　　　　　답 ⑤

572 $ab<0$이므로 a, b의 부호는 서로 다르고
$a-b<0$이므로 $a<0$, $b>0$
따라서 점 (a, b)는 제2사분면 위의 점이다.　　답 ②

573 $\dfrac{a}{b}>0$이므로 a, b의 부호는 서로 같고
$a+b<0$이므로 $a<0$, $b<0$
따라서 점 (a, b)는 제3사분면 위의 점이다.　　답 ③

574 $ab<0$이므로 a, b의 부호는 서로 다르고
$a-b>0$이므로 $a>0$, $b<0$
따라서 $-b>0$, $a>0$이므로 점 $(-b, a)$는 제1사분면 위의 점이다.　　　　　　　　　답 제1사분면

575 $ab>0$이므로 a, b의 부호는 서로 같고
$a>b$이므로 $a-b>0$, $-\dfrac{b}{a}<0$
즉, 점 $\left(a-b, -\dfrac{b}{a}\right)$는 제4사분면 위의 점이다.
따라서 점 $\left(a-b, -\dfrac{b}{a}\right)$와 같은 사분면 위의 점은
⑤ $E(4, -7)$이다.　　　　　　　　　　　　　　答 ⑤

576 점 $(6, a)$와 y축에 대하여 대칭인 점의 좌표는 $(-6, a)$
이므로
$-6=b$에서 $b=-6$, $a=-2$
$\therefore a-b=-2-(-6)=4$　　　　　　　　　답 ④

577 점 $(7-a, 1)$과 원점에 대하여 대칭인 점의 좌표는
$(a-7, -1)$이므로
$a-7=-2$에서 $a=5$
$-1=b+4$에서 $b=-5$
$\therefore a+b=0$　　　　　　　　　　　　　　　答 0

578 오른쪽 그림과 같이 점 $P(3, -2)$와 x축에 대하여 대칭인 점은
$A(3, 2)$,
y축에 대하여 대칭인 점은
$B(-3, -2)$,
원점에 대하여 대칭인 점은
$C(-3, 2)$이다.　　答 $A(3, 2)$, $B(-3, -2)$, $C(-3, 2)$

579 점 $P(1, -3)$과 y축에 대하여 대칭인 점은 $A(-1, -3)$, 원점에 대하여 대칭인 점은 $B(-1, 3)$이므로
세 점 P, A, B를 좌표평면 위에 나타내면 오른쪽 그림과 같다.
$\therefore$ (삼각형 PAB의 넓이)$=\dfrac{1}{2}\times 2\times 6=6$　　答 6

580 물의 높이가 증가하다가 물을 잠궈 놓은 동안에는 물의 높이의 변화가 없다가 이후 다시 물을 받을 때 물의 높이가 다시 증가한다.

따라서 그래프로 알맞은 것은 ①이다.　　　　　答 ①

581 1층으로부터 떨어진 거리가 점점 줄어들다가 1층에서 잠시 친구와 대화를 나누는 동안은 거리가 0이 되고, 다시 1층으로부터 떨어진 거리가 점점 늘어나므로 그래프로 알맞은 것은 ⑤이다.　　　　　　　　　　　　　　　　答 ⑤

582 그릇 A는 폭이 일정하므로 물의 높이가 일정하게 증가한다. 따라서 그래프로 알맞은 것은 ㄱ이다.
그릇 B는 아랫부분의 폭이 좁고 위로 갈수록 점점 넓어지므로 물의 높이가 빠르게 증가하다가 갈수록 느리게 증가한다. 따라서 그래프로 알맞은 것은 ㄷ이다.
그릇 C는 아랫부분의 폭이 넓고 위로 갈수록 점점 좁아지므로 물의 높이가 느리게 증가하다가 갈수록 빠르게 증가한다. 따라서 그래프로 알맞은 것은 ㄹ이다.
答 A : ㄱ, B : ㄷ, C : ㄹ

583 처음에는 폭이 일정하므로 물의 높이가 일정하게 증가하다가 위로 갈수록 그릇의 폭이 넓어지므로 물의 높이가 천천히 증가한다.
따라서 그래프로 알맞은 것은 ⑤이다.　　　　答 ⑤

584 (1) $x=10$일 때 $y=0.5$이므로 수빈이가 집에서 출발한 후 처음 10분 동안 이동한 거리는 0.5km이다.
(2) 집에서 출발한 지 15분 후부터 20분 후까지 이동한 거리의 증가가 없으므로 편의점에 머무른 것으로 해석할 수 있다.
따라서 집에서 출발한 지 15분 후에 편의점에 도착했다.
(3) 편의점에 머문 시간은 5분이고 집에서 출발한 지 30분 후에 수빈이가 도서관에 도착했으므로 구하는 시간은
$30-5=25$(분)
答 (1) 0.5km　(2) 15분 후　(3) 25분

585 (1) $x=6$일 때 $y=20$이므로 오전 6시일 때의 미세 먼지 농도는 20 μg/m³이다.
(2) y의 값이 증가하는 것은 $x=11$일 때부터 $x=17$일 때까지이므로 11시부터 17시까지이다.
答 (1) 20 μg/m³　(2) 11시부터 17시까지

586 (1) 양초에 처음 불을 붙인 지 15분 후부터 25분 후까지 양초의 길이의 감소가 없으므로 불을 끈 것으로 해석할 수 있다.
따라서 양초에 처음 불을 붙인 지 15분 후에 불을 껐다.
(2) 양초에 처음 불을 붙인 지 25분 후에 다시 불을 붙였고 이때의 양초의 길이는 15 cm이다.
이로부터 15분 후, 즉 처음 불을 붙인 지 40분 후의 양초의 길이는 6 cm이므로 줄어든 양초의 길이는
$15-6=9$(cm)　　　答 (1) 15분 후　(2) 9 cm

587 (1) 가장 높게 올라간 높이는 80 m이고, 2분 후부터 4분 후까지 80 m 높이에 있었으므로 구하는 시간은
$4-2=2$(분)
(2) 주어진 그래프에서 높이가 60 m가 될 때는 1분과 2분 사이, 4분과 5분 사이, 6분과 7분 사이, 7분과 8분 사이이

므로 모두 4번이다.　　　　　　　　　　**답** (1) 2분　(2) 4번

588 (1) 해수면의 높이가 가장 높을 때의 높이는 10 m이다.

(2) 해수면의 높이가 4 m인 순간은 3시, 15시이므로 모두 2번이다.

(3) 해수면의 높이의 변화는 12시간마다 반복된다.

　　　　　　　답 (1) 10 m　(2) 2번　(3) 12시간

589 (1) A 지점에서 B 지점 사이의 거리는 4 km이다.

(2) A 지점에서 B 지점까지 갔다가 다시 A 지점으로 돌아오는 데 50분이 걸린다.

이때 20분 후부터 30분 후까지 거리의 변화가 없으므로 쉬는 시간으로 해석할 수 있다.

따라서 구하는 시간은 50−10=40(분)

　　　　　　　　　　답 (1) 4 km　(2) 40분

590 형의 그래프에서 $y=1.5$일 때 $x=20$이므로 형은 출발한 지 20분 후에 학교 앞을 지나갔고, 동생의 그래프에서 $y=1.5$일 때 $x=40$이므로 동생은 출발한 지 40분 후에 학교 앞을 지나갔다.

따라서 형이 학교 앞을 지나간 지 40−20=20(분) 후에 동생이 학교 앞을 지나갔다.　　**답** 20분 후

591 (1) 준서의 그래프에서 $y=3000$일 때 $x=45$이므로 준서가 학교에서 체육관까지 가는 데 걸린 시간은 45분이다.

예린이의 그래프에서 $y=3000$일 때 $x=40$이므로 예린이가 학교에서 체육관까지 가는 데 걸린 시간은 40분이다.

(2) 준서와 예린이가 학교에서 체육관까지 가는 데 걸린 시간은 각각 45분, 40분이므로 예린이가 45−40=5(분) 먼저 도착했다.

　　　　답 (1) 준서 : 45분, 예린 : 40분　(2) 예린, 5분

만점 꼭 잡기　　　　　　　　　　　92~94쪽

592 A($a-4$, $b-5$), B($3a-6$, $2b+1$)이 서로 같으므로 x좌표와 y좌표가 각각 같다.

$a-4=3a-6$에서 $-2a=-2$　∴ $a=1$

$b-5=2b+1$에서 $-b=6$　∴ $b=-6$

∴ $a+b=1+(-6)=-5$　　　　　　**답** −5

593 $a=2$, $b=-3$일 때 $a-b$의 값이 가장 크므로

$a-b=2-(-3)=5$

$a=-5$, $b=3$일 때 $a-b$의 값이 가장 작으므로

$a-b=-5-3=-8$

따라서 가장 큰 값과 가장 작은 값의 합은

$5+(-8)=-3$　　　　　　　　　　**답** −3

594 세 점 A, B, C를 좌표평면 위에 나타내면 오른쪽 그림과 같다.

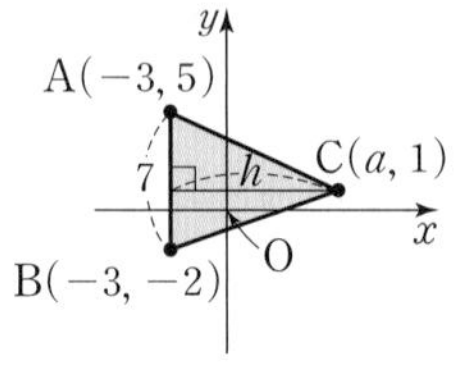

변 AB를 밑변으로 할 때

(밑변의 길이)$=5-(-2)=7$

높이를 h라 하면 삼각형 ABC

의 넓이가 21이므로

$\dfrac{1}{2}\times 7\times h=21$　∴ $h=6$

따라서 $a-(-3)=6$에서 $a=3$　　　　**답** 3

595 점 ($2a-6$, $3b-9$)가 x축 위의 점이므로

$3b-9=0$　∴ $b=3$

점 ($6a+18$, $4b+8$)이 y축 위의 점이므로

$6a+18=0$　∴ $a=-3$

따라서 점 ($-a$, b), 즉 (3, 3)은 제1사분면 위의 점이다.

　　　　　　　　　　　　　　　답 ①

596 점 P$\left(a-b, \dfrac{a}{b}\right)$가 제3사분면 위의 점이므로

$a-b<0$, $\dfrac{a}{b}<0$, 즉 $a<0$, $b>0$

① $a^2>0$에서 $-a^2<0$, $-a+b>0$이므로

점 A($-a^2$, $-a+b$)는 제2사분면 위의 점이다.

② $a^2>0$, $b^2>0$이므로 점 B(a^2, b^2)은 제1사분면 위의 점이다.

③ $ab<0$, $-a>0$이므로 점 C(ab, $-a$)는 제2사분면 위의 점이다.

④ $a<0$, $b>0$이므로 점 D(a, b)는 제2사분면 위의 점이다.

⑤ $b^2>0$에서 $-b^2<0$, $a^2>0$이므로 점 E($-b^2$, a^2)은 제2사분면 위의 점이다.　　**답** ②

597 $ab>0$이므로 a, b의 부호는 서로 같고

$a+b<0$이므로 $a<0$, $b<0$

$|a|<|b|$에서 $a=-1$, $b=-2$라 하면

$a-b=-1-(-2)=1>0$

$b-a=-2-(-1)=-1<0$

따라서 점 ($a-b$, $b-a$)는 제4사분면 위의 점이다.

　　　　　　　　　　　　　　　답 ④

598 점 A($a-1$, $-b-3$)과 x축에 대하여 대칭인 점은

A′($a-1$, $b+3$)

점 B($-a+5$, $3a-2b$)와 y축에 대하여 대칭인 점은

B′($a-5$, $3a-2b$)

두 점 A′, B′은 원점에 대하여 대칭이므로

$a-1=-(a-5)$　∴ $a=3$

$b+3=-(3a-2b)$　∴ $b=12$

∴ $a+b=3+12=15$　　　　　　**답** 15

599 대관람차가 1바퀴를 도는 데 12분이 걸리고, 2바퀴를 도는 데 24분이 걸린다.

준서는 지우보다 2바퀴 더 돌았으므로 지우가 내린 지 24분 후에 준서가 내렸다.　　　　**답** 24분 후

600 점 A_2의 좌표는 (3, 4),

점 A_3의 좌표는 (-3, -4),

점 A_4의 좌표는 (-3, 4), …

이므로 (-3, 4), (3, 4), (-3, -4)의 순서대로 점의 좌표가 반복된다.

$2025=3\times675$에서 점 A_{2025}의 좌표는 점 A_3의 좌표와 같으므로 $(-3, -4)$이다.   답 $(-3, -4)$

601 처음에 천천히 뛰다가 속력을 높여 전속력으로 뛰는 것을 2번 반복했으므로 그래프에서 낮은 속력으로 유지되는 구간이 잠깐 나오고, 낮은 속력에서 높은 속력으로 바뀌는 구간이 2개 있어야 하고, 그 이후 속력이 낮아지면서 바로 0이 되어야 한다.

따라서 바르게 나타낸 그래프는 ④이다.   답 ④

602 처음부터 중반부까지는 위로 갈수록 그릇이 점점 좁아지므로 물의 높이가 점점 빠르게 증가하다가 중반부 이후에는 위로 갈수록 그릇이 점점 넓어지므로 물의 높이가 점점 천천히 증가한다.

따라서 그래프로 알맞은 것은 ⑤이다.   답 ⑤

603 ㄱ. 10분에서 15분, 35분에서 40분 사이에 2차례에 걸쳐 휴식을 취하였다.

ㄴ. 20분, 25분, 30분에 총 3번 달리는 방향을 바꾸었다.

ㅁ. 출발한 지 45분 후에 출발 지점으로 다시 돌아왔다.

따라서 옳은 것은 ㄷ, ㄹ이다.   답 ㄷ, ㄹ

604 ① y의 값의 변화가 처음으로 없는 것은 $x=10$일 때이므로 집에서 출발한 지 1시간 후 처음 정지하였다.

② y의 값이 감소하기 시작한 것은 $x=14.5$, 즉 14시 30분이므로 집에서 출발한 지 5시간 30분 후이다.

③ y의 값의 변화가 없을 때는 10시부터 11시까지, 12시부터 13시 30분까지이므로 총 2시간 30분 동안 정지하였다.

④ y의 값이 가장 큰 것은 $y=30$일 때이므로 총 이동 거리는 $30+30=60$ (km)

⑤ $x=11$일 때 $y=10$, $x=12$일 때 $y=20$이고, $x=12$부터 $x=13$까지는 y의 값의 변화가 없으므로 이동한 거리는 $20-10=10$ (km)

따라서 옳은 것은 ④이다.   답 ④

605 ㄱ. 지우가 공원에서 머문 시간은 $11.5-10=1.5$(시간) 규리가 공원에서 머문 시간은 $11-9.5=1.5$(시간)이다. 즉, 지우와 규리가 공원에서 머문 시간은 같다.

ㄴ. 8시 30분에 출발해서 9시 30분에 도착했으므로 규리는 출발한 지 1시간 후 공원에 도착했다.

ㄷ. 9시, 11시 30분과 12시 사이에서 모두 2번 만났다.

ㄹ. 규리는 9시부터 지우를 앞서 가기 시작했고, 9시 30분에 공원에 도착했다. 즉, 지우보다 앞서 간 시간은 30분이다.

따라서 옳은 것은 ㄱ, ㄹ이다.   답 ㄱ, ㄹ

606 ㄱ. 승민이는 4명 중 가장 빨리 들어왔지만 후반에 초반보다 더 느려졌다.

ㄷ. 도윤이는 20분 이후 달린 거리가 증가하지 않았으므로 포기했음을 알 수 있다.

ㅁ. 준서는 출발한 지 15분 후부터 15분 동안 정지해 있었다.

따라서 옳은 것은 ㄴ, ㄹ이다.   답 ㄴ, ㄹ

o9 정비례와 반비례

유형 CC 잡기
95~104쪽

607 x와 y가 정비례하면 x와 y 사이의 관계를 나타내는 식은 $y=ax$, $\dfrac{y}{x}=a$ $(a\neq0)$의 꼴이다.

② $2xy=1$에서 $y=\dfrac{1}{2x}$이므로 x와 y가 정비례하지 않는다.   답 ②

608 x의 값이 2배, 3배, 4배, …가 될 때, y의 값도 2배, 3배, 4배, …가 되는 관계가 있으면 x와 y는 정비례하므로 $y=ax$ $(a\neq0)$의 꼴이다.   답 ④

609 x와 y가 정비례하면 x와 y 사이의 관계를 나타내는 식은 $y=ax$, $\dfrac{y}{x}=a$ $(a\neq0)$의 꼴이다.

ㄹ. $xy=-4$에서 $y=-\dfrac{4}{x}$이므로 x와 y가 정비례하지 않는다.

따라서 x와 y가 정비례하는 것은 ㄱ, ㄷ, ㅂ이다.   답 ㄱ, ㄷ, ㅂ

610 $y=ax$라 하고 $x=4$, $y=6$을 대입하면

$6=4a$ $\therefore a=\dfrac{3}{2}$

따라서 $y=\dfrac{3}{2}x$이므로 $x=-6$을 대입하면

$y=\dfrac{3}{2}\times(-6)=-9$ 답 ①

611 $y=ax$라 하고 $x=-3$, $y=4$를 대입하면

$4=-3a$ $\therefore a=-\dfrac{4}{3}$

따라서 x와 y 사이의 관계를 나타내는 식은 $y=-\dfrac{4}{3}x$이다.

답 $y=-\dfrac{4}{3}x$

612 ㄱ. x와 y가 정비례하므로 x의 값이 2배가 되면 y의 값도 2배가 된다.

ㄴ. $y=ax$라 하고 $x=-\dfrac{1}{5}$, $y=2$를 대입하면

$2=-\dfrac{1}{5}a$ $\therefore a=-10$ $\therefore y=-10x$

ㄷ. $y=-10x$에 $x=2$를 대입하면

$y=-10\times2=-20$

따라서 옳은 것은 ㄱ, ㄴ이다.   답 ㄱ, ㄴ

613 $y=ax$라 하고 $x=-8$, $y=16$을 대입하면

$16=-8a$ $\therefore a=-2$ $\therefore y=-2x$

$y=-2x$에 $x=-6$, $y=A$를 대입하면

$A=-2\times(-6)=12$

$y=-2x$에 $x=B$, $y=-4$를 대입하면

$-4=-2\times B$ $\therefore B=2$

$y=-2x$에 $x=C$, $y=-6$을 대입하면

$-6=-2\times C$ $\quad\therefore C=3$

$\therefore A-B+C=12-2+3=13$ ▤ 13

614 (2) $y=3x$에 $y=90$을 대입하면 $90=3x$ $\quad\therefore x=30$

따라서 무빙워크를 타고 90 m를 움직이는 데 걸리는 시간은 30초이다.

▤ (1) $y=3x$ (2) 30초

615 ① $y=5000x$ ② $y=\dfrac{30}{x}$ ③ $y=4x$

④ $y=5x$ ⑤ $y=20x$

따라서 x와 y가 정비례하지 않는 것은 ②이다. ▤ ②

616 태블릿 한 대의 판매 수익은 $90-50=40$(만 원)이므로

$y=40x$

ㄱ, ㄴ. x와 y는 정비례한다.

ㄷ. $y=40x$에 $x=5$를 대입하면 $y=40\times5=200$

즉, 태블릿 5대를 판매하면 판매 수익은 200만 원이다.

ㄹ. $y=40x$에 $y=360$을 대입하면 $360=40x$ $\quad\therefore x=9$

즉, 판매 수익이 360만 원이면 태블릿을 9대 판매한 것이다.

따라서 옳은 것은 ㄴ, ㄹ이다. ▤ ㄴ, ㄹ

617 정비례 관계 $y=-\dfrac{2}{3}x$의 그래프는 원점을 지나고, $x=3$일 때 $y=-2$이므로 점 $(3, -2)$를 지나는 직선이다. ▤ ②

618 정비례 관계 $y=\dfrac{2}{5}x$의 그래프는 원점을 지나고, $x=5$일 때 $y=2$이므로 점 $(5, 2)$를 지나는 직선이다. ▤ ①

619 $y=ax$의 그래프는 a의 절댓값이 작을수록 x축에 가깝다.

각 식의 a의 절댓값을 구하면

① 6 ② 1 ③ $\dfrac{1}{4}$ ④ $\dfrac{1}{3}$ ⑤ 4

따라서 x축에 가장 가까운 것은 ③이다. ▤ ③

620 $\dfrac{5}{3}>0$이고, $1<\dfrac{5}{3}<2$이므로 $y=\dfrac{5}{3}x$의 그래프로 알맞은 것은 ②이다. ▤ ②

621 $y=ax$의 그래프가 제2사분면과 제4사분면을 지나므로 $a<0$

또, $y=ax$의 그래프가 $y=-\dfrac{1}{2}x$의 그래프보다 y축에 가까우므로 $|a|>\left|-\dfrac{1}{2}\right|$ $\quad\therefore a<-\dfrac{1}{2}$

따라서 a의 값이 될 수 있는 것은 ① -2이다. ▤ ①

622 $a<0$이고 $0<c<b$이므로 $a<c<b$ ▤ ②

623 ② 점 $(4, -2)$를 지난다.

③ 제2사분면과 제4사분면을 지난다.

④ x의 값이 증가하면 y의 값은 감소한다.

⑤ $\left|-\dfrac{1}{2}\right|<|1|$이므로 $y=x$의 그래프보다 x축에 가깝다.

따라서 옳은 것은 ①이다. ▤ ①

624 ㄴ. $a>0$일 때, 오른쪽 위로 향하는 직선이다.

ㄷ. $a<0$일 때, 제2사분면과 제4사분면을 지난다.

ㅁ. a의 절댓값이 클수록 y축에 가깝다.

따라서 옳은 것은 ㄱ, ㄹ이다. ▤ ③

625 각 점의 좌표를 $y=2x$에 대입하여 등식이 성립하지 않는 것을 찾는다.

① $y=2x$에 $x=-2$를 대입하면 $y=2\times(-2)=-4\neq-1$

이므로 등식이 성립하지 않는다. ▤ ①

626 $y=-\dfrac{5}{6}x$에 $x=-18$, $y=a$를 대입하면

$a=-\dfrac{5}{6}\times(-18)=15$ ▤ ⑤

627 $y=\dfrac{1}{3}x$에 $x=a$, $y=-3$을 대입하면

$-3=\dfrac{1}{3}\times a$ $\quad\therefore a=-9$ ▤ ①

628 $y=ax$에 $x=10$, $y=-6$을 대입하면

$-6=10a$ $\quad\therefore a=-\dfrac{3}{5}$ $\quad\therefore y=-\dfrac{3}{5}x$

$y=-\dfrac{3}{5}x$에 $x=-5$, $y=b$를 대입하면

$b=-\dfrac{3}{5}\times(-5)=3$

$\therefore a+b=\left(-\dfrac{3}{5}\right)+3=\dfrac{12}{5}$ ▤ $\dfrac{12}{5}$

629 $y=ax$에 $x=3$, $y=4$를 대입하면

$4=3a$ $\quad\therefore a=\dfrac{4}{3}$

따라서 그래프가 나타내는 식은 $y=\dfrac{4}{3}x$이다. ▤ $y=\dfrac{4}{3}x$

630 조건 ㈎에 의해 원점을 지나는 직선이므로 그래프가 나타내는 식은 $y=ax$의 꼴이다.

조건 ㈏에 의해 $y=ax$에 $x=8$, $y=-10$을 대입하면

$-10=8a$ $\quad\therefore a=-\dfrac{5}{4}$

따라서 그래프가 나타내는 식은 $y=-\dfrac{5}{4}x$이다.

▤ $y=-\dfrac{5}{4}x$

631 $y=ax$에 $x=-1$, $y=-4$를 대입하면

$-4=-a$ $\quad\therefore a=4$ $\quad\therefore y=4x$

각 점의 좌표를 $y=4x$에 대입하여 등식이 성립하는 것을 찾는다.

④ $y=4x$에 $x=\dfrac{3}{2}$을 대입하면 $y=4\times\dfrac{3}{2}=6$이므로

점 $\left(\dfrac{3}{2}, 6\right)$은 $y=4x$의 그래프 위의 점이다. ▤ ④

632 $y=ax$에 $x=-6$, $y=2$를 대입하면

$2=-6a$ $\quad\therefore a=-\dfrac{1}{3}$ $\quad\therefore y=-\dfrac{1}{3}x$

$y=-\dfrac{1}{3}x$에 $x=m$, $y=-3$을 대입하면

$-3=-\dfrac{1}{3}\times m$ $\quad\therefore m=9$ ▤ 9

633 점 P의 x좌표가 -9이므로 $y=-\dfrac{4}{3}x$에 $x=-9$를 대입하면

$y=-\dfrac{4}{3}\times(-9)=12$ $\quad\therefore$ P$(-9, 12)$

따라서 삼각형 OPQ의 넓이는

$\dfrac{1}{2} \times 9 \times 12 = 54$　　　　　　　　　답 54

634 $y = \dfrac{1}{4}x$에 $x = 4$를 대입하면

　　$y = \dfrac{1}{4} \times 4 = 1$　　$\therefore \text{A}(4,\ 1)$

　　$y = -x$에 $x = 4$를 대입하면

　　$y = -4$　　$\therefore \text{B}(4,\ -4)$

　　따라서 삼각형 AOB의 넓이는

　　$\dfrac{1}{2} \times \{1 - (-4)\} \times 4 = 10$　　　　답 10

635 점 P의 y좌표가 6이므로 $y = ax$에 $y = 6$을 대입하면

　　$6 = ax$　　$\therefore x = \dfrac{6}{a}$

　　삼각형 OQP의 넓이가 9이므로

　　$\dfrac{1}{2} \times 6 \times \left(-\dfrac{6}{a}\right) = 9,\ -\dfrac{18}{a} = 9$　　$\therefore a = -2$　　답 -2

636 x와 y가 반비례하면 x와 y 사이의 관계를 나타내는 식은

　　$y = \dfrac{a}{x},\ xy = a\ (a \neq 0)$의 꼴이다.

　　② $x = \dfrac{-3}{2y}$에서 $y = \dfrac{-3}{2x}$이므로 x와 y가 반비례한다.

　　⑤ $\dfrac{x}{y} = -1$에서 $y = -x$이므로 x와 y가 반비례하지 않는다.

　　　　　　　　　답 ③, ⑤

637 x의 값이 2배, 3배, 4배, ...가 될 때, y의 값은 $\dfrac{1}{2}$배, $\dfrac{1}{3}$배,

　　$\dfrac{1}{4}$배, ...가 되는 관계가 있으면 x와 y는 반비례하므로

　　$y = \dfrac{a}{x}\ (a \neq 0)$의 꼴이다.

　　② $x = \dfrac{15}{y}$에서 $y = \dfrac{15}{x}$이므로 x와 y가 반비례한다.

　　④ $\dfrac{x}{y} = -12$에서 $y = -\dfrac{1}{12}x$이므로 x와 y가 반비례하지 않는다.

　　⑤ $x + y = 10$에서 $y = 10 - x$이므로 x와 y가 반비례하지 않는다.　　　　답 ②

638 x와 y가 반비례하면 x와 y 사이의 관계를 나타내는 식은

　　$y = \dfrac{a}{x},\ xy = a\ (a \neq 0)$의 꼴이다.

　　ㄹ. $\dfrac{y}{x} = \dfrac{1}{2}$에서 $y = \dfrac{1}{2}x$

　　따라서 x와 y가 반비례하는 것은 ㄷ, ㅂ이다.　　답 ㄷ, ㅂ

639 $y = \dfrac{a}{x}$라 하고 $x = 2,\ y = -6$을 대입하면

　　$-6 = \dfrac{a}{2}$　　$\therefore a = -12$

　　따라서 $y = -\dfrac{12}{x}$이므로 $x = 4$를 대입하면

　　$y = -\dfrac{12}{4} = -3$　　　　　　　　　답 -3

640 $y = \dfrac{a}{x}$라 하고 $x = -5,\ y = -4$를 대입하면

$-4 = \dfrac{a}{-5}$　　$\therefore a = 20$

따라서 x와 y 사이의 관계를 나타내는 식은 $y = \dfrac{20}{x}$이다.

　　　　　　　　　답 ⑤

641 ㄱ. x와 y가 반비례하므로 x의 값이 4배가 되면 y의 값은 $\dfrac{1}{4}$배가 된다.

　　ㄴ. $y = \dfrac{a}{x}$라 하고 $x = 9,\ y = \dfrac{2}{3}$를 대입하면

　　　　$\dfrac{2}{3} = \dfrac{a}{9}$　　$\therefore a = 6$　　$\therefore y = \dfrac{6}{x}$

　　ㄷ. $y = \dfrac{6}{x}$에 $x = \dfrac{1}{5}$을 대입하면

　　　　$y = 6 \div \dfrac{1}{5} = 30$

　　따라서 옳은 것은 ㄱ, ㄷ이다.　　　　답 ㄱ, ㄷ

642 $y = \dfrac{a}{x}$라 하고 $x = -10,\ y = -\dfrac{3}{2}$을 대입하면

　　$-\dfrac{3}{2} = \dfrac{a}{-10}$　　$\therefore a = 15$　　$\therefore y = \dfrac{15}{x}$

　　$y = \dfrac{15}{x}$에 $x = -5,\ y = A$를 대입하면 $A = \dfrac{15}{-5} = -3$

　　$y = \dfrac{15}{x}$에 $x = B,\ y = -5$를 대입하면

　　$-5 = \dfrac{15}{B}$　　$\therefore B = -3$

　　$y = \dfrac{15}{x}$에 $x = C,\ y = -15$를 대입하면

　　$-15 = \dfrac{15}{C}$　　$\therefore C = -1$

　　$\therefore A + B + C = (-3) + (-3) + (-1) = -7$　　답 -7

643 (1) $y = \dfrac{a}{x}$라 하고 $x = 2,\ y = 60$을 대입하면

　　　　$60 = \dfrac{a}{2}$　　$\therefore a = 120$　　$\therefore y = \dfrac{120}{x}$

　　(2) $y = \dfrac{120}{x}$에 $x = 5$를 대입하면 $y = \dfrac{120}{5} = 24$

　　　　따라서 압력이 5기압일 때, 이 기체의 부피는 24 cm³이다.

　　　　　　　답 (1) $y = \dfrac{120}{x}$　(2) 24 cm³

644 ① $x + y = 365$에서 $y = 365 - x$

　　② $2(x + y) = 40$에서 $y = 20 - x$

　　③ $\dfrac{5}{x} \times 100 = y$에서 $y = \dfrac{500}{x}$

　　④ $y = 3x$

　　⑤ $y = 90x$

　　따라서 x와 y가 반비례하는 것은 ③이다.　　답 ③

645 매분 4 L씩 물을 넣으면 40분 만에 물이 가득 차므로 물탱크의 용량은

　　$4 \times 40 = 160\text{(L)}$

　　이때 매분 x L씩 물을 넣으면 y분이 걸리므로

　　$xy = 160$　　$\therefore y = \dfrac{160}{x}$

　　ㄱ, ㄴ. x와 y는 반비례한다.

ㄷ. $y=\dfrac{160}{x}$에 $x=5$를 대입하면

$y=\dfrac{160}{5}=32$이므로 물을 가득 채우는 데 32분이 걸린다.

ㄹ. $y=\dfrac{160}{x}$에 $y=20$을 대입하면

$20=\dfrac{160}{x}$ $\therefore x=8$

즉, 매분 8 L씩 넣어야 한다.

따라서 옳은 것은 ㄴ, ㄹ이다.   답 ㄴ, ㄹ

646 반비례 관계 $y=-\dfrac{3}{x}$의 그래프는 제2사분면과 제4사분면을 지나는 한 쌍의 매끄러운 곡선이다.

또, $x=-3$일 때 $y=1$이므로 점 $(-3, 1)$을 지난다.

답 ①

647 반비례 관계 $y=\dfrac{4}{x}$의 그래프는 제1사분면과 제3사분면을 지나는 한 쌍의 매끄러운 곡선이다.

또, $x=1$일 때 $y=4$이므로 점 $(1, 4)$를 지난다.   답 ②

648 $y=\dfrac{a}{x}$의 그래프는 a의 절댓값이 작을수록 원점에 가깝다.

각 식의 a의 절댓값을 구하면

① 8   ② 6   ③ 2   ④ 4   ⑤ 12

따라서 원점에 가장 가까운 것은 ③이다.   답 ③

649 반비례 관계 $y=\dfrac{a}{x}$의 그래프가 제1사분면과 제3사분면을 지나므로 $a>0$

a의 절댓값이 클수록 원점에서 멀리 떨어져 있으므로

$|2|<|a|$ $\therefore a>2$

따라서 a의 값이 될 수 있는 것은 ⑤ 3이다.   답 ⑤

650 반비례 관계 $y=\dfrac{a}{x}$의 그래프가 제2사분면과 제4사분면을 지나므로 $a<0$

a의 절댓값이 클수록 원점에서 멀리 떨어져 있으므로

$|a|>|-4|$, $|a|>4$ $\therefore a<-4$ 답 ②

651 $a<b<0$이고 $c>0$이므로 $a<b<c$ 답 ①

652 ① 점 $\left(\dfrac{1}{2}, -1\right)$을 지난다.

② 원점을 지나지 않고 좌표축에 한없이 가까워지는 한 쌍의 매끄러운 곡선이다.

③ $x>0$일 때, x의 값이 증가하면 y의 값도 증가한다.

⑤ $y=-\dfrac{1}{x}$의 그래프보다 원점에 가깝다.

따라서 옳은 것은 ④이다.   답 ④

653 ② a의 절댓값이 클수록 원점에서 멀다.

④ 원점을 지나지 않는다.

⑤ x의 값이 2배, 3배, 4배, ...가 될 때, y의 값은 $\dfrac{1}{2}$배,

$\dfrac{1}{3}$배, $\dfrac{1}{4}$배, ...가 된다.

따라서 옳은 것은 ①, ③이다.   답 ①, ③

654 각 점의 좌표를 $y=-\dfrac{24}{x}$에 대입하여 등식이 성립하는 것을 찾는다.

③ $y=-\dfrac{24}{x}$에 $x=-6$을 대입하면 $y=-\dfrac{24}{-6}=4$이므로 등식이 성립한다.   답 ③

655 $y=-\dfrac{36}{x}$에 $x=4$, $y=a$를 대입하면 $a=-\dfrac{36}{4}=-9$

$y=-\dfrac{36}{x}$에 $x=b$, $y=-6$을 대입하면

$-6=-\dfrac{36}{b}$ $\therefore b=6$

$\therefore a+b=(-9)+6=-3$ 답 -3

656 $y=\dfrac{a}{x}$에 $x=-8$, $y=-5$를 대입하면

$-5=\dfrac{a}{-8}$ $\therefore a=40$

$y=\dfrac{40}{x}$에 $x=b$, $y=10$을 대입하면

$10=\dfrac{40}{b}$ $\therefore b=4$

$\therefore a+b=40+4=44$ 답 44

657 $y=\dfrac{8}{x}$에서 $xy=8$이고, x좌표와 y좌표가 모두 정수이므로 $|x|$와 $|y|$는 모두 8의 약수이다.

따라서 구하는 점은 $(1, 8)$, $(2, 4)$, $(4, 2)$, $(8, 1)$, $(-1, -8)$, $(-2, -4)$, $(-4, -2)$, $(-8, -1)$의 8개이다.   답 8

658 $y=\dfrac{a}{x}$에 $x=6$, $y=2$를 대입하면

$2=\dfrac{a}{6}$ $\therefore a=12$

따라서 그래프가 나타내는 식은 $y=\dfrac{12}{x}$이다.   답 ⑤

659 조건 ㈎에 의해 x좌표와 y좌표의 곱이 일정한 점들을 지나는 한 쌍의 매끄러운 곡선이므로 그래프가 나타내는 식은 $y=\dfrac{a}{x}$ $(a\neq0)$의 꼴이다.

조건 ㈏에 의해 $y=\dfrac{a}{x}$에 $x=5$, $y=3$을 대입하면

$3=\dfrac{a}{5}$ $\therefore a=15$

따라서 그래프가 나타내는 식은 $y=\dfrac{15}{x}$이다.   답 $y=\dfrac{15}{x}$

660 $y=\dfrac{a}{x}$에 $x=-4$, $y=2$를 대입하면

$2=\dfrac{a}{-4}$ $\therefore a=-8$ $\therefore y=-\dfrac{8}{x}$

$y=-\dfrac{8}{x}$에 $x=10$, $y=m$을 대입하면

$m=-\dfrac{8}{10}=-\dfrac{4}{5}$ 답 $-\dfrac{4}{5}$

661 $y=\dfrac{a}{x}$에 $x=-4$, $y=-5$를 대입하면

$-5=\dfrac{a}{-4}$ $\therefore a=20$

$y=\dfrac{b}{x}$에 $x=-4$, $y=4$를 대입하면

$$4=\dfrac{b}{-4} \qquad \therefore b=-16$$

$$\therefore a+b=20+(-16)=4 \qquad \text{답 } 4$$

662 $y=\dfrac{a}{x}$에 $x=6$, $y=3$을 대입하면

$$3=\dfrac{a}{6} \qquad \therefore a=18 \qquad \therefore y=\dfrac{18}{x}$$

점 P의 좌표를 $\left(p,\ \dfrac{18}{p}\right)$이라 하면 사각형 OAPB의 넓이는

$$p\times\dfrac{18}{p}=18 \qquad \text{답 } 18$$

663 점 A의 y좌표가 -2이므로 $y=-\dfrac{10}{x}$에 $y=-2$를 대입하면

$$-2=-\dfrac{10}{x} \qquad \therefore x=5 \qquad \therefore \text{A}(5,\ -2)$$

따라서 직각삼각형 OBA의 넓이는

$$\dfrac{1}{2}\times2\times5=5 \qquad \text{답 } 5$$

664 $y=\dfrac{a}{x}$에 $x=3$, $y=4$를 대입하면

$$4=\dfrac{a}{3} \qquad \therefore a=12 \qquad \therefore y=\dfrac{12}{x}$$

$y=\dfrac{12}{x}$에 $x=-4$를 대입하면

$$y=\dfrac{12}{-4}=-3 \qquad \therefore \text{C}(-4,\ -3)$$

따라서 직사각형 ABCD의 넓이는

$$\{3-(-4)\}\times\{4-(-3)\}=7\times7=49 \qquad \text{답 } 49$$

665 $y=2x$에 $x=3$을 대입하면

$$y=2\times3=6 \qquad \therefore \text{A}(3,\ 6)$$

$y=\dfrac{a}{x}$에 $x=3$, $y=6$을 대입하면

$$6=\dfrac{a}{3} \qquad \therefore a=18 \qquad \text{답 } ⑤$$

666 $y=ax$에 $x=4$, $y=-6$을 대입하면

$$-6=4a \qquad \therefore a=-\dfrac{3}{2}$$

$y=\dfrac{b}{x}$에 $x=4$, $y=-6$을 대입하면

$$-6=\dfrac{b}{4} \qquad \therefore b=-24$$

$y=-\dfrac{3}{2}x$에 $x=-4$, $y=c$를 대입하면

$$c=-\dfrac{3}{2}\times(-4)=6$$

$$\therefore abc=\left(-\dfrac{3}{2}\right)\times(-24)\times6=216 \qquad \text{답 } 216$$

667 $y=\dfrac{4}{3}x$에 $x=b$, $y=8$을 대입하면

$$8=\dfrac{4}{3}\times b \qquad \therefore b=6$$

$y=\dfrac{a}{x}$에 $x=6$, $y=8$을 대입하면

$$8=\dfrac{a}{6} \qquad \therefore a=48$$

$y=\dfrac{48}{x}$에 $x=12$, $y=c$를 대입하면 $c=\dfrac{48}{12}=4$

$$\therefore a+b+c=48+6+4=58 \qquad \text{답 } 58$$

668 $y=ax$라 하고 $x=30$, $y=42$를 대입하면

$$42=30a \qquad \therefore a=\dfrac{7}{5} \qquad \therefore y=\dfrac{7}{5}x$$

$y=\dfrac{7}{5}x$에 $x=25$를 대입하면 $y=\dfrac{7}{5}\times25=35$

따라서 길이가 $25\,\text{cm}$인 물체의 그림자의 길이는 $35\,\text{cm}$이다.

$\text{답 } 35\,\text{cm}$

669 $y=\dfrac{a}{x}$라 하고 $x=100$, $y=3.6$을 대입하면

$$3.6=\dfrac{a}{100} \qquad \therefore a=360 \qquad \therefore y=\dfrac{360}{x}$$

$y=\dfrac{360}{x}$에 $x=180$을 대입하면 $y=\dfrac{360}{180}=2$

따라서 진동수가 $180\,\text{Hz}$일 때의 음파의 파장은 $2\,\text{m}$이다.

$\text{답 } 2\,\text{m}$

670 (ⅰ) 가은이가 공원에 도착하는 데 걸리는 시간 구하기

$\quad$ $y=ax$라 하고 $x=2$, $y=280$을 대입하면

$$280=2a \qquad \therefore a=140 \qquad \therefore y=140x$$

$\quad$ $y=140x$에 $y=700$을 대입하면

$$700=140x \qquad \therefore x=5$$

(ⅱ) 민준이가 공원에 도착하는 데 걸리는 시간 구하기

$\quad$ $y=bx$라 하고 $x=2$, $y=100$을 대입하면

$$100=2b \qquad \therefore b=50 \qquad \therefore y=50x$$

$\quad$ $y=50x$에 $y=700$을 대입하면

$$700=50x \qquad \therefore x=14$$

(ⅰ), (ⅱ)에서 가은이가 공원에 도착한 후 기다려야 하는 시간은 $14-5=9$(분)

$\text{답 } 9$분

만점<콕>잡기

105~107쪽

671 일정한 시간 동안 맞물린 톱니의 개수는 같으므로

$$16x=32y \qquad \therefore y=\dfrac{1}{2}x$$

$y=\dfrac{1}{2}x$에 $x=10$을 대입하면 $y=\dfrac{1}{2}\times10=5$

따라서 A가 10번 회전할 때, B는 5번 회전한다. $\text{답 } ①$

672 x초 후 선분 BP의 길이는 $2x\,\text{cm}$이므로

삼각형 ABP의 넓이는

$$y=\dfrac{1}{2}\times2x\times6=6x\ (\text{cm}^2)$$

넓이가 $24\,\text{cm}^2$이므로 $y=6x$에 $y=24$를 대입하면

$$24=6x \qquad \therefore x=4$$

따라서 삼각형 ABP의 넓이가 $24\,\text{cm}^2$가 되는 것은 4초 후이다.

$\text{답 } 4$초 후

673 원점을 지나는 직선이므로 그래프가 나타내는 식은 $y=ax$의 꼴이다.

$y=ax$에 $x=2$, $y=-10$을 대입하면

$$-10=2a \qquad \therefore a=-5 \qquad \therefore y=-5x$$

$y=-5x$에 $x=k$, $y=30$을 대입하면

$30=-5k$ $\therefore k=-6$ 답 -6

674 $y=\dfrac{5}{4}x$에 $x=8$을 대입하면

$y=\dfrac{5}{4}\times8=10$ $\therefore$ A$(8,\ 10)$

$y=\dfrac{1}{4}x$에 $x=8$을 대입하면

$y=\dfrac{1}{4}\times8=2$ $\therefore$ B$(8,\ 2)$

따라서 삼각형 AOB의 넓이는

$\dfrac{1}{2}\times(10-2)\times8=32$ 답 32

675 점 P의 x좌표를 p라 하면 점 P는

$y=ax$의 그래프 위의 점이므로

P$(p,\ ap)$

삼각형 ABP는 선분 AB를 밑변으

로 하고 높이가 p이므로

(삼각형 ABP의 넓이)

$=\dfrac{1}{2}\times4\times p=2p$

삼각형 CDP는 선분 CD를 밑변으로 하고 높이가 ap이므로

(삼각형 CDP의 넓이)$=\dfrac{1}{2}\times2\times ap=ap$

이때 두 삼각형의 넓이가 같으므로

$2p=ap$ $\therefore a=2$ 답 2

676 $xy=k$ (k는 상수)라 하면 $y=\dfrac{k}{x}$

$x=3$일 때 $y=\dfrac{k}{3}$, $x=-6$일 때 $y=-\dfrac{k}{6}$이므로

$\dfrac{k}{3}+\left(-\dfrac{k}{6}\right)=\dfrac{k}{6}=1$ $\therefore k=6$

따라서 조건을 모두 만족시키는 그래프가 나타내는 식은

$y=\dfrac{6}{x}$이다.   답 $y=\dfrac{6}{x}$

677 $x\times y=8\times15$이므로

$xy=120$ $\therefore y=\dfrac{120}{x}$

$y=\dfrac{120}{x}$에 $x=4$를 대입하면

$y=\dfrac{120}{4}=30$

따라서 저울이 평형을 이루게 하려면 구하는 거리는

30 cm이다.   답 30 cm

678 $y=\dfrac{a}{x}$에 $x=6$, $y=-\dfrac{10}{3}$을 대입하면

$-\dfrac{10}{3}=\dfrac{a}{6}$ $\therefore a=-20$ $\therefore y=-\dfrac{20}{x}$

x좌표와 y좌표가 모두 정수이려면 x와 y의 절댓값은 모두 20의 약수이다.

따라서 구하는 점은 $(1,\ -20),\ (2,\ -10),\ (4,\ -5),$
$(5,\ -4),\ (10,\ -2),\ (20,\ -1),\ (-1,\ 20),$
$(-2,\ 10),\ (-4,\ 5),\ (-5,\ 4),\ (-10,\ 2),$
$(-20,\ 1)$의 12개이다.   답 12

679 $y=\dfrac{a}{x}$에 $x=3$을 대입하면 $y=\dfrac{a}{3}$ $\therefore$ A$\left(3,\ \dfrac{a}{3}\right)$

$y=\dfrac{a}{x}$에 $x=6$을 대입하면 $y=\dfrac{a}{6}$ $\therefore$ B$\left(6,\ \dfrac{a}{6}\right)$

두 점 A, B의 y좌표의 차가 2이므로

$\dfrac{a}{3}-\dfrac{a}{6}=2$, $\dfrac{a}{6}=2$ $\therefore a=12$ 답 ⑤

680 80 °C일 때를 나타내는 그래프를 $y=\dfrac{a}{x}$라 하고

$x=20$, $y=15$를 대입하면 $15=\dfrac{a}{20}$

즉, $a=300$이므로 $y=\dfrac{300}{x}$

20 °C일 때를 나타내는 그래프를 $y=\dfrac{b}{x}$라 하고

$x=10$, $y=15$를 대입하면 $15=\dfrac{b}{10}$

즉, $b=150$이므로 $y=\dfrac{150}{x}$

이때 압력이 30기압이면

80 °C일 때의 기체의 부피는 $\dfrac{300}{30}=10$ (mL),

20 °C일 때의 기체의 부피는 $\dfrac{150}{30}=5$ (mL)이므로

부피의 차는 $10-5=5$ (mL)   답 5 mL

681 점 A의 x좌표를 a라 하면

A$(a,\ 6a)$, B$(a,\ 6a-10)$, C$(a+10,\ 6a-10)$,

D$(a+10,\ 6a)$

이때 점 C는 $y=\dfrac{1}{6}x$의 그래프 위의 점이므로

$y=\dfrac{1}{6}x$에 $x=a+10$, $y=6a-10$을 대입하면

$6a-10=\dfrac{a+10}{6}$

$36a-60=a+10$, $35a=70$ $\therefore a=2$

따라서 점 A의 좌표는 $(2,\ 12)$이다.   답 $(2,\ 12)$

682 P$(a,\ b)$라 하면 점 P는 $y=\dfrac{12}{x}$의 그래프 위의 점이므로

$b=\dfrac{12}{a}$ $\therefore ab=12$

이때 선분 OA의 길이가 a, 선분 OB의 길이가 b이므로

직사각형 OAPB의 넓이는

$a\times b=12$

곱이 12가 되는 자연수 $a,\ b$의 순서쌍 $(a,\ b)$는 $(1,\ 12),$
$(2,\ 6),\ (3,\ 4),\ (4,\ 3),\ (6,\ 2),\ (12,\ 1)$의 6개이다.

따라서 모든 직사각형의 넓이의 합은

$12\times6=72$ 답 72

683 $y=\dfrac{a}{x}$에 $x=5$, $y=-2$를 대입하면

$-2=\dfrac{a}{5}$ $\therefore a=-10$ $\therefore y=-\dfrac{10}{x}$

$y=-\dfrac{10}{x}$의 그래프 위의 점의 좌표를 $\left(p,\ -\dfrac{10}{p}\right)$이라 하면 두 점 A, C에서 만든 직사각형의 넓이는 각각 10이다.

따라서 두 점 B, D에서 만든 직사각형의 넓이의 합은

$28-20=8$

또한, $y=\dfrac{b}{x}$의 그래프 위의 점의 좌표를 $\left(q,\ \dfrac{b}{q}\right)$라 하면 두 점 B, D에서 만든 직사각형의 넓이는 각각 b이므로

$b+b=8,\ 2b=8$ $\quad\therefore b=4$

$\therefore a+b=(-10)+4=-6$ 답 -6

684 $y=\dfrac{15}{x}$에 $x=t,\ y=3$을 대입하면 $3=\dfrac{15}{t}$ $\quad\therefore t=5$

(ⅰ) $y=ax$의 그래프가 점 A$(3,\ 5)$를 지날 때

$\quad 5=3a$ $\quad\therefore a=\dfrac{5}{3}$

(ⅱ) $y=ax$의 그래프가 점 B$(5,\ 3)$을 지날 때

$\quad 3=5a$ $\quad\therefore a=\dfrac{3}{5}$

이때 정비례 관계 $y=ax$의 그래프가 선분 AB와 한 점에서 만나야 하므로

$\dfrac{3}{5}\leq a\leq\dfrac{5}{3}$ 답 $\dfrac{3}{5}\leq a\leq\dfrac{5}{3}$

685 점 A의 x좌표가 3이므로 A$(3,\ 3a)$

이때 $y=\dfrac{b}{x}$의 그래프는 원점에 대하여 대칭인 한 쌍의 곡선이므로 B$(-3,\ -3a)$

$\therefore$ C$(-3,\ 3a)$, D$(3,\ -3a)$

직사각형 ACBD의 넓이가 60이므로

$\{3-(-3)\}\times\{3a-(-3a)\}=60$

$36a=60$ $\quad\therefore a=\dfrac{5}{3}$

따라서 A$(3,\ 5)$이므로 $y=\dfrac{b}{x}$에 $x=3$, $y=5$를 대입하면

$5=\dfrac{b}{3}$ $\quad\therefore b=15$

$\therefore ab=\dfrac{5}{3}\times 15=25$ 답 25

686 규리가 수조에 물을 넣는 것을 나타내는 그래프를 $y=ax$라 하고 $x=5$, $y=120$을 대입하면 $120=5a$

즉, $a=24$이므로 $y=24x$

도윤이가 수조에서 물을 빼내는 것을 나타내는 그래프를 $y=bx$라 하고 $x=5$, $y=70$을 대입하면 $70=5b$

즉, $b=14$이므로 $y=14x$

따라서 x분 동안 수조에 채워지는 물의 양 y L는

$y=24x-14x=10x$

수조의 들이가 100 L이므로 $100=10x$ $\quad\therefore x=10$

따라서 수조에 물을 가득 채우는 데 걸리는 시간은 10분이다. 답 10분

MEMO